1月24日，市科委在神州数码工程院召开科技北京百名领军人才培养工程入选人员“迎新春、促合作”座谈交流会。会上公布了2013年领军人才入选人员名单，并为入选人员代表颁发了证书

2月21日，由国家半导体照明产业技术创新联盟等23家机构发起成立首都创新大联盟。市科委主任闫傲霜与国家半导体照明产业技术创新联盟秘书长吴玲为首都创新大联盟揭牌

2月25日，市新能源汽车联席会议办公室在市科委召开北京市新能源汽车基础设施建设媒体见面会

3月9日，为期3天的2014北京国际喷印雕刻标识技术展览会在国家会议中心开幕。来自中外的近200家企业参展，展品涉及数码喷印、数码打印与喷墨印刷设备、墨水、耗材及雕刻设备等新产品及新技术

3月25日，市委、市政府举行2013年度北京市科学技术奖励大会暨2014年北京市科技工作会议。市委书记郭金龙，市委副书记、市长王安顺，科技部党组成员、副部长李萌等领导出席会议，副市长张工宣读了北京市政府《关于2013年度北京市科学技术奖励的决定》。有关领导向获奖者颁发了荣誉证书

3月25日，在市委、市政府召开的2014年北京市科技工作会议上，市科委主任闫傲霜做了题为“深化科技体制改革 加快创新驱动发展 为建设全国科技创新中心做出更大贡献”的科技工作报告

3月28日，市科委召开共享科技大数据，建设科技创新中心座谈会，百度、京东、用友等企业的代表参加会议

4月1日，市科委与中国农业银行北京分行就支持科技创新召开座谈会。双方约定在市科委“风险备偿金”的科技金融政策引导下，寻找合作切入点，成熟一种模式实施一种模式，共同研究支持创新工作

4月10日，市科委召开首都科技大数据平台建设方案征集发布会

4月10日，由市科委、市经济信息化委、中关村科技园区管委会、市投资促进局共同主办的北京生物医药产业跨越发展工程（G20工程）二期工程G20企业发布会召开。会上宣布了由G20工作组评选出的57家二期G20企业名单，并对G20优秀企业、突出贡献大品种等进行了表彰

4月15日，在2014中国（北京）跨国技术转移大会“国际孵化 跨境加速”论坛上，中美嘉宾共同为美国湾区委员会中国代表处揭牌

4月15—17日，由科技部和市政府共同举办的2014中国（北京）跨国技术转移大会在北京国际会议中心举行。图为开幕式上的国际创新趋势前瞻与展望论坛现场

4月19日，2014京筑创新驱动区域合作年会在贵阳召开。会上，贵州省委常委、贵阳市委书记陈刚和北京市科委主任闫傲霜共同为由北京市、贵阳市联手共建的北京贵阳大数据研究院和北京贵阳大数据应用展示中心揭牌

5月5日，2014年市科普工作联席会议在市政府召开。会上，市科普工作联席会议副主席、市科委主任闫傲霜通报了2014年北京市科普工作先进集体和个人评比表彰情况

5月6日，《北京技术创新行动计划（2014—2017年）》新闻发布会在市政府新闻办新闻发布厅举行

5月8日，为贯彻落实中央关于北京坚持和强化全国科技创新中心核心功能定位的决定，市科委在中国电子学会一楼会议室召开北京科技创新中心功能定位座谈会

5月14日，为期5天的第十七届中国北京国际科技产业博览会在北京中国国际展览中心(老馆)开幕。图为参观者在观看生物质垃圾再利用的技术模型

5月17日，北京市科普基地授牌仪式举行。市科委、市科协为新命名的50家科普基地代表授牌。图为授牌仪式后，为部分市科普基地优秀讲解员颁发证书

5月17日，2014年全国科技活动周暨北京科技周主场活动在全国农业展览馆新馆开幕。本届科技周主场活动为参观者讲述农庄、出行、居家、社区、健康等十大科普故事，塑造了26个胡同，展示了450余项丰富多彩的科技成果和科普项目

5月18日，“中国移动杯”暨第九届北京发明创新大赛启动

5月18日，市科委在全国科技活动周暨北京科技周主场举行公众参与创新北京行动计划（第一季）的启动仪式。来自新华网、中国科技网、新浪网、清华大学、IBM（中国）政府创新研究院、中国科技金融促进会等6家参与和策划实施创新参与平台的单位参加了启动仪式

5月21日，首届北京科技微电影大赛颁奖典礼举行。颁奖典礼共颁发了7个专项奖，以农村生活为题材的作品《在山那边》突出了科技改变生活主题，摘得了最佳影片奖

6月1日，为期5天的第三届中国（北京）国际服务贸易交易会闭幕。市科委承办的“科技创新”板块，以“实施创新驱动发展战略 建设全国科技创新中心”为主题，举行系列专题活动

6月27日，市科委、市交通委等部门举行“北京市电动汽车推广应用行动计划（2014—2017年）”媒体见面会，提出北京市将在3年内建设万根公共快速充电桩，以保障电动汽车推广应用计划的实施，实现2017年全市电动汽车数量达到17万辆的目标

7月10日，“2.5MW直驱永磁风机核心部件国产化关键技术研究”通过专家验收。图为该项目主持单位北京金风科创风电设备有限公司出口德国的金风科技2.5MW机组样机

7月28日，由市科委携手中国科技金融促进会共同发起的北京创客科普季暨北京创客孵化大赛在京启动

8月1日，“协同创新应对挑战——京津冀在行动”科技专题展在河北省秦皇岛市开幕。科技部部长万钢、市科委主任闫傲霜等领导参观展区

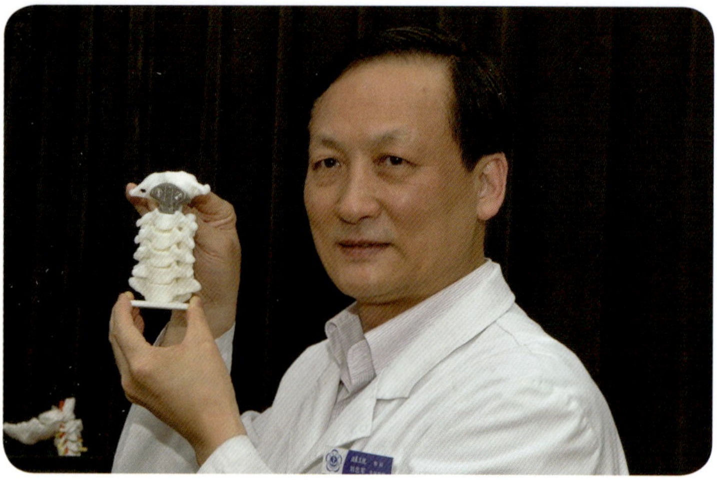

8月18日，北京大学第三医院刘忠军教授主导完成世界首例3D打印脊椎植入手术治疗恶性肿瘤。图为刘忠军教授展示3D打印脊椎

8月20日，市科委与北京银行举行全面战略合作签约仪式暨循环贷产品发布会。北京银行将在4年内为全市科技企业提供1000亿元意向授信，这是北京技术创新行动计划的一项重大举措

9月11日，市科委举行“北京国际医药临床研发平台（CRO平台）”项目5年工作总结会。5年来，该项目累计为北京生物医药企业的1887项科研项目提供服务，服务金额达2.9亿元

9月16日，市科委、清华大学共同召开北京市重大科技成果"清华可充电脑起搏器"发布会。第二代国产脑起搏器——清华可充电脑起搏器获得了国家食品药品监督管理总局颁发的医疗器械产品注册证，即将上市销售。我国成为全球第二个掌握该技术的国家

10月30日，京渝科技创新合作活动暨签约仪式在重庆举行。北京市科委委员王建新、重庆市科委副主任梁震共同为首都科技条件平台京渝合作站、北京技术市场京渝服务平台揭牌

11月26日，第十八届北京·香港经济合作研讨洽谈会市科委专场活动——京港科技创新战略发展论坛在北京饭店召开。在论坛上，国际技术转移协作网络（ITTN）为ITTN香港办事处香港创意服务有限公司授牌

11月29日，由市科委、市卫生计生委和总后卫生部科技训练局共同主办的第五届重大疾病防治科技创新高峰论坛在北京国家会议中心召开。论坛开幕式公布了2014年度首都十大疾病科技攻关重大科技成果名单，共有6项惠民型重大科技成果和5项创新型重大科技成果入选。图为与会领导为获奖单位代表颁发证书

12月12日，2014中国设计红星奖颁奖活动在北京举行。来自全球1561家企业的6037件产品参评，参评企业和产品数量再创历史新高，分别比去年增加21.9%和8.4%。经过国内外10余位设计专家初评、终评，共有近300件产品获奖

12月23日，北京科技创新基地高端人才创新政策研修班开课。研修班邀请国家自然基金委医学科学部、北京海外学人中心、中关村人才特区建设促进中心、科技部科研院所创新方法培训专家和市科委相关部门的9位讲师组成讲师团为学员授课

北京科技年鉴

BEIJING ALMANAC OF SCIENCE AND TECHNOLOGY

2015

北京市科学技术委员会　组编

北京科学技术出版社

图书在版编目(CIP)数据

北京科技年鉴2015 / 北京市科学技术委员会编著. — 北京：北京科学技术出版社，2016.11

ISBN 978-7-5304-8123-3

Ⅰ. ①北… Ⅱ. ①北… Ⅲ. ①科学研究事业 – 北京市 – 2015 – 年鉴 Ⅳ. ①G322.71–54

中国版本图书馆 CIP 数据核字（2015）第251022号

北京科技年鉴2015

作　　者：北京市科学技术委员会
责任编辑：周　珊
责任印制：李　茗
封面设计：樊润琴
出 版 人：曾庆宇
出版发行：北京科学技术出版社
社　　址：北京西直门南大街16号
邮政编码：100035
电话传真：0086–10–66135495（总编室）
0086–10–66113227（发行部）　0086–10–66161952（发行部传真）
电子信箱：bjkj@bjkjpress.com
网　　址：www.bkydw.cn
经　　销：新华书店
印　　刷：三河市国新印装有限公司
开　　本：787mm × 1092mm　1/16
字　　数：948千字
印　　张：28
插　　页：16
版　　次：2016年11月第1版
印　　次：2016年11月第1次印刷
ISBN 978-7-5304-8123-3/G·2359

定　价：118.00元

北京科技年鉴指导委员会

北京科技年鉴编辑部

编辑说明

一、《北京科技年鉴》是一部反映北京地区科技事业发展变化的综合性资料工具书和史料文献。在北京市科学技术委员会、北京市教育委员会、北京市质量技术监督局、北京市知识产权局、北京市科学技术协会共同参与下，由北京市科学技术委员会主持编纂。

二、本年鉴以邓小平理论、“三个代表”重要思想、科学发展观为指导，遵循实事求是的原则，科学、客观地反映实际情况。

三、本年鉴采用文章和条目两种体裁，以条目体为主，用规范的语体、记述体，直陈其事，文字力求言简意赅。

四、本年鉴从1987年开始，逐年编纂。至2003年出版时均是标注当年年度，自2004年起循通行做法改为标注出版时间，即当年出版的年鉴，记述上一年度北京地区科技系统所发生的重大事件和新的情况，为领导决策提供可资参考的依据，为社会各界了解、研究北京地区科技事业提供权威的信息，为开展科技交流、对外宣传提供基础资料。

五、本年鉴以记述北京市属科技系统各单位的情况为主，对境域内国家部门所属单位情况也适当记述，使主体突出而又概括全貌。

六、本年鉴所载为北京地区科技事业的基本情况，采用分类编纂法。根据年鉴的文字内容，设有特载、大事记、科技管理与服务、研究与开发、高新技术及其产业、知识产权、质量技术监督、高校科技、合作与交流、科学技术普及、区县科技、政策法规选、统计资料、附录等14个基本栏目。

七、本年鉴在附录中收有北京市科学技术委员会、北京市教育委员会、北京市质量技术监督局、北京市知识产权局、北京市科学技术协会等科技管理机构的名录。

八、选入本年鉴的文章和条目，均通过在北京市科学技术委员会、北京市教育委员会、北京市质量技术监督局、北京市知识产权局、北京市科学技术协会确定的专人负责撰写或提供，并经主要负责人审核。统计资料由北京市科技统计部门提供。

九、本年鉴反映2014年1月1日至12月31日期间北京地区科技事业发展变化情况，凡2014年事情，均直书月、日，不再写年份。

目　录

CONTENTS

特　载

北京市科学技术委员会2014年工作总结和2015年重点任务

北京市科学技术委员会

一、2014年主要工作

2014年，中央赋予北京全国科技创新中心新的城市战略定位。建设好全国科技创新中心，服务好创新型国家建设，既是首都责任，也是北京内在发展要求。

一年来，科技部等中央部门对京津冀协同发展、中关村示范区、首都蓝天行动、北京国家现代农业科技城等进行了专题调研，出台相关改革举措，支持北京开展一系列先行先试的改革试点。

市委、市政府高度重视科技创新，围绕首都城市战略定位、全国科技创新中心建设和京津冀协同发展，研究重大改革、做出安排部署、加强督促落实。市委书记郭金龙、市长王安顺等市领导先后10余次带队深入企业、高校院所开展专题调研，对科技改革发展提出了明确要求。市人大多次专题听取市政府实施北京技术创新行动计划和财政科技资金使用情况报告。市政协围绕建设全国科技创新中心、优化创新创业环境、支持中小企业技术创新等开展调研、建言献策。

初步核算，2014年，全市科技服务业、信息服务业实现增加值3724.6亿元，同比增长11.4%。中关村示范区实现总收入3.57万亿元，同比增长17.2%。国家级高新技术企业超过1万家，数量居全国首位。技术合同成交额3136亿元，同比增长10%，占全国的36.6%，实现技术交易增加值占地区生产总值的比重达9.46%。专利申请量与授权量分别为13.81万件和7.47万件，分别增长12.0%和19.1%，其中发明专利申请量与授权量分别为7.81万件和2.32万件，同比增长15.7%和12.3%，每万人发明专利拥有量达48.1件，居全国首位。北京地区共有82个奖项获国家科学技术奖，占全国通用项目获奖总数的32.3%，其中特等奖1项、一等奖6项。全社会研究与试验发展(R&D)经费支出1286.6亿元，相当于地区生产总值的6.03%，位列全国第一。根据科技部《2014全国科技进步统计监测报告》显示，北京地区综合科技进步水平位居全国首位。

（一）科技体制改革取得重要突破

构建“1+N”创新政策体系。“1”，是市委、市政府发布实施《关于进一步创新体制机制 加快全国科技创新中心建设的意见》，以探索放开科技成果管理权限为突破口，围绕科技成果转化、构建“高精尖”经济结构等8个方面，提出了20条重大改革举措。“N”，是在高等学校、科研机构、财政税收、金融、人才、知识产权、工商、国资国企改革等领域出台的配套政策，促进科技体制改革和经济社会领域改革协同推进。例如，发布实施了“京校十条”“京科九条”，制定实施细则，促进高等学校、科研机构科技成果转化和协同创新。发布实施《北京市促进中小企业发展条例》《北京市专利保护与促进条例》和《关于全面深化市属国资国企改革的意见》等，进一步完善激励创新的政策环境。

中关村先行先试的改革试点不断扩大。开展中关村示范区“1+6”政策实施情况新一轮评估工作。发布“新四条”实施细则，促进政策落地实施。承担中国人民银行中关村示范区中心支行（国家外汇管理局中关村示范区中心支局）、外商投资企业外汇资本金结汇管理、企业境外并购外汇管理等国家层面新的改革试点。2014 年 12 月，国务院决定将中关村股权和分红激励等 6 项试点政策推向全国，将股权奖励个人所得税分期缴纳等 4 项政策推向所有国家自主创新示范区、合芜蚌自主创新综合试验区和绵阳科技城，进一步彰显了中关村对全国创新发展的示范引领作用。

首都科技资源融合发展不断深化。按照“搭平台、聚人才、接任务、出成果”的要求，深化部市会商、院市合作、央地合作、军民融合等工作。国家科技重大专项和科技基础设施建设扎实推进，国家蛋白质科学基础设施北京基地（凤凰工程）建设进展顺利。中科院北京怀柔科教产业园建设有序开展，科研与转化基地初步形成聚集效应。与解放军总后卫生部签署医学科技创新战略合作协议，联合推动科技研发、成果转化和人才培养。与总装备部联合开展军民融合国防知识产权转化应用试点。深入推进中关村军民融合示范基地建设，促成无人直升机等一批“民参军”“军转民”项目。未来科技城聚集“千人计划”专家 162 名，产生了纳米薄膜太阳能电池、可再生脱硝催化剂等 22 项国际先进水平的科研成果。支持成立首都创新大联盟，汇聚 80 余家联盟，促进 5000 余家企业、高校院所等创新主体跨界融合、协同创新。成立北京协同创新研究院等一批新兴研发机构，打造市场化产学研用合作新机制。推动市自然科学基金与首农集团联合开展资助试点，实现了市属国企投入地区基础研究“零”的突破。加快市政府专家咨询委员会、首都科技发展战略研究院等首都特色新型智库建设，发布“首都科技创新发展指数（2014）”，为建立创新调查制度奠定坚实基础。

区县创新发展有举措、有进展。东城区实施文化和科技融合发展行动计划，加快数字版权、移动互联网、文化演出服务等板块发展。西城区形成了以现代服务业为主体，设计服务、出版创意、科技金融为主要特色的产业格局。朝阳区推进国家级科技与文化融合示范基地建设，积极构建区域科技创新孵化体系，服务中小企业创新发展。海淀区出台科技创新“1 +4 +1”政策体系，全力推动南部中关村科学城和北部生态科技新区建设。丰台区积极推动新兴金融产业和轨道交通产业集群发展，丽泽金融商务区、总部基地产业聚集效应显著。石景山区形成以保险产业园、互联网产业为特色的“长安金轴”。门头沟区加快可持续发展实验区建设，推动中关村科技产业园向西延伸。房山区充分发挥良乡高教园区资源优势，全力打造“智汇城”。通州区制定创新驱动发展“1 +6”政策体系，加大科技创新的考核权重，加快建设城市副中心。顺义区成立顺义科技创新集团，全力推进从“制造业大区”向“科技创新强区”转型发展。大兴区深入推进大兴亦庄融合发展，加快建设南部高技术制造业和战略性新兴产业聚集区。昌平区理顺园区与重点功能区、镇级工业园的统筹发展机制，加快“3D 激光打印”等特色产业基地建设。平谷区以科技助力通用航空、物流、现代农业等主导产业发展，增强区域发展潜力。怀柔区发布实施《怀柔文化科技高端产业新区发展规划（2014—2020 年）》，推动会展、文化、科技“三核”融合发展。密云县以产业基地和科技成果转化示范基地等为载体，推进重点功能区建设。延庆县紧抓绿色发展大事，促进新能源环保产业集聚发展。

（二）科技创新对首都发展的贡献不断提高

科技在 APEC 会议筹办和举办中发挥了重要作用。纯电动轿车首次作为 APEC 会议官方指定用车，排爆机器人、智能会议系统、30 米内可识别人脸的高清探头等一批高新科技装备支撑 APEC 会议。APEC 领导人服装及礼品荣获中国设计红星奖特别奖。雁栖湖生态发展示范区在低碳能源、绿色建筑、生态水资源等方面重点示范应用了 80 余项科技成果。

重大科技成果不断涌现。自主研制的可充电脑起搏器获得医疗器械产品注册证并进入市场销售，标志着我国脑起搏器技术已经步入“全球领跑者”行列。世界首例及第二例避免单基因遗传病试管婴儿在京诞生，标志着我国胚胎植入前遗传诊断技术已处于世界领先水平。我国首个埃博拉病毒核酸检测试剂获得国家医疗器械注册证书，通过国际同行平行验证。在世界上首次解析了人源葡萄糖转运蛋白GLUT1的晶体结构，向攻克癌症、糖尿病等重大疾病迈出了重要一步。超级基站采用“光纤+卫星”的双保险模式，进一步提升了公众通信网络应对突发事件的能力。研制出国际首个碳纳米管室温红外成像探测器、国际首台铁精矿“自动电磁精选机”。研制出世界最高水平的12纳米碳基集成电路器件。全球首创“三维感知技术”，实现了计算机自动精确检测和分析。

发布实施《北京技术创新行动计划(2014—2017年)》。发挥技术创新对“高精尖”经济结构的关键支撑作用，启动实施两类共12个重大专项。设立总规模300亿元的集成电路产业股权投资基金，国家集成电路基金公司和管理公司在京落户。前瞻布局新一代移动通信“5G”的前沿领域研究，突破核心技术10余项，催生了移动医疗、智能家居、互联网教育、互联网金融等新兴产业。“精机工程”重点围绕3D打印、智能机器人等，加快关键技术和重大装备研发应用，3D打印初步构建了金属复杂构件制造、医疗器械与健康服务、创意设计与大众消费等三大应用体系。加快实施“G20工程”二期，生物医药产业总收入达1235亿元。实施“电动汽车推广应用行动计划”，在购车、用车、基础设施建设运营管理和服务保障等环节实现政策全覆盖，建成五环内“5公里半径”充电网络，全年新增纯电动汽车超过8000辆，示范规模国内领先。编制怀柔纳米科技产业园的空间规划和产业规划，累计入园企业超过40家。纳米印刷电路关键技术和12英寸超顺排碳纳米管阵列材料制备取得重大突破，并实现示范应用和产业化。

科技服务业对首都经济的支撑作用明显提升。科技服务业实现增加值1662.6亿元，同比增长11.1%，高于全市服务业增速3.6个百分点。强化研发服务引领作用，形成生物医药研发、软件信息服务外包、集成电路设计三大优势领域。设计服务高端化发展显著，首次在联合国教科文组织总部举办“感知中国”设计北京展，成功举办2014中国设计红星奖，推出红星指数、红星奖排行榜等4项“红星发布”，“设计之都”建设扎实推进。工程技术服务初步实现规模化发展，工程技术实现收入2207.2亿元，同比增长12.7%，年收入过亿元的企业达206家，形成节能工程、电子工程、建筑市政工程、电力工程、钢铁冶金、石化工程等六大优势服务领域。在中关村示范区开展新一期国家现代服务业试点工作，累计投入财政资金27.9亿元，带动社会总投入超过220亿元。

北京国家现代农业科技城建设深入推进。以现代服务业引领现代农业，形成了以信息服务、金融服务、种业创新为特点的一二三产业融合发展模式。进一步完善种业科技成果托管机制，6000余项种业科技成果在托管平台登记、展示并推介。2014年世界种子大会成功签约近1500万美元，北京种业交易中心启动建设，发布《国际种子联盟2014年世界种子大会北京宣言》。世界葡萄大会成为北京市展示葡萄与葡萄酒产业成就、推介打造本地葡萄品牌、深化国际交流合作的平台。

支撑城市可持续发展取得新进展。深入实施首都蓝天行动和清洁空气行动计划，发布《北京市大气污染防治重点科研工作方案》，确定21项重点任务。建立城市极端天气灾害风险评估管理系统。支持大气环境PM2.5污染现状及成因研究，解析了主要污染源及排放贡献。科技支撑保障“南水北调”用水安全，实时监控主要水质指标。实施“首都生物燃气产业科技示范工程”，带动北京地区万余农户使用清洁能源。在未来科技城建成国内首个大型燃气热电中心烟气余热利用工程，年节约天然气1700万立方米。地铁7号线采用自主研发的列车控制及监控系统、车头前端能量吸收结构等科技成果，国产化率达到95%。利用物联网技术，完善燃气、热力、供水、排水和电力等“城市生命线”的信息实时监测。国家母婴乳品健康工程技术研究中心获准建设。搭建多品种、全方位、高效率的食品安全检测服务平台。实施“首都十大疾病科技攻关与管理实施方案”二期，率先建成全国规模最大的重大疾病临床数据和样本资源库，近100项诊疗技术、标准和规范在2400余家(次)医疗卫生机构推广应用。建设国家临床医学研究中心12家，占全国的55%。

（三）京津冀协同创新开局良好

建立京津冀协同创新合作机制。科技部和京津冀科技部门共同组成了京津冀区域科技创新推进工作组。三地科技部门共同签署战略研究和基础研究、国际科技合作框架协议。研究编制中关村服务京津冀区域创新合作行动计划，明确打造特色产业带等7项工作任务。

促进研发和产业链上下游合理分工。三地共同开展"区域大气污染联防联控支撑技术研发与应用"项目，获得国家科技支撑计划支持。共建中关村海淀园秦皇岛分园、京津中关村科技新城等。鼓励和支持企业、高校院所和科技服务机构，围绕重点领域联合研发攻关，筛选重大成果应用示范、推广。共同主办科技专题展，促进科技成果转化应用。

加快创新要素区域流动。支持首都科技条件平台和北京技术市场在天津、河北建立合作站、服务平台，全年向天津、河北输出技术合同近2500项，成交额超过65亿元。

（四）创新创业环境持续优化

激励企业创新发展的市场环境持续优化。修订新技术新产品（服务）认定管理办法，发布实施新技术新产品政府采购和推广应用工作的意见，增加国有企业为采购主体，支持民营科技企业进入市政基础设施建设等领域。累计认定5000余个新技术新产品（服务），政府采购金额超过350亿元，带动社会采购超过1500亿元。

科技与金融结合日趋紧密。2014年，北京地区中资银行发放高新技术产业贷款同比增长76%。创业投资和私募股权投资管理机构近1000家，管理资本总量超过1万亿元。成立北京首都科技发展集团，打造从原始创新、知识产权到成果应用的"前孵化"新型融资平台。设立"高精尖"产业发展基金、前孵化成果转化基金、战略性新兴产业引导基金、中小企业创投引导基金等各类基金26只，金额近70亿元，初步形成涵盖技术创新和成果转化全链条、多领域的基金格局。市重大科技成果转化和产业化统筹资金全年支持项目87个，支持金额95.47亿元，64%的资金以基金、股权投资、资本金注入等方式投入。出台支持互联网金融发展的政策措施，建立了"百千万"科技金融服务平台。中关村上市企业总数254家，新三板挂牌企业累计达367家。

创新创业服务体系不断完善。全市拥有科技孵化机构150余家，其中国家级机构50家，在孵企业超过9000家。创业活动空前活跃，中关村新创办科技型企业超过1.3万家，形成了"90后创业者""创业系""连续创业者""海外创业者"为代表的创业群体。搭建首都科技大数据平台，使数据活起来，信息联起来，成果用起来。举办北京科技周、全国科普日、京津冀科普之旅、北京科普讲解大赛等科普活动500余项，累计认定市级科普基地近300家。实施"公众参与创新行动计划"，启动"北京创客科普季"，打造公众科技创新成果推广与转化平台。

创新资源聚集效应进一步加强。国家级科技创新基地超过300家，占全国的近三分之一，市级科技创新基地1400余家。首都科技条件平台全年实现服务合同额21亿元。深入落实中关村人才特区13项特殊政策，开辟人才引进"绿色通道"。持续推进高端领军人才教授级高工职称评价试点，新增76名、累计256名高端领军人才获教授级高级工程师资格。北京地区累计入选"千人计划"1103人、"海聚工程"612人、"科技北京领军人才"150人、"北京市科技新星"2040人。

加强知识产权的应用与保护。发布《深化实施首都知识产权战略行动计划（2014—2020年）》，加快建设知识产权首善之区。出台《北京市专利资助金管理办法》，引导专利申请从重数量向数量与质量并重转变。健全知识产权保护协调机制，成立专利行政执法总队，加强专利行政执法。推动世界知识产权组织中国办事处落户北京。成立我国首家知识产权法院，探索完善以审判为中心的知识产权诉讼制度。推进国家技术标准创新基地建设，开展标准创新试点，全年创制标准141项，其中国际标准18项，国家标准99项。

科技开放合作深入推进。在意大利成功举办"第五届中意创新论坛暨2014中意科技创新合作周”，中意两国总理出席创新合作周并致辞。成功举办2014年中国（北京）跨国技术转移大会。与43个国家的582家机构开展合作，建立起遍布全球的国际科技合作网络。支持北京航空航天大学与诺贝尔奖得主艾伦·黑格尔教授及阿尔伯特·费尔教授，分别成立黑格尔北京研究院和费尔北京研究院。与14个省、市（自治区）建立了区域科技合作和对口支援机制。京津沪渝4个直辖市科技部门签署科技合作框架协议。在天津、内蒙古、宁夏、重庆、贵阳等省、市（自治区）搭建首都科技条件平台合作站和技术市场窗口，共建北京·贵阳大数据应用展示中心。

作风建设取得阶段性进展。全面落实市委、市政府党的群众路线教育实践活动整改方案，深入落实党风廉政建设责任制。在坚持聚焦主业中谋求有为监督，运用“制度+科技”手段，打造北京市科学技术奖“阳光评审”，实现连续5年“零投诉”。深入推进法治政府建设，严格规范重大行政决策程序，把调查研究、专家论证、风险评估、合法性审查和集体讨论决定作为决策的必经程序。梳理行政处罚职权，正确履行行政执法职责，强化具体行政行为监督。深化行政审批制度改革，强化服务，规范和简化审批程序。

二、2015年工作思路和重点任务

2015年科技工作的总体思路是：全面落实党的十八大和十八届三中、四中全会精神，深入贯彻习近平总书记系列重要讲话精神，特别是视察北京重要讲话精神，主动适应、积极引领经济发展新常态，坚持首都城市战略定位，推进京津冀协同发展，全面实施创新驱动发展战略，推动以科技创新为核心的全面创新，担当起科技创新引领者、高端经济增长极、创新创业首选地、文化创新先行区和生态建设示范城等5种责任，努力把北京建成全国创新创业环境最优、活力最足、成果最多、辐射带动最强的科技创新高地，为建设全国科技创新中心做出更大贡献。

（一）全面深化改革，加快推动以科技创新为核心的全面创新

加强全国科技创新中心的总体设计和统筹协调。发挥首都特色新型智库作用，加强全国科技创新中心建设战略研究。研究制定“十三五”全国科技创新中心建设规划。根据全国科技创新中心新定位，推动成立建设领导小组，发挥总体设计、统筹协调、重大决策、监督落实的作用，统筹落实创新驱动发展战略，统筹部署科学研究与技术创新体系建设，统筹推进重大创新平台建设和重点创新领域选择，统筹科技政策与产业、经济、社会发展等政策的衔接配套。

加快创建全面创新改革试验区。加强与国家层面的对接，推动形成“自上而下、上下联动”的部市协调工作机制。坚持问题导向，以科技创新为核心，在事权（授权）范围内积极探索全面创新试验事项，强化改革的系统性、整体性和协同性，促进不同领域改革的相互衔接和协调。

充分发挥中关村体制机制改革主战场作用。深入落实“1+6”“新四条”以及新出台的外籍高端人才永久居留资格便利化等试点政策，开启新一轮的先行先试改革。制定实施《深化改革 加快建设国家科技金融创新中心的意见》，推动设立中关村民营银行，支持私募股权基金、风险投资、天使投资发展。制定实施中关村人才管理改革的若干措施，以深化中关村人才管理改革为着力点，积极探索市场化的人才资源配置机制，打造顺畅的国际人才引进通道，吸引更多国际一流的高端人才，实现“择天下英才而用之”。

健全技术创新市场导向机制。强化科技同经济对接、创新成果同产业对接、创新项目同实现生产力对接、研发人员创新劳动同其利益收入对接。完善企业创新支持方式，强化国企考核的技术创新导向，提高国有企业活力与竞争力。开展科技型中小企业培育试点，支持科技型中小企业聚焦“新技术、新业态、新模式”，走专业化、精细化发展道路。建立健全利益分配机制，推动产学研用协同创新。引导和推动“首都创新大联盟”等产业技术创新战略联盟构建产业创新链，提升产业核心

竞争力。

提高科技治理体系和治理能力现代化。贯彻落实国家和北京市一系列科技改革的决策部署和政策法规，尤其是切实抓好《关于进一步创新体制机制 加快全国科技创新中心建设的意见》等改革措施的落地。按照探索开展试点工作、出台实施细则、完善现有政策的分类原则，积极探索政策贯彻落实的新机制。加强对改革措施落实情况的跟踪、评估，抓好政策实施的“最后一公里”，让创新主体感受到实实在在的新进展。加强科技基础制度建设，完善科技报告、信息公开、科技评估和以首都科技创新发展指数为基础的创新调查等制度。开展技术预见研究，探索建立新常态下科技创新的监测评价机制。深化和推广首都科技条件平台机制，推动更多、更高层面上的科技资源开放共享。

（二）落实北京技术创新行动计划，加快构建“高精尖”经济结构

科技支撑破解城市发展难题。深入实施首都蓝天行动，加快完善区域大气污染联防联控技术体系，推动重点污染源排放控制新技术新产品示范应用。支持京津冀钢铁行业节能减排产业技术创新联盟探索节能环保设施服务运营新模式，培育节能减排服务业态。加大垃圾污水治理的科技支撑力度，开展污染场地修复和地下水治理领域重金属修复、气相抽提、人工荒漠藻等新技术探索。推动首都水环境治理产业联盟建设，围绕污水处理、污泥处置、再生水利用和水环境治理等方面开展联合技术攻关。支持开发燃气场站等城市生命线监控、风险处置、防护装备，推动地铁、商场等人员密集区域的监测、预警及辅助决策技术集成和示范。促进超低能耗建筑技术研究、示范及标准制定。支持干细胞与组织工程、基因治疗等前沿领域集中攻关，加强首都临床特色学科创新研究，突破一批具有国内外影响力的创新性诊疗技术与方法。深化中西医临床诊疗规范研究，提升临床诊疗水平。聚焦种业创新、食品安全等领域的重大需求，深入推进北京国家现代农业科技城建设，促进一二三产业融合和“四化”同步发展。

以先导技术引领战略性新兴产业发展。重点进行人机交互、深度学习、异构计算等大数据关键技术研发和应用。支持具有自主知识产权的5G技术标准和4G核心芯片、终端以及系统设备的研发和产业化。培育数字化增材制造（3D打印）产业，促进产业规模化发展。培育智能服务机器人及成套装备产业，促进一批有代表性的产品推广应用。推动生物医药产业向支柱产业发展，重点培育创新品种、重磅产品、龙头企业。加快发展以系统集成创新为主的新业态，提高轨道交通装备研制和工程技术服务水平。支持能源技术研发，加快能源科技创新基地建设，促进能源产业高端化、服务化发展。加快建设北京亦庄国际电动汽车示范城，持续提升纯电动汽车产业竞争力。深入探索纳米成果批量转化机制，增强首都纳米产业竞争力和影响力。

积极培育新兴业态。贯彻落实国务院关于加快科技服务业发展的政策措施，出台北京市实施意见。完善科技服务业统计制度。以核心技术研发和商业模式创新为抓手，推动产业融合发展、转型升级。大力发展跨境电子商务，完善交易、认证、支付、物流、信用等服务环境。培育集聚一批社会化投资、专业化服务、市场化运营的科技服务机构。持续推进“设计之都”建设，围绕创意创作、设计制作、展示传播和消费体验等四大环节，打造全产业链科技支撑平台，促进科技、文化与消费结合。办好2015联合国教科文组织创意城市北京峰会。

充分发挥“六高四新”高端产业功能区在创新驱动发展中的作用。推动建设智能硬件产业聚集区、集成电路产业园等一批特色产业园区。建立中关村示范区核心区、亦庄经济技术开发区、顺义临空经济区等功能区创新发展工作机制，加强创新发展的数据监测与分析研究，支持科技创新平台建设。用好北京天竺综合保税区政策，打造科技创新、文化产业国际贸易服务新平台，促进综合保税区转型升级。进一步发挥北京商务中心区的辐射带动作用。推动总部企业实体化经营，研究制定科技型总部企业扶持政策，着重吸引科技型总部在京聚集。

（三）建设创新共同体，促进京津冀协同发展

深化协同创新市场机制。创新政策互动、资源共享、市场开放等3个机制，消除京津冀协同创新存在的隐形壁垒。探索股权激励、项目后补助、成果奖励等支持区域协同创新的有效方式，促进三地科技创新政策对接。促进各类创新资源的开放共享，发挥首都科技条件平台和首都科技大数据平台的作用，为三地企业提供联合研发、检验检测、技术转移、技术咨询等服务。扩大京津冀技术成果交易市场开放程度，支持三地新技术新产品和首台（套）重大技术装备进入市场。

围绕产业上下游布局创新分工。发挥市场机制作用，共建一批实验室、工程中心、科技孵化器、成果转化基地等科技创新载体。大力推动交通一体化、生态环保、产业转移等重点领域率先取得突破，围绕医疗健康服务、大气联防联控等领域，共同组织三地企业、高校院所承担国家重大科技专项，开展联合攻关。设立京津冀基础研究联合基金，先期针对京津冀区域水资源环境、南水北调对京津冀水安全作用等共性问题开展研究。创新科技成果共享与产权管理制度，通过招投标、成果登记等方式促进科技成果示范应用和推广。

开展协同创新试点。围绕“4＋N”合作重点，依据条件成熟度，不断探索区域协同创新的可复制、可推广的经验，以试点示范带动协同创新整体推进。选择北京亦庄开发区、新机场临空经济区、天津滨海新区作为率先推进试点，建立健全自贸区、经济开发区、保税区、自主创新示范区等多区政策互动机制、三地创新资源整合共享机制和市场开放机制。选取北京市顺义区，河北省张承地区、曹妃甸、石家庄等作为重点培育试点，围绕水资源保护、食品安全、新能源应用示范、钢铁产业升级改造、生物医药等领域进行技术创新和示范应用。

（四）优化创新驱动发展环境，激发全社会创新创业活力

建立公平开放透明的市场环境。落实国务院商事制度改革要求，推进市场准入便利化改革，为创新型企业创造宽松的市场准入环境。研究制定加快推进科技类社会组织发展的意见，重点培育和支持产业技术创新联盟等科技类组织的发展。探索建立符合国际规则和产业发展的政府采购技术标准体系、面向全国的新技术新产品（服务）采购平台以及“首购首用”风险补偿机制。将科技创新活动政府采购纳入科技计划，积极利用首购、订购等政府采购政策扶持科技创新产品的推广应用。研究制定促进新技术新产品应用的消费政策，发展商业性的增值服务新业态。

深化知识产权和技术标准战略。深入实施国家知识产权战略行动计划（2014—2020年），高标准推进全国知识产权运营公共服务平台建设，完善知识产权转化运用的促进政策，支持市场化的知识产权运营机构，推动知识产权转化运用体系建设。扎实推进专利导航实验区建设，率先开展全国知识产权投融资服务试点。制定企业海外知识产权预警工作规则。以北京知识产权法院为依托，建设首都特色的知识产权综合执法体系。深入实施首都标准化战略，加快建设国家技术标准创新基地，鼓励企业参与标准创制，推进技术标准与科技创新、产业升级协同发展。

加快形成大众创业、万众创新的生动局面。厚植创业创新文化，加大鼓励创新创业政策的落实力度，鼓励支持利用闲置厂房等场所、孵化基地等多种平台以及天使投资、创业投资等多种融资渠道开展创业创新。实施首都科技创新券，采用政府购买服务方式，支持、引导小微企业和创业团队使用首都科技资源开展研发创新活动。深入实施“公众参与创新行动计划”，启动实施“创业中国引领工程”，打造最具吸引力的创业中心。完善科研人员评价制度，创造鼓励潜心科研的环境条件，为人才发挥作用、施展才华提供更加广阔的天地。大力推进科学技术普及，在全社会积极营造鼓励大胆创新、勇于创新、包容创新的良好氛围。

（五）推进依法行政，加快建设法治政府

加强科技创新重点领域立法。按照“建设法治中国首善之区”的总体目标，健全科技创新法治体系，加快落实《北京市促进中小企业发展条例》和《北京市专利保护和促进条例》，出台实施细则。

紧跟《中华人民共和国促进科技成果转化法》修订进程，推进北京市科技成果转化地方立法工作。研究修订《北京市实验动物管理条例》，保障和推动北京市实验动物相关行业可持续发展，更好地服务医药卫生事业和生物医药产业发展。

全面正确履行政府职能。密切跟踪国家科技管理平台改革进展，加强科技发展战略、规划、政策、标准等制定、实施和监督。全面深化科技管理体制改革，把主要精力放在强化宏观统筹、完善创新政策、激发创新活力、营造创新环境上来。按照国务院和北京市行政审批制度改革决策部署，积极推进行政审批制度改革，加强事中事后监管，推进行政审批事项进驻市级政务大厅，创新审批工作模式，提高服务效率和服务水平。

加强作风建设。巩固和拓展党的群众路线教育实践活动成果，加强“三严三实”专题教育，贯彻落实中央“八项规定”和北京市十五条实施意见，进一步改进工作作风，密切联系群众。加强政府服务和管理方式创新，全面推进依法行政。加强调查研究，广泛听取创新主体的意见建议，接受人大法律监督和政协民主监督，健全决策机制和程序，提高决策科学化、民主化、法治化水平。推动政府购买公共科技服务，发挥社会组织作用，激发社会创新活力。加强科技管理干部队伍建设，不断强化法治理念，提高法治思维和依法履职能力。加强廉政建设，加强对行政权力运行的制约和监督，加大对财政科技经费的监管力度，深入推进廉政风险防控管理，为全国科技创新中心建设提供有力保障。

北京市知识产权局2014年工作情况及2015年工作思路

北京市知识产权局

一、2014年主要工作完成情况

全年，在市委、市政府的正确领导下，北京市知识产权局按照创新驱动发展战略和中央对北京市“四个中心”战略定位的总体要求，以实施首都知识产权战略为主线，以知识产权与经济深度融合为着力点，改革创新，扎实工作，各项工作取得了显著成效。

一是全市专利数量和质量稳步提升。修订《北京市专利资助金管理办法》，从政策层面引导专利申请从重数量向数量与质量并重转变。全年，全市专利申请量为138111件，同比增长12.0%。其中，发明专利申请量达到78129件，同比增长15.7%。全年，全市专利授权量达到74661件，同比增长19.1%。其中，发明专利授权量23237件，居国内首位，同比增长为12.3%。截至年底，全市有效发明专利量超过10万件，达到103638件，居国内第2位，同比增长21.3%。北京市万人发明专利拥有量达到49.0件，继续位居国内各省、市(自治区)首位。全市已有专利试点单位3860家，专利示范单位205家。在第十六届中国专利奖获奖项目中，北京市共有5项发明专利获得金奖，占该奖总数的25%。全年，全市共有国电网、小米科技、奇虎科技、北航等14家单位申请专利超过千件，强级企业凸显。

二是知识产权顶层设计不断深化。新修订的《北京市专利保护和促进条例》经市第十四届人大常委会第六次会议审议通过,并于3月1日正式施行。启动“十三五”知识产权规划编制研究工作。鼓励具备条件的区县单独编制“知识产权”规划,共有12个区县计划单独制定知识产权规划。完成《北京市专利转化运用问题研究和改革建议》《中国中关村与美国硅谷知识产权(专利)对比分析研究》《京津冀、长三角、珠三角专利实力状况比较研究》等数篇研究报告,为决策提供支撑。

三是首都知识产权战略实施扎实推进。组织召开北京市知识产权办公会议工作会,总结五年战略实施情况。对办公会议成员进行调整,调整后办公会议主持人由戴均良副市长担任,组织架构更加制度化、规范化。研究制定《深化实施首都知识产权战略行动计划(2014—2020年)》,制定发布《2014年首都专利事业发展战略推进工作组织实施方案》。召开知识产权保护状况新闻发布会,发布首都知识产权保护状况白皮书。在区县层面,坚持区县季谈会制度,深入开展知识产权发展水平评估。指导房山区建立知识产权联席会议,与石景山区签订知识产权战略合作协议,市区共同开展“知识产权领航工程”。与市农委、通州区政府联合设立国际种业园植物新品种知识产权交易平台。与亦庄开发区联合实施年度知识产权推进工程。

四是知识产权运用工作打开新局面。全力争取全国知识产权运营公共服务平台落户北京,已经得到正式批复,市长王安顺亲自担任建设领导小组组长。起草《北京市加强专利运用工作暂行办法》。实施“专利导航工程”,结合实际,开展试点。新建现代物流电子标签、抗肿瘤生物医药两个联盟。支持金山、小米、TCL等公司组建了国内第一只专利运营和技术转移基金——睿创基金。积极扶持社会资本参与知识产权运营,本市已涌现出10余家专业运营实体。推进知识产权金融创新工作,全年专利权质押贷款金额38.41亿元,其中单笔专利质押贷款的金额首次突破2亿元,达到2.8亿元。

五是中关村示范区知识产权工作实现新突破。与中关村管委会联合印发《2014年中关村知识产权工作要点》和《中关村知识产权领军企业培育方案》,确定联想等首批27家领军企业培育单位。全面启动中关村专利导航产业发展实验区建设工作。中关村知识产权服务业联盟成员扩大至73家,联手人保财险推出专利侵权责任险新产品,专利保险试点单位数量再创新高达到59家,在亦庄园、大兴生物医药基地新建2个审查员实践基地分园区,86名审查员进驻29家中关村企业提供零距离服务。深入推进中关村知识产权一条街建设,首批20家机构进驻致真大厦工作正在推进。全年,中关村示范区企业年度专利申请量首次突破4万件,达到43793件,同比增长15.9%;示范区企业获得专利授权22960件,同比增长9.4%。

六是知识产权服务业健康快速发展。召开促进首都知识产权服务业发展工作联席会,制定并实施《2014年度首都知识产权服务业发展规划推进计划》。制定《北京市知识产权服务品牌机构培育办法》,编印《北京市知识产权服务品牌机构培育工作手册》,评选出首批20家培育单位。深入开展优秀代理机构和优秀代理人评选活动。新增北科大、北工大两所高校,共同培养代理实务人才。截至年底,北京市共有专利代理机构307家,占全国的27.96%,共有执业专利代理人4143名,占全国的39.37%。开展知识产权司法鉴定案件30件,完成司法鉴定报告21件。

七是知识产权保护水平大幅提升。在国内率先成立知识产权法院。建立华北地区专利行政执法协作调度机制,北京12330向两地转交举报投诉187件。深入开展委托执法,受理和查处案件361件,同比增长128%。开展电商侵权监控,发现不规范标注行为2086件,查实两家电商假冒专利案件97件。将京东商城列为电子商务专利保护试点单位,组织编写了《电子商务企业知识产权风险防范指南》。开展展会执法,全年进驻展会29次,现场处理纠纷60件。争取国家知识产权局设立了中国北京朝阳(设计服务业)知识产权快速维权中心。北京12330新建一家分中心和两家工作站,总数达到45家,覆盖13个区县。开展知识产权海外预警,为10家企业走向海外提供知识产权风险防控服务。加大企业海外知识产权维权援助力度，制定《北京市海外知识产权维权援助工作指导规程（试行）》。首都保护知识产权志愿服务总队深入开展志愿服务，年内志愿服务总队已突破1500人，全年开展活动151次，同比增长32.5%。

八是知识产权国际交流合作迈上新台阶。在市委、市政府的大力支持下，市知识产权局经过持续不懈的努力和推进，世界知识产权组织（WIPO）中国办事处正式落户北京市。全年，市知识产权局共接待来自美国、英国、西班牙等10余个国家近百名代表。加强涉外研讨，成功举办2014京港知识产权研讨会、工业品外观设计保护国际研讨会等活动。加强知识产权国际交流合作基地建设，在海淀区知识产权局、北汽福田新建两家基地。

九是知识产权文化建设有声有色。利用“4·26”知识产权宣传周等重要工作节点，加强统筹策划，提升文化氛围。“4·26”期间共发布短信60万条，在蓟门桥区域安装灯杆旗100余根。在西单、王府井等大型商圈及各区县主要广场，滚动播放知识产权宣传片《北京高度》。通过各类活动，直接受众达到500万人。有重点地策划对市知识产权局重要工作开展报道，在参考消息、北京日报等主流媒体报道70余篇，北京新闻报道4次。加大与社会公众的互动，在新浪微博、腾讯微博、人民网微博发布1万余条信息，粉丝总量27万。

二、深刻认识知识产权工作面临的新形势

（一）认识“新常态”下知识产权事业发展规律

当前，北京市知识产权事业发展出现了新特点，也呈现出“新常态”。一是专利数量增长出现新变化，发明专利由高速增长转变为中高速增长。二是专利质量和布局结构进一步优化。PCT专利申请稳定增长，向美、日及欧洲地区的专利申请数量加快增长。三是专利运用水平进一步提升，专利运营、专利金融、专利池等运用方式多元发展，亮点纷呈。四是专利保护正在向更高标准迈进，企业对严格保护知识产权的呼声强烈，严格保护知识产权的社会价值取向逐步确立。五是知识产权制度变革受到社会高度关注，面临着更加多元的利益诉求。我们要准确把握知识产权事业发展新特点，积极适应知识产权事业发展“新常态”，在建设知识产权强国的背景下，建设知识产权首善之区。

（二）适应“新常态”，做出“新调整”

适应“新常态”就是认识“新”的趋势，适应“常”的规律，在思想认识、战略部署、具体工作上做出“新调整”。

一是由跟踪型向超前谋划“调整”，加强重大理论、重要规则、重点问题的分析和研究。经过30多年的强力推进，我国已经成为知识产权大国，中央适时提出建设知识产权强国的奋斗目标。北京作为全国科技创新中心，在建设知识产权强国征程中，坐标系是什么？发挥怎样的引领和示范作用？北京要发展“高精尖”产业，知识产权如何发挥支撑、带动作用？这些都需要认真研究。

二是由追求数量向提质增效“调整”，尽快占领创新制高点和产业高端。北京专利数量绝对量可观，结构在全国也是最佳，但从单件专利交易额，基础专利、核心专利比重，产业链高端专利数量看，还不理想。要按照建设全国科技创新中心的要求，继续加大研发投入，科学配置创新资源，创造出与中国经济规模、科研人员数量、产业发展需求相适应的专利。

三是由少量转化向充分释放知识产权能量“调整”，发挥首都创新发展示范带动作用。建设全国知识产权运营公共服务平台，是推动知识产权转化运用的重大利好，也是北京创新知识产权转化运用体制机制的有益探索。我们要坚持“有所为、有所不为”，严格按照市场规律、产业发展规律、价值实现规律办事。在科学定位、制定规则、加强监管、服务用户上多做文章、做好文章。

四是打击国内侵权为主向打击国内侵权与服务企业海外发展并重“调整”，为北京企业“走出去”保驾护航。随着“一路一带”战略实施，北京企业“走出去”步伐显著加快，涉外知识产权纠纷会大幅度上升，加强国外知识产权法律制度和应对策略培训，开展海外知识产权预警和维权援助工作专项尤为急迫。在这方面我们需要加大力度。

五是由孤芳自赏向加强协作共同发展“调整”，推进区域知识产权事业发展。京津冀协同发展，已上升为国家发展战略，与之相应的也需要知识产权的大协同、大合作。京津冀生产要素集中，产业呈梯度发展的格局，互补性强，在知识产权各个领域，京津冀合作的空间巨大。我们要在国家知识产权局的统筹指导下，从知识产权资源要素互补合作为主向创新发展互助合作转变，从松散型合作向机制化合作转变，形成知识产权区域合作的新常态。

六是由苦练内功向注重加强国际交流合作“调整”，扩大首都知识产权国际影响力。作为第二大经济体的首都，作为 WIPO 中国办事处所在城市，知识产权工作不能满足于在国内领先，要有雄壮的气魄，主动参与知识产权国际事务，加强与国际组织、发达国家、发展中国家、行业组织的交流合作，要承担起让世界了解北京知识产权保护成就的重任。

三、2015 年重点工作任务

2015 年是全面深化改革的关键之年，是全面完成“十二五”规划的收官之年。市知识产权局将按照建设全国科技创新中心和构建“高精尖”经济结构的要求，顺应首都发展“新常态”，深入实施首都知识产权战略，着力提高知识产权创造、运用、保护和管理能力，助力首都经济在新常态下提质增效升级。重点做好以下工作。

（一）贯彻知识产权强国战略，深化顶层设计谋篇布局

一是落实知识产权强国战略，建设知识产权首善之区。按照知识产权强国战略总体要求，围绕巩固和强化全国科技创新中心地位，研究制定知识产权首善之区建设方案。完善新闻发布、议事会商、沟通对话、数据统计和情况通报等机制，充分发挥办公会议统筹协调职能，将《深入实施首都知识产权战略行动计划（2015—2020 年）》落到实处。制定发布《2015 年首都知识产权战略推进计划》。强化知识产权战略推进工作跟踪督导落实，协调相关委办局组成联合检查指导组，对各单位《战略行动计划 》落实情况进行检查、督导和评估。

二是服务依法治国首善之区建设，构建知识产权政策法规体系。研究并制定《加强知识产权保护与运用推进科技创新中心建设的意见》，并适时以市政府文件下发。落实《北京专利保护和促进条例》，颁布实施《北京市促进专利转化运用暂行办法》等一批政策法规。加强知识产权前沿问题研究，科学制定《北京市知识产权（专利）“十三五”发展规划》。围绕申办 2020 年冬奥会，修订《奥林匹克标志知识产权管理办法》，制定《冬奥会知识产权保护规定》。出台《北京市专利资助金管理办法实施细则》和《绿色通道办法》，组织编印专利资助政策制度汇编、申报指南，方便权利人申请专利。

（二）激发知识产权创造活力，服务全国科技创新中心建设

一是以“千件企业计划”为重点，提升专利创造数量与质量。联合相关部门，深入实施《千件专利企业培植计划》，培育知识产权强级企业。进一步深化企事业单位专利试点示范培育工作，不断扩大企业知识产权工作覆盖面，引导北京市企业提升知识产权综合能力。促进在京高校、科研院所智力资源向专利试点示范企业释放，以市场需求为导向，推动校企联合进行专利创研、专利产业化应用和企业知识产权管理人才培养，形成校企多元化、多层面、多目标对接合作与协同发展格局，重点在 2～3 所示范高校推行。

二是实施专利导航试点工程,促进专利密集型产业发展。深入实施专利导航试点工程,推动各央属专利导航试点企业、市属专利导航试点单位、中关村专利导航发展实验区以及重点行业协会进行专利导航产业发展先行先试工作。重点在移动通信与互联网、新能源汽车等专利密集产业开展专利分析、挖掘布局等专项导航工作。推动重点产业知识产权联盟建设,拟新建重点产业知识产权联盟 2 ~ 3 家,构建以需求为导向、以联盟为载体、产学研用有机结合的专利联合创研与产业化对接融合模式。实施小微企业知识产权培育计划,扩大知识产权创造基础。联合市经信委,深入推进中小企业知识产权托管工程。

(三)加强知识产权转化运用,促进创新成果实现价值

一是以承建全国知识产权运营公共服务平台为契机,大力推动转化运用工作。协调市政府、国家知识产权局成立专项工作办公室。制定平台建设领导小组工作制度,进一步明确资金管理制度和平台建设项目管理制度等。推动国家层面出台保障全国知识产权运营服务平台市场化良性运作的政策和措施。开展平台选址工作。探索建立知识产权运营引导基金,鼓励支持社会资本设立知识产权运营产业基金。鼓励有条件的高校和科研院所建立知识产权转移转化机构。完成应用软件系统开发和数据工程建设工作,保障信息平台二期工程建设成果在"4·26"期间全面上线试运行。

二是大力推进服务业发展和金融创新,助推首都经济提质增效升级。出台《加快发展首都知识产权服务业的实施意见》。贯彻落实《北京市知识产权服务品牌机构培育办法》,开展第二批知识产权服务品牌机构培育评选工作。组建首都知识产权服务业协会。深化知识产权要素一条街建设,在推动致真大厦进驻的同时,拓展其他进驻场所,增加一条街的进驻规模和影响力。落实国家知识产权局《关于加强知识产权金融服务工作的意见》,大力推进专利权质押融资、专利保险工作,完善专利保险服务体系,支持保险机构开展专利保险业务。对专利证券化工作进行研究。

(四)加强重点区域知识产权工作,发挥创新主战场作用

一是深入推进中关村知识产权工作,助力全球有影响力的科技创新中心建设。深入实施中关村知识产权推进计划。大力建设中关村专利导航产业发展实验区,研究并出台《中关村专利导航移动互联网产业创新发展的意见》。加快建设中关村知识产权服务业集聚发展试验区,深化中关村知识产权服务业联盟建设,推进中关村知识产权金融创新。加大中关村知识产权领军企业的知识产权培育力度,实施中关村小微企业知识产权帮扶计划,加强中关村知识产权人才培养。推动中关村一区十六园知识产权协同发展,开展中关村知识产权"园中园试点"工作,定期发布一区十六园专利数据报告,加强专利数据分析的支撑作用。

二是深入推动区县知识产权工作,知识产权深度助推区域经济发展。开展区县知识产权(专利)发展水平评估。在与海淀、石景山区战略合作的基础上,整合全市资源,与重点区县联合开展知识产权强区、先行区建设工作。以国家知识产权试点示范城市和强县工作为重要抓手,带动海淀、朝阳等试点示范城市和强区工作整体推进。与亦庄开发区签订合作协议,实施《北京经济技术开发区知识产权推进计划》,服务中心进驻亦庄开展深度服务。在亦庄开展重大经济活动知识产权评议试点工作,引导市场主体加强知识产权防御。

(五)加强知识产权保护,切实维护首都良好的创新环境

一是按照"大统筹、小聚焦"思路,深入开展知识产权保护工作。深化委托执法,推进区县间交叉执法,充分发挥市区两级专利行政执法体系的作用。加强电商领域假冒专利行为的监控,积极构建电商专利侵权的快速处理机制。不断完善京津冀专利行政执法协作工作机制,积极构建案件移送、协助调查、协助送达、协助执行等工作渠道,共同开展专利执法专项行动。发挥和放大中国北京(朝阳)设计服务业快速维权中心作用,探索成立设计服务业知识产权联盟。

二是大力开展知识产权维权援助服务,为创新保驾护航。争取更多财政资金支持,推动涉外维

权援助工作实现新突破。深入开展区域重点产业和典型企业专项援助，紧密结合区域产业特点、资源优势和企业需求，开展全知识产权类型、全产业链的服务。进一步夯实举报投诉和维权援助工作服务体系。扩大12330分中心、工作站服务范围，加强与未建立工作站的创新创业组织之间的联系，拓展服务网络。指导软件和信息服务业行业协会等单位试点建立专业性知识产权纠纷人民调解组织。推动首都保护知识产权志愿服务工作，打造一批特色志愿服务项目，提升志愿服务能力。

（六）大力开展国际合作交流和宣传，扩大首都知识产权国际影响力

一是充分利用WIPO平台开展创新性工作，大力开展知识产权国际交流。起草北京市与WIPO合作谅解备忘录草案，以市政府名义与WIPO签署知识产权合作谅解备忘录。与WIPO中国办事处合作，开展知识产权名师大讲堂、知识产权中小学生夏令营等活动。制定外向型企业知识产权工作指引，开展外向型企业知识产权研讨交流活动，提升海外知识产权布局与风险防控能力。遴选国内外知识产权高端服务机构和海外知识产权志愿者观察员企业，建设海外知识产权服务体系。做好京港、京台交流工作。开展知识产权国际交流合作基地建设，拟再新建一家基地。

二是加强知识产权宣传工作，营造浓厚知识创新氛围。以北京市知识产权办公会议名义召开新闻发布会，发布2014年首都知识产权保护状况。利用“4·26”等重要节点，大力开展宣传。利用新媒体做好宣传，充分运用新浪、腾讯和人民微博以及市知识产权局微信公众平台及时开展宣传。与市教委合作，开展知识产权进校园活动，探讨推进青少年知识产权教育制度化。加强知识产权对外宣传，以首都知识产权国际交流合作基地为平台，以赴外出访与外事接待为契机，以对外知识产权研讨交流为抓手，多渠道对外宣传北京市知识产权工作。

北京市教育委员会科研工作2014年总结和2015年计划

北京市教育委员会科学技术与研究生工作处

一、2014年工作总结

1. 产学研及国内外联合研究生培养基地工作。组织编制了《北京高校产学研及国内外联合研究生培养基地建设成果概览》。目前，北京高校产学研联合研究生培养基地有15个，国内外联合研究生培养基地有14个。在总结以往研究生联合培养基地建设经验的基础上，继续开展基地二期建设工作。研究起草了《关于深入推进北京高校产学研及国内外联合研究生培养基地建设的意见》，正在广泛征求各方意见。

2. 组织完成第三批北京实验室申报评审工作。加强对北京实验室建设的组织指导。新批准成立2个北京实验室。目前，共批准建立9个北京实验室。各实验室在人才培养、科学研究、服务北京方面均取得了良好成绩。

3. 完成“京校十条”有关实施细则制定工作。按照《教育部 财政部关于实施高等学校创新能力提升计划的意见》（教技〔2012〕6号，简称“2011计划”）和市政府《加快推进高等学校科技成果

转化和科技协同创新若干意见（试行）》（京政办发〔2014〕3 号），制定印发了《北京市属高等学校“2011 计划”实施方案》。

4. 完善市属院校科研立项办法。本着局部试点、稳妥推进的原则，计划以学校和教师最为关注的重点项目为试点，在今年重点项目的申报组织工作中增加或完全放开申报限额。在社科重点项目上，将现有申报限额中非重点学科限额数增加 3 倍，重点学科不再单独分配申报限额。科技重点项目与北京市自然科学基金项目全面对接，完全放开申报，凡符合申报条件均可自由申报。这次申报方式调整大大调动了市属高校广大教师和科研工作人员的积极性，重点项目的申报十分踊跃，取得了预期效果。

5. 完成市属高校增列硕士专业学位授权点审核工作。坚持“服务需求、深化改革、动态调整、保证质量”的原则，评选出增列的硕士专业学位点 40 个，调整的硕士专业学位点 1 个，涵盖了 21 个单位。

6. 完成了研究基地建设验收工作。联合市社科规划办组织专家组对相关北京市哲学社会科学研究基地建设情况进行了检查验收。完成了北京工业大学、北京交通大学、中央财经大学、北京舞蹈学院等 4 个新增北京市哲学社会科学研究基地工作。批准建立了 50 个北京市哲学社会科学研究基地。

7. 启动了北京高校“高精尖”创新中心建设工作。贯彻落实总书记关于北京功能定位的精神，结合高校科技创新、人才培养和服务社会的主要功能，根据市领导指示，完成了北京高校“高精尖”创新中心建设计划、管理办法、建设方案等文本的起草工作，组织召开座谈会，征求有关学校及专家的意见和建议。

8. 启动了科技评价改革工作。开展专题调研工作，根据北京地区高校的实际，提出改革原则和要求，进行了工作布置。

9. 完成了新一批科技成果转化项目评审工作。紧密围绕国家和北京市社会发展需求，组织实施了 2015 年度市属高校创新能力提升计划项目和 2015 年度中央在京高校重大成果转化项目。经立项程序，遴选产生了 32 项提升计划资助项目和 3 项重大成果转化项目。项目主要涉及高端装备、节能环保、新材料、电子信息、疾病防治等领域，部分项目则着重研究京津冀协同发展中的财政、金融、服务业发展等问题，项目的实施将充分发挥北京高校的社会服务职能，服务民生，助力产业技术升级和经济结构转型。

二、2015 年重点工作

1. 推进北京高校“高精尖”创新中心建设工作。鼓励高校全面整合国内各类创新要素，积极吸纳国际优质创新力量和资源，广聚国际领军创新人才，通过央属院校和市属院校的良好互动，深入推进协同创新和开放创新，力争在核心技术和关键技术领域取得大的突破，产出一批有影响力的成果，切实解决重大科学问题、产业发展问题，造就一批杰出人才，建设 20 个左右在国内外具有重大影响的科技创新和人才培养基地。

2. 推进科技评价改革工作。开展专题调研工作，根据北京地区高校的实际，以试点方式提出改革原则和要求。根据不同的学科特点，按照成果属性的不同，从科研水平、成果价值、应用转化前景等多方面，综合运用定性、定量的评价方法，利用同行评议法、文献计量方法、经济计量方法和综合指标体系评价法等手段，设计、建立综合、全面、科学的评价体系。

3. 继续实施科技成果转化项目。继续面向市属高校和中央在京高校实施创新能力提升计划项目和重大成果转化项目。密切市属高校与北京经济社会发展的联系，强化需求导向意识，以服务求发展，以贡献求支持，加快科技创新和哲学社会科学研究成果转化落地，提高科学研究水平，增强承接北京市和国家重大科技专项的能力，为北京创新驱动发展和社会进步做出应有贡献，充分发挥中央在京高校优质科教智力资源优势，促使中央在京高校重大成果在京实现转化和产业化，服务北京经济社会发展。

北京市科学技术协会2014年工作总结和2015年工作安排

北京市科学技术协会

一、2014年工作情况

（一）学习领会党的十八届三中、四中全会和习近平总书记系列讲话精神，全面贯彻落实中央和市委的决策部署

坚持把学习贯彻党的十八届三中、四中全会和习近平总书记系列讲话精神作为重要政治任务，认真抓好学习教育和贯彻落实工作。把十八届三中、四中全会和习近平总书记系列讲话精神作为党组中心组学习的重点内容，组织学习，深刻领会，全面把握精神实质。坚持理论学习与当前形势任务、工作实际相结合，指导科协工作实践。突出全员化教育学习，局级领导参加了市委组织的读书班，处级领导干部集中5天时间，处级以下干部集中3天时间，分别进行专题培训，科协党员干部贯彻中央决策部署的思想自觉和行动自觉进一步提高。一年来，先后组织了三中全会精神讲座，四中全会精神辅导报告会，市委十一届四次、五次全会精神等专题学习，组织召开了科技工作者科技创新中心建设座谈会、八大代表读书班，观看《苏联亡国亡党20年祭》等视频，不断把学习教育引向深入。各学会、区县科协努力把中央精神贯彻到科协工作中。北京环境科学学会贯彻三中全会精神，开展“资源环境约束下的区域一体化发展战略”研讨；丰台区科协把学习四中全会精神与重温《科普法》相结合，依法开展科普活动；通州区科协举办党建强会论坛，探索党建新机制、新思路、新方法。

贯彻落实习近平总书记“着力推动京津冀协同发展”的重要指示，京津冀三地科协联合开展“京津冀科技协同创新战略研究”专题调研，提出三地科技资源统筹与协同创新的建议。与中关村管委会合作，利用中关村和市科协所属学协会科技资源，支持天津小微企业创新发展。与市政协科技委开展“京津冀创新驱动大联合”研究，与市社科联共同举办“京津冀协同发展首都面临的机遇与挑战”高峰论坛，为京津冀协同发展建言献策。加强京津冀三地学会合作，围绕三地经济社会发展需求开展学术研究。

（二）完善“三个服务体系”，服务首都科技创新中心建设

习近平总书记考察北京工作时，提出北京要坚持和强化“四个中心”的核心功能。市科协积极把“科技创新服务支撑体系、首都农业科技推广服务体系、决策咨询服务体系”融入科技创新中心建设大局，助力首都经济社会发展。

一是加强5个平台建设,为企业的科技创新提供支撑。发挥高端智力资源与企业自主创新对接平台作用,以院士专家工作站建设为重点,引导创新要素向企业聚集。以院士专家工作站建设五周年为契机,总结梳理成功经验和做法,进一步完善工作站的管理机制和运行机制。会同市委组织部、市财政局、中关村管委会等十部门联合印发《关于加强北京市院士专家工作站建设的意见》,从人才引进、税收减免、资金支持、表彰奖励等方面进行政策引导,推进院士专家工作站可持续发展。2014年,新成立院士专家工作站20个,院士专家服务中心4个,累计成立工作站80个,服务中心10个。2014年各工作站新申请专利472项,获得专利授权162项。

发挥国外专利推介服务平台作用,开展科技信息推广应用"一站式"服务,促进国外专利引进吸收和再创新。举办7场专利信息推介会、6场知识产权工程师培训活动,培育企业高管、科技工作者500名。支持企业技术革新,为411家企业的科技成果转化及专利布局提供帮助。

发挥创新理论培训平台作用,坚持从企业需求出发,借鉴国内外先进理念和方法,传播先进的创新理论,以科协的优势带动企业创新领域的发展。编印《创新理论TRIZ培训教材》2000册,面向企业技术人员、高校学生,举办了18场创新方法培训,80余次创新方法研讨。

发挥海外智力成果转化平台作用,举办中美创新连接——大数据研讨会、"大数据开启智能生活"分论坛等海智活动,汇集海外专家资源开展咨询建议,推动北京大数据产业发展。举办海智项目洽谈活动、视频会议等36次,引进海智项目119个。

完善科技研发创新与应用服务平台建设,调整金桥工程的工作定位和服务对象,重点向青年科技工作者科技研发和科技成果转化提供启动资金。改进资助方式,提高资助力度,资助资金由60万元增长到180万元,为50个种子资金项目提供支持,带动科研、项目经费2000万元。

二是完善"基站"6个中心功能,促进首都"三农"发展。重点加强10个科技套餐工程都市型现代农业示范基站的建设,强化"基站""都市型现代农业综合展示中心、农业技术推广中心、乡土专家培训中心、新型农民培训中心、技术咨询中心和籽种研发中心"六大功能,形成以"基站"为龙头的区域科技服务"三农"综合体系。各"基站"全年开展科技下乡活动900多次,受益农民32万人次,试验示范科技成果191项,示范辐射面积52万亩。培养林果、花卉等产业的乡土专家830名,组建150支乡土专家技术服务队,为146名新型农民颁发职业技能证书。

三是完善科技思想库建设,提高决策咨询质量。以科技思想库建设为核心,进一步完善决策咨询服务体系。思想库技术平台经过内部试运行,数据库信息由2013年的81万条增加到3500万条。围绕交通与环境污染、创意设计产业、水安全等主题,举办决策咨询沙龙11期。加强重点课题调研,完成"京津冀科技协同创新战略研究"等24项课题,以专家视角建言献策。广泛开展科技工作者建议工作,征集各类建议180余项。"本市大气污染现状、治理工作中存在的问题及相关建议"等得到市领导批示。全年编发《科技工作者建议》6期、《科技人力资源专报》10期、《科技参考》9期,专报市委、市政府,服务领导科学决策。

(三)扎实推进纲要实施,服务全民科学素质建设

坚持以推动《纲要》实施为主线,创新方式方法,推进科普信息化建设,提升科普工作高端化、国际化水平。

一是与各区县政府签订《落实全民科学素质行动计划纲要共建协议》。对各区县纲要实施情况进行全面调研和测评,指导区县摸清底数,查找薄弱环节,采取针对性措施,提出"十二五"末各区县科学素质建设指标。市科协代表市政府与各区县政府签署《落实全民科学素质行动计划纲要共建协议》,明确区县政府的责任,确保北京市"十二五"公民科学素质目标的完成。各区县政府积极推进协议落实,海淀、怀柔、延庆、石景山、顺义等区县组织实施百村农民科学素质提升行动,取得较好成效。

二是发挥主题科普活动的作用。以科技周、科普日等为重点,以经常性的科普讲座、展览、论坛为补充,实现科普活动全年不间断。北京科技周期间,举办商业科技周、中科院公众科学日等标志性活动14项,重点活动71项,基层活动2000多项。其中,科技进农村478次、进社区1825次,免费开放科普场馆194个。科学嘉年华活动有21个国际科普组织和130多家国内科普机构参与,公众体验项目达到350个,总受益人数达246万人次。活动期间还举办国际科学秀表演、北京科学节圆桌会议,增强了科普活动的国际影响力。

承办中国科协"科技梦·中国梦——中国现代科学家主题展",在全国15个城市巡展,参展人数达到21万余人次。在西城区、昌平区组织6场诺贝尔奖获得者北京论坛主题展活动,9万人次现场感受诺贝尔科学精神。各区县科协、学会积极开展科普活动,形成全市大联动的局面。东城区组织科普游园,昌平区举办"健康昌平人",汽车工程学会举办汽车技术大讲堂,减灾协会开展科学减灾宣传等,受到基层普遍欢迎。

三是加强科普资源集成和基础设施建设。发挥北京科普资源联盟作用,积极探索市场条件下科普资源开发、生产、推广和使用,整合科普资源14余万件。组织动员100多个科普场馆及293家科普教育基地,发挥科普功能,参与北京科技周等科普活动。科普创作出版专项资金资助出版《神奇科学》等17种科普图书和音像作品,《从农田到餐桌》等被评为全国优秀科普作品。北京科学中心筹建工作有序推进,立项报批程序基本完成,展教品设计制作、工程装修改造等正按计划进行。东城区科协编印《科普导航》,方便基层科普活动;西城区专项资金支持建设金融街"智慧科学馆"等街道和社区科普场所,基层科普设施逐步完善。

四是加强科普信息化建设。落实国家副主席李源潮关于加强科普信息化建设的指示,积极探索科普信息化机制。进一步完善科学传播体系建设,新成立北京科普信息化联盟,中国传媒大学、新浪网和环球悦时空文化公司等近30家单位作为首批成员入盟。在已有科学传播人颁奖典礼基础上,新搭建了年度十大科学类流言发布和年度十大科学传播事件发布两个工作平台,实现对公众舆论引导、科学传播方式引导、鼓励公众参与科普工作三位一体工作格局。积极完善数字化科普网络体系,提升科学传播功能。推动以"蝌蚪五线谱"网站为龙头,由手机终端、社区数字科普视窗、楼宇电视、西单科普数字化传播中心等,共同组成数字化科普网络体系。通过对优质资源进行再开发,制作移动客户端、科普微视频、科普轻游戏等,实现资源的高效共享和再利用。蝌蚪五线谱网日点击量达到13万次,官方微博、微信公众号等新媒体传播平台关注人数超过61万。朝阳区科协投入1000多万元,建设数字科普视窗;房山区实施"云科普"项目,打造科普移动终端;大兴区创建网络数字科普馆,推进科普资源的数字化。

(四)创造条件、提升能力,积极服务科技工作者

积极创造条件,提升服务能力,丰富服务形式,努力满足不同群体科技工作者的需求。

一是积极培养、举荐、表彰青年科技工作者。努力服务青年科技工作者的学术成长。2014年的北京科技交流学术月以"开放·合作——建设科技创新中心"为主题,集中举办各类学术活动133项。立项资助248项专业学术活动,支持学会发挥专业优势开展学术交流活动。成功举办青年学术演讲比赛,800名青年科技工作者针对雾霾、节水等社会热点,以及纳米材料应用等前沿学科,交流学术成果,展示青年人才风采。着眼青年科技工作者成长,资助开展青年学术活动87项,资助青年学者出版学术专著17本,资助青年科技工作者参加39个国际学术会议。积极举荐、表彰优秀科技工作者。组织开展中国青年女科学家奖、全国优秀科技工作者、茅以升北京青年科技奖、北京优秀青年工程师评比等推荐和评选,激励科技工作者取得更多、更好的创新成果,252名科技工作者分别获得十佳全国优秀科技工作者、全国优秀科技工作者、茅以升北京青年科技奖、北京优秀青年工程师标兵、北京优秀青年工程师等光荣称号。广泛了解科技工作者需求。建立驻会领导

联系点制度和联络员走访制度，全年驻会领导开展调研100多次，联络员走访学会80多家。

二是重视培养青少年科技后备人才。以科学家进校园、高校科学营为重点，面向中小学生开展科学普及。科学家进校园经过半年的试点探索，向全市中小学推广，组织各类活动3000多场，超过30万人次中小学生参加。高校科学营北京营的2739名师生，通过名师讲座、走进国家重点实验室、参与主题科技实践活动，感受科学魅力，激发科学热情。探索青少年科技创新人才成长规律，发现培养有潜力的青少年创新人才。实施“青少年科技后备人才早期培养计划”，选拔500名优秀学生，在160名教授指导下，走进150个国家和北京市重点实验室，参与科学研究。实施中学生“英才计划”，100名中学生接受院士、长江学者等导师的重点培养。举办高质量的科技竞赛，展示青少年科技创新成果。组织开展青少年科技创新大赛、青少年机器人大赛、明天小小科学家等活动，并在全国和国际赛事上取得优异成绩。北京市科技创新大赛，有30多万中小学生参加，1885项作品参加决赛，12个国家和中国澳门地区的36个项目全程参与，赛事规模、水平、影响力不断提升。在第二十九届全国青少年科技创新大赛上，北京队获得13项一等奖，连续13年称冠。

三是促进高校学生参与科技创新，加强科学道德和学风建设。联合市教委、市知识产权局、中关村管委会等7家单位，共同主办首都大学生科技创新作品与专利成果展示推介会，为高校学生参与科技创新、展示创新成果搭建新的平台。京津冀三地55所高校参加，展出科技创新作品和专利成果536件。3个项目成功申请专利，6个项目与企业签订合作合同，11个项目获得创新金奖，大学生创新创业的热情日益高涨。

深入开展科学道德和学风建设宣讲教育活动，培养学生高尚的学术人格。承办全国科学道德和学风建设宣讲活动，举办北京市宣讲教育报告会，带动首都高校、科研院所开展各具特色的宣讲教育活动，6万名本科高年级学生和研究生新生参加。编印《著名科学家科研诚信和学术风范故事集》和《科学道德和学风建设简明读本》，方便学生深化巩固宣讲教育成果。

四是发挥老科技工作者作用。组织老年科技日活动、“五进”科普活动和“四技”服务，为老年科技工作者参与首都经济社会建设，创造条件、搭建平台。全年举办“科普讲师团”“医疗健康宣讲团”等科普报告70场，听众达到8万人次，组织撰写科普文章259篇。围绕道路交通、生态环境、科技创新等提出建议82项，《关注事业单位老同志收入低问题，避免发生过激行为影响社会和谐》调研报告得到市委领导重视。

（五）扩大对外民间科技交往，深化合作创新

围绕北京科技创新中心和国际交往中心城市定位，结合市科协自身特点，积极布局、拓展渠道，广泛建立和发展与海外科技团体的合作，深化对外科技交流与合作。

一是坚持高端化布局对外民间科技交流。围绕国家外交战略和北京对外友好交往大局，建立对外科技交流体系，积极汇聚资源，搭建平台，助力首都发展。以欧美科技发达国家的科技交流为重点，结合“一带一路”建设和周边外交需要，推动亚非友好国家的科技交流与合作。2014年北京科学嘉年华活动，参与活动的海外组织已覆盖欧洲、北美、南美、亚洲、非洲和大洋洲。注重发展与国际重要科技组织、国家级科技部门和机构的交流与交往，与国际公众科学传播委员会等3家重要国际科技组织建立了合作关系，与阿根廷国家科技研究委员会等27家国家级科技部门、科技机构签署了合作协议。

二是突出广泛性拓展对外交流渠道。围绕科协工作实际，进一步巩固和拓展与国际和港澳台科技组织、海外华人科技团体、外国驻华大使馆及相关国际科技组织驻京机构的交流合作。2014年，与智利、阿联酋、瑞士等5个国家科技组织新建立了联系，与巴西生命科学基金会、全俄科学节组委会、阿布扎比科技发展委员会等26家国外科技组织新建合作关系。全年邀请52个国外及港澳台科技代表团来京参加北京青少年科技创新大赛等活动；派出18个科技团组出境参加国际科学

传播大会等交流合作。

三是注重实效性深化科技交流与合作。组织在京科研单位、科技企业赴意大利参加第八届北京—意大利科技经贸周，举办“伽利略发现了新科学”主题系列活动。期间，举办国际合作圆桌会议5场、B2B洽谈73场，达成6项合作意向。北京—意大利科技经贸周活动成为李克强总理访意时中意科技创新周的首场重要活动。举办京台青年科学家论坛，两地400多名青年科学家围绕雾霾治理、节能减排等热点问题开展研讨，形成专家意见。组织3次驻华外交官科技交流活动，进一步密切了与驻华使馆及国际科技组织驻京机构的联系。

（六）坚持深化改革，不断加强科协团体自身建设

围绕发挥桥梁纽带和枢纽型社会组织作用，积极探索科协组织建设的新模式，依靠深化改革增强科技社团活力，促进团体健康发展。

一是加强科技社团党建工作。不断完善科技社团党建工作机制，加强社会组织党建工作理论研究，探索党建引领社会组织发展的方式，切实发挥党建工作小组和基层党支部作用。2014年，新批准建立党建工作小组36个，累计成立128个，与4个独立党支部、1个联合党支部共同构成市科协社会组织党建工作体系，基本实现了党的工作和党的组织全覆盖。投入35万元资助27个党建项目，支持学会党组织开展工作。

二是加强学会能力建设。实施“百强社团”计划，遴选第一批20家学会，给予重点指导和资金支持，明确学会的功能定位，努力在政府需要、社会欢迎、学会所长的领域发挥作用。开展学会作用发挥与能力提升对策研究，通过案例分析、文献研究、调研访谈等形式，厘清学会在能力方面存在的问题，提出对策建议。积极承接政府购买社会组织服务，统一申报政府购买社会组织服务项目20个，获得经费资助392万元。其中，“科学健康人”项目有20多个医科学会参加，在社区开展健康科普讲座、培训社区全科医生、开通健康班车等，服务市民健康。北京林学会、减灾学会等33家学会开展33项社会化服务项目，地质学会、食品学会等6家学会开展职称评审工作，9家学会开展詹天佑土木工程科学技术奖、中国龙腾设计奖等科技奖励工作。帮助学会申请政府购买社会组织管理岗位22个，充实学会力量。指导学会落实清理规范离退休领导干部学会任职的规定，保证学会工作平稳过渡。加强科技期刊管理，组织专家对学会主办的20种科技期刊进行审读。

三是加强区县科协、基层组织能力建设。指导区县科协深入开展党的群众路线教育实践活动。门头沟区科协组织党员干部深入帮扶村支农惠农；通州区科协把为民服务落实到科普工作中。深入开展区县科协组织建设专题调研，指导区县科协依据章程开展组织建设，怀柔区、通州区科协完成换届工作。举办科协主席培训和专兼职干部培训，提高履职能力。举办“新时期企业（高校）科协职能作用”高级研修班，为更好发挥企业（高校）科协的作用提供理论指导。积极推进企业科协组织建设，新成立中冶建筑研究总院有限公司等7家行政事业及企业单位成立科协组织。

四是加强科协机关建设。今年，科协机关自身建设以巩固深化党的群众路线教育实践活动成果为重点，针对整顿会风文风、开展调查研究等29项整改任务，认真逐项落实。制定了《关于改进领导班子调查研究工作的规定》等5项制度。组织开展“严禁在公务活动中赠送或接受礼品等问题”等3次专项整治活动。驻会领导带头转变工作方式，开短会、讲短话，精简文件简报，规范出访活动，科协系统工作作风得到明显改进。认真落实《党政领导干部选拔任用工作条例》，不断加强科协领导班子和干部队伍建设。做好科协重点工作宣传，加强精神文明建设，树立了科协的良好形象。

二、2015年工作计划

（一）学习贯彻党的十八届三中、四中全会精神和中央关于群团工作的意见，切实发挥科协组织的政治引领作用

把学习贯彻十八届四中全会精神与贯彻落实十八届三中全会精神、学习贯彻习近平总书记系列重要讲话特别是关于科技创新的讲话、学习贯彻中央关于群团工作的意见有机结合起来，切实在思想上、政治上和行动上与以习近平同志为总书记的党中央保持高度一致。联系科技界和科协工作实际，积极运用各种手段，精心组织学习宣传活动，把学习贯彻十八届四中全会精神纳入科协系统干部培训的重点内容，把宪法法律学习列入中心组学习内容。团结带领广大科技工作者立足本职岗位，依法依规从事科研活动、科技成果转化、开展创新创业。发挥科技社团对会员的行为引导和约束作用，支持学会依据法律法规和章程加强科研诚信制度建设。深化科学道德和学风建设宣讲教育，营造良好学术环境。依法维护科技工作者合法权益，发挥科协组织在社会主义法治社会建设中的积极作用。

（二）全力以赴、高质量完成"十二五"规划目标任务和"十三五"规划编制工作

做好"十二五"全民科学素质建设的收官工作，动员纲要办公室各成员单位、各区县，采取有力措施，依据《共建协议》抓好重点人群的素质提升，确保"十二五"末13.04%的目标全面实现。总结过去5年工作经验，梳理存在的问题，研究"十三五"公众的科普需求，编制《"十三五"科学素质建设实施方案》，明确目标、任务和措施。根据《北京市"十三五"规划编制工作方案》和中国科协相关工作部署，全面总结过去5年科协事业发展的经验与问题，科学谋划未来5年科协事业发展的目标任务。注重做好与北京市和中国科协"十三五"规划衔接，精心编制好《北京市科协"十三五"事业发展规划》。

（三）发挥科协组织优势，助推北京科技创新中心建设

充分发挥学科齐全、人才荟萃、组织健全的优势，汇聚京津冀三地科协资源，助力京津冀协同发展。紧密围绕首都提升自主创新能力，率先实现创新驱动发展的中心任务，发挥科协组织不可替代的作用，推进创新环境建设，努力为科技工作者创新创业提供支持。采取有效措施积极促进科技与经济相结合，支持科技社团参与科技服务业建设，进入经济建设主战场。推动院士专家工作站、金桥工程、科技套餐配送工程等工作，促进创新成果运用。聚焦中关村国家自主创新示范区建设，落实与中关村管委会、市工商联、市知识产权局战略合作协议，为企业自主创新提供智力支持。围绕创新发展，广泛听取科技工作者建议，积极发挥科技工作者在建设科技创新中心的作用。

（四）找准决策咨询机制定位，助推首都经济社会发展

按照《关于加强中国特色新型智库建设的意见》要求，突出科协优势和特色，加强顶层设计，完善工作机制，优化工作流程，体现权威性强、公信力高的特点，不断提升决策咨询工作水平，在服务首都经济社会发展，服务首都科技创新中心建设中发挥积极作用。围绕首都发展的关键问题，组织开展"促进京津冀科技成果转移与产业化的政策研究"等课题研究，着力提高重大课题调研质量。增强决策咨询沙龙的针对性、时效性。围绕京津冀协同发展、科技创新中心建设、城市病治理等重大发展战略问题，找准选题切入点，注重成果提炼与报送。建设高水平的决策咨询队伍，充分利用首都科研院所密集、科技人才荟萃的优势，凝聚一批政治素质好、政策水平高、决策咨询能力强的专家和团队。

（五）做好顶层谋划，提升科普服务能力

充分发挥全国科普日、北京科学嘉年华、北京科技周等主题科普活动的作用，围绕重点人群服

务公民科学素质提升。促进科普资源开发与共享,注重公益性科普事业和经营性科普产业共同发展。扩大北京科普资源联盟规模,整合有效资源。完善政策扶持、统筹标准制定,推动科普产业发展。繁荣科普创作事业,实现培育精品科普作品和培养科普创作人才共同发展。做好科普出版创作规划工作,建设与首都科技工作者规模相匹配的科普创作队伍。加强科普信息化建设。整合科协资源,引导社会力量共同推进科普信息化建设,统筹传播力量,拓展传播渠道。继续完善科学传播体系建设和数字化科普网络体系建设。按照北京科学中心建设的总体目标,积极推进项目进展,力争早日投入使用。

(六)提升依法管理和服务水平,促进科技社团能力建设

以十八届三中全会精神为指导,深化科技社团改革。促进学协会从行政机关的附属向独立的社团法人转变,从学术性团体向专业性社会组织转变,从为会员服务向为会员服务、为社会服务双重职能转变,从社会管理的客体向参与社会治理的主体转变。以"百强社团"创建为抓手,聚焦科技创新中心建设,推动学会团体全面加强基础建设。以提升学术交流水平和成果转化实效性为导向,继续鼓励支持科技团体组织开展多种形式的学术研讨和科技创新活动,推动会企合作,为首都科技创新体系建设和企业技术进步提供人才和智力支持。推进都市型现代农业示范基站建设和"科学健康人"活动,健全和完善涉农学会服务"三农"的制度机制,推动农业技术推广服务体系建设,组织、引导医学对口科技社团积极参与基层社区医疗卫生体系建设。加强社会组织党建和枢纽型社会组织建设,扎实推进党的组织和党的工作在科协团体的全覆盖。支持科技社团依据法律法规和章程,在社会治理中发挥积极作用。加强对外科技交流与合作,发挥好市科协民间科技交流独特优势,积极融入全市对外交往工作大局,不断引进海外智力服务首都建设。精心组织工程院院士推荐工作,充分发挥科协组织人才推荐通道的作用。

(七)强化制度约束,提升科协团体建设科学化水平

围绕枢纽型社会组织的职能,完善科技社团参与社会管理的工作机制,规范学会管理。加强区县科协组织建设,组织动员市科协资源支持区县科协工作,服务区域经济社会发展。积极壮大基层组织,推进高校和企业成立科协组织,探索基层组织的服务与管理,做好科技工作者之家创建工作。加强科普志愿者队伍建设,做好高校科普志愿者的注册和管理,鼓励区县、高校、学会建立科普志愿者队伍。落实代表任期制有关工作,进一步提高为委员代表履职做好服务的能力。

大事记

2014年北京市科学技术大事记

1　月

6日，市科委、市发展改革委、市经信委联合印发《促进北京市增材制造（3D打印）科技创新与产业培育的工作意见》，旨在全面推进全市3D打印科技创新与产业培育，取得战略性新兴产业发展的主动权，抢得3D打印技术制高点，提升北京高端装备制造产业核心竞争力。

8日，顺义区举行主题为“践行清洁空气行动，提升城市运营品质”的新能源电动出租车运营启动仪式。顺义区200辆区域电动出租车正式投入运营，成为全市第9个电动出租车示范运营区县，示范运营车辆为北汽新能源E150EV。

9日，北京航天方石科技有限公司、北京机电工程总体设计部承担的“复合材料军用包装箱研制及应用”通过专家验收。课题组研制开发了基本型、高密封型、电磁隐身型、防电磁辐射型、智能型5种包装箱产品。该系列产品可适应-40～85℃的温度和5%～95%的湿度，拉伸和弯曲强度达到500MPa，能浸入5米水深不发生渗漏；具有隐身和防电磁辐射功能。智能型包装箱能对物品包装、储存、运输过程中的温湿度信息进行记录，便于产品追溯。该系列产品已经在部队和航天科研院所相关产品中批量试用。

10日，2013年度国家科学技术奖励大会在人民大会堂举行。北京地区共有75个项目获国家科技奖，包括国家自然科学奖18项、国家技术发明奖19项、国家科技进步奖38项。北京有9个项目获一等奖，占国家科技奖一等奖总数的一半，创历史新高；连续3年空缺后产生的国家自然科学一等奖以及本次唯一的国家技术发明一等奖均出自北京。

10日，市科委召开国家级文化和科技融合示范基地建设国际交流会，会议邀请英国BOP Consulting公司总经理保罗·欧文斯、中国台湾当局文化创意产业推动小组委员吴静吉、中国台湾华山1914文创园区首任董事总经理陈甫彦、中国台湾大学侯胜中教授和王耀德教授、中国台北艺术大学艺术行政与管理研究所助理教授于国华、北京师范大学文化创意产业研究院执行院长肖永亮等专家，与朝阳区科委开展交流，就朝阳区“国家级文化和科技融合示范基地”建设进行了深入研讨。

22—24日，由市科协和朝阳区政府主办的第十四届北京青少年机器人竞赛举行。全市16个区县、儿童中心、市青少年科技馆共18个代表队，183支参赛队，492名学生进入决赛阶段。本届竞赛项目包括机器人综合技能比赛、机器人创意比赛、机器人足球比赛、FLL机器人工程挑战赛、VEX机器人工程挑战赛、ASC机器人能力挑战赛等6项，共产生61个一等奖、64个二等奖。

24日，2014年科技北京百名领军人才培养工程入选人员“迎新春、促合作”座谈交流会在神州数码工程院召开。会上公布了2013年领军人才入选人员名单，并为入选人员代表颁发了证书。

28日，市科委、市发展改革委、市经济信息化委、市财政局以及市交通委联合发布了《北京市示范应用新能源小客车管理办法》。《办法》明确了新能源小客车生产企业及产品的准入条件、充电设施建设、补助申领、监督管理、职责分工等主要内容，执行期至2017年年底。

28日，全市首个P+R充电场站投入使用。

充电场站位于15号线俸伯地铁站，一期建设10个快充口和10个慢充口，能同时为20辆电动车充电。

2 月

12日，北京纳米电子材料检测服务中心在北京纳米科技产业园正式启动运行。该中心整合了大量高精尖的专业检测设备，具备检测纳米电子材料的物理、化学等方面性能的能力。检测项目主要包括纳米材料分析、电子材料的可靠性、材料的失效分析与预防、半导体及相关领域检测分析等四大类。

18日，清控科创控股股份有限公司旗下的专业孵化平台厚德创新谷与Wayra在厚德创新谷签署合作协议，双方将共享资源和机遇，推动彼此在中国和全球范围的业务。

18日，北京民海生物科技有限公司和芬兰FIT生物技术有限公司宣布就肺结核疫苗的合作开发项目达成初步合作意向，双方在芬兰驻中国大使馆举行合作谅解备忘录签署仪式。

21日，在市科委的倡议下，由国家半导体照明产业技术创新联盟等23家联盟和机构发起成立首都创新大联盟。会上发布了《首都创新大联盟章程》，并选举产生首都创新大联盟的首届理事会，国家半导体照明联盟、长风联盟等23家联盟当选为理事单位，国家半导体照明产业技术创新联盟的吴玲当选为首届理事长，北京技术交易促进中心的黄平当选为首届秘书长。首批成员单位68家，涉及新一代信息技术、新材料、节能环保、生物医药、现代农业、高端装备制造等战略新兴产业。

25日，北京市新能源汽车联席会议办公室在市科委召开北京市新能源汽车基础设施建设媒体见面会。市发展改革委、市科委、市电力公司、北京物业管理行业协会等相关领导出席了会议。会上介绍了全市新能源汽车发展的总体情况、充电设施的布局以及充电网络建设规划、公共领域充电设施的详细分布情况。

25—26日，习近平总书记在视察北京工作时就推进北京发展和管理工作提出5点要求。一是要明确城市战略定位，坚持和强化首都全国政治中心、文化中心、国际交往中心、科技创新中心的核心功能，深入实施人文北京、科技北京、绿色北京战略，努力把北京建设成为国际一流的和谐宜居之都。二是要调整疏解非首都核心功能。三是要提升城市建设特别是基础设施建设质量。四是要健全城市管理体制。五是要加大大气污染治理力度。全国科技创新中心成为北京新的城市战略定位，也是北京作为首都的一项核心功能。

27日，市科协同市政府办公厅召开北京大气雾霾治理对策专家研讨会。来自中央及市属的科研院所、高等院校从事大气物理研究、环境监测、生态保护、减灾防灾、疾病防控等方面的专家，科学分析了2月下旬北京地区雾霾形成的原因，并从法治建设、科技创新、治理重点领域、城市未来规划、舆论宣传引导、专业人才培养等方面提出了应对措施。

3 月

5日，北京、天津、河北三地科协共同召开专题工作会，研究如何推动实施京津冀科技协同创新战略。会议确定三地科协合作完成《推进京津冀科技协同创新战略》咨询报告，由中国科学技术发展战略研究院具体承担，吸收三地有关科技工作者参加，研究时间为8个月。

9日，由首都科技发展战略研究院和市科委共同主办的首科远望论坛召开。论坛以“学习和落实习总书记考察北京时的重要讲话精神”为主题展开研讨。来自国务院研究室、科技部调研室、市委研究室、市人大常委会教科文卫体办公室、市政府研究室、北京师范大学等相关部门、高校和院所的10多位专家和负责人参加论坛。与会专家就科技创新中心的内涵、北京建设科技创新中心的战略定位、顶层设计、发展路径和工作着力点等方面进行了讨论和交流,并从不同角度、不同层面为北京建设科技创新中心提出了有针对性的意见和建议。

10日,加拿大安大略省研究与创新厅厅长莫伟力一行7人到访市科委,双方就北京与安大略省创新合作进行了会谈。会上,双方讨论了建立北京—安大略科技创新合作中心、联合研发机构,在京建立北京—安大略科技产业示范园区等有关内容;双方签署了《北京市科学技术委员会和安大略省研究与创新厅的合作谅解备忘录》。会后举行了项目签约仪式,北京3家企业分别与安省机构签署合作协议:北京北大未名生物工程集团与西安大略大学沃德世嘉技术转移中心签署关于"FGF9作为治疗剂用于血管重建和肿瘤治疗"技术的许可协议,宣布成立西安大略大学与北大未名合资企业;北京亚宝药业集团与沃德世嘉技术转移中心签署有关"用于脓毒血症治疗的创新型生物药物"技术许可框架协议;北京斯塔能源公司与滑铁卢大学签署关于氢燃料电池汽车的合作协议。

10—17日,市科委举办学习贯彻习近平总书记系列讲话精神培训班。市科委机关各处室、各直属单位副处级以上干部120人参加学习。培训班邀请中央党校的常欣欣教授做解读习近平总书记系列讲话精神的报告。

11日,北京新能源股份有限公司与京东达成战略合作,借助电商平台进一步推动新能源汽车在国内市场的普及,实现新能源汽车与电子商务跨界融合。根据协议,双方将共建战略合作平台,共建基于大数据的新能源汽车指标研究中心,推进"车联网软硬件及服务产品孵化"项目;开展联合投资,包括大数据应用、智能交通管理系统、新能源汽车前沿技术投资与收购等;推动中国物流快递行业各种新能源汽车标准的制定、落地和执行;率先在物流业推广使用带统一标志的新能源汽车;开展联合营销,共建线上北汽新能源旗舰店、京东—北汽新能源绿色流动自提点,开拓新能源汽车目标市场。

12日,由首都创新大联盟秘书处和贵阳驻京区域合作工作委员会联合主办的贵阳·北京联盟产业发展交流会在京举行。联盟和企业代表60余人出席会议。

18日,北京农科城联盟与市科委办公室在创业大厦召开2014年京蒙科技合作企业对接会,北京市科委、内蒙古自治区科技厅、赤峰市科技局及所属旗县科技部门负责人、京蒙两地涉农企业负责人和科研院所代表等70余人参加会议。

24日,市科协党组书记夏强和各区县分管全民科学素质纲要工作的副区(县)长分别代表市纲要实施办、区县政府签订《落实全民科学素质行动计划纲要共建协议》。此举确保实现到2015年北京市公民具备基本科学素质比例超过13.04%的目标。

25日,市委、市政府举行北京市科学技术奖励大会暨2014年科技工作会议。市委书记郭金龙,市委副书记、市长王安顺,科技部党组成员、副部长李萌以及副市长张工、市委副秘书长傅华、市政府副秘书长朱炎等领导出席会议。会上,宣读了市政府《关于2013年度北京市科学技术奖励的决定》,并向获奖者颁发了荣誉证书。2013年度市科学技术奖共有233项成果获奖,包括26项一等奖、66项二等奖、141项三等奖。

会上,市科委主任闫傲霜做了题为"深化科技体制改革 加快创新驱动发展 为建设全国科技创新中心做出更大贡献"的科技工作报告。报告中全面回顾总结了2013年科技北京发展情况,并部署了2014年的重点工作。

25日,《首都科技创新发展报告2013》发布。首都科技发展战略研究院根据研究重点,将研究成果分为指数篇、战略篇、改革篇、政策篇、产业篇和国际篇六大篇。在指数篇中,该研究院发布了"首都科技创新发展指数2013"。该指数测度结果显示,首都科技创新工作取得明显成效,得分从2005年的60分增长到2012年的82.24分,年均增长3.18分;2012年4个一级指标得分均超过80分,其中创新资源和创新环境相对较高。

27日，“37健康”获千万级天使投资发布会在厚德创新谷孵化器召开。通过本次融资，尚奇浩康（北京）科技有限公司（37健康）获得多家天使投资机构共计1000万元投资。

27—30日，以“感悟与分享——我的科学梦”为主题的第三十四届北京青少年科技创新大赛在北京工商大学良乡校区举行。大赛总计30余万人参加各项活动。

4　月

1日，联合国教科文组织总干事博科娃专门参观了正在巴黎总部举行的“感知中国”设计北京展览。这是北京在2012年作为设计之都加入联合国教科文组织创意城市网络以来首次亮相教科文组织总部。此次展出的创意产品主要来自中国设计红星奖在全球征集的3万件作品中精选出的20件获奖作品和北京设计师针对大数据时代的概念创意作品，共包括了65件展品、25段视频、300余幅图片。

3—4日，市科委和内蒙古自治区科技厅在京召开首都科技条件平台京蒙合作站科技项目对接会。内蒙古兰太实业股份有限公司等单位的9位企业家代表带着19项生物医药、能源环保等领域的企业难题走进了中科院、清华大学、北京师范大学、北京工业大学等研发实验服务基地以及大兴工作站，与16位专家进行了面对面的交流，并到部分开放实验室进行实地考察。通过系列供需对接会，有11个项目初步达成合作意向。

10日，市科委举行首都科技大数据平台建设方案征集发布会。方案征集由市科委组织，京东、百度、用友、亿赞普等互联网龙头企业以及长风联盟、北京市科技金融促进会等大数据领域相关联盟、协会代表共同发起，旨在通过首都科技大数据平台的建设，推进北京全国科技创新中心建设。

10日，由市科委、市经济信息化委、中关村科技园区管委会、市投资促进局共同主办的北京生物医药产业跨越发展工程（G20工程）二期工程G20企业发布会召开。会上宣布了由G20工作组评选出的57家二期G20企业名单，并对G20优秀企业、突出贡献大品种等进行了表彰。

10日，市科委召开“首都科技大数据平台”的方案征集发布会，提出大数据时代的创新资源共享，从开放政府科技数据资源开始，希望社会广泛参与、提供方案，成熟一个上线一个，并面向市场运行一个。

11日，“中国移动杯”暨第八届北京发明创新大赛举行颁奖大会。本届大赛收到来自全国26个省、市（自治区）的1235项发明项目，其中单位参赛项目占40%，个人参赛项目占60%。本届大赛最终评出发明创新奖200项，其中特等奖1项、金奖20项、银奖60项、铜奖119项，还评选出鼓励奖563项。同时9家单位设立了13类专项奖，共奖励60个项目。

15—17日，2014中国（北京）跨国技术转移大会在北京国际会议中心举行。大会由科技部与北京市政府共同主办。大会吸引来自国内外3000多位代表参会。大会设立36场研讨论坛，安排49场次对接活动。大会为2014年新认定的279家北京市国际科技合作基地进行授牌，实现近1400项次的跨国项目对接。期间共达成合作意向238项，形成签约35项，签约金额近10亿元。

17日，物业管理企业与纯电动汽车企业签约仪式在市科委举行。金隅大成、天鸿宝地等6家物业管理企业，与纯电动汽车企业签订协议，全力支持在辖区内建设充电桩。签约仪式上，市科委宣布城六区的12家物业小区成为开展充电设施建设的示范项目。

19日，2014京筑创新驱动区域合作年会在贵阳召开。会上，贵州省委常委、贵阳市委书记陈刚和北京市科委主任闫傲霜共同为双方共建的北京贵阳大数据研究院和北京贵阳大数据应用展示中心揭牌。期间，首都科技条件平台贵阳合作站举办了首都科技条件平台贵阳合作站

2014年度技术、项目对接会。

20日，京津沪渝科技合作联席会议在渝召开，会议由重庆市科技工委书记李天安主持，北京市科委主任闫傲霜、天津市科委主任赵海山、上海市科委主任寿子琪、重庆市科委主任钟志华出席。会上，四地共同签署《京津沪渝科技合作框架协议》。

25日，市自然基金办举办了第四次首都科技前沿研讨会——京津冀协同发展背景下的基础研究合作与创新。中科院可持续发展研究中心主任樊杰研究员和国家自然基金委政策局发展战略处处长吴善超分别做题为“京津冀协同发展的可持续性问题”和“从区域协调发展看京津冀基础研究合作”的主题报告。

25日，北京嘉博文生物科技有限公司、马来西亚东海岸发展管理局和生物科技发展局三方签约，利用获奖专利技术在马来西亚就棕榈油加工副产品资源化利用在马来西亚示范推广。

27日，以“网络安全同担，网络生活共享”为主题的首届“4·29”首都网络安全日活动在360总部举行了启动仪式。启动仪式上，市科委向360公司授予“2014年科普之旅开放单位”和“网络安全教育体验基地”牌匾。

5 月

5日，2014年北京市科普工作联席会议在市政府召开，市科普工作联席会议副主席、市科委主任闫傲霜通报了2014年北京市科普工作先进集体和个人评比表彰情况。

6日，《北京技术创新行动计划（2014—2017年）》新闻发布会在市政府新闻办新闻发布厅举行。作为《行动计划》的牵头组织单位，市科委联合市发展改革委、市经济信息化委、市环保局、市市政市容委、市交通委、市水务局、市卫生计生委、市食品药品监管局等相关委办局发布《行动计划》。《行动计划》于4月14日由市政府正式印发。

8日，为贯彻落实中央关于北京坚持和强化全国科技创新中心核心功能定位的决定，市科委在中国电子学会一楼会议室召开了北京科技创新中心功能定位座谈会。

14日，为期5天的第十七届中国北京国际科技产业博览会在北京中国国际展览中心（老馆）开幕，本届科博会汇聚了国内外2000多家企业、科研机构。展会共设14个主题展区，其中首届新侨创新创业成果和首都文化融合成果展是首次亮相科博会。

17日，北京市科普基地授牌仪式在全国农业展览馆新馆内启动。年内，市科委、市科协新命名50家科普基地，使北京市科普基地达到293家单位。随后，评出了2014年北京市科普工作先进集体和先进个人，以及2013年北京市科普基地讲解员大赛优秀讲解员、十佳讲解员等奖项。

17—24日，2014年全国科技活动周暨北京科技周主场活动在全国农业展览馆新馆举行。本届科技周主场活动为观众讲述了十大科普故事，塑造了26个胡同，奉献了450余项丰富多彩的科技成果和科普项目。组委会根据观众参与度和媒体关注度，从农庄、出行、居家、社区、健康、航天、军事、创意、发明、实验室等十大故事板块以及科普产品交流展中，评选出了22个最受公众喜爱的科普项目。期间，共推出44场活动，播放科普电影24场。现场参与体验的观众达16万人次；通过两天电视直播观看活动的市民达64万人次；新华网、新浪网、中国科技网等网络新媒体直播的点击率达800万次。

18日，市科委在全国科技活动周暨北京科技周主场举行了公众参与创新北京行动计划（第一季）的启动仪式。来自新华网、中国科技网、新浪网、清华大学、IBM（中国）政府创新研究院、中国科技金融促进会等6家参与和策划实施创新参与平台的单位出席启动仪式。

18日，“中国移动杯”暨第九届北京发明创新大赛在北京科技周主场启动开赛，报名时间由当日开始至11月底共半年时间。本届大赛设立特等奖1项、金奖20项、银奖50项和铜奖129项。

21日，首届北京科技微电影大赛颁奖典礼在2014年全国科技活动周暨北京科技周主场举行。颁奖典礼共颁发了7个专项奖获奖作品，以农村生活为题材的作品《在山那边》摘得最佳影片奖，球幕电影《星空音乐会》、科幻题材微电影《植被复兴》、动画题材作品《你不知道的科技通讯史》以及《独走边缘》《Find》《夏日童谣》6部作品分别获得了最佳创意奖、最佳剪辑奖、最佳人气奖、最佳导演奖、最佳编剧奖和最佳制作奖。中国电影博物馆、北京电影学院现代创意媒体学院等5家单位获得本次大赛的最佳组织奖。

22—23日，京津科技企业孵化器对接研讨会在天津举行。会议由北京创业孵育协会与天津市科技企业孵化器发展促进会共同主办。通过此次活动，促成了部分孵化器间合作的意向。

28日，北京—柏林电动汽车发展高层论坛在京举行。北京市副市长张工、柏林市长沃沃赖特，以及来自北京和柏林市政府、德国驻华使馆以及中德科研机构、汽车企业的领导和代表出席了此次论坛。

6 月

1日，为期5天的第三届中国（北京）国际服务贸易交易会闭幕，本届京交会由展览展示、论坛活动、洽谈交易3种形式组成130场活动，来自117个国家和地区的2.67万名客商及代表，2524家参展企业汇聚北京，寻找服务贸易商机。市科委承办的“科技创新”板块，以“实施创新驱动发展战略 建设全国科技创新中心”为主题，举行系列专题会议活动。

3日，市科委主任闫傲霜出席费尔北京研究院成立仪式，代表市科委与2007年诺贝尔物理学奖得主、法国科学院院士艾尔伯·费尔教授及北京航空航天大学签署共建协议，并共同为研究院揭牌。

6日，市科委组织有关专家对数码辰星科技发展（北京）有限公司承担的“4K－IMB数字电影服务器研发及产业化应用”课题进行验收评审工作。该公司研发的数字电影设备通过好莱坞DCI认证。

9日，市政府办公厅印发了《加快推进科研机构科技成果转化和产业化的若干意见（试行）》（京政办发〔2014〕35号），全文共9条，简称“京科九条”。

10日，市科委与市发展改革委、市财政局共同召开北京市新能源汽车推广应用相关政策媒体见面会，发布《北京市示范应用新能源小客车自用充电设施建设管理细则》及《北京市示范应用新能源小客车财政补助资金管理细则》。

11日，市人大常委会教科文卫体办公室召开《北京技术创新行动计划（2014—2017年）》及全市科技创新工作进展情况通报会，12位教科文卫体委员会委员和科技代表小组代表参加了通报会。与会委员和代表充分肯定了行动计划实施工作进展情况，并对下一步行动计划的实施和建设全国科技创新中心的目标、任务和路径等提出了相关意见和建议。

12日，市政协召开《关于进一步创新体制机制 加快全国科技创新中心建设的意见》编制工作协商座谈会，9位委员和专家学者参加座谈会并提出意见和建议。会上，市科委主任闫傲霜介绍了《意见》编制情况，市政协委员和专家充分肯定了《意见》的定位、指导思想和主要内容，并对《意见》相关条款，建设全国科技创新中心内涵、定位、目标和路径等提出了意见和建议。

12日，市政协科技委召开会议，听取市科委关于《北京技术创新行动计划（2014—2017年）》、加快建设全国科技创新中心的有关思考，以及推动和扶持首都创新大联盟等产业技术创新联盟发展等情况的通报。市政协科技委10位委员参加了通报会。与会委员提出了相关意见和建议。

16 日，市政府办公厅印发《北京市电动汽车推广应用行动计划（2014—2017 年）》。

23—27 日，第 22 届国际天文馆学会大会（IPS 大会）在北京天文馆召开。这是国际天文馆学会大会首次在我国举行。

23—26 日，科技北京百名领军人才培养工程第二期高级研修班暨 2014 年入选人员发布会在中共北京市委党校举行。会议发布了 2014 年度入选人员名单并向 28 位入选人员颁发了证书，随后启动了第二期高级研修班。

27 日，《北京市电动汽车推广应用行动计划（2014—2017 年）》媒体见面会在市科委举行。会上，市科委副主任张继红介绍了行动计划编制背景、总体要求、重点任务、保障措施等方面的总体思路。市发展改革委、市经济信息化委、市规划委、市交通委和市公安交通管理局等部门的领导回答了记者提问。

27 日，市人大常委会教科文卫体办公室组织部分教科文卫体委员会委员和人大代表对《北京技术创新行动计划（2014—2017 年）》"首都蓝天行动"专项的实施进展情况进行了专题调研。市人大教科文卫体委员会副主任委员颜振军及部分市人大教科文卫体委员会委员和市人大科技代表小组代表参加调研。

7 月

3 日，国内首条汽车动力电池系统梯次利用及回收示范线正式运行，实现了动力电池最大化利用及环保回收。建于北汽新能源汽车产业基地的废旧锂离子动力电池回收示范线，可为退却电池提供梯次利用和回收一揽子解决方案，实现日均 100 颗电芯以上的处理能力，正极材料回收利用率达 85% 以上，电芯回收率达 80% 以上，并对电解液进行无害化处理。

4 日，电动汽车路灯充电桩一体化项目技术研讨会在北京南瑞智芯微电子科技有限公司召开。项目承担单位北京南瑞智芯微电子科技有限公司技术专家对路灯充电桩一体化项目方案从设计、结构、性能、原理及前景方面进行全面介绍。充电桩行业专家、充电桩元器件配套企业代表及《中国能源报》的记者均发表见解、提出相关建议。

8 日，"中德电动汽车充电项目"发布活动在清华大学举行。德国总理安格拉·默克尔、中国工信部部长苗圩出席了活动，并共同启动了中德两国共计 8 辆电动汽车的充电演示装置，这些电动汽车均可使用统一的充电设施。标准统一后，中德电动汽车均可采用相同的交流充电系统进行充电。

10 日，"2.5MW 直驱永磁风机核心部件国产化关键技术研究"科技计划重大项目在亦庄风电产业基地通过专家验收。该项目由北京金风科创风电设备有限公司主持完成。项目承担单位实现 2.5MW 核心部件的国产化配套及整机系列化开发。项目研发的 2.5MW 风电机组已销售 600 余台，其中出口美国、德国和澳大利亚等 100 余台，累计实现新增销售收入超过 60 亿元。

10 日，由北京国家现代农业科技城顺义园（北京国际鲜花港）的 15 家入园企业联合发起成立了北京花卉服务产业科技创新联盟，联盟发起单位涉及花卉研发、生产、贸易、会展服务、绿化工程等领域。

15 日，市住房城乡建设委、市发展改革委、市科委、市民防局 4 部门联合发布《关于推进物业管理区域新能源小客车自用充电设施安装的通知》，要求物业应当积极支持和配合新能源小客车自用充电设施的安装，不得借机收取费用。

23 日，市科委举办贵阳服务平台项目推进会。北京华清科创科技开发有限公司、贵州元通科学技术转移中心两家国家技术转移机构签署京黔现代农业技术转移平台共建协议书；北京华清科创、贵州元通和哈尔滨方依达肥业股份有限公司三方签订了复控微生物有机肥生产技术转让协议书。会上，北京华清科创还依托北京技术市场贵阳服务平台，与贵州华德斯生物制药有限公司签订了一项1800万元技术转让合同。

28日，由市科委携手中国科技金融促进会共同发起的“北京创客科普季”正式启动。这是国内首次以创客为主题的公众化大型科普专题活动。作为北京创客科普季核心活动——北京创客孵化大赛在线上推广平台“星云工厂”(www. starfaire. net)同步启动。启动仪式上，市科委还推出“公众创新科技金融支持计划”，发布《中国创客发展蓝皮书》研究项目和首部以创客为主题的科普微电影。

8 月

1日，市住建委、市发展改革委、市科委、市民防局联合发布的《关于推进物业管理区域新能源小客车自用充电设施安装的通知》正式实施。

1—15日，由科技部、北京市政府、天津市政府、河北省政府共同主办的“协同创新、应对挑战——京津冀在行动”科技专题展在河北省秦皇岛市展出，参观人数达到10万人次。北京展区以“首都科技驱动京津冀协同发展”为主题，展示了45个北京与津冀两地的协同创新案例。

5日，由市农林科学院植物保护环境保护研究所、市科委农村中心牵头组建的首都食用菌产业科技创新服务联盟成立大会召开。

12日，网易家居与拥有10多年历史的意大利知名综合设计网站Designboom(设计邦)在北京设计之都大厦签署战略合作协议。两大网络计划在京打造聚拢国际设计人才的开放平台，引入20万中国设计师与5万国际设计师注册，并致力于将北京设计品牌推向国际。

12日，俄罗斯费德洛夫眼显微外科合作交流会在北京圆山大饭店召开。国际合作基地联盟成员北京同仁医院与俄罗斯国立费德洛夫眼显微外科综合体进行了交流对接。30余人参加了此次会议。

13日，2014红星原创奖评审在京结束。本届红星原创奖共有来自310家单位的1121件作品参评，其中北京市参评作品505件，占参评总数的45%。参评作品区域覆盖国内25个省市。

16日，北京市科委、天津市科委、河北省科技厅正式签署《京津冀协同创新发展战略研究和基础研究合作框架协议》。

18日，患有尤因肉瘤的12岁小患者明浩手术后出院。为明浩做手术的是北京大学第三医院骨科的刘忠军教授。在明浩身上，刘忠军完成了世界首例3D打印脊椎植入手术治疗枢椎尤因肉瘤，为肿瘤切除后颈椎结构重建技术开辟出一条崭新途径。

18日，G20骨干企业拜耳医药保健北京工厂综合扩建项目在亦庄开工。该项目总投资约1亿欧元。综合扩建项目完工后，北京工厂将成为拜耳医药保健全球最大的处方药包装基地。

20日，市科委与北京银行全面战略合作签约仪式暨循环贷产品发布会举行，北京银行将在4年内为全市科技企业提供1000亿元人民币意向授信，这是北京技术创新行动计划重大专项实施计划的一项重大举措。双方共同推出针对科技型小微企业续贷业务的“循环贷”产品。

20日，传染病分子诊断新技术北京市重点实验室依据埃博拉病毒基因序列研制出具有自主知识产权的“埃博拉病毒核酸检测试剂”，获得中国人民解放军总后勤部卫生部正式生产批文。该试剂可在3～4小时内完成埃博拉病毒的检测，现已被江苏省、河北省等疾病预防控制中心采购储备，还将被送到非洲疫区维和部队进行试用。

27日，市科委召开工业4.0专家研讨会，邀请了赛迪研究院、北航、机械总院、京城机电、兆维、北工大等单位的专家，共同探讨工业4.0与制造业融合发展的模式与方法。

29日，北京市科委委员王建新与银川市委常委、副市长刘寒星在银川签署联合共建首都科技条件平台银川服务站和北京技术市场银川服务平台合作协议，并为“一站一台”揭牌。期间召开京银两地专家企业对接会，6个项目在现场达成初步合作意向。

30日，北京理工大学联合上海电巴新能源等国内新能源汽车企业，与波兰TAURON集团、华沙理工大学签订了中波e－Bus项目样车协议。

9 月

3日，内蒙古自治区科技厅在巴彦淖尔召开首都科技条件平台京蒙合作站工作交流会，北京市科委、内蒙古自治区科技厅领导和相关工作人员参加会议。

11日，市科委主任闫傲霜会见了美国总统科学顾问、加州大学戴维斯分校教授兼世界食品研究中心创始人和执行理事Roger Beach博士。

13日，由北京市方志馆、北京发明协会和北京市职工技术协会共同举办的发明创新的“星光大道”——北京发明创新大赛八届项目回顾展（2006—2014）在北京市方志馆开幕，展期为100天。

16日，市科委、清华大学共同举行北京市重大科技成果“清华可充电脑起搏器”发布会。第二代国产脑起搏器——清华可充电脑起搏器获得了国家食品药品监督管理总局颁发的医疗器械产品注册证，即将上市销售。我国成为全球第二个掌握该技术的国家。

18日，第二届北京国际科学节圆桌会议在国家会议中心召开，来自中国内地及香港地区、美国、德国、意大利等13个国家及地区的21位科学节组织代表参加会议。会上，5家机构代表签署了合作谅解备忘录，同意在北京国际科学节圆桌会议框架下，进一步深化各国科学节组织之间的合作。累计已有15家科学节机构签署合作谅解备忘录。

19日，世界首例经MALBAC基因组扩增高通量测序进行单基因遗传病筛查的试管婴儿在北京大学第三医院诞生，这是由北京大学第三医院乔杰教授团队、北京大学生物动态光学成像中心（BIOPIC）的谢晓亮教授团队以及汤富酬教授团队合作完成的。

28日，科技部发布《关于2014年度国家工程技术研究中心立项的通知》，北京市推荐的依托北京三元股份有限公司组建的国家母婴乳品健康工程技术研究中心被批准成立。

28日，由首都科技发展战略研究院主办的第四届首科远望论坛——习近平总书记9·30讲话一周年暨全国科技创新中心建设研讨会在京召开。

28日，北京动漫游戏产业发展高峰论坛暨金翼奖颁奖典礼在北京举行。会议由第二届北京惠民文化消费季暨北京动漫游戏博览会组委会主办。会议揭晓了2014年度玩家最喜爱的网络游戏、2014年十佳游戏研发公司等数十个奖项。

10 月

3日，为期一周的2014北京设计周落幕。期间组织设计展览206项，设计交易签约、设计贸易洽商和达成意向合作项目34项，论坛年会讲座等相关活动110余项，来自30多个国家的设计师及设计机构代表参与本届活动。

11—13日，北京脑重大疾病研究院承担的市自然科学基金对外合作交流活动基金项目国际脑重大疾病高峰论坛在香山饭店举行。会议研讨了相关领域的关键科学问题，并对我国脑重大疾病转化医学的未来研究方向提出了建议。

13—16 日，由中国科技部、意大利教育大学和科研部主办，北京市科委、中意技术转移中心承办的中意科技创新合作周在意大利那不勒斯和米兰举行。中国国务院总理李克强与意大利总理伦齐共同出席在米兰举行的创新周大会活动并致辞。此次活动促成了 300 余项次面对面企业对接，达成近百项合作意向。6 项中意技术转移项目在大会现场签约，签署的项目技术交易额约 6000 万元，项目总投资预计达 6.5 亿元。

14 日，市政协科技委与市科协共同召开"加快京津冀科技协同创新"专题座谈会。市委常委苟仲文出席会议并讲话。座谈会上，市政协科技委主任申建军介绍了市政协科技委专题调研京津冀科技协同创新的情况。中国工程院院士、市科协副主席许健民，中科院地理所区域发展室主任方创琳、中国人民大学区域研究所所长孙久文等畅谈了京津冀科技协同创新的模式、路径和措施，对京津冀科技协同创新出谋划策，提出了意见和建议。

20 日，首期获奖科学家科普大讲堂活动在门头沟大峪中学举行，高一、高二的 200 余名师生参加了活动。首期主讲人为北京工业大学的陈树君教授，演讲主题是"建造翱翔太空的中国宫殿"。

21 日，由市科委和科技日报社共同主办，北京生物技术和新医药产业促进中心承办的第十八届北京国际生物医药产业发展论坛在北京开幕。

22 日，痴呆诊治转化医学研究北京市重点实验室揭牌仪式暨北京大学老龄化与认知障碍交叉学科国际学术研讨会在北京大学第六医院院英魁厅举行。

28 日，首都创新大联盟智慧照明专业委员会、国家半导体照明工程研发及产业联盟智慧照明委员会正式成立。

30 日，市科委会同清华大学、中科院等 7 家首都高校院所和北京交控科技、合众思壮等 11 家首都科技企业赴重庆，与重庆市科委共同举行京渝科技创新合作活动暨签约仪式。会上，首都科技条件平台京渝合作站、北京技术市场京渝服务平台揭牌。随后，北京 7 家机构分别与重庆市 7 家机构签署合作协议。北京交通大学、北京市农林科学院等高校院所与重庆市企业形成 10 项初步合作意向。

30 日，首都机场电动汽车充电站投入使用。该场站位于首都机场 3 号航站楼东南侧，配备了 4 台 450 千瓦直流充电桩、25 台 37.5 千瓦直流充电桩和 25 台 7 千瓦交流充电桩，可为首都机场楼间旅客摆渡车和各类社会电动车辆提供服务。

11　月

2 日，首批电动汽车路灯充电桩开始试运行。改造试点工作由北京南瑞智芯微电子科技有限公司负责，示范工程区域在昌平区京密北路，路段长 1.5 千米，利用 LED 路灯替代高压钠灯，实施 LED 路灯改造 88 盏，建设 8 座慢速充电桩和 2 座快速充电桩。

3 日，由北京创业孵育协会和北京高创天成国际企业孵化器共同举办的中以创新孵化研讨会在京召开。全市 22 家孵化器的代表和以色列 RAD BioMed 加速器、本 - 古里安大学 BGN 技术转移中心、Nielsen Innovate 孵化器、Ofakim Hi - Tech Ventures（OHV）孵化器的嘉宾参加会议。

3—4 日，由北京市科委、中国科学技术交流中心、以色列驻华大使馆主办的 2014 北京—特拉维夫创新大会在京举行。在 B2B 对接大会上，来自 44 家以色列企业与 293 家中方企业开展了 274 项次一对一交流洽谈。通过对接洽谈，以色列 Shahal 公司与泰德佳讯科技有限公司、以色列 Tavor 公司与北京北大未名生物工程集团有限公司等对接企业的 10 个项目双方达成了初步合作共识。

5 日，北京国际科技合作基地联盟成立大会在京召开。大会讨论通过了北京国际科技合作基地联盟章程和会费管理办法，并选举产生北京大北农科技集团股份有限公司为理事长单位,北京生产力促进中心为副理事长单位,中关村科技园区海淀园管委会为监事长单位,秘书处设在北京生产力促进中心。

12—14 日,第四届国际增材制造与生物制造会议(ICAM - BM 2014)在京召开,来自 11 个国家和地区的 180 余名代表参会。

14 日,世界科技联席组织(World Technology Network,WTN)宣布,中科院北京纳米能源与系统研究所首席科学家王中林院士当选 2014 年度材料领域世界技术奖(World Technology Awards in Materials)的唯一获奖人。

22 日,北京中西医结合学会急救医学专业委员会与中医感染性疾病基础研究北京市重点实验室共同在京召开 2014 京津冀地区急诊医学高峰论坛。来自京津冀三地的 500 余位代表参加了论坛。

26 日,第十八届北京·香港经济合作研讨洽谈会市科委专场活动——京港科技创新战略发展论坛在北京饭店召开。该论坛由北京市科委与香港创新科技署共同主办,北京市可持续发展科技促进中心承办。来自京港两地高校、研发机构、科技中介机构及中小企业代表 80 余人参加了论坛活动。会上,国际技术转移协作网络(ITTN)为 ITTN 香港办事处香港创意服务有限公司授牌。

29 日,由市科委、市卫生计生委和总后卫生部科技训练局共同主办的第五届重大疾病防治科技创新高峰论坛开幕式在北京国家会议中心举行。会上,公布了 2014 年度首都十大疾病科技攻关重大科技成果名单,共有 6 项惠民型重大科技成果和 5 项创新型重大科技成果入选。

12 月

4 日,中科纳新印刷技术有限公司召开新产品发布会,推出基于纳米绿色制版技术的全球最高时速 180 张/时对开报业制版样机——纳新 NT220 - 131A。发布会上,该公司还推出了适合制版平台使用的 NT220 - 116B 型、NT220 - 116C 型绿色制版系统,成功签单 12 台套,预计销售收入 1200 万元。

6—7 日,第三届首都大学生科技创新作品与专利成果展示推介会在北京建筑大学大兴校区举行。京津冀三地共有 55 所高校参加,展出大学生科技创新作品、专利成果、文化创意作品、创业计划书和优秀论文共计 536 件。

8 日,市科委与内蒙古自治区科技厅在北京举行京蒙科技创新合作签约活动。双方签署了《北京市科委 内蒙古科技厅科技合作框架协议》,市科技协作中心与内蒙古自治区科技厅签署了《北京科技协作中心 内蒙古科技厅科技交流合作框架协议》。活动中,京蒙双方共有 43 个项目签约。

8 日,由中科院北京纳米能源与系统研究所主办的第一届纳米能源与系统国际学术会议(NENS 2014)在北京召开,来自十几个国家和地区的纳米能源与系统方面的专家学者近 600 人参会,共同探讨纳米能源和系统领域的重大前沿问题。

12 日,2014 中国设计红星奖颁奖活动在北京举行。来自全球 1561 家企业的 6037 件产品参评,参评企业和产品数量再创历史新高,经过国内外 10 余位设计专家初评、终评,共有近 300 件产品获奖。

16 日,京津冀三地在河北廊坊召开京津冀基础研究合作工作对接会,来自北京、天津、河北的 8 位专家参加会议。会上,成立了指导专家组。与会人员围绕京津冀基础研究合作专题的实施细节和 2015 年度指南方向进行了深入讨论,形成京津冀基础研究合作专题实施方案,完善了 2015 年度专题项目指南方向。

26 日,由北京材料分析测试服务联盟主办的 2014 年北京测试服务业发展高峰论坛在北京京仪大酒店召开。论坛同期发布了由该联盟编制的《2014 材料测试服务业发展研究报告》。

26 日,第五届首科远望论坛——京津冀协同创新研讨会在京召开。论坛邀请了北京、天津、河北三地相关研究领域的专家学者交流研究成果，共同研讨，为京津冀协同创新发展建言献策。

28日，第二十届北京市中小学生自然科学知识竞赛决赛在北京育才学校落下帷幕。经过激烈的角逐，高中组、初中组和小学组冠军分别由丰台区代表队、东城区代表队和东城区代表队夺得。另外，北京天文馆为本次竞赛设置了天文星光奖，周口店北京人遗址博物馆设置了周口店遗址小卫士奖。

31日，北京市首个电动公交快速充电站——朝阳小营电动公交场站建成。场站计划驻车120辆，安排公交线路5~6条。已完成停车场铺装和充电设施建设等工作，计划于2015年春节前全部投入运营。

31日，首批500辆城区纯电动出租车正式上路运营。由北京银建新能源出租车公司负责运营，示范车辆为北汽新能源EV200。

31日，快速公交3线18米双源无轨电动公交车投入示范运营。该无轨电车最大载客人数可达150人，是北京公交有史以来体型最大的双源无轨电车。

科技管理与服务

综合管理

【北京9个项目获国家科技奖一等奖】 1月10日，2013年度国家科学技术奖励大会在北京人民大会堂举行。北京地区共有75个项目获国家科技奖，包括国家自然科学奖18项、国家技术发明奖19项、国家科技进步奖38项。北京有9个项目获一等奖，占国家科技奖一等奖总数的一半，创历史新高；连续3年空缺后产生的国家自然科学一等奖以及本次唯一的国家技术发明一等奖均出自北京；此年度的3个创新团队奖北京占据2席。这些显示了北京地区得天独厚的资源优势和强大的自主创新实力。

（市科委科宣处）

【市科委专家征集及信息维护工作启动】 1月13日，市科委启动了专家征集及在库专家信息更新工作。市奖励办和市自然基金办作为此项工作的支撑单位，负责专家推荐单位及专家个人信息的审核工作。前期已完成3000余家单位及近万名专家信息的正式入库。本次征集及信息维护工作将于4月中旬结束。

（市科委计划处）

【领军人才培养工程入选人员座谈交流会召开】 1月24日，2014年科技北京百名领军人才培养工程入选人员“迎新春、促合作”座谈交流会在神州数码工程院召开。会上公布了2013年领军人才入选人员名单，并为入选人员代表颁发了证书。领军人才介绍了各自研究领域、发展方向、研究需求及合作意向，并提出下一步要更好地发挥自身对行业的辐射带动作用，协同攻关，融合发展，提升产业链条附加值。

（市科委人事处）

【首都创新大联盟在京正式揭牌成立】 2月21日，在市科委的倡议下，由国家半导体照明产业技术创新联盟等23家联盟和机构发起成立了首都创新大联盟。会上发布了《首都创新大联盟章程》，并选举产生首都创新大联盟的首届理事会，国家半导体照明联盟、长风联盟等23家联盟当选为理事单位，国家半导体照明产业技术创新联盟的吴玲当选为首届理事长，北京技术交易促进中心的黄平当选为首届秘书长。首都创新大联盟以资源共享、协同创新、合作共赢为宗旨，首批成员单位68家，涉及新一代信息技术、新材料、节能环保、生物医药、现代农业、高端装备制造等战略新兴产业。

（市科委高新处）

【习近平考察北京时就建设首善之区提5点要求】 2月25—26日，习近平总书记在视察北京工作时就推进北京发展和管理工作提出5点要求。一是要明确城市战略定位，坚持和强化首都全国政治中心、文化中心、国际交往中心、科技创新中心的核心功能，深入实施人文北京、科技北京、绿色北京战略，努力把北京建设成为国际一流的和谐宜居之都。二是要调整疏解非首都核心功能。三是要提升城市建设特别是基础设施建设质量。四是要健全城市管理体制。五是要加大大气污染治理力度。“全国科技创新中心”成为北京新的城市战略定位，也是北京作为首都的一项核心功能。

（市科委科宣处）

【学习贯彻习近平总书记系列讲话精神培训班开班】 3月10—17日，市科委举办学习贯彻习近平总书记系列讲话精神培训班。市科委机关各处室、各直属单位副处级以上干部120人参加学习。培训班邀请中央党校的常欣欣教授做解读习近平总书记系列讲话精神的报告，全国人大代表、市科委主任闫傲霜传达了两会精神。市科委副主任朱世龙为大家解读党政领导干部选拔作用条例。市委研究室副主任胡雪峰传达市委十一届五次全会的最新精神。

（市科委人事处）

【市科协与16个区县政府签署共建协议】 3月24日，市科协党组书记夏强和各区县分管全民科学素质纲要工作的副区（县）长分别代表市纲要实施办、区县政府，签署了《落实全民科学素质行动计划纲要共建协议》。《共建协议》中确定了到2015年各区县公民具备基本科学素质比例应达到的指标，明确了各区县政府和市全民科学素质纲要实施工作办公室的责任。签署《共建协议》是推动实施《全民科学素质行动计划纲要(2006—2010—2020年)》,落实市政府与中国科协签署的《落实全民科学素质行动计划纲要共建协议》的重要举措,确保实现到2015年北京市公民具备基本科学素质比例超过13.04%的目标。

(市科协)

【2013年度北京市科学技术奖励大会暨2014年北京市科技工作会议召开】 3月25日,市委、市政府举行2013年度市科学技术奖励大会。中共中央政治局委员、市委书记郭金龙,市委副书记、市长王安顺,科技部党组成员、副部长李萌,市委常委、常务副市长李士祥,市委常委、市委秘书长赵凤桐,副市长张工,市政协副主席闫仲秋,国家科学技术奖励工作办公室主任邹大挺,市委副秘书长傅华,市政府副秘书长朱炎,市科委主任闫傲霜,市科委党组书记、副主任杨伟光等领导出席大会。会上,张工宣读了市政府《关于2013年度北京市科学技术奖励的决定》,有关领导向获奖者颁发了荣誉证书。2013年度市科学技术奖共有233项成果获奖,"深腾7000高效能计算机系统及关键技术"等26项科技成果获得一等奖;"大规模智能视频监控新技术及应用"等66项科技成果获得二等奖;"北京市电动汽车电能供给智能服务网络建设"等141项科技成果获得三等奖。

(市奖励办)

【2014年北京市科技工作会议报告北京科技工作情况】 3月25日,市委、市政府召开2014年北京市科技工作会议。市科委主任闫傲霜做了题为"深化科技体制改革 加快创新驱动发展 为建设全国科技创新中心做出更大贡献"的科技工作报告。报告中全面回顾总结了2013年科技北京发展情况。科技北京在4个方面取得了成效:一是科技创新对首都发展的贡献进一步增强;二是科技体制改革取得明显进展;三是中关村国家自主创新示范区建设深入推进;四是创新创业发展环境持续优化。闫傲霜表示,全年要着力推进5项重点工作:一是深化科技体制改革,全面实施创新驱动发展战略;二是健全技术创新市场导向机制,强化企业技术创新主体地位;三是发挥示范引领作用,加快中关村国家自主创新示范区建设;四是优化创新驱动发展的社会环境,激发全社会创新创业活力;五是加快转变政府职能,提高科技管理和服务水平。

(市科委科宣处)

【第八届北京发明创新大赛收官】 4月11日,"中国移动杯"暨第八届北京发明创新大赛举行颁奖大会。本届大赛以"发明点燃激情 创业成就梦想"为主题,收到来自全国26个省(市、自治区)的1235项发明项目,其中单位参赛项目占40%,个人参赛项目占60%。本届大赛由专家评审最终评出发明创新奖200项,其中特等奖1项、金奖20项、银奖60项、铜奖119项,还评选出鼓励奖563项。同时9家单位设立了13类专项奖,共奖励60个项目。

(北京发明协会)

【2014年科普工作联席会议召开】 5月5日,2014年北京市科普工作联席会议在市政府召开。会议由市科普工作联席会议副主席、市政府副秘书长朱炎主持,市科普工作联席会议副主席、市科委主任闫傲霜通报了2014年北京市科普工作先进集体和个人评比表彰情况,市科普工作联席会议主席、副市长张工出席会议并做讲话。市科普工作联席会议41家成员单位的负责人参加了会议。

(市科委科宣处)

【2014年度依法行政工作部署会召开】 5月26日,市科委召开2014年依法行政工作部署会,市科委系统涉及行政处罚和法制宣传的相关业务部门负责人和工作人员参加会议。

(市科委法规处)

【市科委电子监察平台投入试运行】 5月27日,驻市科委监察处和市科委法规处共同进行了市科委电子监察系统的操作使用培训。此举标志市科委电子监察系统一期正式投入试运行。该系统按照"总体规划、突出重点、分步实施"的方针,针对市科委廉政风险防控工作的实际和特点,以岗位廉政风险防范管理为核心,以风险识别评估为基础，以风险点实时监控为重点，逐步将全委科技计划、专家数据库、科技奖励评审、自然科学基金评审、技术合同登记、行政审批等市科委重点工作纳入电子监察监控范围，充分发挥行政监察职能，规范行政行为，提高行政效能，促进政府依法行政。

（市科委监察处）

【"京科九条"力促科技成果转化】 6月9日，市政府办公厅印发了《加快推进科研机构科技成果转化和产业化的若干意见（试行）》（京政办发〔2014〕35号），全文共9条，简称"京科九条"。主要内容包括深化科技成果管理改革、推进科研资产管理改革、深化财政经费管理改革、强化科研人员激励机制、加强对科研机构新技术新产品的应用和推广、优化科技金融服务环境、支持科研机构深入开展协同创新、完善科研机构成果转化平台、广泛开展国际交流与合作。

（市科委法规处）

【北京技术创新行动计划进展获肯定】 6月11日，市人大常委会教科文卫体办公室召开《北京技术创新行动计划（2014—2017年）》及全市科技创新工作进展情况通报会，12位教科文卫体委员会委员和科技代表小组代表参加了通报会。通报会由市人大常委会教科文卫体办公室主任孙世超主持，市人大常委会副主任孙康林出席会议并讲话，市科委副主任朱世龙及相关14个业务处室负责人参加会议。会上，市科委相关负责人重点汇报了行动计划进展情况，还通报了深化体制机制改革、加快全国科技创新中心建设有关情况以及"十三五"科技发展规划等情况。与会委员和代表充分肯定了行动计划实施工作进展情况，对于全市科技创新工作表示认可，并对下一步行动计划的实施和建设全国科技创新中心的目标、任务和路径等提出了相关意见和建议。

（市科委法规处）

【市政协组织召开工作协商恳谈会】 6月12日，市政协召开《关于进一步创新体制机制 加快全国科技创新中心建设的意见》编制工作协商恳谈会，9位委员和专家学者代表参加恳谈会并提出意见和建议。会议由市政协主席吉林主持，市政协副主席傅惠民、闫仲秋，秘书长周毓秋出席。市科委主任闫傲霜、副主任张光连及相关处室负责人参加会议。会上，市科委主任闫傲霜介绍了《意见》编制情况，市政协委员、特邀委员及专家充分肯定了《意见》的定位、指导思想和主要内容，并对《意见》相关具体条款，建设全国科技创新中心内涵、定位、目标和路径等提出了意见和建议。

（市科委法规处）

【市科委向市政协科技委通报《北京技术创新行动计划（2014—2017年）》进展】 6月12日，市政协科技委召开会议，听取市科委关于《北京技术创新行动计划（2014—2017年）》、加快建设全国科技创新中心的有关思考以及推动和扶持首都创新大联盟等产业技术创新联盟发展等情况。通报会由市政协科技委主任申建军主持，市政协科技委10位委员参加了通报会。市科委副主任朱世龙及法规处、计划处及高新处等相关业务处室和首都创新大联盟代表参加会议。汇报后，与会委员肯定了市科委在落实习总书记系列讲话精神，推动首都科技创新工作所开展的一系列工作，并提出相关意见和建议。

（市科委法规处）

【市科技报告制度试点启动会召开】 6月24日，市科委召开市科技报告制度试点启动会。市科委相关处室参加了会议。会上，首先由计划处介绍了市科技报告制度建设的背景和现有工作基础、进展等内容。市自然基金办作为市科技报告制度试点单位，从报告格式、内容、系统对接等方面介绍了市科技报告制度的试点建设方案，与会人员就方案进行了讨论。本次会议的召开，标志着市科技报告制度试点工作正式启动。

（市科委计划处）

【"创新行动计划"实施情况专项调研活动开展】 6月27日，市人大常委会教科文卫体办公室组织部分教科文卫体委员会委员和人大代表对《北京技术创新行动计划（2014—2017

年)》"首都蓝天行动"专项的实施进展情况进行了专题调研。市人大教科文卫委员会副主任委员颜振军及部分市人大教科文卫体委员会委员和市人大科技代表小组代表参加调研。调研座谈会上,市环保局科技处调研员李铁军详细介绍了科技支撑首都大气污染防治工作的整体情况。市科委社会发展处处长邢永杰介绍了本市以实施《北京技术创新行动计划(2014—2017年)》"首都蓝天行动"专项为抓手,科技支撑首都大气污染防治工作的进展情况,包括大气污染成因与预警预报相关研究、能源清洁高效利用、推广应用新能源和清洁能源汽车以及重点污染源防治技术研究与示范等工作部署。石景山区环保局局长李元员重点介绍了石景山区餐饮油烟治理及在线监测情况。由市科委、市环保局和区科委共同支持研究开发的餐饮油烟在线监测系统在餐饮油烟的排放实时监察工作中发挥了明显作用,获得的数据具有时效性,便于实时监测,并节省了大量的人力成本,充分体现了科技对城市管理与环境治理的支撑作用。

(市科委社发处)

【集中宣讲科研经费管理新政】 7月9日,市科委与市财政局共同举办为期3天的政策宣讲会,宣传并贯彻落实《国务院关于改进加强中央财政科研项目和资金管理的若干意见》精神和北京市科技计划项目经费管理政策。宣讲会上,科技部科研条件与财务司副司长戴国庆从整个科研项目管理、科研项目经费的改革思路、改进科研项目和资金管理的整体要求、加强科研项目资金配置的统筹协调、实行科研项目统筹管理,改进科研项目管理流程、加强科研项目和资金的监管、加强相关的一些制度建设等8个方面讲解。

(市科委条财处)

【市基金资助项目实施科技报告制度座谈会召开】 7月14日,市科委计划处和市自然基金办共同召开了市基金资助项目实施科技报告制度座谈会。基金资助项目负责人代表、科研管理人员代表、市科委相关工作人员和系统开发人员参加了会议。会上,计划处介绍了北京市科技报告制度建设的背景和现有工作基础、进展等内容。市自然基金办作为北京市科技报告制度试点实施单位,从报告格式、内容、对项目负责人的要求等方面介绍了基金实施科技报告制度的工作方案,与会人员就报告内容、实施细则等进行了充分讨论。

(市自然基金办)

【面向业务的知识管理系统培训会召开】 9月19日,由市科委召开面向业务的知识管理系统培训会。市科委13个处室和19个直属中心的70多名代表参加了培训会。中国知识管理中心主任田志刚介绍了国内外知识管理的现状和趋势,以及如何用知识管理方法解决问题。科技信息中心介绍了知识管理系统整合资源、实现功能、特色服务等情况,现场演示了海量信息检索、共享文档使用、专题及其创建等功能,并在会上发放《面向业务的知识管理系统使用调查问卷》70余份。

(市科委总工办)

【市自然科学基金委员会五届十二次常务工作会议召开】 10月24日,北京市自然科学基金委员会五届十二次常务工作会议召开。市自然科学基金委员会主任闫傲霜,副主任杨伟光、陈力工、付小兵、李云伏出席了会议。会议原则上通过了《2015年度北京市自然科学基金重点研究专题项目指南》编制工作报告和北京市自然科学基金在母婴健康与乳品领域开展联合资助试点工作方案。

(市自然基金办)

【市人大代表调研"北京技术创新行动计划"进展情况】 11月19日,市教科文卫体办公室组织市人大代表视察《北京技术创新行动计划(2014—2017年)》进展情况。代表们分两路分别考察了翠湖再生水处理厂和京东方显示技术有限公司,并召开座谈会,听取了市科委关于《北京技术创新行动计划(2014—2017年》进展总体情况的汇报,以及"首都生态环境建设与环保产业"与"新一代移动通信技术突破及产业化发展"两个重点专项进展情况的汇报;听取了市经信委关于"芯片、终端与系统设备研发与产业化"重点任务总体布局和进展情况的汇报;听取了市水务局关于“水资源保护与利用”重点任务总体布局和进展情况的汇报。

（市科委法规处）

【市科委召开干部大会宣布主要领导调整决定】 12月4日，市科委召开干部大会，宣布主要领导调整决定。市委常委、教工委书记，中关村管委会党组书记苟仲文出席会议并做讲话。市委组织部副部长闫成宣读市委、市政府对市科委主要领导调整的决定：呼文亮任市科委党组书记，杨伟光不再担任市科委党组书记、副主任。市科委机关局级领导干部、机关副处职以上干部及直属单位党政主要负责人参加会议。

（市科委人事处）

计划实施

【3D打印科技创新与产业培育工作意见出台】 1月6日，市科委、市发展改革委、市经信委联合印发《促进北京市增材制造（3D打印）科技创新与产业培育的工作意见》，旨在全面推进全市3D打印科技创新与产业培育，取得战略性新兴产业发展的主动权，抢得3D打印技术制高点，提升北京高端装备制造产业核心竞争力。《意见》指出了促进全市3D打印科技创新与产业培育的必要性和重要性，明确了指导3D打印科技创新与产业培育的基本原则和主要目标；从攻克重大关键技术、构建完善科技创新平台、推动科技成果转化、优化产业布局等4个方面提出了3D打印科技创新与产业培育重点任务；同时提出了促进3D打印科技创新与产业培育的保障措施。

（市科委电装处）

【《北京市示范应用新能源小客车管理办法》正式发布】 1月28日，市科委、市发展改革委、市经信委、市财政局以及市交通委联合发布了《北京市示范应用新能源小客车管理办法》。办法明确了新能源小客车生产企业及产品的准入条件、充电设施建设、补助申领、监督管理、职责分工等主要内容，执行期至2017年年底。2014年新能源小客车面向个人、单位销售，全年配额2万辆：分配个人1万辆，单位1万辆。本次新能源小客车的指标管理实行“单独配置”，拥有单独的摇号池。对指标管理、充电桩建设、车型目录、财政补贴等进行规定。申请购买新能源汽车的编码已达1771个，购买新能源汽车最高可获10.8万元财政补贴。

（市科委双新处）

【支持科技创新座谈会召开】 4月1日，市科委与农业银行北京分行就支持科技创新召开座谈会。双方介绍了各自支持科技创新的举措，并共同就如何支持新能源电动汽车产业的发展进行沟通和交流，双方约定在创新信息数据共享及科技资源智力支持方面以及在市科委“风险备偿金”的科技金融政策引导下，寻找合作切入点，成熟一种模式实施一种模式，共同研究支持创新工作。

（市科委条财处）

【首都科技大数据平台建设方案征集发布会举行】 4月10日，市科委举行首都科技大数据平台建设方案征集发布会。方案征集由市科委组织，京东、百度、用友、亿赞普等互联网龙头企业以及长风联盟、北京市科技金融促进会等大数据领域相关联盟、协会代表共同发起，旨在通过首都科技大数据平台的建设，整合首都丰富的科技资源数据，充分利用互联网、大数据等新一代信息技术手段，依法合规地逐步向社会开放北京市科技数据资源，依托互联网龙头企业，调动全社会力量，深入挖掘科技大数据的经济社会价值，提升科技公共服务能力，推进北京全国科技创新中心建设。

（市科委科宣处）

【北京启动首都科技大数据平台建设】 4月10日，市科委召开首都科技大数据平台的方案征集发布会，提出大数据时代的创新资源共享，从开放政府科技数据资源开始，希望社会广泛参与、提供方案，成熟一个上线一个，并面向市场运行一个。

（市科委电装处）

【《北京技术创新行动计划(2014—2017年)》发布】 5月6日,《北京技术创新行动计划(2014—2017年)》新闻发布会在市政府新闻办新闻发布厅举行。作为《行动计划》的牵头组织单位,市科委联合市发展改革委、市经济信息化委、市环保局、市市政市容委、市交通委、市水务局、市卫生计生委、市食品药品监管局等相关委办局发布《行动计划》,并于4月14日由市政府正式印发。

(市科委法规处)

【公众参与创新北京行动计划(第一季)启动】 5月18日,市科委在全国科技活动周暨北京科技周主场举行了公众参与创新北京行动计划(第一季)的启动仪式。来自新华网、中国科技网、新浪网、清华大学、IBM(中国)政府创新研究院、中国科技金融促进会等6家参与和策划实施创新参与平台的单位参加了启动仪式。公众参与创新北京行动计划(第一季)分为3个阶段:2014年5—12月,是全面参与阶段,公众可以登录新华网、新浪网和中国科技网3个创新参与平台的入口发布相关参与方案信息;2015年1—2月是全面评价阶段,由各平台建设单位组织公众、专家对收集的方案信息进行评价;2015年3—5月,是商业模式对接和持续传播阶段,评价结果将通过市场机制与创新创业的企业、孵化器或投资机构、大学生创意创新平台、民间发明创新活动以及市政府相关部门等进行对接,其中优秀的项目、成果将获得支持。

(市科委科宣处)

【"北京科技创新中心建设"规划基础研究课题座谈会召开】 6月9日,市自然基金办召开"北京科技创新中心建设"规划基础研究课题座谈会。中国科学技术发展战略研究院科技预测与评价研究所副所长王革研究员、中科院科技政策与管理科学研究所段异兵研究员、中国科学技术信息研究所基金办吴家喜博士、市自然基金办相关工作人员参加了会议。与会人员围绕如何开展基础研究在全国科技创新中心建设中发挥的作用研究及市基金如何促进首都基础研究工作展开了讨论,为课题下一步的组织开展打下了基础。

(市自然基金办)

【市政府办公厅印发《电动汽车行动计划(2014—2017年)》】 6月16日,市政府办公厅印发了《北京市电动汽车推广应用行动计划(2014—2017年)》。该行动计划的制定依据是深入贯彻落实国务院《大气污染防治行动计划》(国发〔2013〕37号),全面落实《北京市2013—2017年清洁空气行动计划》(京政发〔2013〕27号),切实做好电动汽车推广应用工作,努力实现全市大气污染防治目标。

(市科委双新处)

【32人入选2015年百名领军人才培养工程】 8—10月,市科委完成2015年科技北京百名领军人才培养工程选拔工作。本年度共计201人申报,经过形式审查、专家咨询评审、访谈调研和综合评定会、市科委主任办公会审定,共产生32名入选人员。按类别分,创新类26人、创业类6人;按领域分,电子信息9人、医疗卫生5人、新材料3人、节能环保3人、农业3人、新能源2人、生物医药3人、城市建设与管理2人、装备制造1人、设计领域1人;按单位性质分,企业10人、高校10人、科研院所8人、医疗机构4人;年龄最小36岁,最大50岁,平均年龄46岁;男性27人,女性5人。

(市科委人事处)

辅助决策

【大气雾霾治理对策专家研讨会召开】 2月27日,市科协与市政府办公厅共同召开北京大气雾霾治理对策专家研讨会。来自中央及市属的科研院所、高等院校从事大气物理研究、环境监测、生态保护、减灾防灾、疾病防控等方面的专家,科学分析了2月下旬北京地区雾霾形成的原因,并从法制建设、科技创新、治理重点领域、城市未来规划、舆论宣传引导、专业人才培养等方面提出了建议和意见。

（市科协）

【京津冀科协联合开展科技协同创新战略研究】 3月5日，北京、天津、河北三地科协共同召开专题工作会，研究如何推动实施京津冀科技协同创新战略。会议确定了开展合作研究的具体任务：一是明确研究的切入点和目标；二是明确研究的重点内容，围绕三地科技协同发展的现状、体制机制、政策、产业布局、人才资源等问题进行研究，重点提出针对性强、可操作的建议措施；三是明确研究的承担单位、进度安排以及联络机制等。研究由中国科学技术发展战略研究院具体承担，吸收三地有关科技工作者参加，研究时间为8个月，三地科协指定专人负责研究的组织协调、沟通联络等，合作完成《推进京津冀科技协同创新战略》咨询报告。

（市科协）

【首科远望论坛召开】 3月9日，由首都科技发展战略研究院和市科委共同主办的首科远望论坛召开。论坛以"学习和落实习总书记考察北京时的重要讲话精神"为主题深入研讨。来自国务院研究室、国务院发展研究中心、科技部调研室、中国科学技术发展战略研究院、北京市委研究室、北京市人大常委会教科文卫体办公室、北京市政府研究室、北京师范大学等相关部门、高校和院所的10多位专家和负责人参加论坛。论坛上，与会专家结合各自的研究领域和工作实际，结合习近平重要讲话精神，重点就科技创新中心的内涵、北京建设科技创新中心的战略定位、顶层设计、发展路径和工作着力点等方面进行了热烈讨论和交流，并从不同角度、不同层面为北京建设科技创新中心提出了有针对性的意见和建议。

（市科委法规处）

【《首都科技创新发展报告2013》出版】 3月25日，《首都科技创新发展报告2013》在北京市科技工作会议上发布。首都科技发展战略研究院基于首都科技创新发展体系整体分析框架，针对首都科技创新发展需要优先关注和解决的问题，开展了一系列专题研究，并根据研究重点，将研究成果分为指数篇、战略篇、改革篇、政策篇、产业篇和国际篇六大篇。在指数篇中，该研究院发布了"首都科技创新发展指数2013"。该指数测度结果显示，首都科技创新工作取得明显成效，得分从2005年的60分增长到2012年的82.24分，年均增长3.18分；2012年4个一级指标得分均超过80分，其中创新资源和创新环境相对较高。

（市科委法规处）

【"科学探案与创新人才培养"专题研讨会举行】 4月24日，"科学探案与创新人才培养"专题研讨会在公安大学举行。中科院院士、北京青少年科技创新学院名誉院长陈佳洱，中国工程院院士刘耀、徐建国等专家出席。会议以"科学探案与创新人才培养"为主题，通过高校、科研院所学术研讨，引领带动中小学实践交流，深化高等教育与基础教育纵向衔接、社会资源与学校资源横向整合，实现人才培养方式创新的工作机制。

（市科委科宣处）

【京津冀协同发展背景下的基础研究合作与创新研讨会举行】 4月25日，市自然基金办举办了第四次首都科技前沿研讨会——京津冀协同发展背景下的基础研究合作与创新。中科院可持续发展研究中心主任樊杰研究员和国家自然基金委政策局发展战略处处长吴善超分别做"京津冀协同发展的可持续性问题"和"从区域协调发展看京津冀基础研究合作"主题报告。此外，受邀参会的科技部基础司、国家自然基金委、天津市科委基础处、河北省基金办、北京市科委的有关领导及专家就京津冀协同发展中基础研究合作与创新的模式、合作领域、相关科技政策制定等方面的问题深入地研讨。

（市自然基金办）

【北京科技创新中心功能定位座谈会召开】 5月8日，为贯彻落实中央关于北京坚持和强化"全国科技创新中心"核心功能定位的决定，市科委在中国电子学会一楼会议室召开北京科技创新中心功能定位座谈会。

（市科委科宣处）

【“十三五”时期中关村发展研究专家研讨会召开】 6月18日，市科委高新处、北京科学学研究中心召开北京市“十三五”时期中关村自主创新示范区发展研究专家研讨会。来自企业、联盟、政府部门的10余名专家参加了会议。会议围绕“十三五”时期如何更好地发挥中关村自主创新示范区的龙头带动作用，推进全国科技创新中心建设这一议题展开讨论。与会者从北京建设全国科技创新中心、京津冀协同发展等方面，对如何更好地开展体制机制改革、先行先试政策突破、创新创业氛围营造、产业链高端化发展、促进产学研协同创新、人才支持等方面提出相关建议。

（市科委高新处）

【北京绿色金融研讨会（2014）召开】 6月19日，由上海银行北京分行与中国节能服务协会共同主办的北京绿色金融研讨会（2014）在北京国际会议中心召开。全市近百家节能环保企业的代表参加了会议。会上，与会者围绕服务绿色节能环保产业，特别是合同能源企业和降碳节能产业等，就行业发展态势、目前存在问题、融资解决方案、相应政策支持等进行了深入研讨。上海银行与中合中小企业担保有限公司以及北京股权交易中心举行了战略合作签约仪式，标志着节能服务企业、用能单位、中介机构和金融机构之间已架设起沟通的桥梁、交流的平台。

（市科委国际合作处）

【第四届首科远望论坛举行】 9月28日，由首都科技发展战略研究院主办的第四届首科远望论坛——习近平总书记“9·30”讲话一周年暨全国科技创新中心建设研讨会在京召开。国务院发展研究中心、科技部调研室、科技部战略研究院、中科院政策所、北大首发院、北京师范大学、中国留学人才发展基金会、市委研究室、市政府研究室、市科学技术研究院、北京航空航天大学、北京先进产业技术研究院、中关村发展集团、中关村企业家协会等多家单位的专家和代表参加了会议，围绕习近平总书记“9·30”讲话精神和北京加快建设全国科技创新中心进行探讨。

（市科委法规处）

【“十三五”基础研究发展战略研究课题座谈会召开】 9月29日，市自然基金办召开“北京市‘十三五’时期基础研究发展战略研究”课题座谈会。国家自然基金委政策局发展战略处处长吴善超、国务院发展研究中心技术经济研究部马名杰研究员、北京理工大学管理与经济学院魏一鸣教授、市科委计划处负责人及课题组相关工作人员参加会议。会上，课题组介绍了课题研究内容及相关进展。与会人员围绕科技创新中心的定位及评价、基础研究在全国科技创新中心建设中的作用机制及市基金如何促进首都基础研究工作展开了讨论，并对课题下一步的组织开展进行了部署。

（市自然基金办）

【首都促进科技服务业发展专家座谈会召开】 11月13日，市科委组织首都促进科技服务业发展专家座谈会，邀请国务院发展研究中心研究员李志军、科技部调研室研究员刘琦岩、中国社科院财经战略研究院副主任李勇坚，以及市深化改革领导小组、市发展改革委、市统计局等单位的专家，为加快推进北京科技服务业的发展献言献策。

（市科委高新处）

科技条件

【厚德创新谷孵化项目“37健康”获千万级天使投资】 3月27日，“37健康”获千万级天使投资发布会在厚德创新谷孵化器召开。通过本次融资，尚奇浩康（北京）科技有限公司（37健康）获得多家天使投资机构共计1000万元投资。

（北京高技术创业服务中心）

【诺奖得主在京成立费尔北京研究院】 6月3日，市科委主任闫傲霜出席费尔北京研究院成立仪式，代表市科委与2007年诺贝尔物理学奖得主、法国科学院院士艾尔伯·费尔教授及北京航空航天大学签署共建协议，并共同为研究院揭牌。此次，费尔教授带领法国顶级研究团队与中方人员共同携手开展科研和创新合作，这一强强合作模式将进一步确立北京在自旋电子领域的国内领先地位。

（市科委国际合作处）

【北京产业技术创新联盟联合会成立】 9月19日，北京产业技术创新联盟联合会成立大会召开。该联盟是首都创新大联盟法人实体。联合会发起单位、联盟成员等70余家单位出席本次会议。会上，市民政局庞庆涛宣读准予筹备成立的行政许可文件。会议表决通过《北京产业技术创新联盟联合会章程（草案）》和《北京产业技术创新联盟联合会会费收取和使用管理办法》，并选举产生联合会的首届理事会和监事会单位。半导体照明产业技术创新联盟的吴玲担任首届理事长，北京技术交易促进中心的黄平担任首届秘书长。首都创新大联盟注册为实体，标志着首都产业技术联盟的发展进入了一个跨界融合、协同创新的新阶段，意味着大联盟在组织形态上更加健全，各项工作开展的制度保障更加完善。

（市科委高新处）

【国家母婴乳品健康工程技术研究中心成立】 9月28日，科技部发布《关于2014年度国家工程技术研究中心立项的通知》，北京市推荐依托北京三元股份有限公司组建的国家母婴乳品健康工程技术研究中心被批准成立。该工程中心将从母乳及婴幼儿营养健康基础研究、婴幼儿配方乳粉临床应用评价、生产原料自主开发等方面入手，重点解决乳粉产业核心技术和共同性技术问题，实现高端婴幼儿配方乳粉的自主开发与国产化，振兴国产乳粉产业。

（市科委法规处）

【首都科技条件平台加入科技部协作公用网平台】 年内，作为第一批15个子平台之一，首都科技条件平台加入大型科学仪器设备协作共用网平台，进一步有效整合大型科学仪器设备资源，调动仪器设备拥有者开放服务的积极性，带动北京地区和中央在京大型科学仪器设备和科研设施开放共享。大型科学仪器设备协作共用网平台是由科技部牵头组建，通过信息化的手段整合各省市高校和科研院所的大型科学仪器设备和科研设施，促进科技资源开放共享、运行服务的网络化机构。

（市科委条财处）

【首都科技条件平台整合科技资源突破190亿元】 年内，首都科技条件平台形成了以27家研发实验服务基地、12个领域中心、14个区县工作站为主体的首都科技条件平台工作体系和科技资源开放服务体系，开放676个国家级、北京市级重点实验室、工程中心，价值192亿元，3.84万台（套）仪器设备向社会开放共享，促进559项较成熟的科研成果转移转化，聚集包括两院院士、长江学者等高端人才在内的9003位专家，形成了仪器设备、科技成果和研发服务人才队伍共同开放的大格局；产生了11886项知识产权和技术标准，有10670家企业得到首都科技条件平台的各类服务，服务合同额达20.56亿元，推动形成政产学研用开放创新、协同创新的大格局。

（市科委条财处）

【2014年股权投资机构发展迅速】 年内，北京市股权投资基金管理机构总数达到967家，管理资本总量1.26万亿元。北京地区战略性新兴产业领域有664家企业获得股权投资基金支持，占本市投资案例总数的76.2%，同比增加30%；投资金额697.90亿元，同比增长14%，占本市股权投资总金额的40.3%。从全国范围来看，北京地区战略性新兴产业股权投资案例数在全国占比为35%，金额占比为45.1%。

（市科委条财处）

【多层次资本市场交易活跃】 年内，全市在创业板上市的企业达64家，其中科技型企业58家，在新三板挂牌的企业364家，北京股权交易中心展示挂牌的企业318家，累计为131家企业，登记托管股份80.66亿股。全年共有10只中小企业私募债券备案，备案总金额11.3亿元，其中成功发行6只，募集总金额5.5亿元。

（市科委条财处）

【全国首家重大科技成果转化“前孵化”运营服务平台组建】 年内，为进一步促进科技成果产业化，推动境内外重大科技转化项目在京落地，市科委建设了全国第一家重大科技成果转化“前孵化”运营服务平台——北京首都科技发展集团公司，打造从原始创新、知识产权到成果应用的“前孵化”新型服务平台。整合首都科技资源和金融资源，运用市场机制盘活资产，形成从人才、技术到科技型企业成长发展的专业化、职业化培育链条，推进重大科技项目资本化、产业化。

（市科委条财处）

科技服务

【北京国际医药临床研发平台专项工作成效显著】 1月14日，市科委召开2013年北京国际医药临床研发平台专项（CRO专项）工作总结会，京区36家临床试验研究机构参加。会上，市科委介绍了2013年CRO专项工作情况，并对2014年工作做了部署。4年以来，CRO专项后补贴政策对于北京药物临床试验机构服务北京医药企业的激励和引导作用日益突出。2013年，服务G20企业的总金额较2012年增长了近36.50%，占全部项目比重的17.10%。

（市科委生物医药处）

【市工商联医疗器械行业商会政策宣讲会召开】 1月17日，市科委与市工商联医疗器械行业商会共同召开北京市工商联医疗器械行业商会2013年度总结会暨政策宣讲会。来自商会成员单位的50余名医疗器械企业负责人参会。会议旨在通过对相关政策、趋势和热点问题进行解读和研讨，搭建政府和企业的交流平台，推动企业把握机遇、运用政策、大胆创新，在服务民生、解决就业、促进首都转变经济发展方式等方面发挥更加重要的作用。

（市科委法规处）

【企业研究开发费用加计扣除政策培训会召开】 3月10日，市科委与市工商联共同召开2014年企业研究开发费用加计扣除政策培训会。来自市工商联会员单位的300余人参加会议。会上，市地税局企业所得税处、北京科技协作咨询服务中心及北京中天金税税务师事务所的相关专家分别就企业进行研究开发费用加计扣除过程中的税务、项目鉴定、实际操作等具体环节做详细解读，并对参会人员提出的问题进行解答。

（市科委法规处）

【高新企业研究开发费用加计扣除政策培训会举行】 3月14日，市科委与海淀园管委会和中关村高新技术企业协会共同举行国家高新技术企业研究开发费用加计扣除政策培训会。来自园区和协会的500余家高新技术企业相关负责人参加会议。会上，国税八所和北京科技协作咨询服务中心分别就加计扣除政策、操作流程、国税备案以及科技项目鉴定等内容进行了详细解读，并与参会企业进行了深入交流。

（市科委法规处）

【市科学技术奖申报推荐专场培训会举行】 3月17日，政策法规宣讲团系列活动——2014年北京市科学技术奖申报推荐培训会举行。针对高校院所、企业和医疗机构的不同需求，有针对性、有侧重点地进行了3场申报培训会。培训着重介绍了北京市科学技术奖励政策和2014年度奖励重点，详细介绍了各类别申报推荐书填写的注意事项，包括学科选择、项目名称、项目简介、主要创新点提炼、项目证明材料要求等内容，并就申报过程中的具体问题进行了交流答疑。

（市奖励办）

【科技商务政策宣讲会举行】 3月19日，由首都创新大联盟和市商务委共同主办的科技商务政策宣讲会举行。科技部火炬中心，市科委高新处，市商务委机电进出口处、外贸运行处、服务贸易处相关负责人，及首都创新大联盟秘书处、各联盟和企业代表百余人出席会议。

（市科委高新处）

【北京服务外包行业创新发展政策专题宣讲会举行】 3月20日，市科委与北京服务外包企业协会共同召开北京科技政策法规宣讲团助力北京服务外包行业创新发展政策专题宣讲会。来自协会成员单位的50余名首都服务外包企业负责人参会。会上，市科委法规处和市地税局企业所得税处分别就企业所关注的北京市支持企业发展的科技政策和企业研究开发费用加计扣除政策进行了详细解读，并与参会人员进行了深入交流。

（市科委法规处）

【"首都特色"专项立项课题培训会召开】 4月10日，市科委生物医药处召开"首都特色"专项培训会，59家立项单位的课题负责人和科研管理人员共300余人参加了培训会。2014年"首都特色"专项立项课题184项，课题负责人中青年科研人员比例达到40%以上，首次承担临床研究课题的科研人员占比超过50%。

（市科委生物医药处）

【市自然科学基金系列科技政策宣讲会召开】 4月15日，市科委法规处、市自然基金办共同举办北京科技政策法规宣讲团——2015年度北京市自然科学基金项目申请工作培训会。自3月31日市基金项目申请工作正式启动以来，为增强与科研管理人员和基金项目申请人的沟通与交流，使科研人员熟悉基金项目申请相关科技政策，市科委法规处、市自然基金办共同举办8场科技政策宣讲会，分别针对依托单位科研管理人员和项目申请人的不同需求进行系列政策宣讲和答疑活动。此次系列政策宣讲活动受到了首都地区科技工作者的广泛关注，共有来自300多家依托单位的近3000人参加了培训会。

（市自然基金办）

【首都创新大联盟科技政策宣讲会召开】 4月22日，首都创新大联盟与北京科技政策法规宣讲团共同举办首都创新大联盟科技政策宣讲会，80余家联盟成员单位的120余人参加会议。会上，市科委条财处、市自然基金办、市技术市场办公室分别就北京市科技金融综合服务体系建设及相关政策，2015年度北京市自然科学基金概况、运行情况及新举措，技术市场合同认定登记政策及新四条72号文等进行解读。

（市科委高新处）

【北京地区技术经纪人培训暨开班仪式举行】 5月8日，北京地区技术经纪人培训暨开班仪式在北京市职工服务中心报告厅举行。在建设全国科技创新中心的背景下，北京在全国范围内率先开展技术经纪人培训，标志着北京地区技术经纪人培训工作将步入新的历程。此次培训邀请了科技部火炬中心市场处原处长雷庆西、中科院科技政策与管理科学研究中心刘海波研究员、国家发展改革委宏观经济研究院经济研究所所长左传长等8位业内专家讲授。培训学员来自北京地区高校、院所及技术转移机构百余家单位，共计204人。

（市科委高新处）

【首都创新大联盟科技政策宣讲会召开】 5月21日，市科委召开首都创新大联盟科技政策宣讲会。首都创新大联盟70余家成员的代表参加会议。会上，由市科委10个处室组成的科技政策法规宣讲团，就市"十三五"时期全国科技创新中心建设规划的预研、编制工作计划及需求，《北京技术创新行动计划(2014—2017年)》的编制背景、定位、主要内容和工作目标，各专业领域重点工作及相关需求等对联盟代表做详细解读。

（市科委高新处）

【首都科技孵化生态网上线培训会召开】 5月21日，北京高技术创业服务中心与北京创业孵育协会在北京创业大厦举行百家重点实验室进千家企业活动暨首都科技孵化生态网上线培训会。全市共有大学科技园及科技企业孵化器代表80余人参加此次会议。首都创业孵化生态网的建立对全市孵化机构信息报送、资源共享、在线申报等工作提供了有力支撑。

（北京高技术创业服务中心）

【科技走进金融一线系列培训会举行】 5月21—27日，市科委与人民银行营业管理部联合召开首都科技大数据金融开放共享平台科技走进金融一线系列培训会。本次活动是首都科技大数据金融开放共享平台推广工作的一个组成部分，首都辖区内25家银行的一线客户经理1000余人次参加了培训活动。通过培训，参会人员对该领域特别是政府对产业未来发展引导方向和目前现阶段工作重点有了更深的理解，对投资科技、投资战略性新兴产业作为工作重点更有信心。

（市科委条财处）

【科技政策法规宣讲团走进清华科技园】　5月28日，北京科技政策法规宣讲团与清华科技园、启迪创业孵化器公司共同举办的北京科技政策法规宣讲专场活动在清华科技园科技大厦国际会议中心举行，共有100多家企业的代表参加。会上，市科委法规处、高新处、人事处4位主管工程师为企业详细解读《北京技术创新行动计划（2014—2017年）》、2014年北京市科技服务业专项、科技北京百名领军人才培养工程和北京市科技新星计划等相关政策以及申报细节。

（市科委法规处）

【高新技术成果转化工作座谈会召开】　6月5日，市科委召开北京市高新技术成果转化项目认定工作座谈会。市科委高新处、市高新技术成果转化服务中心、成果转化项目政策及评审专家、企业代表等参加会议。专家们充分肯定成果转化政策对首都科技创新工作的推动作用，并对成果转化项目评价体系优化、工作流程改进、成果转化项目实施效果评价等提出建议。企业代表发言表示，成果转化政策对企业提高研发投入、技术创新、人才培养等方面发挥了重要作用，希望保持政策延续性并加大支持力度。

（市科委高新处）

【“文化科技融合”政策专题宣讲会召开】　6月17日，北京科技政策法规宣讲团与东城区、西城区、朝阳区、海淀区、丰台区、石景山区等区县科委，共同召开“文化科技融合”和“科技研究开发机构认定”政策专题宣讲会。各行业协会、重点企业、高校院所相关负责人共计200余人参会。会上，市科委文化科技发展处介绍了2014年度北京文化科技融合储备项目、首都设计提升计划项目的征集工作，市科委法规处就《北京技术创新行动计划（2014—2017年）》、市科技研究开发机构认定政策进行了解读。

（市科委法规处）

【“百家实验室进千家企业”专场对接会举行】　6月19日，首都科技条件平台检测与认证领域中心组织平台内成员单位和社会企业，走进北京建筑材料科学研究总院研发实验服务基地开展对接活动。来自北京大学研发实验服务基地、清华大学研发实验服务基地、北京师范大学研发实验服务基地、北京理化分析测试学会等单位的代表共计40余人参加了本次会议。首都科技条件平台“百家实验室进千家企业”活动是将平台内600多个开放实验室与企业需求建立有效联系，深化服务的一种探索形式，不仅能够增加活动交流沟通的有效性，还是传播平台文化的有效方式。

（北京科学仪器装备协作服务中心）

【第二期领军人才高级研修班开班】　6月23—26日，科技北京百名领军人才培养工程第二期高级研修班暨2014年入选人员发布会在中共北京市委党校举行。会议发布了2014年度入选人员名单并向28位入选人员颁发了证书，随后启动了第二期高级研修班。本期高级研修班由市委组织部、市科委、市委党校共同举办，采用主题讲座、交流讨论、实地参观调研等多种研修方式，30余名历年入选人员参加了为期4天的高级研修班。研修班邀请相关领导就建设国家科技创新中心实施北京技术创新行动计划、大数据的应用、国家科技计划和政策解读等话题进行了讲解，16名学员分别介绍了各自的研究方向、领域科研动态及合作需求，并进行了深入交流和讨论。

（市科委人才交流中心）

【市科委与北京银行全面战略合作签约仪式举行】　8月20日，市科委与北京银行全面战略合作签约仪式暨循环贷产品发布会举行，北京银行将在4年内为全市科技企业提供1000亿元意向授信，这是北京技术创新行动计划重大专项实施计划的一项重大举措。双方共同推出的针对科技型小微企业续贷业务的循环贷产品，是面向流动资金贷款到期后仍有资金需求，又临时存在资金困难的小微企业专门设计的贷款产品，可有效缓解小微企业由于贷款期限与经营周期不匹配带来的贷款到期正常还款资金压力，降低小微企业融资成本，真正实现符合一定条件的小微企业贷款到期后可无须先还后贷。

（市科委条财处）

【科技政策法规宣讲团走进北京生命科学研究所】 9月25日，市科委举办北京科技政策法规宣讲团北京生命科学研究所专场宣讲会，50余名来自生命所的科研工作者、科技管理人员及相关课题组负责人参加会议。会上，国家自然基金委生命学部、市科委法规处和条财处、市自然基金办，分别就国家自然科学基金、北京技术创新行动计划及北京重点实验室认定、首都科技条件平台、北京市自然科学基金等科技政策进行了详细解读。

（市科委法规处）

【2014北京设计周落幕】 10月3日，为期一周的2014北京设计周落幕。自上一年度设计周结束起，至本届设计周主体项目落幕止，年度设计交易成果达102亿元。本届设计周期间组织设计展览206项，设计交易签约、设计贸易洽商和达成意向合作项目34项，论坛年会讲座等相关活动110多项，来自30多个国家的设计师及设计机构代表参与活动。

（市科委文科处）

【“首都科技创新券”政策宣贯会召开】 10月27日，首都科技条件平台检测与认证领域中心召开“首都科技创新券”政策宣贯会，领域中心成员单位负责人、小微企业代表40余人参加会议。会上，市科委条财处负责人对首都科技创新券的相关政策进行了介绍。首都科技创新券的支持对象是小微企业和优秀创业团队，对其与指定实验室围绕科技创新创业开展的测试检测、合作研发、委托开发、研发设计、技术解决方案等科研活动给予资助。创新券采用网络认证的模式，以事前立项、事后补助的方式进行支持。

（北京科学仪器装备协作服务中心）

【科技政策法规宣讲团走进中关村发展集团】 10月29日，北京科技政策法规宣讲团中关村发展集团专场宣讲会召开。市科委副主任伍建民做了“创新体制机制 加快建设全国科技创新中心”的主题宣讲。中关村发展集团董事长于军和集团领导班子成员、集团下属子公司主要负责人，集团机关工作人员近百人参加了宣讲会。

（市科委法规处）

【科技政策法规宣讲团走进首都创新大联盟】 12月2日，市科委与首都创新大联盟共同举办“2014年度高新技术企业认定、北京市重点实验室认定、北京市工程技术研究中心认定”专题培训会。全市相关产业联盟及企业代表230余人参加会议。会上，来自北京技术交易促进中心和北京中关村高新技术企业协会的讲师分别就市重点实验室、工程技术研究中心和高新技术企业认定的申报条件、工作流程、运行管理、注意事项等内容做了详细解读，并针对申报中存在的问题及具体情况与参会代表进行互动交流和答疑。

（市科委法规处）

【“风险备偿金”政策引导高新技术产业贷款稳健发展】 年内，市科委与中国人民银行营业管理部共同实施推动科技创新和成果转化工作的“风险备偿金”政策，引导北京市高新技术产业贷款稳健发展、增速显著。截至5月末，“风险备偿金”支撑的2013年的2034笔、307亿元科技创新和成果转化项目贷款，以及支撑的科技型小微企业507笔、13亿元贷款，均进展良好，没有发生不良贷款，已经完成履约还贷的占比53%。截至5月末，北京市中资银行高新技术产业贷款余额（人民币，不含票据融资，下同）1943.8亿元，同比增长35.3%，1—5月累计发放贷款1225.7亿元，同比增长89.4%。电子信息技术、生物与新医药技术、航空航天技术、新材料技术、高技术服务业、新能源及节能技术、资源与环境技术、高新技术改造传统产业贷款增速分别为24.5%、45.6%、133.5%、14.9%、96%、86.7%、34.2%、85.8%。

（市科委条财处）

【首都科技创新券制度启动】 年内，市财政局牵头，市科委实施首都科技创新券制度，贯彻习近平总书记对"大众创业、万众创新"的要求，落实《北京技术创新行动计划（2014—2017年）》的有关精神，推动全国科技创新中心建设，盘活首都优势科技资源，降低企业创新投入成本，聚焦科技创新活动，促进小微企业与高等学校和科研院所之间的产学研用合作。首批筛选首都科技条件平台398家开放实验室接收创新券。

（市科委条财处）

【2014年北京高技术产业贷款快速增长】 年内，高新技术产业贷款累计发放3730.5亿元，同比增长76.0%。截至年底，北京市中资银行高新技术产业人民币贷款余额（不含票据融资，下同）2669.5亿元，同比增长60.9%。其中，国家重点支持的高新技术领域中的电子信息技术、生物与新医药技术、航空航天技术、高技术服务业、新能源及节能技术、资源与环境技术、高新技术改造传统产业贷款余额增速分别为5.5%、45.4%、17.4%、89.5%、35.4%、29.4%、185.0%。

（市科委条财处）

研究与开发

基础研究

【市自然科学基金助力国家科技奖】 1月10日,2013年度国家科学技术奖励大会召开。北京地区获国家科技奖的75个项目中,19个项目的获奖团队成员曾受北京市自然科学基金的资助,占北京地区获奖总数的25.3%,包括国家自然科学二等奖4项,国家技术发明一等奖1项、二等奖4项,国家科技进步一等奖1项、二等奖8项,创新团队奖1项。

(市自然基金办)

【“需求导向的市自然科学基金资助机制研究”项目启动】 4月29日,市科委召开“需求导向的市自然科学基金资助机制研究”项目启动会。与会专家一致表示通过开展此项研究能明确市基金重点研究专题等项目类型的运行机制,为促进市基金以需求为导向服务首都经济社会发展提供决策支撑。

(市自然基金办)

【市自然基金委—市科研院联合资助项目启动会召开】 6月13日,市自然科学基金委员会、市科研院联合资助试点工作管理办公室召开2014年度市基金委—市科研院联合资助项目启动会。市科研院副院长王玲出席会议,来自15家项目依托单位及合作单位的40名人员参会。会上联合管理办公室介绍了联合资助试点工作概况、2014年度项目评审情况及资助项目管理工作,联合资助项目负责人、项目组参与人员及单位科管人员和联合管理办公室工作人员及与会领导进行了讨论交流。

(市自然基金办)

【“市‘十三五’时期基础研究发展战略研究”课题立项】 6月16日,市科委召开中科院科技政策与管理科学研究所承担的“北京市‘十三五’时期基础研究发展战略研究”课题实施方案专家论证会。论证专家组听取了课题组的汇报,认真审阅了课题实施方案,并进行了质询。经讨论,专家组认为课题目标明确,内容充实,承担单位具备完成课题研究的基础,建议予以立项实施。课题拟围绕北京市“十三五”时期全国科技创新中心建设规划编制需要,探索基础研究在区域创新体系中的作用机制,分析其在北京建设全国科技创新中心过程中的功能定位和主要表现形态,提出加强基础研究、支撑北京建设全国科技创新中心的相关目标、任务、保障措施等建议。

(市自然基金办)

【市基金重点研究专题资助项目启动会召开】 7月17日,市自然基金办召开2014年度市基金重点研究专题资助项目启动会。市自然基金委委员、北京工业大学副校长聂祚仁教授作为重点研究专题领域责任专家出席会议,来自6家项目依托单位及合作单位的科研人员和管理人员参会。会上,市自然基金办主任王红介绍了市基金重点研究专题项目的工作概况。项目和课题负责人分别介绍了课题分工合作、研究工作开展情况,并针对领域内现阶段面临的主要科学问题提出了各自的意见和建议。聂祚仁对项目的实施提出了指导性意见。

(市自然基金办)

【通信与计算机科学技术融合国际研讨会召开】 7月17—18日,市自然科学基金资助的对外合作交流基金项目通信与计算机科学技术融合国际研讨会在北京香山饭店举行,会议邀请陈俊亮、戴浩、李国杰、李幼平、刘韵洁、怀进鹏、邬贺铨、于全等院士以及来自澳大利亚、日本、新加坡和英国等地的海外知名专家学者,针对通信与计算机技术融合中的关键科学问题进行了深入讨论,中科院计算技术研究所副所长、市自然基金委副主任李锦涛和市自然基金办主任王红等参加会议。与会专家围绕大数据时代绿色通信与信息服务、电信与计算机技术的融合及去电信化、带宽需求与绿色节能双重压力下的移动通信等科学领域,深入探讨了在大数据时代,未来的无线通信网络如何大幅度降低能耗(性能功耗比提高1000倍)、如何融合高通量计算(如超级基站等)等前沿科学技术,就通信与计算机科学技术交叉融合的研究趋势和未来前景达成了共识。

（市自然基金办）

【“首都基础研究发展报告”课题座谈会召开】 7月22日，市自然基金办与北京科学学研究中心共同召开“首都基础研究发展报告”课题座谈会，中国科技发展战略研究院副院长杨起全、中国科技发展战略研究院农村与区域科技发展研究所副所长王书华、中国科技发展战略研究院科技统计与分析研究所副所长宋卫国等相关领导参加会议。会上，课题组介绍了首都地区基础研究发展报告的相关内容。与会专家围绕首都基础研究发展报告的结构及编写提出了建议。

（市自然基金办）

【“自然科学基金项目促进人才成长的路径研究”取得进展】 9月25日，北京航空航天大学和市自然基金办共同承担的“自然科学基金项目促进人才成长的路径研究”课题召开了验收会。课题采用了问卷调查、统计分析、发函调研、实地调研等多种研究方法，收集、汇总、分析提炼了国家、地方自然科学基金项目发展和人才项目效果，提出了完善北京市基金青年科学基金项目、探索设立北京市杰出青年科学基金等建议，为完善北京市自然科学基金人才项目资助体系、优化人才成长路径提供决策参考。

（市自然基金办）

【国际脑重大疾病高峰论坛召开】 10月11—13日，北京脑重大疾病研究院承担的市自然科学基金对外合作交流活动基金项目国际脑重大疾病高峰论坛在北京香山饭店举行。中科院神经科学研究所蒲慕明院士、瑞典卡罗琳斯卡研究所Sten Grillner院士、加拿大英属哥伦比亚大学Max Cynader院士以及来自中国香港、北京、深圳、上海、青岛等地的知名专家学者参会，针对脑卒中、阿尔茨海默病、帕金森病、脑肿瘤、癫痫、神经损伤与修复、抑郁症以及精神分裂症等脑重大疾病及其转化医学的应用和发展等问题展开讨论和交流。会议归纳了相关领域的关键科学问题并对我国脑重大疾病转化医学的未来研究方向给出了建议。

（市自然基金办）

【中国—爱尔兰前沿分子生物学技术研讨会召开】 10月20日，中国—爱尔兰前沿分子生物学技术在食品微生物检测中应用研讨会在北京举行。欧洲食品安全局管理委员会前主席Patrick Wall博士、都柏林大学Séamus Fanning教授、国家食品安全风险评估中心首席专家吴永宁研究员、军事医学科学院微生物流行病研究所杨瑞馥研究员、国家食品安全风险评估分中心常务副主任王慧研究员、国家食品安全风险评估中心李凤琴研究员等国内外知名专家学者参会，主要讨论了分子生物学技术、全基因组测序技术等在食源性致病微生物研究中的现状及发展趋势。会议还分析了我国食品安全现状、食品安全研究存在的不足、面临的问题与挑战，提出了未来该领域应加强危害物暴露监控与分析表征技术、有害物快速检测、鉴定技术以及转化毒理学技术等研究的建议。

（市自然基金办）

【市自然科学基金委员会五届七次全委会召开】 10月29日，市自然科学基金委员会五届七次全体委员会议召开。市自然基金委18名委员和3名顾问出席了会议。会议听取了2015年度北京市自然科学基金申请与评审工作报告、北京市自然科学基金重点项目（B类）暨市教委科技发展计划重点项目评审工作报告、北京市自然科学基金青年科学基金项目试行情况的报告及学科评审组建议资助重点项目答辩。经讨论、投票，会议通过了2015年度北京市自然科学基金各类拟资助项目共计617项，其中包括重点项目27项、面上项目350项、预探索项目50项、青年项目190项。

（市自然基金办）

【“市自然科学基金实施绩效评价研究”课题验收】 10月30日，北京理工大学和市自然基金办共同承担的“北京市自然科学基金实施绩效评价研究”课题通过专家验收。该课题采用了文献检索、问卷调查、专家咨询、实地访谈、会议研讨、案例分析等多种研究方法，对市自然科学基金实施绩效进行了系统的评价，评估发现市自然科学基金在注重人才培养、促进学科发展、营造创新氛围等方面发挥了重要作用，提出了新形势下市自然科学基金实现战略定位的路径，为市自然科学基金提高资助效能和管理效能，加快融入首都科技工作主战场提供参考。

（市自然基金办）

【资助自然科学基金项目 617 项】 11 月 13 日，市自然基金委发布《2015 年度北京市自然科学基金拟资助项目公告》。年内共受理 289 个依托单位的 2015 年度项目申请 5182 项，经评审，决定资助 617 项，其中重点项目 27 项、面上项目 350 项、预探索项目 50 项、青年科学基金项目 190 项。涉及数理科学 11 项、化学与材料科学 59 项、工程科学 44 项、信息科学 90 项、生物科学 35 项、农业科学 34 项、医药科学 252 项、城建与环境科学 55 项、管理科学 37 项，资助总金额 9694 万元。另有 34 项市教委科技发展计划重点项目列入市自然科学基金重点项目（B 类）。

（市自然基金办）

【表面等离激元诱导二硫化钼单层结构相变研究取得进展】 年内，北京大学方哲宇课题组利用表面等离激元实现对二硫化钼单层的光学动态调控，研究成果在线发表在顶级国际期刊《先进材料》上。研究团队利用表面等离激元在衰减过程中产生的热电子实现了二硫化钼单层局域的可逆结构相变，并通过超高真空拉曼光谱和光致荧光谱对其进行了表征和分析。该研究进展为新型二维材料等离激元光电器件的研究提供了新的思路。

（市自然基金办）

【“大型建筑抗风设计理论”确保 APEC 会议召开】 年内，依托北京交通大学建设的结构风工程与城市风环境北京市重点实验室开展了“大跨屋盖结构风致效应分析与抗风设计理论”研究，并应用在 2014APEC 峰会主会场雁栖湖会展中心结构抗风设计中。该系统解决了大跨屋盖围护结构风荷载极值的确定方法、主体结构风振响应和等效静风荷载的计算方法，形成了系统的大跨结构风效应的理论体系和可供建筑结构荷载规范、工程抗风设计参考的具体结论和建议方法。

（市科委法规处）

【市基金委、市科研院联合资助第二批项目启动】 年内，经市基金委、市科研院联合资助试点工作小组审定，决定资助“交通荷载作用下埋地管道的疲劳破坏分析与物理脆弱性评估”“城市排水管网监测和内涝预警系统研究与开发”“叶黄素对细颗粒物 PM2.5 暴露导致氧化应激和炎症损伤的干预及机制研究”等 12 项联合资助项目，具体涉及地下管道安全监测、空气细微颗粒物暴露评价及健康风险预测、多尺度城市噪声地图绘制、精细电火花加工测量、视频分析人群聚集场所风险监控与应急、地铁轨道安全服役实时监测等方面。资助项目在研究周期内预期完成论文 58 篇、申报形成专利 20 项、产生样机 4 台、形成 7 项优势技术。

（市自然基金办）

【CO_2 地质封存与资源化利用】 年内，清华大学姜培学教授主持完成了市基金重大项目“CO_2 地质封存与资源化利用中关键基础问题研究”。项目建立了超临界压力和水两相驱替核磁共振在线可视化实验系统，从俘获机理出发选取了合理的有效封存系数模型，建立了 800～3500 米深度 CO_2 地质封存储层的有效封存系数取值推荐方法，为 CO_2 封存场地选址提供了重要参考指标。项日为北京市及我国进一步开展 CO_2 大规模地质封存的整体数值模拟、示范项目和评估 CO_2 地质封存的储量及安全性提供了重要的理论基础和技术依据。

（市自然基金办）

社会发展科技

【俸伯 P＋R 充电场站投入使用】 1 月 28 日，全市首个 P＋R 充电场站投入使用。充电场站位于 15 号线俸伯地铁站，一期建设 10 个快充口和 10 个慢充口，能同时为 20 辆电动车充电。俸伯 P＋R 充电场站是北京市开展公共区域停车场充电设施建设的首次尝试，结合区县电动出租车和私人电动乘用车需求，合理利用社会化资源，实现错时停车和停车充电共享机制，使停车场使用效率最大化，为电动汽车充电提供更便捷的服务。

（市科委双新处）

【嘉博文餐厨废弃物资源化利用技术在马来西亚示范推广】 4月25日，北京嘉博文生物科技有限公司与马来西亚东海岸发展管理局（ECER）和生物科技发展局（Biotech Crop）三方签约，利用获奖专利技术在马来西亚就棕榈油加工副产品资源化利用在马来示范推广。依托北京嘉博文生物科技有限公司建设的北京市有机废弃物资源化工程技术研究中心研发的“餐厨废弃物制备生化腐植酸技术与工艺”，荣获国家知识产权局中国专利金奖。

（北京技术交易促进中心）

【2014中国设计红星奖开奖】 12月12日，2014中国设计红星奖颁奖活动在北京举行。来自全球1561家企业的6037件参评产品再创历史新高，企业和产品分别比去年增加21.9%和8.4%，经过国内外10余位设计专家初评、终评，共有近300件产品获奖。本届红星奖颁奖呈现三大亮点：一是北京APEC设计获2014中国设计红星奖特别奖；二是颁奖活动安排4项红星发布，包括红星指数、红星奖排行榜、联想CPS计划和红星众筹计划；三是获奖产品体现设计为人民服务。本次红星奖颁奖也通过国际媒体Design boom进行全球同步发布。

（市科委文科处）

【快速公交3线18米双源无轨电动公交车投入运营】 12月31日，快速公交3线18米双源无轨电动公交车投入示范运营。此次BRT3线“油改电”施工改造工作，在充分利用现有线网的基础上，架设15.55千米双对线网，栽立658根线杆，铺设电缆管沟17200米，保障线路的运营需要。示范运营的18米双源无轨电车最大载客人数可达150人，是北京公交有史以来体型最大的双源无轨电车，能够满足快速公交大容量的运营需求。

（市科委双新处）

【朝阳区农业废弃物处理与再生利用工程取得实效】 年内，由朝阳区崔各庄六合农业发展有限责任公司承担的2011年度国家星火计划项目“朝阳区都市型现代农业示范区农业废弃物的处理与再生利用工程”完成了验收。该项目以人的粪便为主要原料，经厌氧发酵产生沼气、沼渣和沼液，开展了沼气、沼渣和沼液“三沼”的综合利用，实施了24千瓦发电机组发电，建设了温室沼液储存池18个、葡萄园储液池2个、六合园区南侧大储液池1个，实现了农村农业环境污染治理和资源化利用，形成都市现代生态循环农业模式。

（市科委农村中心）

【钢铁企业烧结灰输送技术取得新进展】 年内，依托北京国电富通科技发展有限责任公司建设的北京市粉体物料气力输送工程技术研究中心对目前钢铁企业烧结灰的输送技术进行了优化设计，为钢铁行业节能降耗提供了有效的技术方案。该工程中心经过大量研究，掌握了烧结灰输送出力、灰气比、能耗等参数随输送工况、距离的变化规律，通过对钢铁企业在不同工况下烧结灰的输送进行优化设计，有效缓解了目前主要采用的烧结灰输送技术所面临的输送管道磨损严重等问题，并可降低能耗5%以上。目前该成果已经在中国京冶工程技术有限公司、广西柳州钢铁（集团）公司等多家单位实现了产业化。

（北京技术交易促进中心）

【科技助推北京巧娘创新创业】 年内，北京巧娘手工艺发展促进会承担的“北京巧娘创新创业科技服务工程”课题取得显著经济社会效益。课题依托北京工业设计促进中心、清华大学美术学院及北京工业大学等5家研发基地，组织设计师、技术专家与巧娘合作研发出十大类50余项创新产品；组织各类技能培训班16期，培训人员达1000人次，培养巧娘带头人20名；组织参加多届手工艺国际博览会和多次国内展会；开通了北京巧娘网站，开设了25家网上销售试点等。课题有20多项作品被评定为国家级、市级非物质文化遗产，多项作品获得国内外大奖，其中手工加湿花获得了全国巾帼创新奖。通过课题的实施，直接安置妇女就业近6万人，带动妇女就业和弹性就业32万人，2013年实现产品销售额近8亿元。

（市科委农村中心）

【“基于无人机平台的环境应急监测研究”取得突破】 年内，由北京市国际科技合作基地单位中科宇图天下科技有限公司承担的科技部国际科技合作项目“基于无人机平台的环境应急监测关键技术与应用研究”通过专家组验收。项目面向我国环境应急能力提升的需求，与具有高端气体检测传感器研发实力的美国RAE Systems公司和瑞典FPX公司合作，引进并再创新国外先进技术，攻克机载气体检测传感器的技术难点，研制完成可在应急现场实现实时摄像、航拍、有毒有害气体监测、气象数据监测一体化的应急系统，实现了气体检测设备与自主开发的环境监测软件平台的无缝集成以及应急监测数据的实时传输。通过项目的开展，与瑞典共同建立了中瑞智慧环保研究中心。

（市科委国际合作处）

【外置膜生物反应器膜污染控制研究取得重要进展】 年内，依托北京林业大学建设的水体污染源控制技术北京市重点实验室在城市垃圾焚烧厂垃圾渗沥液膜生物反应器（MBR）处理单元中膜污染控制技术研究方面取得重要进展，通过优化外置MBR处理单元主要工艺参数，有效地减缓了膜污染，并确定最优物理－化学清洗模式和相应的控制技术，使外置MBR膜可长期稳定运行。该研究成果已经在北京高安屯垃圾焚烧厂应用。

（北京技术交易促进中心）

【有害气体泄漏检测关键技术实现突破】 年内，北京理工大学金伟其教授主持完成了市基金重点项目“用于有害气体泄漏检测的宽波段非制冷焦平面热成像关键技术研究”。该项目突破了宽波段红外窗口的优化设计，实现了3～14微米波段的高透过率，并基于国产VOx非制冷焦平面探测器实现了宽波段非制冷红外焦平面探测器组件；突破了宽波段红外光学镜头设计问题，研制成了实用的大相对孔径宽波段红外物镜，并实现了产品转化。研制完成了基于宽波段非制冷焦平面探测器的有害气体泄漏红外成像检测实验系统，实现了宽波段红外热成像以及宽波段窄光谱成像，以及典型气体泄漏的宽波段红外成像检测。

（市自然基金办）

【卫星数字“妇女之家”综合服务平台建成并投入示范运行】 年内，市妇联信息中心和航天数字传媒有限公司承担的“北京市妇联卫星数字‘妇女之家’系统建设及应用示范”课题取得了显著成效。该课题利用卫星数字发行技术建成了集节目制作、内容审核、产品发布、版权保护等功能为一体、满足“妇女之家”8项服务职能的卫星数字“妇女之家”综合服务平台，并针对“妇女之家”的服务需求，建设及整合数字资源2000GB，每周更新约80GB。课题依托卫星数字发行技术，研制了版权保护技术及卫星数字“妇女之家”终端，在大兴区建设了100个卫星数字“妇女之家”示范点，辐射了14个镇、5个街道、8家直属单位，实现了数据资源包的定向投放，开辟了新型的社区、农村妇女公益服务渠道。

（市科委农村处）

农业科技

【第二届中国农业科技创新创业大赛北京赛区复赛举行】 1月14—15日，由北京农科城和中农科创资产管理有限公司承办的第二届中国农业科技创新创业大赛北京赛区复赛在京举行。来自北京、河北、河南、黑龙江等7个省市的企业北京市有11家企业参加复赛。复赛邀请了创投、财务和农业等领域的15位专家，从项目技术产品、市场竞争分析、商业模式、企业经营风险、金融和科技需求、财务状况等方面分别对初创组和成长组的企业进行评估，并针对企业的商业计划书进行质询和讨论，最后根据评估结果对复赛企业进行评分排名，按排名顺序选出优秀企业进入决赛。

（市科委农村处）

【农村领域科技工作研讨会召开】 1月18日，市科委农村科技发展处召开“三农”科技工作研讨会。会议邀请了农业部农研中心、国家发展改革委宏观经济研究院、中国科学技术发展战略研究院、中国人民大学及北京社科院相关专家，为市科委主管农业的科技管理工作者解读2014年中央一号文件精神。

（市科委农村处）

【芦荟原料高效安全生产技术研究通过验收】 2月23日，由北京工商大学承担的2012年度国家星火计划项目“芦荟原料高效安全生产技术集成与示范”通过专家验收。该项目联合中国芦荟产业专业委员会、中山大学、江南大学等优势资源单位，相继建立了芦荟原料高效安全栽培技术体系、芦荟原料高效安全加工技术体系和芦荟原料检测技术体系，建设了芦荟原料高效安全加工示范基地2个，开发新工艺2套，建立规范化加工生产线3条，并在云南万绿生物股份有限公司、浙江嘉兴市芦荟源生物科技有限公司、广东台山美环健芦荟制品有限公司进行了高效安全生产技术示范，原料年产量超过4000吨，年销售收入突破1亿元。该项目在云南省、浙江省和广东省建起了芦荟高效安全栽培示范基地3个，总面积425.4公顷（6381亩），开展芦荟原料高效安全栽培、芦荟原料高效安全加工等技术培训649人次。项目还开展了中国芦荟产业认证战略研究，出版《中国芦荟产业认证战略研究》。

（市科委农村中心）

【通州种业园物联网中控中心建成并投入运营】 3月7日，由北京农科城通州国际种业园承担的“种业科技园区物联网技术集成与应用”项目通过专家验收。该项目集成了北京农业智能装备技术研究中心、北京市植物保护站等科技资源，熟化了4套农作物新品种育种、中试、生产和展示环境监测技术产品，建立了种业生产环境无线通信网络，支持示范区内温室及大田环境采集节点、室外气象站与园区物联网控制中心进行实时数据交互，数据丢包率小于3%；研究熟化了6套设施、大田主要病虫害预警模型，初步构建了种业物联网集成应用技术体系；申报3项发明专利，获得5项软件著作权；形成了育种数据管理分析、专家远程科研育种会商、种业园区可视化GIS管理、种业园区生产环境监测、设施环境综合调控、种业园区病虫害预警防控、种业园区虚拟观光游览等7套应用系统；建成了通州种业科技园区物联网中控中心；为园区6家入驻企业提供感知数据服务和专业软件租赁服务，降低了应用示范企业生产经营成本，取得了良好的社会经济效益。

（市科委农村中心）

【北京农科城推进院企对接共促发展】 3月13日，在北京农科城的推动下，市农林科学院与北京市农业产业化龙头企业协会开展对接并达成了战略合作意向。根据合作意向，市农林科学院将集成优势科技资源，针对龙头企业需求，围绕产学研科学发展问题开展研究，并在农业信息化建设、软课题研究及项目策划等方面提供科技支撑，并把研发的科技成果优先在农业龙头企业协会会员单位转化应用，实现院企的共同发展。

（市科委农村中心）

【北京花卉服务产业科技创新联盟成立】 7月10日，由北京国家现代农业科技城顺义园（北京国际鲜花港）的15家入园企业联合发起成立北京花卉服务产业科技创新联盟，并推选北京鲜花港投资发展中心为理事长单位，联盟发起单位涉及花卉研发、生产、贸易、会展服务、绿化工程等领域。联盟将围绕花卉产业发展需求，搭建花卉产业科技创新和服务平台，提供全产业链一站式服务，破解当前北京花卉产业发展的共性问题，促进产品与市场高效对接。

（市科委农村中心）

【百家重点实验室进千家企业对接会召开】 7月11日，市科委农村中心召开2014年首都科技条件平台百家重点实验室进千家企业对接会，现代农业领域企业的代表、重点实验室和工程中心的代表50余人参会。北京世纪阿姆斯生物技术股份有限公司与中国工业微生物菌种保藏管理中心、北京华裕食品有限公司与北京食品安全检测装备工程技术研究中心分别签订了合作协议。

（市科委农村处）

【首都食用菌产业科技创新服务联盟成立】 8月5日，由市农林科学院植物保护环境保护研究所、市科委农村中心牵头组建的首都食用菌产业科技创新服务联盟成立大会召开。来自京津冀地区的食用菌企业、合作社、科研院校等单位的代表50余人参会。会议审议通过了《首都食用菌产业科技创新服务联盟章程（草案）》和首都食用菌产业科技创新服务联盟第一届理事名单，选举产生了第一届理事会理事长、副理事长及秘书长单位。其中市农林科学院植物保护环境保护研究所为联盟理事长单位，市科委农村中心为秘书长单位，绿源永乐（北京）农业科技发展有限公司等5家单位为副理事长单位，15家单位为联盟理事，联盟成员单位共35家。

（市科委农村中心）

【农村户用数控采暖炉具开发及新能源示范推广效果显著】 8月15日，怀柔区科委和北京金荣升商贸有限责任公司共同承担的市科委区县科技专项课题“农村户用数控采暖炉具开发及新能源在新农村中的示范推广”通过专家验收。该课题成功研发的农村户用数控自动控温装置用于农村采暖炉具，配风合理，燃烧完全，为农户冬季采暖设备更新换代提供了理想产品，具有自主知识产权。数控采暖炉具在怀柔北部山区建立新能源示范村2个，在浅山区及平原4个村推广示范202户、示范大棚20栋。通过监测，燃用烟煤时热效率可达78.5%，燃用玉米秸秆压块时热效率可达80.3%。燃用烟煤和玉米秸秆压块时，烟尘、氮氧化物、二氧化硫、一氧化碳等排放浓度及林格曼黑度等各项污染物排放指标均符合有关国家标准。

（市科委农村中心）

【粮食可持续增产关键技术研究取得进展】 年内，北京市农业技术推广站承担的“粮食可持续增产关键技术研究与应用”课题取得进展。通过试验研究，已筛选出7个小麦玉米耐密高产新品种；研究了小麦宽幅播种、冬季镇压和补水技术，研制了小麦播种防堵监控系统；开展玉米单粒播种研究，亩节本增效27%；明确了微灌水肥一体化技术，小麦微喷节水20%，玉米地灌施肥节肥50%；建立了粮田小气候自动监测系统和粮食作物气象灾害与预警体系，实现了农艺与气象全方位全过程融合。

（市科委农村中心）

【生物蛋白功能肽饲料添加剂开发取得阶段性成果】 年内，北京鸿顺养源生物科技有限公司承担的2011年农业科技成果转化资金项目“生物蛋白功能肽饲料添加剂的开发”取得阶段性成果。项目通过开展原血的破壁、单酶水解、复合酶水解等工艺的研究，确立了1套产品生产工艺，制定了1项企业产品标准，申请1项国家发明专利。建立了1条生物蛋白功能肽产品的工业化生产线，引进了相关生产设备，生产相应产品242吨。产品实现销售收入691.5万元，实现利润174万元。

（市科委农村中心）

【阳台农业花繁叶茂】 年内，北京农业智能装备技术研究中心和北京派得伟业科技发展有限公司承担的“都市宜农空间农业生产自动化装备与技术开发”课题取得进展。课题结合都市宜农空间农业的生产特点，筛选出17种适宜都市宜农空间农业种植的蔬菜品种，开发了10种阳台农业栽培架，构建了2类小型家庭生态农场与鱼菜共生自循环种养系统，开发了3种都市宜农空间农业生产模式，研制了基于臭氧的雾状消毒杀虫机和小型基质搅拌消毒机，构建了都市宜农空间农业的自动控制系统、生产管理和网络化的生产管理与信息交流平台，扩展了传统农业的内涵与生产方式。

（市科委农村中心）

【怀柔区板栗全产业链技术集成与示范取得实效】 年内，“怀柔区板栗全产业链技术集成与示范”项目通过专家验收。该项目由怀柔区科技服务开发中心、怀柔区板栗试验站、北京红螺食品有限公司等多家单位共同承担。项目开展了90份板栗资源分析评价，在渤海镇建立3.33公顷（50亩）良种采穗圃，实现接穗80万头/年能力；建立了13.33公顷（200亩）板栗有机丰产栽培园，在渤海镇确立板栗地理标识，开展了6.67公顷(100亩)板栗密植低产园改造工程。对1套板栗分级筛选设备进行了升级改造,打造新"怀香"品牌,并通过了北京市品种审定委员会审定,开发出板栗果脯、夹心栗片、膨化栗酥等3种栗果深加工产品,研发出1套板栗叶片循环利用技术和板栗叶片采用打包发酵处理技术,解决了板栗窖贮费用高、运输难、取用不方便的问题。

(市科委农村中心)

【六区县示范运营"三农"综合信息服务平台】 年内,由神州数码信息系统有限公司和北京派得伟业科技发展有限公司共同承担的"三农综合信息服务平台示范运营"课题取得进展。课题基于农业信息新媒体综合和智能终端研发的两个"三农"综合信息服务平台,在怀柔、密云、朝阳、昌平、海淀、大兴等6个区县进行了新媒体智能服务体系示范运营。平台运营服务覆盖了京郊100个农业服务站点,规模达10万农户,服务人数超过100万人次。

(市科委农村中心)

【设施蔬菜高效生产机械化技术集成与示范取得实效】 年内,由北京市农业机械试验鉴定推广站承担的"设施蔬菜高效生产机械化技术集成与示范"项目通过专家验收。项目研制出了基质消毒机和穴盘清洗机,合理配备了轨道运输车、电动开膜器及轨道式打药机3种省力作业设备;相继开展了空间电场除雾促生设备、臭氧消毒设备、声波助长设备等物理增产技术试验;在昌平区建设了6.67公顷(100亩)设施蔬菜机械化生产示范园区,形成了设施蔬菜机械化技术路线及操作规程,为北京市设施农业发展起到了技术支撑作用。

(市科委农村中心)

【鱼类传染性造血器官坏死病免疫诊断技术研究取得进展】 年内,由市水产技术推广站承担的"鱼类传染性造血器官坏死病免疫诊断技术研究及应用"课题,在免疫诊断试剂盒的诊断率和检测时间均达到了国际标准。该课题针对该病研制了一株有效的抗传染性造血器官坏死病毒的单克隆抗体,同时制备了羊抗传染性造血器官坏死病毒血清,建立了该病毒的双抗体夹心ELISA诊断方法,在此基础上创制了试剂盒。与国标方法(GB/T 15805.2—2008)比较,新建立的检测技术在诊断的特异性和灵敏度方面的准确率分别达到100%和90%,并使检测时间从国标方法的15日缩短至3日内,且成本低廉,达到大通量快速检测要求,可以满足我国大规模筛查、控制该病流行的需要。

(市科委农村中心)

【北京农科城综合信息"三农"服务平台建成】 年内,北京农业信息技术研究中心和市农林科学院农业科技信息研究所等单位共同承担完成了"国家现代农业科技城综合信息'三农'服务平台建设"课题。北京农科城综合信息"三农"服务平台搜集了全国460家单位共计2020名专家的相关信息,构建了16个类别、126个专题的涉农服务资源数据库,通过"三农"呼叫中心节点和农业云服务平台,可以网络、语音、短彩、视频等方式支撑200名专家同时在线服务,向农户、合作社、生产基地、农业园区、涉农企业以及农产品消费者提供专业信息服务与软件租赁服务。"三农"服务平台已在19家农业企业展开应用,实现了31个省(市、自治区)的745个农产品批发市场的数据实时发布,还面向全国各地园区、基地和企业等提供应用软件租赁服务。

(市科委农村中心)

【门头沟区打造玫瑰、黄芩特色产业】 年内,市科委实施的"门头沟区玫瑰、黄芩产业科技示范"课题取得进展。通过课题实施,引进丰花1号、丰花2号玫瑰新品种(系)2个,甘肃黄芩新品种1个,新建玫瑰无公害生产基地17.33公顷(260亩),改造提升70公顷(1050亩);新建黄芩无公害生产基地74.67公顷(1120亩),改造提升146.67公顷(2200亩);通过改进原料配方和加工技术等,开发出玫瑰饼、玫瑰酱、玫瑰茶、玫瑰酒、玫瑰精油、玫瑰纯露、黄芩茶和黄芩复合茶等8类新品种;形成了玫瑰和黄芩无公害种植和加工技术规程2套,并开辟了玫瑰、黄芩休闲观光农业旅游线路各1条。

(市科委农村中心)

【北京引进名优牡丹200个品种】 年内，由顺义区三高科技农业试验示范区管委会承担的国家星火计划项目“名优牡丹品种的引进及其产业化和反季节生产开发”课题通过专家验收。该课题引进了国内外名优牡丹品种200个，其中引进、搜集山东菏泽和河南洛阳牡丹103个品种；引进甘肃榆中的紫斑牡丹51个品种；引进四川的热带牡丹及西藏、云南、长白山等地野生牡丹22个品种；引进国外名优牡丹品种24个。在顺义区建立了7公顷（105亩）牡丹名优品种种质资源圃和精品观赏园。运用嫁接技术年繁育名优牡丹种苗11万株。掌握了催花苗的培育技术，开展名优牡丹反季节生产示范，年生产反季节名优牡丹1500盆。

（市科委农村中心）

【优质甘蓝品种“满月”和“福兰”惠农增收】 年内，由北京华耐农业发展有限公司和昌平区种子管理站共同承担完成的“优质甘蓝品种选育及产业化开发”课题，培育出的优质甘蓝品种，大大降低了我国甘蓝产业的成本，增加了农民收入。课题选育出2个具有自主知识产权的甘蓝新品种“满月”和“福兰”，并通过国家鉴定，建立甘蓝种子纯度快速鉴定技术体系；在北京建立13.33公顷（200亩）示范基地，在国内建立10个试验示范基地，示范种植2个新品种；新品种在河北、云南等地推广1.07万公顷（16万亩），农民增收1.6亿元，企业销售额累计达1100万元。

（市科委农村中心）

【中、美、荷多国共建主要作物高效育种技术平台】 年内，由北京市国际科技合作基地单位市农林科学院承担的科技部国际科技合作项目“北京主要作物高效育种关键技术的合作研发”通过专家组验收。该项目引进高通量基因挖掘技术、优异基因高效聚合技术、小麦雄性不育技术、瓜类单倍体育种技术和外源基因清除技术，通过中、美、荷多边合作，实现了主要农作物重大理论和关键技术的新突破：一是联合开发，高质量完成了西瓜全基因组精细图谱绘制，成功构建了西瓜基因组数据库；二是克隆控制重要性状的功能基因20个，开发了22个重要性状的基因/QTL的实用分子标记；三是构建了1515份农作物品种的核酸指纹图谱；四是培育在抗病抗逆性、产量、品质及综合性状达到或超过国外同类型的重大品种或新组合20个，其中审定新品种9个，农作物品种的产业化规模达1.1亿元，新增产值11亿元以上。

（市科委国际合作处）

【“京白1号”及“农大5号”蛋种鸡育种项目启动】 年内，由北京北农大动物科技有限责任公司和北京市华都峪口禽业有限责任公司共同承担的2014年市科委“‘京白1号’及‘农大5号’蛋种鸡新品种选育及产业化”重大项目启动实施。该项目是两家育种公司在育种方面的首次合作，这不仅意味着2016年中国将推出“京白1号”和“农大5号”两个国产蛋鸡新品种，实现中国蛋鸡标准品种与特色品种的全覆盖，而且拉开了两家育种公司长期合作的帷幕，初步形成了“育种资源”共享、“育种、疾病防控、饲料研发技术”合作及“产业化模式”链接的战略合作规划。

（市科委农村处）

【有机番茄健康种植创新与推广见成效】 年内，由北京小汤山现代农业科技示范园有限公司承担的国家星火计划课题“有机番茄健康种植关键技术集成与示范”通过专家验收。该课题建立了一套温室有机番茄健康种植技术体系，在集成创新和建立健康种植体系研究基础上，通过多点示范种植，番茄产品质量达到有机产品国家标准，在示范区年栽培番茄10000平方米，产量达到31千克每平方米，年产有机番茄310吨，年销售收入310万元。同时，在北京、山东、青海、山西等地进行辐射推广，推广面积达80公顷（1200亩）。

（市科委农村中心）

【“促进联盟建设——首都食品安全”专项成效显著】 年内，市科委农村中心承担的北京市产业技术创新战略联盟建设科技专项“促进联盟建设——首都食品安全”取得了显著成效。该课题实施期间，首都食品安全科技服务联盟开展了“三品一标”企业授牌、全国青少年儿童食品安全科技创新实验示范基地授牌、安全食品进校园签约仪式、企业代表食品安全诚信宣言等活动。同时还组织联盟具备检测能力的成员，为中小学校的食堂提供果蔬安全监测服务12次。组织4期农产品安全技术人员培训，共240人次，编写8套培训教材和10个动漫课件。

（市科委农村中心）

【哺乳动物细胞大规模培养技术取得进展】 年内，百泰生物药业有限公司通过引进古巴在哺乳动物细胞大规模培养技术方面已有的成熟生产经验，在消化、吸收古巴技术的基础上，开发新的工艺，建立有技术通用性、有自主知识产权的大规模动物细胞高密度培养技术和纯化工艺，提高单抗生产效率和质量。

（市科委国际合作处）

【农业物联网感知与数据处理取得突破】 年内，市农林科学院陈立平研究员主持完成了市基金重点项目“融合农业知识的物联网感知与数据处理方法研究”。该研究提出农田作物同步复合感知测量模型，显著提高了田间作物生理生态参数和土壤参数的测量精度。研制了一种基于农学、地统计学和土壤参数时空变异规律等知识模型的无线传感器网络采样调度机制和数据融合处理方法。研究团队获得国家发明专利22项，获得软件著作权23项。项目应用示范区域涉及新疆、北京、广东、福建、青海等25个省、市，直接经济效益达1.2亿元。

（市自然基金办）

高新技术及其产业

电子信息技术

【智能视频监控新技术与新方法取得进展】 2月26日，中科院计算技术研究所山世光研究员承担的市基金重点项目“面向公共安全的智能视频监控新技术与新方法”通过专家验收。该项目围绕智能视频监控应用的核心问题展开研究，在关键目标检测、跟踪、单视和多视条件下的特征提取与匹配、视频人脸或行人识别、行为分析与识别等方面提出了一系列新方法和新技术，创建了COX视频人脸与多视角行人数据库，开发了相应的原型演示系统。验证结果表明，所提出的方法和技术均具有优于传统方法的良好性能。项目完成的人脸识别技术成功转让给华为科技有限公司，目前该技术已应用到了其最新的智能手机等终端设备中

（市自然基金办）

【生物组织计算机光学三维成像理论与方法取得进展】 2月26日，市自然基金办组织专家对中科院自动化研究所田捷研究员承担的市基金重点项目“生物组织计算机光学三维成像理论与方法”进行会议验收。该项目研究了光在生物组织中传播的数理模型和多模态分子影像成像理论及其验证方法；建立了基于特异性光学参数生物组织的扩散近似以及高阶近似数理模型，完成了数理模型的理论研究，并研发了针对多模态分子影像的前向仿真平台和多模态分子成像集成化平台。

（市自然基金办）

【全国实验动物人才培训考核系统在京正式启用】 4月17日，自“全国实验动物人才培训考核系统”（LAPTEST）启用后的首次计算机联网考试在首都医科大学网络教室举行。LAPTEST系统的研发得到了科技部和市科委的连续支持，由北京市实验动物管理办公室、北京实验动物行业协会和北京华夏迅联信息技术有限公司共同开发。该系统将在全国范围内全面推广，考生可就近参加培训和考试，合格后将获得全国统一制式上岗证和等级证书，全国通用。

（市动管办）

【战略性新兴产业孵育基地移动互联创新之源大会召开】 5月23日，由中关村软件园孵化器与中国软件网共同举办的战略性新兴产业孵育基地移动互联创新之源大会——创新移动应用对接会在中关村软件园举行。来自网易、计世网、赛迪网、IT168、天极网等20余家媒体机构和中关村企业家天使投资联盟、启赋创投、中关村创投等近20家投融资机构参会。会上，钱粮科技、畅易行、微震天、博思延、嘉和百善、云学堂6家企业分别进行了现场发布和演示。同时，现场体验区还重点推介了家度科技智能机器人等20余项在创新方面做出突出成绩的移动应用技术。

（市科委高新处）

【数码辰星研发出数字电影放映服务器】 6月6日，市科委文科处组织有关专家对数码辰星科技发展（北京）有限公司承担的“4K－IMB数字电影服务器研发及产业化应用”课题进行验收。该公司研发的数字电影设备成功通过好莱坞DCI认证，其中辰星AQ10 2K数字电影服务器上年在国内影院安装400余台，占新增市场份额的10%；开发的4K－IMB数字电影服务器已试制成功样机，通过Jpeg2000图像压缩和AES－128－CBC模式数据加密的影片的放映测试，符合FIPS 140－2 Level 3（美国联邦信息处理标准）信息安全认证测试，并即将投入市场；辰星TMS数字影院自动放映系统已推广超过150家影院，在CGV集团的中国境内影院全面上线应用。

（市科委文科处）

【新两化融合研讨会召开】 7月9日，市科委电装处和北京生产力促进中心共同组织北京10余家重点科研单位和企业召开新两化融合研讨会，会上围绕新两化融合的内涵、技术和模式创新及未来发展趋势进行了深入交流和研讨。与会专家认为新两化融合是工业化和信息化的深度融合，是促进制造业转型升级的必然选择，新兴信息技术是发展新两化融合的重点，

强调在新两化融合的过程中，必须始终高度关注信息安全问题。

（北京生产力促进中心）

【工业 4.0 专家研讨会召开】 8 月 27 日，市科委召开工业 4.0 专家研讨会，邀请赛迪研究院、北航、机械总院、京城机电、兆维、北工大等单位的专家，共同探讨工业 4.0 与制造业融合发展的模式与方法。专家认为工业 4.0 是互联、集成、数据、创新、转型，是一种在信息技术发展到新阶段产生的新的工业发展模式，不少企业已经在进行工业 4.0 探索与实践，如兆维探索以智能视觉检测装备为主体，将大数据技术应用于生产线上的实时监测。建议北京结合工业 4.0，从制造业新趋势、两化融合、创新驱动 3 个方面结合北京特点探索制造业升级路径。

（市科委电装处）

【设计猫入驻天猫启动仪式举行】 9 月 22 日，设计猫入驻天猫启动仪式在歌华大厦举行。设计猫是以店铺入驻形式独家在天猫平台销售的线上商店，是北京国际设计周与天猫战略合作的结晶，其形象出自意大利鬼才设计师斯蒂凡诺·乔凡诺尼之手。作为北京国际设计周重点项目，设计猫嘉年华首站将于 9 月 30 日在朝阳公园开幕。这是一项 O2O 消费模式，消费者可以通过天猫 APP、支付宝钱包两个客户端扫码到达天猫活动专区下单购买所有展出的大师作品，体验移动设计的乐趣。

（市科委文科处）

【北京动漫游戏产业发展高峰论坛举行】 9 月 28 日，北京动漫游戏产业发展高峰论坛暨金翼奖颁奖典礼举行。会议由第二届北京惠民文化消费季暨北京动漫游戏博览会组委会主办。会议揭晓了 2014 年度玩家最喜爱的网络游戏、2014 年十佳游戏研发公司等数十个奖项；邀请昆仑游戏总裁张益豪、漫游谷总裁张伟、支点联游负责人欧阳凯等针对国产游戏全球发行策略与案例分析、Windows Phone 平台产品开发等议题进行主题演讲。

（市科委文科处）

【“三网融合”技术京郊示范应用见成效】 年内，北京歌华有线电视网络股份有限公司和北京派得伟业科技发展有限公司于 2012 年共同承担的科技计划课题“服务三农的‘三网融合’技术研究与应用”通过专家验收。该课题基于北京歌华有线高清交互数字电视平台，研发完成了 1 套基于家庭媒体网关的三农综合信息服务系统和高清交互数字电视北京农科城栏目；建立了 1 套三农信息资源库，形成技术、成果、农产品、市场等三农服务全链条信息库，通过家庭媒体网关实现信息服务和信息交互，并在顺义区和密云县进行示范应用，实现三农信息的不间断发布。三农信息服务覆盖家庭用户已达 382 万户，约 1000 万人口。

（市科委农村中心）

【互联网多模态领域信息精准搜索与挖掘研究取得进展】 年内，北京邮电大学杜军平教授承担的市基金重点项目“基于智能主体的互联网多模态领域信息精准搜索与挖掘研究”在大数据使用方面取得阶段性研究成果。该项目开展了基于智能主体的面向旅游和食品安全领域的模态网络数据搜集、关联、挖掘及精准搜索方法的研究，建立了基于智能主体代理的领域数据挖掘与精准搜索原型系统；开发的原型系统应用于国家旅游局信息中心和国家质检总局信息中心，在网络旅游信息使用和食品安全舆情分析方面实现了多模态信息的精准搜索，平均查准率为 85%，响应时间为 2～3 秒，死链接率 0.06～0.08，重复率 0.09～0.10。课题组在该项目研究基础上提出的“面向智慧旅游的跨媒体大数据智能分析与处理”获得了国家自然科学基金重大国际（地区）合作研究项目 300 万元的经费支持。

（市自然基金办）

【艺术品物联网全程定位与监控系统建成】 年内，市科委 2013 年科技文化融合示范基地建设与产业培育专项支持的“歌华科技文化产业智慧管理系统研发与示范应用”课题通过专家验收。承担单位北京歌华科技中心有限公司研发完成“艺术品物联网全程定位与监控系统”。该系统可实现国外艺术品在国内保税区、运送途中及展销区域的全程全方位监管，实时动态地反馈艺术品在通关运输、展销过程中的分布、移动、拍卖、成交和完税等信息，实现了物联网管理技术在文化领域应用的关键突破。

（市科委文科处）

【闪联“智造”指尖上的电视社交】 年内，市科委2013年科技文化融合示范基地建设与产业培育专项支持的“移动互联社交电视系统关键技术研究及应用”课题通过专家验收。承担单位闪联信息技术工程中心有限公司基于闪联标准的通用协议栈，通过引入异构设备跨界互联技术，突破终端能力适配、内容管理、业务管理等关键技术，建立一套支持设备、内容、用户融合互动的社交电视新媒体服务系统——TiViC。该系统是基于电视内容的社交新媒体应用，能够充分利用电视节目的聚众性、时效性、话题性，形成独一无二的“TV客”主题社交圈，更精细地从电视节目中整合出“潜在”信息和内容，弥补传统媒体表现形式的不足，探索培育创新媒体形态。已在国内60%黑电企业生产的智能电视、机顶盒、手机、平板电脑、笔记本等产品中实现TiViC客户端应用预装。

（市科委文科处）

【视觉创意服务助推文化旅游产业】 年内，市科委2013年科技文化融合示范基地建设与产业培育专项支持的“首都皇城大遗址公园文化超感体验系统研制及应用”课题通过验收。承担单位北京水晶石数字科技股份有限公司通过研发超大型数字影像的异构设备的同步播放技术、异形异构多影像设备的亮度与颜色校正技术、基于面部识别限制的多人体感交互等技术，形成一套多维超感互动体验设备与系统；同时根据历史文献，数字化影像复原展示10个北京城门原貌和5套非物质文化遗产（景泰蓝制作技艺、北京玉器工艺等）。

（市科委文科处）

【三维地下管线成套化技术研究取得进展】 年内，依托北京市测绘设计研究院建设的城市空间信息工程北京市重点实验室在“‘数字城市’综合地下管网三维空间分析”研究方面取得进展，推动了“数字城市”建设中地上地下全三维的研究。实验室从数字城市建设对三维地下管线的需求出发，梳理地下管线检查项，完成地下管线三维化自动检查和数据处理与分析软件，实现了地下管线三维可视化显示、编辑以及分析的功能。开发了利用移动终端设备对地下管线内外业一体化移动采集的技术系统，实现了管线数据采集的资料核实、调查、采集、成图一体化作业。该研究成果已在市级地下管线数据共享、区县级地下管线普查、北京市第一次地理国情普查、北京市地下管线竣工测量核验等方面得到应用。

（北京技术交易促进中心）

【“云渲染作业调度系统”荣获首都职工自主创新成果奖】 年内，北京软件产品质量检测检验中心自主研发的“云渲染作业调度系统”荣获2013年度首都职工自主创新成果一等奖。该项目推动北京、天津和湖南等超算中心实现资源共享整合100万亿次渲染计算能力。北京市涉及影视、动画、会展、建筑规划等领域400家企业，完成渲染任务2000万帧，形成数字产品15000分钟，实现直接经济收入1000万元，为文化企业节省相关各项投入累计达5000万元，间接推动数十亿的数字内容市场。

（北京软件产品质量检测检验中心）

【专用芯片助推服务器安全新模式】 年内，市科委2013年科技文化融合示范基地建设与产业培育专项支持的“专用芯片架构网络全媒体传播加速服务器研发”课题通过专家验收。课题承担单位北京网鼎芯睿科技有限公司以TCP/IP协议2～7层的芯片处理技术为基础，研发生产基于专用芯片架构的安全网页服务器系统，用硬件芯片逻辑代替传统的CPU＋操作系统＋应用程序完成TCP协议处理和HTTP请求响应，无须CPU直接参与运算。课题成果在上年10月作为竞赛攻击目标机参与了西安电子科技大学网络攻防大赛，700多支参赛队对其实施的远程攻击均未成功，主办单位对该产品的安全风险评价是极低。

（市科委文科处）

【“北斗”卫星导航系统应用通航研究取得新进展】 年内，北京通用航空产业基地管委会、空军装备研究院雷达与电子对抗研究所和平谷区科委共同承担的“‘北斗’卫星导航系统在通用航空器的应用”课题通过专家验收。该课题研究了利用“北斗”二代卫星导航系统进行监视和导航的新一代应用技术，解决了动态适应性、电磁兼容性、天线小型化等关键技术，研制了集通信、导航、监视于一体的低成本、小型化机载设备和地面通用航空运行管理系统，实现了航空器自主定位、位置信息下传、为飞行员提供辅助导航和危险告警以及地面全程监视等功能，并在通用航空器上进行了搭载试飞，初步验证了北斗系统在通用航空领域应用的可行性。

（市科委电装处）

【国内首个测绘领域高原型无人机平台研制成功】 年内，依托北京天下图数据技术有限公司组建的北京市数字航空遥感工程技术研究中心自主研制出应用于高海拔地区的无人机平台。该工程中心掌握了无人机在高海拔和低温缺氧情况下飞机平台、飞控设备等多项复杂性能参数，研制出适合高海拔地区应用、性价比较高、操控便捷的无人机系统平台，对高海拔地区进行应急指挥、地质灾害监测预报、矿产资源开发监测、生产大比例尺地形图等具有重要的工程实践意义。

（市科委法规处）

【“应用服务创新计划”促进4G行业发展】 年内，市科委支持面向行业开放的4G服务平台建设，鼓励大型平台资源开放，培育大型行业平台上的4G应用服务创新，进一步推动北京地区基于移动通信与互联网的应用服务产业快速发展。9—10月，“应用服务创新计划”公开征集面向行业的4G创新应用服务平台，经严格评审，选定京东、广联达、百分点、暴风、高德、用友、乐视、赛迪等8个创新应用平台，采用科技资金后补贴的方式对其进行资助，共引导企业累计投入2.5亿元，开放5000台服务器资源，开放数据资源达到3.5PB，提供7000多个编程接口，覆盖行业用户达到130万人，其中活跃用户达到25万人，产业链上下游伙伴通过平台收益分成2.6亿元。

（市科技信息中心）

先进制造技术

【两设备获中国机床工具协会“春燕奖”】 2月24—28日，第八届中国数控机床展览会（CCMT2014）在上海新国际博览中心举行。“精机工程”骨干单位北一机床研制的“国产数控不落轮轮对车床”和北二机床研制的“汽车发动机曲轴高效精密加工成套装备”参展，并均获中国机床工具协会颁发的“春燕奖”。

（市科委双新处）

【北京国际喷印雕刻标识技术展览会举行】 3月9日，为期3天的2014北京国际喷印雕刻标识技术展览会在北京国家会议中心开幕。来自中国、韩国、日本、俄罗斯等国家的近200家企业参展，展品涉及数码喷印、数码打印与喷墨印刷设备、墨水、耗材及雕刻设备等新产品及新技术。

（市科委科宣处）

【肉类加工技术及机械科技周举行】 3月30日至4月1日，由肉类加工产业技术创新战略联盟主办的2014年度肉类加工技术及机械科技周在京举行。科技周已成功举办23届，是以肉类加工技术装备、添加剂、包装材料等展示、交易为主体的大型综合性工业科技展览会，是国内肉类加工技术及机械设备领域最具影响力的专业交流会，参展商共计221家，1万余人参观。签订技术服务、技术转让、产品购销意向协议100余项。科技周同期举行了9场新技术和新成果推介会。北京博邦食品配料有限公司等企业发布肉类加工、食品安全、食品添加剂、功能食品等领域新技术、新成果40余项，现场达成转化合作协议21项。

（北京技术交易促进中心）

【半导体照明规格接口等三项国标启动会在京举行】 6月5日，由半导体照明联合创新国家重点实验室（SKL）组织编写的三项国家标准，在北京国家半导体照明工程研发及产业联盟召开启动会。飞利浦、欧司朗、勤上光电、洲明科技、晶元光电、晶科电子、万润科技、北京大学宽禁带半导体研究中心等40多家企业及科研院所参与此次启动会。此次讨论的三项国家标准分别为《LED照明应用接口要求:控制装置分离式、自带散热LED模组的路灯》《LED照明产品加速衰减试验方法(2000小时)》《LED公共照明智能系统接口应用层通信协议》。

(市科委法规处)

【2014齿轮精度国际新标准研讨会举行】 6月7—9日,依托北京工业大学建设的北京市精密测控技术与仪器工程技术研究中心召开2014齿轮精度国际新标准研讨会,来自南京高精齿轮公司、陕西法士特公司、上海振华重工、中国计量科学研究院等国内知名齿轮企业和部分高校的近60位专家参加了会议。该研究中心主任石照耀教授作为我国齿轮标准化技术委员会副主任委员全程参与该国际标准的制定,全面讲解了新国际标准的制定背景和具体内容,并就企业在生产中遇到的实际问题与参会专家进行了研讨。

(市科委法规处)

【北京智能机器人产业技术创新联盟筹备成立】 6月18日,北京生产力促进中心召开北京智能机器人产业技术创新联盟筹备会。包括高校院所和企业的30余家单位代表参加。会上,大家讨论并通过了联盟《章程》《会费管理办法》等文件,以及联盟的组织机构,推举北航、北大、北理工、信息科大、中电华强、博创兴盛、紫光优蓝、工道风行、天智航、机科发展、北京生产力促进中心共11家单位作为联盟筹备组,并由北京生产力促进中心设立联盟秘书处,协调联盟成立筹备相关事宜。

(北京生产力促进中心)

【2014红星原创奖评审结束】 8月13日,2014红星原创奖评审在京结束。本届红星原创奖共有来自310家单位的1121件作品参评,其中北京市参评作品505件,占参评总数的45%。参评作品区域覆盖国内25个省、市,着眼于解决社会和城市发展中的实际问题,涉及食品安全检测、特殊群体关爱、环境生态保护、防灾减灾等领域。

(市科委文科处)

【世界首例3D打印脊椎植入手术治疗恶性肿瘤手术完成】 8月18日,患有尤因肉瘤的12岁小患者明浩手术后出院。为明浩做手术的是北京大学第三医院骨科的刘忠军教授。在明浩身上,刘忠军完成了世界首例3D打印脊椎植入手术治疗枢椎尤因肉瘤,为肿瘤切除后颈椎结构重建技术开辟出一条崭新途径。

(市科委电装处)

【曲轴精加工成套装备荣获机械工业科技奖特等奖】 9月25日,中国机械工业科学技术奖励工作办公室公布了2014年度中国机械工业科学技术奖。北京第二机床厂有限公司自主研制的"曲轴柔性、精密、高效磨削加工成套装备"荣获2014年度国家机械工业最高科技大奖——中国机械工业科学技术奖特等奖,这是我国机床工具行业首次,也是北京市企业首次获此殊荣。

(市科委电装处)

【北京智能机器人产业技术创新联盟成立大会举行】 9月25日,北京智能机器人产业技术创新联盟成立大会在京举行。中国机器人产业联盟、机科发展科技股份有限公司、北京理工大学以及北京智能机器人产业的代表50余人出席会议。与会代表通过选举产生第一届北京智能机器人产业技术创新联盟各理事单位,机科发展科技股份有限公司被推选为理事长单位。该联盟是由全市30家机器人产业链骨干企事业单位及主要研究机构发起成立的开放式行业合作创新组织,是推动促进北京智能机器人行业技术创新和成果转化的非营利性机构。

(市科委电装处)

【热风微波真空组合干燥技术与装备中试效果显著】 年内,中国农业机械化科学研究院承担的2011年农业科技成果转化资金项目"热风微波真空组合干燥技术与装备中试"取得阶段性成效。项目成果经牡丹江康维食品有限责任公司试验示范,获得了苹果、胡萝卜、香菇3种物料的热风微波真空组合干燥生产工艺技术,完成了上述果蔬热风微波真空组合干燥工艺、设备及工程的中试集成。项目研制新设备1台，建立中试线1条，开发新工艺3种，申请发明专利1项，并实现销售收入155.39万元，税收10.71万元。

（市科委农村中心）

【国内首个超百米风电叶片设计技术研制成功】 年内，依托国电联合动力技术有限公司建设的北京市风电设备可靠性工程技术研究中心成功设计出国内首个12兆瓦超大风电叶片（105米），使我国大兆瓦风机叶片摆脱对国外设计技术的依赖成为可能。该研究搭建了风电叶片优化设计平台，建立了大兆瓦级风电叶片选材数据库，自主开发出叶片结构属性计算程序，为未来实现完全自主知识产权风电叶片的研制提供了重要的理论基础，对于提高风电叶片的设计效率、有效降低风电叶片成本、掌握大型风力发电机组制造关键技术和提升首都新能源产业发展具有重大意义。

（北京技术交易促进中心）

【毫米波关键技术研究促进高分辨率安检设备产业化】 年内，依托北京理工大学建设的毫米波与太赫兹技术北京市重点实验室开展了W波段毫米波三维主动成像安检系统成像算法与关键技术研究，研制出W波段小型化成像系统原理样机。与目前国际主流的Ka波段成像系统相比，该系统可获得更高的系统带宽和三维空间分辨率，在天线波束宽度一定的条件下，其分辨率较Ka波段成像系统分辨率高两倍以上。该研究成果可为毫米波安检成像系统的市场化应用提供理论指导，对于国家重要场所的安保具有重大意义。

（北京技术交易促进中心）

【高灵敏度室内环境气体检测仪实现国产化】 年内，依托北京北分瑞利分析仪器（集团）有限责任公司建设的北京市物质成分分析仪器工程技术研究中心，研制出便携式室内环境气体检测仪，打破了我国气体成分分析仪器市场过度依赖国外产品的局面。该工程中心研发的便携式室内环境气体检测仪，采用光电离（PID）检测器，可以快速检测出30多种挥发性有机化合物（VOCS），最低检测限0.012μl/L，远高于目前进口设备广泛使用的热导（TCD）检测器（最低检测量1μl/L）。该检测仪不但可以实现室内检测，而且其便携式特征可以方便实现对石油、化工、矿业等工业环境的实时监测，以及大气、水体、土壤等环境质量的动态监测，为相关领域中有害气体的监测和控制提供分析设备和手段。

（北京技术交易促进中心）

【国内最小便携式农药残留速测仪研制成功】 年内，依托北京农学院建设的农产品有害微生物及农残安全检测与控制北京市重点实验室研制出国内最小便携式农药残留速测仪。该速测仪只有手机大小，可以快速检测出果蔬中是否含有农药残留，不仅可以应用于农产品批发市场、农产品生产基地，还可以应用于乡村、公共食堂等场所。

（北京技术交易促进中心）

【3D打印专家对接故宫博物院重点需求】 年内，北京生产力促进中心组织清华大学、数码大方、中科院计算所、太尔时代、北京隆源、原点智汇等产业链相关单位的专家及3D显示领域加拿大归国人才舒畅教授与故宫博物院文保科技部进行了需求对接，共同研讨如何利用3D打印先进技术为文物保护的高端需求服务。会上，史宁昌主任介绍了有关文物数据记录、文物修复、囊匣制作、3D展示等涉及材料、工艺、设计、3D显示等方面的科技需求。参会单位介绍了自身优势及相关资源，并就技术合作展开了深入交流和探讨。双方达成了初步合作意向。

（市科委电装处）

【国内首条年产8万粒氮化硅陶瓷轴承球批量生产线建成】 年内，北京中材人工晶体研究院有限公司承担的北京市重大科技成果转化落地项目“风电轴承用氮化硅陶瓷轴承球的研制与产业开发”通过专家验收。该项目突破氮化硅粉体纳米改性、“自包套”热等静压烧结、低应力柔性精密加工以及大尺寸氮化硅陶瓷轴承球无损检测控制等关键技术，克服了传统成型后“玻璃包套”法HIP烧结成本高的弊端；打破国内大尺寸氮化硅陶瓷轴承球加工精度、一致性差，长期依靠国外企业加工的现状，并将直径40毫米以上规格陶瓷球加工精度提高到G28级；在国内建成了首条年产8万粒大尺寸（直径30毫米以上）氮化硅陶瓷轴承球的批量化生产线，实现了高致密性、高稳定性、高可靠性、高一致性的生产；该项目申请专利3项，编制企业标准2项，培育引进技术与管理人才20人。

（北京新材料发展中心）

【国际首台铁精矿自动电磁精选机研制成功】 年内，依托北京矿冶研究总院组建的北京市高效节能矿冶技术装备工程技术研究中心成功研制出国际首台铁精矿自动电磁精选机。该设备已在河北矿业公司庙沟铁矿进行了工业试验，获得了良好的分选指标，有望在国内外矿山进行大规模的工业应用。

（北京技术交易促进中心）

【国产大幅面平台式非接触扫描仪研制成功】 年内，依托中国印刷科学技术研究所建设的包装印刷新技术北京市重点实验室研制出大幅面平台式非接触扫描仪。目前国内主流的大幅面扫描仪均由德国和意大利生产，每台仪器的价格为200万元左右。该实验室研发的大幅面平台式非接触扫描仪具有自主知识产权，各项关键指标完全可以和同类国外仪器相媲美，价格仅为国外仪器的30%。

（北京技术交易促进中心）

【国际首个碳纳米管室温红外成像探测器研制成功】 年内，北京大学彭练矛教授团队成功研制出一种能在室温条件下成像的碳纳米管薄膜红外探测器，实现了3×3阵列的红外探测成像，并开发出探测器单元像素的规模加工工艺，实现了64×64阵列单元器件加工，为进一步研制更高分辨率的碳纳米管红外成像系统奠定了基础。年底，彭练矛团队在全世界范围内首次成功研制出12纳米碳纳米管集成电路器件，并在世界上首次成功制备出含有100个晶体管的碳纳米管集成电路。课题的研究成果表明，碳纳米管CMOS器件相对于硅基CMOS器件具有巨大优势，速度和功耗分别为硅基CMOS器件的5倍和1/5，这将大大增强研究机构和芯片公司对碳纳米管电子学的信心，为2020年之后的集成电路技术的发展和选择奠定重要基础。

（市科委双新处）

【μ级数控立式端面弧齿磨床研制取得进展】 年内，北京广宇大成数控机床有限公司承担的“μ级数控立式端面弧齿磨床研制”课题通过专家验收。课题针对航空用户核心制造的需求，攻克了精密分度、四轴控制弧齿磨削等关键技术，研制用于飞机发动机传动轴的μ级数控立式端面弧齿磨床。通过对用户工艺的深入研究，掌握了端面弧齿加工专有工艺与装备核心技术，已用于飞机发动机零件的加工。

（市科委电装处）

【触控玻璃智能化全自动数控机床研制成功】 年内，北京精雕科技有限公司自主研制出触控玻璃智能化全自动数控机床。该机床主要面向手机、平板电脑等电子产品的触控玻璃加工需求，通过引入机器视觉系统，实现对工件的在线检测、刀具补偿与寿命管理，提高了加工精度和生产的自动化程度，解决了触控玻璃加工效率低、产品质量不稳定、划伤严重等行业难题。

（市科委电装处）

【“航天机器人欠驱动灵巧手关键技术研究”项目取得突破】 年内，北京航空航天大学承担的科技部国际科技合作项目“航天机器人欠驱动灵巧手关键技术研究”通过专家组验收。该项目与意大利卡西诺大学合作，在欠驱动手指机构设计、抓持动态稳定性分析方法、稳定抓持运动规划方法、混杂非完整约束系统运动规划与鲁棒控制等方面实现了技术突破，并围绕相关关键技术进行较为充分的实验研究，研制完成具有重量轻、能量省、成本低、控制简单、易操作等优势的三指欠驱动及四指欠驱动灵巧手。该技术已被推广用于低成本、高可靠性工业机器人的研发，研制完成了铝电解阳极炭块清理机器人工作站，并被国内多家铝电解企业采用，为企业节约生产成本约1000万元/（年·套）。

（市科委国际合作处）

【TFT－LCD屏智能检测装备研制成功】 年内，北京兆维电子（集团）有限责任公司研制出TFT－LCD屏智能检测装备并应用于京东方试验线上。课题通过开展Mura（指显示器亮度不均匀造成各种痕迹的现象)缺陷智能分类、图像处理算法、光学设计、系统设计等关键技术研究,自主研制了 TFT - LCD 显示屏点灯 AOI(自动光学检测)装备样机,可代替工艺流程中 Cell 段和 Module 段的人工检测,避免人为造成的产品检测的漏判与误判,有效降低生产成本。课题的实施为 TFT - LCD 屏智能检测装备的产业化奠定了良好的技术基础,预计国内市场需求量在 100 套/年以上。

(市自然基金办)

【国内首台便携式四极杆质谱仪研制成功】 年内,由北京北分瑞利分析仪器(集团)有限责任公司承担的市科技计划项目“便携式四极杆质谱仪”通过专家验收。项目申请专利 3 项,其中发明专利 1 项、实用新型专利 2 项。该项目紧密围绕环境安全、食品安全、公共安全等领域现场应急监测需求,成功研制出国内首台便携式四极杆质谱仪,突破了双曲面四极杆质量分析器的加工和制造瓶颈,并在微型防震真空系统及真空保持、小型化整机集成等关键技术上取得重大突破,实现了现场快速采样、热解析、色谱分离、膜法进样和四极质谱的高度集成。

(市科委电装处)

【“精机工程”启动第二批 3D 打印“三航”领域重点项目】 年内,市科委围绕以北航王华明教授为领衔专家的“三航”(面向航空、航天、航海的复杂构件直接成型)团队,启动了第二批重点项目。项目团队整合了北航、中航天地、增材研究院、有研院、航材院、宝钛集团、海宝公司、东方电气等多家单位优势资源,产学研用紧密结合,从材料开发、工艺研究、装备制造、重点应用、缺损修复等方面推进 3D 打印技术的研究及应用。

(市科委电装处)

【630 千瓦大功率高效立式细磨装备研制成功】 年内,市科委支持北京矿冶研究总院自主研制出 630 千瓦大功率高效立式细磨装备。该装备针对我国矿产开采现状,开展了耐磨自衬、外部循环分级装置、重载启动、主轴抗摆自稳定等关键技术研究,研制出 630 千瓦大功率高效立式细磨装备。该设备的研制成功为我国复杂的矿产资源的“阶段磨、阶段选”和综合利用提供了技术装备支持。

(市科委电装处)

【非接触智能扫描系统研制获得突破】 年内,市科委 2013 年科技文化融合示范基地建设与产业培育专项支持的“超大幅面非接触智能扫描系统研发”课题通过验收。承担单位中国印刷科学技术研究所通过研究颜色信息传递管理与控制技术、高精度成像技术、高速扫描技术、对称双光源照明技术等关键技术,开发大幅面非接触平台式扫描系统,解决大幅面图像采集过程中的颜色还原问题,在保证图像质量的基础上大幅提高生产效率。通过开发高速成像专用算法大幅提升扫描速度,达到单幅扫描耗时小于 100 秒,是国外同类产品的 1/10。

(市科委文科处)

【首次实现利用呼吸产生的电能驱动心脏起搏器】 年内,北京纳米能源与系统研究所王中林院士团队在医疗器件植入式自充电纳米能源系统研制方面取得了新进展,研制的摩擦纳米发电机首次实现利用呼吸产生的电能驱动心脏起搏器,研究成果发表在国际学术期刊《先进材料》上。

(市科委双新处)

【一批智能机器人领域前瞻性项目启动】 年内,市科委布局了一批智能机器人领域前瞻性项目,重点支持北理工、中科院自动化所、首师大、北大口腔等优势单位面向重点需求,开展摔滚走爬仿人机器人、通用操作系统、高精度装配任务的低成本柔性装配手等达到国际水平的机器人技术攻关和产品研制与应用。

(市科委电装处)

【高压 LED 芯片产品实现批量生产】 年内,依托同方光电科技有限公司建设的北京市半导体照明材料与器件工程技术研究中心开展了高压 LED 芯片产品及其工艺技术路线的研发,研制出光视效能达到 130lm/W 的高压 LED 芯片产品,并成功实现批量生产,加速了高压 LED 替代低压 LED 芯片的步伐。该中心研发了 9V、18V、50V 三款高压 LED 芯片产品,产品光视效能大于 130lm/W。采用高压 LED 芯片开发的 LED 通用照明灯具总体功耗降低，从而大幅降低对散热外壳的设计要求，使整体 LED 照明灯具成本有效降低。未来，高压 LED 芯片产品有望主导 LED 通用照明灯具市场。

（北京技术交易促进中心）

【全光纤电流互感器“中国芯”研制成功】 年内，由北京世维通科技发展有限公司和北京一轻研究院共同承担的市科技计划课题“高精度电流测量光电模块研制”通过专家验收，标志着具有完全自主知识产权的全光纤电流互感器“中国芯”研制成功。全光纤电流互感器具有测量精度高、测量动态范围大、频率响应快、抗电磁干扰性能好、体积小、重量轻、便于集成、可测交直流信号的优点，其中用于电流检测的核心器件光电模块成本占整个互感器的 70% 以上。目前用于制造光电模块的特种光纤材料被国外厂商垄断，满足国网使用要求的全光纤电流互感器全部进口。

（市科委双新处）

【非开挖地下物体探测研制取得突破】 年内，北京斯奎德量子技术有限公司研制出 3S 河川超导地磁图仪，该仪器是应用超导量子干涉器作为传感器设计的三维磁场测量系统，用来探测近地表面磁场异常现象，具有超高灵敏度、测量速度快、空间分辨率高、可精确定位等特点。能有效探测深入地表 15 米以内的管线布局、空洞和裂纹以及隐藏在地下的枪支、管制刀具、爆炸物等违禁品，可广泛应用于基础设施监测、施工勘察、应急救援等多个领域。此外，该公司还完成了 3SMcG 超导心磁图仪、3S 地动超导瞬变电磁系统、3S 海啸全张量航空梯度测量系统等产品的研究，正积极加快产品产业化的步伐。

（市科委高新处）

【高层消防装备研制取得重大突破】 年内，北京机械设备研究所研制超高层消防救援装备——投弹式精确智能消防装备产品样机取得重大突破。该装备是首次将航天发射技术、控制技术和信息处理技术应用于消防领域，运用发射灭火弹方式，解决高层、超高层建筑火灾扑救的难题，具有灭火高度高、反应速度快、使用维护便捷、安全可靠的特点，可实现微声、无火焰、无烟尘、无毒无污染发射，满足在城市环境条件下的使用要求。该研究所已申请国际、国内专利 20 项（含国际专利 4 项），已授权专利 8 项，将尽快取得市场准入资质，实现产业化。

（市科委电装处）

【国内首台大型无模铸造成型机研制成功】 年内，机械科学研究总院研制出国内首台“大型五轴无模铸造数控成型机”。该成型机针对传统有模铸造工艺难以满足制造尺寸大、精度高、周期短等要求，通过针对大型无模铸造成型机的专用高防砂防尘精密五轴头开发、废砂排除与防尘一体化系统开发、成型机专用数控系统开发等关键技术研究，实现加工范围可达 3020 毫米 × 1600 毫米 × 1080 毫米，加工速度 213 毫米/秒，重复定位精度 ± 0.05 毫米，已获授权国际专利 2 项、发明专利 1 项、实用新型 2 项，并实现应用验证。预计未来 5 年内市场需求 2000 ~ 3000 台，容量 60 亿 ~ 90 亿元。该成果将满足大型复杂型砂高质量加工制造的技术需求。

（市科委电装处）

【柔性变形机器人研究取得积极成果】 年内，北京信息科技大学和北京博创兴盛公司共同承担的“全织物电子皮肤自主柔性变形搜救机器人”课题通过专家验收。该课题针对当前灾难废墟内部搜救、复杂管道内部检测等领域，提出了多运动步态控制方法，设计了具有变形、分体等功能的结构，开展了全织物电子皮肤和 SLAM 技术研究，研制出具备感知能力的小型机器人样机，可用于危险环境的探测。该研究着重探索了机器人应用中“进不去”和“出不来”的瓶颈问题，为狭小空间的非接触探测提供了技术参考。

（市科委电装处）

【配套国产数控系统的机床在航天领域实现应用】 年内，北京工研精机股份有限公司、北京航天数控系统有限公司和北京新立机械有限责任公司共同开展的“配套国产数控系统的卧式加工中心研制”项目通过专家验收。该项目针对国产数控系统配套国产精密卧式加工中心开展应用，重点针对国产数控系统和主机间、航天关键零件加工和装备间的适用性技术进行研究，实现了国产机床和国产高档数控系统的成功配套，并完成了航天典型零件的加工。

（市科委电装处）

【安检蛇形臂机器人研究取得突破】 年内，中航工业北京航空制造工程研究所承担的"安检蛇形臂机器人研制"课题通过专家验收。该机器人针对非结构环境检测及公共场合安检等工作的特殊需求，通过研究蛇形臂机器人轻量化结构设计、双目识别避障等技术，实现了非结构环境视觉识别及避障运动功能，可用于机舱、车厢等的安检。

（市科委电装处）

【国内首台超高速磁悬浮永磁电机研制成功】 年内，依托于北京航空航天大学建设的北京市高速磁悬浮电机技术及应用工程技术研究中心在高速电机研制方面获得重要突破，研制出国内首台30千瓦超高速磁悬浮永磁电机。该工程中心攻克了磁悬浮高速电机总体结构设计、三自由度永磁偏置混合磁轴承设计、超高速磁轴承转子系统的稳定控制等多项关键技术，研制出具有自主知识产权的小功率超高速磁悬浮永磁电机。

（市科委法规处）

【ATM机安防专用的振动声波智能分析仪研究成功】 年内，依托北京声迅电子股份有限公司建设的北京市安全防范报警与安检工程技术研究中心研制出专用于ATM机安防的振动声波智能分析仪，为提高我国金融设备安防能力提供了重要技术支撑。该研究中心研制出的振动声波智能分析仪与传统振动探测器相比，可有效屏蔽周边环境干扰和ATM机自身振动干扰，具有远高于传统振动探测器感知振动源的灵敏度，可大幅度提高报警精度。该智能分析仪已在北京地区的200余台ATM机上开展试点工作。

（市科委法规处）

【国内首个智能化自动排爆系统确保重大国事活动安全】 年内，依托武警特种警察学院建设的反劫持装备技术北京市重点实验室，在国内首次研制出一种基于移动视觉搜索技术的智能化自动排爆系统，可有效规避战斗人员的人身风险，减少可能的次生灾害，确保重大国事活动的安全保卫和重要目标的安全防范。该实验室研制的自动排爆系统由移动平台等部分组成，排爆人员只需输入作业需求，系统便能自主完成爆炸物处置任务。

（市科委法规处）

生物工程与新医药技术

【民海生物结缘芬兰FIT生物技术公司】 2月18日，北京民海生物科技有限公司和芬兰FIT生物技术有限公司就肺结核疫苗的合作开发项目达成初步合作意向，双方在芬兰驻中国大使馆举行合作谅解备忘录签署仪式。此次合作得到了比尔和梅琳达·盖茨基金会（BMGF）和国际结核疫苗协会（AERAS）的大力支持。民海生物与芬兰FIT公司合作意向的确定，将对世界范围内的肺结核疾病的防治具有重大而深远的意义。

（北京生物技术和新医药产业促进中心）

【应用动物模型研究抑癌基因网络取得进展】 2月18日，北京大学医学部尹玉新教授承担的市基金重大项目"应用动物模型研究抑癌基因网络并评价其在化疗中的作用"取得进展。该项目建立了3个小鼠模型，并评价了上述小鼠模型中肿瘤发生发展的情况；应用DSS诱导肠炎动物模型和实验性自身免疫性脑脊髓炎（EAE）动物模型证明PAC1在抑制自身免疫性疾病方面发挥重要作用，并阐释了其分子机制，该研究成果为自身免疫性疾病（溃疡性结肠炎和多发性硬化症）患者提供了新的重要的临床诊断依据；首次提出了P53与CPC复合物成员之间的正向调节反馈过程，同时揭示了P53影响肿瘤转移的可能途径，为今后的肿瘤靶向治疗及替代治疗提供了可能的解决方案。

（市自然基金办）

【境外驻京记者团调研北京生物医药企业】 3月4日，在市科委和市政府外办的组织推动下，来自意大利、西班牙、日本、古巴、尼日利亚等国家的13家境外驻京媒体组成的记者团调研了北京生命科学研究所和民海生物、悦康药业、谊安医疗、昭衍新药、保诺科技等多家医药企业。机构代表分别就科技创新带动医药企业质量效益提升、多元化开拓国际市场等方面做了介绍，记者们对北京医药产业快速发展、众多优秀企业强烈的国际化合作开拓意识和成效表现出浓厚的兴趣。

（市科委国际合作处）

【国家“十二五”GCP平台建设论坛举行】 3月22—23日，市科委与北京同仁医院共同举办的2014年国家“十二五”GCP平台建设暨创新药物与医疗器械临床研究论坛在北京大方饭店召开。国家食品药品监督管理总局、北京市食品药品监督管理局、中国医药工业科研开发促进会以及国际知名伦理管理机构的专家学者参会。北京23家临床试验机构和30家医药企业的300多位从事临床试验的科研人员参加了培训。培训内容涉及临床试验机构建设管理、临床试验伦理委员会国际认证方法、新药研发趋势等多个方面。

（市科委生物医药处）

【G20工程二期企业名单发布】 4月10日，由市科委、市经信委、中关村科技园区管委会、市投资促进局共同主办的北京生物医药产业跨越发展工程（G20工程）二期工程G20企业发布会召开。会上宣布了由G20工作组评选出的57家二期G20企业名单，并对G20优秀企业、突出贡献大品种等进行了表彰。

（市科委生物医药处）

【第十四届北京生命科学领域学术年会召开】 4月13日，第十四届北京生命科学领域学术年会在首都医科大学附属北京世纪坛医院报告厅举行。京区重点院校医学院系、医院，以及北京部分医药企业200余位专家参会。会议围绕社会关注的热点话题——雾霾日益严重、癌症发病率增加及两者之间的关系展开了探讨。会议还对恶性肿瘤的早防早治进行多角度研讨。

（市科委生物医药处）

【市科委联合北京同仁医院召开G20企业对接会】 5月13日，市科委和北京同仁医院共同举办了针对北京G20企业的对接会，11家北京G20企业、15家CRO公司相关负责人及从事临床试验的科研人员共70余人参加了此次会议。北京同仁医院与北京万生药业有限责任公司及北京万泰生物药业股份有限公司就9个药物临床试验项目签订合同。

（市科委生物医药处）

【共建脑重大疾病防治协同创新中心签约仪式举行】 5月22日，市科委与首都医科大学共建脑重大疾病防治协同创新中心签约仪式举行，市科委主任闫傲霜与首都医科大学校长吕兆丰共同签署了共建协议。脑重大疾病防治协同创新中心的专家、学者及企业代表40余人出席签约仪式。

（市科委生物医药处）

【第三期“G20工程高级研讨班”开班】 6月9日，由市科委等北京生物医药产业跨越发展工程（G20工程）主管机构主办的第三期“G20工程高级研讨班”在市委党校开班。高研班上，北京邮电大学经济管理学院孙启明教授以“改革进程中我国民营企业创业成败启示录”为题讲授了第一课。本次研讨班首次获得国家人力资源和社会保障部“专业技术人才知识更新工程2014年高级研修专项”支持。期间，国家发展改革委高技术司副司长任志武以“生物产业在我国战略新兴产业发展规划中的定位”为题、北京师范大学副校长葛剑平以“关于生态文明建设若干问题的思考”为题、市医改办主任韩晓芳以“新一轮医改企业面临的问题与对策”为题、国家重大新药创制办公室副主任詹启敏以“以重大新药创制专项为基础，从科学家的角度看企业创新及面临的机遇”为题、中国疾病预防控制中心主任王宇以“中国的疾控预防体系对科技、产业的迫切需求”为题、辉瑞中国总经理吴晓滨以“跨国公司在中国的机会以及与本土企业的合作”为题等进行授课。京区G20企业、优秀创新型企业负责人参加，同时围绕京津冀一体化和北京对口支援工作的要求，组织了包括天津、河北、贵阳、青海等地区的生物医药企业主要负责人参加，学员共计70人。

（市科委生物医药处）

【拜耳医药保健投资1亿欧元扩建北京工厂】 8月18日，G20骨干企业拜耳医药保健北京工厂综合扩建项目在亦庄开工。该项目总投资约1亿欧元，扩建全自动物料处理的物流后勤区域、分析实验室和高速包装生产线等生产模块，主要支撑其面向中国市场生产的心血管疾病、糖尿病治疗药物的供应。综合扩建项目完工后，北京工厂将成为拜耳医药保健全球最大的处方药包装基地。

（市科委生物医药处）

【埃博拉病毒核酸检测试剂自主研制成功】 8月20日，依托军事医学科学院放射与辐射医学研究所建设的传染病分子诊断新技术北京市重点实验室，依据埃博拉病毒基因序列研制出具有自主知识产权的"埃博拉病毒核酸检测试剂"，并获得解放军总后勤部卫生部正式生产批文，为我国埃博拉病毒的早期诊断和防控提供重要技术储备。该试剂可在3～4小时内完成埃博拉病毒的检测，现已被江苏省、河北省等地疾病预防控制中心采购储备，还将被送到非洲疫区维和部队进行试用。

（北京技术交易促进中心）

【CRO平台项目5年工作总结会召开】 9月10日，市科委召开北京国际医药临床研发平台（CRO平台）项目5年工作总结会。自2010年起，市科委充分发挥政府引导作用，启动"北京国际医药临床研发平台"项目，制定"北京国际医药临床研发平台经费补贴实施细则"，采用后补贴资助方式，激励、引导机构积极承接北京生物医药企业临床试验项目，以加快新药临床试验的进程和效率。专项实施以来，CRO平台服务北京生物医药企业项目464项，服务金额达7412万元，比2010年增长44.1%和71.7%。其中，服务G20企业项目132项，金额达4169万元，比2010年增长50.0%和160.6%。

（市科委生物医药处）

【清华可充电脑起搏器获得产品注册证】 9月16日，市科委、清华大学共同举行了北京市重大科技成果"清华可充电脑起搏器"发布会。来自市科委、清华大学、北京品驰医疗设备有限公司、医院等产学研医各有关机构的代表和专家参加了会议。市科委持续多年支持的"国产脑起搏器研发和产业化"项目取得了突破性的进展，第二代国产脑起搏器——清华可充电脑起搏器获得了国家食品药品监督管理总局颁发的医疗器械产品注册证，即将上市销售。我国成为全球第二个掌握该技术的国家。

（市科委生物医药处）

【世界首例MALBAC全基因组扩增测序试管婴儿诞生】 9月19日，世界首例经MALBAC（multiple annealing and looping－based amplification cycles，是目前最先进的全基因组扩增技术）基因组扩增高通量测序进行单基因遗传病筛查的试管婴儿在北京大学第三医院诞生，这是由北京大学第三医院乔杰教授团队、北京大学生物动态光学成像中心（BIOPIC）的谢晓亮教授团队以及汤富酬教授团队共同合作完成的。

（市科委生物医药处）

【北京国际生物医药产业发展论坛开幕】 10月21日，由市科委和科技日报社共同主办，北京生物技术和新医药产业促进中心承办的第十八届北京国际生物医药产业发展论坛在北京开幕。本次论坛以"新定位下的产业发展动力"为主题，并围绕北京生物医药产业跨越发展工程、生物医药技术转移峰会、中医药产业转型升级研讨会、化学仿制药的国际化研发技术策略、药物研发创新模式及机制、中日智能医疗合作研讨会等召开专题研讨会。

（市科委生物医药处）

【痴呆诊治转化医学研究北京市重点实验室成立】 10月22日，痴呆诊治转化医学研究北京市重点实验室揭牌仪式暨北京大学老龄化与认知障碍交叉学科国际学术研讨会在北大六院英魁厅举行。该重点实验室以临床推动研究，以研究引导服务，以痴呆诊治生物标记物的基础研究与应用转化为主要方向，致力于建立适宜的痴呆早期诊治指标体系，在痴呆预防、预警、早期诊断及相关机制研究方面提升北京市及全国的痴呆早期诊治水平。

（市科委法规处）

【第四届国际增材制造与生物制造会议在京召开】 11月12—14日，第四届国际增材制造与生物制造会议（ICAM－BM 2014）在京召开，来自11个国家和地区的180余名代表参加了此次会议。会议共有80多个报告，内容涵盖细胞三维打印、组织工程支架三维打印、金属增材制造以及增材制造技术中数据处理、建模仿真和创新应用等。与会代表围绕增材制造与生物制造进行学术交流，分享最新研究成果，共同探讨这一国际前沿领域的未来发展。

（市科委电装处）

【2014京津冀地区急诊医学高峰论坛举行】 11月22日，北京中西医结合学会急救医学专业委员会与中医感染性疾病基础研究北京市重点实验室共同召开2014京津冀地区急诊医学高峰论坛。来自京津冀三地的500余位代表参加。此次论坛以京津冀区域急诊医学为主题，就急诊管理、急诊中西医结合临床、教学及急诊科研进行充分交流，开启京津冀区域医疗合作的大幕。

（市科委法规处）

【第五届重大疾病防治科技创新高峰论坛召开】 11月29日，由市科委、市卫生计生委和总后卫生部科技训练局联合主办的第五届重大疾病防治科技创新高峰论坛在北京国家会议中心召开。本届论坛以“引领与转化，打造医学科技创新中心”为主题，通过学术交流、政府官员与专家对话，对制约临床医学发展的关键问题进行深入交流和讨论。论坛内容包括大会报告、政府圆桌会议和6个高端学术论坛。论坛开幕式公布了2014年度首都十大疾病科技攻关重大科技成果名单，共有6项惠民型重大科技成果和5项创新型重大科技成果入选。

（市科委生物医药处）

【昭衍新药与美国纽约州立大学签署合作协议】 12月18日，ABO联盟成员昭衍新药与美国纽约州立大学签署合作协议，通过整合优势资源、资本合作、智力共享，共建奥尔巴尼分校—昭衍研究中心。研究中心将从国内生物医药产业及企业需求出发，采用“2＋2”本科生联合培养和在职硕士研究生培训模式，培育新靶点新药疾病模型评价、质量保障（QA）等方面国际化、专业化的应用型人才。

（市科委生物医药处）

【组织工程骨临床应用研究取得重要进展】 年内，市科技计划重大项目“组织工程骨临床应用研究”取得阶段性成果。该课题由中国医学科学院整形外科医院承担，历时4年，成功建立了人骨髓间充质干细胞体外技术平台；确定了制备组织工程骨多项技术参数；并验证了应用同种异体干细胞修复骨缺损的可行性。此外，还对组织工程骨的血管化进行了系统研究，为构建大体积组织工程骨和修复受区血供不佳的骨缺损奠定了基础。

（市科委生物医药处）

【顽固性癫痫治疗取得重要进展】 年内，首都临床特色应用研究专项资助的，由海军总医院开展的外科手术治疗顽固性癫痫研究取得重要进展。该研究通过对脑部双侧颞叶癫痫患者实施双侧海马杏仁复合体毁损术和海马横切术，术后部分患者癫痫发作消失，其余均有不同程度改善，且所有患者均无明显的智力与记忆力损害，对癫痫控制与功能保护具有良好的效果。同时，课题组制定出了该项技术的诊治规范，确定了颅内深部电极埋藏的部位及监测等指标。该项研究开创了双侧颞叶癫痫的外科手术治疗方法，可使双颞叶癫痫患者得到有效的外科治疗，显著提高颞叶癫痫患者的手术疗效。

（市科委生物医药处）

【高危艾滋病人群早期检测及治疗研究启动】 年内，市科委启动“高危艾滋病人群早期检测及治疗研究”重大科技项目，在HIV感染高危MSM人群（男性性接触人群）中开展HIV早期检测及早期治疗研究。该项目以首都医科大学附属北京佑安医院为主持单位，北京万泰生物药业股份有限公司、解放军军事医学科学院微生物流行病研究所、中科院生物物理所共同承担。项目将研发价格低廉、操作简便、无创的

HIV 快速自检试剂盒，以实现 HIV 感染者的早期发现。同时开展 HIV 急性期感染者早期抗病毒治疗研究，建立适合我国国情的 HIV 早期治疗方案及评价体系。

（市科委生物医药处）

【纳豆激酶功能性产品的研发初见成效】 年内，北京燕京啤酒集团公司围绕纳豆激酶开展了以微生物代谢产物为主的新型健康食品的研发，取得了阶段性成效。该公司通过开展纳豆激酶液体发酵工艺研究，筛选和构建了一株生产性能良好、纳豆激酶活力高的纳豆芽孢杆菌，以及一株生产纳豆激酶的毕赤酵母工程菌，并建立和优化了相应的筛选程序、菌种扩培工艺、液体发酵工艺和浓缩干燥工艺，得到了发酵液酶活 30 万单位/毫升、干粉酶活 300 万单位/毫升的高活性纳豆激酶干粉粗酶粉，其中发酵液酶活是传统液体发酵酶活的 5 倍以上。该研究已申请了 1 项专利。

（市科委农村中心）

【类风湿关节炎发病机制研究取得创新性发现】 年内，依托北京大学人民医院建设的风湿病机制及免疫诊断北京市重点实验室在类风湿关节炎发病机制研究方面取得创新性发现。研究成果部分揭示了类风湿关节炎的发病机制，并证实了一种新的治疗类风湿关节炎方法的可行性，为类风湿关节炎的治疗提供了新的思路。该研究结果进一步从细胞分子水平上拓展了对类风湿关节炎发病机制的认识，在国内外均为创新性研究。该发现有望改善我国 500 万类风湿关节炎患者的生活质量。

（北京技术交易促进中心）

【烧伤后免疫功能障碍防治方案的研究取得进展】 年内，解放军总医院第一附属医院烧伤后免疫功能障碍防治方案的研究取得重要进展。课题组针对烧伤后免疫功能障碍的发生机制展开干预研究，制定出了综合性调理方案，使烧伤患者脓毒症发病率降低 30% 以上。该治疗方案已在北京积水潭医院、北京军区总医院等进行推广，治疗效果显著。

（市科委生物医药处）

【心脑血管缺血性疾病模型公共平台建设取得进展】 年内，北京市常见心脑血管缺血性疾病模型研发公共平台建设取得重要成效。该平台以“全面开放共享、服务医药评价”为宗旨，为北京乃至国内外医药研发机构开展重大心脑血管疾病新药创制提供服务。成功构建微创冠脉结扎致急性心肌缺血模型、微创植入 Ameroid 环致慢性心肌缺血模型等 5 种常用心脑血管缺血性疾病模型，模型具有稳定性、均一性，可批量复制；在国内率先采用与临床接轨的系列先进的检测手段评价各类疾病模型；自主研发的瓣膜损伤器利用微创手术技术建立了二尖瓣反流模型；将心电遥测技术用于急慢性心肌缺血模型动态数据监测，使药效学评价数据更加准确。

（市科委生物医药处）

【HPV 感染与食管癌病因的前瞻性队列研究取得进展】 年内，北京市肿瘤防治研究所柯杨教授承担的北京市自然基金重大项目“人乳头状瘤病毒（HPV）感染与食管癌病因的前瞻性队列研究”取得了阶段性成果。项目组在河南省安阳市滑县建立了一个约 6000 人的稳定食管癌病因研究队列。研究结果发现食管内存在以高危型 HPV 为主的感染，与 HPV 在宫颈的感染类似。配偶间的密切接触可能增加对方相同部位 HPV 感染的风险。同时血清 HPV16 E7 抗体阳性与食管内 HPV16 DNA 检出相关，血清中 HPV16 E7 抗体的存在显著增加食管癌发生的风险。项目组已检测出 142 种新型 HPV 型别，其中 11 种新型别 HPV 全长 DNA 已通过国际 HPV 标准委员会认证及命名。

（市自然基金办）

【调控血脂类新药研究成果与企业对接落地北京】 年内，中国医学科学院药物研究所朱海波教授在 2009 年北京自然科学基金的资助下，首次从天然药用植物人工蛹虫草中发现，药效成分 3′－脱氧腺苷对实验性血脂代谢紊乱模式动物具有良好的预防及治疗作用，并自主研制国家 1.1 类调血脂候选新药 IMMH－007。该候选新药在国家“十一五”重大专项候选药物项目验收中被评为全国最优秀的 20 个化学候选药物之一,进入临床前研究,并获得国内发明专利授权,国际 PCT 专利也已进入美国、欧盟、日本、韩国、印度等国家和地区实审阶段。通过对接交流,朱海波教授研究团队研究成果实现了与北京悦康药业集团的对接合作。

(市自然基金办)

【肺癌早期发现和规范化治疗关键技术研究启动】 年内,市科委启动"肺癌早期发现和规范化治疗关键技术研究"重大科技项目。该项目由中国医学科学院肿瘤医院牵头,联合解放军总医院、宣武医院等 10 余家三级医院协同攻关,涵盖肺癌早期筛查和影像学诊断、手术治疗规范、手术后的药物治疗以及靶向药物靶点检测规范等多个方面,拟于 2017 年年底前完成。

(市科委生物医药处)

【"胃癌早诊、规范化治疗及疗效评估研究"项目启动】 年内,市科委启动了"胃癌早诊、规范化治疗及疗效评估研究"重大科技项目。该项目由北京肿瘤医院作为主持单位,联合北京协和医院、解放军总医院等京区 10 余家胃癌诊治优势三级医院共同承担,并由第三方监查公司全程监管质控。项目将建立门诊患者早期胃癌胃镜机会性筛查规范流程及早期胃癌病理诊断规范;建立早期胃癌及癌前期病变治疗规范;提供并评价胃癌分期手段及疗效评估方案;探索适合进展期胃上部癌患者的规范化淋巴结清扫方案及综合治疗模式,为进展期胃上部癌诊疗指南的制定提供临床依据。

(市科委生物医药处)

【精神分裂症和抑郁症防治适宜技术研究"项目取得进展】 年内,由首都医科大学附属北京安定医院牵头,联合北京大学第六医院、北京回龙观医院、北京东直门医院等 22 家医疗机构共同参加的"精神分裂症和抑郁症防治适宜技术研究"重大科技攻关项目完成研究任务,按 4+6+6+6 模式组建了一支由科研、临床、医师、护士、心理工作者、临床流行病学家、信息化人员于一体的研究团队;在国内首次将"全病程治疗"的理念运用到精神疾病领域的重大科学研究中;开发和制定 7 项适宜技术和诊疗规范,其中精神分裂症康复技术已由市卫生局发文(京卫妇精字〔2012〕号)纳入全市社区卫生服务中心的绩效考核指标,并向全市推广。

(市科委生物医药处)

【耳甲—迷走神经联系与耳针治疗抑郁症取得进展】 年内,由中国中医科学院针灸研究所荣培晶研究员承担的北京市自然科学基金重点项目"耳甲—迷走神经联系与耳针治疗抑郁症:从基础到临床"取得阶段性进展。该项目经皮耳甲—迷走神经刺激,使抑郁症模型大鼠的各项相关生理学、行为学及生化指标均产生了明显改善;采用 fMRI 技术观察到抑郁症患者脑功能激活及功能连接网络的变化,初步证实了"耳甲—迷走神经电刺激术调制孤束核—边缘叶脑网络"的假说。

(市自然基金办)

【"出血性脑血管病诊治及预后干预策略研究"项目启动】 年内,"出血性脑血管病诊治及预后干预策略研究"重大科技项目启动实施,该项目由北京协和医院为项目主持单位,北京天坛医院、北京大学第三医院、北京世纪坛医院等 18 家京区医院共同参加。项目以出血性脑血管病为研究对象,通过对北京地区出血性脑血管病的诊疗现状的调查、淀粉样血管病脑出血诊断的标准与流程的初步建立、制定止血药物抑制出血性脑血管病血肿扩大的诊疗方案及制定中西医结合治疗出血性脑血管病方案等临床诊疗过程中的关键技术难点进行探索,希望通过该项目的实施,明确北京市出血性脑血管病病因分型特点及预后危险因素,建立出血性脑血管病预后预测模型;提高淀粉样血管病脑出血诊断率至 20% ~30%,脑出血血肿扩大比例降低 30% ~50%。

(市科委生物医药处)

【北京佑安医院张永宏副教授提出有序免疫识别规律】 年内,北京佑安医院张永宏副教授承担的市自然基金重点项目"HIV-1 特异性 CTL 在 HLA-B51 阳性患者中控制病情进展的作用"通过专家验收。该项目确定了中国人群 HLA-B51 限制的 HIV 特异性免疫优势抗原表位 3 个,找到 HLA-B51 限制的免疫优势抗原表位（LI9，TV8，NI9）的变异位点和变异规律。证实HLA－B51限制的免疫优势抗原表位特异性CTL可以控制HIV病毒复制；HLA－B51限制的免疫优势抗原表位（LI9，TV8，NI9）对应的T细胞反应与病毒变异之间存在的关系，即“免疫压力—病毒变异—宿主免疫调整”的有序免疫识别规律。

（市自然基金办）

【“冠心病早期救治系统优化研究”项目启动】

年内，“冠心病早期救治系统优化研究”重大科技项目启动实施。该项目由北京大学人民医院作为主持单位，北京红十字会紧急救援中心、大兴区人民医院、海淀医院共同参与，预期建立适合北京地区可推广的冠心病早期救治模式，完善北京冠心病早期救治体系，使示范医院急性心肌梗死早期救治时间比原来缩短30%～40%，公众对急性心肌梗死的认知率提高30%。该项目是心血管病领域启动的第三个重大科技项目。

（市科委生物医药处）

【全国最大心房颤动患者队列建立】　年内，由首都医科大学附属北京安贞医院牵头，联合北京协和医院、北京大学人民医院等4家单位共同承担的“心房颤动治疗规范与技术优化研究”项目取得了重要进展。该项目建立了1万例以上的心房颤动患者病例队列，是迄今为止国内样本量最大的心房颤动注册登记研究；首次为制定“适合中国人心房颤动抗凝治疗最佳强度范围”提供依据。此外，还在慢性心房颤动导管消融策略中证实了“2C3L”消融策略，从而简化了手术步骤，缩短了手术、消融和透视时间。该项目为我国心房颤动治疗指南的制定提供了充分的依据，已在全市包括三级医院、二级医院和社区卫生中心在内的30余家医院建立了心房颤动注册登记研究网络。对入组的1万余例心房颤动患者，长期随访率在80%以上。

（市科委生物医药处）

【“骨科常见疾病诊疗规范及康复技术研究”项目取得进展】　年内，“骨科常见疾病诊疗规范及康复技术研究”重大项目取得进展，形成了3项标准：《腰椎间盘突出症诊断》有效地规范了腰椎间盘突出症的诊疗标准，患者的平均住院时间降低1.26天，降低患者保守治疗和手术治疗费用的5%，提高症状改善率5%～10%；《脊柱外科导航技术标准》的制定，明确了脊柱外科手术导航标准流程及使用方法，有效提高椎弓根螺钉置入精确度3.4%，对导航技术在脊柱外科领域的全面推广起到了决定性作用；《北京市城镇居民骨质疏松症社区规范化管理标准》被纳入国家级继续教育课程，为北京市培训全科医师1000余名，提高了社区医务人员骨质疏松症防治水平。

（市科委生物医药处）

【北京脑血管病CHANCE研究受到国际关注】

年内，首都十大疾病之一脑血管病领域的重要研究CHANCE被《新英格兰医学》《柳叶刀》及《自然·神经病学评述》等国际著名杂志评为“2013年神经科十大看点”和“2012—2014卒中最重要的十大进展”。上年6月，该项研究成果在国际医学杂志《新英格兰医学》上发表，随后研究结果被国际著名的UpToDate指南数据库纳入，并更新了国际循证医学证据。

（市科委生物医药处）

【精神分裂症先导化合物获得美国发明专利授权】　年内，依托托军事医学科学院毒物药物研究所建设的神经精神药理学北京市重点实验室的一项研究成果获得了美国发明专利授权。在国内外的临床研究中，抗精神分裂症药物对阳性症状的治疗效果较好，但对于阴性症状的治疗和认知功能的改善作用始终欠佳，且不良反应较多。该实验室在获得高选择性靶向多巴胺D_3受体（D_3R）化合物的基础上，发现了一种新型抗精神分裂症先导化合物，为治疗阴性症状和改善认知功能的精神分裂症治疗药物的研发奠定了基础。该研究成果获得美国发明专利授权。

（北京技术交易促进中心）

【腰椎间盘突出症治疗取得进展】　年内，由空军总医院针对腰椎间盘突出症开展的“脊柱手法结合臭氧消融治疗腰椎间盘突出症研究”项目，将脊柱定点旋转复位手法和臭氧消融相结合，可以显著减轻患者疼痛。该研究证实了这种治疗方法比传统治疗方法,能明显减轻患者疼痛,并提出了臭氧消融应在脊柱定点旋转复位手法治疗之前的观点。这种方法用于腰椎间盘突出症的保守治疗,具有安全、简便、投资少、疗效满意等优点。

(市科委生物医药处)

【猪口蹄疫O型合成肽ELISA抗体检测试剂盒取得突破】 年内,依托中牧实业股份有限公司建设的北京市兽用多肽疫苗设计与制备工程技术研究中心自主研发出猪口蹄疫O型合成肽VP1结构蛋白ELISA抗体检测试剂盒,完成临床前试验研究,并获得临床试验批件。该工程中心针对国内口蹄疫流行毒株的不同,采用生物信息学方法对O型口蹄疫病毒相关蛋白进行精确分析,根据国内近年来猪的主要流行毒株变异情况,研制出的ELISA试剂盒具有特异、敏感、快速、简便、可靠等特点,能迅速地检测大量样品。

(北京技术交易促进中心)

【首期北京科技创新基地高端人才创新政策研修班举办】 年内,市科委北京科技政策法规宣讲团联合北京生物技术和新医药产业促进中心、北京技术交易促进中心,针对首都生物医药和医疗卫生领域科技创新基地高端人才,举办首期北京科技创新基地高端人才创新政策研修班。本次研修班学员为生物医药和医疗卫生领域北京市重点实验室(16家)和工程技术研究中心(9家)的主任,所在单位包括高校3家、研究所5家、医院9家、企业8家。

(市科委法规处)

【首台医院中子照射器完成首例恶性黑色素瘤临床试治】 年内,北京凯佰特科技有限公司联合北京天坛医院、北京友谊医院、中国原子能研究院等相关单位成功研制出具有自主知识产权的世界首台医院中子照射器,获得7项国家专利授权,并荣获2012年度中国核能行业协会科学技术一等奖和"中国十大核科技进展"。医院中子照射器实施了中国首例恶性黑色素瘤患者的临床试治,照射治疗后患者体征正常,无全身毒副反应。该疗法在彻底杀灭肿瘤组织的同时最大限度保留患部正常组织及功能,有效提高了患者治疗后的生存质量。

(市科委电装处)

【细胞三维打印技术取得新突破】 年内,依托清华大学组建的生物制造与快速成形技术北京市重点实验室在细胞三维打印技术研究方面获得重要突破。通过研究发现,细胞/材料混合体在挤出过程中的剪切作用是导致细胞受损的主要因素。该实验室研究了温度对材料黏度和挤出过程的影响规律,并设计出两种带有精确温控装置的细胞挤出喷头,可将细胞打印后的存活率稳定提高到80%以上(细胞存活率最高可达95%以上)。

(市科委法规处)

【"儿童代谢综合征研究"重大科技项目成果丰硕】 年内,由首都儿科研究所主持的市科委重大科技计划项目"儿童代谢综合征前瞻性队列及早期防治技术的研究"通过专家验收。项目组通过对5000多人队列的长期随访研究,在国内首次提出脂肪因子谱紊乱可以早期预警代谢综合征的发病风险,超过2/3的肥胖和超过1/3的高血压患者来源于儿童肥胖和儿童高血压;儿童期肥胖和血压偏高的成人,出现左心室肥大和颈动脉粥样硬化等心血管老化性疾病的风险增高1.5~2倍。同时,项目组对全市8所学校的肥胖学生进行了多种方式的干预措施,包括建立健康管理档案、监测学校体育课运动负荷、举办家长健康大课堂等,形成了适合学校开展的以膳食和运动为主的肥胖干预模式,建立了学生成年期疾病早期防治的学校、家庭、临床的互动干预模式和工作机制。相关研究成果已纳入政府制定的《中小学生体育锻炼运动负荷卫生要求》《北京市学校卫生防病工作规范(试行)》和《北京市推进中小学校体育工作三年行动计划(2013—2015年)》等相关防控政策。

(市科委生物医药处)

【抑郁症规范化诊治康复技术成果在基层推广应用】 年内,由首都医科大学附属北京安定医院承担的专项课题"抑郁症规范化诊治康复技术成果在基层的推广应用"通过专家验收。该课题推广了包括抑郁症患者药物自我管理、自伤自杀预防控制、规范化药物治疗流程等5项成熟技术。课题组通过建立示范基地，并依托基地，采用举办培训班、技术指导及现场观摩等多种方式进行技术推广，共推广39家医疗机构，培训245名医护人员，大大提高了综合医院、二级医院和社区卫生服务中心的抑郁症诊疗规范化程度。该课题共使500余名患者从中受益，抑郁症患者对药物副作用的识别率和正确处置率分别提高了60%和75%，对药物依从性提高65%，患者1年复发率降低30%。

（市科委生物医药处）

【揭示先天性脊柱侧凸致病模式】 年内，市基金首批青年基金项目获得者、协和医院吴南博士以并列第一作者的身份在世界医学刊物《新英格兰医学杂志》上发表题为“TBX6基因无效变异联合常见亚效等位基因导致先天性脊柱侧凸”的论文。吴南承担的市基金青年基金项目“基于比较基因组芯片杂交技术的先天性脊柱侧凸拷贝数变异研究”不仅揭示了TBX6是迄今最重要的先天性脊柱侧凸致病基因，而且解释了TBX6基因致病的复合遗传机理。

（市自然基金办）

【发现治疗系统性红斑狼疮新靶点】 年内，在市自然科学基金连续资助下，北京协和医院风湿免疫科张烜教授及其研究团队经过5～6年的潜心研究，首次发现PTEN蛋白在系统性红斑狼疮（SLE）中的致病机制，同时发现调控miR－7可通过纠正PTEN缺陷，恢复SLE中B细胞的表达和功能。这一研究成果得到了国际学界的高度评价。《科学·转化医学》杂志将该研究作为封面文章刊登，主编评述“研究数据支持miR－7和PTEN可作为SLE的治疗靶点”。张烜教授发现的新靶点对狼疮的发病机制和治疗有重要作用，针对该靶点的药物研究可能使狼疮治疗取得突破性进展。

（市自然基金办）

【发现晚期结直肠癌的新药靶】 年内，解放军军事医学科学院徐建明研究员主持完成了“抗肿瘤新蛋白质治疗晚期结直肠癌的新药靶发现”项目。该项目通过质谱分析检验肿瘤组织和血浆中差异表达蛋白，经过Luminex液相芯片和ELISA对相关蛋白验证，进行疗效预测分子的统计学筛选和生存分析，初步验证了AGP是重组高效抗肿瘤抗病毒蛋白注射液（乐复能）疗效预测分子；基于重组高效抗肿瘤抗病毒蛋白注射液对比安慰剂治疗失败的转移性结直肠癌的Ⅱ期临床研究结果，提示AGP阴性患者用“乐复能”治疗可一定程度上延长患者的中位生存期。

（市自然基金办）

新材料与新能源技术

【多功能复合材料军用包装箱研制成功】 1月9日，北京航天方石科技有限公司、北京机电工程总体设计部承担的“复合材料军用包装箱研制及应用”通过专家验收。课题组利用多年积累的航天复合材料技术，研制开发了基本型、高密封型、电磁隐身型、防电磁辐射型、智能型5种包装箱产品。该系列产品可适应温度－40～85℃和湿度5%～95%，拉伸和弯曲强度达到500MPa，能浸入5米水深而不发生渗漏；具有隐身和防电磁辐射功能的包装箱更能适应特定的电子环境，智能型包装箱能将物品包装、储存、运输过程中的温湿度信息进行记录，便于产品追溯。该系列产品已经在部队和航天科研院所相关产品中批量试用。

（北京新材料发展中心）

【北京纳米领域国家科技奖数量居全国首位】 1月10日，2013年度国家科学技术奖励大会召开。北京纳米领域共有7个项目获奖，分别是国家自然科学奖二等奖4项、国家技术发明奖二等奖2项、国家科学技术进步奖二等奖1项；获奖的高校2家、研究院所5家、企业2家（2项为两家单位共同获奖）；获奖项目涵盖了纳米材料、纳米加工、纳米器件等方面的研发，并涉及电子信息、生物医药等战略性新兴产业领域的应用。北京占全国纳米领域项目获奖总数11项的64%，连续3年位居全国第一。

（市科委双新处）

【首个纳米材料检测中心落户北京纳米产业园】 2月12日，北京纳米电子材料检测服务中心在北京纳米科技产业园正式启动运行。该中心的正式运行改变了北京地区缺乏纳米电子材料专业检测服务的现状，标志着北京纳米科技产业链日臻完善。目前，检测中心已整合了大量高精尖的专业检测设备，具备检测纳米电子材料的物理、化学等方面性能的能力。检测项目主要包括纳米材料分析、电子材料的可靠性、材料的失效分析与预防、半导体及相关领域检测分析等四大类。

（北京新材料发展中心）

【分离膜材料及应用技术研究取得进展】 2月21日，清华大学王晓琳教授承担的市基金重大项目“面向城市污水深度处理的分离膜材料及应用技术研究”通过专家验收。该项目在聚偏氟乙烯（PVDF）膜的亲水化改性、耗散动力学（DPD）模拟热致相（TIPS）成膜过程机制及新型含氟聚合物高性能分离膜制备等方面取得了创新性研究成果；在TIPS法制备PVDF中空纤维膜的制备研究方面，根据城市污水深度处理的要求，成功开发出适用于膜生物反应器（MBR）的膜丝强度大于10N，适用于生物处理—膜分离系统集成（BMS）的膜丝强度大于6N，通量大于10L/（m^2·h·kPa）；成功开发出压力式、BMS式、MBR式三大系列膜组件，并在北京亦庄（压力式）、沙河（BMS式）、马池口（MBR式）的城市污水处理系统中得到应用。

（市自然基金办）

【白光OLED材料和器件结构的研究取得进展】 2月24日，市自然基金办组织专家对中科院理化技术研究所张晓宏研究员承担的市基金重点项目“高效荧光和磷光杂化机制的白光OLED材料和器件结构的研究”进行了会议验收。该项目获得了多个能够满足F/P－WOLED对主体材料需求的新型蓝光荧光材料体系，所得具有D－π－A结构特点的化合物均表现出了高效蓝光荧光发射和较高三重态能级的特点；研究揭示了具有分子内电荷转移跃迁特征的发光化合物的结构与性能关系，为后续分子设计与合成奠定了实验依据和理论基础；创新性地构筑了单发光层F/P－WOLED器件结构，所得F/P－WOLED器件光视效能达到60lm/W以上。

（市自然基金办）

【市新能源汽车基础设施建设媒体见面会举行】 2月25日，市新能源汽车联席会议办公室在市科委召开北京市新能源汽车基础设施建设媒体见面会。市发展改革委、市科委、市电力公司、北京物业管理行业协会等单位相关领导出席了会议。会议介绍了全市新能源汽车发展的总体情况、充电设施的布局以及充电网络建设规划、公共领域充电设施的详细分布情况。

（市科委双新处）

【电子商务将成新能源汽车推广新“引擎”】 3月11日，国内最大的新能源汽车生产制造企业——北京新能源股份有限公司与国内知名电商企业京东商城达成战略合作，借助电商平台进一步推动新能源汽车在国内市场的普及，实现新能源汽车与电子商务跨界融合。根据协议，双方将在战略、业务层面达成多项合作和资源共享，包括共建战略合作平台，共建基于大数据的新能源汽车指标研究中心，推进“车联网软硬件及服务产品孵化”项目；开展联合投资，包括大数据应用、智能交通管理系统、新能源汽车前沿技术投资与收购等；推动中国物流快递行业各种新能源汽车标准的制定、落地和执行；率先在物流业推广使用带统一标识的新能源汽车，力争2年内在京东物流体系推广应用5000辆电动物流车，降低物流业能耗和排放；开展联合营销，共建线上北汽新能源旗舰店、京东—北汽新能源绿色流动自提点，开拓新能源汽车目标市场。

（市科委双新处）

【“纳米技术在三元催化器中的应用”专题研讨会召开】 3月21日，市科委召开“纳米技术在三元催化器中的应用”专题研讨会。清华大学化学系教授李亚栋院士、北京理工大学汽车动力性及排放测试国家专业实验室主任葛蕴珊、北京海斯特科技公司总经理赖祥富等多位行业知名专家和企业代表参加了本次研讨会。与会专家围绕研制催化性能优异、排放小、寿命长的三元催化器展开热烈讨论。专家认为，三元催化器开发应用是一个系统工程，建议政府部门创新机制整合相关领域研发单位、生产企业、下游用户、检测与标准制定机构、监管部门等各方面的力量，组织开展产学研用联合攻关，推动纳米技术在三元催化器中的研发应用，并在旧三元催化器回收利用、标准预研等方面提前布局，共同助力首都机动车尾气减排与相关产业发展。

（市科委双新处）

【物业管理企业与纯电动汽车企业签约】 4月17日，物业管理企业与纯电动汽车企业签约仪式在市科委举行。市科委相关领导，金隅大成、天鸿宝地等物业管理企业代表出席了仪式。金隅大成、天鸿宝地等6家物业管理企业与纯电动汽车企业签订协议。根据协议，物业公司面对业主、汽车企业安装充电桩时，要不回避、不推诿，并全力支持在辖区内建设充电桩，帮助业主解决纯电动车充电"最后100米"的难题。签约仪式上，市科委还公布了城六区的12家物业小区成为开展充电设施建设的示范项目。12个示范项目包括北四环华堂、万达广场2家商场，沿海赛洛城、五栋大楼等8个住宅区，东环广场写字楼，以及一处部队大院。

（市科委双新处）

【"MEMS传感器的技术发展与智能设备应用"主题沙龙举行】 6月5日，北京纳米科技产业跃升工程系列活动"MEMS传感器的技术发展与智能设备应用"主题沙龙在清华科技园举行。本次活动邀请启迪纳米专业孵化器入驻企业——水木智芯科技（北京）有限公司的首席技术官刘雪松博士、工程师田晓丹作为主题分享嘉宾，针对MEMS传感器技术发展及应用现状与相关单位近20位参会代表进行面对面的探讨和交流。

（市科委双新处）

【新能源小客车新政策发布】 6月10日，市科委会同市发展改革委、市财政局召开了北京市新能源汽车推广应用相关政策媒体见面会，发布了《北京市示范应用新能源小客车自用充电设施建设管理细则》及《北京市示范应用新能源小客车财政补助资金管理细则》。会上，市科委副主任张继红介绍了北京市示范应用新能源小客车总体思路。北京新能源汽车总量为6800多辆，其中3400余辆是新能源小客车，包括出租车、驾校用车等。通过摇号配置上牌的新能源小客车为320辆，5月份上牌的为216辆。市发展改革委副主任高朋介绍了自用充电设施建设管理细则，坚持适度超前布局，公用快充补电、自用慢充主导。自用充电桩建设采用"一车一桩、桩随车走"的原则，由新能源小客车生产企业或其委托的机构（4S店）负责"全过程组织管理"，包括组织单位和个人的充电条件确认、设施建设等，并纳入其售后服务体系；流程上，从用户报装到验收接电全过程在22个工作日内完成。市财政局副局长王婴介绍了财政补助资金管理细则，明确全市财政补贴的对象是消费者，消费者按照销售价格扣减补助后支付。会上，市电力公司与首发集团、京投公司、公联安达公司、金地停车管理公司等单位针对公共领域充电设施签订建设协议，计划于2015年年底前在全市范围内完成不低于900个充电桩，以快充为主的公用充电设施建设计划，加速高速公路服务区、P+R停车场、桥下空间停车场、社会公共停车场等公共领域充电设施建设。

（市科委双新处）

【"十三五"时期生物燃气产业发展规划研讨会举行】 6月13日，市科委农村处组织国家发展改革委能源研究所、农业部农业生态与资源保护总站、中国农村能源行业协会、中国农业大学、北京市新能源与可再生能源协会、农业部规划设计研究院、中国可再生能源协会等单位的多位专家，召开北京市"十三五"时期生物燃气产业发展规划专家研讨会。专家分析了在北京建设"全国科技创新中心"的大背景下，生物燃气产业的优势、劣势，以及需要政府提供的配套政策等，并重点探讨了适合北京发展的生物燃气商业模式及托管运营模式,为大中型沼气工程提供完备的后期运行服务保障。

（市科委农村发展处）

【《电动汽车行动计划(2014—2017年)》媒体见面会举行】 6月27日,《北京市电动汽车推广应用行动计划(2014—2017年)》媒体见面会在市科委举行。市科委、市交通委、市经信委、市规划委等部门领导及相关企业出席了会议。会上,市科委副主任张继红介绍了行动计划编制背景、总体要求、重点任务、保障措施等方面的总体思路。市发展改革委、市经信委、市规划委、市交通委和市公安交通管理局等部门领导回答了记者提问。

（市科委双新处）

【动力电池梯次利用及回收示范线正式运行】 7月3日,国内首条汽车动力电池系统梯次利用及回收示范线正式运行,实现了动力电池最大化利用及环保回收。建于北汽新能源汽车产业基地的废旧锂离子动力电池回收示范线,可为退却电池提供梯次利用和回收一揽子解决方案,实现日均100颗电芯以上的处理能力,正极材料回收利用率达85%以上,电芯回收率达80%以上,并对电解液进行无害化处理。

（市科委双新处）

【纳米材料绿色印刷电路制备技术产业化】 7月4日,市重大科技成果转化和产业化项目“基于纳米材料的绿色印刷电路制备技术产业化”通过专家组验收,标志着纳米银导电墨水和基于纳米材料绿色印刷电路的RFID射频标签天线实现产业化,对于推动我国纳米绿色印刷电路产业发展具有重要意义。该技术可取代传统的电路蚀刻工艺,具有工艺简单、成本低、基材丰富、易回收利用等特点,应用该技术制备的RFID电子标签可广泛应用于智能交通票卡、物联网、食品安全防伪等领域。该研究突破了金属纳米粒子批量制备的关键技术难点,攻克并完成了纳米银粉的批量化制备技术和纳米银导电墨水的优化配置,建成了年产1万升纳米银导电墨水和年产1亿片RFID电子标签的生产线,申请中国专利28件,形成了专利保护群。

（北京新材料发展中心）

【电动汽车路灯充电桩一体化项目技术研讨会召开】 7月4日,电动汽车路灯充电桩一体化项目技术研讨会在北京南瑞智芯微电子科技有限公司召开。国家电网公司局级调研员、科技信息部副主任刘建明,市科委双新处处长许心超,中科院电工研究所车用能源系统研究部主任王丽芳,北京交通大学吴健教授及相关行业代表出席研讨会。项目承担单位北京南瑞智芯微电子科技有限公司技术专家对路灯充电桩一体化项目方案从设计、结构、性能、原理及前景方面进行全面介绍。充电桩行业专家、充电桩元器件配套企业代表及中国能源报的代表均发表见解,并提出相关建议。

（市科委双新处）

【中德电动汽车充电项目发布】 7月8日,中德电动汽车充电项目发布活动在清华大学举行。德国总理安格拉·默克尔、中国工信部部长苗圩出席了活动,并共同启动了中德两国共计8辆电动汽车的充电演示装置,这些电动汽车均可使用统一的充电设施。中德两国电动汽车采用了统一的交流电充电设施通讯标准,本次的充电演示是对此项成果的认可和庆祝。标准统一后,中德电动汽车均可采用相同的交流充电系统进行充电。

（市科委双新处）

【2.5MW直驱永磁风机核心部件研究取得突破】 7月10日,2011年市科技计划重大项目“2.5MW直驱永磁风机核心部件国产化关键技术研究”在亦庄风电产业基地通过专家验收。该项目由北京金风科创风电设备有限公司主持,联合北京天诚同创电气有限公司、中材科技风电叶片股份有限公司、北京和利时自动化驱动技术有限公司共同承担。项目承担单位整合优势集中突破了叶片、变流器、主控(PLC)以及变桨驱动器等核心部件关键技术,实现2.5MW核心部件的国产化配套及整机系列化开发。项目研发的2.5MW风电机组已销售600余台,其中出口美国、德国和澳大利亚等100余台,累计实现新增销售收入超过60亿元,在国内外风电市场竞争中取得重大突破。

（北京新材料发展中心）

【碳基集成电路及器件用碳纳米管材料研讨会举行】 7月11日，碳基集成电路及器件用碳纳米管材料研讨会在北京大学中关新园举行。北京大学彭练矛教授、李彦教授、张锦教授，清华大学魏飞教授，中科院苏州纳米所李清文研究员，中科院沈阳金属所孙东明研究员等多名国际碳纳米管材料与器件领域知名学者参会。会上，彭练矛介绍了碳基集成电路研究进展及对碳纳米管的技术需求；魏飞、李彦、张锦分别介绍了超长碳纳米管制备、碳纳米管单一手性控制生长、高密度碳纳米管生长等最新研究成果；李清文、孙东明分别介绍了半导体性碳纳米管分离技术和碳纳米管薄膜晶体管研究进展。

（北京新材料发展中心）

【新能源车自用充电设施安装新规发布】 7月15日，市住房城乡建设委、市发展改革委、市科委、市民防局4部门联合发布《关于推进物业管理区域新能源小客车自用充电设施安装的通知》，要求物业应当积极支持和配合新能源小客车自用充电设施的安装，不得借机收取费用。物业不配合安装或是额外收取费用的，社会公众可进行投诉，由各区县住建委、房屋管理局责令改正，并对物业服务企业和项目负责人分别记1分。情节严重的，将予以公开曝光。

（市科委双新处）

【纯电动商用车动力系统平台技术攻关通过验收】 7月31日，科技部高技术中心组织专家，对北京理工大学牵头承担的863计划现代交通技术领域“电动汽车关键技术与系统集成（一期）”重大项目“纯电动商用车（M3/N3类）动力系统平台技术攻关”课题进行了验收。课题在“十一五”相关科技成果的基础上，进行了纯电动商用车动力系统关键技术的深入研究和技术攻关，完成了纯电动商用车动力系统技术平台的工程化设计，实现了商用车平台的系列化。课题研究成果在北汽福田、一汽大连、一汽青岛等企业得到推广应用，已有6款整车产品获得国家公告，并在北京市开展了纯电动客车和纯电动环卫车的示范运行。

（市科委双新处）

【自用电动汽车充电设施建设加速】 8月1日，市住建委、市发展改革委、市科委、市民防局联合发布的《关于推进物业管理区域新能源小客车自用充电设施安装的通知》正式实施，全市自用充电设施建设情况明显改观。市住建委举办了一系列涵盖16个区县的新能源汽车、充电设施等科普知识走进社区的宣传培训活动，培训近千家物业企业。以北汽新能源与华商三优合作在京建设自用充电设施为例，北汽新能源E150EV单一车型截至7月底仅建设127个自用充电桩，而8月份建桩数量破百，已近前7个月总和，达到122个，其中单日最多建桩15个。

（市科委双新处）

【北京纳米科技产业园建成纳米专业孵化器】 8月26日，由怀柔区科技服务开发中心和长城伟业投资开发总公司承担的“北京纳米科技产业园孵化器建设”课题通过专家组验收。该课题历时2年，建成3000平方米的纳米专业孵化器，已入驻孵化项目14项；与国家纳米中心、中科纳通企业合作共建纳米电子材料检测平台，可为企业提供纳米材料可靠性、失效等检测分析服务，并实行市场化运营；研究起草《怀柔区纳米产业科技成果转化和产业化项目资助办法》，通过了怀柔区政府办公会，并正式发布实施，为纳米科技成果转化和产业化发展营造了良好的政策环境。

（市科委）

【高功率动力锂离子电池研究取得进展】 8月28日，市自然基金办组织专家对北京大学夏定国教授承担的市基金重大项目“高功率动力锂离子电池多孔电极的关键科学问题研究”进行了验收。该项目通过溶剂法一步制备出了形貌和粒径可控的磷酸铝铁，得到粒径为50纳米的磷酸铝铁，当电流密度为20毫安时/克时，放电容量为150mAh/g；采用一步溶剂热法，制备了具有表面掺杂结构的磷酸铝铁正极材料，电化学测试表明制备材料表现出良好的倍率性能和低温特性；利用硼聚阴离子掺杂富锂锰基层状材料，提高了材料的首次循环库仑效率、循环稳定性和倍率特性，采用密度泛函理论及X线吸收谱研究表明，掺杂后氧的部分态密度的价带顶能量下降,钴参与了电极反应的电荷补偿。

（市自然基金办）

【北京纳米科技产业创新联盟召开理事(扩大)会议】 9月18日,北京纳米科技产业创新联盟召开理事(扩大)会议。会上,联盟各成员单位讨论并通过了《北京纳米科技产业创新联盟章程》,产生了由11家单位组成的联盟理事会,推举国家纳米中心为理事长单位,表决通过北京新材料发展中心为联盟秘书处单位。联盟设立了技术委员会和产业委员会,聘请清华大学纳米科技中心主任范守善院士担任技术委员会主任,北京大学电子系主任彭练矛教授等知名技术专家担任技术委员会副主任。聘请启迪控股副总裁、启迪创业孵化器董事长张金生担任产业委员会主任,科技部战略研究院科技产业研究所所长刘峰等产业政策专家、企业家、投资人担任产业委员会副主任。

（市科委双新处）

【“创新征程——2014年新能源汽车万里行”北京站活动举行】 9月23—24日,“创新征程——2014年新能源汽车万里行”北京站活动在北京汽车博物馆举行,活动由科技部、联合国开发计划署(UNDP)指导,上海市科委和北京市科委共同举办。在活动展示区,展出了北汽E150EV、特斯拉 Model S、比亚迪 E6 等9款车型,以及上汽新能源汽车前瞻技术、绿色氢能利用、北京易卡租车分时租赁等。在试乘试驾区,广大市民可零距离接触多种类型的新能源汽车,如北汽 E150EV、比亚迪 E6、上汽荣威 E50等,亲身体验绿色驾乘的科技魅力,提升市民对新能源汽车的兴趣和购买热情。

（市科委双新处）

【首都创新大联盟成立智慧照明专业委员会】 10月28日,首都创新大联盟智慧照明专业委员会、国家半导体照明工程研发及产业联盟智慧照明委员会正式成立。智慧照明专业委员会由闪联联盟、智慧城市联盟、AllSeen联盟、国家智能交通联盟、北京建筑设计研究院、阿里巴巴(中国)网络技术有限公司、北京京东世纪信息技术有限公司等47家成员单位组成,并聘任欧洲微/纳米可靠性中心(EUCEMAN)副主任、荷兰代尔夫特理工大学张国旗教授为第一届委员会主任。

（市科委高新处）

【首都机场电动汽车充电站投运】 10月30日,首都机场电动汽车充电站投入使用。该充电站位于首都机场3号航站楼东南侧,配备了4台450千瓦直流充电桩、25台37.5千瓦直流充电桩和25台7千瓦交流充电桩,可为首都机场楼间旅客摆渡车和各类社会电动车辆提供服务。首批17辆电动客车作为机场摆渡车及保障APEC会议代表在机场和会议场址间的通勤车辆使用。

（市科委双新处）

【电动汽车路灯充电桩试运行】 11月2日,首批电动汽车路灯充电桩开始试运行。改造试点工作由北京南瑞智芯微电子科技有限公司负责,示范工程区域在昌平区京密北路,路段长1.5千米,利用LED路灯替代高压钠灯,实施LED路灯改造88盏,建设8座慢速充电桩和2座快速充电桩。

（市科委双新处）

【王中林院士获2014年材料领域世界技术奖】 11月14日,世界科技联席组织(WTN)宣布,中科院北京纳米能源与系统研究所首席科学家王中林院士当选2014年度材料领域世界技术奖(World Technology Awards in Materials)的唯一获奖人。这一奖项专门奖励那些在科技领域做出了具有深远意义的创新工作的领军科学家和组织。颁奖典礼于2014年度世界技术峰会期间在美国纽约时代会议中心举行,王中林院士被授予此奖项并发表了获奖演讲。

（市科委双新处）

【“600万支/年荧光纳米材料试剂盒产业化”项目投产】 11月18日,北京热景生物技术有限公司在位于大兴生物医药产业基地天富街9号的新厂区举行入园仪式,同时还举行了该公司生物应急与临床POCT北京市重点实验室揭牌暨北京市重大科技成果转化和产业化项目“600万支/年荧光纳米材料试剂盒产业化”厂区落成仪式。该项目历时2年成功开发出白介素6定量测定等7种试剂盒产品(已全部获得注册证),具备了600万人份试剂的产能;同时实现了1000台/年的现场快速检测用上转发光免疫分析仪生产能力,该仪器定量准确、操作简单,适合临床、疾控、军队等单位使用和装备。

(市科委双新处)

【报业高速纳米绿色制版机研制成功】 12月4日,中科纳新印刷技术有限公司召开新产品发布会,推出基于纳米绿色制版技术的全球最高时速180张/时对开报业制版样机——纳新NT220-131A。该项目由中科纳新与北京日报社印刷厂联合攻关完成,设备采用了"大理石+磁悬浮电机+高精密光栅"等一系列先进材料和技术,实现了制版设备的高速化和版材的免砂目化,完全能够满足主流报业印刷对制版设备速度、精度、稳定性的要求。发布会上,该公司还推出了适合制版平台使用的NT220-116B型、NT220-116C型绿色制版系统,成功签单12台套,预计销售收入1200万元。

(市科委双新处)

【通州区电动出租车增至500辆】 12月26日,通州区新增300辆电动出租车上路运营,全区电动出租车总数达到500辆,保有量居各区县之首。新增300辆示范车型为北汽新能源E150EV,这款车为北汽新能源公司新一代产品,综合工况下续驶里程从170千米提升到200千米。通州区建成区内第二座电动出租车专用充电站,场地内设有250个交流充电桩和50个快速直流充电桩,可同时容纳300辆电动出租车充电补电,形成南北两座充电站遥相呼应、互为补充的充电新格局。

(市科委双新处)

【2014北京测试服务业发展高峰论坛召开】 12月26日,由北京材料分析测试服务联盟主办的2014年北京测试服务业发展高峰论坛在北京京仪大酒店召开。论坛以"整合、互联、突破"为主题,探讨和分享新历史机遇下检测机构的整合发展。论坛同期发布的、由该联盟编制的《2014材料测试服务业发展研究报告》中指出,2013年我国测试机构检测业务收入为1408亿元,测试及其他收入超过2000亿元,预计全年将超过2105亿元。全国共有授权检测机构25081家,收入过亿元的已经超过100家,从业人员达77.38万人。2013年国内材料测试收入达631.88亿元,据测算,材料测试潜在市场约为1341亿元,全年可突破1400亿。

(北京新材料发展中心)

【亚市新能源汽车应用推广中心启用】 12月27日,北京市新能源汽车发展促进中心联合亚市设立的亚市新能源汽车应用推广中心启用。推广中心具备新能源汽车科普、新能源汽车展销、试驾体验、购车等四大功能服务板块,可满足消费者学习新能源汽车科普知识、了解新能源汽车系列优惠政策的需求,提升消费者购买兴趣。

(市科委双新处)

【小营电动公交快速充电站建成】 12月31日,北京市首个电动公交快速充电站——朝阳小营电动公交场站建成。朝阳区小营电动公交场站占地2.1万平方米,建设面积2000平方米,建设25个360千瓦直流快速充电桩和5个90千瓦直流充电桩,能够满足140辆纯电动公交车充电需求。场站计划驻车120辆,安排公交线路5~6条。已完成停车场铺装和充电设施建设等工作,计划于2015年春节前全部投入运营。

(市科委双新处)

【市区500辆纯电动出租车投入运营】 12月31日,首批500辆城区纯电动出租车正式上路运营。由北京银建新能源出租车公司负责运营,示范车辆为北汽新能源EV200。纯电动出租车的运营价格参考传统燃油出租车价格。已建成丰台五里店、石景山黑石头两座场站,共75个充电桩;顺义酒上、方庄银建大楼两个场站正在积极协调当中。城区计划在2015年年底前推广纯电动出租车数量达到1000辆。

(市科委双新处)

【智能交互终端关键技术加速纯电动汽车市场推广】 年内,依托中国电力科学研究院组建的电动汽车充换电工程技术研究中心开发了具有路径规划、行驶记录、双向交互等关键技术的新型纯电动汽车智能交互终端,可以全方位监测并记录电动汽车整车和电池运行的各项数据。该系统已经实现了对成都“十城千辆工程”中所有示范运行的1030辆纯电动汽车、应急充电车及纯电动汽车应急救援车的规模化监控和管理,完成了规模化电动汽车运行监控管理。

（北京技术交易促进中心）

【高硼硅玻璃减反射技术研究取得进展】 年内,依托北京市太阳能研究所集团有限公司建设的北京市太阳能热利用工程技术研究中心自主研发的高硼硅玻璃减反射技术取得进展。该工程中心制备出膜层折射率与基底玻璃完全匹配的闭孔减反射膜,解决了酸催化溶胶透过率低、衰减快,碱催化溶胶耐磨性差及膜层亲水发霉的难题。该减反射膜具有透过率高、膜层牢固性好、硬度大、耐候性好、成本低的优点。

（北京技术交易促进中心）

【清华大学成功制备出单原子层纳米铑片】 年内,清华大学李亚栋院士团队利用弱配体聚乙烯吡咯烷酮(PVP)稳定的甲醛还原金属铑,成功制备出世界上第一例单原子层厚度的纳米金属铑片,球差电镜和同步辐射研究均证实了这一新颖的单原子层金属结构。理论研究发现,单原子层铑片中存在着一种新型的离域大化学键,有助于稳定其单层金属结构。

（市科委双新处）

【新型摩擦电纳米发电机研发成功】 年内,由王中林院士领导的北京纳米能源所研究团队研发出可回收自由运动物体机械能的新型摩擦电纳米发电机。这是一种具有超高输出、成本低廉、持久稳定和环境友好特点的新能源技术,采用全新发电模式,通过不需要附着电极的独立摩擦层的滑动将机械能高效地转化为电能,这一基本模式增加了发电机应用的灵活性、方便性,能够实现在非接触滑动下的高效稳定发电,对于发电机的实际应用具有重要意义。

（北京新材料发展中心）

【北京大学成功研制出油污吸附用碳纳米管海绵材料】 年内,北京大学曹安源教授团队成功研制出轻质多孔、大尺寸、高吸附性能、可再生利用的碳纳米管海绵材料。团队研制的宏观块体碳纳米管海绵孔隙率达99%,在电子显微镜下观测是由无数碳纳米管互相搭接形成的一个三维空间网络结构,可实现在油水混合的环境下选择性地吸附达自身重量100倍以上的油污,对柴油、汽油、稀释原油、食用油等几种工业和生活常见油污都具有较好的吸附性能,可重复使用40次以上,可广泛用于油污、农药化肥等污染物吸附。

（北京新材料发展中心）

【清华大学成功研制出高性能碳纳米管导线】 年内,清华大学成功研制出高性能碳纳米管导线,并开展了脑起搏器电极、碳纳米管导线原型直流电机应用研究。清华大学韦进全团队采用控制工艺参数方法,将碳纳米管导线金属性比例提高到1/2,实现高品质碳纳米管薄膜和长丝的快速、连生长,制备出电导率与铜导线处于同一量级的高性能碳纳米管导线,且该导线力学强度比铜导线高3～4倍。该团队还开展了碳纳米管导线脑起搏器电极应用研究,结果表明电极在核磁环境下的发热量降低了90%;同时制备出基于碳纳米管导线的原型直流电机,对于降低航空航天载荷具有重要作用。

（市科委双新处）

【TFT有源OLED显示屏关键技术研发取得突破】 年内,由北京大学信息学院、物理学院、化学学院跨学科科研团队组成的OLED课题组协同创新,历时3年,在TFT有源OLED显示屏关键技术研发方面取得重要突破。北京大学OLED课题组开发出适合推广的TFT器件制备工艺和AMOLED显示基板制备工艺流程,其中多晶硅TFT器件的迁移率、阈值电压和开关态电流比指标均达到了AMOLED显示要求;对新一代显示用氧化物半导体材料进行了探索,研制出多种性能优异、可以与IGZO媲美的新材料,并通过验证;研制出1英寸、2英寸和4英寸AMOLED显示屏样品,三款多晶硅TFT AMOLED基板均完成OLED器件的生长和封装并成功点亮,显示屏的对比度、灰度可调,经可靠性实验寿命可以达到100小时以上;建成小型4英寸AMOLED显示屏试验线。研究成果申请发明专利15项,其中12项已与京东方科技集团股份有限公司达成转让协议。

（市科委双新处）

【国内首条碳纳米管绿色节油轮胎研制成功】 年内,北京化工大学弹性体中心联合北京首创轮胎有限责任公司,成功研制出3个规格的碳纳米管复合材料高性能节油轮胎。试验轮胎油耗等级达到欧盟标签法C级以上,并且抗静电性能达标,从而首次实现了碳纳米管在实用橡胶制品中的规模化应用。该技术消除了碳纳米管在橡胶工业中规模化应用的瓶颈问题。采用研究团队研发技术生产的高性能节油轮胎较传统共挤导电胶的方法,具有工艺简便、生产效率高、生产不同花纹规格轮胎时无须更换成型设备的优势,有利于高性能节油轮胎生产技术在国内轮胎企业中推广。

（北京新材料发展中心）

【清华大学成功制备出柱撑石墨烯】 年内,清华大学化工系张强、魏飞教授研究组成功制备出一种具有自分散、不堆叠特性的柱撑石墨烯,相关成果发表在国际权威学术期刊《自然·通讯》上。课题组通过催化气相生长调变石墨烯的拓扑结构,获得了具有突起结构的石墨烯。这种具有自分散、不堆叠特性的新型石墨烯同时更容易构建高效导电网络及畅通的离子通道,使其储能性能得到显著提升。该柱撑石墨烯用于锂硫电池正极时,其材料的能量密度、功率密度显著优于商用锂离子电池所用正极材料,在电动汽车、个人电子产品,以及大规模储能中具有潜在的应用前景。

（市科委双新处）

【薄膜太阳能电池光电转换效率达到新高】 年内,依托中科院物理研究所建设的新能源材料与器件北京市重点实验室,对钙钛矿型薄膜太阳能电池的研究获得阶段性突破,研究成果在《应用物理快报》发表。该重点实验室在无空穴传输材料的钙钛矿型薄膜太阳能电池方面的研究取得了重要进展,制备的电池光电转换效率率先突破10%,达到10.47%。

（北京技术交易促进中心）

【高纯度碳纳米管材料产业化落户怀柔】 年内,清华大学魏飞教授团队"高纯度碳纳米管材料产业化"项目正式签约落户北京纳米科技产业园。项目的产业化公司北京清纳科技有限公司已在北京纳米产业园注册,租用厂房面积4300平方米,计划开展高纯度碳纳米管材料批量生产及其在超级电容器等能源领域的应用。

（市科委双新处）

【纳米防雾自清洁材料产业化等3个项目落户怀柔】 年内,北京纳米科技产业园又成功引入3个纳米项目,分别是北京清纳国能科技有限公司的1吨/年纳米碳材料中试项目、北京中科东亚纳米材料科技有限公司纳米防雾自清洁材料产业化项目及北京时代科锐新能源科技有限公司石油石化系统纳米节能型内燃机余热回收热利用产业化项目,3个项目均在开发区租赁厂房进行生产。

（北京新材料发展中心）

【柔性纳米纤维太阳能电池研制取得阶段性进展】 年内,北京大学邹德春教授团队在国际上率先提出并实现了无须透明电极的柔性纤维太阳能电池,通过制备工艺的不断优化,编织了35厘米×35厘米的电池模块。利用高效的纤维电极与纤维电池单元,研究团队制备出柔性的双面纤维太阳能电池模块,并结合纤维电池独特的三维采光特性,开发新型的半透明聚光模块。

（北京新材料发展中心）

【"石墨烯透明导电膜"课题实现与产业对接】 年内,国家纳米中心与江苏生美工业集团签订了"石墨烯基智能窗器件研发"技术开发协议。双方将在市科委支持的石墨烯透明导电膜研制的基础上,在北京纳米科技产业园注册成立项目公司,集中推进石墨烯基智能窗器件研发和产业化工作。

（市科委双新处）

【动力电池梯次利用及回收示范线正式运行】 年内,市科技计划"电动汽车锂离子电池系统全生命周期利用技术研究与示范"课题取得重大研究成果,国内首条汽车动力电池系统梯次利用及回收示范线开始运行,实现了动力电池利用效率最大化及环保回收。由国家电网北京市电力公司、北京工业大学和北京普莱德新能源电池科技有限公司联合为退却电池提供了梯次利用及回收一揽子解决方案。课题组利用退运动力电池在电动场地车、电动叉车和电力变电站直流系统上进行了改装示范，经实测，电池性能优于传统的铅酸蓄电池，并具有较大的经济优势。建于北汽新能源汽车产业基地的废旧锂离子动力电池回收示范线，可实现日均100颗电芯以上的处理能力，利用再生法正极材料回收利用率达85%以上，锂元素以电芯为基准回收率达80%以上，极片的铜箔、铝箔的回收率均达99%以上，同时对电解液进行无害化处理。该示范线占地面积近百平方米，其主要设备包括电芯放电设备、电池置换系统、电芯拆分设备等。

（市科委双新处）

【单壁碳纳米管手性可控生长研究取得突破】 年内，北京大学化学与分子工程学院李彦教授课题组在单壁碳纳米管手性可控生长研究上取得重要突破，为碳纳米管的应用，尤其是碳基电子学的发展奠定了基础。李彦教授课题组发展了一类钨基合金催化剂，其高熔点的特性确保了单壁碳纳米管在高温环境下的生长过程中保持晶态结构，其独特的原子排布方式可用来调控生长的碳纳米管的结构，从而实现了单壁碳纳米管的结构/手性可控生长，利用这种方法生产出了含量高于92%的（12，6）型碳纳米管。通过调控催化剂的结构，课题组还实现了（16，0）和（14，4）碳纳米管的选择性生长。实验结果表明该方法具有普适性，相关研究成果发表在6月26日的《自然》杂志上。

（北京新材料发展中心）

【全球首个LED白光通信技术室内定位系统实现商业化】 年内，半导体照明联合创新国家重点实验室及其项目公司北京华策光通信科技有限公司开发的商业化LED白光通信技术室内定位系统——U-beacon，在江苏常州进行试运营，成为全球首个实现商业化运营的LED白光通信技术室内定位系统。此项技术首次将定位精度限定在1米，且信号稳定、信息保密性高、不受环境影响。以“精准室内定位+三维地图+室内全景地图”为特色的APP“易逛”软件将布局全国服务于商场、超市的O2O，并有望为图书馆、展览馆、大型会场等垂直细分领域提供定制化的、基于位置场景的室内定位解决方案。

（市科委双新处）

【“高阻隔、抗迁移绿色包装薄膜产业化”项目实现产业化】 年内，北京北印东源新材料科技有限公司承担的市重大科技成果转化和产业项目资金股权投资项目——“高阻隔、抗迁移绿色包装薄膜产业化”通过专家验收。该项目研究的无机纳米高阻隔包装薄膜材料主要应用于有阻隔性能要求的食品、药品包装材料。该项目为高校科技成果转化项目，产业化公司由北京印刷学院、首科集团以及自然人组成，项目总投资1.2亿元，占地面积12000平方米（18亩），达产后年产高阻隔包装膜5700万平方米，产值3亿元。该项目已在北京纳米科技产业园建成高阻隔薄膜生产线1条，同时建成薄膜阻隔性能检测平台。

（市科委双新处）

【水性阻尼涂料制备技术取得进展】 年内，依托北京化工大学建设的北京市水性聚合物合成与应用工程技术研究中心研制出能够减震减噪且安全环保的“厚浆型水性阻尼涂料”。该研究中心制备出的厚浆型水性阻尼涂料稳定性、成膜性和阻尼性能均良好，且具有无毒环保、施工方便等优点。

（北京技术交易促进中心）

【石墨烯透明导电薄膜中试线在京建成】 年内，国家纳米科学中心智林杰课题组实现了柔性石墨烯透明导电薄膜的连续、低成本、高效制备，建成1万平方米/年的石墨烯透明导电薄膜中试线，并开发出基于该薄膜的石墨烯柔性触摸屏演示器件。课题组制备的石墨烯薄膜平均透光率超过80%，电导率超过500S/cm，可满足市场上多种光电器件的实际应用要求。国家纳米中心已与启迪纳米专业孵化器入驻企业北京生美鸿业科技有限公司签订了技术合作协议，拟共同开展石墨烯智能窗的研发及批量生产。

（市科委双新处）

【单层白光OLED器件在京研制成功】 年内，北京科技大学李立东教授课题组围绕白光有机发光二极管研制中的关键问题，合成出聚合物白光材料和有机小分子白光材料等两类有机白光材料，并制备出了单层白光 OLED 器件，最大光亮度大于 10000cd/m²，寿命大于 1500 小时，色温 4000 ~ 7000 开。该器件可由溶液加工的方法制备，生产工艺简单，可以降低生产成本。另外，可溶液加工的载流子注入/传输层、器件出射光效率的改善、高反射率阴极结构选用等课题研究成果与未来主流的卷对卷生产工艺相兼容，具有很好的应用前景。

（市科委双新处）

【动力电池“国家队”落户北京纳米科技产业园】 年内，动力电池领域的“国家队”——国联汽车动力电池研究院有限责任公司在北京纳米科技产业园完成注册并正式运行，为北京纳米科技产业园再添一重量级产业化项目。该公司的启动运行，标志着北京在国内率先布局完成以纳米技术为核心的下一代动力电池产业的优势资源整合，为我国新能源汽车用动力电池产业发展提供技术支撑和产业引领。

（市科委双新处）

【雷达监测系统助力钢铁企业节能减排】 年内，依托北京科技大学建设的北京市工业波谱成像工程技术研究中心研制出“基于旋转雷达的高炉料面监测系统”。该工程中心研制的旋转雷达监测系统可以实现料面任意点和位置的精确扫描和快速成像，克服了机械探尺固定位置测量的缺陷，并建立了料面二维动态图形统计分析系统，为高炉布料过程优化控制提供直接数据，为高炉操作的信息化、自动化提供可行途径。该系统在首钢迁安公司开展的工业化测试效果显示，每生产 1 吨铁减少使用焦炭 3 千克。按全国钢铁产量计算，焦炭消耗可以减少百万吨，节约资金几十亿元。

（市科委法规处）

【燃煤企业脱硝技术实现国产化】 年内，依托北京理工大学组建的化学电源与绿色催化剂北京市重点实验室研制出板式脱硝催化剂单体模块，打破国外技术封锁，加速我国燃煤企业去除氮氧化物（脱销）技改工程，促进我国环保产业发展。该实验室通过多年研究，掌握了板式脱硝催化剂生产工艺和技术参数，并研制出具有自主知识产权且适合我国高灰分燃煤烟气的板式脱硝催化剂单体模块，其脱硝效率、氨逃逸率、二氧化硫转化率、磨损强度等关键技术参数均可以达到我国燃煤企业的脱硝技改工程需求。

（市科委法规处）

【燃料电池质子交换膜研究获得重要进展】 年内，依托北京航空航天大学建设的仿生能源材料与器件北京市重点实验室研制出综合性能优异的质子交换膜材料，并成功应用于燃料电池测试。该重点实验室成功掌握了燃料电池质子交换膜的可控性制备技术，产品各项技术指标优异。

（市科委法规处）

【高效太阳能集热与光伏热电联产技术走出国门】 年内，北京工业大学赵耀华教授主持完成市基金重点项目“高效太阳能集热与光伏热电联产技术及其关键热科学问题研究”。该项目开发的集热器解决了国内外平板太阳能集热器不抗冻、系统效率低、热损系数高的技术难题，提出基于微热管阵列技术解决传统光伏电池由于电池温度高而引发的发电效率低、电池寿命降低及热故障等技术瓶颈，极大地提高了光伏组件的太阳能综合利用效率。该技术产品拥有全部自主知识产权。

（市自然基金办）

【铁基超导材料实用化研制取得重要进展】 年内，中科院电工研究所应用超导重点实验室马衍伟研究组采用机械压制新工艺，研制出目前世界最高传输临界电流密度的 Sr122 型铁基超导线带材，在 4.2K 和 10T 下超过 105A/cm²，这一成果标志着我国率先跨入了超导材料实用化门槛，并为我国下一步铁基长线规模化制备奠定坚实基础。

（市科委双新处）

【金风科技“智能微网”实现上网售电】 年内，金风科技旗下子公司北京金风科创风电设备有限公司与北京市电力公司亦庄供电公司签订分布式电源并网售电协议，成为国家电网颁布《关于做好分布式电源并网服务工作的意见》之后北京地区首家实现自发自用剩余电量上网的企业。年内，北京金风科创公司采用国际先进集成产品开发模式（IPD）及平台化开发方式，开发完成GW115/2000机组并已成功并网，首款系列机型叶轮直径达到115米，是国内外已知机型中单位千瓦扫风面积最大的机型。

（市科委双新处）

【中科院新型量子点太阳能电池效率创世界最高纪录】 年内，中科院物理所孟庆波研究团队在新型量子点太阳能电池研制方面取得重要突破，该团队重点研制了CuInS2、CdSe、CdSexTe1－x合金、PbS、Type Ⅱ结构CdSexTe1－x/CdS量子点、CH3NH3PbI3太阳能电池，其中CdSexTe1－x合金量子点太阳能电池效率达到8.0%，第三方认证效率为7.82%（面积0.196平方厘米），超过了目前7.0%的世界最高水平，对推动北京市新型太阳能电池行业发展具有重要意义。

（市科委双新处）

【7.6英寸OLED柔性显示屏诞生】 年内，由北京维信诺科技有限公司与北京航空航天大学共同承担的纳米专项课题“OLED柔性显示屏研制”通过专家验收。双方通过联合攻关，突破了OLED柔性显示屏制备过程中的主要材料、封装工艺和驱动芯片开发等核心技术，实现了4.6英寸OLED柔性显示屏的小批量制备，打通了柔性OLED的工艺路线。在此基础上，课题组开发出国内领先的7.6英寸OLED柔性显示屏样品，为我国实现柔性OLED量产、进入全球平板显示前沿热点领域的第一梯队奠定了坚实的技术基础。

（市科委双新处）

【“300Wh/kg高能量密度单体电池技术”项目取得进展】 年内，由中信国安盟固利动力科技有限公司、北京理工大学、清华大学三家单位共同承担的“300Wh/kg高能量密度单体电池技术”开发项目完成，意味着我国首款拥有自主知识产权的超高能量密度锂离子动力电池单体技术的诞生。该款电池样品已经过国家权威动力电池检测机构的检测。其中，体积能量密度值达到目前市场上已经批量应用的能量型动力电池最高能量密度的2倍。

（市科委双新处）

【平谷区分散充电站建设】 年内，平谷区分散快速充电场站开始建设，将集中充电的模式转变为以充电站为中心，以快充分散点为补充的网络式补电模式。计划新建9座快充站，安装直流充电桩37个、交流充电桩20个。9座分散式充电站分别建于交通局院内、交通局驾校院内、综合服务中心停车场、金海湖坝前广场停车场、体育中心停车场、国泰停车场、山东庄供电所、峪口供电所和马昌营供电所。年内已完成交通局、交通局驾校院内10个直流充电桩的本体建设。

（市科委双新处）

知识产权

专利管理与服务

【中关村知识产权投融资服务试点工作通过验收】 3月25日,国家知识产权局召开中关村知识产权投融资服务试点工作验收会。会上,中关村知识产权促进局负责人汇报了中关村知识产权投融资服务试点3年来的工作情况。与会专家肯定了中关村试点工作,认为中关村试点工作措施得力、成效显著,达到了试点工作的预期目标,在全国范围内起到了示范引领作用。

(中关村知识产权促进局)

【第三届发明专利奖颁奖大会举行】 5月15日,第三届发明专利奖颁奖大会举行。市长王安顺和国家知识产权局局长申长雨出席大会并讲话。来自全市专利示范企业、高校、科研院所和知识产权服务机构代表共300余人参加颁奖大会。共有36个专利项目获奖。

(中关村知识产权促进局)

【知识产权服务第三届京交会举行】 5月28至6月1日,第三届中国(北京)国际服务贸易交易会在国家会议中心举行,市知识产权局在展会现场设立知识产权保护办公室。市知识产权局与市工商局、市文化市场行政执法总队等单位共同进驻展会。来自北京语言大学、北京科技大学等3所高校的33名大学生保护知识产权志愿者参与展会服务工作。期间,展会知识产权保护办公室工作人员巡查专利展品33件,发现10件专利展品存在不规范标注行为,工作人员按照《北京市展会知识产权保护办法》等相关规定进行了处理。同时,工作人员还解答参展商及观众咨询358件,包括专利咨询90件、商标咨询92件、著作权咨询176件;发放展会知识产权调查问卷100份;发放图书、折页等宣传材料2000余份。

(中关村知识产权促进局)

【2014年北京(中关村)审查员实践活动启动】
6月18日,2014年北京(中关村)审查员实践活动正式启动。启动仪式后,还举行了专利复审及无效程序实务培训、知识产权投融资服务专题讲座。2014年北京(中关村)审查员实践活动的主题为“关注运用,实践共赢”。按照国家知识产权局统一安排,将有来自电学部、机械部、化学部等10个审查部门的85名审查员进驻企业,开展实践活动。

(中关村知识产权促进局)

【推动科研院所知识产权资源对接生态农业】
10月,市知识产权局联合门头沟区知识产权局,将市农林科学院涉及生态农业、林木果品、水土涵养和家禽养殖等领域的重点专利和对应的各研究所技术专家引入门头沟区生态农业产业的重点企业,开展特色产业领域专利全流程定向对接活动。双方还就特定问题解决的前端合作、农林科学院部分专利产业化及技术项目全程合作达成初步意向,确定了双方建立互访、会商、持续合作的长效机制,为进一步交流合作打下了良好的基础。

(市知识产权局产业促进处)

【知识产权创造水平】 全年共批准专利代理机构设立和律师事务所开办专利代理业务44家,批准专利代理机构设立分支机构65家。至年底,全市共有专利代理机构307家,占全国专利代理机构总量的27.96%,共有执业专利代理人4143名,占全国执业专利代理人总数的39.41%。

(市知识产权局专利管理处)

专利保护

【中国北京朝阳(设计服务业)知识产权快速维权中心投入运行】 8月1日,中国北京朝阳(设计服务业)知识产权快速维权中心投入运行。快速维权中心由国家知识产权局批准设立，也是我国 4 个直辖市中首个设立的快速维权中心。年内，快速维权中心协助行政部门共计调解设计服务业外观设计专利侵权纠纷 6 件；受理外观设计专利快速申请 442 件，其中已获授权 275 件。快速维权中心的运行，将充分发挥知识产权制度对产业转型升级的促进作用，为北京地区设计服务业创新创业提供有力的支撑和保障。

（市知识产权局）

【射频识别产业知识产权联盟成立】　11 月 21 日，北京射频识别产业知识产权联盟召开成立大会。知识产权联盟是市知识产权局以服务首都经济发展方式转变为主线，促进全市产业依托知识产权提质增效发展的重要抓手，是专利导航产业发展的重要承载体。射频识别产业知识产权联盟秉持求真务实的工作精神，在专利风险防范、专利组合布局、专利池构建与价值实现等方面开展工作，将联盟打造成为专利共享、资源共享、利益共享的高层次合作平台，使各成员单位依托联盟实现快速发展。

（市知识产权局产业促进处）

【专利保护工作】　年内，市知识产权局共查处假冒专利案件 281 件，同比增加 189.7%；共受理专利侵权纠纷案件 80 件，同比增加 31.2%。进驻重点展会 30 个，京交会知识产权保护工作再次得到市领导高度认可。

（市知识产权局执法处）

【校企联合培养企业知识产权人才系列活动启动】　年内，在京高校与企业联合培养企业知识产权人才工作方案出台，主要内容是加强校企联合，在高校大学生和研究生中培养既具有各学科专业基础，又具有知识产权创造、管理、保护和运用技能的复合型人才，并通过将一批重点企业作为定向实践单位，让学生深入企业知识产权管理一线进行实践的方式，增强其实战能力，以适应企业实际需要，由此形成高校丰富教学内容、企业优选所需人才、学生增加就业机会的三方共赢格局。

（市知识产权局产业促进处）

知识产权统筹协调

【拟制《深入实施首都知识产权战略行动计划（2014—2020 年）》】　1 月，北京知识产权战略实施 5 年阶段性总结评价工作完成，整理、编制、印发首都知识产权战略实施 5 年政策汇编。根据评估结果，北京已提前完成战略实施的阶段性目标，知识产权综合实力居全国首位。办公会议两次召开联络员会议，研判首都知识产权发展态势。市知识产权办公会议办公室起草了《深入实施首都知识产权战略行动计划（2014—2020 年）》，并两次征求各成员单位意见。该计划在 2014 年办公会议工作会上进行了审议。

（市知识产权局协调处）

【市知识产权局与石景山区签署“领航工程”战略合作协议】　4 月 23 日，市知识产权局与石景山区政府签署推进石景山区知识产权工作“领航工程”框架协议。市知识产权局局长汪洪、副局长王淑贤，石景山区区长夏林茂，副区长司马红出席活动。“领航工程”是继 2013 年市知识产权局与海淀区政府签订“聚核工程”战略合作协议之后与第二个区开展合作的项目，是市知识产权局 2014 年与区县政府联合推进知识产权融入区域经济发展的一项重大举措。市知识产权局将汇集各类优质知识产权要素资源，向石景山区聚集，以石景山区“四区建设”和“知识产权试点城市建设”为契机，以中关村石景山园为载体，通过实施三大计划和十二个专项，提升石景山区知识产权综合运用水平。

（市知识产权局协调处）

【世界知识产权组织中国办事处成立】　7 月 10 日，世界知识产权组织中国办事处在北京成立。世界知识产权组织总干事弗朗西斯·高锐、北京市市长王安顺、国家知识产权局局长申长雨出席世界知识产权组织中国办事处揭幕暨启用仪式并致辞。高锐、国家工商行政管理总局局长张茅、王安顺、申长雨、外交部副部长王超、国家版权局副局长阎晓宏为世界知识产权组织中国办事处成立揭幕。世界知识产权组织副总干事王彬颖、国家知识产权局副局长何志敏、北京市副市长戴均良、中央有关部门负责同志、北京市新闻出版广电局局长李春良、北京市知识产权局局长汪洪以及西城区区委书记王宁等出席活动。

(市知识产权局国际合作处)

【开展国家知识产权试点示范城市建设】 年内,朝阳区在经过一年的示范培育工作后,申报国家知识产权示范城市。经综合测评,被国家知识产权局认定为具备国家知识产权示范城市资格,成为首个获得知识产权示范城市称号的城区,也是全国唯一的直辖市城区。北京经济技术开发区获批成为国家知识产权试点园区,在此基础上,大兴新区(大兴和亦庄)经过精心的准备,共同申报国家知识产权试点城市,获得批准。目前全市共有1个国家知识产权示范城市——朝阳区,1个国家知识产权示范培育城市——海淀区,2个国家知识产权试点城市——石景山区和大兴区。

(市知识产权局协调处)

质量技术监督

标准化

【2014年中关村标准化推动会召开】 1月8日，中关村管委会和市质监局共同主办的2014年中关村标准化推动会召开。中关村管委会和各分园区管委会、市质监局、海淀区质监局、标准创新试点单位、部分示范区企业及标准促进机构代表参加会议。会上，工信部信息化推进司领导结合智能电网、互联网金融、云计算、大数据并发物联网以及虚拟制造等热点问题，发表了信息化引领创新、促进发展的看法；国家标准委综合计划部领导介绍了全国标准化基本情况和标准化工作的发展环境，就发挥政府引导作用和发挥市场配置资源作用，完善共同治理的标准化体制机制等内容提出了改革思路；中科院科技政策研究所专家就经济发展新阶段与工业企业转型升级的路径选择做了专题发言。市质监局主管领导对中关村标准创新取得的成绩给予充分肯定，对深入实施首都标准化战略、推进中关村标准创新提出希望和要求。中关村管委会委员总结了2013年中关村标准化工作，并就2014年国家技术标准创新基地筹建工作和标准创新试点工作进行了部署。

（中关村标准创新服务中心）

【数字电视标准落户中央电视台】 1月，由中关村数字电视产业联盟主导创制的AVS标准正式落户中央电视台，从此我国电视互联网视频进入"高清时代"。该标准是我国自主知识产权的音视频标准。

（中关村标准创新服务中心）

【闪联成为国际电工委员会（IEC）智慧城市工作组牵头单位】 2月26—28日，在德国柏林召开的国际电工委员会（IEC）智慧城市系统评估组（SEG）第二次全会上，中国代表团提出的5项智慧城市工作组提案获得批准，其中闪联产业联盟主导的智能家居用例和智慧教育用例工作组全部投票通过，成为国际智慧城市标准工作的一项重要组成部分。智慧城市是多种系统进行有机结合的系统，智能家居和智慧教育都是智慧城市的重要组成部分。闪联本次提出的两个用例工作组，将会在世界范围内征集专家，收集各国智能家居和智慧教育的用例，并积极提供对智慧城市建设和标准化的有益建议，推动智慧城市建设和标准化工作的进一步开展。

（孙志勇）

【企业标准格局与战略深度主题讲座举行】 4月1日，"企业标准格局与战略深度"主题讲座举行，来自市质监局、中关村管委会、各区县质监局、各科技园管委会以及中关村企业的120余位代表参会。讲座特邀ASTM国际标准组织中国办事处首席代表刘斐担任主讲嘉宾，他详细阐述了标准在企业战略以及国际市场竞争中的重要性和作用模式。

（中关村标准创新服务中心）

【中关村团体标准研讨会召开】 5月6日，为推进中关村国家技术标准创新基地建设，中关村标准创新服务中心召开中关村团体标准研讨会。来自闪联、节能减排、电子商务、下一代互联网等联盟（企业），IEEE、ASTM、ASME等国际标准组织的30余位代表参加会议。国务院办公厅印发的《贯彻实施质量发展纲要2014年行动计划》明确提出"培育发展社会团体标准"。全国标准化工作会议要求按照"放开、搞活"的方针，积极培育和发展社会团体标准，通过社会团体标准的增量带动政府标准的存量改革，增加标准有效供给，促进和引领产业发展。北京市标准化工作会议对深化改革、推进中关村标准创新工作进行了部署。研讨会上，中关村标准创新服务中心介绍了中关村团体标准前期的研究准备情况和下一步工作思路。各位代表对中关村团体标准运行模式等问题进行了深入讨论，并认为中关村团体标准的工作要求与国家标准化体制改革思路一致、与联盟和企业发展需求契合。市质监局、中关村管委会相关部门负责人到会听取意见，介绍了服务企业标准创新方面的工作，并表示将认真研究会议意见，积极争取国家标准委支持，服务推进中关村标准创新工作。

（中关村标准创新服务中心）

【中关村标准与专利知识培训会举行】 5月7日，中关村标准与专利知识培训会举行，市质监局、中关村管委会、各区县质监局、各园区管委会及中关村企业代表等150余人参加培训。来自中国标准化研究院的专家详细讲述了标准中专利权的性质和特征、专利和标准化发展策略、通过政策和法律途径解决专利和标准冲突的方法等，总结了如何实施标准与专利运作突破国际贸易壁垒的理论经验，并结合政策所需，详细解读了《国家标准涉及专利的管理规定（暂行）》。

（中关村标准创新服务中心）

【福特携手高德欲做车联网开源行业标准】 5月8日，在全球移动互联大会（GMIC）上，福特汽车公司宣布扩大与数字地图内容、导航和位置服务解决方案提供商高德现有的SYNC AppLink合作关系，高德将在开源的框架下共同参与Smart Device Link（SDL）的研发和标准化工作。

（中关村标准创新服务中心）

【闪联参与打造我国智慧城市投资“第一阵营”】 5月9日，闪联携手东华软件、立思辰等14家企业，抱团发起迄今为止我国智慧城市投资的最大“联合舰队”——中国智慧城市投资联合体。它标志着我国规模最大、最具实力的智慧城市投资“联合舰队”正式起航，并将打造我国智慧城市投资第一阵营。目前，闪联打造基于3C协同互联国际标准的移动互联产业解决方案，已经广泛应用于智慧城市的多个领域。

（中关村标准创新服务中心）

【中关村一区十六园专利、标准、商标座谈会召开】 5月19日，中关村管委会一区十六园专利、标准、商标座谈会在裕惠大厦召开。中关村管委会创新处、十六园分园区管委会、中关村知识产权促进局、中关村标准创新服务中心、中国技术交易所、中关村企业信用促进会负责人参会，会上介绍了2013年专项工作的主要成效及2014年工作思路，并对2014年专项资金申报工作进行安排。

（中关村标准创新服务中心）

【电子贸易产业技术创新战略联盟召开标准专业委员会启动会议】 5月23日，电子贸易产业技术创新战略联盟“标准专业委员会”启动会在京召开。商务部电子商务和信息化司、电子贸易产业技术创新战略联盟、中关村标准创新服务中心、大兴区质监局相关领导出席会议，京东商城、苏宁云商、慧聪网、中国国际电子商务中心、中国国际货运代理协会等会员单位代表参加会议。大会形成了“关于联盟标准专业委员会组成名单的提案”，并通过表决，由中关村标准创新服务中心担任联盟标准专业委员会主任委员。

（中关村标准创新服务中心）

【中关村标准化基础知识暨标准资助政策解读培训会召开】 5月28日，中关村标准化基础知识暨标准资助政策解读培训会召开，中关村标准创新试点第三批试点单位参会。针对三批试点单位的特点，培训围绕标准化基础知识进行讲解，并详细解读《中关村国家自主创新示范区技术创新能力建设专项资金管理办法》。

（中关村标准创新服务中心）

【中关村信息安全产业联盟2014年标准项目启动会在京举行】 6月22日，中关村信息安全产业联盟企业移动计算工作组2014年标准项目启动会举行。公安部、中关村管委会、中国计算机学会计算机安全专业委员会、国家信息安全标准化技术委员会等单位的代表出席会议。会上讨论了《移动计算终端安全等级产品规格》《移动终端设备管理API规范》《移动终端应用开发、安装、运行管控机制》3个联盟标准。

（中关村标准创新服务中心）

【《实验用小型猪》地方标准宣贯培训会召开】 6月25日，市科委直属机构北京市实验动物管理办公室组织实验用小型猪和实验用鱼类地方标准培训班，邀请实验动物领域的专家，针对实验用小型猪和实验用鱼类，包括微生物、寄生虫、病理诊断等内容进行详细的培训指导。50余人参加培训。

（汤　健）

【2013年度中关村技术标准资助专项资金拨付完成】 6月，受中关村管委会委托，中关村标准创新服务中心完成2013年度中关村技术标准资助专项资金拨付工作。此次共资助115家企业申请的306个项目，包括国际标准公布11项、国际标准提案立项10项、国家标准公布125项、行业标准公布101项；承担标准化技术委员会工作13项；参加或承办国际标准化会议46项。项目涉及下一代互联网、移动互联网和新一代移动通信产业、高端装备制造与通用航空、节能环保、新能源和新能源汽车、新材料、生物和健康、集成电路、轨道交通、卫星应用和现代服务业等多个领域。

（中关村标准创新服务中心）

【中俄车联网论坛首次在华召开】 8月1日，由中国车载信息服务产业应用联盟（TIAA）、俄罗斯格洛纳斯联盟（GLONASS）共同主办的第一届中俄车联网国际论坛召开。工信部电子信息司副司长刁石京，俄罗斯联邦驻华商务代表处代表谢尔盖·索罗金，车载信息服务产业应用联盟理事长吴建会、秘书长庞春霖，俄罗斯格洛纳斯联盟副总裁叶甫根尼·毕连科，以及来自国家无线电检测中心、一汽、启明、华为、联通、电信、航盛、中电华大、中电54所、和芯星通、中斗科技、华宝等中方有关单位，GeoStar、ContentMaster、SPIRIT、Svyazdorinvest、Prognoz、Hua-wei（Russia）等俄罗斯企业的负责人出席了本次会议。在论坛的开放环节中，来自中俄两国的技术专家围绕车联网总体状况、卫星导航技术、紧急救援系统、商业地图的服务应用、无线电设备检测、导航芯片和软件等领域，从各自国家和技术视角发表了13篇技术论文。在论坛的闭门会议中，中国车载信息服务产业应用联盟和俄罗斯格洛纳斯联盟进一步细化、明确了中俄边境口岸车辆信息服务、导航芯片和软件、中俄车联网服务平台、车载信息终端标准、紧急救援标准、车载信息服务软件开发和测评规范、车载信息终端电磁兼容测试规范、《中俄车联网术语第一部分》、中俄车联网产业园区等合作项目的具体内容和时间要求，发表了《第一届中俄车联网国际论坛共同声明》。

（庞春霖）

【CSA发布防雷技术与光组件体系分类相关2项标准】 8月15日，国家半导体照明工程研发及产业联盟（CSA）发布2项联盟标准，其中《LED户外照明防雷技术要求》（CSA027—2014）规范了该行业户外照明保护技术。《LED照明光组件体系分类》（CSA030—2014）对LED照明光组件的层级划分规则进行了规定，覆盖LED产品全产业链的LED照明光组件。

（中关村标准创新服务中心）

【闪联标准再奏凯歌】 9月13日，闪联《信息设备资源共享协同服务 第7部分：远程访问系统架构》再次通过国际标准化组织/国际电工委员会第一联合技术委员会（ISO/IECJTC1）的成员国投票，由ISO/IEC正式发布。此项国际标准的发布，是闪联标准化征途中又一里程碑事件，是中国大企业联合创新的重大成果，对于进一步整合产业和创新资源、构建基于闪联标准的产业链和价值链具有重要意义。

（孙志勇）

【第25届ISO/IEC JTC1SC25全会在中国召开】 9月15日，由国家标准委主办，闪联产业联盟和中国电子技术标准化研究院共同承办的第25届国际标准化组织/国际电工委员会第一联合技术委员会信息技术设备互联分技术委员会（ISO/IECJTC1SC25）全体大会及系列工作组会议召开。闪联从国际标准化活动的积极参与者转变为国际标准化会议的组织者，使中国在ISO/IEC国际标准领域国际地位全面提升，并拥有更大的话语权。此次会议云集了中、美、英、法、韩、日等20多个国家和地区的80多名专家，来自闪联产业联盟、中国电子技术标准化研究院和中国信息技术相关领域的多位专家作为中国代表出席。与会专家围绕家庭电子系统（WG1）、分类和术语（PTTT）、客户端布缆（WG3）和计算机系统与附属设备的互联（WG4）4个领域进行标准化研讨。闪联产业联盟在此次会议中进一步完善闪联远程访问国际标准提案的工作，推进闪联远程访问国际标准的全面发布。此次会议是我国信息技术领域标准化工作走向国际化的又一个里程碑，同时促进国内与国际标准化融合，推动我国信息技术互联标准化工作快速发展。

（孙志勇）

【中俄车联网白皮书发布】 9月25日，车载信息服务产业应用联盟和俄罗斯格洛纳斯联盟于第四届车载信息服务产业年会期间发布《2014年中俄车联网白皮书》，介绍了中俄两国在车联网领域的政策、规划、标准、技术、产品和市场状况，以及两国在车联网领域的商业合作需求。中国外交部欧亚司主管领导、俄罗斯联邦驻华商务代表谢尔盖·索罗金出席发布仪式。同期召开了中俄车联网第二次工作会议。会议由车载信息服务产业应用联盟秘书长庞春霖、俄罗斯格洛纳斯联盟副总裁叶甫盖尼·别连科共同主持。双方讨论、检查了中俄联合声明12个合作项目推进情况，决定在2015年中俄总理定期会晤前，完成中俄车联网术语对照表、导航和车载信息服务标准对照表、北斗和格洛纳斯双模芯片与系统开发、中俄远东边境口岸过境车辆信息服务调研等一系列工作。在汽车电子化、信息化、网络化的时代，作为全面战略合作伙伴的中国和俄罗斯，在绿色交通、安全驾驶、节能环保、信息服务等领域有着共同的需求，加强两国在车联网领域的紧密合作，不但有着深远的市场和技术意义，在当前复杂的国际形势下，也有着积极的战略安全意义。

（庞春霖）

【13家中关村企业获2014年中国标准创新贡献奖】 10月14日，2014年中国标准创新贡献奖获奖名单正式公布。此次表彰共设置68个奖项，13家中关村企业的14个项目分别获得标准项目奖和组织奖，占全部奖项比例的20.6%。由机械科学研究院、食品发酵工业研究院、北京中电华大、中国电力科学研究院参与创制的3个标准项目荣获一等奖，占一等奖的42.8%；由中机生产力促进中心、北京起重运输机械设计研究院、中国华电工程（集团）有限公司、中国建筑材料科学研究总院参与创制的4个标准项目荣获二等奖；中国农业机械化科学研究院、机械科学研究院、中机生产力促进中心、中国电子工程设计院、中国恩菲工程技术有限公司、北京有色金属研究总院、第一会达风险管理科技有限公司参与创制的6个标准项目分获三等奖。中机生产力促进中心获得组织奖第一名。中国标准创新贡献奖由国家质检总局、国家标准委主办，分别对技术水平和编写质量高、实施后经济社会效益突出的标准项目的主要完成单位和完成人给予奖励，同时对在国内外标准化工作中贡献突出、成效显著的组织和个人进行表彰。

（中关村标准创新服务中心）

【美国电气电子工程师协会（IEEE）考察中关村标准化工作】 10月29日，IEEE标准协会全球策略经理及中国代表处标准化负责人拜访中关村标准创新服务中心。IEEE标准协会代表介绍了协会的基本情况及近期标准制定的重点领域。中关村标准创新服务中心工作人员也向来宾介绍了中关村标准创新试点工作开展情况及中关村企业参与IEEE标准制定的情况，并进一步了解了IEEE标准制定流程。双方就中关村团体标准进行了探讨，并对双方在车联网、智慧健康等领域开展进一步合作，共同推动中关村高新技术企业参与IEEE标准创制工作达成了初步合作意向。

（中关村标准创新服务中心）

【第22届亚洲家庭网络标准委员会（AHNC）会议在韩国召开】 11月5—7日，第22届亚洲家庭网络标准委员会（AHNC）会议在韩国济州岛召开。大会以“物联网时代的智慧家电策略”为主题，来自中国的闪联产业联盟、日本ECHONET协会和韩国的KASH智能家居协会的专家出席会议。中日韩三方就共同关心的智能家居、智能家电技术与服务等领域最新发展与技术合作进行了深入交流和讨论，确定了三方在智慧产业领域的下一步合作方向。

（孙志勇）

【地方标准《实验动物笼器具》正式批准发布】 11月6日，由市科委组织制定并实施的地方标准《实验动物笼器具》地方标准发布。该标准规定了实验动物不锈钢笼器具、塑料笼器具、层流柜、独立通风笼具系统的组成、规格、质量要求、检测方法和检测规划，适用于实验动物笼器具的质量控制和质量评价。

（汤　健）

【地方标准《实验动物垫料》正式批准发布】

11月6日，由市科委组织制定并实施的《实验动物垫料》地方标准发布。该标准规定了实验动物垫料的原材料、质量要求、检测方法和检测规则，适用于实验动物垫料的质量控制。

（汤　健）

【北京市实验动物标准化技术委员会成立】

11月14日，北京市实验动物标准化技术委员会正式获批成立。实验动物标准化技术委员会的职责定位是负责本市实验动物领域的标准制修订工作。实验动物标准化技术委员会在市质监局的统一管理和指导下开展工作，并接受市科委的业务指导。

（汤　健）

【2014年度中关村十大系列推介活动全面启动】　11月20日，2014年度中关村十大系列评选活动新闻发布会暨启动仪式举行，其中“2014中关村十大创新标准”推荐工作由中关村标准创新服务中心负责承担，旨在发现一批技术水平先进、市场应用价值高的技术标准，树立中关村示范区标准品牌形象，有效支撑中关村成为世界前沿技术研发和先进标准创制的引领辐射区。

（中关村标准创新服务中心）

【DTMB标准海外推广应用取得新的重大进展】　11月，北京数字电视国家工程实验室和中关村数字电视产业联盟推广数字电视地面广播传输（DTMB）标准海外应用取得新进展，巴基斯坦新闻广播部与国家发展改革委签署谅解备忘录，同意采用DTMB标准建设巴基斯坦数字电视广播网，北京数字电视国家工程实验室已启动编制有79万平方千米面积、1.8亿人口的巴基斯坦DTMB数字电视广播网可研报告。

（中关村标准创新服务中心）

【《联盟标准化工作指南》正式发布】　11月，《联盟标准化工作指南》正式发布。该指南是在市科委倡议和支持下成立的首都创新大联盟组织编写，适用于北京地区建立和注册的联盟。

（汤　健）

【能源行业风电标准化技术委员会风电电器设备分委会成立】　12月9—11日，中国电器工业协会风力发电电器设备分会2014年年会、能源行业风电标准化技术委员会风电电器设备分委会成立大会暨标准审查会联合会议在上海召开。会议决定成立“能源行业风电标准化技术委员会风电电器设备分委会”，北京金风科创风电设备有限公司担任分委会主任委员，该分委会负责风电电器设备专业领域标准制修订工作，包括风电电器设备基础、风力发电机组电气系统、风力发电机、风电变流系统、风电控制系统、风电储能设备、风电输配电设备以及风电用电线电缆共8个专业分支。

（中关村标准创新服务中心）

【中关村标准领跑中韩自贸区建设】　12月22日，在电子贸易产业技术创新战略联盟协调下，中韩电子贸易工作会议召开。韩国产业部贸易政策局局长DongJinWON、韩国产业部贸易政策副处长HanIkLEE、韩国贸易协会经理YooJin-CHO等一行9人来华参加此次会议。商务部电子商务中心副主任付诚、电商司副处长申屠晓琦、电子贸易联盟秘书长张建军代表商务部出席会议。双方代表就跨境电商促进、电子商务标准、电子商务信息与数据共享等议题从政府和产业层面进行了深入交流，就中韩跨境电子商务开展机制建设、产业研究、政策建议、标准规范、应用试点、商业项目等顶层设计达成共识。中关村标准创新服务中心也将配合联盟力促中关村标准建设和走出国门，加快推进多双边跨境电子商务合作，夯实工作基础。

（张建军）

【中关村企业积极参与标准创制工作】　年内，中关村企业共创制标准141项，其中国际标准18项（发布14项、立项4项），发布了国家标准99项、行业标准6项、地方标准18项。截至2015年1月，共创制标准5049项，其中国际标准174项（发布100项、立项74项），发布国家标准2877项、行业标准1834项、地方标准164项。

（中关村标准创新服务中心）

计 量

【市质监局发布北京市《供热计量设计技术规程》等11项工程建设地方标准】 3月，市质监局、市规划委联合发布《供热计量设计技术规程》等4项地方标准，《供热计量设计技术规程》规定了热计量相关节能设计和调控技术等方面的内容，适用于北京地区新建和改扩建的民用建筑工程，也适用于既有建筑的节能改造工程。该标准实施将为推进我市供热计量改革，规范对热计量及其相关节能技术在设计、施工、验收、运行管理及节能改造工作中的应用，加强供热计量监管提供技术依据。

（谭云超）

【市质监局举办计量技术机构人员研讨班】 4月27日至29日，市质监局举办北京市计量技术机构人员研讨班，市计量院、各区县计量所、各计量授权机构负责人参加研讨班。研讨班上，各单位代表就北京市计量技术机构在计量标准管理、质量体系运行、行政许可申报等方面工作进行了分析和研讨，并提出了改进意见和建议。市局计量处负责人要求各单位要提高法制意识，严格依照法律法规的规定开展工作；要加强计量标准考核规范、法定计量检定机构考核规范的学习，确保证书和报告的准确性；要加强对行政许可申报的流程管理，优化内部流转，实施精细化管理，持续提升整体实力和服务能力。

（谭云超）

【市质监局召开2014年重点用能单位能源计量审查工作会】 4月29日，市质监局召开2014年重点用能单位能源计量审查工作启动会，全国节能减排标准化联盟理事长王忠敏，市质监局副局长姚娉，市局计量处、各区县质监局负责同志，70余家重点用能单位相关负责同志参加会议。会议部署了2014年能源计量审查工作，阐述了该项工作的法律依据、政策背景、工作措施，着重强调了能源计量审查工作对促进本市节能减排深入开展，清洁空气行动计划落实的重要作用，明确了用能单位能源计量管理的主体责任。全国节能减排标准化联盟理事长王忠敏结合当前节能减排、生态文明建设、标准化战略以及能源计量发展规划等工作，做了节能减排专题辅导，并同与会人员进行了互动交流。

（刘 勇）

【《北京市人民政府关于贯彻落实〈计量发展规划（2013—2020年）〉的实施意见》经市政府常务会议审议通过】 6月30日，市政府召开常务会议，审议通过了《北京市人民政府关于贯彻落实〈计量发展规划（2013—2020年）〉的实施意见》。会议指出，“抓质量、保安全”就是促发展，各单位各部门要紧密结合，全面深化改革各项工作，发挥科技、教育资源密集优势，推动各种质量体系、计量手段发挥更大作用，提高精细化管理水平。同时加强日常监督检测，推动形成企业追求质量、社会崇尚质量的良好氛围。会议要求，各部门、各区县要高度重视，切实抓好工作落实。要围绕当前突出的安全、环境等质量问题，加强研究和统筹规划，以改革突破瓶颈，推进质量升级；要重视标准化手段的运用，加快完善与首都发展相协调的标准体系，提升城市精细化管理水平；要重视计量工作，把计量发展规划纳入国民经济和社会发展规划中，及时研究制定支持计量发展的政策措施；要加强《北京市人民政府关于贯彻落实〈计量发展规划（2013—2020年）〉的实施意见》实施的评价和促进工作，推动工作落到实处、取得实效。

（谭云超）

【北京市政府正式颁布《北京市人民政府关于贯彻落实〈计量发展规划（2013—2020年）〉的实施意见》】 8月11日，北京市政府正式颁布《北京市人民政府关于贯彻落实〈计量发展规划（2013—2020年）〉的实施意见》（京政发〔2014〕24号）。《实施意见》明确了“量传溯源体系更加完善，计量服务与保障能力显著增强，计量科技创新水平全面提升，计量监管更加科学有效”的发展目标，对于全市计量工作的科学发展具有承上启下的重要作用和重大深远的意义。

（谭云超）

【市质监局召开民用四表计量专项监督检查工作部署会】 8月20日,市质监局召开全市民用四表计量专项监督检查工作部署会,市质监局计量监督处、各区县质监局、市计量院及有关计量检定机构负责同志,国网北京市电力公司、北京市自来水集团、北京市燃气集团、北京市热力集团等企业相关负责人参加会议。会议部署了2014年北京市民用四表计量专项监督检查工作。会议要求各公用事业单位、各计量检定和授权机构结合质检总局通知精神开展民用四表检定情况的自查,重点自查民用四表的采购、安装、首次检定、计量管理制度和执行计量检定规程等情况。会议强调,要通过检查,达到对本市民用四表的使用和管理情况底数清、情况明,进一步强化各单位民用四表的采购、安装等环节的管理,强化计量管理的制度化建设,强化主体责任的落实。

（吴俊彪）

【市质监局召开计量风险监测研讨会】 8月20日,市质监局召开计量风险监测研讨会。市质监局计量处、各区县质监局、市计量院有关负责同志参加会议。市计量院负责同志分析了全市计量风险形势、面临的困难和存在的不足。与会人员结合今年风险监测现状,进行了深入交流。会议强调,各区县局要加强风险信息报送质量,确保真实性;市局计量处和市计量院风险管理办公室要开展风险的分析研判,提高风险报告实用性;各单位要加强上下联动,共同努力,充分发挥全市计量风险监测体系作用,进一步提高计量监管的针对性和有效性。

（吴俊彪）

【市质监局微视频作品荣获市直机关青年微视频展示活动二等奖】 9月19日,“我的岗位我的梦——市直机关青年微视频展示活动”获奖作品颁奖仪式在国子监举行。由市质监局选送的《计量生活 无处不在》微视频在近百部参赛作品中脱颖而出,荣获二等奖。《计量生活 无处不在》微视频展示了一个普通市民在一天的生活、工作中时时刻刻都与计量亲密接触,充分展现了计量在日常生活中的重要作用,宣传和引导全社会关注计量,关注质监工作。

（吴俊彪）

【市质监局召开北京市计量发展规划实施意见解读新闻发布会】 9月28日,市质监局召开北京市计量发展规划实施意见解读新闻发布会。市局计量监督处、宣教中心负责同志,市计量院专家及部分中央、市属媒体记者参加会议。会上,市局计量处负责人对《实施意见》编制背景、主要内容和特点等内容进行了解读,并对《实施意见》中的相关内容结合实际进行了说明。针对社会公众普遍关心的问题,市局计量监督处负责人和市计量院专家给予了耐心、细致地解答。“北京质监”政务微博对发布会内容进行了同步报道。此项工作进一步加强了计量宣传工作,提升了计量工作在社会各行业的认知度和影响力。

（谭云超）

【市质监局召开2014年度计量比对工作座谈会】 11月17日,市质监局组织召开2014年度计量比对工作座谈会,市计量院、各区县计量所负责人及相关专业技术人员参加了会议。2014年度,市质监局组织全市计量检定机构开展了医疗检验使用频繁、辐射安全影响大的X光机计量比对活动,经市计量院主导实验室对各项上报参数核准,各单位具备的计量检定能力均符合国家要求,计量比对结果均为满意。会上,与会人员结合计量比对工作共同探讨了市法定计量技术机构中有关仪器配置、人员培养、能力建设、服务产业等方面存在的问题,并就落实《计量发展规划实施意见》提出了意见和建议。

（谭云超）

【市质监局积极探索智能电表监管新模式】 11月,市计量院“重点用能单位智能电表现场校验装置的研制和测量方法研究”课题顺利通过北京市科委评审,成功申报了2014年度绿色通道课题。近年来,北京市大力推进智能电表的换装,完成智能电表换装工作400余万台。市质监局组织专家队伍,整合优势技术资源,开展自主研发,拟建立新的高精度智能电表现场校验装置,填补国内智能电表现场校验的技术空白,并计划将智能电表现场检验科研成果,在水表、气表、热能表的现场校验科研中借鉴推广,创新计量监管模式。

（谭云超）

【市质监局召开《农贸市场公平秤设置与管理规范》地方标准培训宣贯会】 11月,为解决农贸市场作弊秤问题,为消费者创造诚信、公平的交易环境,市质监局召开《农贸市场公平秤设置与管理规范》培训宣贯会,全市200余家农贸市场和各区县局计量科负责人参加培训宣贯会。《农贸市场公平秤设置与管理规范》是市质监局组织制定并发布的国内首个公平秤地方标准。标准起草人员和权威技术专家通报了公平秤配置试点工作,讲解了北京市地方标准《农贸市场公平秤设置与管理规范》的主要内容,并在现场演示了公平秤的核查方法。会议强调,经营者要按照标准中有关公平秤的选型、设置、数量、标识和管理要求,科学合理地设置公平秤,加强集贸市场的诚信自律管理。

（吴俊彪）

【市质监局推进糕点行业规范使用法定计量单位】 11月,为推进糕点行业规范使用法定计量单位,市质监局组织召开专题会议,北京市烘焙协会,金凤成祥、好利来、味多美和85度C等北京市糕点销售企业代表参加会议。会上,市质监局计量处负责同志结合近期市局受理的有关投诉,对糕点行业以"寸""吋"为计量单位的现象进行了分析,讲解了《计量法》和《法定计量单位使用方法》中有关法定计量单位的要求,并强调,要求各单位依照法律法规规定,迅速组织自查和整改。全市范围内的200家金凤成祥门店、227家味多美门店、83家好利来门店和31家85度C门店按照规定要求完成了自查和整改。

（吴俊彪）

【市质监局召开京津冀计量合作项目工作研讨会】 12月23日,北京市质监局召开京津冀计量合作项目工作座谈会,北京市质监局、天津市市场和质量监督管理委员会、河北省质监局计量处及三地省级计量技术机构有关负责同志参加会议。会议围绕《京津冀质量发展合作框架协议》的发展目标和重点任务,就2014年下半年京津冀质量发展重点合作项目和下一步工作等内容进行了交流研讨。为解决京津冀地区治超治限行政执法标准不统一的问题,促进三地有关管理工作在技术指标上的一致,实现三地检测资源的共享,减轻计量器具生产企业负担,三地质监部门就治超治限汽车衡检定统一技术规范、检定规程制修订信息共享、型式评价技术资源开放和型批报告互认等方面达成一致意见。会议研究决定成立"京津冀协同发展计量工作组",保障和推进三地计量合作及有关工作措施的落实。

（吴俊彪）

产品质量监督

【2014年北京市重点监管工业产品目录公告发布】 2月8日,北京市质量技术监督局发布了《2014年北京市重点监管工业产品目录》。市质监局根据产品质量安全风险等级和重要程度,确定了2014年实施重点监管的工业产品,具体包括公共安全防护类、工业生产资料、电气及电信、电子信息产品、农业生产资料、建筑工程材料和日用消费品六大类562种产品。对于相应产品生产企业,质监部门将采取监督抽查、执法检查及风险监测等措施实施重点强制管理,着力查找产品质量隐患,依法从严处理产品质量违法行为,防范产品质量安全风险。对《目录》以外的产品,将结合消费者等反映质量状况采取相应监督工作。

（市质监局）

【中国达能饮料有限公司赠送市质监局锦旗】 5月21日,中国达能饮料有限公司负责人专程向市质监局赠送"做人民满意公仆 为企业排忧解难"锦旗,感谢市质监局就该公司旗下的企业在办理食品相关产品生产许可证过程中给予的支持和帮助。市质监局副局长陈言楷和产品处相关负责同志就进一步落实企业产品质量安全主体责任、保障产品质量安全等内容与企业人员进行了座谈。

（市质监局）

【市质监局建立工业生产许可审查工作质量评价体系】 5月，市质监局制定了《北京市生产许可证核查人员管理办法及评价准则》和《关于建立工业产品生产许可审查质量评价结果通报机制的通知》。按照规定，北京市质监局工作人员将依据“一事一评”原则，对许可现场核查和发证检验工作质量进行评价，并将评价结果向核查人员所在单位和许可证检验机构进行通报。通知要求各单位根据评价结果完善核查、检验等工作环节的岗位责任制，严格实行过错责任追究制度，将许可审查质量评价结果纳入日常工作考核范围。对于经核实存在违纪行为的核查人员和许可检验机构，将按照相关规定撤销核查员和检验资格。

（市质监局）

【2014年度产品质量检验机构工作质量分类监管工作开展】 8月4日，市质监局召开2014年产品质量检验机构监督管理工作会议，市局产品处相关负责人，各区县质监局相关人员，44名考评专家，90家承担产品质量监督抽查和工业产品许可证检验任务的机构及重点领域检验机构负责人参加会议。会上，市局产品处相关负责人部署了2014年产品质量检验机构质量分类监管工作，对各检验机构、考评专家、各区县质监局相关人员提出工作要求。会议强调，各检验机构要高度重视产品质量检验机构质量分类监管工作，认真开展自查整改，提前做好考评准备工作；要牢固树立责任意识，强化法律责任和社会责任，规范管理，不断提升检验工作质量。考评专家要严格遵守考评工作纪律，公平公正开展考核评价，保证工作质量。各区县质监局要加强对检验机构的监管，严格依法处理违法行为。

（市质监局）

【市质监局加强和改进机动车检验监管工作】 8月29日，市质监局召开加强和改进机动车检验工作会，市质监局产品处、市交管局车管所、市环保局机动车排放管理处、相关区县质监局及全市机动车检测场负责人参加会议。会议传达了市质监局、环保局、公安交管局落实两部委的《意见》，部署了机动车检验后续工作。市质监局就贯彻两部委文件精神，从加快检验机构建设、严格检验机构及从业人员资格条件、严格执行机动车检验标准、推进机构规范化建设、实施阳光车检活动、落实监管职责，加大监管力度等方面提出要求。陈言楷副局长强调，机动车安全技术检验工作关系民生，要做到检测数据准确、服务规范，保证车辆安全，维护社会稳定。他要求，机动车安检机构要改进工作作风，提高服务质量，促进机动车检验行业健康发展；质监、环保、公安交管等单位要加强合作，联合监管，严肃查处违法违规行为。

（市质监局）

【煤炭检验比对试验工作布置会召开】 9月22日，为促进《北京市2013—2017年清洁空气行动计划》和北京市地方标准DB11/097—2014《低硫煤及制品》有效实施，加强煤炭检验机构和煤炭质量监督管理，保障检验数据科学准确，市质监局组织召开2014年煤炭检验比对工作布置会。市质监局产品处、13家产品质检机构、21家供煤企业主管领导和煤炭检验单位负责人参加会议。会议部署了2014年度煤炭检验比对工作，对参与比对人员进行了培训，提出了技术要求，分析了煤炭检验比对试验常见问题和注意事项，并进行了现场答疑。检验比对有利于促进检验机构提高煤炭检测技术水平和检验工作质量，督促供煤企业落实燃煤质量义务、履行质量主体责任。

（市质监局）

【上半年工业产品质量安全风险监控工作公告发布】 9月，市质监局发布了上半年北京市工业产品质量安全风险监控工作公告。市质监局采取产品质量安全风险监控方式，通过多种渠道搜集、筛查、评估产品风险信息，对产品质量安全问题进行处置，提高产品质量监督效能。上半年质监部门共收集工业产品质量安全风险信息2285条，包括了新闻媒体、国外通报、行政管理等渠道反映的产品质量问题。数据显示33种产品质量安全风险信息数量较为集中，玩具、服装、汽车风险信息数量位居三列。质监部门对信息反映的有关质量安全风险、产品相关标准进行分析,并结合监督管理相关数据对本市生产领域产品质量安全状况进行了评估。公告指出:建筑聚苯板、金属面绝热夹芯板、商用燃气灶具、家具、安全玻璃、安全网产品质量安全风险相对突出,质监部门将采取监督抽查、执法检查等措施加强管理;对可能存在产品质量安全风险、需要进一步监控的儿童玩具、移动电源、手机电池、轮胎、卫生洁具等产品将开展风险监测,对于产品标准问题向有关部门报告。质监部门要求全市相关产品生产企业要对产品可能存在的质量安全风险予以重点关注,分析产品可能存在的风险隐患,及时采取措施进行控制。此外,公告还针对产品特点提出了消费建议,方便消费者合理购买、使用产品,提高自我保护意识。

(市质监局)

【对承担“减煤换煤”供应企业开展监督检查】 10月,为贯彻落实《北京市2014年农村地区“减煤换煤、清洁空气”行动实施方案》及《北京市质量技术监督局燃煤质量监督管理办法》,保障煤炭供应质量,市质监局牵头,联合市新农办、市环保局、市发展改革委及煤炭专业技术人员组成三个检查组,对本市各区县纳入“减煤换煤”的22家供应企业及网点业开展了监督检查。执法人员依据《关于加强北京市农村地区减煤换煤煤炭质量控制和管理的指导意见》及《北京市质量技术监督局燃煤质量监督管理办法》,重点检查了企业的资质条件、环保要求、质量检测能力、质量控制体系、投诉处理、不合格产品的处置及质量指标的公示信息等情况。检查结果显示,各经营企业证照齐全,经营场所及场地手续符合要求,人员、设备、设施基本按照要求进行了配置,基本满足煤炭生产经营的需求。但部分企业仍存在个别人员及设备档案不健全,未办理排污申报登记手续,产品质量报告、产销存台账、产品质量台账不健全、不规范等问题。针对存在的问题,执法人员要求企业按照规定及时整改,严格控制煤炭质量,达到环境要求。

(市质监局)

【第一批工业产品质量安全强制管理规范目录发布】 11月,市质监局发布了首批《工业产品质量安全强制管理规范》(以下简称《规范》)。此次公布的《规范》对日用消费品、工业生产资料、农业生产资料等516种工业产品的质量安全管理要求予以明确,共涉及产品标准2173项。市质监局拟通过对强制性产品标准、生产许可、强制性认证等产品质量安全有关要求进行梳理,逐步建立工业产品质量安全管理规则,以《规范》形式向社会公布。一是明确各生产经营者的产品质量安全主体责任,各生产经营主体必须严格执行《规范》要求,履行保证生产产品符合保障人身、财产安全的要求等法定义务;二是服务广大消费者了解产品质量安全的相关要求,为消费者维护自身合法权益提供支撑。通过公开产品质量安全管理规则,保障市场主体和社会公众的知情权、参与权、监督权,实现产品质量安全社会共同治理,促进市场经营秩序。

(市质监局)

【生产领域儿童及婴幼儿服装等8类产品全国质量监督联动抽查活动开展】 11月,市质监局依法对全市生产领域儿童及婴幼儿服装、絮用纤维制品、木家具、合成树脂乳液内墙涂料、电力电缆、聚氯乙烯绝缘软电线、食品用塑料包装容器工具等制品和食品用纸包装容器工具8类产品开展质量监督联动抽查,共抽取355家企业生产的368批次产品。抽查结果表明,全市生产领域儿童及婴幼儿服装、合成树脂乳液内墙涂料、电力电缆、聚氯乙烯绝缘软电线、食品用塑料包装容器工具等制品和食品用纸包装容器工具6类产品质量良好,抽查产品均检验合格。抽查中发现1批次絮用纤维制品存在絮用纤维制品的pH值项目不符合标准规定的问题,27批次木家具产品的木工要求、表面理化性能、力学性能等项目不符合标准的规定。市质监局责成相关区县质监部门按照有关法律法规,对本次抽查中不合格的产品及其生产企业进行处理。

(市质监局)

高校科技

【科研情况概述】 年内,北京地区高校开展科研活动的单位共101个。北京地区高校及附属医院共有教学与科研人员105352人,其中科研活动人员77255人;科研经费总投入222.0亿元;承担研究项目89374项;发表学术论文115143篇,出版著作5707部;获省部级及以上奖励579项;现有研究机构842个,当年经费内部支出86.7亿元,年末固定资产原值170.2亿元。

(张　豫)

【新增41个硕士专业学位点】 2月27日,市教委在北京奥运大厦401会议室召开第四届北京市学位委员会第二次会议。本届学位委员会副主任委员线联平、副主任叶茂林、过增元院士、方智远院士以及委员共计28人出席会议。会议由市教委副主任叶茂林主持。会议审议通过新增21个学位授予单位申请的41个硕士专业学位点,调整1个硕士专业学位授权点。

(侯东云)

【3所独立学院4个专业获得学士学位授予权】 2月27日,市教委在北京奥运大厦401会议室召开第四届北京市学位委员会第二次会议。经委员会议审议通过,批准北京工业大学耿丹学院数字媒体艺术专业、北京第二外国语学院中端酒店管理学院英语专业、首都师范大学科德学院播音与主持专业和摄影专业学士学位授予权,有效期3年。

(侯东云)

【继续实施市属高校创新能力提升计划项目】 5月,继续实施市属高校创新能力提升计划项目,经过项目申请、学校推荐、专家评审等项目立项工作程序,产生了市教委2015年度市属高校创新能力提升计划资助项目32项,其中,科技类项目24项、人文社科艺术类项目8项。项目着力突破高端装备、节能环保、新材料、电子信息等战略性新兴产业的关键核心技术,破解京津冀协同发展中的财政、金融、服务业发展等难点问题,项目的实施将充分发挥北京高校的社会服务职能,服务民生,助力产业技术升级和经济结构转型。

(高　飞)

【继续实施中央在京高校重大成果转化项目】 6月,为充分发挥中央在京高校优质科教智力资源优势,促使中央在京高校重大成果在京实现转化和产业化,服务北京经济社会发展,继续面向中央在京高校的重大成果转化项目,经立项程序,最终确定给予支持的4项2015年度中央在京高校重大成果转化项目,包括北京理工大学承担的“高性能锂二次电池新材料成果转化”、北京邮电大学承担的“基于SDN新型WLAN组网与产业化”、清华大学承担的“植入式可充电‘脑起搏器+脑电仪图’研发及产业化”和中国人民大学承担的“京津冀协同一体化发展研究”项目,实施周期3年。

(高　飞)

【市教委科研计划2015年度项目确定】 年内,市教委完成2015年科研计划项目审批。根据科技发展计划项目管理办法、人文社会科学研究计划项目管理办法,经过项目申请、学校初选推荐、市教委评审等程序,共批准来自31所高校的科研项目486个。其中,“科技发展计划”重点项目37个、面上项目251个,“人文社会科学研究计划”重点项目28个、面上项目170个。批准项目资助经费总额6574.5万元,其中“科技发展计划”项目经费5322.5万元,“人文社会科学研究计划”项日经费1252万元。

(车庆珍　翟　昊)

【增列北京市哲学社会科学研究基地】 年内,市教委与市社科规划办在高等学校批准建立了5个北京市哲学社会科学研究基地:依托北京工业大学建立的首都工程教育发展研究基地、依托北京交通大学建立的北京物流信息化与服务科学研究基地、依托中央财经大学建立的互联网与首都经济发展研究基地、依托北京舞蹈学院建立的民族舞蹈文化研究基地和依托北京印刷学院建立的北京文化安全研究基地。截至年底,在普通高等学校中,市教委和社科规划办联合批准建立了51个市哲学社会科学研究基地。

(车庆珍)

【北京市第十三届哲学社会科学优秀成果评奖活动】 年内,市教委组织包括普通高等学校、成人高校及中小学在内的有关单位参加北京市第十三届哲学社会科学优秀成果评奖活动。教育系统本次评奖共收到68个单位申报参评成果474项。经市评奖委员会审定和批准,北京市第十三届哲学社会科学优秀成果奖共评出获奖成果206项,其中特等奖4项、一等奖41项、二等奖161项。教育系统获奖168项,其中高等学校获奖166项,包括特等奖4项、一等奖37项、二等奖125项,分别占相应获奖级别的100.00%、90.24%、77.64%,占总体获奖成果的80.58%。本届获特等奖的成果是:中国人民大学张世明教授的《法律、资源与时空建构:1644—1945年的中国》(5卷本),北京师范大学顾明远教授的《中国教育大百科全书》(4卷本),郭英德教授的《中国散文通史》(3卷本)和首都师范大学赵敏俐教授的《中国诗歌通史》(12卷本),市属高校的成果首次获得特等奖。

(车庆珍)

【非全日制攻读硕士学位全国考试组考工作完成】 年内,在教育部学位管理与研究生教育司和教育部学位与研究生教育发展中心的领导下,在各考点单位的共同努力下,北京市顺利完成了2014年北京地区同等学力申请硕士学位外国语和学科综合水平统一考试和在职人员攻读硕士学位全国联考的考务组织工作。在同等学力人员申请硕士学位全国统考方面,北京市报名考生26075名,共报考39573科次。经学位授予单位审核通过,全市报考外国语水平考试考生共18230名;报考学科综合水平考试考生21343名。同时,在联人员攻读硕士专业学位全国联考方面,北京报名考生24214名,报考30039科次。14个专业类别中报名人数最多的5个专业类别分别是:工程硕士,11767人;艺术硕士,3081人;教育硕士,1830人;示范性软件学院软件工程领域工程硕士,1488人;公共管理硕士,1275人。

(侯东云)

【组织完成第三批北京实验室申报评审工作】 年内,新增北京林业大学城乡生态环境和首都师范大学水资源安全2个北京实验室。截至年底,共批准建立9个北京实验室。

(李善廷)

【完成“京校十条”有关实施细则制定工作】 年内,按照《教育部 财政部关于实施高等学校创新能力提升计划的意见》(教技〔2012〕6号,简称“2011计划”)和市政府《加快推进高等学校科技成果转化和科技协同创新若干意见(试行)》(京政办发〔2014〕3号,简称“京校十条”),制定并印发了《北京市属高等学校“2011计划”实施方案》。

(李善廷)

【科技人员及投入】 年内,北京地区69所设有理工农医类高校(含25所附属医院)共有教学与科研人员72141人,其中具有教授职称8025人,具有高级职称1870人;研究与发展人员38483人;科技经费投入共203.6亿元,其中政府资金投入134.0亿元,企事业单位委托投入64.0亿元。市属39所设有理工农医类高校(含16所附属医院)共有教学与科研人员30701人,其中具有教授职称1414人,具有高级职称6781人;研究与发展人员12691人;科技经费投入共26.0亿元,其中政府资金投入18.3亿元,企事业单位委托投入6.5亿元。

(张　豫)

【科技活动】 年内,北京地区69所设有理工农医类高校(含25所附属医院)共有科研活动机构587个;开展科技课题55018项,其中研究与发展课题49090项,R&D成果应用及科技服务课题5928项;派遣进修访问学者4678人次,接受进修访问学者4446人次;出席国际学术会议30641人次,交流论文15613篇。市属39所设有理工农医类高校(含16所附属医院)共有科研活动机构120个;开展科技课题9121项,其中研究与发展课题8759项,R&D成果应用及科技服务课题362项;派遣进修访问学者804人次,接受进修访问学者777人次;出席国际学术会议6770人次,交流论文2322篇。

(张　豫)

【科技产出】 年内,北京地区高校共出版科技专著473部,大专院校教科书445部,编著350部;发表学术论文80966篇,其中在国外学术刊物发表29166篇;SCI收录论文(科学引文索引)22200篇、EI(工程索引)19832篇、ISTP(科技会议索引)5328篇;鉴定成果193项,获奖成果512项,其中国家级奖65项,省部级奖380项。市属高校出版科技专著184部,大专院校教科书228部,编著121部;发表学术论文17328篇,其中国外学术刊物发表4871篇;SCI收录论文3070篇、EI 1990篇、ISTP 943篇;鉴定成果5项,获奖成果69项,其中国家级6项,省部级48项。

(张　豫)

【科技推广】 年内,北京地区高校共签订技术转让合同907项,总金额9.2亿元,实际收入7.2亿元;专利出售197项,合同金额1.6亿元,实际收入1.4亿元;申请专利11496项,授权7251项,其中申请发明专利10018项,授权5823项。市属高校签订技术转让合同105项,总金额0.5亿元,实际收入0.3亿元;专利出售27项,合同金额975.6万元,实际收入323.3万元;申请专利2426项,授权1142项,其中申请发明专利2002项,授权676项。

(张　豫)

【社科人员及投入】 年内,北京地区68所设有人文社科全日制普通本科的高校人文社会科学活动人员33211人,研究与发展(R&D)人员38772人;31所市属高校人文社会科学活动人员11634人,研究与发展(R&D)人员11114人。北京地区高校共筹集人文社科研究经费18.4亿元,其中政府资金9.8亿元,企事业单位委托经费5.8亿元,其他资金经费2.8亿元;市属高校当年筹集社科研究经费3.6亿元,其中政府资金2.5亿元,企事业单位委托经费0.9亿元,其他资金经费0.3万元。

(张　豫)

【社科活动】 年内,北京地区68所设有人文社科全日制普通本科的高校共有在研人文社科课题34356项,当年投入人员折合7906.5人年,拨入经费14.1亿元;举办学术会议1364个,参加学术会议26284人次,提交论文11038篇;受聘讲学派出3697人次,来校受聘讲学5198人次。进修学习派出2685人次,来校进修学习2793人次。合作研究课题1245项。市属高校当年在研课题8002项,当年投入人员折合2262人年,拨入经费2.2亿元;市属高校当年举办学术会议247个,参加学术会议4885人次,提交论文1846篇。受聘讲学派出1309人次,来校讲学1309人次;进修学习派出1295人次,来校进修学习732人次;合作研究课题190项。

(张　豫)

【人文社科研究成果】 年内,北京地区68所设有人文社科全日制普通本科的高校共发表学术论文34177篇,出版著作2145部,获奖成果199项。市属高校发表学术论文8626篇,出版著作546部,获奖成果41项。

(张　豫)

【精品特色教育资源库建设初见成效】 年内,北京市属高校特色教育资源库建设项目强调主题资源包数量、内容和预期效果,不断提升资源建设的创意空间,打造精品,深入调研北京高等学校特色资源共建共享机制,完善项目管理流程和文件,完成8所高校此项目申报、中检及验收工作。截至年底已建设429个涵盖服装、电影等11个领域的主题资源包,整合图片219.7万张,音视频8.7万个,文字3748.6万字,网页设计15.1万个,精品特色资源建设取得新进展,形成了一批精品特色资源建设服务模式。

(张　豫)

合作与交流

国内合作与交流

【第二届中国农业科技创新创业大赛北京赛区举行复赛】 1月14—15日，由北京农科城和中农科创资产管理有限公司承办的第二届中国农业科技创新创业大赛北京赛区举行复赛。来自北京、河北、河南、黑龙江等7个省、市的49家企业参加了复赛。第二届中国农业科技创新创业大赛历经5个月的征集和评审，全国共有1700余家企业报名参赛，经大赛组委会初评，最终评选出300家企业进入复赛，北京市有11家企业参加复赛。复赛邀请了创投、财务和农业等领域的15位专家，从项目技术产品、市场竞争分析、商业模式、企业经营风险、金融和科技需求、财务状况等方面分别对初创组和成长组的企业进行评估，并针对企业的商业计划书进行质询和讨论，最后根据评估结果对复赛企业进行评分排名，按排名顺序选出优秀企业进入决赛。

（市科委农村处）

【"技术推动梦想"主题沙龙举行】 1月17日，中国国际技术转移中心"技术推动梦想"主题沙龙活动举行。科技部火炬中心、市科委、中关村管委会、海淀园管委会的相关领导以及中心入驻机构代表和业内专家近百余人参加此次活动。活动中，与会嘉宾围绕"资本与技术转移"和"技术转移模式探索与实践"举行了两场圆桌会议。"资本与技术转移"会议聚焦国际技术转移过程中资本的作用、难点与困难，探讨了加速资本对技术转移支撑作用的途径和方法。"技术转移模式探索与实践"会议探讨了技术转移路径和模式的新趋势、新现象，与会人员结合实际案例分享了国际技术转移的新做法，明晰了国际技术转移市场发展方向。

（北京技术交易促进中心）

【贵阳·北京联盟产业发展交流会举行】 3月12日，由首都创新大联盟秘书处和贵阳驻京区域合作工作委员会共同主办的贵阳·北京联盟产业发展交流会在京举行。联盟和企业代表60余人出席会议。会上，贵阳工作人员介绍了贵阳市整体投资概况和产业布局，以及贵阳市高新区、经开区和综保区等区域的投资优势、人才引进政策、项目扶持政策等情况。市科委对省级区域合作政策进行简要介绍。各联盟代表针对具体的优惠政策踊跃提问，贵阳驻京区域合作工作委员会相关人员做解答。

（北京技术交易促进中心）

【2014年京蒙科技合作企业对接会召开】 3月18日，北京农科城联盟与市科委办公室在创业大厦召开2014年京蒙科技合作企业对接会，北京市科委、内蒙古自治区科技厅、赤峰市科技局及所属旗县科技部门负责人、京蒙两地涉农企业负责人和科研院所代表等70余人参加了会议。北京市科委农村中心副主任李志军主持会议，北京市科委委员王建新、内蒙古自治区科技厅副巡视员巴根那出席会议并讲话。

（市科委农村中心）

【赤峰·中国北方农业科技成果博览会召开】 3月28—30日，2014赤峰·中国北方农业科技成果博览会暨全国农高会新丝绸之路创新品牌展览会在赤峰成功举行。大北农、金色农华、绿富隆、北农大、派得伟业、中国农科院饲料所、北京市农林科学院信息所等23家企业及科研院组成的北京国家现代农业科技城企业代表团受到了各方高度关注。期间，北京4家企业正式与赤峰企业签署了战略合作协议。赤峰与北京企业对接洽谈会上，赤峰39家与北京17家企业进行了项目合作洽谈。最终，12家北京企业与14家赤峰企业建立了初步合作意向。

（市科委农村中心）

【京蒙合作站科技项目对接会召开】 4月3—4日，市科委和内蒙古自治区科技厅在京召开首都科技条件平台京蒙合作站科技项目对接会。来自内蒙古兰太实业股份有限公司等企业的9位企业家代表带着19项生物医药、能源环保等领域的企业难题走进中科院、清华大学、北京师范大学、北京工业大学等研发实验服务基地以及大兴工作站，与16位专家进行了面对面的交流和对接，并到部分开放实验室进行实地考察。通过系列供需对接会，有11个项目初步达成合作意向。

（市科委条财处）

【第五届科技发展战略研究联席会议在京召开】 4月10—11日，由中国科学技术发展战略研究院主办的第五届科技发展战略研究联席会议召开，来自科技部、各省市科技发展战略与政策研究机构的负责人和研究人员200余人参加会议。市科委副主任朱世龙代表北京市做题为"深入实施创新驱动发展战略、加快首都特色新型智库建设"的发言，来自江苏、湖北、新疆等省（市、自治区）的科技部门负责人分别介绍了本地落实创新驱动发展战略的最新做法。

（市科委法规处）

【2014京筑创新驱动区域合作年会召开】 4月19日，2014京筑创新驱动区域合作年会在贵阳召开。会上，贵州省委常委、贵阳市委书记陈刚和北京市科委主任闫傲霜共同为由北京市、贵阳市联手共建的北京贵阳大数据研究院和北京贵阳大数据应用展示中心揭牌。期间，首都科技条件平台贵阳合作站举办首都科技条件平台贵阳合作站2014年度技术、项目对接会。来自贵阳市装备制造、新材料等行业的8家科技型企业与来自首都科技条件平台的5家成员单位近20名专家进行了面对面对接和一对一的交流与洽谈。"食品中微生物及环境中重金属的检测技术""高纯净钢的冶炼技术"等6个项目初步达成合作意向。

（市科委条财处）

【《京津沪渝科技合作框架协议》签署】 4月20日，京津沪渝科技合作联席会议在渝召开，会议由重庆市科技工委书记李天安主持，北京市科委主任闫傲霜、天津市科委主任赵海山、上海市科委主任寿子琪、重庆市科委主任钟志华出席。会上，4位直辖市科委主任分别介绍了科技工作情况以及下一步深入开展科技合作的建议。四地共同签署了《京津沪渝科技合作框架协议》，明确了新一轮科技合作工作的任务和目标，将共同建立科技资源开放和共享机制、高新技术产业和现代农业合作机制、科技项目合作机制、科技成果转化合作机制、人才培养与交流机制等。

（市科委办公室）

【内蒙古科技创新促进县域经济发展培训班举行】 4月23—28日，由内蒙古自治区科技厅和北京市科委主办、内蒙古对外科技交流中心和北京市星火科技培训中心承办的内蒙古科技创新促进县域经济发展培训班在京举行。来自内蒙古自治区各盟市、旗县（区）科技局的局长共计32人参加了培训。

（市科委农村中心）

【浙江省18家科技企业孵化器及大学科技园来访】 5月15日，北京创业孵育协会接待了由浙江科技企业孵化器协会组织的浙江省18家科技企业孵化器及大学科技园负责人一行20余人的交流访问。浙江考察团利用两天的时间，分别走访了北京高技术创业服务中心、国际化特色的瀚海博智、全国首批IBI试点丰台创业中心、民营专业孵化器汇龙森、"孵化+创投"的启迪孵化器以及创新型孵化器创新工场、车库咖啡等8家具有代表性的孵化机构。

（北京高技术创业服务中心）

【京津科技企业孵化器对接研讨会在天津举行】 5月22—23日，京津科技企业孵化器对接研讨会在天津举行。会议由北京创业孵育协会与天津市科技企业孵化器发展促进会共同主办。合作双方于3月份进行了首轮会谈，天津市有6家科技孵化机构在孵化管理经营、服务平台建设等方面表达了与北京市孵化器的合作需求。此次会议采取"边看边谈"的形式，由孵育协会带领北京市8家孵化机构赴天津东丽、北辰、武清3个区的6家孵化器进行实地考察和座谈。此次活动促成了部分孵化器间合作的意向。

（北京高技术创业服务中心）

【京宛现代农业科技成果对接会举行】 5月28日，北京现代农业科技创新服务联盟和河南省南阳市科技局共同举办第一届京宛现代农业科技成果对接会，北京现代农业科技创新服务联盟20家成员单位和南阳市19家农业企业代表共60余人参加会议。会上,北京企业分别从种业、食品安全检测、农产品物流等方面介绍北京科技资源优势,南阳市企业介绍各自优势和需求,双方企业代表就绿色农产品优质品种、安全投入品、配套技术、质量监控、销售渠道等产业链环节进行了充分交流。北京史坦纳生物动力与南阳汇农生物等几家企业达成合作意向。

(市科委办公室)

【国家技术转移集聚区座谈会召开】 5月30日,国家技术转移集聚区座谈会召开。科技部火炬中心副主任杨跃承、技术市场处处长张玢,北京市科委副主任张继红、高新处处长汤健、技术交易促进中心主任黄平,中关村管委会创新处副处长张若松,海淀园管委会知识产权处处长王英等参加了座谈会。会上,市科委、中关村管委会、海淀园管委会就北京市在推进集聚区载体建设、改革推进、服务提升三大任务上的主要工作做了介绍,火炬中心就科技部在推进技术转移政策出台、技术转移体系建设等工作做了重点介绍。

(市科委高新处)

【技术市场贵阳服务平台项目推进会举行】 7月23日,市科委举办了贵阳服务平台项目推进会。北京华清科创科技开发有限公司、贵州元通科学技术转移中心两家国家技术转移机构签订了京黔现代农业技术转移平台共建协议书;北京华清科创、贵州元通和哈尔滨方依达肥业股份有限公司三方签订了复控微生物有机肥生产技术转让协议书。会上,北京华清科创还依托北京技术市场贵阳服务平台,与贵州华德斯生物制药有限公司签订了一项1800万元技术转让合同。

(市科委办公室)

【市科委率团赴锡林郭勒参加畜牧业展示交易会】 7月28—30日,2014中国·锡林郭勒草原新丝绸之路畜牧业创新品牌展示交易会在内蒙古锡林浩特市举行。北京市科委委员张虹率北京国家现代农业科技城企业代表团参展。来自农科城的大北农、农信通、龙德农业、卓宸畜牧、美科盛、北农大动物科技、中国农科院饲料所、中国农业机械化研究院等8家单位,重点展示了包括畜牧业信息化与机械装备、肉类食品安全与冷链物流、优质畜禽新品种、畜禽养殖与安全投入品、畜禽产品深加工等五大方面50余项科技成果及企业发展战略合作需求。本次展交会是北京市科委首次组织企业参展,促成锡林郭勒盟12家企业与北京4家企业在农机设备、产品加工、信息化管理等方面建立了初步合作意向。

(市科委办公室)

【"协同创新、应对挑战——京津冀在行动"科技专题展举行】 8月1—15日,由科技部、北京市政府、天津市政府、河北省政府共同主办的"协同创新、应对挑战——京津冀在行动"科技专题展在秦皇岛市展出,参观人数达到10万人次。本次展览,北京展区以"首都科技驱动京津冀协同发展"为主题,展示了45个北京与津冀两地的协同创新案例。北京展区按照"一条主线、三大板块"设计搭建。"一条主线"主要展示的是北京技术市场服务京津冀协同发展的情况。"三大板块"是指机制协同、产业协同、发展协同,通过三个协同来展示北京市科委在京津冀科技合作中的探索、实践和成效。此次展览是推进京津冀协同发展的重要行动,对实现优势互补、互利共赢,加强三地对接协作,加速科技成果转移转化和产业化起到了积极的推动作用。

(市科委科宣处)

【京津冀签署战略研究和基础研究合作协议】 8月16日,北京市科委、天津市科委、河北省科技厅正式签署《京津冀协同创新发展战略研究和基础研究合作框架协议》,加快建立和完善战略对话、信息交流、工作对接、科技资源和成果开放共享的协同机制和长效机制,并在协同创新发展战略研究和基础研究层面进行了具体工作部署。北京市科委副主任张继红、天津市科委总工程师李彭越、河北省科技厅副巡视员陈卫滨和三地有关战略研究、基础研究方面的专家代表出席签约仪式。下一步,京津冀三地将在框架协议的基础上,在战略研究和基础研究层面深入开展实质性合作,重点聚焦科技创新一体化、生态建设、产业协同发展、政策协同创新、科技资源共享等方面，全方位提升京津冀协同创新水平。

（市科委法规处）

【京银共建“一站一台”】 8月29日，北京市科委委员王建新与银川市委常委、副市长刘寒星在银川签订联合共建首都科技条件平台银川服务站和北京技术市场银川服务平台合作协议，并为“一站一台”揭牌。宁夏科技厅副厅长马希荣出席签约、揭牌仪式。期间，举行了首场需求专场对接会——京银两地专家企业对接会。来自银川市装备制造、生物医药等行业的9家科技型企业与来自首都科技条件平台的8家成员单位近20名专家进行了现场交流与洽谈。“高压供电线路型防雷产品的智能化研发”“LNG工厂运营评估优化项目”等6个项目现场达成初步合作意向。

（市科委办公室）

【北京科技援疆工作取得新进展】 9月3日，北京技术交易促进中心组织中国农科院、市农林科学院、北京农学院等项目专家赴和田，调研洛浦农业示范园、团结新村、墨玉县普恰克其乡、和田经济新区、和田市莫尔日克乡等5处示范户的生产情况。在团结新村，由中国农科院蔬菜花卉研究所提供的“欧冠”“迪芬妮”“中杂201”“中杂109”及黄瓜、辣椒等种子已开始播种。在团结新村建立的蔬菜优良品种及配套栽培技术示范区共计30个示范户，配备有30栋高标准日光温室。在墨玉县普恰克其乡果粮间做示范区，北京农学院专家提供品种及技术指导，30家农户于5月中旬套种玉米，期间进行了配方施肥技术、病虫害防治技术、科学灌水、科学施肥技术、田间管理及调控等集成配套技术等技术的推广，秋季玉米预计亩产平均可达450千克。

（市科委办公室）

【首都科技条件平台京蒙合作迈上新台阶】 9月3日，内蒙古自治区科技厅在巴彦淖尔召开首都科技条件平台京蒙合作站工作交流会，北京市科委、内蒙古自治区科技厅领导和相关工作人员参加了会议。会议主要对首都科技条件平台京蒙合作站建站以来的合作站建设情况、当地科技资源整理情况、相关政策环境、开展的需求对接项目合作情况进行总结，并探讨了如何利用区域产业特色和地方政策有效开展合作站各项工作，包括需求挖掘、项目对接、成果落地、人才引进等。

（市科委条财处）

【南水北调对口协作科技人才培训班开班】 10月13日，由市对口支援和经济合作工作领导小组办公室、市科委主办的南水北调对口协作科技人才培训班正式开班。来自河南、湖北两省科技部门的管理人员和技术骨干共计47人参加培训。本次为期20天的培训主要围绕优化创新资源、科技成果转化、服务经济发展、科技与文化融合等方面设置课程，同时安排了实地考察泰豪科技、汇龙森、中冶京诚、中关村生命科学园、中关村展示中心等科技企业和科技创新产业园区。

（市科委办公室）

【“加快京津冀科技协同创新”专题座谈会召开】 10月14日，市政协科技委与市科协联合召开了“加快京津冀科技协同创新”专题座谈会。市委常委苟仲文出席会议并讲话。座谈会上，市政协科技委主任申建军介绍了市政协科技委专题调研京津冀科技协同创新的情况。中国工程院院士、市科协副主席许健民，中科院地理所区域发展室主任方创琳、人民大学区域研究所所长孙久文等围绕北京城市功能疏解、推进科技成果区域转化、制定协同创新行动路线图、建设城市群等问题分别发表了意见，畅谈了京津冀科技协同创新的模式、路径和措施，对京津冀科技协同创新提出了针对性的意见和建议。

（市科协）

【京渝科技创新合作活动暨签约仪式在重庆举行】 10月30日，市科委会同清华大学、中科院等7家首都高校院所和北京交控科技、合众思壮等11家首都科技企业赴重庆，与重庆市科委共同举行京渝科技创新合作活动暨签约仪式。北京市科委委员王建新、重庆市科委副主任梁震出席。会上，王建新和梁震共同为首都科技条件平台京渝合作站、北京技术市场京渝服务平台揭牌。随后，乐视网、北京中科软、同方泰德等7家企业分别与重庆市两江新区管委会、长安汽车、重庆市绿色建筑促进中心等7家机构签署合作协议。北京市高校、院所和企业与重庆近50家科技企业展开现场对接，北京交通大学、北京市农林科学院等高校院所与重庆市企业形成10项初步合作意向。

（市科委办公室）

【北京技术交易促进中心合同登记处荣获金桥奖】 11月8日，由中国技术市场协会主办的第三届中国科技服务业论坛暨第七届金桥奖颁奖大会在成都望江宾馆举行。北京技术交易促进中心合同登记处荣获中国技术市场金桥奖先进集体奖，该中心于川燕荣获中国技术市场金桥奖先进个人奖，这是北京市唯一获得此奖项的合同登记机构和个人。

（北京技术交易促进中心）

【2014年海峡两岸有机产业科技论坛举行】 11月25日，2014年海峡两岸有机产业科技论坛暨有机产品品鉴活动在中国国际技术转移中心举行。来自台湾地区的24位精英企业家、嘉宾和有机农场、上游供应商、渠道商130余人汇聚于此，就两岸关注的绿色有机食品产业问题进行了深入的交流和探讨。

（市科委高新处）

【京港科技创新战略发展论坛召开】 11月26日，第十八届北京·香港经济合作研讨洽谈会市科委专场活动京港科技创新战略发展论坛在北京饭店召开。该论坛由北京市科委与香港创新科技署共同主办，北京市可持续发展科技促进中心承办。来自京港两地高校、研发机构、科技中介机构及中小企业代表80余人共同参加了此次论坛。本次论坛紧紧围绕北京加快推动全国科技创新中心建设、如何高效集聚京港两地科技创新主体力量等方面开展交流。会上，国际技术转移协作网络（ITTN）为ITTN香港办事处香港创意服务有限公司授牌。

（市科委科宣处）

【京蒙科技创新合作签约活动举行】 12月8日，市科委与内蒙古自治区科技厅共同举办了京蒙科技创新合作签约活动。签约活动中，市科委主任闫傲霜和内蒙古自治区科技厅厅长李秉荣共同签署了《北京市科委 内蒙古科技厅科技合作框架协议》，市科技协作中心副主任周晓柏与内蒙古自治区科技厅副巡视员云涛签署了《北京科技协作中心 内蒙古科技厅科技交流合作框架协议》。活动中，京蒙双方共有43个项目签约，涉及现代农业、节能环保、新能源新材料等领域。其中，京蒙高校院所及相关机构签约14项，科技企业签约29项。两地的76家高校院所、科技服务机构的代表及企业代表和科技工作者150余人参加了签约活动。

（市科委办公室）

【京津冀召开基础研究合作工作对接会】 12月16日，为进一步落实京津冀三地科委（科技厅）签署的《京津冀协同创新发展战略研究和基础研究合作框架协议》，推进三地基础研究开展实质性合作，京津冀三地在廊坊市召开京津冀基础研究合作工作对接会，来自北京、天津、河北的8位专家参加会议。会上成立了指导专家组。与会人员围绕京津冀基础研究合作专题的实施细节和2015年度指南方向进行了深入讨论，形成了京津冀基础研究合作专题实施方案，完善了2015年度专题项目指南方向。

（市自然基金办）

【第十七届京台科技论坛生态创意农业论坛在台湾举行】 12月17日，第十七届京台科技论坛－生态创意农业论坛在台中召开。论坛上，北京市科委副主任朱世龙围绕北京科技创新中心建设做主题演讲。本届论坛以“生态创意农业与花卉产业科技发展”为主题，以“合作创新·共同发展”为主旨，邀请了大兴区科委副主任石祥、大兴区兰花协会会长冯跃鹏，台湾有机生活协会会长廖焕永、台湾兰花育种者协会理事长赖本智等专家和学者就北京和台湾两地休闲农业发展的现状和前景从不同角度进行了阐述，为京台两地的合作提供了理论与实践指导。

（市科委农村处）

【第五届首科远望论坛——京津冀协同创新研讨会召开】 12月26日，由首都科技发展战略研究院、市科委、市科研院共同主办，北京决策咨询中心承办的第五届首科远望论坛——京津冀协同创新研讨会在京召开。此次论坛邀请了北京、天津、河北三地相关研究领域的专家学者交流研究成果，共同研讨，为京津冀协同创新发展建言献策。与会专家一致认为，京津冀协同发展是一个国家大战略，应该跳出京津冀层面来看，需要高站位、多层面、多主体、多角度进行认真研究，创新驱动无疑是京津冀协同发展的根本动力，体制机制改革是难点，正确处理好政府和市场的关系是关键，国家相关部门及京津冀三地应加强研究与交流，加快推进以科技创新为核心的全面创新，走出一条可持续的协同创新发展路子，实现京津冀一体化发展。

（市科委法规处）

【首都科技条件平台与十堰开展区域合作】 年内，首都科技条件平台与湖北十堰陆续开展两地合作人员交流、首都科技条件平台进十堰宣传推广、十堰特色产业发展专家研讨、十堰科技平台建设等多种形式的区域合作活动。两地工作人员希望通过交流学习和联合开展各项区域合作活动，搭建首都科技条件平台十堰区域合作站，将北京科技资源引入十堰，并通过技术需求对接、科技成果转移和联合承担项目等多种方式开展两地长效合作，帮助十堰企业聚集创新力量和引领当地产业发展。

（市科委条财处）

国际合作与交流

【国家级文化和科技融合示范基地建设国际交流会召开】 1月10日，市科委召开国家级文化和科技融合示范基地建设国际交流会，会议邀请英国BOP Consulting公司总经理保罗·欧文斯，以及中国的台湾主管部门文化创意产业推动小组委员吴静吉、台湾华山1914文创园区首任董事总经理陈甫彦、台湾大学侯胜中教授和王耀德教授、台北艺术大学艺术行政与管理研究所于国华助理教授、北京师范大学文化创意产业研究院执行院长肖永亮等专家，与朝阳区科委共同召开交流会，就朝阳区国家级文化和科技融合示范基地建设进行了研讨。专家对朝阳区国家级示范基地的建设提出了3点建议：一是从品相、品质、品牌3个方面着手，建设特色文化街区，为文化创意群体提供方便、愉快的工作娱乐环境，形成创意人才集聚效应；二是要明确基地发展定位，聚焦重点产业领域，为创意人才提供公平的竞争平台和创业机会；三是分析朝阳区传媒企业聚集发展的深层次因素并加以强化，为产业发展提供良好的创新环境。

（市科委高新处）

【欧盟科研创新计划“地平线2020”项目征集会召开】 1月23日，由中国国际技术转移中心主办、欧盟驻华代表团合作的欧盟科研创新计划“地平线2020”项目征集信息发布会在中国国际技术转移中心大会议厅举行。欧盟驻华代表团科技环境处主任Philippe Vialatte博士、北京市科委高新处副处长曹岗，以及来自欧盟及欧洲国家驻华使团代表、企业代表、科研机构代表以及新闻媒体记者等百余人参加了会议。会上，欧盟各成员国驻华代表现场解答并回应中欧双方开展合作和寻求项目资金支持的提问，欧洲各国使馆对中欧间的合作机会进行了解读。

（北京技术交易促进中心）

【首家中国孵化器与Wayra全球孵化网络达成合作】 2月18日，清控科创控股股份有限公司旗下的专业孵化平台厚德创新谷与Wayra在厚德创新谷签署合作协议，双方将共享资源和机遇，推动彼此在中国和全球范围的业务。厚德创新谷执行董事、清华校友TMT协会会长李竹和Wayra全球首席执行官Gonzalo Martin - Villa代表合作双方签约。

（北京高技术创业服务中心）

【市科委与加拿大安大略省签订合作谅解备忘录】 3月10日，加拿大安大略省研究与创新厅厅长莫伟力一行7人到访市科委，双方就北京与安大略省创新合作进行了会谈。会上，双方分别介绍了各自科技发展及国际科技合作方面的情况，交流如何进一步加强双方创新合作，讨论建立北京—安大略科技创新合作中心、联合研发机构,推进双方企业孵化机构对接,在京建立北京—安大略科技产业示范园区等有关内容。双方签署了北京市科学技术委员会和安大略省研究与创新厅的合作谅解备忘录。会后举行了项目签约仪式,北京3家企业分别与安大略省相关单位签署合作协议:北京北大未名生物工程集团与西安大略大学沃德世嘉技术转移中心签署关于“FGF9作为治疗剂用于血管重建和肿瘤治疗”技术的许可协议,宣布成立西安大略大学与北大未名合资企业;北京亚宝药业集团与沃德世嘉技术转移中心签署有关“用于脓毒血症治疗的创新型生物药物”技术许可框架协议;北京斯塔能源公司与滑铁卢大学签署关于氢燃料电池汽车的合作协议。

(市科委国际合作处)

【“感知中国”设计北京展览在巴黎举行】 4月1日,联合国教科文组织总干事博科娃专门参观了正在巴黎总部举行的“感知中国”设计北京展览。这是北京在2012年作为设计之都加入联合国教科文组织创意城市网络以来首次亮相教科文组织总部,同时中国设计红星奖也是首个在此地举办展览的设计奖项。此次展出的创意产品主要来自中国设计红星奖由全球征集的3万件作品中精选出的20件获奖作品和北京设计师针对大数据时代的概念创意作品,共包括了65件展品、25段视频、300余幅图片。此次展览由北京市政府主办,北京市科委承办,北京工业设计促进中心具体执行。

(市科委高新处)

【孵化器国际化创新高峰研讨会召开】 4月14日,孵化器国际化创新高峰研讨会在瀚海智业集团总部召开。本次活动由北京创业孵育协会、北京瀚海智业投资管理集团主办,市科委、北京创业孵育协会会员单位代表,Fenwick合伙人Michael J. Patrick,OneEleven总经理Bilal Khan,Design Accelerator共同创始人兼董事总经理Erik MichaelHovanec,亚美迪集团、Plug & Play技术中心总顾问Marc Steiner,瀚海智业集团董事长王汉光一同出席会议。与会嘉宾就孵化器国际化创新及中外孵化器国际化发展展开热烈的讨论,并就合作前景进行了交流互动。

(北京高技术创业服务中心)

【2014中国(北京)跨国技术转移大会举行】 4月15—17日,2014中国(北京)跨国技术转移大会在北京国际会议中心举行。大会由科技部与市政府共同主办,市科委、科技部国际合作司与科技部火炬中心共同承办。大会以“立足北京、服务全国、面向世界”为总体定位,充分发挥了北京全国科技创新中心和国际交往中心的作用,通过“政府造船”促进“企业出海”,吸引来自国际上近40个国家,国内29个省、自治区、直辖市的3000多位代表参会。大会围绕“智汇北京、跨界融合、互利共赢”这一主题,聚焦“生态建设、节能环保”两个重点,按照要素(科技外交、科技金融、科技人才、科技法律等)、领域(可穿戴医疗、绿色过滤、大数据应用、智慧城市等)、国别(中美、中加、中德、中韩等)3个维度设立36场研讨论坛,围绕“美好生态、舒适生活、健康生命、智能生产”4个方向安排49场次对接活动。大会为新认定的2014年279家北京市国际科技合作基地进行了授牌,并通过全部324家北京市国际科技合作基地的展览展示,体现了北京国际化科技创新的实力;通过国内外嘉宾所做的近400个主题发言,探讨国际科技创新前沿,分析国际技术转移趋势,共享创新创业经验。通过多维度、多方向的研讨与交流,实现近1400项次的跨国项目对接。大会期间共收集、梳理国内外500余项技术需求与供给;通过线上—线下预对接和大会现场面对面对接,共达成合作意向238项;完成签约35项,签约金额近10亿元。

(市科委国际合作处)

【动漫领域国际交流座谈会召开】 4月25日,动漫产业国际交流座谈会在北京生产力促进中心举行。座谈会邀请英国Dene动漫公司执行制片人、著名作曲家罗伯特·哈茨霍恩,与文化领域自然风和文化发展(北京)有限公司、国家版权中心、北京电影学院动画学院以及国内动漫领域龙头企业北京万豪天际文化传播有限公司、北京青春树动漫科技有限公司、北京追梦者传媒科技有限公司等,就中英两国动漫产业发展现状、中国传统文化与动漫产业融合点以及如何扩大国际动漫产业合作进行了深入交流。

（北京生产力促进中心）

【中国—南美检测认证服务业交流大会举行】 4月28日，以"交流合作共享、促进国际互认"为主题的中国—南美检测认证服务业交流大会在北京举行，此次会议旨在为检测认证机构创新发展搭建平台。中国国际技术转移中心功能区中关村标准检测认证公共服务平台与巴西认证机构 Net Connection Corp（NCC）签署战略性合作协议，双方将实现资源共享，共同开展科研项目研究，畅通标准制修订、技术转移项目等渠道，在产品检测、体系认证、标准制修订等方面全面开展合作。此次双方的合作，为中国和南美开展认证检测服务交流合作开启了新的模式。

（市科委高新处）

【第十七届科博会开幕】 5月14日，为期5天的第十七届中国北京国际科技产业博览会在北京中国国际展览中心（老馆）开幕。本届科博会以"创新驱动 融合发展"为主题，汇聚了国内外2000多家企业、科研机构参与，展示了最新科技成果，传播前沿思想理念。展会共设置14个主题展区（包括中关村自主创新成果展、科技园区与区域产业发展成果展等），其中首届新侨创新创业成果和首都文化融合成果展是首次亮相科博会。

（市科委科宣处）

【北京—柏林电动汽车发展高层论坛举行】 5月28日，北京—柏林电动汽车发展高层论坛在京举行。北京市副市长张工、柏林市长沃维莱特（Klaus Wowereit），以及来自北京和柏林市政府、德国驻华使馆以及中德科研机构、汽车企业的领导和代表出席了此次论坛。论坛期间，两市代表分别展示了北京和柏林发展电动汽车采用的方法以及取得的进展，并且就未来深化合作进行了讨论。与会人员共同见证了中德电动汽车充电项目的顺利开展。此项目旨在为推动北京和柏林的新能源汽车产业化贡献力量。

（市科委双新处）

【第三届京交会举行】 5月28日至6月1日，第三届中国（北京）国际服务贸易交易会举行。本届京交会由展览展示、论坛活动、洽谈交易3种形式组成130场活动，来自117个国家和地区的2.67万名客商及代表，2524家参展企业汇聚北京，寻找服务贸易商机。市科委承办的"科技创新"板块，以"实施创新驱动发展战略 建设全国科技创新中心"为主题，举行了系列专题会议活动。

（市科委科宣处）

【2014年中美创新链接—大数据专题研讨会召开】 6月6日，由北京市科协、中美创新协会共同主办的第二届中美创新链接—大数据专题研讨会在北京国际会议中心举行。中国工程院院士、中国互联网协会理事长邬贺铨，中美创新协会会长、谷歌公司数据科学家彭晨及来自中美双方的大数据专家近600人出席了会议，其中来自海外的专家30余人。会议围绕大数据在移动互联网、智能商务、金融支付、公共事业、可穿戴技术等领域的应用，通过主旨报告、专题研讨、项目展示等方式，为海内外专家学者和技术人才搭建了有效的交流平台。

（市科协）

【澳大利亚代表团访问中国国际技术转移中心】 6月16日，澳大利亚新南威尔士大学副校长 Mark Hoffman 一行15人，访问了中国国际技术转移中心，并与部分入驻机构及企业代表进行了深入交流。双方表示将进行多领域、多纬度的合作，为两国科研机构、院所及广大企业搭建更好的国际技术转移与合作平台。

（市科委高新处）

【国际天文馆学会大会首次在我国举行】 6月23—27日，第22届国际天文馆学会大会（IPS大会）在北京天文馆召开。这是国际天文馆学会大会首次在我国举行。大会以"天文教育与未来"为主题，邀请全球数百位天文馆（拥有球幕的科技馆）专业人员和厂商参与，交流最新场馆规划与新锐天文教育理念，观摩天文馆领域最新设备、节目、产品的演示，参与论文研讨会，分享同行间的最新成果与经验。300多位各国专家参加大会。

（市科委科宣处）

【网易联手意大利网站在京打造开放设计平台】 8月12日,网易家居与拥有10多年历史的意大利知名综合设计网站Designboom(设计邦)在北京设计之都大厦签署战略合作协议。两大网络巨头计划在北京打造聚拢国际设计人才的开放平台,引入20万中国设计师与5万国际设计师注册,并致力于将北京设计品牌推向国际。

(市科委文科处)

【俄罗斯费德洛夫眼显微外科合作交流会召开】 8月12日,由北京市国际科技合作基地联盟、北京生产力促进中心共同主办的俄罗斯费德洛夫眼显微外科合作交流会在北京圆山大饭店召开。国合基地联盟成员北京同仁医院与俄罗斯国立费德洛夫眼显微外科综合体进行了业务交流。俄罗斯费德罗夫眼显微外科主任沙哈洛夫教授、北京同仁医院副院长、国家眼科诊断与治疗设备工程技术研究中心主任王宁利教授,以及来自北京生产力促进中心、北京市国际科技合作基地联盟相关人员30余人参加了此次会议。

(市科委国际合作处)

【北京市国际创新合作机构培训班举行】 8月19—20日,北京市长城企业战略研究所举办北京市国际创新合作机构培训班。此次培训突出了高端链接与跨国交流两大特点,邀请了美国麻省理工学院媒体实验室、以色列希伯来大学Yissum技术转移公司、清华科威技术转移公司的专家讲授跨国技术转移创新模式、跨国技术转移实践与社交化等课程。来自北京地区27个国际创新机构和企业的50余位代表以及来自泰国、印度尼西亚、柬埔寨、马来西亚等10余个亚洲国家的20位科技官员和技术转移机构负责人参加培训。

(市科委国际合作处)

【新能源汽车技术成果实现向欧盟输出】 8月30日,北京理工大学联合上海电巴新能源等国内新能源汽车企业,与波兰TAURON集团、华沙理工大学签订中波e－Bus项目样车协议。此次签约成功,标志着由科技部和北京市支持的电动汽车高科技成果、科技奥运电动客车及应用系统技术方案正式向欧洲输出和授权,波方将从中国进口搭载华创动力客车平台的纯电动公交客车样车,后续实现整车和充换电系统的规模化出口应用。

(市科委双新处)

【市科委主任会见美国加州大学Roger Beach博士】 9月11日,市科委主任闫傲霜会见了美国总统科学顾问、加州大学戴维斯分校教授兼世界食品研究中心创始人和执行理事Roger Beach博士。闫傲霜表示,市科委将充分支持“十万食源性病原微生物基因组计划”在京发展,积极推动基因组学北京市重点实验室、病原微生物耐药与耐药基因组学北京市重点实验室、抗性基因资源与分子发育北京市重点实验室等3家市级重点实验室与美国加州大学戴维斯分校在京建立联合实验室。Roger Beach博士表示,通过与北京共同实施“十万食源性病原微生物基因组计划”,建立重要的食源性致病微生物基因序列综合数据库,有着重要的意义,未来将从组建联合实验室、共建研发中心、筹办国际专业会议等多个渠道探索中美在食品安全领域的合作。

(市科委国际合作处)

【北京国际科学节圆桌会议召开】 9月18日,第二届北京国际科学节圆桌会议在国家会议中心召开,来自中国内地、美国、德国、意大利、法国、瑞士、芬兰、俄罗斯、丹麦、阿根廷、南非,以及中国香港、澳门等13个国家和地区的21位科学节组织代表参加会议。在上年的基础上,本届会议有5家机构代表签署了合作谅解备忘录,同意在北京国际科学节圆桌会议框架下,进一步深化各国科学节组织之间的合作。累计已有15家科学节机构签署合作谅解备忘录。

(市科协)

【罗斯柴尔德金融集团管理人访问中国国际技术转移中心】 9月20日,国际著名的罗斯柴尔德金融集团管理人及家族核心成员奥利弗·罗斯柴尔德访问了中国国际技术转移中心,出席了由中国国际技术转移中心、亚洲产业科技创新联盟主办的国际金融与产业科技创新合作座谈会。中外科技产业、金融界30名专家和企业家参加了交流座谈。罗斯柴尔德在答谢致辞中表示,他本人一直关注和支持新技术的转移,并亲自担任英国技术转移中心和相关顾问公司的主席,今后双方可以结成战略伙伴关系,共同推动国际技术转移活动。

（北京技术交易促进中心）

【欧盟驻华代表团访问北京市科委】 9月23日,为促进中欧科技创新深入合作,拓宽北京及国内机构参与欧盟项目的机遇和路径,欧盟驻华代表团科技环境处处长薄思睿博士等一行3人到访北京市科委,与市科委主任闫傲霜、副主任张继红等进行会谈。

（市科委高新处）

【首都科技企业孵化器国际化发展高峰研讨会举行】 9月24日,首都科技企业孵化器国际化发展高峰研讨会在瀚海智业集团总部举行。研讨会由北京创业孵育协会和北京瀚海智业投资管理集团主办。美国Plug & Play孵化器的集团公司Amidi集团董事长、美国湾区委员会全球发展负责人、加拿大MARS高级副总裁、北京科技企业孵化器的代表等参加会议。中外专家立足自身的资源和经验积累,围绕孵化器的国际化发展、国际化创业要素的整合、国际化创业生态的搭建进行了深入讨论,对北京科技孵化器的国际化发展建言献策。

（市科委高新处）

【2014北京设计之都论坛举行】 9月26日,北京设计之都论坛在设计之都大厦举行。包括意大利Designboom网站、阿森特(北京)艺术设计中心、中国台湾清庭设计中心、中国建筑装饰集团设计研究院布鲁理奥策划设计机构、上海木马设计集团、重庆猪八戒网络有限公司、杭州紫东创意设计产业园、北京电视台卡酷频道七色光栏目等入驻设计之都大厦企业,约200名设计师参加了本次活动。此次论坛也是美国阿森特(Art Center)首次授权国际合作,成立阿森特(北京)艺术设计中心,并且与北京工业设计促进中心形成独家战略合作伙伴,入驻设计之都大厦。论坛主题为"设计改变",包括品牌与设计战略、交通工具设计、电影娱乐视觉故事等三大板块内容。

（市科委文科处）

【首届2014"创造·改变"设计论坛举行】 9月26—28日,阿森特(北京)艺术设计中心与北京设计之都发展有限公司主办了首届2014"创造·改变"设计论坛。阿森特(北京)艺术设计中心是世界著名设计高校阿森特艺术中心设计学院首次全球授权设立,旨在培养职业创新人才。

（市科委文科处）

【中意科技创新合作周活动在意大利举行】 10月13—16日,由中国科技部、意大利教育大学和科研部主办,北京市科委、中意技术转移中心承办的中意科技创新合作周在意大利那不勒斯和米兰举行。中国国务院总理李克强与意大利总理伦齐共同出席在米兰举行的创新周大会活动并致辞。中国科技部副部长曹健林、北京市科委主任闫傲霜、意大利大学科研部部长贾尼尼以及当地大学校长、政府代表、企业界领袖出席创新周相关活动。此次活动促成了300余项次面对面企业对接,达成近百项合作意向。通过前期洽谈与深入对接,6项中意技术转移项目在创新周大会现场签约,签署的项目技术交易额约6000万元,项目总投资预计达6.5亿元。

（市科委国际合作处）

【第五届北京美中医药开发协会主席论坛召开】 10月20日,第五届北京美中医药开发协会主席论坛在京召开。该论坛由市科委生物医药中心与美中医药开发协会(SAPA)共同策划,以"跨国公司发展经验借鉴"和"本土企业如何走向国际化"为议题。出席会议的有7位SAPA历任主席,以及来自诺和诺德、默克雪兰诺、江苏恒瑞、浙江贝达、山东绿叶、扬子江药业、浦润奥、凯悦宁、诺赛基因等企业的高层人员。

（市科委生物医药处）

【欧盟"龙星计划——北京站系列活动"举行】 10月27—28日,由中国国际技术转移中心、北京技术交易促进中心、欧盟委员会、欧洲企业网、希腊北部工业联盟共同主办的龙星计划——北京站系列活动在中国国际技术转移中心举行。该活动共组织了34项涉及软件、生物医药、医疗设备、废水管理等相关领域的国际领先技术交流，吸引了来自英国、德国、意大利、丹麦、罗马尼亚、希腊、葡萄牙、匈牙利等国家的20余家企业近30人参会。中方参会企业对城市废水利用、动画动作捕捉技术、杀虫剂载体技术、陶瓷制品处理技术等有强烈的合作意愿，参会的中方投资机构、科技园区代表与丹麦农业科技园等机构探讨合作事宜。

（市科委高新处）

【北京—安大略科技创新论坛举行】 10月31日，由市科委与安大略省研究与创新厅主办的北京—安大略科技创新论坛举行。来自29家加拿大政府、企业、机构的42位加方代表和300多家国内企业、机构的代表参加。本届论坛设置了主题演讲和专题讨论环节，邀请北京—安大略创新合作领域代表性企业及相关机构的人员。双方与会代表针对清洁技术、空气治理、生物医药、项目融资等领域的90多个项目展开了200多次对接，达成32项合作意向，签署14项合作协议。

（市科委国际合作处）

【中以创新孵化研讨会召开】 11月3日，由北京创业孵育协会和北京高创天成国际企业孵化器共同主办的中以创新孵化研讨会在京召开。市科委副主任张继红出席研讨会并致辞，全市22家孵化器的代表和以色列RAD BioMed加速器、本－古里安大学BGN技术转移中心、Nielsen Innovate孵化器、Ofakim Hi－Tech Ventures（OHV）孵化器的代表参加会议。

（市科委高新处）

【2014北京—特拉维夫创新大会举行】 11月3—4日，由北京市科委、中国科学技术交流中心、以色列驻华大使馆主办，北京高创天成国际企业孵化器有限公司（北京特拉维夫创新中心）承办的2014北京—特拉维夫创新大会举行。本次大会以“技术融合、协同创新、合作共赢”为主题，由以色列生命科学技术洽谈会及中以创新孵化研讨会2个平行论坛，中以创新日1个分会，以及B2B对接和以色列创新技术产品展览展示共五大板块组成。在B2B对接大会上，来自生物医药、ICT、绿色农业及节能环保的44家以色列企业与293家中方企业就双方开展技术转移、合作开发、投资并购、分销代理等合作，开展了274项次一对一交流洽谈。通过对接洽谈，以色列Shahal公司与泰德佳讯科技有限公司、以色列Tavor公司与北京北大未名生物工程集团有限公司等对接企业的10个项目达成初步合作共识。预期技术交易成交金额为7305万美元，预期项目投资总额为3405万美元，预期未来市场规模为2405万美元。

（市科委国际合作处）

【北京国际科技合作基地联盟成立大会召开】 11月5日，北京国际科技合作基地联盟成立大会召开。大会讨论通过了北京国际科技合作基地联盟章程和会费管理办法，并选举北京大北农科技集团股份有限公司为理事长单位，北京生产力促进中心为副理事长单位，中关村科技园区海淀园管委会为监事长单位，秘书处设在北京生产力促进中心。

（市科委国际合作处）

【第一届纳米能源与纳米系统国际会议召开】 12月8日，由中科院北京纳米能源与系统研究所主办的第一届纳米能源与系统国际学术会议（NENS2014）在北京召开，来自十几个国家和地区的纳米能源与系统方面的专家学者近600人参会，共同探讨纳米能源和系统领域的重大前沿问题。会议围绕纳米能量收集、存储、系统集成等的基础和应用研究，共设纳米发电机和能量收集技术、能量存储和复合电池、压电电子学和纳米电子学、压电光电子学和纳米光电子学、纳米传感器和自驱动设备与系统集成6个分会，集中展示纳米能源和系统领域的最新研究成果。

（市科委双新处）

科学技术普及

城乡科普

【17 家科普基地入选 2013 年度优秀全国科普教育基地】 1 月 17 日，中国科协发布了《中国科协办公厅关于公布 2013 年度优秀全国科普教育基地的通知》（科协办发普字〔2014〕3 号）。《通知》指出，经专家评审，中国科协确定中国消防博物馆等 103 家全国科普教育基地为 2013 年度优秀全国科普教育基地，其中北京地区 17 家。

（市科委科宣处）

【天文科普车赴顺义社区开展科普行活动】 1 月 20 日，市科委农村中心联合顺义区科委、科协在顺义区光明街道裕龙六社区开展了市科委科普行活动。市科委农村中心副主任李守勇、顺义区科协主席单银山以及社区居委会负责人及 100 余名社区青少年及家长参加了活动。

（市科委农村处）

【市文化科技卫生"三下乡"集中示范活动举行】 1 月 21 日，市科委农村处、农村中心以及 12396 北京新农村科技服务热线相关人员，参加了市委宣传部在门头沟区南辛房村组织开展的 2014 年北京市文化科技卫生"三下乡"集中示范活动，并进行展示和服务。400 余名村民到场参观。

（市科委农村中心）

【地质科普送进怡美家园社区】 1 月 22 日，中国地质博物馆科普工作者来到海淀区安宁庄西路的怡美家园，为社区学生和居民普及地质知识，赠送地质科普图书。科普人员从北海是不是海等简单通俗的问题入手，逐渐将难度提升到介绍海与洋的区别、威尔逊旋回等深层次问题，最后将人类对海洋的探索作为结题，用循序渐进的方式顾及所有受众，让不同的群体都有所收获。在矿物辨别实验上，通过指导中小学生观察矿物，学习硬度知识，引导他们自行区分石膏、方解石和水晶。

（中国地质博物馆）

【北京天文馆球幕立体宇宙剧场开幕】 1 月 23 日，北京天文馆举办了北京天文馆球幕立体宇宙剧场开幕典礼。球幕立体宇宙剧场位于 B 馆 2 楼，有 200 席座位，球幕直径 18 米，倾角 15°。由 4 台亮度为 21000 流明、分辨率为 4K 的投影机在半球形银幕上放映出具有立体效果的影片。该剧场采用光谱分离的技术，实现左右眼立体影像的高度分离，从而实现顶级立体成像的效果。剧场开幕后的首部影片为《追逐天空的奥秘》，其内容是为观众打开通往世界上最著名的天文台的大门，与来自夏威夷大学的天文学家分享各种奇妙的天文故事。

（北京天文馆）

【海洋偶像乐团水下首秀】 1 月 24 日，北京海洋馆举办了"萌鱼星秀 · 炫动海洋"2014 年度活动启动仪式。场馆安排了"海洋十二生肖""群星贺岁""海洋好爸爸""爱与新生""另类萌主""鲸之歌""标本化石展"等主题展，推出了"海洋星秀""萌鱼星秀""欢乐星秀"等形态全新、内容丰富的表演节目。

（北京海洋馆）

【韩国森林休养讲座在京举行】 2 月 20 日，由市园林绿化局碳汇办主办的韩国森林休养讲座在京举行，韩国自然休养政策制定专家李周熙教授和规划设计专家郑永德为大家讲解了韩国的自然休养林发展历程、发展现状、政策体系和规划案例。近年来，市园林绿化局碳汇办通过国际合作，先后引进了流域治理、近自然森林经营、森林认证、森林景观恢复等园林绿化发展新理念、新技术，和韩国山林厅、美国林务局、德国技术合作公司、世界自然保护联盟、联合国开发计划署等单位建立了良好的合作关系。

（市园林绿化局）

【科普行活动走进房山佛子庄乡中心小学】 3 月 4 日，北京科学仪器装备协作服务中心与房山区科委、房山区周口店遗址博物馆、房山区少年宫共赴佛子庄乡中心小学开展科普行活动。学校师生 200 余人参加活动。本次科普行活动分为室内讲座和室外互动两种形式。室内讲座由周口店遗址博物馆组织，面向四年级和五年级的学生，为大家带来古人类历史知识讲座。

室外互动邀请到北京大钟寺古钟博物馆的编钟文化科普宣传车供一至三年级的学生进行现场体验。

（北京科学仪器装备协作服务中心）

【“关爱生命 关注肺癌”活动举行】 3月14日，市社区卫生协会召开了“关爱生命 关注肺癌”卫生健康科普知识进社区宣传巡展活动工作部署会议。城六区社管中心负责人、60所社区卫生服务机构的主管主任和全科医师和北京大学肿瘤医院的专家共计100余人参加。会上，市社区卫生服务管理中心副主任张向东就活动的意义和社区居民掌握防控肺癌知识的重要性，结合社区卫生发展状况做了讲话；市社区卫生协会会长何永洁对本次巡展活动的实施方案（本次活动的主题、活动内容、活动形式以及时间安排）进行了全面的部署。

（市社区卫生协会）

【科普行活动走进平谷新立村】 3月19日，北京科学仪器装备协作服务中心联合平谷区科委、区知识产权局、区地震局及区妇幼保健院共赴平谷区南独乐河镇新立村开展科普行活动。新立村村民100余人参加活动。活动邀请北京口腔医院流动科普口腔车的医生为村民检查牙齿，并通过展板和牙齿模型的方式现场指导村民，普及有关科学保护牙齿的知识。

（北京科学仪器装备协作服务中心）

【全民科学素质纲要实施工作会召开】 3月24日，全民科学素质纲要实施工作会召开，市全民科学素质纲要实施工作办公室各成员单位、各区县政府主管领导和区县科协主要领导参加了会议。会议由副市长戴均良主持。市纲要实施办主任、市科协党组书记、常务副主席夏强汇报了“十二五”以来北京市全民科学素质纲要实施工作情况，对2014年全民科学素质纲要实施工作进行部署，并代表市纲要实施办分别与全市的16个区县政府签订了落实全民科学素质行动计划纲要共建协议。

（市科协）

【百村农民科学素养提升行动暨科普之春活动启动】 3月26日，北京市百村农民科学素养提升行动暨北京市科普之春活动在通州区西集镇史东仪村启动。市科协副主席周立军出席启动仪式。百村农民科学素养提升行动从3月开始，以专家科普讲座为主要形式，深入13个区县的100个农村，向农民进行农业生产、医疗健康、食品安全等领域的面对面的科普宣讲。同时，微信有奖答题、手机报阅读等各种掌上科普形式加入活动中。本届科普之春活动以“科普惠农 科技兴村”为主题，从3月到5月，在全市13个郊区县同时开展。

（市科协）

【科普行活动走进房山世界地质公园博物馆】 3月28日，北京科学仪器装备协作服务中心与房山区科委、房山区世界地质公园博物馆、大钟寺古钟博物馆及北京天文馆共同开展科普行活动。来自房山区长沟中学的200余名师生参加了本次活动。活动邀请了北京天文馆的科普大篷车和北京大钟寺古钟博物馆的钟琴文化科普车与学生们进行互动。

（北京科学仪器装备协作服务中心）

【科普行活动走进燕山社区】 4月9日，北京科学仪器装备协作服务中心与房山区科委、房山区燕山经信委共赴燕山东风社区和迎风社区开展科普行活动。社区居民300余人参加活动。活动邀请北京口腔医院的流动口腔科普车和大钟寺古钟博物馆的钟琴科普车与社区居民进行现场互动。

（北京科学仪器装备协作服务中心）

【第45个“世界地球日”主题宣传活动周启动】 4月22日，由市国土局、市科委、市地勘局、西城区政府主办，西城国土分局和北京育才学校承办的第45个“世界地球日”主题宣传活动周启动仪式在北京育才学校体育馆举行。北京师范大学10名志愿者和北京育才学校600余名学生参加了启动仪式。

（市科委科宣处）

【市环保志愿者协会成立】 4月22日，市环保志愿者协会成立，首批会员单位包括志愿者组织、新闻媒体、企业，以及环保知名人士和环保专家等近50人。该协会作为非营利性社团法人，旨在进一步提高市民环境意识，弘扬志愿服务精神，团结带领全市环保志愿者参与北京环境保护工作，为社会主义生态文明建设做贡献。

（市环保局）

【首届“4·29首都网络安全日”活动启动】 4月27日，以“网络安全同担，网络生活共享”为主题的首届“4·29首都网络安全日”活动在360总部举行了启动仪式，倡导首都各界群众和网民共同提高网络安全意识、承担网络安全责任、维护网络社会秩序。启动仪式上，市科委向360公司授予“2014年科普之旅开放单位”和“网络安全教育体验基地”牌匾。这是市科委第一次将网络安全为主题的场馆作为科普之旅开放单位，并将其列入科普之旅一日游线路。

（市科委科宣处）

【首届科普讲解大赛北京地区选拔赛举行】 4月27日，市科委在中国儿童中心举办了首届科普讲解大赛北京地区选拔赛。本次北京地区选拔赛，最终报名参赛的选手共有49名。比赛现场聘请联合国教科文组织卡林加奖获得者李象益教授等专家作为评审，并由北京市中信公证处全程进行现场监督公证，确保比赛公平公正。经过一天的激烈角逐，来自中国电影博物馆、中国铁道博物馆、中国航空博物馆等科普基地的6位选手最终晋级。

（市科委科宣处）

【科技政策法规宣讲团走进房山】 5月8日，北京科技政策法规宣讲团与房山区科委共同召开科技创新政策宣讲培训会，区内近百名科技企业相关负责人参加了培训。会上，市科委法规处、条财处、计划处、北京市高技术创业中心及市地税局分别就北京技术创新行动计划、首都科技条件平台、国家和北京市科技计划项目（课题）申报、国家高新技术企业申报及复审、企业研究开发费用加计扣除等政策进行了深入的解读。

（市科委法规处）

【“小梦想，大变革——纳米科技在中国”主题展览举行】 5月13日至6月20日，以“小梦想，大变革——纳米科技在中国”为主题的专题展览在中国科技馆举行。该展览由中科院、中国科协、德国马普学会共同主办，分为宇宙、物质、生命、复杂性、大脑、健康、能源、社会等八大主题，预测科学技术如何在未来几十年改变我们的生活。展览采用图文、多媒体、互动模型等形式，向观众系统介绍了什么是纳米、纳米的特性，具体展示了石墨烯、石墨炔等“明星”纳米材料的应用，详细阐释了纳米技术在绿色印刷制造、诊疗一体化、肿瘤药物研发、水体净化等方面的实际应用。

（北京新材料发展中心）

【京城科普基地新增50家】 5月17日，2013年北京市科普基地授牌仪式在全国农业展览馆新馆内启动。年内，市科委、市科协新命名50家科普基地，使北京市科普基地达到293家。新命名的科普基地包括北京大学第一医院等医疗机构，香山公园等公园和自然风景区，以及中关村国家自主创新示范区展示中心和中关村科技园的高新技术企业。授牌仪式上，还颁发了2014年北京市科普工作先进集体和先进个人，2013年北京市科普基地讲解员大赛优秀讲解员、十佳讲解员等奖项。

（市科委科宣处）

【首届北京科技微电影大赛举行】 5月21日，首届北京科技微电影大赛颁奖典礼在2014年全国科技活动周暨北京科技周主场举行。共颁发了7个专项奖获奖作品，以农村生活为题材的作品《在山那边》突出了科技改变生活主题，摘得了最佳影片奖；球幕电影《星空音乐会》、科幻题材微电影《植被复兴》、动画题材作品《你不知道的科技通讯史》以及《独走边缘》《Find》《夏日童谣》6部作品分别获得了最佳创意奖、最佳剪辑奖、最佳人气奖、最佳导演奖、最佳编剧奖和“最佳制作奖”。中国电影博物馆、北京电影学院现代创意媒体学院等5家单位获得本次大赛的最佳组织奖。

（市科委科宣处）

【科普行活动走进西直门南小街社区】 6月13日，北京科学仪器装备协作服务中心与市科委人才交流中心、西直门南小街社区共同开展科普行活动。来自社区的50余位居民参加了本次活动。活动邀请北京语言大学的张宝明教授为大家带来“识姓氏 认祖先 圆凝聚中华梦”

的科普文化讲座。

（北京科学仪器装备协作服务中心）

【科普行活动走进平谷阳光社区】 6月17日，北京科学仪器装备协作服务中心与平谷区科委、平谷区地震局、平谷区知识产权局在平谷区阳光社区开展科普行进社区活动。来自社区的100余位居民参加了本次活动。活动共发放《绿色出行文明交通》《走进博物馆》《保护环境随手可做的101件小事》《科普影视集萃》，以及防震减灾和知识产权等宣传材料600余份，展出展板11块，受益人群100余人次。

（北京科学仪器装备协作服务中心）

【市科普基地科普行之安全体验周活动举行】 7月8—12日，由中国妇女儿童博物馆和市可持续发展科技促进中心主办的市科普基地科普行之安全体验周活动，在北京市科普基地——中国妇女儿童博物馆举行。全国妇联书记处书记、中国妇女儿童博物馆馆长邓丽，市科委副主任朱世龙等出席了此次活动，并与首都数百名儿童一同参观、互动，学习火灾逃生、应急救援、禁毒防毒等安全教育知识。这次情景式安全体验周活动，通过实地参观、互动体验、专题讲座、模拟演练等形式，精彩呈现火灾逃生、应急救援、禁毒防毒等安全教育知识，让公众亲身感受到惊险刺激的同时，普及了安全知识，提高公众的安全意识。

（市科委科宣处）

【第十六届北京科普之夏活动举行】 7月18日，由市科协主办的第十六届北京科普之夏活动启动仪式暨“美丽北京 魅力科普”科普超市行活动在朝阳区南磨房社区心连心广场启动。本届科普之夏以“提高科学素质 乐享美好生活”为主题，聘请范春平、范志红、王蓝一、朱定真等公众熟知的专家为科普志愿行动形象大使。启动仪式现场举行了营养搭配互动、健康生活咨询、气象环保宣传、青少年科普体验、信息化科普展示、科学秀场表演等6个板块、30余项科普活动，吸引了众多社区居民参与。本届科普之夏活动从7月开始陆续在全市16个区县开展，至9月结束。

（市科协）

【“地球号方舟”在麋鹿苑建成】 7月25日，由北京麋鹿生态实验中心承接的市财政2013年追加项目“北京麋鹿生态实验中心科普设施——地球号方舟建设”在麋鹿中心通过项目验收，标志着麋鹿中心又一大型科普设施——“地球号方舟”正式完工并开始对外开放。“地球号方舟”是麋鹿苑内原科普设施“诺亚方舟”的升级版。不同于木制的“诺亚方舟”，“地球号方舟”采用钢筋水泥结构，外表为水泥仿木装饰，外侧地面辅以星空装饰。船体分上下两层，下层船舱中以地球、动物、环保等科普知识装饰。游客可以从围绕船体分布的舷窗中看到船体内部的环保知识。

（北京麋鹿生态实验中心）

【第十一届北京百万家庭数字生活技能大赛决赛举行】 9月10日，第十一届北京百万家庭数字生活技能大赛家庭赛决赛在北京航空航天大学晨兴音乐厅举行。从北京市16支区县代表队中脱颖而出入围决赛的6支代表队，石景山区获得一等奖，朝阳区、大兴区获得二等奖，丰台区、怀柔区、海淀区获得三等奖。

（市科协）

【北京发明创新大赛八届项目回顾展举行】 9月13日，由市方志馆、北京发明协会和市职工技术协会共同举办的发明创新的“星光大道”——北京发明创新大赛八届项目回顾展（2006—2014）在市方志馆开展，展期为100天。大赛自2006年以来，共收到社会参展项目7943项，8届大赛共奖励项目970项，回顾展遴选历届北京发明创新大赛优秀获奖项目百余项进行展示。此次展览分为两季，每季50天。第一季主要展示影响力较大的发明成果，分2个展区：奇思妙想巧创意展区与成果转化创效益展区。第二季主要展示大赛中源于生产一线和生活中的发明、惠及民生的发明，分为5个展区：退休老人发明展区、一线职工发明展区、青少年发明展区、大项目中的巧发明展区和百姓发明展区。

（北京发明协会）

【科普行活动走进房山区青龙湖镇中心小学】 9月18日，北京科学仪器装备协作服务中心与房山区科委、房山区教委、北京科技教育促进会、北京自然博物馆等到房山区青龙湖镇中心小学开展“牵手蓝天 我们在行动”科普行活动。学校师生200余人参加了本次活动。活动邀请到北京自然博物馆的“中生代王者归来”流动科普车,通过展板、标本模型、球幕电影播放、电子触摸屏互动体验等形式为学生们普及恐龙知识。

（北京科学仪器装备协作服务中心）

【北京科学传播创新与发展论坛举行】 9月19日,第十二届北京科学传播创新与发展论坛暨2014年北京科学嘉年华国际论坛在国际会议中心举行。本届论坛以“信息化·科学传播的新引擎”为主题,市科协副主席、中国科普作家协会副理事长周立军博士做了题为“让科学在网上流行起来——北京科学传播信息化建设的现状和未来”的主旨报告。在时代契机、前沿阵地、未来征程3个单元,分别邀请国家信息化专家咨询委员会委员宁家骏、阿根廷国家技术研究委员会科学影像中心协调官帕布罗·库纳特和美国“萝卜太辣”特别技术顾问约翰·索科尔做了分单元的主题报告。

（市科协）

【第十届老年科技日活动举行】 9月26日,由市科协主办的北京市科协第十届老年科技日在园博园举行。活动以庆祝新中国成立65周年,“与党同心,与祖国同行”为主题,分为主会场和4个分会场活动。分会场之一的北京科技社团服务中心“北京科技社团服务民生工程——科学健康人”项目首次利用新媒体、新形式、新手段与老科技工作者和百姓见面。

（市科协）

【获奖科学家科普大讲堂开讲】 10月20日,首期获奖科学家科普大讲堂活动在门头沟大峪中学举行,高一、高二的200余名师生参加了活动。首期主讲人为北京工业大学的陈树君教授,演讲主题是“建造翱翔太空的中国宫殿”。陈树君还向学生们介绍了我国载人航空航天事业的发展历程,展现了首都科技工作者十几年如一日,不断探索、勇攀高峰的爱国情怀和奉献精神。

（市科委计划处）

【“繁星之夜”大型天文科普活动落地北京天文馆】 11月29日,“繁星之夜”天文科普活动首次在中国举行。本次活动由北京天文馆、北京外国语大学—墨西哥国立自治大学墨西哥研究中心和中国国际广播电台共同主办。活动中,来自墨西哥国立自治大学、北京大学以及北京天文馆的天文学家通过讲座、创意工坊和望远镜观测等形式向公众普及丰富有趣的天文知识。近2000人参加了活动。

（北京天文馆）

【中国古动物馆举办“博物馆之夜”活动】 12月1日,中国古动物馆举办“博物馆之夜”纪念活动。在中国古动物馆新开辟的“科学讲堂”,浙江曙鱼、伍氏献文鱼、半甲齿龟、顾氏小盗龙、中生代鸟胚胎、哈密翼龙蛋、札达三趾马、仙兽、阿喀琉斯基猴等近20件珍贵标本展出。12月2日,古动物馆的“中生代的吸血鬼——揭秘中生鳗的生活史”特展开幕。此外,中国古动物馆自主开发的古生物文化产品“中国恐龙知识扑克”也在当晚进行了简短而生动的发布仪式。

（中国古动物馆）

【2013年度北京地区科普统计数据发布】 12月30日,市科委发布了2013年度北京地区科普统计数据。统计数据表明,科普经费筹集额继续位居全国首位,科普人员持续增长,科技场馆建设有所增长,科普传播形式多样,以科技活动周为代表的群众性科普活动产生了广泛的社会影响。首都科普事业进入“新常态”,保持平稳发展。本次统计工作由市科委组织,统计范围为北京地区的中央国务院部门、市属委办局、人民团体和16个区县,共回收有效调查表1764份。

（市科委科宣处）

【首届“健康科学100分”微信互动平台活动举行】 年内,由市科委主办的首届“健康科学100分”微信互动平台活动举行。该活动是国内首个由政府推动,数十位全国医学专家共同为市民打造的科普新媒体互动云平台。该平台利用以微信、微博为代表的移动互联网客户端,构建由权威医学专家精心筛选包括心脑血管、糖尿病、妇科等10余个疾病领域的健康防治知识题库，采取趣味竞答的活动方式，提高大众的参与热情，增强参与者的健康素养。本次活动自7月25日启动，历时90天，在医学类科普方面取得了可喜的成绩。累计访问人数近10万次，累计答题人数超过6万人，累计注册人数达4万余人，为打造新媒体传播平台品牌“健康科学100分”取得了良好的开端，有效地将健康理念传递给每个市民。

（市科委生物医药处）

青少年科普工作

【走进北京曼可顿，探秘面包工厂】　1月15日，北京中芯国际学校C2－1班的部分学生和家长前往北京曼可顿食品科技有限公司参观学习。学生们到厂后，首先在公司工作人员的讲解下，了解了面包的发明及发展历史。接着在生产线参观走廊，学生们亲眼见证一个个面包从筛粉到最终成型。在自动化生产线旁，学生们认真倾听面包的生产流程，并不时提出问题与讲解员互动。在蛋糕制作环节，学生们在烘焙师傅的指导下，分离蛋黄、打发蛋白、和面、装袋、烘烤，经过将近一个半小时的体验，学生们终于品尝到自己亲手制作的蛋糕。上年，北京曼可顿食品科技有限公司被市科委、市旅游委命名为北京市科技旅游示范景点，随后成为北京外国语大学的社会实践基地。

（北京曼可顿食品科技有限公司）

【第十四届北京青少年机器人竞赛举行】　1月22—24日，由市科协和朝阳区政府主办的第十四届北京青少年机器人竞赛举行。竞赛主题是“诚信伴我成长，科技创造未来”，全市16个区县、儿童中心、市青少年科技馆共18个代表队，183支参赛队，492名学生，100余名领队教练，40名裁判员，80名志愿者，100多名工作人员，总计约800人参加决赛阶段活动。本届竞赛项目包括机器人综合技能比赛、机器人创意比赛、机器人足球比赛、FLL机器人工程挑战赛、VEX机器人工程挑战赛、ASC机器人能力挑战赛等6项，共产生61个一等奖、64个二等奖。

（市科协）

【第三十四届北京青少年科技创新大赛举行】
3月27—30日，以“感悟与分享——我的科学梦”为主题的第三十四届北京青少年科技创新大赛在北京工商大学良乡校区举行。大赛总计30余万人参加各项活动，经学校推荐、区县评审，1885项优秀学生竞赛作品参加市级初评，最终评选出小学生科技创新项目一等奖32项，二等奖65项，三等奖88项；中学生科技创新项目一等奖91项，二等奖208项，三等奖273项；国际项目一等奖18项，二等奖18项；少年儿童科学幻想绘画项目一等奖83项（前30名报送全国大赛），二等奖181项，三等奖251项；青少年科技实践活动一等奖10项，二等奖26项，三等奖28项；科技辅导员创新成果发明类23项作品，一等奖4项，二等奖8项，三等奖11项；方案类55项作品，一等奖20项，二等奖18项，三等奖17项；制作类46项，一等奖6项，二等奖14项，三等奖26项；并评出十佳优秀科技辅导员。

（市科协）

【全市中小学主管科技副校长专题培训班开班】　4月9日，由市教委人事处委托北京科技教育促进会组织开展的2014年北京市中小学主管科技副校长专题培训班（郊区县中小学班）开班。来自全市的100多名中小学主管科技教育副校长参加培训。本次培训通过开设破冰之旅——科技教育浅析、国外科学实验教学理念与实践、科技发展与文明传承、科学活动体验——天文观测、科技教育活动主题沙龙、创新思维培养与训练等课程，对中小学主管科技教育副校长进行科学素养的提升和动手实践能力培养的培训。根据2014年北京市中小学干部培训市级项目培训计划，2014年北京市中小学主管科技副校长专题培训将开设城区中小学主管科技教育副校长培训班、郊区县中小学主管科技教育副校长培训班，计划完成200

多名中小学主管科技副校长的培训目标。

（北京科技教育促进会）

【全国中学生天文奥林匹克竞赛决赛举行】 4月16—20日，由北京天文学会、中国天文学会普及工作委员会、北京天文馆等单位主办的2014年全国中学生天文奥林匹克竞赛决赛在北京顺义举行。来自全国近20个省、市、自治区的103名中（小）学生以及36名领队和观察员参加决赛活动。通过理论、望远镜实测、目视观测3个环节的比赛，最终18名同学获得金牌、19名同学获得银牌、18名同学获得铜牌。甘肃省定西市第一中学的李嘉轩同学获得高年组最佳成绩奖；青海省西宁市第一中学的陈箐泽同学获得低年组最佳成绩奖。闭幕式上还为在2014年全国中学生天文奥赛预赛中做出突出贡献的单位和个人颁发了优秀组织奖。决赛期间还进行了选拔赛，共有13名同学入选2014年国家队，经过7月的集训后，他们将代表中国参加年内举行的两项国际天文奥林匹克赛事（第八届IOAA、第十届APAO）。

（北京天文馆）

【第九届北京阳光少年活动启动】 4月23日，由市青少年学生校外教育联席会议办公室、市教委、市科委、校外教育协会主办，北京校外教育协会承办的第九届（2014）年北京阳光少年活动暨文化、科普进校园活动在北京二中亦庄学校启动。本届活动推出了110家单位组织开展的155项特色活动，并编印2014年北京阳光少年活动指南，由区县教委发至各个学校，为学校和学生有效选择、参与校外或课外活动提供帮助。

（市科委科宣处）

【6名选手参加首届全国科普讲解大赛获奖】 5月23—25日，以“科学生活 创新圆梦”为主题的全国科技活动周重大示范活动——首届科普讲解大赛在广东科学中心举行。市科委选拔推荐的6名选手脱颖而出，取得了2个一等奖、4个二等奖的成绩。本次大赛邀请中国自然科学博物馆协会名誉理事长、联合国教科文组织卡林加奖获得者李象益教授担任评委会主任。为保证大赛公平、公正、公开，本次大赛专门设立了监督组，对大赛评选工作全程监督。

（市科委科宣处）

【第五届北京市高中生技术设计创意大赛举行】 5月24日，第五届北京市高中生技术设计创意大赛暨全国邀请赛在北京四中落下帷幕。本届大赛的主题为“设计实践、创新发展”，内容有“悬臂梁结构模型”“服装再造设计”和“三维成型”三大项目。这三大项目均是北京四中通用技术课程内容在课外的延伸。北京14个区县的70所学校及来自5个外省11所学校的师生参与了此次活动。据统计，各校参加的项目共计176项，参与教师186人、学生476人，约1000人参与并观看了比赛。最终，北京市育英学校等5所学校获得悬臂梁挑战极限项目一等奖；北京市铁路二中等8所学校获得悬臂梁创意链接项目一等奖；首都师范大学附属密云中学、河南省郑州七中等6所学校获得三维成型项目的一等奖；怀柔一中等4所学校获得服装再造项目的一等奖。

（北京生产力促进中心）

【第六届北京青少年翱翔科学论坛举行】 6月11—19日，第六届北京青少年翱翔科学论坛举行。中科院院士林群、谭铁牛，教育部政策法规司副司长柯春晖、市教委主任线联平、市科委副主任朱世龙、北京教育科学研究院院长方中雄等领导出席了论坛。来自在京高校、科研院所、“翱翔计划”培养基地、区县教委、第六批学员及家长代表、论坛协办校的部分师生代表和大学生志愿者等近2000人次参加了本届论坛。本届论坛分为人文与社会科学、数学与信息科学、物理与地球科学、化学与生命科学4个分论坛。来自全市120所生源基地的323名第六批翱翔学员，通过导师评价、基地推荐、网上评价等环节，在论坛上对255项探究作品进行汇报。

（市科委科宣处）

【北京队夺得第十四届中国青少年机器人竞赛第一名】 7月19日，第十四届中国青少年机器人竞赛在乌鲁木齐市落下帷幕，北京代表队以10金4银2铜的成绩连续三年位列金牌榜首位。本届竞赛共有来自全国27个省、自治区、直辖市、新疆生产建设兵团的222支队伍、

594名选手、231名教练、56名裁判员参与。北京队共选派16支队伍,参加了全部5个项目的比赛,共摘得10枚金牌,北京市朝阳区科协被评为优秀组织单位,北京第二实验小学被评为优秀学校。北京理工大学附属小学的梁潆老师、北京市西城区展览路第一小学的王博老师被评为优秀教练员。

(市科协)

【北京队蝉联全国青少年科技创新大赛冠军】 8月25日,第二十九届全国青少年科技创新大赛总结会在京西宾馆举行。总结会上颁发了本届大赛学生项目一等奖、十佳辅导员和中国科协主席奖。北京代表队再获历史佳绩,连续13年取得全国第一的好成绩。本届大赛北京队获得13项一等奖(占全国一等奖比率超过22%,达到历史新高)、10项二等奖、3项三等奖。北京育才学校陈宏程老师和西城区青少年科技馆张亚老师荣获十佳科技辅导员称号。本届大赛共有来自31个省、市、自治区、新疆生产建设兵团以及香港、澳门、军队子女学校共35支代表队的459名学生、203名科技辅导员参与。经过4天的比赛,学生项目共评选出一等奖59项、二等奖134项、三等奖144项。北京青少年科技中心还负责组织北京市五中、北京市三十五中、北京市六十五中、东直门中学4所学校230余名师生观摩大赛总结会。

(市科协)

【第十四届明天小小科学家北京队蝉联冠军】 10月29日,由中国科协、中科院、中国工程院、国家自然基金委和香港周凯旋基金会共同主办的第十四届明天小小科学家奖励活动在北京市十一中落下帷幕。北京共有24位同学参加终评,人大附中的李一锦同学凭借智能组合光影系统赢得"明天小小科学家"称号,并获5万元奖学金。北京四中杨健钊和刘梦琪、北京八中师悦、北京一零一中赵星、人大附中陶安5位同学获一等奖,北京队还有10位同学获二等奖、8位同学获三等奖,再次蝉联全国冠军。

(北京青少年科技中心)

【青少年走进中国工程院活动启动】 11月14日,青少年走进工程院活动在中国工程院启动。中国工程院院士赵文津等专家及500名师生参加了活动。师生们参观了中国工程科技成就展馆、院士展馆、联合国教科文组织国际工程科技知识中心、院士书画展室及节能科技楼,观看了中国工程院专题片《天命》,聆听了赵文津院士以"我的人生感悟——谈青年人成长"为题所做的报告,并与赵文津、徐德龙两位院士积极互动。

(北京青少年科技中心)

【第三届首都大学生科技创新作品与专利成果展示推介会举行】 12月6—7日,第三届首都大学生科技创新作品与专利成果展示推介会在北京建筑大学大兴校区举行。京津冀三地共有55所高校参加,展出大学生科技创新作品、专利成果、文化创意作品、创业计划书和优秀论文共计536件。活动期间对8个创新金奖项目进行现场推介,并与企业代表、投资机构、科技园区孵化机构等互动交流;邀请相关专家就创业就业、大学生职业生涯规划等主题与大学生面对面进行交流;邀请高校、大学生、企业和政府部门代表召开座谈会,倾听对活动的意见和建议,进行面对面的互动交流。市知识产权局在活动现场设置了专利申请受理绿色通道,并提供知识产权保护等相关咨询服务。共有3名大学生通过专利受理绿色通道提交7项专利申请,5所高校共6个科研项目与6家企业签订合作意向书,10所高校被评为最佳组织奖,11个大学生科技创新成果被评为创新金奖。

(市科协)

【第二十届北京市中小学生自然科学知识竞赛举行】 12月28日,由市科委、市科协、市教委主办的第二十届北京市中小学生自然科学知识竞赛决赛在北京育才学校落下帷幕。全市共有约8万名中小学生参与网上答题,1万余名学生走进各家科普场馆参观博物馆、听取专家讲座,最终来自全市11个区县的31支代表队参加了本次比赛。比赛分高中、初中、小学3个组进行。经过激烈的角逐,高中组、初中组和小学组冠军分别由丰台区代表队、东城区代表队和东城区代表队夺得。另外,北京天文馆为本次竞赛设置了天文星光奖,周口店北京人遗址博物馆设置了周口店遗址小卫士奖。最后,高中组天文星光奖被西城区代表队摘走,初中组和小学组的这一奖项分别由石景山区代表队和东城区代表夺得,周口店遗址小卫士奖由丰台区、东城区和延庆县获得。

(市科协)

重点科普活动

【科普工作联席会议召开】 5月5日,2014年市科普工作联席会议在市政府召开,会议由市科普工作联席会议副主席、市政府副秘书长朱炎主持,市科普工作联席会议副主席、市科委主任闫傲霜通报了2014年北京市科普工作先进集体和个人评比表彰情况,市科普工作联席会议主席、副市长张工出席会议,市科普工作联席会议41家成员单位的负责人参加了会议。会上播放了上年度全市科普工作和全民科学素质纲要实施工作总结视频。市科委副主任朱世龙汇报了2014年北京市科普工作要点和全国科技活动周暨北京科技周主场方案,市科协副主席周立军汇报了2014年北京市全民科学素质行动计划任务分工和北京科技周总体情况。上年,根据对市科普联席会议成员单位和各区县的初步统计,全年共开展北京科技周、全国科普日等市级大型科普活动30余项,1900万人次参与;举办科普讲座2.95万场,听众达230万人次;放映科普影片、录像片5.20万场,观众达1000万人次;举办科技竞赛1653场,314余万人次参加;全市公民具备基本科学素质比例为12.44%,提前完成了市委、市政府《关于深化科技体制改革 加快首都创新体系建设的意见》所确定的2015年"超过12%"的目标。会议对上年全市科普工作和全民科学素质纲要实施工作予以肯定,并就2014年全市科普工作要点、北京市全民科学素质行动计划纲要实施方案2014年任务分工、北京科技周方案进行了讨论。

(市科普工作联席会议办公室)

【2014年全国科技活动周暨北京科技周主场活动举行】 5月17—24日,2014年全国科技活动周暨北京科技周主场活动在全国农业展览馆新馆举行。本届科技周主场活动为大家讲述了十大科普故事,塑造了26个胡同,奉献了450余项科技成果和科普项目。组委会根据观众参与度和媒体关注度,从农庄、出行、居家、社区、健康、航天、军事、创意、发明、实验室等十大故事板块以及科普产品交流展中,评选出了22个最受公众喜爱的科普项目。期间,共推出公众参与创新北京行动计划(第一季)、北京发明创新大赛启动仪式、北京科技微电影大赛颁奖等44场活动,播放科普电影24场。现场参与体验的观众达16万人次;通过两天电视直播观看活动的市民达64万人次;新华网、新浪网、中国科技网等网络新媒体直播的点击率达800万次。

(市科委科宣处)

【科普之旅起航】 5月17日至10月31日,由北京市科委主办,天津市科委、河北省科技厅支持,北京科普基地联盟承办的2014科普之旅活动举行。2014科普之旅以"开启创新圆梦之旅"为主题,整合京津冀地区200余家涵盖科技类博物馆、科技馆、科研机构、高等院校、企业在内的科普基地和科技资源开放点,重点推出北京地区25条一日游线路,及6条京津冀三地二日、三日游线路,力争使科普之旅成为集中展现京津冀创新能力与科技创新成果、科技与旅游相互融合的知名品牌活动,让大众在科技的海洋中体验科技、圆梦科技。

(市科委科宣处)

【第九届北京发明创新大赛启动】 5月18日,"中国移动杯"暨第九届北京发明创新大赛在北京科技周主场启动开赛,报名时间由当日开始至11月底共半年时间。本届大赛由中国发明协会指导,市科委和市总工会支持,北京发明协会与市职工技术协会共同主办,市妇女联合会、市学生联合会、市科研院等9家单位协办。大赛自2006年创办以来,已成功举办8届,成为社会各界广泛参与的公益性科技赛事,被誉为百姓的“科技星光大道”。本届大赛设立特等奖 1 项、金奖 20 项、银奖 50 项和铜奖 129 项。

（北京发明协会）

【北京创客科普季启动】 7 月 28 日,由市科委携手中国科技金融促进会共同发起的北京创客科普季正式启动。市科委副主任朱世龙,中国科技金融促进会理事长王元等领导出席活动。作为国内首次以创客为主题的公众化大型科普专题活动,启动仪式以“人人科技梦想工厂”为主题,正式拉开了北京以创客为代表的公众参与科技创新的大幕。来自科技领域、投融资领域、创客领域、公众创新代表等百余人参加了启动仪式。与此同时,作为北京创客科普季核心活动——北京创客孵化大赛在线上推广平台星云工厂同步启动。在启动仪式上,市科委推出了公众创新科技金融支持计划,发布了中国创客发展蓝皮书研究项目和首部以创客为主题的科普微电影。

（市科委科宣处）

【全国科普日工作北京主场活动举行】 9 月 20—26 日,2014 年全国科普日北京主场活动在中国科技馆新馆举行。本次活动由中国科协、教育部、科技部、中科院、市政府联合主办,活动内容包括 4 个部分:一是围绕创新引领未来,重点开展创新驱动发展战略、创新促进发展方式转变、前沿科技创新发展等方面的科普活动;二是围绕创新改变生活,重点开展科技创新成就、科学精神及创新成果在生产生活中的应用等方面的科普活动;三是围绕创新在我身边,重点开展科技创新的基本常识、基本方法,以及公众身边的创新创造等方面的科普活动;四是围绕创新圆我梦想,重点开展公众自主参与科技创新创造、科技创新对公众工作生活的帮助、公众对创新创造的期待等方面的科普宣传活动。

（市科协）

区县科技

海淀区

【概况】 2012 年，中关村科技园区海淀园与海淀区科委合署办公，成为海淀区政府统一领导、协调海淀园建设管理工作和区科技工作的部门，海淀园全面进入跨越式发展新阶段。海淀园为中关村国家自主创新示范区一区十六园总体布局的核心区，是中关村科技园区的发源地，是中关村战略性新兴产业策源地，是中关村人才特区、国家级科技与文化融合示范基地、国家级科技金融创新中心。核心区的发展目标是：到 2015 年，初步建成具有全球影响力的科技创新中心；到 2020 年，全面建成具有全球影响力的科技创新中心。全年，海淀园经济稳步快速增长，科技创新能力明显增强。核心区规模以上高新技术企业总收入达 1.44 万亿元，同比增长 19%，是 2009 年 2.5 倍，占中关村示范区的 40%，占全国高新区的 1/7 左右。工业总产值同比增长 20%；企业研发强度预计达 4.2%，高于中关村示范区整体水平；发明专利授权量达 1.1 万件，同比增长 5.1%，占北京市 49.6%，每万人发明专利拥有量达到 150 件，是全国每万人发明专利拥有量 4.9 件的 30 倍，高于美国硅谷地区；实现技术合同成交额 1367 亿元，同比增长 9.5%，占全市的 40%，占全国高新区的 1/7 左右。核心区已成为首都创新发展的重要引擎，在全市经济转型发展中扮演着越来越重要的角色。2014 年国家科技奖评选中，海淀区驻区单位作为第一完成单位，共有 56 个项目分获国家自然科学奖、国家技术发明奖和国家科技进步奖（通用项目），占北京市通用项目获奖总数的 68.3%，占全国通用项目获奖总数的 17.6%。

（海淀园管委会）

【"三下乡"活动开展】 1 月 22 日，海淀区 2014 年文化科技卫生"三下乡"活动在上庄镇李家坟村启动。区科协为当地村民送去科普书籍《颐享百年不是梦》《为您简释"转基因"知识》，以及科普光盘《健康生活》等宣传品，并展出《引水知源——南水北调工程》科普展板。区科协还与苏家坨镇科协共同组织开展针对未成年人的科普巡展。

（李　纯）

【海淀区获第十四届北京青少年机器人竞赛 18 个奖项】 1 月 22—24 日，在第十四届北京青少年机器人竞赛上，海淀区获一等奖 2 项、二等奖 11 项、三等奖 5 项，海淀区科协获得竞赛优秀组织奖。

（李　纯）

【中法固废处理技术对接交流会召开】 2 月 12 日，海淀园对外合作处与法国驻华使馆和北京市可持续发展科技促进中心，在海淀科技大厦 iBridge 办公室召开了由中法两国 8 家环保企业参加的中法固废处理技术对接交流会。

（海淀园管委会）

【海淀区与中科院签署 5 项合作协议】 3 月 12 日，中科院与海淀区政府战略合作框架协议签约仪式举行。双方签署了包括《中国科学院、北京市海淀区人民政府战略合作框架协议》《中国科学院行政管理局、北京市海淀区人民政府合作开展社会治理工作框架协议》《中国科学院行政管理局、北京市海淀区人民政府合作办学框架协议》《中国科学院行政管理局、北京市海淀区人民政府合作共建北京市中关村医院框架协议》《中共北京市海淀区委宣传部、中国科学院科技政策与管理科学研究所战略合作框架协议》在内的 5 项协议，开启了双方全方位合作的新篇章。中科院副院长、党组成员张亚平等中科院领导，隋振江、孙文锴、李彦来、陈名杰、孟景伟、傅首清、徐永全、龚宗元等区领导出席活动。

（海淀园管委会）

【2014 年专家建议工作会召开】 3 月 20 日，区科协召开 2014 年专家建议工作会，总结 2013 年专家建议在科协系统决策咨询工作中发挥的重要引领和示范作用，部署 2014 年专家建议重点工作，表彰专家建议工作先进集体和先进个人。2013 年共编报专家建议 75 期，其中 10 项

建议分别获2013年度市科协系统优秀建议一、二、三等奖，约占全市获奖建议总数的三分之一。

（李　纯）

【海淀区第十六届科普之春活动启动】　3月27日，主题为“科普惠农 科技兴村”的海淀区第十六届科普之春主场活动在西北旺镇启动，活动现场摆放坚决向雾霾宣战及自然灾害认知与应急等系列展板，还在现场向居民发放有关资料及科普书籍。302医院组织了一个专家医疗队现场为群众义诊。市科普发展中心的手蓄电池、神秘的磁力、静电乒乓等一系列科普设施吸引了许多居民参与。中国林业科学院、军事文摘科学少年杂志社、奥景邑阳科技有限公司也参与本次活动。

（李　纯）

【第三十四届北京青少年科技创新大赛举行】　3月27—30日，第三十四届北京青少年科技创新大赛在北京工商大学举行，海淀区有3名同学获创新大赛的最高荣誉奖——市长奖；1人获十佳科技辅导员称号；4所学校获十佳科技教育创新学校称号。另外，获得中学项目一等奖20项、二等奖28项、三等奖26项，国内专项奖20项。区科协获得竞赛优秀组织奖。

（李　纯）

【科普工作联席会召开】　4月9日，区科协组织召开海淀区2014年科普工作联席会议，会议传达了北京市全民科学素质纲要实施工作会精神，并审议《海淀区2013年科普工作总结》《2014年海淀区科普工作要点》和《2014年海淀区科普项目征集方案》。2013年海淀区公开征集科普项目109个，通过专家评审、科普工作联席会议讨论通过，支持海淀区委宣传部文化创意产业协会、海淀区城管指挥中心、曙光街道办事处、人大附中、一零一中学等58个单位申报的项目，共资助金额达437万元。本区2013年公民科学素质比例达到19.67%，位居全市第一。

（李　纯）

【百度公司研发的全球首个开放大数据引擎发布】　4月24日，在第四届技术开放日上，百度公司正式宣布对外开放大数据引擎。这意味着包括开放云、数据工厂、百度大脑三大组件在内的核心大数据能力开放，通过大数据引擎向外界提供大数据存储、分析及挖掘的技术能力，这也是全球首个开放大数据引擎。

（海淀园管委会）

【羲和系统成果中关村合作对接会召开】　4月25日，中关村卫星导航与位置服务科技创新平台战略合作签约暨羲和系统成果发布会在核心区展示中心召开。科技部国家遥感中心、中关村科技园区管委会，海淀园管委会领导及导航与位置服务产业的专家组成员与相关企业代表约150余人参加会议。会上，羲和系统室内外高精度定位导航信号正式播发。羲和系统作为《导航与位置服务科技发展“十二五”专项规划》的主要成果之一，已具备室外亚米级、室内优于3米的无缝高精度定位导航能力。此外，羲和系统成果与中关村高新技术企业对接，将发挥园区高新技术企业的技术创新优势，利用羲和系统高精度室内外定位信号，开发位置服务的新系统、新产品、新服务，培育新的信息消费增长点，增强核心区企业自主创新能力和核心竞争力。

（海淀园管委会）

【科普工作者培训班开班】　4月25日，区科协与区科技中心共同举办2014年海淀区科普工作者培训班。中国科普研究所、中科院网络中心、果壳网等单位的专家分别做了题为“科普活动的策划与设计”“互联网的科普之旅”“怎样结合社会热点开展科普活动”的讲座。来自各街镇科协干部、社区科普工作者、科普基地工作者、学协会科普工作者近百人参加培训班。

（李　纯）

【闪联参与打造我国智慧城市投资第一阵营】　5月9日，闪联携手东华软件、立思辰等14家企业，发起迄今为止我国智慧城市投资最大的中国智慧城市投资联合体。首届联合体轮值主席由东华软件董事长薛向东担任。联合体成员主要由东华软件、综艺股份、碧水源、烽火通信、桑德集团、立思辰、闪联等十几家上市公司、行业龙头企业和投资公司组成。他们将与智慧城市产业链各方携手，形成聚合效应，突出资本、技术和人才优势，致力于中国智慧城市的投资建设，促进智慧城市的健康发展。

（海淀园管委会）

【第十七届北京科博会中关村创新论坛举行】 5月14日，由中关村管委会、海淀区政府、北京贸促会共同主办，中关村海淀园管委会、中关村杂志社承办的第十七届科博会中关村创新论坛举行。全国政协原副主席阿不来提·阿不都热西提到会致辞。本届中关村创新论坛以“科技与文化融合”为主题，到场专家学者对中国的创业生态系统、产业结构调整、科技与文化协同发展等议题进行了探讨。与会专家学者认为，在创新全球化的今天，营造一个良性循环的创新创业生态系统显得尤为重要。创业生态系统已经成为中关村的核心竞争力，成为中关村独特的环境要素。参加主题论坛的中国高新技术产业开发区协会理事长张景安、北京市海淀区副区长孟景伟、中关村创新文化发展促进会理事长夏颖奇、以色列创业家什洛莫、斯坦福大学教授韩诚分别就建设富有活力的创新创业生态系统提出各自的见解。

（海淀园管委会）

【区政府与北银消费金融公司签署《战略合作备忘录》】 5月26日，区政府与北银消费金融公司签署《战略合作备忘录》，标志着区政府与北银消费金融公司的合作进入了一个新的阶段。备忘录由副区长孟景伟与北银消费金融公司总经理宋文昌分别代表双方签字。

（海淀园管委会）

【中关村健康医疗服务创新产业技术联盟成立】 5月30日，中关村健康医疗服务创新产业技术联盟在京交会健康医疗服务创新产业大会上揭牌。联盟由博奥生物、慈铭健康、北大医疗、同仁堂健康、京东商城等9家单位发起，成员单位包括健康管理、医疗服务、大数据分析、医学检验、移动医疗、金融保险等领域的重点企业和行业组织共计27家。联盟名誉理事长单位为博奥生物，第一任理事长单位为慈铭健康，联盟秘书处设在慈铭健康。

（海淀园管委会）

【区政府和中关村互联网金融研究院签署战略合作签约】 6月1日，区政府与中关村互联网金融研究院战略合作计划在北京国家会议中心发布。海淀区金融服务办公室相关领导和中关村互联网金融研究院院长、著名经济学家贾康代表双方签署战略合作签约。区政府委托中关村互联网金融研究院进行系列课题研究，包括通过监测互联网金融机构运行数据、建立风险预警及指数模型，借助各地区经济、金融发展指标以及案例研究等方式完成互联网金融风险防控体系建设及预警机制研究、互联网金融指数研究、互联网金融环境下微型金融机构竞争格局研究等多项研究工作。

（海淀园管委会）

【中关村创业大街在中关村核心区开街】 6月12日，中关村创业大街开街暨首届中关村创业大街创业季启动仪式举行。活动由中关村核心区（海淀园）管委会、中关村西区协调管委会、海淀区商务委、海淀区国资委主办，北京海淀置业集团有限公司、清控科创控股股份有限公司，以及两者共同投资成立的北京海置科创科技服务有限公司承办。中关村创业大街开启了中关村示范区发展新的里程碑。大街位于中关村西区，前身是海淀图书城步行街。中关村创业大街已汇聚车库咖啡、3W咖啡、36氪、Binggo cafe、联想之星、创业家等10余家创业服务机构，街区创业生态体系初具规模。

（海淀园管委会）

【北航—瑞士洛桑联邦理工学院空间技术中心成立】 6月12日，“北航瑞士日”举行当天，北京航空航天大学与瑞士洛桑联邦理工学院正式签署合作协议，共同成立北航—瑞士洛桑联邦理工学院空间技术中心。北航计算机学院吕卫锋院长与洛桑联邦理工学院瑞士空间中心主任沃尔卡·盖斯教授作为中心的双方负责人代表两校在协议上签字。

（海淀园管委会）

【2014创启未来国际青年科技创业大赛举行】 6月25—26日，由区政府、北京大学作为指导单位，中关村科技园区海淀园管委会、北大科技园主办的2014创启未来国际青年科技创业大

赛总决赛在北大博雅国际酒店举行，进入决赛的65个项目参加总决赛。本次大赛的主题是节能环保，大赛将每年围绕一个热点创新主题，挖掘多个热点创新项目，支持热点行业创新发展。本次大赛设成长组和初创组两个组别，分别设一、二、三等奖，导师带队分组比赛。经过最终角逐，来自上海的全佳科技有限公司获成长组一等奖，获得30万元现金及价值10万元的黑马训练营名额1个，微能高芯团队获初创组一等奖，获得10万现金和10万房租+15万北大创业训练营+5万创业补贴的奖励。另外有10个公司和团队分别获二、三等奖，并获得了不同等级的奖金及其他奖励。

（海淀园管委会）

【中关村核心区首个军民融合产业园成立】 6月27日，第二炮兵装备研究院与海淀区签订全面贯彻军民融合发展战略合作协议，中关村核心区首个军民融合产业园挂牌成立。

（海淀园管委会）

【国家工程实验室云计算与虚拟化平台成立】 7月13日，计算机病毒防治技术国家工程实验室——云计算与虚拟化平台病毒防治技术研发与试验平台在北京中关村海淀园企业瑞星公司正式挂牌成立。新成立的国家工程实验室下设九大基础工作平台，包括计算机病毒监测预警及应急处理平台、移动互联网病毒防治技术研发与试验平台、下一代互联网病毒防治技术研发与试验平台、云计算与虚拟化平台病毒防治技术研发与试验平台、APT威胁分析及攻防实验平台、信息技术产品安全性检测与验证平台、重要信息系统安全监测平台、网络安全漏洞发现与验证平台、重要行业专网恶意代码防范验证平台。

（海淀园管委会）

【第三届科协文化——中关村论坛举行】 7月16日，区科协举办了以“科协文化的内涵与价值”为主题的第三届科协文化——中关村论坛。本届论坛阐述建设和发展科协文化的重要性，分析当前科协文化建设的现状，并讨论科协文化创新问题。论坛邀请5位专家、学者分别做了“把握团体血脉 构建精神家园”“科协文化的创新”等报告。区科协专家建议组成员、《科协文化》编委会专家、《科协研究》编辑部老师等50余位专家、学者参加了论坛。

（李　纯）

【百度葡语版搜索在巴西正式上线】 7月17日，百度在巴西正式上线葡语搜索，并整合百度旗下Hao123、Spark浏览器、百度杀毒等产品线，由人工智能和大数据基础架构为葡语搜索服务提供技术支撑。巴西科技和创新部部长Clelio Campolina Diniz与百度共同签署合作协议，百度将在巴西建立研发中心。

（海淀园管委会）

【中国移动互联网青年创新创业孵化基地落户海淀创业园】 8月15日，北京首个中国移动互联网青年创新创业孵化基地在海淀创业园创客总部揭牌。中国移动互联网基地、北京移动、海淀创业园、创客总部以及移动互联网公司的代表共同出席揭牌仪式暨中国移动开发者俱乐部主题沙龙。

（海淀园管委会）

【我国首颗AVS+高清编码芯片研制成功】 8月22日，由中关村海淀园企业北京博雅华录视听技术研究院有限公司和北京大学数字视频编解码技术国家工程实验室合作研制的全球首颗AVS+高清编码芯片博华芯BH1200在北京研制成功。BH1200是一款专业级AVS+高清编码芯片，支持1路高清或4路标清视频的实时编码，于下半年正式量产。

（海淀园管委会）

【北京协同创新研究院成立】 8月28日，北京协同创新研究院在海淀区正式宣布成立。市委常委、教工委书记苟仲文，北京大学党委书记朱善璐，北京大学副校长陈十一，市科委主任闫傲霜，海淀区委书记隋振江等领导出席揭牌仪式并发表讲话。未来3～5年，北京协同创新研究院将以创新体系建设为核心，采取开放式、集团式的方式，“整合一批国内外一流大学，聚集一批世界一流高端人才，创造一批世界一流科技成果，培育一批世界一流高科技企业”，预计吸引聚集国内外著名大学（院所）10所以上，各类高端精英人才达到800人左右，其中领军人才

100 人左右;每年培养高端创新创业人才 100 人以上,创造具有核心竞争能力的重大技术 20 项以上,新增创新创业企业 10 家以上;为北京 100 家左右的企业提供技术支撑,支持产业规模 500 亿元以上。

(海淀园管委会)

【国家大学科技园研究会成立】 8 月 28 日,由清华大学国家大学科技园、北京航空航天大学国家大学科技园等 14 家单位共同发起成立的国家大学科技园研究会,在第六届启迪创新论坛暨全球科技园区领导者圆桌会议上正式揭牌。国家大学科技园研究会发起单位包括清华大学、北京大学、北京航空航天大学、浙江大学、东南大学、西安交大等 14 所高校的国家大学科技园。

(海淀园管委会)

【清华科技园推出全球首部《区域创新服务标准体系》】 8 月 28 日,在清华大学举行的第六届启迪创新论坛暨第二届全球科技园区领导者圆桌会议上,启迪控股依照国家关于服务业标准体系建设标准的要求,在充分总结提炼清华科技园 20 年的建设运营实践经验的基础上,推出全球首部《区域创新服务标准体系》1.0 版本。会上同时揭晓了“2014 中国城市创新创业环境排行榜”。

(海淀园管委会)

【中关村核心区军民融合产业联盟成立】 9 月 5 日,中关村核心区军民融合产业联盟正式宣布成立。会上发布了《海淀区推动科技产业军民融合发展三年行动计划(2014—2016 年)》。该联盟是在海淀区政府指导下,由军队及国防科技工业有关部门、高科技企业与高等院校、研究机构及技术服务机构自发组成的专业性合作平台,属于非法人联盟组织。

(海淀园管委会)

【中关村核心区创新创业服务平台启动】 9 月 19 日,中关村核心区创新创业服务平台启动暨 2014 年集中办公区授牌仪式在中关村展示中心举行。作为平台的一部分,《海淀区创新创业导航》也正式对外开放。《导航》手机 APP 版也已同步上线,用户可以通过创新创业服务体系信息平台下载全资源目录的 APP 并安装,查看相关模块。

(海淀园管委会)

【中关村协同创新服务平台启动】 9 月 24 日,中关村协同创新服务平台启动暨政策发布仪式在中关村国家自主创新示范区展示中心举行。平台网站创驿网正式上线,首批 13 家创新驿站获得授牌,近 50 位专家受聘创新导师。中关村管委会党组成员、副主任杨建华,市科委党组成员、副主任张光连等出席仪式。启动仪式由海淀园管委会常务副主任、区科委主任梁捷主持。

(海淀园管委会)

【中关村现代节能服务产业联盟成立】 10 月 19 日,中关村现代节能服务产业联盟成立会议在环球贸易中心召开。联盟由天壕节能、神雾环境、源深节能、硕人海泰能源、乐普四方、华北电力大学等单位发起成立,致力于发展循环经济和促进经济转型,建立能耗企业和全社会的节能服务体系,促进节能服务产业科技创新、商业模式创新,推动全国节能服务产业的发展。

(海淀园管委会)

【中关村智能硬件产业联盟成立】 10 月 22 日,中关村智能硬件产业联盟成立大会在中关村自主创新示范区展示中心隆重举行。会上,京东、百度等一批软硬件龙头企业自发成立了国内首家智能硬件产业联盟——中关村智能硬件产业联盟。同时海淀区会同中关村管委会在中关村西区打造国内首个智能硬件集聚区,逐渐形成“平台 + 投资 + 孵化 + 加速 + 品牌 + 推广”的完整产业服务链条,吸引智能硬件企业在核心区集聚,推动智能硬件产业从核心区腾飞。

(海淀园管委会)

【中关村核心区促进企业国际化发展三年行动计划发布】 11 月 13 日,区政府印发《中关村核心区加快先进工业发展三年行动计划(2014—2016 年)》,以加快推进区内工业转型升级和先进制造业等产业的发展。

(海淀园管委会)

【启迪控股在美国硅谷建立第二个国际孵化器】 12 月 16 日,启迪控股参与发起的美—中硅谷工程创新孵化器在美国加州硅谷圣何塞州立大学举行的美—中孵化器与投资合作论坛上揭牌成立。这也是启迪控股继 2012 年 4 月在硅谷建立首个美—中合作创源(Innospring)孵化器以来,在硅谷建立的第二个国际孵化器。

(海淀园管委会)

【中关村虚拟现实空间暨 Strong VR 成立】 12 月 22 日,中关村虚拟现实空间暨 Strong VR 成立启动仪式在北京上地信息产业基地实创创新孵化中心举行。来自虚拟现实相关领域的行业专家、投资人、厂商代表以及入驻团队代表参加启动仪式。

(海淀园管委会)

【第四次区域院士统计调查】 年内,区科协组织力量对区域内的院士状况开展第四次统计调查,截至 4 月底,在海淀区域内工作或居住的两院院士总数为 573 名。其中中科院院士 327 名;中国工程院院士 246 名。海淀区域内两院院士数占全国两院院士总数的 37.09%,占北京市两院院士总数的 78.28%。

(李　纯)

【海淀区成立首家医疗器械领域专业投资基金】 年内,海淀区首家医疗器械领域专业投资基金——天峰启航基金在海淀注册并开始运营,出资人包括天智航医疗科技有限公司、东升博展集团、中关村创业投资发展有限公司等机构和个人。基金依托中关村医疗器械产业技术创新联盟,侧重但不局限于投资海淀区的优质创业企业。该基金募集目标为 1.5 亿元,基金存续期最长为 9 年,已签署协议并转账的资金规模为 5500 万元。基金将为被投企业提供包括税收优惠、税收减免、贷款贴息、房租补贴、公共技术平台建设资助等附加服务。同时,天峰启航还整合了天智航、九芝堂、千金药业等区内外营销资源,为企业产品提供销售渠道,助力企业跨越发展。

(海淀园管委会)

【海淀区企业注册登记不再收费】 年内,海淀区在全市率先取消企事业单位组织机构代码的办证费用。随着这项费用的取消,海淀区企业在注册登记环节不用再向政府缴纳任何费用。海淀区质监局工作人员介绍,这笔钱将由区财政统一垫付,上缴中央财政。

(海淀园管委会)

【海淀区 130 人入选第十批"千人计划"】 年内,第十批中央"千人计划"入选名单公布。经初步统计,海淀区共有 130 人入选,占本批次北京市总入选人数的 66.7%。海淀区入选者中 8 人来自海淀园企业,4 位为创业类人才,4 位为创新类人才,占全市 28 名企业入选者的 28.6%。海淀区已有 744 人入选"千人计划"、205 人入选"海聚工程",126 人入选"高聚工程",分别占全市总入选人数的 67.8%、39.9% 和 66.7%;其中,海淀园企业累计入选人数分别为 93 人、190 人、126 人,分别占全市总入选人数的 8.5%、37.0% 和 66.7%。

(海淀园管委会)

【青少年科技人才培养】 年内,海淀区参加第十四期北京青少年科技后备人才早期培养计划,共选拔出 88 名优秀学生进大学、科研院所等国家实验室,参加青少年科技人才早期培养。海淀区科协获得优秀组织奖。

(李　纯)

【科普惠农、科普益民计划】 年内,区科协在市科协的科普惠农、科普益民两个计划工作中,共有 8 个优秀科普社区、2 个优秀科普基层场馆、1 个农村科普示范基地、12 个优秀科普宣传员、1 个农村科技服务专家获得市财政支持,获得奖补资金共 124 万元。另外,青龙桥街道林科社区、西三旗街道社区服务中心获得市科委社区科普体验厅建设项目资助各 30 万元。区科协通过申请市财政科普项目,经过招投标为 100 个社区配送价值 50 万元的科普图书。

(李　纯)

【编印科普读物】 年内,区科协编印了《药食同源》《坚决向 PM2.5 宣战》等 8 套科普展板共计 1568 块,相应科普小册子 7 万册,发放至各街镇及 30 个创建全国文明城区科普工作检查点位。

(李　纯)

【组织开展5项调研课题】 年内，区科协利用专家建议平台组织各科研院所、大专院校专家开展“空气污染对公众健康危害的调研和建议”“巩固平原造林成果，营造健康可持续发展的城市林业”“海淀区温泉镇地热综合开发调研与建议”“缓解北京市地铁高峰时段客流滞留拥堵的建议”“庭院绿化的生态文明建设”等5项调研课题，其中“海淀区温泉镇地热综合开发调研与建议”被海淀信息采用。“关于建设科学公园的建议”正式转化为市、区政府决策。

（李　纯）

东城区

【区科协常委会、全委会召开】 3月14日，区科协召开常委会、全委会，审议通过了区科协2013年工作总结和2014年工作计划要点，以及区科协委员及常委的调整方案。会议由区科协主席曹洪欣主持。区科协常委、委员、科协界别政协委员及街道科协专职干部共90余人参会，副区长许汇出席。在一届四次常委会上，通过区科协委员调整增补方案，调整委员23名，增补委员2名；通过区科协先进基层组织表彰方案。在一届四次全委会上，通报了委员调整增补情况；审议并通过区科协常委调整方案，调整常委5名；宣读了区科协东花市街道科协、医学会等学协会获得先进基层组织的表彰决定。

（李海曼）

【东城区12项科技成果荣获市科学技术奖】 3月25日，市政府在北京会议中心召开科学技术奖励大会暨2014年北京市科技工作会议，对2013年全市科技成果获奖单位和个人进行表彰。东城区共有东城区信息化工作办公室的“东城区网格化社会服务管理信息化支撑系统”等12项成果获奖，其中，包括一等奖2项、二等奖5项、三等奖5项。

（刘金静）

【第二批故宫文物修复企业研讨会召开】 4月2日，区科委召开故宫文物修复研讨会，故宫博物院文保科技部主任史昌宁、故宫博物院办公室主任郝寅栋，以及珐琅厂、玉器厂、象牙雕刻厂的负责人和有关技术管理人员参加了本次会议。会上，史昌宁就故宫前期文物修复工作和即将入场参加修复的3家企业主要承担的修复工作等情况进行了介绍，各参会企业针对自身特点，就如何更好地开展文物修复工作谈了各自的想法。

（刘金静）

【企业专利信息利用能力提升培训班开办】 4月3日，市知识产权局、区科委（知识产权局）在区委党校共同举办企业专利信息利用能力提升培训班。来自东城区专利试点（示范）企业、高新技术企业、专利技术交易企业等单位的70余人参加了培训。培训班邀请国家知识产权局专利文献部、北京合享新创信息科技有限公司、市知识产权信息中心的专家就专利文献知识、专利检索技巧与应用，企业专利管理、专利战略、专利预警与保护，专利信息分析方法及企业创新中的作用，北京市知识产权公共信息服务平台等进行辅导培训。

（刘金静）

【科技周活动举行】 5月17日，东城科技周主会场活动在龙潭公园举行。中国实验动物学会、中国麻风防治协会等20家单位，针对社会热点和群众需求，以科普游园的形式，通过展览展示、专家咨询、知识问答、互动体验等宣传手段，向广大居民普及健康知识、生态文明、节能减排、景泰蓝掐丝点蓝技艺、提取叶绿素实验等方面知识。活动展出展板200余块，发放宣传资料3万余份，5000余人受益。期间，围绕“科学生活 创新圆梦”主题和东城区发展战略，面向社区居民、青少年和机关干部，开展丰富多彩的科普活动200余项。

（李海曼）

【科技下乡活动举行】 10月28日，区科协为延庆县八达岭镇小浮沱村赠送了价值3万元的科普图书、电教设备等。区科协有关人员参观了村科普基地、养殖基地。

（李海曼）

【业务培训】 12月2日，区科委举办2014年科技工作业务培训会，来自企事业单位的近百人参加了培训。结合2015年东城区科技计划项目的征集，技术人员就新开发的东城区科技企业服务平台及其项目申报系统做介绍和答疑。北京市技术市场管理办公室就“技术市场优惠政策”做详细的讲解。

（刘金静）

【研究产业发展扶持新政策】 12月30日，副区长许汇召集区发展改革委、区科委（知识产权局）、区住建委、区产促局（金融办）、区财政局、中关村东城园、区文促中心等部门，研究商议关于国家知识产权交易运营管理服务中心落户事宜。各部门负责人梳理了现有产业扶持和促进政策以及东城区特色资源和个性化服务内容，并就下一步制定新的产业扶持政策和为驻区企事业单位做好服务保障进行深入研讨。会议决定，以国家知识产权交易运营管理服务中心建设为契机，各有关职能部门要按照上级政策改革总体要求，着手研究起草新的产业扶持政策，以确保东城区经济社会实现持续、快速、健康发展。

（刘金静）

【区内23家单位获得北京市专利试点单位验收】 年内，市知识产权局和区知识产权局根据《北京市企（事）业专利试点工作考核评价标准》规定，对东城区2013年参加北京市专利试点工作的单位予以验收，23家企事业单位全部通过考核验收。东城区累计已有近100家企事业单位通过验收。

（刘金静）

【“充电桩”新能源建设项目】 年内，区科委推荐的北京奇峰聚能科技有限公司研发的“基于储能飞轮技术的大功率快速电动汽车充电桩技术研究”项目获市科委立项并支持，专项资金292.8万元。该课题以储能飞轮为储能装置，充分利用储能飞轮慢充快放即小功率充电、大功率输出的典型运行特征，研制大功率快速电动公交车充电系统。

（刘金静）

【开展心理科普进社区活动】 年内，全区各街道举办心理健康相关讲座、咨询活动38场，向社区居民讲授化解家庭矛盾和社会矛盾、提高身心健康、构建和谐美满的工作和生活氛围的方式方法。此外，区科协通过心江湖网站向大众宣传心理健康知识。

（李海曼）

【开展社区科普益民计划】 年内，上年北京市社区科普益民计划检查工作完成。2014年社区科普益民计划组织实施，为8个社区配送图书、科普互动展品、数字科普视窗，并为获奖社区和场馆拨付益民计划专项资金40万元。2015年科普益民计划组织申报，9个社区、1个科普场馆、11名优秀科普宣传员获得奖励。

（李海曼）

【组织青少年机器人竞赛活动培训研讨】 年内，每月一次，区科协组织举办机器人基础知识系统的教师培训。根据学校活动开展情况，为20所中小学配备了价值9万元的比赛用机器人器材。

（李海曼）

【青少年科技教育活动成绩突出】 年内，区科协组织全区近百所中小学的学生参加青少年科技创新大赛、青少年机器人竞赛、自然科学知识竞赛、动手做竞赛等大型竞赛活动，7万余人次参与。在第三十四届北京青少年科技创新大赛中，东城区参赛队共获得14项一等奖，65项二、三等奖，1名教师获评北京市优秀科技辅导员。在第二十九届全国青少年创新大赛活动中，东城区获得5项一等奖、4项二等奖、3项优秀辅导员科技创新项目、1项优秀实践活动奖。

（李海曼）

【推荐第二十二届北京优秀青年工程师】 年内，区科协向市科协推荐第二十二届北京优秀青年工程师候选人2名，为东城区园林学会王广琦、东城区震动学会田小甫。两人均获得优秀青年工程师称号。

（李海曼）

【北京青年学术演讲比赛举行】 年内，区科协组织选手参加市科协举办的第十五届北京青年学术演讲比赛。北京市普仁医院梁磊获得一等奖，区科协已经连续三年获此佳绩。

（李海曼）

【金桥工程申报】 年内，区科协向市科协申报8个单位21项金桥工程项目，6个项目获得金桥专项资金支持。

（李海曼）

西城区

【西城区代表队在青少年科技活动中多次获奖】 1月，西城区组队参加北京市第十四届青少年机器人比赛，取得8个北京市一等奖，成绩在16个区县参赛队中排名第一，所有比赛中西城区均有队伍取得第一名。3月，在第三十四届北京青少年科技创新大赛上，西城区代表队共参与45个竞赛项目（涉及行为与社会科学、环境科学、地球与空间科学以及动物学等13个学科分类），62名同学参赛，共获得一等奖27项、二等奖20项、4个市长奖，1项十佳科技教师奖、2项优秀科技实践活动奖、3项十佳科技创新学校奖，参赛学生、获奖数以及金牌数均为全市第一。北京师范大学附属实验中学国际部高三学生万若萌参加第六十五届英特尔国际科学与工程大奖赛获得一等奖。10月，西城区代表队参加第十四届明天小小科学家奖励活动，获3个全国一等奖。

（西城区科委）

【区县科技专项通过验收】 3月21日，市科委组织专家对区科委等单位共同承担的区县科技专项"西城区区域经济与社会发展决策支持系统建设研究与示范"课题进行结题验收。该项目包含"西城区区域经济与社会建设指标体系及特色功能区评价标准研究""西城区区域经济与社会发展决策支持系统""西城区基层社会事业可持续发展对策研究""西城区科技协调员体系建设及模式创新研究""北京市西城区科技金融发展研究"5个子课题。课题研究历时1年多，形成研究报告6份、标准2个，发表科技论文1篇。

（西城区科委）

【西城区24个项目获市科学技术奖】 3月25日，北京市科学技术奖励大会召开，表彰获得2013年度北京市科学技术奖的233项科技创新成果。西城区有24项成果获得奖励，其中一等奖1项、二等奖3项、三等奖20项。

（西城区科委）

【开展"一对一"对接服务】 7月3日，首都科技条件平台西城工作站举办军民融合领域中心与北京欧诺嘉科技有限公司"一对一"项目对接活动。对接会上，欧诺嘉技术负责人介绍了公司的产品和运营情况，提出在发展过程中面临技术和资源整合等方面的问题，希望得到中心的帮助和支持。双方沟通后，中心就欧诺嘉发展过程中所面临的问题逐一提出解决思路和方案，并提出与欧诺嘉建立长期合作机制。双方在无人机与3D激光扫描仪技术集成应用项目上达成初步意向，并就3D激光扫描仪技术在数字城市、反恐、电影的应用研究与推广进行深入的探讨。

（西城区科委）

【世界知识产权组织中国办事处落户西城】 7月10日，世界知识产权组织中国办事处揭幕暨启动仪式在西城区举行。世界知识产权组织总干事高锐、市长王安顺和国家知识产权局局长申长雨在启动仪式上致辞。王安顺在致辞中表示，北京是全国科技创新中心，必须加快增强自主创新能力，大力发展知识产权事业。

（西城区科委）

【条件平台工作站走进孵化器】 7月24日，首都科技条件平台西城工作站在北京金丰和科技企业孵化器有限责任公司与孵化器内近20家企业负责人开展工作交流。参会企业代表对平台建设及服务提出了意见和建议，也分别介绍了各自的情况，重点探讨在发展过程中所面临的困难和亟待解决的问题。

（西城区科委）

【中心城区多级预警系统课题立项】 10月16日，市科委组织专家召开"中心城区多级预警系统研发与示范"课题立项论证会。该课题由西城区突发事件应急办公室组织实施,通过开展多级预警系统的研究,有助于完善"区—街道—社区"多级预警系统建设,开发人员密集场所和重点街区的预警信息系统,进一步提升预警能力。专家组一致认为该课题总体设计思路合理,技术路线科学,研究成果具有一定的针对性和推广性,建议立项实施。

(西城区科委)

【内联升知识产权维权胜诉】 11月20日,市高级人民法院对商标评审委员会及内联升公司关于商标异议提起的诉讼进行公开审理,商评委与内联升公司在此次案件中胜诉。老字号内联升的知识产权维权取得了法律的认可和保护。

(西城区科委)

【技术成交情况】 年内,西城区输出技术合同成交5445项,输出技术成交额129.8亿元,同比增长11.7%;吸纳技术合同5281项,吸纳技术成交额188.6亿元,同比增长85.45%。

(西城区科委)

【专利申请及授权量增长】 年内,西城区共申请专利28288件,同比增长21.6%。其中申请发明专利14741件,同比增长32.6%,占申请总量的52.1%;企业申请26210件,同比增长23%,占申请总量的92.7%。全年授权专利15102件,同比增长95.1%,其中授权发明专利1657件,同比增长52.3%,占授权总量的11%。

(西城区科委)

【专利费用减缓证明办理量增长】 年内,区知识产权局共办理专利费用减缓证明手续1274份,同比增长64.8%。其中发明634份,实用新型484份,外观设计156份。企业申请929份,占申请总数的72.9%。

(西城区科委)

【区科技计划项目申报】 年内,区科委组织申报科技计划项目,围绕电子信息、光机电一体化、生物医药、新材料、新能源与环境保护等领域,确定支持项目36项,支持金额420万元。

(西城区科委)

【企业信用及投融资体系建设情况】 年内,西城区77家企业通过中关村科技担保公司获得贷款担保,担保金额7.07亿元。中关村企业信用促进会会员企业新增21家,共有会员企业329家。

(西城区科委)

【年度可持续发展项目确定情况】 年内,区科委围绕公共卫生与健康促进、科技支撑社会建设、区域创新能力培育等领域开展科技项目示范,确定43项可持续发展项目,支持金额1455万元。

(西城区科委)

【科技条件平台工作站建设工作进展】 年内,首都科技条件平台西城工作站建立起动态的科技需求征集渠道,搭建供需对接合作交流平台,开展"首都科技创新券"的宣传和征集工作。截至年底,工作站成员总数达到71家,新增21家;累计推荐23名科技人才;6项科技成果入选《首都科技条件平台2014年度科研成果开放服务目录》。

(西城区科委)

【科技政策培训会召开】 年内,区科委与区生产力促进中心主办3场西城区科技培训会。针对科技协调员,围绕《北京技术创新行动计划(2014—2017年)》《北京市科技计划管理相关情况介绍》《北京市科技项目经费管理办法及预算评审原则》及《财政科技经费审计要点培训》进行专题讲座。培训会针对科技企业,围绕西城区支持科技企业相关政策等内容,邀请市相关部门的主管领导及相关领域的专家进行讲解和答疑。培训会中还向参会企业进行关于"技术合同认定登记受营改增影响"及"西城区科技企业培训意见"的问卷调查。来自区内近百家科技企业和科研院所的管理人员、技术骨干及科技协调员400余人次参加培训。

(西城区科委)

【科技人才资助申报】 年内,区科委组织开展西城区优秀人才培养资助项目推荐申报工作,经评审,6个项目获得资助,资助金额为30万元。

(西城区科委)

【高新技术企业发展情况】 年内,西城区国家高新技术企业达到386家。截至年底,西城园高新技术企业总收入达到1874.8亿元,同比增长76.8%。

(西城区科委)

【"老字号"知识产权维权服务】 年内,区知识产权局开展对"老字号"企业知识产权维权援助服务。针对荣宝斋、内联升等"老字号"企业长期被侵权假冒等现象,区知识产权局会同市知识产权局、市保护知识产权举报投诉服务中心、西城工商分局、大栅栏琉璃厂指挥部及法律界专家多次进行实地调研,就企业如何维权进行指导;加大宣传执法力度,建立联动机制;协助邀请法律专家做深入的对接与专业诊断,为企业的知识产权保护维权提供保障。

(西城区科委)

【科普能力建设进展】 年内,西城区建设西便门东里、爱民社区、三里河三小和丰盛社区及牛街青少年科普俱乐部5个街道级"智慧科学馆",为琉璃厂西街、煤炭、新康、石头、义达里、南新华街6个社区建立科普活动室;建设车公庄社区"科普展示平台"。科普"阳光书苑"为社区发放科普图书13000余册、科普光盘7650余套。"科普大篷车"进社区、学校和军营达40个单位。

(西城区科委)

昌平区

【概况】 全年,区科委以提升区域创新能力为目标,以增强科技服务能力为重点,结合区域发展优势,整合资源,鼓励创新,认真梳理各项工作,技术合同成交额、专利授权量保持全市前列。全区共登记技术合同1600份,完成技术合同额61.2亿元;1—11月份专利申请量6191件,专利授权量4110件(其中发明专利868件,实用新型2644件,外观设计598件)。全区共有国家级高新技术企业610家。全年新认定109家,其中通过区科委申报认定的有45家,且呈现逐年递增趋势。区科委对区域内400多家国家级高新技术企业的用地需求情况做了调研和走访工作。通过对"北京昌平科技产业怀来示范区"项目的宣传以及组织企业家进行专题项目座谈,筛选出第一批意向入园企业13家。区政府与市科委共同签署《共建北京能源科技产业基地框架协议》。全年共受理352个昌平区产业转型升级项目,发展区级科技企业孵化器18家,7家大学科技园成功入驻企业271家,成功征集100家创新企业。截至年底,7家大学科技园共入驻企业327家,总注册资金10.6亿元,总经营面积30905平方米,总就业人数3385人。其中年内新增企业167家,注册资金7.9亿元,经营面积5341平方米,就业人数1027人。未来科技城142万平方米基础建设工程竣工,神华集团等9家央企的研发机构正式入驻未来科技城。首批入驻央企共引进177名"千人计划"入选者,拟第二批入驻的9家央企引进96名"千人计划"入选者,累计占全国央企引进海外高层次人才总数的65.34%。

(孔繁华)

【北京12330昌平区分中心成立】 4月23日,北京市昌平区知识产权服务分中心、北京市昌平区生命科学园知识产权保护服务工作站签约揭牌仪式在生命科学园生物医药科技孵化器举行。市知识产权局副局长潘新胜、区政协副主席李雪红等出席签约仪式。昌平区部分孵化器以及中关村生命科学园近百家企业代表参加了仪式。成立仪式上,北京12330与区知识产权局、昌平园管委会共同签署了昌平区12330分中心的共建协议;北京12330、区知识产权局与北京生命科学园生物医药科技孵化有限公司签署了昌平区生命科学园12330工作站的共建协议。

(昌平区科委)

【北汽福田获得第三届北京市发明专利特等奖】 5月15日,第三届北京市发明专利奖颁奖大会举行,北汽福田汽车股份有限公司自主研发的"用于发动机冷却系统的副水箱和发动机冷却系统”荣获特等奖。

（昌平区科委）

【3 万余市民参与科学嘉年华活动】 5 月 17 日，北京科技周昌平区科学嘉年华活动开幕。活动紧密围绕节约能源资源、保护生态环境、保障安全健康、促进创新创造 4 个方面的内容，针对广大市民关心的低碳生活、防灾减灾以及生命科学、人口健康等热点问题开展 40 多项科普活动，吸引了 3 万多市民参与，大力弘扬科学精神，宣传普及科学知识。

（昌平区科委）

【昌平区 4 个重大科技合作项目在科博会上签约】 5 月 18 日，为期 6 天的第十七届中国北京国际科技产业博览会在京落幕。在北京市科技合作项目推介暨签约仪式上，昌平区与中国节能环保集团公司、北京开物新源创业投资合伙企业、北京中科创新置业有限公司等分别签订了战略合作框架协议，将共同致力于在工业、企业节能减排、城市水务和科技招商 4 个方面加强合作，实现相关科技成果优先在昌平落地转化的协议目标。签约项目总金额达到 22.95 亿元。另外，昌平区还与相关科研单位、企业达成 50 多项产业合作意向。

（昌平区科委）

【北京昌平·巴林示范园项目正式签约】 6 月 10 日，经过昌平区科委、赤峰市科技局、巴林右旗科技局的积极协调，由中关村昌晟能源科技示范应用产业联盟牵头，与北京的企业财团及 20 几家相关企业单位共同创建的“北京赤峰巴林科技生态循环产业惠民工程示范园”项目经过多次协商达成共识，北京昌平·巴林示范园项目签约仪式在巴林右旗幸福之路苏木的那达慕大会会场举行，自此该项目正式落户巴林右旗，拉开了京津冀一体化、京蒙合作的新篇章。

（昌平区科委）

【北京能源科技产业基地落户昌平】 6 月 20 日，区政府与市科委共同签署《共建北京能源科技产业基地框架协议》，这标志着区能源科技产业发展进入新的历史阶段。框架协议主要明晰了合作双方、合作原则、合作目标等 6 个方面的内容，并从研究制定产业发展规划、积极引导传统能源技术创新和产品升级、推动科技成果就地转化、培养和聚集高端科技人才等 10 个方面，阐述了市、区共同推进能源科技产业基地建设的具体工作。

（昌平区科委）

【京蒙合作捐赠獭兔仪式举行】 6 月 26 日，京蒙合作捐赠獭兔仪式在北京谷氏獭兔养殖专业合作社举行。克什克腾旗科学技术局办公室主任杨文学介绍，此批种兔将选择 19 户示范户养殖，预计两年可带动 500 多户农户，以一户农民养殖 100 只母兔为例，预计每户一年纯收入可增加 10 万元。

（昌平区科委）

【昌平园成立大健康产业联盟】 8 月 30 日，由中关村昌平园管委会发起的中关村昌平园大健康产业联盟成立。成立仪式上，中关村昌平园管委会与美中医药协会、美中硅谷协会、加中创新园等 5 家海外机构授权代表和北京银行股份公司负责人签署了战略合作协议。昌平区将在美国硅谷等地区建立第一批 6 家中关村昌平园驻海外联络办公室。

（昌平区科委）

【区科技创新支持政策资金拨付会召开】 9 月 23 日，区科委召开北京市昌平区科技创新支持政策 2014 年首批资金拨付会议。截至年底，区科委累计发放支持资金约 1.17 亿元，惠及 450 余家企业和个人，重点项目、创新项目均得到了政府的大力支持。本次项目申报支持资金 3607.226 万元，支持项目 140 个。

（昌平区科委）

【第二届昌平区公众科学素质大赛举行】 年内，由区科协、区科委、社会工委共同主办的第二届昌平区公众科学素质大赛举行。来自 10 个镇街居民组成的代表队参加了知识竞赛，最终城北街道东关社区代表队获得大赛一等奖。此次公众科学素质大赛吸引了全区 40 个优秀科普示范社区以及相关协会，此外还有青少年、公务员等重点人群参与其中。

（昌平区科委）

朝阳区

【概况】 朝阳区技术合同成交额突破496.9亿元,同比增长16.6%。全区专利申请量23327件,比上年增长411件。区专利申请和授权量占全市的比重均为16.9%。全区高新技术企业保有量1039家,比上年的864家增长20%,其中电子城园区高新技术企业428家,园区外高新技术企业611家,占全市高新技术企业10404家的9.99%。全区有20家科技型中小企业在全国股份转让系统(新三板)挂牌,占全市总数的7.5%,在各区县排名第二。

(李小骏)

【文化科技融合示范基地建设国际座谈会召开】 1月10日,区国家级文化科技融合示范基地建设国际交流座谈会召开。与会专家、学者围绕区文化科技融合实力、竞争优势、发展道路等进行座谈讨论。会议邀请英国BOP Consulting公司创办人保罗·欧文斯、华山1914文创园区首任董事总经理陈甫彦、中国台湾当局文化创意产业推动小组委员吴静吉、台北艺术大学艺术行政与管理研究所于国华助理教授等文化与科技产业专家、学者参加会议。北京生产力促进中心主任张泽工及区相关领导参加座谈会。

(李小骏)

【第十四届北京青少年机器人竞赛】 1月24日,由市科协、区政府联合主办的第十四届北京青少年机器人竞赛在八十中学举行,本届赛事以"诚信伴我成长,科技创造未来"为主题,来自全市183支参赛队伍的近500名学生参加了决赛。来自八十中学、陈经纶中学、陈经纶中学分校、和平街一中、陈经纶中学嘉铭分校、北京青年政治学院附属中学和垂杨柳教育辅助中心的朝阳区参赛选手共荣获12个一等奖,位居全市各区县之首。

(玉　红)

【第三十四届北京青少年科技创新大赛】 3月27—30日,以"终章·绽梦"为主题的第三十四届北京青少年科技创新大赛在北京工商大学良乡校区隆重举行。朝阳区代表队37名师生参赛,共获得一等奖7个、二等奖26个、三等奖35个、专项奖5个。

(玉　红)

【科协科普云平台和科技创新网站建设项目招标工作完成】 4月22日,由区财政局委托代理机构奇泰桥咨询公司召开的科普云平台和科技创新网站建设项目招标会举行,4家公司参与竞标,经过7位专家按照程序严格评审,最终北京千松科技发展有限公司中标。

(玉　红)

【区校科技合作联席会第一次会议召开】 5月6日,朝阳区—高校发展合作联盟召开2014年度区校科技合作联席会议第一次会议。区委常委、组织部部长张革及联盟16家高校成员单位的领导和科研(技)处长出席会议。北京信息职业技术学院和中国检验检疫科学研究院等7家联盟新增成员单位负责人及区相关部门主管领导、部分企业代表参加会议。会议总结了朝阳区—高校发展合作联盟上年主要工作,介绍了2014年联盟工作重点。

(李小骏)

【2014朝阳科技创新汇活动举行】 5月16—18日,2014年北京科技周朝阳主场活动——2014朝阳科技创新汇在奥林匹克公园国家体育馆东广场和中国科技馆两地同时举行。来自北京大学、清华大学、北京工业大学等20所高校的大学生创新作品汇集一堂。展会还汇集了20多家企业的科技前沿产品、中科院等科研院所的国家级科研成果、陈经纶中学等青少年的创新作品及民间发明创造。活动组委会通过院士专家对所有参展作品进行评选,北京航空航天大学的六旋翼潜水飞行器、北京大学的智能家居机器人和北京林业大学的室内微景观等3个创新项目获得2014朝阳科技创新特别奖,北京航空航天大学的多旋翼空中平台、北京建筑大学的采暖通风系统、北京工商大学的高楼逃生器、北京工业大学的重力应急灯、北京第二外

国语大学的胡同精品酒店等 5 个项目获得 2014 朝阳科技创新优秀奖，组委会还向参展单位和组织者颁发了 2014 朝阳科技创新奖和 2014 朝阳科技创新汇组织奖。5 月 17 日，区科协和科技部人才中心在中国科技馆举办了“创新人才梦想之路”青年创新创业人才集训营（朝阳站）系列活动。来自 20 余所高校的近 40 个创业团队经过初赛和个案辅导，10 个创业团队入围总决赛的项目及团队展示。经过角逐，中国地质大学“四万公里”项目获得最具投资价值项目奖，对外经济贸易大学“IHIM 网站”项目获得最具发展潜力项目奖，北京工业大学“工业控制系统异常检测”项目获得最具创新魅力项目奖。

（玉　红）

【开展科普统计工作】 5—7 月，区教委、区委组织部、区委宣传部、区农委、区文化委、街乡和科普基地等 200 余个单位及直属机构参加 2013 年度科普数据统计，完成数据的收集、汇总、录入。据统计数据显示，2014 年全区有专、兼职科普人员 3100 人，科普经费筹集额 9800 万元，有各类科普场馆 68 个，出版科普图书、期刊 13 种，出版总数 80 万册，发放科普读物和资料 300 余万份，举办科普（技）讲座 7000 余次，受众超过 60 万人次。

（李小骏）

【第十四届中国青少年机器人大赛】 7 月 16—19 日，第十四届中国青少年机器人大赛在乌鲁木齐市举行，区科协带领朝阳区 4 个代表队的 14 名师生参赛。经过激烈角逐，八十中学两支代表队分获创意项目和 FLL 项目高中组第一名；垂杨柳教辅中心代表队获综合技能项目小学组第一名；和平街一中代表队获得足球项目初中组第二名；朝阳区科协荣获大赛优秀组织奖。

（玉　红）

【知识产权快速维权中心业务启动】 7 月 30 日，中国北京朝阳（设计服务业）知识产权快速维权中心业务启动。通过该中心申请的首个外观设计专利在 10 个工作日获国家知识产权局授权，此申请是区奇智软件（北京）有限公司提交的“带图形用户界面的手机”外观设计专利。这是 5 月 1 日起，全国对包含图形用户界面（GUI）产品的外观设计给予专利保护后，首个通过快速申请获得授权的专利。截至年底，受理外观设计专利申请 442 件，授权 275 件。通过快速申请预审服务，全区外观设计专利从申请至授权的时间从 3～6 个月缩短为 10 个工作日。

（李小骏）

【朝阳区科协与曹妃甸区科协签订战略合作协议】 8 月 28 日，朝阳区科协与河北省唐山市曹妃甸区科协战略合作协议，本着科学发展、优势互补、资源共享、合作共赢的原则，充分发挥各自所拥有的资源优势，取长补短，加强交流与合作，通过建立多种形式的合作机制，在整合科技资源、加快创新创业发展、服务科技企业、普及科学知识等多个领域建立长期、稳定的友好合作关系，着力推动京津冀协同发展。

（玉　红）

【健康生活科普宣传月活动举行】 9 月 4 日，区科协与区营养协会共同举办的健康生活科普宣传月活动启动仪式在南磨房地区办事处社区服务中心举行。随后，该协会理事长、会长、国家高级营养师姚庆筱带领公益讲师团队走进南磨房、八里庄等街乡，为社区居民送上 9 场科普讲座，以互动体验、广泛参与方式为主，专题讲授饮食营养、中医保健、心理调适等方面的知识，倡导健康生活、科学养生，深受广大居民欢迎。

（玉　红）

【青少年科学幻想画现场创作展示活动举行】 10 月 19 日，区科协与区教委在安贞里二小共同举办了 2014 年朝阳区青少年科学幻想画现场创作展示活动，来自全区近 500 名中小学生自行携带绘画工具参赛，以“科学幻想，成就未来”为题进行 3 小时的现场作画。优秀作品全部参加北京市青少年科技创新大赛。

（玉　红）

【第五届“中鸣杯”北京区际青少年机器人联赛举行】 11 月 16 日，区科协与东城区、西城区科协联合主办的第五届“中鸣杯”北京区际青少年机器人联赛在一七一中学开赛。来自朝阳、东城、西城、昌平、通州等区县的60多支青少年代表队近150名学生参加了比赛。竞赛设机器人足球和机器人超级轨迹两个项目。陈经伦中学、陈经纶嘉铭分校和垡头二小等学校荣获大赛奖杯，并获得了由中鸣机器人公司赞助的整套机器人设备。

（玉　红）

【第三十三届朝阳区学生科技节大会暨特色项目展示与体验活动举行】　12月6日，由区教委、区科协、区科委、区体育局共同主办，区学生活动管理中心和区青少年活动中心承办的第三十三届朝阳区学生科技节大会暨特色项目展示与体验活动在北京青年政治学院附属中学举行。来自区内各中小学的200多名科技教育主管领导、科技教师及1000多名学生代表参加了本次活动。本届科技节的主题为“分享创意与智慧”，共设“坦克大战”“航母世界”“创客空间”“电子·物联·生活”“疯狂过山车”“生命之美”“无线电应急通讯与野外搜救”“三维创意设计”“优秀科普剧展演”九大特色项目体验互动区。

（玉　红）

【中学生走进科研院所进行交流】　12月11日，区科协组织望京实验学校100名师生开展走进中国工程院活动。师生们观看中国工程院专题片《天命》，聆听吴孔明院士做的“昆虫与农业”主题报告，并与吴院士进行了现场交流。随后，同学们参观了中国工程科技成就展馆、联合国教科文组织国际工程科技知识中心、院士展馆、院士书画展室及节能科技楼，亲身感受工程科技成果的非凡魅力。

（玉　红）

【沈文琦获第十三届北京青少年科技创新市长奖】　12月12日，第十三届北京青少年科技创新市长奖终评答辩在北京科技活动中心举行，八十中沈文琦获得北京青少年科技创新市长奖。

（玉　红）

【项目验收】　12月18日，由北京市第一中西医结合医院（原朝阳区第二医院）、北京协和医院和清华大学信息技术研究院共同承担的2011年度朝阳区—摩托罗拉科技发展合作项目——“基于网络通讯技术的社区医生培训与知识共享模式研究”通过专家验收。年内，市科委绿色通道课题——“朝阳区食品安全监管体系构建及关键技术研究与应用”课题通过市科委组织的专家验收。

（李小骏）

【朝阳区第七届青少年微型机床创意大赛】
12月20日，区科协与区教委共同主办的“动手实践·创意校园”朝阳区第七届青少年微型机床创意大赛在垂杨柳教育辅助中心举行。来自全区中小学的95支学校代表队300余名学生分别参加了小学、初中、高中3个组别的比赛。参赛选手使用微型锯床、车床、钻床、磨床完成作品主体零部件加工，并结合自备的辅助性材料制作出一套套实用、新颖、有创意的课桌椅模型。7所小学、10所中学、2所高中共19所学校代表队的创意作品分别获得各组别优秀作品一等奖。

（玉　红）

【市专利试点单位新增26家】　年内，北京布莱迪测控仪表有限公司等26家专利试点申报单位通过市知识产权局的验收考核，成为北京市专利试点单位。全区市专利试点单位共有168家。

（李小骏）

【市专利示范单位新增5家】　年内，经市知识产权局评审，北京奥科瑞丰新能源股份有限公司、北京北开电气股份有限公司等5家企业被认定为北京市专利示范单位。全区北京市专利示范单位达28家。

（李小骏）

【两项专利获市发明专利奖】　年内，区知识产权局推荐的北京经纬恒润科技有限公司“车灯转向驱动装置”和奇智软件（北京）有限公司“一种实时防护文件的监控方法及装置”两项专利获北京市发明专利三等奖。

（李小骏）

【科普宣传活动情况】　年内，区科委制发《朝阳区关于组织开展2014年科普电影巡映工作的通知》。为社区发放《科普影视集萃》套装光盘40余套,在街乡50余个社区开展科普电影放映活动;打造5条具有朝阳特色科技旅游推介线路。在社区开展宣传,以街乡自行组织和区科委集中组织的方式参观体验活动。集中组织区域内社区居民、街乡干部、学生、科普志愿者等约400人参观科技旅游线路。

(李小骏)

【科普基地建设情况】 年内,全区有41家单位被命名为北京市科普基地,约占全市的16.9%。区科委策划制作《朝阳区科技惠民手册》,由科普基地向各街乡、社区居民及中小学生免费发放。科普基地利用科普基地日、科技周、全国科普日开展活动。

(李小骏)

【科普体验厅建设情况】 年内,全区市级创新型科普社区有13家,占全市的10.5%。修改、调整机场街道等5个社区申报市科委社区科普体验厅方案,并通过审核。5个社区体验厅进入施工阶段。

(李小骏)

【区级科技项目立项58个】 年内,区级科技项目立项58个。安排财政资金600万元组织实施17项社会发展类计划项目;安排财政资金1180万元支持41个高新技术产业发展计划和企业研发投入资助计划项目。

(李小骏)

【科技项目课题进展情况】 年内,2013年市科委区县专项"朝阳区运用生态技术改善水质的试验研究与示范"课题取得阶段性进展。"CBD地区高层商务楼宇的安全监管与事故应急救援系统开发"课题获2014年度市科委绿色通道项目300万元支持。2012年度市科委绿色通道项目"朝阳区食品安全监管体系构建及关键技术研究与应用"课题通过验收。推荐10余个项目申报市科委大气污染治理成熟技术产品、重大科技成果转化落地培育、绿色通道等项目,其中"CBD交通拥堵高空全景实时监测及信息发布系统"项目通过绿色通道项目专家评审。

(李小骏)

【科技人才建设情况】 年内,区科委推荐4人申报市政府特殊津贴;15名个人、2家单位申报区优秀人才及人才工作先进单位评选;10人申报凤凰计划人才评选,7人申报国际高端商务人才认定。4家企业落实人才落户政策。推荐北京第二外国语学院申报的"北京朝阳区会展产业人才培养模式选择与体系构建"入围区委组织部人才工作项目。

(李小骏)

【在全市率先建成科普幼儿园】 年内,朝阳区在全市率先建成区直机关科普幼儿园和劲松、机场、奥运村、安贞、将台等7个街乡科普幼儿园,通过设计和购置一系列科普展具设施,让小朋友在触摸感知互动的科学活动中,体验声、光、电、色彩、天文、数学等多门类的科学乐趣。

(玉　红)

【开展2014年科教进社区活动】 年内,区科协整合资源,围绕"绿色环保、节能减排、食品安全、防灾减灾、健康生活"主题,组织科教进社区活动,32家市区所属学协会、科普教育基地和社会科技团体踊跃参与,共征集活动内容119项,与街乡社区共结成需求对子近300场次,受益群众达8万余人。

(玉　红)

【"走进科技殿堂,共享文明生活"主题科普活动继续举行】 年内,区科协相继组织六里屯、香河园、劲松、南磨房、将台、常营、管庄等43个街道(地区)办事处的居民近3000人走进中国科技馆、国家动物馆、中国铁道博物馆、中国电影博物馆等科普教育基地进行参观体验,感受科技魅力。

(玉　红)

【加强企业科协组织建设】 年内,区科协组建中国制浆造纸研究院和北京经纬恒润科技有限公司两家科协;恒润科技、蓝星集团和造纸研究院等3家具备条件的单位提出建立院士专家工作站需求;起草《朝阳企业科协工作指导意见》,加强和规范企业科协工作内涵;组织光华纺织集团、国华电力等企业科协举办"走进科技殿堂、感受科技魅力、开源节流从我做起"等主题活动。

(玉　红)

【组建朝阳区青年工程师俱乐部服务科技工作者】 年内,区科协与北京挚爱永和科技有限公司合作建立朝阳区青年工程师俱乐部,并与西门子、超图软件、中科院微电子所和北京光华纺织集团等一批区域内大型科技企业签订活动协议,搭建青年科技工作者沟通、交流平台,提升能力素质,服务区域科技创新;举办"我与专家面对面"健康讲座,"关注环保、关爱动物"专题讲座,"感受身边科技魅力"参观体验,"我所从事行业的现在与未来"主题演讲,"科学健身、健康伴我同行"奥林匹克森林公园健康大步走比赛,"走进科技创新产业园"等系列活动8场。

（玉　红）

丰台区

【概况】 全年,丰台区科技活动经费支出超过28亿元,其中R&D经费支出约17亿元,占科技活动经费支出的58.2%;本级财政科学技术支出超过3亿元,超过财政一般预算支出的4%。全区有科技企业20421家,其中高新技术企业超过600家,拥有各级研发中心40余家,市级以上科研院所69所,科技企业孵化器22家。专利年申请量6000多件,两院院士26名,实现技术合同交易455亿元。4项重大科技成果在园博会上应用、3个科技项目全力助推世界种子大会,丰台区轨道交通产业集群试点(培育)加快推进、北京国家现代农业科技城物流园区、国家数字出版基地落户丰台。大气治理、水体治理等先进技术推广应用加快,全年投入科技资金1300万元用于科技创安、医疗卫生等民生领域,建成生活垃圾预处理、建筑垃圾综合利用等示范工程,减量化、无害化和资源化水平进一步提高。

（丰台区科委）

【十二中师生到区科技馆上课】 1月9日,十二中58名师生来到区科技馆,完成寒假前的最后一课。首先是科技课——参观丰台区科技创新成果展,了解近年来丰台区科技发展取得的成就和科技资源优势。在科普资源工作站操作互动展品,亲身体验趣味数学和物理知识。其次是天文课——观看《与麦哲伦同行》的天象表演。然后是生命教育课——当危险来临时,如何保护自己,学习基本的自救互救知识和简易的结绳方法。最后是虚拟课堂——畅游数字科技馆和无人值守e点知,"课堂形式"有科普动漫、科普资讯、科普影视、科普游戏和科普图书等,为同学们提供了最新的科普学习形式和场所。

（丰台区科委）

【科普资源牵手工程专题培训举行】 4月18日,区科委在大红门国际会展中心举办了"2014年丰台区科普资源牵手工程"专题培训班。来自21个街乡镇、22家科普教育基地的50多名科普工作者和科普管理者参加了培训和交流。培训班对上年科普资源牵手工作进行了总结,还邀请铁营医院院长孙培云、北京气象局陆晨教授,从专业角度就"关注身心健康,享受快乐人生""针对雾霾天气我们要做什么"等社会热点问题进行了两场科普讲座。

（丰台区科委）

【"百进千"需求对接会召开】 6月12日,由区科委主办的首都科技条件平台百家重点实验室进千家企业对接会在北京南粤苑宾馆召开。来自北京交通大学、爱普益生物公司、北京航天计量测试技术研究所(102所)、东方中科集成科技有限公司,以及北方华德尼、雷博曼、鑫科金诺、阳光凯讯、益百尚、交控科技、中安国际等10余家企业参加了会议。会议共分4个环节,一是进行科技创新项目需求对接;二是进行融资担保需求对接;三是进行仪器设备检验测试需求对接,分别由北交大、102所、爱普益生物、中科集成与4家企业的13项需求进行对接;四是沟通交流和讨论。

（丰台区科委）

【丰台区科技馆学生科普体验周活动举行】 7月14—20日,区科技馆举办了"2014年学生科普体验周"活动,上千名中小学生和家长参加了活动。活动有两大亮点:一是搭建科普资源平台，提升科普服务能力。为了丰富活动内容，丰台区科技馆不仅新购置了23件互动展品，还请来了北京天文馆的科普大篷车和北京英纳超导有限公司的超导实验室，共同为学生提供科普服务，形成了天文知识体验区、科普互动区、动手制作区、安全体验区、超导实验演示区、数字科技馆和科普知识展览七大活动区域。二是搭建学生社会实践平台。科技馆作为市区级中小学生社会大课堂资源单位，放假前对丰台二中初一年级学生进行集中培训，有14名同学自愿报名参加了科技馆的志愿讲解，通过科普讲解员培训，为学生提供一个良好的社会实践平台。

（丰台区科委）

【两岸产业转型升级企业辅导交流会召开】　8月27日，由中国生产力促进中心协会与台湾中国生产力促进中心协会共同主办，区科委承办的2014年两岸产业转型升级企业辅导交流会在南车二七车辆有限公司召开。来自台湾绿色生产力基金会、台湾资讯工业策进会、台湾中国生产力促进中心协会、台湾华宇企业顾问公司、台湾管理钜群联盟的专家团队参加会议，南车二七公司董事长史硕致、铸造专家马庆林及各部门负责人出席。南车二七介绍了企业情况和科技创新需求。与会专家从专业角度出发，提出了品牌战略、战术配套、精锐管理、核心能力、铁道文化等方面的建议，双方进行了很好的沟通和交流。

（丰台区科委）

【技术市场政策宣传培训活动举行】　9月26日，由区科委主办的丰台区技术市场培训会在圣地苑宾馆召开。来自60多家企业的近80人参加了培训。本次培训内容分两部分：一是营改增后“四技合同”免税政策和“四技合同”免税备案办理程序解读，区国税局讲解了营改增后“四技合同”（技术开发、技术转让、技术咨询、技术服务）减免政策的相关文件、涉及的范围、审批办理流程及相关注意事项，并就企业最关心的实际操作问题进行了互动答疑。二是丰台技术市场优惠政策及技术合同登记业务知识培训。中关村科技园区丰台园管委会技术合同登记处讲解了技术市场优惠政策、技术合同规范及认定、技术合同登记流程、技术收入核定、奖酬金单领取等实操性强的问题。

（丰台区科委）

【区专利转化项目启动】　11月15日，区科委召开2014年专利转化项目启动会。全年共有8个专利转化项目获得支持，资金总额为505万元。此次专利转化项目管理方式有3个方面的完善和提高：一是规范专家遴选环节。对专家库进行了扩充，实现了从专家库中按专业领域随机抽取专家。二是完善评审标准。着重明确了“企业专利转化的实施保障条件和基础”“专利转化后的市场前景及经济效益”“专利产业方向与市、区发展需求的紧密程度”“专利的有效性和创新性”等4个标准。三是创新评审方式。采取材料评审、答辩评审与财务评审相结合的方式，由技术专家把握项目方向，由财务专家提出拟资助金额的建议。

（丰台区科委）

【推进轨道交通产业发展】　年内，区科委积极推进轨道交通产业集群项目的落地，深入了解企业科技项目实施情况，研究形成了《丰台轨道交通产业集群发展推进计划（2014年）》。并在区委第一百一十一次常委会、区政府第四十二次常务会上做了关于丰台轨道交通产业集群试点（培育）的工作汇报，确定以智能控制作为丰台区轨道交通产业集群的建设重点，为集群试点（培育）的建设和发展明确了方向，决定后续成立丰台轨道交通产业集群发展协调领导小组，办公室设在丰台园管委会；与丰台园管委会就轨道交通产业集群建设进展现状进行对接。申请市科委专项“丰台区轨道交通产业集群发展模式及轨道交通车载安全计算机系统研究”课题，获得支持资金180万元。

（丰台区科委）

【支持现代农业科技城和国家数字出版基地建设】　年内，全区完成国家现代农业科技城物流科技园区建设启动任务：建成国家现代农业科技城流通研究院、中农汇通（北京）基金管理公司2个机构；出台了《丰台新发地农产品物流科技园建设方案》。申报市级科技项目“北京农科城新发地农产品价格服务与保险信用体系建设”，获得扶持资金250余万元。向市科委申报“北京国家数字出版基地版权交易平台”项目，拟获得支持资金400万元。

（丰台区科委）

【加强科技服务体系建设】 年内，区科委从4个方面加强科技服务体系建设。一是落实政策扶持资金，完成5家园区外区级科技企业孵化器的兑现工作，共计兑现资金333万元；二是完善区级科技企业孵化器的管理，形成《丰台区科技企业孵化器调研情况报告》；三是开展首都科技条件丰台工作平台建设，1～9月新增成员单位27家、科技人才30人，聚集企业需求20多项，成功对接需求15项，成员单位服务合同金额达600多万元；四是促进科技与金融结合，破解中小企业融资难题，年度批准贷款担保项目25项，贷款金额3890万元；放贷26项，总金额3860万元。

（丰台区科委）

【规范科技项目管理、提升资金使用效益】 年内，区科委制定《丰台区科技型中小企业创新基金专家评审工作规范》《丰台区科技型中小企业创新基金项目管理工作规范》，规范项目评审流程，严格专家库管理，实现“分管主任管理，主要领导抽取，办公室监督”的制约机制。结合项日管理流程，着重从管理制度、评审程序、效果考核、经费管理4个环节加强防控布局，并针对过去经费投放效果不明显等问题，强化经费投放后的跟踪问效管理。开展《丰台区科技创新行动指导意见（2015—2017）》的编制工作，进一步明确未来3年丰台科技创新的发展目标、实施路径和重点任务。

（丰台区科委）

通州区

【概况】 全年，通州区研究制定《关于实施创新驱动发展战略 加快北京城市副中心建设的意见》（京通发〔2015〕1号）为指导的创新驱动发展“1＋6”系列政策；通州科学中心建设完成前期设计研究，列入政府重大办推前期项目并完成选址；签署《北京市科委、通州区政府共同开展国际科技创新合作框架协议》；实施市科委绿通项目“通州区青少年科技后备人才创新教育平台建设”；立项支持公共卫生领域和医学重点学科建设研究；文明城区创建工作全面展开，人均科普经费支出、科普场馆、基层科普设施、科普志愿者活动4项指标全部达标；在玉桥街道建设社会组织孵化基地；“航天工程育种新品种展示与产业化开发”等市以上重大科技项目结题验收，种业园籽种产业聚集示范区初步建成；立项支持“园区农业、科技农业、数字农业以及乡镇特色农业”和“蔬菜、观赏鱼、大樱桃、食用菌、耐寒蕨类五大籽种”产业发展。颁布2013年度通州区科学技术奖励决定，授予一等奖8项、二等奖12项、三等奖19项。高新技术产业发展迅速，截至年底，组织新申报高新技术企业82家，认定登记技术合同成交总额达到37亿元；拓展“一核五区”专家顾问团服务范围，新增11个产业园区作为服务对象；新吸纳各方面专家42人，顾问团专家达100人；资助与奖励2013年度科技创新人才50项；科普事业健康发展，市科委重大专项“通州区青少年科技后备人才创新教育平台建设”课题通过验收；“科技引领 文明生活”主题益民科普园在运河文化广场正式投入使用。

（郇奇洋）

【乡土专家考核及选拔活动举行】 1月4日，区果树产业协会在宋庄镇华平生态种植园举办通州区乡土专家考核及选拔活动。30余名乡土专家和技术人员参与考核。考试结束后，还举行了樱桃树的修剪考核。

（马振英）

【北京天龙钨钼科协成立】 1月10日，北京天龙钨钼科协成立大会召开。会上听取了企业科协筹建工作报告，选举产生了第一届科协委员会委员。北京天龙钨钼科技有限公司总经理苏国平当选为天龙钨钼科协主席。天龙钨钼科协的成立，体现了通州区科协基层组织向高端制造领域发展迈出了新的一步，对推进通州区企业技术创新和科技成果转化，深入落实《科普法》和《科学素质纲要》中关于提高城镇劳动者科学素质的基本任务，将起到积极的促进作用。

（马振英）

【第十四届北京青少年机器人竞赛通州区获佳绩】 1月22—24日，第十四届北京青少年机器人竞赛在北京八十中举行。潞河中学、通州三中、通州四中、梨园中学、后南仓小学的14支代表队，共47名参赛选手参加了决赛。经过激烈角逐，通州三中获高中组ASC机器人能力挑战赛项目第一名，后南仓小学获ASC机器人能力挑战赛项目一等奖，潞河中学获VEX机器人工程挑战赛项目一等奖，梨园中学获ASC机器人能力挑战赛项目二等奖，通州四中学获综合技能三等奖。潞河中学赵腾任老师荣获十佳优秀教练员荣誉称号，通州区科协组织出色，荣获第十四届北京青少年机器人竞赛优秀组织奖。

（马振英）

【科技专家进校园科普报告会】 3月26日和4月25日，著名科学家、中科院空间中心张厚英研究员主讲的“你想当宇航员吗？”讲座、中国科普作家协会国防科普委员会副主任、北京科技记者编辑协会副理事长兼秘书长石磊主讲的“神奇的载人航天技术”讲座分别在宋庄中心小学和台湖学校举行。

（马振英）

【通州区代表队参加第三十四届北京青少年科技创新大赛总决赛】 3月27—30日，第三十四届北京青少年科技创新大赛在北京工商大学良乡校区举行。通州区共申报学生竞赛项目30项，1项获一等奖、8项获二等奖、15项获三等奖；科技辅导员科技创新成果项目5项，1项获一等奖、1项获二等奖、2项获三等奖；科技实践活动7项，2项获二等奖、1项获三等奖；科学幻想绘画40幅，3幅获一等奖、4幅获二等奖、16幅获三等奖；潞河中学赵腾任老师荣获十佳优秀科技辅导员称号。潞河中学的“网购包装可循环利用探究”项目获得科教基金英才奖，学生李婉璐、陈明子获得奖学金2000元。本次大赛还首次评选十佳科技教育创新学校，潞河中学以绝对优势入选。通州区荣获优秀组织奖。

（马振英）

【公共安全“五进”活动举行】 5月19日至8月27日，区科协开展公共安全科普宣教互动体验进社区、进农村、进校园、进企业、进军营活动。活动采用互动体验方式进行公共安全科普教育，在现场进行的公共安全科普体验环节中，围绕安全防火知识、厨房安全知识和地震等自然灾害的成因及科学应对方法等展示内容，提高职工对日常生活突发事件及自然灾害的处置能力，提高自救、救人和逃生的技能。

（马振英）

【区科协第一次代表大会召开】 5月29日，区科协第一次代表大会召开，203名代表参会。会议以“凝聚科学力量，共谋通州发展，团结带领广大科技工作者，为建设北京城市副中心而努力奋斗”为主题，总结了近年来区科协工作取得的成绩，分析了存在的问题和不足，确定了未来5年的工作目标和措施。会议审议并通过了《通州区科学技术协会工作报告》《通州区科学技术协会管理办法》，选举产生了区科协第一届委员会和常委会，为统揽科协工作全局奠定了组织基础。

（马振英）

【建立院士专家工作站】 7月21日，北京市院士专家工作站工作会议在北京会议中心举行。全国人大常委、中国科协副主席冯长根，中国工程院党组成员、副院长徐德龙，北京市副市长戴均良，中科院院士、市科协主席顾秉林出席了会议。会上表彰了3家优秀院士专家服务中心和20家优秀院士专家工作站。戴均良为北京通州国际种业园区专家院士服务中心等4家新建院士专家服务中心授牌，顾秉林为北京中捷四方生物科技股份有限公司、北京国际都市农业科技园等18家新建院士专家工作站授牌，市农林科学院玉米研究中心、北京神舟绿鹏农业科技有限公司等建站单位分别为中国工程院院士范云六、戚发轫等进站院士专家颁发了聘书。院士专家工作站积极开展科普活动，示范推广病虫害生物防控技术。中捷四方技术人员分别在通州区多次进行病虫害生物防控技术科普讲座，同时在吉鼎立达花卉种植科普示范园区的百亩苹果园进行示范，收到良好的防控效果。

（马振英）

【“科技引领　文明生活”主题益民科普园投入使用】　8月5日，以“科技引领　文明生活”为主题的益民科普园在运河文化广场正式投入使用。项目由市财政科普专项资金支持，共投资179万元，以重大科技事件、防灾减灾、低碳生活、疾病预防和食品安全等10余个百姓关注的热点为主题，配置了26件科普体验设施，通过十二生肖、趣味灵动的卡通造型，翻转、穿越、骑行等不同类型的互动体验形式，为百姓增添感知科普的乐趣。

（任中平　李　杰）

【党员专家科技服务月活动】　9月5日，区科协党员专家科技服务月活动正式启动。水产养殖工程师、乡土专家蒋火金为全区百余名观赏鱼养殖大户进行了观赏鱼鱼病防治技术培训，并进行了双向互动交流；中国樱桃协会理事长、北京林果所党员专家张开春为全区近百名樱桃种植大户进行秋季田间樱桃修剪和管理重点技术进行了示范讲解。结合党的群众路线教育实践活动，区科协充分发挥枢纽型社会组织党员专家技术资源优势和乡土草根专家实用技能特长，组织市、区乡土和草根专家面向基层开展科技服务，让活动接地气、强实效、惠民众，引导广大党员增强党性意识，投身科技公益服务，用实际行动争当模范先锋，做服务群众表率。

（马振英）

【区科协官方微信正式开通】　9月27日，区科协微信公众平台“通州科协”正式开通并运行。“通州科协”公众平台发布的信息主要分三大块：科协要闻、科普活动、科普新知。微信平台的开通，标志着区科协工作以全媒体科普视窗、科普画廊、科普网站、科普微信“四位一体”的科普宣传平台已初具规模。

（马振英）

【通州区青少年运河生态环境保护科考志愿服务活动】　10月17日，由区科协、区园林局、区教委、区水务局主办的通州区青少年运河生态环境保护科考志愿服务活动在大运河漕运码头启动。200名学生参加了历时8个月的科学考察活动。期间，学生们将围绕万亩大运河森林公园，陆续开展运河文化普及、森林植被识别、运河水质观察和环境保护、应急救援公益服务以及“我的运河梦”征文、摄影等一系列科普宣传实践活动。

（马振英）

【区科委独立设置知识产权科】　11月21日，经区科委党组决定，独立设置知识产权科，将其职能从综合科剥离，其工作职责是：组织研究本区知识产权方面的重大问题；组织制定本区专利工作发展规划；研究起草本区专利管理的有关措施，并组织实施；制定本区有关知识产权的宣传教育与培训工作规划；负责本区专利行政执法工作，依法处理专利纠纷和查处冒充专利行为；负责规范并管理本区专利技术市场、专利权转让合同、专利实施许可合同和专利申请权转让合同备案工作；管理和监督专利申请资金及专利实施资金；组织和推动重大专利技术的实施；联络和协调区有关知识产权主管部门的相关工作；统筹协调本区涉外知识产权事宜；承办市知识产权局交办的其他事项。知识产权服务中心协助知识产权科做好知识产权相关工作。

（毕　铮）

【区科协召开都市型现代农业示范基站工作总结交流会】　12月9日，通州区科技套餐工程都市型现代农业示范基站工作总结交流会在碧海园生态农业观光公司举行。会上，市科协、区科协领导为北京华源发苗木花卉交易市场等11个农村科普示范园、北京金盛强花卉苗木有限责任公司等17个科普示范基地颁发奖牌和证书。

（马振英）

【制定通州区专利实施项目管理办法】　12月30日，依据《通州区专利资助及奖励办法》（通政发〔2013〕50号）文件精神，区知识产权局制定了《通州区专利实施项目管理办法》（通知发〔2014〕1号）。该管理办法对项目立项、项目实施和项目验收等进行了详细的规定。为加强规范化管理，分别制定了操作流程及各种配套文件。

（宋 薇）

【专利申请与授权情况】 年内，全区专利申请2202件，其中发明专利570件、实用新型专利1209件、外观设计专利423件。PCT专利申请6件。全区专利授权1564件，其中发明专利172件、实用新型专利1036件、外观设计专利356件。有效发明专利680件。

（宋 薇）

【专利资助政策落实情况】 年内，全区落实专利资助政策，对117家企业、7名个人的813件授权专利进行资助，经审核兑现资助金93.35万元。全年资助专利实施转化项目20项，资助金额共计280万元。

（宋 薇）

【专利申请减缓证明出具情况】 年内，全区执行国家专利申请减缓政策，累计为98家企业636件专利出具专利申请减缓证明，其中，发明专利256件、实用新型专利295件、外观设计专利85件，为企业减缓专利申请费用168万元。

（宋 薇）

【研究制定“创新驱动发展1+6”政策】 年内，区科委研究制定“创新驱动发展1+6”政策，即以《关于实施创新驱动发展战略 加快北京城市副中心建设的意见》为总的指导方针，以《通州区支持科技创新暂行办法》《通州区支持科技创新暂行办法申报指南》《通州区科技计划项目管理办法》《通州区专利实施项目管理办法》《通州区“一核五区”专家顾问团工作暂行办法》《通州区科技创新人才资助与奖励工作指南》等系列政策文件为具体落实举措，构建科学有效的科技创新支撑体系。

（毕 铮 邬奇洋）

【开展高新技术企业服务】 年内，区科委组织全区274家国家高新技术企业进行年检统计、企业自查和年度信息备案，组织高新技术企业复审44家，组织新申报高新技术企业80家，组织18家已至有效期的高新技术企业重新认定。协助企业申报“市科委重大科技成果转化落地培育专项”，北京高新利华催化材料制造有限公司的“炼厂混合C4加氢生产乙烯裂解原料催化剂”项目获得立项支持，支持资金248.9万元。

（郭华杰）

【开展技术合同认定登记】 年内，区科委组织开展技术转让相关政策法规宣传培训8期，参加企业260余家次，发放《技术合同认定登记须知》《技术合同认定登记基本条件》和国家、北京市有关技术市场的优惠政策等宣传材料500余册。深入企业开展技术合同认定登记方面的需求和存在问题的调研，对区内未登记技术合同的部分企业进行统计调查，挖掘未登记技术合同企业技术性收入存量。全区认定登记技术合同成交总额达37亿元。

（耿大乐）

【“一核五区”专家顾问团工作召开】 年内，区科委组织实施“一核五区”专家顾问团工作规范化、制度化、常态化建设项目。召开通州区第二次“一核五区”专家顾问团联席会议，出台《通州区“一核五区”专家顾问团工作暂行办法》，顾问团专家调整完善为100名。协调园区与专家对接，引导园区企业开展单次咨询、函件咨询、项目咨询、长期顾问、团队支持等不同形式的咨询活动。

（康连元）

【科技创新人才资助与奖励】 年内，区科委出台《通州区科技创新人才资助与奖励工作指南》，受理科技创新人才资助奖励推荐申报项目96项，确定资助与奖励项目50项，兑现资助奖励资金近290万元。

（康连元）

【科技调研工作进展】 年内，全区完成技术合同认定登记所属地域的统计和技术合同认定登记工作分析；完成2014年度通州区高新技术企业认定及复审情况分析；完成“我区高新技术企业科技人才现状及集聚对策研究”调研课题。

（康连元）

【推进首都科技条件平台通州工作站建设】 年内，“百家重点实验室进千家企业”活动举行，通过首都科技条件总平台联系中科院半导体研究所、北京大学等5家科研院所与北京卓立汉光仪器有限公司、北京莱恩斯涂料有限公司等5家企业解决技术难题,进行研发合作。服务企业20家次,新增成员单位8家,工作站成员单位达45家。

(郭华杰)

【通州国际种业科技园区建设项目完成验收】 年内,国家现代农业科技城产业培育项目“通州国际种业科技园区建设”完成经费审计及结题验收。通过项目实施,建成组培室1000平方米,培养草莓组培苗4万株、树莓组培苗近3万株;建成种苗繁育中心25200平方米,引进以色列蔬菜品种40个,筛选出优良品种5个,年产番茄、辣椒、黄瓜等种苗达2.03亿株;举行了春秋两季大型良种展示会,并搭建品种展示与推广平台,展示小麦、玉米、蔬菜优良品种累计达3000多个;引进集聚国内外知名种业企业及科研院所43家,联合科研院所、入驻企业制定了小麦、玉米、番茄、辣椒、黄瓜良种繁育规程5个。

(张春兰 燕 艳)

【通州种业园区物联网技术集成与应用项目完成验收】 年内,国家现代农业科技城成果惠民科技示范工程项目“通州种业园区物联网技术集成与应用”完成经费审计及结题验收。通过项目实施,熟化了农作物新品种育种、中试、生产和展示环境监测技术产品4套,建立了种业生产环境无线通信网络,支持示范区内温室及大田环境采集节点、室外气象站与园区物联网控制中心进行实时数据交互,数据丢包率小于3%;研究熟化了设施、大田主要病虫害预警模型6套,初步构建了种业物联网集成应用技术体系;申请发明专利3项,获得软件著作权5项;形成了育种数据管理分析、专家远程科研育种会商、种业园区可视化GIS管理、种业园区生产环境监测、设施环境综合调控等7套应用系统;建成了通州种业科技园区物联网中控中心;面向园区6家入驻企业提供感知数据服务和专业软件租赁服务,降低了应用示范企业生产经营成本。

(张春兰 张永浩)

【通州区农业优新品种引进示范与推广项目完成验收】 年内,2013年科技工作基础专项——区县科技“通州区农业优新品种引进示范与推广”项目完成经费审计及结题验收。通过项目实施,引进特色蔬菜品种39个,筛选出适合于推广种植的品种15个,在本地区示范推广6.67公顷(100亩);引进锦鲤种鱼30组,红白长尾草金鱼2000组,建立观赏鱼示范基地1.67公顷(25亩);筛选出适合本地区的樱桃品种1种,示范种植6.67公顷(100亩);引进香菇品种12个、平菇品种14个,筛选出适合本区种植的香菇主栽品种4个、平菇主栽品种6个,示范种植8.67公顷(130亩);引进绿化用蕨类花卉新品种11个,筛选出适合北京地区生长、易于繁殖的品种8个,实现年产50万株种苗的生产规模。

(张春兰 燕 艳)

【“基于物联框架智能博物馆艺术品管理平台的建设”项目完成验收】 年内,市级科技计划绿色通道项目“基于物联框架智能博物馆艺术品管理平台的建设”完成经费审计及结题验收。项目结合物联网技术框架,建立了艺术品展示、库存、追踪的自动监管系统,并与艺术品交易平台集成,实现了对艺术品展示的“监(监督)、管(管理)、控(控制)”的智能化综合监管,为文化产业提供了信息化的管理平台。

(鲁新龙 苏 颖)

【“通州种业园现代农作物高通量育种技术服务平台建设”项目取得进展】 年内,市科委重大专项“通州种业园现代农作物高通量育种技术服务平台建设”项目取得进展。项目完成基于SNP芯片鉴定的高通量农作物育种研发服务平台建设,推动园区种业企业及科研机构培育出优良玉米新品种10个、优良蔬菜新品种36个;为园区及国内外种业企业和相关单位提供育种技术服务,累计检测样品5088份,申请国家专利2项,发表学术论文5篇。

(张春兰 张永浩)

【“基于多屏融合的移动资讯采集发布系统研发与示范”项目取得进展】 年内,市级科技计划绿色通道项目“基于多屏融合的移动资讯采集发布系统研发与示范”取得进展。项目建设了以智能终端为前端载体，采用移动互联网、云存储、虚拟现实等先进技术构建服务多屏融合的集“采”“存”“发”为一体的移动资讯采集发布系统。

（鲁新龙　苏　颖）

【“中医药防治高血压、糖尿病和脑血管病适宜技术社区推广研究”项目取得进展】　年内，市级科技计划绿色通道项目“中医药防治高血压、糖尿病和脑血管病适宜技术社区推广研究”项目取得进展。项目通过科学的方法，优选慢性病防治中有效易行的中成药、推拿、足浴、耳穴等中医适宜技术，建立适宜农村人口、城镇人口和流动人口的推广管理模式；应用临床流行病学方法，定期开展社区医师的培训和慢性病人群的健康宣教，评估方案成效，建立评估体系；借鉴国际慢性病社区管理模式，探索防治慢性病中医药适宜技术在社区的推广管理模式。

（鲁新龙　苏　颖）

【“通州新城智慧供热平台研发与示范”项目立项】　年内，市科委绿色通道项目“通州新城智慧供热平台研发与示范”通过市科委立项。项目包括整合热计量系统和自控系统一体化的数据库平台、运行监管系统和能耗监管系统上线、单元入口和楼栋自动平衡控制系统调试、智慧供热软件平台并应用于供热区整个供热系统、建立自动控制系统和热计量系统一体化数据子平台等建设工作。

（张永浩　苏　颖）

【“草莓新品种引进繁育与配套栽培技术示范推广”项目立项】　年内，2014年度科技工作基础专项——区县科技“草莓新品种引进繁育与配套栽培技术示范推广”项目通过市科委立项，各项工作取得进展。项目完成已引进草莓优新品种9种；建立安全、高效草莓新品种、新技术示范基地20公顷（300亩）；繁育脱毒优质草莓生产苗1000万株，辐射带动周边种植面积133.33公顷（2000亩）；形成相关技术报告3份。

（张春兰　燕　艳）

【多个项目获科学技术奖】　年内，颁布2013年度通州区科学技术奖励决定，授予“北环环隧项目关键技术研究与示范”项目重大科技创新奖；授予“废聚酯瓶片直纺涤纶长丝关键技术与装备开发”等8个项目一等奖，授予“超细硬管内窥镜系统的研发推广”等12个项目二等奖，授予“基于物联网的数字农业应用项目”等19个项目三等奖。推荐申报2014年度北京市科学技术奖9项，经评选，中冶焊接科技有限公司、中冶建筑研究总院有限公司完成的“轧辊堆焊复合（再）制造药芯焊丝及成套堆焊技术开发及产业化”项目和北京中科信电子装备有限公司完成的“12英寸65纳米工艺中能离子注入机研发及产业化”项目荣获三等奖。

（鲁新龙　苏　颖）

【“通州区青少年科技后备人才创新教育平台建设”项目通过验收】　年内，市科委重大专项“通州区青少年科技后备人才创新教育平台建设”课题通过验收。课题分别在通州区13所中小学校建成不同类型的科技创新教育基地，开发了13门校本课程，建成科技辅导教师、首席专家、管理服务等3支队伍及一批青少年科技创新队伍，建立了科技后备人才创新教育平台运行管理体系以及信息管理系统，取得了14项软件著作权，并发表了1篇国内核心期刊科技论文。

（任中平　李　杰）

【建立紧密型12330“1+X”工作体系】　年内，根据市知识产权举报投诉服务中心（12330）的工作要求，结合区知识产权工作的实际，建立由1个分中心加3个工作站构成的紧密型知识产权保护“1+X”工作体系，积极探索“五定”工作机制——站点联络定员制、企业服务定位制、项目支持定额制、宣传培训定向制、工作交流定期制，为全区重点高新技术企业做好服务工作。

（宋　薇）

【支持12330工作站开展特色专项】　年内，市科委支持国际种业科技园工作站开展“种业知识产权一体化服务平台”建设专项，打造北京国际种业品种权交易创新基地。支持宋庄文创集聚区工作站开展“知识产权保护示范街区特色街区创建及宣传”专项，完成了“知识产权保护示范街区特色街区创建及宣传”解决方案，举行了宋庄文化创意产业集聚区设计服务业知识产权保护讲座暨交流推介会。支持通州工业开发区西区工作站开展“企业知识产权宣传培训”专项，工作站开展现场宣传培训4次，深入企业开展定制服务10余次。

（宋 薇）

【专利试点、示范工作情况】 年内，全区完成了2013年度北京物资学院等30家北京市专利试点企业总结验收；18家企业申报和开展2014年度北京市专利试点工作。北京百纳威尔科技有限公司、北京壹人壹本信息科技有限公司两家企业荣获北京市第六批专利示范单位称号；区科委组织甘李药业、燕化永乐、赛凡科技、迪玛克4家企业申报和开展北京市第七批专利示范单位创建工作。

（宋 薇）

【开展环球影城建设项目知识产权前瞻性研究】 年内，“通州文化旅游区环球影城建设项目知识产权前瞻性研究”课题研究报告完成。该研究借鉴国内外相关项目的知识产权经验，探索研究通州区环球影城项目建设、管理与运营过程中可能存在的知识产权问题，以及注意事宜和应对措施。

（宋 薇）

【实施科普惠农兴村计划】 年内，根据区科协《2014年通州区惠农兴村计划实施方案》，结合基层实际需求，拨付奖补资金69万元，支持北京国际都市农业科技园、区无公害蔬菜产业协会、区果树产业协会、东旭苑苗木种植科普示范基地，以及李专平、牛木森、张志利等集体和个人购置全媒体视窗、科普画廊、投影、电脑、相机等科普设施、设备。同时，支持他们开展农技推广活动，奖补对象全年共开展农技指导200多次，发放资料5000多份，受益7000人次。

（马振英）

大兴区

【概况】 大兴区科委是负责全区科技工作的综合行政部门。全年，大兴区共有27项科技项目获得市级以上支持，争取资金5508万元。验收市级科技专项6项。对自主研发、成果转化、研发机构和技术平台、产业创新联盟、技术合同交易、科技服务机构、专利示范企业、高新技术企业和小巨人培育企业等多方面的创新活动进行鼓励，共支持92家企业，支持资金额度达到3882.1万元。全面启动2014年大兴区科技发展计划项目，共筛选出科技条件服务平台建设、节能减排及生态环保、都市型现代农业技术支撑体系等八大类15个专项共100个课题，共安排科技三项费1131万元。年内，成立新区（大兴区和北京经济技术开发区的简称）设计瑰谷协调推进领导小组，组织驻区高校、光华基金会、市工业设计促进中心研讨“一谷五园”建设，研究策划2015年中国（大兴）设计节活动方案。完成了“建设面向京南地区符合大兴区产业发展规划的企业公共技术信息服务平台”课题。

（王久超）

【高鑫伟业获北京市科学技术奖三等奖】 3月25日，市委、市政府举行2013年度北京市科学技术奖励大会。大兴区高新技术企业北京高鑫伟业滤清器有限责任公司的“汽车燃油加热技术及应用”项目获得三等奖。

（王久超）

【大兴区成立首家生物医药产业知识产权服务联盟】 4月24日，大兴区首家生物医药产业知识产权服务联盟在生物医药基地成立。天悦专利代理事务所、北京银行等12家联盟成员单位，及区内重点企业代表100余人出席成立大会。会上，联盟发起单位代表、中关村促进局领导分别介绍了大兴生物医药知识产权服务联盟和中关村知识产权服务业联盟的具体情况，12

家服务机构签署了联盟服务承诺书。

（王久超）

【新区科学技术奖励大会召开】 6月5日，新区科学技术奖励大会暨2014年新区科技工作会议在区政府举行。区领导、驻区中央市属单位、区直各委办局、各镇（街道）办事处主要负责人及区重点企业代表200人参加会议。会上，副区长喻华锋宣读了《关于表彰2013年度大兴区科学技术奖先进单位和个人的决定》。与会领导为60个获奖单位代表颁发了获奖证书。亦庄开发区管委会分别与义翘神州、中科晶电、北方微电子签署了科技创新专项资金协议书。

（王久超）

【强化企业创新主体地位】 年内，新区市级以上重点实验室、企业研发机构总计达到185家，共认定区级孵化器15家，孵化面积达107万平方米，在孵企业724家，毕业企业140家。目前新区共有高新技术企业671家，其中：园区外217家、医药基地42家、亦庄经济技术开发区412家；完成2014年度北京市企业研发项目鉴定工作，区内61家企业286个项目通过鉴定公示。北京汽车新能源汽车有限公司获得北京市重点实验室认定；北京民海生物科技有限公司获得北京市工程技术研究中心认定。

（王久超）

【完成技术市场及技术合同认定登记工作】 年内，新区输出技术合同1973项，成交额60.9亿元；吸纳技术合同220项，成交额2.1亿元，完成了市政府绩效考核指标。

（王久超）

【落实区政府折子工程】 年内，针对区政府26项折子工程，完成中关村十百千企业培育工程的初步筛选工作。年内，德勤亦庄20强评选结束，新区共申报46家，其中大兴区申报企业6家，最终入选4家，北京申安投资集团有限公司以第十六名的名次同时入选德勤中国50强企业。针对2014年清洁空气行动专项折子工程第50项，制定了《加强大气污染防治科研与技术推广》工作方案，重点开展“水肥高效利用技术集成实验示范与应用”“新型燃煤固硫剂制备方法和应用建设研究”“电磁强氧化技术的工业废水处理新工艺装置”项目。年内，经过与市科委有效协调，新增加100辆纯电动出租车，使全区电动出租车总量达到300辆。

（王久超）

【加强首都科技条件服务平台大兴工作站建设】 年内，区科委走访调研了30多家企业，倾听服务对象建议和意见。根据走访调研结果，制定完成了《2014首都科技条件平台大兴工作站绩效考核实施方案》《首都科技条件平台大兴工作站管理办法》，平台为新区多家企业发展提供了服务。

（王久超）

【加强知识产权管理】 年内，镇级、园区、高校及企业知识产权工作联络制度得到完善，为全区557家企业建立了知识产权综合情况数据统计资料，并进行动态管理。落实企业费用减免政策，全年共为区内166家企事业单位的1049件专利办理了费用减缓，为全区创新主体节约成本257万余元。全年全区专利申请6041件，专利授权4161件。

（王久超）

【大兴新区获批国家知识产权试点城市】 年内，国家知识产权局下发《国家知识产权局关于确定国家知识产权试点城市（城区）的通知》，正式确定大兴新区为国家级知识产权试点城市，这是大兴新区继海淀区、朝阳区、石景山区之后第四个获取此殊荣的区县，标志着大兴新区知识产权工作进入新的发展阶段。

（王久超）

石景山区

【概况】 石景山区区科委是区政府主管全区科技工作的综合职能部门，与区知识产权局和园区管委会合署办公，对内简称“科委园区”，现有编制60人。全年，全区高新技术产业实现收入1120亿元,同比增长29%;科技金融产业实现收入180亿元,同比增长30%;文化创意产业收入突破270亿元。启动"高端的科技创新驱动体系"课题研究,明确在首都"科技创新中心"建设中承担科技研发转化中心、科技创新服务中心、科技金融创新中心和高端人才创业中心4项功能。全年评选出区级科学技术奖32项,其中一等奖2项、二等奖5项、三等奖25项。50家企业获得中关村技术创新能力建设专项资金支持,总金额超过300万元;43家企业获得国家和北京市创新基金,总金额突破1000万元,全年累计争取市级以上科技发展资金达2.1亿元。做强首都条件平台石景山工作站,汇集各类需求30余项推荐给平台成员单位,鼓励华录集团、游戏谷等10余家重点企业开放优质服务资源,以龙头企业带动产业链上下游企业发展。启动知识产权"领航工程",延伸区知识产权服务分中心工作体系,推进华海、古城基地认定12330(知识产权保护服务中心)工作站。实施知识产权托管工程,入托企业达800家,数十家企业实现专利技术转化转移。全年专利申请量达3119件,同比增长44.4%,增速全市第二,专利授权1255件。新增市知识产权示范企业4家、试点企业15家,示范企业累计达12家,试点企业累计为166家。全年登记合同789份,技术合同成交额46.5亿元,比上年增长14.95%,完成市政府绩效管理考评增长10%的任务。

（岳继华）

【绿色通道信息服务平台投入使用】 1月6日,区科委园区绿色通道信息服务平台和项目内部管理系统完成验收并正式投入使用。该平台系统集入园登记、虚拟档案、中介服务、统计分析等多项功能于一体,实现园区统计申报系统数据层面共享对接,为工商、税务、投促等多部门提供数据共享;项目内部管理系统实现项目数据结构化存储、项目信息归类有序、项目经费拨付情况清晰可追溯、与财务部数据共享等多项功能。

（马　廷）

【8项成果获得市级科技奖励】 3月25日,北京市科学技术奖励大会在北京会议中心召开。石景山区有8项成果获奖,其中一等奖1项、二等奖2项、三等奖5项。此次获奖项目主要涉及节能环保、新能源领域等高新技术产业。

（石桂莲）

【区科协委员会召开】 4月1日,第七届委员会第六次全委(扩大)会议召开。会议总结上年工作,讨论通过当年计划,调整毛轩等7人为石景山区科协第七届委员会委员。年内,组织科协委员分别到农业嘉年华和硅化木国家地质公园进行科普考察参观,了解最新的农业技术、硅化木化石的形成过程。

（邵丽芳）

【武警部队动漫创作骨干培训班活动召开】 4月14—22日,区科技馆与北京迪生动画科技发展有限公司共同举办武警部队动漫创作骨干培训班,培养武警学员的创作思路与技巧,提高动画技能,为参加两年一届的全军动漫大赛打下坚实基础。

（雪　冰）

【2014年科普工作会召开】 4月18日,区科普联席会在科技馆召开2014年科普工作会,同时举行北京市科普基地和2013年度社区科普益民计划优秀科普社区颁牌仪式。区科普工作联席会议成员单位和市区科普基地单位的领导,北京市2013年度社区科普益民计划优秀科普社区负责人,区创新型科普工作室、区科普基地和区创新型科普社区负责人60余人参加会议。

（雪　冰）

【石景山区成立首家"文创银行"】 4月21日,石景山区第一家文创专营支行——杭州银行股份有限公司北京石景山文创支行成立。该银行运用期权贷款、股权质押贷款、订单贷等创新融资产品,利用"投融一站通"等创新金融模式和产品为多家文创企业提供融资服务。该行重点介入软件服务业、动漫游戏业、现代传媒业、设计服务业、艺术品业、文化休闲旅游业等文创重点产业,并对文创行业贷款实行1.5倍于平均标准的风险容忍度。

（罗耀玲）

【园区企业与个人获五一荣誉称号】 4月29

日,石景山区庆祝五一国际劳动节暨表彰先进大会在国际雕塑公园举行。区委书记牛青山、区长夏林茂出席会议。大会对2014年全区获得全国和北京市劳动先进的单位和个人进行表彰。园区企业常青藤创业研究中心蒲公英创业工作室荣获全国工人先锋号称号,北京北重汽轮电机有限责任公司电机副总工艺师刘凤娟、北京东土科技股份有限公司董事长李平分获全国五一劳动奖章和首都劳动奖状荣誉称号。

(王　震)

【石景山获可持续发展优秀单位会员称号】 5月16—17日,中国可持续发展研究会在北京召开2014年加强会员管理与服务工作座谈会,全国各分支机构及数十家会员单位的代表参会。会议评选出2013年度13家优秀单位会员,石景山实验区为北京市唯一获奖单位,区科委园区副主任邓清平作为实验区代表领奖并发言。

(王鹤乾)

【科技周举行系列科普活动】 5月17—24日,2014年全国科技周期间,区科技馆作为国家级科普基地,先后在全国农业展览馆新馆、区科技馆科普报告厅、石景山科普交流中心等地组织系列以居民体验、学生参与为主的科普文化交流活动。推出《无限创意》《人形变换》和《置身3D电影中》等展项;放映《鼠老三进城》《雪地狂奔》《月球探秘》《星空音乐会》等3D动画电影、科普电影;组织数百名中小学生在动漫教室体验制作动画片的过程,感受自编自导的乐趣;面向公众免费发放科普图书《走进博物馆》2000余册,举办数场"节能环保在你身边"知识讲座,使居民了解到LED的节能作用和家庭节能的重要性,近千居民和青少年参加此项活动。

(雪　冰)

【新增市重点实验室和技术研究中心】 6月30日,市科委公布2013年度北京市重点实验室和工程技术研究中心认定名单。北方工业大学、中科院软件研究所和易华录公司共建的大规模流数据集成与分析技术北京市重点实验室被认定为北京市重点实验室,该实验室完成"城市大型活动交通特勤决策支持系统"等7个项目,获得发明专利3项、实用新型专利4项和软件著作权15项。北京首钢国际工程技术有限公司的北京市冶金工程三维仿真设计工程技术研究中心被认定为北京市工程技术研究中心。石景山区已有国家级重点实验室6家、国家级企业技术中心2家、北京市重点实验室5家、北京市工程技术研究中心7家、北京市设计创新中心7家、北京市企业技术中心15家。

(曹　洁)

【"空气质量自动监测系统"课题通过验收】 7月31日,市科委组织5名环保领域专家对"石景山区环境空气质量自动监测系统应用"课题进行结题验收,专家组一致同意课题通过验收。这标志着历时两年、总投资500万元的石景山区科技重点支持项目完成。该课题由区环保承担,与中科院大气所等单位合作完成。

(曹　洁)

【两岸生产力机构牵手合作】 8月25日,由中国生产力促进协会、财团法人中国生产力中心、台湾管顾钜群联盟、北京生产力促进中心主办,石景山区生产力促进中心承办的"走进石景山园"——2014两岸企业转型升级暨产业辅导服务交流活动在京燕饭店举行。本次活动以"文创品牌化+服务业科技化"为主题。与会领导和专家分别就科技服务业政策、文创品牌化、大资料时代的客户洞察、文创设计与文化加值及北京市科技服务业现状发展趋势等内容进行演讲。来自园区50余家文化创意企业,30家科技中介服务机构等100多人参加活动。

(王　云)

【新增4家北京市专利示范单位】 7月28日,市知识产权局公布,园区贝壳网际(北京)安全技术有限公司、北京航天测控技术有限公司、北京明诚技术开发有限公司、北京首钢自动化信息技术有限公司4家企业为北京市第六批专利示范单位。其中贝壳网际(北京)安全技术有限公司每年有数百件的发明专利申请,被评为中关村首批知识产权领军企业。全区专利示范企业增至11家。

(陈　京)

【科普日活动启动】 9月15日，区科协会同区文委，在八角街道开展全国科普日宣传活动启动仪式暨八角街道庆国庆文艺演出。全区申报科普日活动项目达70余项，各单位开展各种宣传活动100余场，发放资料10余万份，惠及人数超过20万人。

（邵丽芳）

【科普之夏活动开展】 9月16日，区科协联合北京自然博物馆将“中生代王者归来”流动科普车开进京源学校小学部和银河小学。7—9月，区属学协会、区科普教育基地、9个街道科协等共征集83项重点活动、55项社区科普活动、28项科普教育基地活动。开展各类科普讲座40余场，科普展览20余场，免费发放各类科普书籍及科普宣传资料。

（邵丽芳）

【区生产力促进中心获金桥奖】 11月8日，在中国技术市场协会主办的第三届中国科技服务业论坛暨第七届金桥奖颁奖大会上，区生产力促进中心荣获2014年第七届中国技术市场协会金桥奖先进集体奖，企业服务部的崔海霞荣获先进个人奖。

（齐雪丹）

【中关村科创高新技术转移促进会成立】 11月28日，由中科合创（北京）科技推广中心、区生产力促进中心、中国技术交易所、北京航空航天大学等多家单位联合发起的中关村科创高新技术转移促进会筹备成立大会暨第一次会员代表大会在万寿宾馆召开。大会审议并通过《中关村科创高新技术转移促进会章程（草案）》和《中关村科创高新技术转移促进会会费收缴标准及管理办法（草案）》。促进会是经北京市社会团体登记管理机关核准登记的非营利性社会团体法人，通过开展科技研发协作和制定相关标准，开展专业咨询、培训和会展、国际交流与合作，编辑出版刊物、承接政府委托项目等工作推动科技成果转化和产业化。

（齐雪丹）

【市科委支持石景山科技创新服务中心建设】 年内，区科委承担了2014年市科委科技计划课题“石景山区科技创新服务中心建设”。该课题围绕推进石景山区“全面深度转型，高端绿色发展”的发展战略和“八个高端体系”建设目标，集聚石景山区科技服务资源，研究并编制《文化创意产业服务标准（草案）》《企业入园备案》《科技创新高端驱动体系建设的研究》《石景山区文化创意产业服务标准体系建设报告》等；搭建科技企业创新服务平台，建设企业服务信息网；筹备建立石景山区科技中介服务联盟，开展企业协同化创新服务。课题将人才、政策、资金、信息等高端创新要素进行有效整合，为形成“政府服务、中介服务、创新服务”三位一体的协同联动和“建设国家级绿色转型发展示范区”提供支撑和保障。

（市科委农村处）

【石景山动漫游戏产业科技提升服务平台建设取得进展】 年内，市科委2013年科技文化融合示范基地建设与产业培育专项”支持的“石景山动漫游戏产业科技提升服务平台”课题通过专家验收。承担单位区生产力促进中心、北京奇客星空网络技术有限公司完成动漫游戏集群渲染及知识产权服务平台、休闲小游戏企业孵化服务平台开发建设任务，动漫游戏集群渲染技术服务平台有效用户超过1400家，付费用户超过140家，累计完成渲染任务3万个、渲染子任务45.5万个、有效渲染机时8.5万小时，24小时内峰值任务数934个；知识产权特色服务平台建设的知识产权数据库集成超过1000万条数据，降低企业知识产权服务成本10%；中小游戏企业孵化服务平台孵化企业12家，研发新游戏13款。平台直接收入近4000万元，促进孵化企业实现收入突破1000万元。

（市科委文科处）

【开展青少年科技教育活动】 年内，在北京市青少年创新大赛中，石景山区获得市级一等奖7名、二等奖14名、三等奖23名，教师发明1项入围全国奖，科幻画3项获全国三等奖。在北京青少年“动手做”科技竞赛的“我有一双灵巧手”科技制作竞赛中获得市级一等奖1项、二等奖3项、三等奖14项。42所学校近6000名学生参加自然知识竞赛网上答题活动，获得第二十届北京市自然知识竞赛团体赛高中组亚军、初中组亚军和天文星光奖、小学组优胜奖，石景山区科协获得优秀组织奖。选拔 10 名优秀高中学生参加市科技后备人才培养计划，申请项目 4 项，获得资金支持 20000 元。区科协组织“科学家进校园”活动 11 场次，3500 多名中小学生与科学家零距离接触；组织 1600 名学生参与博物馆进校园活动，并与中国第四纪冰川遗迹陈列馆共同组织 4 期科普之夏“李四光中队青少年野外地质勘探训练营”。

（邵丽芳）

【实施社区科普益民计划】　年内，石景山区评选出 6 名优秀科普宣传员、7 个优秀科普社区、1 个经济适用房社区、1 个优秀基层科普场馆，获得 88 万元市级专项奖励和资助。五里坨街道联勤部社区获评全国科普示范社区，获得中国科协专项资助 20 万元。完成 2013 年度社区科普益民计划项目检查，第一批全国及北京市科普示范社区——八角街道北路社区通过专家组验收。区科协组织 2015 年度社区科普益民计划申报工作，推荐 7 个优秀科普社区、1 个优秀基层科普场馆、8 名优秀科普宣传员，全部通过专家评审，获得 79 万元市级专项奖励和资助。

（邵丽芳）

【科普项目申报实施】　年内，区科协组织科普法人志愿者单位等相关单位进行项目申报，“健康科普沙龙”项目获得区级项目经费 5 万元。通过市科协领导调研，确定以石景山为科学健康人项目试点。组织社区科学生活指导站（155.8 万元）以及数字科普进楼宇示范建设（261.6 万元）两个项目通过审批并推进项目实施。社区科学生活体验馆项目获批，批准项目资金为 155.12 万元。

（邵丽芳）

门头沟区

【概况】　年内，门头沟区积极创建国家可持续发展实验区，专家组实地考察同意推荐门头沟区参加实验区部门联席会议评审，区委副书记、区长张贵林带队参加国家可持续发展实验区联席评审会。区人大常委会通过《北京市门头沟区创建国家可持续发展实验区规划（2014—2018）》。深入开展群众路线教育实践活动。组织实施各类科技计划项目 25 项。完成玫瑰、黄芩产业科技示范等 7 项课题验收。发挥科技创新资金引领，提高区内企业发展实力，积极推进 2013 年科技创新项目的实施工作，投入资金 500 万元，实施科技创新项目 15 项，涉及农业、医疗等多个领域，专利奖励 14 家企业 45 项专利。强化科技企业服务，做好高新技术企业的管理与服务工作，完成 2013 年度高新技术企业统计工作。完成 2013 年度全国科普统计工作，全年举行 24 期电子科普行活动，先后到 62351 部队和区消防支队开展科普进军营系列活动。

（王亚娟）

【玫瑰、黄芩产业科技示范通过验收】　1 月 24 日，“门头沟区玫瑰、黄芩产业科技示范”课题通过专家验收，该课题通过引进新品种、开展无公害种植、改进加工技术、以文化为根基开辟旅游线路等产业化建设与示范，培育了门头沟区传统特色产业的经济增长点。“门头沟区特色果业（樱桃、京白梨）精准化管理关键技术集成与示范”通过专家验收。该课题构建包括环境因子的动态监测、营销过程信息化、农民自主学习平台等 7 个子系统的综合应用系统，编制樱桃、京白梨精准产业化技术体系各一套；建立樱桃、京白梨精准化管理示范基地共 66.67 公顷（1000 亩），辐射 133.33 公顷（2000 亩）。3 月 19 日，“灾后重建及应急科技支撑体系建设”两项子课题通过专家验收，课题完善与提升了门头沟区应急平台体系，实现了视频监控整合、应急响应处理升级，利用统一整合接入的公安、园林、水务、交通等委办局的视频数据，可以支持视频监控和视频会议，同时通过选择大台、秋坡村（戒台寺）及西王平村 3 个重点区域开展的面向地质灾害风险源灾情的监控，在原有系统的基础上，完善了危险源的标注，提供了可视化分析工具，完善了风险源监控与预警信息系统。“基于物联网的老年人健康与安全服务管理平台研究与示范”课题通过专家验收，课题成果在绿岛家园社区、蓝龙家园社区选取50位老年人进行示范应用，对老年人的身体健康状况进行了有效的监控与提示，同时对老年人走失进行了有效的防范及寻求救助的途径。“定都阁公路生态修复技术集成与示范”课题通过专家验收，课题完成了定都阁景区10000平方米公路边坡生态修复，边坡植被景观已初步形成，在植物多样性方面形成了乔灌草立体生态修复植物群落，课题集成了现有土壤基质、植被群落组成及护坡、资源废弃物综合利用等方面的技术，形成了北京山区公路边坡技术指南，建成技术集成示范区和试验区各1个。“门头沟区特色精品果树产业化开发”课题通过专家验收。课题在龙泉镇龙泉雾村、斋堂镇杨家峪和东岭村、斋堂镇军响村和清水黄安村等地，分别建立特色精品果树无公害优质高产高效示范基地，香白杏3.33公顷（50亩）、火村红杏6.67公顷（100亩）和核桃13.33公顷（200亩），将京白梨、樱桃等特色果品高产优质高效关键技术优化组合形成综合配套技术体系。“2013年门头沟区科普能力建设”项目通过专家验收，通过该项目的实施，区科委举办了2013年门头沟区科普工作者培训班2期，每期培训40人；组织区科技工作者、社区居民、解放军战士共近200人到北京科技周主会场进行参观；完成了2012年度的科普统计工作，参与统计单位70家。

（王亚娟）

【国家可持续发展实验区创建】 5月14日，《北京市门头沟区国家可持续发展实验区建设规划（2014—2018年）》通过第50次政府常务会审议。8月7日，《北京市门头沟区国家可持续发展实验区建设规划（2014—2018年）》通过第63次区委常委会审议。11月19日，门头沟区申报国家可持续发展实验区，通过科技部与市科委组织的专家现场考察与推荐。考察组对永定河门头沟段生态治理工程、采空棚户区改造建设、妙峰山镇水峪嘴村新农村建设进行了实地考察，并到石龙经济开发区和区为民服务信息平台座谈。12月4日，召开创建国家可持续发展实验区工作专题会。12月28日，门头沟区参加国家可持续发展实验区联席评审会。区委副书记、区长张贵林，区委常委、副区长张永代表门头沟区委、区政府参加评审会。按照新区评审程序，播放了门头沟区创建国家可持续发展实验区专题片，张贵林代表区委、区政府对门头沟区创建国家可持续发展实验区进行申报陈述。联席评审会成员就实验区建设工作中涉及的相关问题提出了质询，并对门头沟区建设国家可持续发展实验区提出了建议。本次评审的结果将由国家可持续发展实验区办公室统计汇总后，由科技部发文予以批复。

（王亚娟）

【立项各类科技课题】 5月20日，市财政科普专项“门头沟区地质科普景观建设（109国道沿线）”“科普教育基地科普设施改造与提升”正式立项，北京市可持续发展实验区建设专项“门头沟区水源地保护区农村生活污水物化处理示范工程”课题正式立项。北京市科委组织专家对2014年可持续发展实验区建设专项“门头沟区水源地保护区农村生活污水物化处理示范工程”课题实施方案进行了论证并立项。2014年区县科技基础专项“门头沟区新优品种引进与开发利用”课题正式立项，该课题将通过引进新优特色产业资源，在清水镇黄安坨村和雁翅镇下马岭村开展寒地新优果树品种、SH_6矮化中间砧富士苹果的引进与示范，开发绿色农产品；将通过中蜂饲养管理流程研究，在雁翅镇饮马鞍村进行中华蜜蜂物种恢复与开发利用，加强本地中蜂资源保护和种群恢复，加强中蜂蜂蜜价值和开发利用研究。“山区农村地源热泵供暖制冷系统技术集成与示范”课题实施方案通过专家立项论证。课题将构建一套由换热系统、热泵机组和冷热输送系统组成的地源热泵集中供暖制冷系统，实现对妙峰山镇禅房村81户、共13000平方米建筑面积的制冷和供暖进行控制，制定山区新农村清洁能源供暖系统的建设、运营和管理标准模式，实现自我供给功能。

（王亚娟）

【两家高新技术企业通过北京市第三批国际科技合作基地认定】 年内，门头沟区奥普科星技术有限公司、光环新网科技股份有限公司分别被认定为“高温集热管自动化成套装备”“综合云计算服务平台”北京市国际合作示范类基地。企业被评为国际科技合作基地后，将获得市科委和相关部门国际科技金融资源、外专系统项目资源、国家国合专项资源、再创新资源支持。

（王亚娟）

【实施各类科技项目】 年内，实施灵山亚高山草甸生态修复，灵山景区生态修复工程主体完工，修复实际完成生态修复面积 21300 余平方米，植被修复 18700 余平方米，选用植物种 11 种，成活率达 80% 以上，植被覆盖率当年达到 50%；改造侵蚀沟段约 2600 余平方米，水土流失治理度达 95%、沟蚀治理率 98%。实施牡丹、芍药景观植物产业化关键技术研究与示范，将牡丹、芍药特色景观植物进行产业化栽培示范，进一步提高生态产业科技含量。

（王亚娟）

【完成 2013 年高新技术企业统计】 年内，新通过认定高新技术企业 18 家，至此全区高新技术企业总数达到 70 家(驻区企业 22 家)。根据国家高新技术企业科技统计数据显示，截至 2013 年年底，全区高新技术企业总收入达 90.16 亿元。企业自主研发投入达 6.24 亿元，企业人员总数达 18822 人。全区高新技术企业规模以上企业 41 家，较去年增长 17.1%，亿元以上企业 13 家，其中北京昊华能源股份有限公司、北京精雕科技有限公司总收入已超 10 亿元。

（王亚娟）

【区内 70 家高新技术企业完成年度备案】 年内，全区 70 家高新技术企业 2013 年度获得发明专利授权 22 项、实用新型 138 项、外观设计 26 项、软件著作权 145 项。大专以上学历人员数 7885 人，占从业人数的 39.51%；从事研究开发人员达 3107 人，占职工总数的 15.57%。高新技术产品(服务)收入 79.58 亿元，占企业销售收入的 93.52%。

（王亚娟）

【完成科技创新项目评审】 全年，完成上年 15 项区科技创新项目结题与审计工作，科技专项资金支持 472.27 万元，项目实施后年增收 5883 万元，带动就业 349 人，申请专利 26 项。推进全年 15 项区科技创新项目实施与结题工作，涉及电子信息、高端装备制造、节能环保和现代农业等领域，项目总额 379.49 万元。落实区专利奖励政策，全年企业专利奖励 44 项，其中发明专利 4 项，实用新型专利 40 项，奖励资金 10 万元。

（王亚娟）

顺义区

【顺义区 200 辆区域电动出租车投入运营】 1 月 8 日，顺义区举行“践行清洁空气行动，提升城市运营品质”新能源电动出租车运营启动仪式。市科委和市交通委领导、区领导以及北汽集团领导出席启动仪式。顺义区 200 辆区域电动出租车正式投入运营，成为全市第 9 个电动出租车示范运营区县，示范运营车辆为北汽新能源 E150EV。

（市科委双新处）

【天文科普车赴顺义社区开展科普行活动】 1 月 20 日，市科委农村中心与区科委、区科协在区光明街道裕龙六社区开展市科委科普行活动。市科委农村中心副主任李守勇、区科协主席单银山、社区居委会负责人及 100 余名社区青少年及家长参加活动。

（市科委农村中心）

【3 家科技企业获评 2014 年北京市科学技术奖】 年内，区内 3 家高新技术企业获北京市科学技术奖，燕京啤酒获得二等奖，东方雨虹和数码视讯分获三等奖。

（闫兆东）

【扎实推进“百家创新型科技企业培育计划”】 年内，区科委按照“百家创新型科技企业培育计划”实施进度要求，继续深入开展国家级高新技术企业认定工作,不断壮大区域自主创新主体规模,通过集中培训和深入企业一对一辅导,提高服务质量和水平。顺义区获得科技部认定的国家级高新技术企业达到186家。

(闫兆东)

【扎实开展农民实用技术培训】 年内,区科委充分发挥基层科技组织、农民专业合作社、农村科技协调员的作用,通过集中授课、播放课件、邀请农业专家深入田间地头实地指导等多种形式,扎实开展农民实用技术培训。全年完成农民培训10000人次。

(闫兆东)

【积极推动知识产权工作】 年内,顺义区加强企业知识产权申报工作的服务和管理,全区申请专利2674件,授权专利2252件。

(闫兆东)

【广泛开展科普宣传】 年内,全区围绕"科普之春""科技周"活动主题,积极协调各镇、街道及各学会,成功举行"2014年全国科普日""顺义区科普进社区""顺义区2014年家庭数字生活技能大赛"等科普宣传活动46场,科普展览3次,发放科普口袋书、低碳生活等宣传资料80000份。

(闫兆东)

【科研机构建设取得新突破】 年内,申报市级研发机构、北京市重点实验室、北京市工程技术研究中心5家,全区累计发展市级研发机构25家、北京市重点实验室2家、北京市工程技术研究中心5家。

(闫兆东)

怀柔区

【2013年度怀柔区镇乡科技工作汇报会召开】 1月22日,区科委召开2013年度怀柔区镇乡科技工作汇报会,各镇乡汇报了2013年度镇乡科技工作。会议评选出北房、庙城、九渡河、长哨营、喇叭沟门等5个镇乡为2013年度科技工作先进镇乡。

(闫　斌)

【"怀柔区板栗全产业链技术集成与示范"项目通过验收】 1月23日,"怀柔区板栗全产业链技术集成与示范"项目通过市级专家验收。该项目共争取市级资金300万元,在区板栗试验站建立了板栗资源圃;在渤海镇建立板栗优良品种核心示范基地33.33公顷(500亩),板栗密植低产园示范试验基地6.67公顷(100亩);升级改造北京隆海明珠板栗销售有限公司板栗专用气调库,提高了板栗的保鲜品质;完成北京红螺食品有限公司板栗果脯和夹心栗片的研制,产品均已上市。

(闫　斌)

【北京纳米电子材料检测中心落户怀柔产业园】 2月12日,北京纳米电子材料检测服务中心在怀柔区雁栖经济开发区正式启动运行,检测项目主要包括纳米材料分析、电子材料的可靠性、材料的失效分析与预防、半导体及相关领域检测分析等四大类。该中心的建立和发展对促进园区纳米科技产业成果转化落地,探索专业化、市场化园区服务模式具有重要的示范和引导意义。

(王立冬)

【鼓励扶持纳米领域领军人才政策发布】 2月18日,区政府印发《关于〈怀柔区鼓励扶持纳米科技领域领军人才和高级技术人才实施办法〉的通知》。该实施办法是为吸引纳米领域领军人才和高级技术人才在北京纳米产业园创新创业,促进纳米科技成果快速落地转化而制定,标志着北京纳米产业园政策配套措施日臻完善。

(市科委双新处)

【APEC与城市照明论坛举行】 3月,怀柔区科委与北京新能源高科技发展普及发展中心共同举办APEC与城市照明论坛。论坛邀请中国照明学会、总后勤部建筑设计研究院、扬州大学、北京市工商联宣教处、北京市建设工委、怀柔区政协、怀柔区科委等单位的领导、专家、学者200余人参加。论坛还举行了3场专题报告会。

(温成启)

【建设专利商品动态监控系统】 3—6 月，区科委组织京北大世界、京客隆等商家开展专利商品自查统计工作，并在监控系统内进行录入。统计专利商品 134 件。根据专利商品动态监控系统征集的专利商品信息，对京北大世界提交的专利商品信息进行梳理，修正了错误的商品信息。

（温成启）

【"高纯度碳纳米管材料产业化"项目落户北京纳米科技产业园】 4 月 10 日，清华大学魏飞教授团队"高纯度碳纳米管材料产业化"项目正式签约落户北京纳米科技产业园。此次签约标志着又一重大科研成果走出实验室，走向产业化，同时标志着北京纳米科技产业园碳纳米材料与应用板块产业聚集优势更加明显。

（王立冬）

【"怀柔区冷水鱼产业链技术提升与示范"项目通过验收】 4 月 30 日，"怀柔区冷水鱼产业链技术提升与示范"项目顺利通过市科委验收。该项目紧密围绕怀柔区冷水鱼科技创新需求，瞄准世界冷水鱼科技发展高端，引进冷水鱼新品种繁育、虹鳟鱼三倍体繁育、鲟鱼杂交育种及加工等领域的关键技术，结合怀柔区实际情况开展深入研究，形成一批高水平的研究成果；在怀柔区开展研究示范，并在主要生产区建立生产示范基地，进行展示应用；开展农民技术培训，培养冷水鱼养殖技术人员，建立冷水鱼产业技术服务体系，为怀柔及全国冷水鱼产业发展提供科技支撑。

（闫　斌）

【2014 年科技活动周活动举行】 5 月 17—24 日，以"科学生活，创新圆梦"为主题的科技活动周系列活动举行。通过开展技术培训班、知识讲座、科普巡展、发放科普资料、上门指导、现场观摩、义诊等活动为广大参与者传播各类科普知识、提供各种科普服务。总计受益人数达 4 万余人次，技术培训人数 3000 余人次，发放科普资料达 4 万余册（份），为群众义诊 1000 余人次。

（王五山）

【区科协第二次代表大会召开】 7 月 10 日，区科协第二次代表大会召开，到会代表 196 名。大会选举产生了区科协第二届委员会。本次会议突显科技元素：一是科协主席由原来分管科技工作的副区长担任调整为由现驻怀柔区的中科大主管教学和科研工作的常务副院长吴岳良院士担任，6 名副主席中有 3 名都是来自驻区高新技术企业的主要领导或科学家，知识层次更高。二是大会代表由原来的行政事业单位人员居多调整为企业和科研单位人员居多。三是科协委员中减少了行政事业单位的领导数量，增大了一线科技工作者的比例。

（王五山）

【2013 年度科学技术奖励获奖代表座谈会暨 2014 年科技工作会召开】 8 月 7 日，区科委在双阳宾馆第七会议室召开 2013 年度科学技术奖励获奖代表座谈会暨 2014 年科技工作会。会议由区科委主任郭小卫主持，副区长张勇出席会议并对科技重点工作进行部署。郭小卫介绍了 2013 年度科学技术奖励情况和奖励办法修改意见，区科委科协党组书记石全田宣读 2013 年度科学技术奖励表彰决定。

（闫　斌）

【"农村户用数控采暖炉具开发及新能源在新农村中的示范推广"课题通过验收】 8 月 11 日，"农村户用数控采暖炉具开发及新能源在新农村中的示范推广"课题通过市科委验收。课题主要根据怀柔区北部山区镇乡用户的实际情况，用生物质燃料替代或部分替代燃煤，减少烟煤等燃料用量，且通过对自动控温装置的设计、炉膛内部结构改进，研发智能控温锅炉系列产品，从而降低污染物排放量，改善空气质量，对应对雾霾天气起到重要作用。

（闫　斌）

【"北京纳米科技产业园孵化器建设"课题通过验收】 8 月 26 日，"北京纳米科技产业园孵化器建设"课题通过市科委验收。课题建设完成 3250 平方米的孵化区域，2310 平方米的孵化车间，入驻孵化企业达到 14 家，已孵化纳米产业化项目 7 项；同时，搭建了纳米科技产业园公共信息服务平台和共性技术研发服务平台，提高了服务企业的能力。

（王立冬）

【动力电池“国家队”落户北京纳米科技产业园】 9月14日,国联汽车动力电池研究院有限责任公司在北京纳米科技产业园完成注册并正式运行,为北京纳米科技产业园再添重量级产业化项目。

(王立冬)

【2014年度区科学技术奖励专业组评审会议召开】 11月24—28日,区科委召开2014年度怀柔区科学技术奖励专业组评审会议,按照奖励办法及实施细则的要求和评审程序进行评审,35项科技成果通过2014年度怀柔区科学技术奖励评审委员会专业评审组的评审,其中一等奖4项、二等奖11项、三等奖20项。各领域获奖情况分别为农业9项、工业9项、医疗卫生9项、教育8项。

(闫 斌)

【申报中关村国家自主创新示范区新技术新产品】 年内,根据《中关村国家自主创新示范区新技术新产品(服务)认定管理办法》的规定,经市科委等5部门组织专家评审,区科委组织申报的北京碧水源净水科技有限公司的新型农村特殊水源水质处理设备、碧水源超级纳滤净水机,北京大北农动物保健科技有限责任公司的瑞特奇、呼诺玢,朗活医药耗材(北京)有限公司的三层共挤输液用膜、三层共挤输液用管,北京奥星医药耗材有限公司的聚丙烯输液软瓶颗粒等7个项目获得中关村国家自主创新示范区新技术新产品。

(温成启)

【高新技术企业申报认定】 年内,区科委共组织24家企业参与高新技术企业认定申报,新增高新技术企业21家,全区高新技术企业保有量达到100家。

(温成启)

【高新技术企业主要经济指标平稳增长】 年内,全区高新技术企业完成技工贸总收入237.3亿元,同比增长61%;实现工业总产值176.3亿元,同比增长80%;实现工业增加值41.7亿元,同比增长21%;实现利润19.9亿元,同比增长23%;上缴税金12.8亿元,同比增长44%。

(温成启)

【技术合同登记】 年内,共登记合同86份,其中技术开发11项、技术转让3项、技术服务72项,成交额8.7亿元。技术合同登记总量及增速均为生态涵养发展区第一位。

(温成启)

【专利申请量持续攀升】 年内,怀柔区专利申请量591件,同比增长16.11%;专利授权量451件,同比增长48.36%。

(温成启)

【专利试点、示范单位考核建设】 年内,怀柔区新认定专利试点单位11家,专利试点单位总数达54家;新认定专利示范单位2家,专利示范单位总数达4家。

(温成启)

【专利费用减缓工作】 年内,怀柔区共开具专利费用减缓证明313份,其中发明专利108份,实用新型专利158份,外观专利47份,为企业减缓费用约80万元。

(温成启)

【起草《怀柔区专利资助及奖励办法(试行)》】 年内,完成《怀柔区专利资助及奖励办法(试行)》的起草、法制审查等相关工作。

(温成启)

【首都科技条件平台建设不断完善】 年内,首都科技条件平台怀柔工作站新增成员单位15家,新增科技人才30人,征集平台科技成果2项,征集科技需求29个。共梳理知识产权292项,行业标准5项,开放实验室3家。涉及耐火、建筑材料生产研发检测、材料、电子、建筑施工等领域;汇集骨干专家11人;申请国家专利58项,已获得授权发明专利19项,实用新型专利25项。盘活、利用开放实验室仪器设备价值604万元,开放实验室的作用正在逐渐显现。

(温成启)

【开展首都科技创新券工作】 年内,为鼓励小微企业和创业团队开展科技创新活动,市科委与市财政局依托首都科技条件平台联合开展了首都科技创新券工作。共向4家企业发放创新券15万元,支持企业开展检验检测、专家咨询等科技创新活动6项。

(温成启)

【科技服务套餐配送工程】 年内,区科委在庙城、怀北等地区种植“京科糯928”玉米共计4公顷(60亩);在怀北镇邓各庄村的6.67公顷(100亩)苹果园通过引进先进栽培方式、先进栽培技术、品种改良、采用有机果品生产技术、间作套种等多种途径,形成一套适合京郊浅山丘陵地带的苹果砧密新技术,并集成有机栽培技术形成配套技术体系。此外,完成了科技套餐工程都市型现代农业示范基站的基础建设和挂牌工作,召开了专家对接会,多位市级专家也陆续进站进行技术指导。

(王五山)

【推进全民科学素质建设】 年内,区科委制定了怀柔区2014—2015年全民科学素质建设方案;启动了百村农民科学素养提升行动;编印了《科普知识轻松学》《科学相伴 健康生活》两本科普宣传册。

(王五山)

【“‘旺禾8号’新品种示范推广及高效种植模式研究”课题获得立项】 年内,“‘旺禾8号’新品种示范推广及高效种植模式研究”课题获得市科委立项。课题共获得科技经费160万元,针对“旺禾8号”进行密度、播期、施肥等单项技术试验,集成高产高效种植模式。在怀柔区及各郊区县推广种植夏播玉米新品种“旺禾8号”以及高产高效种植模式。设立重点示范乡镇,在重点乡镇设立重点示范村,在重点示范村设立重点示范户大面积示范种植“旺禾8号”,推广高产高效种植模式,提高夏播玉米产量,增加农民收入。

(闫 斌)

房山区

【概况】 年内,区科委紧紧围绕“三二一”空间发展布局及“一区一城”新房山建设,以党的群众路线教育实践活动为契机,认真贯彻落实北京市“十二五”科技发展规划,进一步加强科技创新,加速科技成果转化,全面提升科技创新能力和水平,为全区经济社会发展提供重要支撑。科技园区建设深入推进。中关村房山园发展势头强劲,初步成为房山区发展高新技术产业和培育特色产业的重要基地。中关村房山园共入驻规模以上高新技术企业53家,全年实现总收入184.1亿元,税收8.6亿元。石化新材料基地、长阳科技园、良乡高教园区、北京海聚工程产业基地、良乡物流基地等重点园区项目顺利推进。大力发展高新技术企业,培育经济增长点。新发展国家高新技术企业18家,全区国家高新技术企业保有量98家。科技成果转化不断加强,共组织实施国家、市级各类科技计划课题46项,其中市科技计划新立项课题26项,争取科技经费4605.5万元,同比增长36.4%。实施区级科技计划项目(课题)40项,支持科技经费904.1万元,通过项目带动,有力地推动区域经济健康发展。知识产权工作稳步推进。全区专利申请量1026件,较上年增长16.6%。全区专利授权量518件,与上年基本持平。《2014—2020年房山区科技发展规划》征求意见稿编制完成,全区科技发展的定位、格局和重点工作任务进一步明确。科技服务体系进一步完善。首都科技条件平台房山工作站、知识产权服务平台、校企合作促进平台等科技服务平台充分发挥作用,将科技需求与各个平台开放的科技资源进行有效对接,为经济建设和社会发展提供科技服务。

(张 潇 郭景宜)

【2014房山科普庙会结束】 2月13日,为期1个月的2014房山科普庙会落下帷幕。庙会以“科普惠民,贺岁房山”为主题,以“政府主导,部门联动,社会参与,企业支持”为筹办方式,是全市首个以“科学技术普及”为主要内容的科普庙会活动。据不完全统计,庙会共接纳游客近万人次,实现交易额近10万元。

(张旭颖)

【房山区两项科技成果获得市科学技术奖】 3月25日,北京市科学技术奖励大会召开,表彰获得2013年度北京市科学技术奖的233项科技创新成果。房山区共有两项科技成果获得三等奖:北京送变电公司申报的“特高压直流线路六分裂大截面导线施工技术研究与分次试展放试验”、中国原子能科学研究院申报的“近库仑势垒重离子核反应机制研究”。两个项目研究成果对支撑房山区“一区一城”新房山建设、服务北京全国科技创新中心发展、实现打造首都西南科技创新中心的目标起到积极的促进作用。

(徐璐璐)

【第三十四届北京青少年科技创新大赛闭幕】 3月30日,为期4天的第三十四届北京青少年科技创新大赛闭幕。参加本次创新大赛初赛活动的学生达30余万人,经学校推荐、区县评审,共有1885项优秀学生竞赛作品参加市级初评,196个学生项目和18个教师项目进入终评答辩,10项青少年科技实践活动及83幅少年儿童科学幻想绘画参加终评展示,各区县在初赛基础上均有项目进入市级决赛,其中房山区共有“房山的历史文化遗产与风景名胜保护和经济开发考察研究”“家用多功能清洗器”等7个项目的15名初、高中生进入市级决赛。并且,区内15名参赛青少年以及1名科技辅导员均在各自的研究领域喜获佳绩,分别获得自然与生命探索奖、科教基金英才奖、长安汽车青少年科技英才奖、中国科技教育杂志社专项奖等奖项,以及国内项目一、二等奖。其中,来自首都师范大学附属房山中学的包润涛、张忻雨、张蕴芃3位初三学生的“首都师范大学附属房山中学校园野生植物调查”荣获国内项目一等奖,成为房山区唯一获得一等奖的参赛项目。

(张旭颖)

【国家星火计划“食用菌系列调味品的技术集成与产业化”课题通过验收】 4月2日,由北京利民恒华农业科技有限公司承担的国家级星火计划“食用菌系列调味品的技术集成与产业化”课题,通过科技部验收。通过该课题的实施,研发了食用菌养生调味品新品10个,其中蘑菇酱系列6个产品,蘑菇精系列2个口味单品,蘑菇汁、蘑菇蛋白粉各1个产品。制定了蘑菇系列养生调味品生产工艺流程4个、企业标准4个,建成了蘑菇酱、蘑菇精加工生产线各1条,达到QS生产标准。通过课题的实施,企业年产值达到5070.2万元,年创利税280万元,带动2100户农民增收。

(王文伟)

【国家星火计划“食用菌新品种新技术开发与服务平台建设”课题通过验收】 4月2日,由北京福满堂农业发展有限公司承担的国家级星火计划“食用菌新品种新技术开发与服务平台建设”课题通过科技部验收。该课题经过两年的实施,引进选育适宜当地栽培和有市场潜力的杏鲍菇、白灵菇、姬菇3个食用菌品种的10个优良菌株,并进行示范;推广优选菌株配套生产技术,制定10项设施食用菌生产技术规范;建成中国食用菌协会(房山)基地与食用菌深加工基地,重点打造“房山菌业”品牌,宣传、展示、销售食用菌产品,建立房山食用菌服务平台;建立食用菌科技服务体系,培训指导农民2000人次,带动周边500多农户从事食用菌生产,从而实现了增收致富,企业销售收入增加了10%。

(王文伟)

【4项技术和产品列入《北京地区大气污染防治技术和产品目录》】 6月,北京鸿盛天启科技有限公司开发的高效节能环保煤改电采暖系列产品,康莱德国际环保植被(北京)有限公司开发的环保草毯,西山新干线除尘脱硫有限公司开发的工业锅炉烟气SCR脱硝技术装备、过滤镁法除尘脱硫设备,经市科委组织专家筛选评估,编入《北京地区大气污染防治技术和产品目录》。其中,高效节能环保煤改电采暖系列产品在市科委的支持下,已在北京地区进行推广应用。

(王文伟)

【房山区社区科普大讲堂活动举行】 8月15日,房山科技活动中心举行了首期2014房山区周末大讲堂活动。中心邀请中国人民大学文学院的朱子辉老师为房山区社区居民开展了一场题为“小孩子到底应该读什么书——教你怎么读古典诗文”的讲座,来自良乡5个社区的100名居民聆听讲座。

(张旭颖)

【区科协"一点绿"行动计划】 10月27日至11月24日，区科协举办了"一点绿"行动计划——"播种文明绿芽，共建生态城市"主题活动首轮活动。该活动分别走进伟业嘉园社区、北关东路社区、宜春里社区、绿城百合社区、瑞雪春堂社区、碧桂园社区等6个社区，开展生态文明推进建设系列科普活动。活动期间，发放了"一点绿"科普宣传手册、生态文明推进建设科普手册、阳台蔬菜盆栽套装等资料，举办阳台蔬菜种植方法讲座、阳台蔬菜病虫害防治方法讲座等。

（张旭颖）

【区科协召开基层科技工作者培训班】 10月30日至11月5日，区科协召开基层科技工作者培训班，分批分班进行轮训，培训对象主要是来自全区25个乡镇街道科协的秘书长以及全区587个村、社区科普工作站的宣传员600余人。培训班上，区科协就科协的基本职能、制度等内容对基层科技工作者进行了培训，还就科协的概念、基本宗旨、主要任务、主要范畴等进行了详细的讲解。为进一步落实房山区政府与市科协签订的《落实全民科学素质行动计划纲要共建协议》，区科协推出"云科普"项目。培训会上，区科协工作人员就"云科普"项目向基层科技工作者做了培训。同时，全区科普工作者每人配备一部科普移动终端，用于获取科普知识，并进一步将这些科普知识通过广播、微信、网站、印制成科普读物等方式，传播普及到辖区内居民手中，真正解决科普宣传"最后一公里"问题。

（张旭颖）

【"地学教育综合实践园建设"课题通过验收】 11月21日，由世界地质公园博物馆承担的市委、市政府重点工作及区县政府应急项目预启动项目——"地学教育综合实践园建设"课题通过市科委验收。该课题以房山区主要景区的地质状况为主线，运用声、光、电、多媒体、互动展品等技术手段为展示方式，设计制作出了地质、地貌、地理、生态、动植物、环境保护、生态伦理等17个展项，将地质科普知识生动、系统地进行了展示，显著增强了世界地质公园博物馆的科普教育功能。

（王文伟）

【"真空浸渍新型果蔬脆片加工技术研究及新产品开发"课题通过验收】 12月11日，由北京凯达恒业农业技术开发有限公司承担的市委、市政府重点工作及区县政府应急项目预启动项目——"真空浸渍新型果蔬脆片加工技术研究及新产品开发"课题通过市科委验收。该课题完成了自主发明专利"柿子脆片制备方法及采用该方法制备的柿子脆片"的技术成果转化，研发了真空浸渍技术，解决了果蔬产品的脱水定形问题，并建立两条自动化生产线，年加工能力达到1100吨，年产值4960万元。开发京白梨、菱枣、杏鲍菇、圣女果、苦瓜等8种真空浸渍新产品；研发出芥末味等4种不同口味薯条脆片和天妇罗牛蒡、藕片、地瓜、腐竹4个产品，并形成了一套生产技术规程，申请发明专利两项。课题的实施带动了5个原料示范基地，辐射周边果蔬种植农户870户，解决就业216人。

（王文伟）

【区科协召开基层科协秘书长例会】 12月23日，区科协在昊天假日酒店召开基层科协秘书长例会。各乡镇科协秘书长就本单位基层科协组织建设情况、基层科普工作站运作情况、"云科普"项目实施情况以及2015年工作设想等几方面内容进行了汇报，并对科协的工作提出了建议。

（张旭颖）

【房山区农村专业技术协会成立大会召开】 12月26日，房山区农村专业技术协会成立大会在昊天假日酒店召开。区直各有关部门领导及区农技协154名会员参加会议。会议听取了筹备组所做的"房山区农村专业技术协会筹备工作报告"，区民政局代表宣读了《行政许可决定书》，审议并通过农技协章程和选举办法。随后进行区农技协第一届领导机构选举，选举产生了区农技协第一届理事会理事39名、常务理事13名，理事长高德民，副理事长于志良、付铁梅、王明伍、姜德勇、吴艳、杨然，秘书长陈双，监事长游良宇。

（张旭颖）

【“2014 年房山区科普能力建设”项目通过验收】 年内，“2014 年房山区科普能力建设”项目通过专家验收，这是区科委按照市科委的部署组织实施的一项重要工作。项目内容包括：组织群众参加北京科技周主场活动，举行突显区域特色的房山科技周工作；完成科技旅游季各项组织工作，共有上万人次参观了科普教育基地；完成科普统计工作；开展具有房山区特色的科普工作，即完善 3 个科普场馆——北京食用菌展馆、北京土壤展馆和汉白玉艺术宫。通过用 3D 技术更新展示图片和照片，增设展示模型、电子指示牌、展示架，使用声控光控手段提升照明系统，以及增设制作陶吧、作物立体种植等互动项目，使各展馆展示内容更丰富直观，提升了展馆展示内容的时效性、趣味性、知识性，给游客以更生动直观的感受，达到更好的科普效果。

（徐璐璐）

【首都科技条件平台房山工作站服务成效显著】 年内，房山工作站通过整合首都科技条件平台的优势科技资源，从发展成员单位、开放仪器设备、聚集科技人才等方面入手，建立科技资源与需求的对接渠道。按照主动介入、超前服务的理念，全年新发展成员单位 27 家，聚集省部级以上资质的重点实验室 1 家，面向社会开放的仪器设备 14 台套，价值 323.37 万元；聚集科技管理和技术专家 24 位。挖掘企业在科研仪器设备、技术项目、专业人才、资金、科技政策等方面的科技需求累计达到 50 项。通过科技创新政策宣讲会、“百进千”供需对接会和“多对一”“一对一”科技条件个性需求对接活动，达成企业与科研院所间、企业与企业间的合作意向 5 项，如促成首都科技条件平台北京大学研发实验服务基地智汇城服务中心项目落地良乡高教园区。

（李晓明）

【专利申请量稳步增长】 年内，房山区专利申请量达到 1026 件，其中发明专利 436 件、实用新型专利 463 件、外观设计专利 127 件；专利授权量达到 518 件，其中发明专利 94 件、实用新型专利 326 件、外观设计专利 98 件。

（李　鹏）

【高新技术企业创新发展】 年内，大力发展高新技术企业，培育经济增长点。新发展国家高新技术企业 18 家，全区国家高新技术企业保有量 98 家，全年实现销售收入 166 亿元，上缴税金 10 亿元，同比分别增长 9.8%、16.3%，安置劳动力就业人数 26000 余人。

（王茂东）

【房山新增 4 家北京市科普教育基地】 年内，北京（房山）历史文化旅游集聚区发展促进中心、房山科技活动中心、康莱德国际环保植被（北京）有限公司、燕山地区垃圾无害化处理教育实践基地 4 家单位被市科委命名为“北京市科普教育基地”并授牌。至此，房山已有市级科普教育基地 11 家。

（徐璐璐）

【房山区信息科技科普体验厅正式落成】 年内，由房山区政府投资建设的房山区信息科技科普体验厅在房山科技活动中心正式落成。信息科技科普体验厅位于房山科技活动中心二层常设展厅内，体验厅内设有 12 个板块分区，从多种角度解读信息科技对生活的巨大影响。体验厅运用文字说明、图片照片、实物展品、影像、多媒体交互技术相结合的展览手段，从日常生活入手，以体验互动为主要展览形式，把参观者带入一个现代化的信息技术世界。体验厅已正式对外开放。

（张旭颖）

平谷区

【农科城获得正式批复】 1 月 20 日，科技部农村技术开发中心和市科委正式批复北京平谷国际陆港食品产业科技园纳入北京国家现代农业科技城特色产业园。园区将建设集成食品加工制造基地、通关食品物流信息平台、食品安全质量检测平台、绿色食品贸易口岸以及绿色物流基地于一体的食品产业科技园，以现代服务业带动北京高端食品产业的升级发展，保障首都食品供应和质量安全，提升首都食品加工制造与进出口贸易产业发展水平。5月，《北京平谷国际陆港食品产业科技园建设规划（2013—2017）》获得科技部农村技术开发中心和市科委正式批复，同意平谷区按照该规划建设北京农科城特色产业园区。北京市机构编制委员会办公室批复，北京平谷国际陆港食品产业科技园管理委员会获得挂牌资格。

（李　征）

【青少年科技创新大赛举行】 3月27—30日，第三十四届北京市青少年科技创新大赛在北京工商大学良乡校区举行。平谷区共有5项小学发明、16篇小学论文、14项中学发明、27篇中学论文、39幅科学幻想画参加此次大赛。有5个项目参加本次的终评决赛，其中科学论文4篇、科技发明1件。张宇涵、路川研究的“用音频发生器和示波器调节吉他琴弦的音准”，以及平谷二中的宋雨欣、刘京傲、姜珊研究的“70%代森锰锌可湿性粉剂防治马铃薯晚疫病防效试验田间药效试验报告”获得市级二等奖和科教基金英才专项奖。科学幻想画6幅获一等奖、8幅获二等奖、13幅获三等奖。平谷三中的程小刚老师获得优秀科技辅导员称号，区科协获得优秀组织奖。

（巨　颖）

【全民科学素质行动计划纲要实施工作会议】 4月24日，区全民科学素质行动计划纲要实施工作会议在平谷区应急中心一层会议室举行。会议总结了“十一五”以来平谷区全民科学素质行动计划实施工作，对2014—2015年的工作进行部署，并宣读《平谷区2014—2015年度科学素质行动计划实施任务分解》。

（巨　颖）

【科普示范家庭创建活动启动】 5月20日，区科协与金海社区共同举办科普示范家庭创建活动启动仪式。启动仪式上宣读了金海社区创建科普示范家庭活动方案，区科协和滨河街道主要领导为到场观众发放科普宣传材料。活动还设立了科普知识有奖竞猜活动。

（巨　颖）

【数字生活技能大赛举行】 7月10日，区科协举办2013年第十届北京百万家庭数字生活技能大赛家庭赛，来自18个乡镇街道精心选拔出的18支家庭代表队参加比赛。经过预赛、决赛，共产生一等奖1项、二等奖2项、三等奖3项，平谷镇代表队在比赛中表现优异，获得一等奖。

（巨　颖）

【科普大讲堂活动举行】 7月11日，区全民科学素质行动科普大讲堂暨科普之夏活动在滨河街道举行。活动中，中日友好医院高级健康营养师肖志云和清华大学讲师王亚平分别做医学健康、防灾避险的讲座。9月3日，区百村科学素质提升行动科普大讲堂分别在大兴庄镇政府和马昌营镇后芮营村举行；10月23日，区百村科学素质提升行动科普大讲堂在金海湖镇举行；12月13日，区科协在山东庄镇鱼子山村举行百村科学素质提升行动科普大讲堂活动，来自北京商务管理学校的张雪迎讲师为到场观众做了题为“民俗接待礼仪”的讲座。

（巨　颖）

【院士专家工作站授牌】 7月21日，在北京市院士专家工作站会议上，北京味食源食品科技有限责任公司作为区科协申报的平谷区第一家院士专家工作站被正式授牌。

（巨　颖）

【“兴谷食品产业聚集区科技示范工程”课题正式立项】 9月28日，平谷区申报的“兴谷食品产业聚集区科技示范工程”课题被市科委正式批复立项支持。该课题顺利通过市科委组织的专家论证，专家组一致认为：该课题紧密结合“北京技术创新行动计划”，围绕中关村平谷园食品产业发展需求，将加快安全食品加工技术研发与食品制造技术升级，提升食品产业聚集区的食品生产加工质量与安全水平，对提高首都食品供给能力具有重要意义。这标志着平谷区食品产业园正式纳入北京市科技创新体系。

（李　征）

【农技协老科协成立大会】 12月19日，平谷区农村专业技术协会和平谷区老科学技术工作者协会成立大会在区社会服务中心举行。市科协党组书记、常务副主席夏强，区长姜帆，副区长徐素之参加会议。会前,分别召开了平谷区农村专业技术协会和老科学技术工作者协会第一届会员代表大会,成立了两协会第一届理事会、监事会,分别选举产生了两协会第一届会长、副会长和秘书长,审议并通过了两协会《章程》草案。成立大会上,副区长徐素之宣布两协会新当选会长、副会长和秘书长名单。

(巨 颖)

【实施科技攻关计划】 年内,平谷区规划并组织实施了“平谷区2014年科技攻关计划”。该计划共35项科技项目,其中科技攻关计划项目31项,涉及工业10项、农业产业化9项、信息化1项、通用航空1项、医疗卫生6项、其他4项;实施科学技术普及计划4项。所有计划项目均顺利实施,取得显著成效。

(李 征)

【科技支撑生物肥产业】 年内,北京世纪阿姆斯农业科技有限公司承担的“绿色抗病型解淀粉芽孢杆菌生物肥料的开发与应用”课题顺利开展。该课题重点开展解淀粉芽孢杆菌抗菌谱和抗菌机理研究、制定解淀粉芽孢杆菌发酵生产工艺和生物肥料制备工艺、解淀粉芽孢杆菌生物肥料田间试验与示范应用等工作,使企业研发能力和产品多元化得到大幅提升。

(李 征)

【通航产业项目通过验收】 年内,于2012年立项实施的支撑通航产业绿色通道项目“通航产品研发和运用的核心技术”和“北斗”在通用航空器的应用课题,通过市科委组织的专家验收。

(李 征)

【农业科技项目通过验收】 年内,“平谷区特色果品加工技术及新产品研发”“桃产业科技服务体系建设”和“桃新品种轻简化栽培关键技术研究与示范”课题通过验收。通过课题的实施,农业的技术创新、开发能力以及产品品质控制能力得到增强,提高了农业产业综合效益,同时也带动了平谷区特色果品产业的发展。

(李 征)

【科技套餐配送工程实施】 年内,依托科技套餐工程,平谷区共申报了22个对接项目,与30个市级学会完成了项目对接。全年争取62万元资金,建设平谷区都市型现代农业示范基站。基站已建设100平方米菌种实验室;60平方米培训教室;2间专家工作站;24块宣传橱窗;新品种中试区温室2栋960平方米;示范区温室3栋1440平方米,由驻站专家直接经营管理;聘请3名常驻进站专家,引进2名驻站技术员,培养5名当地技术员。组织食用菌技术培训班10场次,培训食用菌生产技术骨干160余人,基站85栋标准温室带动24户农户,每栋标准温室纯收入4万余元。完成大兴庄镇西柏店村食用菊花科普示范基地建设;大华山镇桃花谷科普广场建设;熊尔寨乡风车广场科普示范广场建设;区果品产业协会矮化密植科普示范园建设,依托示范基地分别举办各类科普培训、科普展示活动20余场次,培训技术人员200余名,建设各类科普设施100余件,接待各类参观群众2万余人。联合市农学会、市中医药学会、市食品学会、市麻核桃种植协会等20余家市级协会,开展了枣树栽培管理、猪苓栽培管理、食用菌栽培技术培训20余次,培训各类人员300余名。

(巨 颖)

【科普项目取得进展】 年内,“生态涵养区科普设施建设”和“科普示范城区科普设施建设”项目取得进展,投入建设资金共计605万元。共建设科普画廊216组,LED画廊60组,LCD全媒体科普视窗19台,科普展柜32个,科普互动展品56组。年底,全区科普画廊达到356组,科普视窗52台。

(巨 颖)

【承担区县科技专项】 年内,平谷区承担了区县科技专项——平谷区山楂产业升级科技示范工程。该项目对山楂3个优新品种引种13.33公顷(200亩);探索适合山楂生产栽培的施肥种类和施用量;利用分光色差仪进行色差分析,完成山楂清汁生产工艺流程一套。项目的实施能充分发挥当地果品资源优势,丰富山楂栽培和深加工,有利于农村经济结构调整,拓宽果品的销售渠道,增加果农的经济收入,推动平谷区农村经济的发展。

(李 征)

【特色果品产业走廊项目获得批复】 年内，平谷区组织申报的“平谷区特色果品产业走廊科技示范工程”项目，通过市科委组织的专家论证，获得了科技部的正式批复。该项目将重点开展果树优新品种引进与繁育、高效高密植果园栽培管理模式研究、高效高密植果园辩证栽培管理模式示范推广、建立和完善特色果品产业科技服务体系等工作。

（李 征）

【高新技术企业发展迅速】 年内，经科技部专家组认定，北京飞行博达电子有限公司、北京硒为康生态科技有限公司等10家平谷区企业被纳入国家高新技术企业。平谷区国家高新技术企业达到64家，同比增长了18.5%，增长态势明显，标志着平谷区企业再向技术密集型、创新型快速发展。

（李 征）

【跨境食品农产品冷链电商公共服务平台构建】 年内，“北京跨境食品农产品冷链电商公共服务平台构建与应用”课题实施。该课题将构建高端食品农产品地区性冷链仓储及配送服务网络，实现食品农产品冷藏及冷链配送；构建电子商务公共服务平台，服务北京特色出口农产品生产基地和 食品加工企业，实现线上交易，并提升配送结算等配套服务水平。巩固平谷陆港作为京津冀重要口岸的地位，推动京津冀区域经济发展。

（李 征）

【重大科技项目支撑北京食品安全】 年内，北京普析通用仪器有限责任公司实施的科技部重大科研仪器专项“动态多谱分析仪的开发与应用研究”进展顺利。完成5台单元模块原理样机的研制，21个关键部件的研制，建立分析方法18项，申报3项发明、2项实用新型专利；承担的市科技计划项目“液质三重四极杆串联质谱仪研制”取得新成果，完成三重四极外观设计图纸、整机机械图纸各1套，开发出三重四极测控软件1套，研制出三重四极质谱仪原理样机1台。

（李 征）

【科普工作情况】 年内，实施科学技术普及计划4项；开展“科普进乡镇、农村、学校、社区和企业”系列宣传活动8次，发放科普宣传资料7500份，参与公众人数达1200人次；“2013年平谷区科普能力建设”市级科普项目通过市级验收，完成了科普工作者培训1期60人次，开展形式多样的电子科普行活动24次，打造了新立村科普文化体验园，完成了2013年度平谷地区全国科普统计工作。“2014平谷区科普能力建设”项目——平谷区南独乐河镇新立村科普体验厅建设取得进展。

（李 征）

【开展科普惠农益民计划】 年内，平谷区申请“国家基层科普行动计划”专项资金45万元、“科普惠农兴村计划”专项资金84万元、“社区科普益民计划”专项资金56.5万元，分别对13个典型集体、7名先进个人进行了奖补，完成了园丁社区国家级科普示范社区的创建验收工作，完成了金海社区北京市级优秀科普示范社区的创建工作。奖补资金主要用于生产示范集体和示范户提高产业科技含量，扩大产业规模。

（巨 颖）

【行政许可与执法工作情况】 年内，登记技术合同70份，技术合同成交总额达6000万元，其中技术交易额为5700万元；组织执法人员对平谷区28家重点药店及商场进行了16次执法检查，发现12件商品涉嫌假冒专利，已上报市局立案处理；新发展专利试点企业3家，全区已达45家。

（李 征）

密云县

【院企云交流活动举行】 1月22日，院企“产学研合作实践与探索”云交流活动举行。活动中，北京北超伺服技术有限公司与北京科技大学签订了合作协议，共同推进研发机构建设。县委常委、副县长杨珊参加活动并讲话。

（宋立荣）

【大城子镇被认定为可持续发展实验区】 1月,大城子镇被市科委认定为北京市可持续发展实验区,将在特色果品、旅游产业发展和社会精细化管理等方面,开展为期3年的培育工作。

(张宝忠)

【开展专利商品执法检查】 3月14日,县知识产权局联合县商委、县工商分局,对物美大卖场鼓楼店、京客隆超市、燕赛奥特莱斯3家大型超市商场的日用百货、副食粮油、服装鞋帽等商品进行检查,对公牛插座、金豚泰国香米、双童彩条吸管3种无效专利商品给予下架处理。

(景 姗)

【科技下乡专题座谈会举行】 3月25日,党的群众路线教育实践活动征求意见暨科技下乡专题座谈会举行,县内镇街科技工作负责人、农业企业、合作社和基层农技员共计50余人参加座谈,征求建议13条、科技需求25条。县委常委、副县长杨珊参加并讲话。

(魏长山)

【高新技术企业政策宣讲及颁证会举行】 3月25日,高新技术企业政策宣讲及颁证会举行,县内80家企业负责人参加会议。会上,为北京海普瑞森科技发展有限公司等17家新认定的高新技术企业和北京龙鼎源科技有限公司等12家通过复审的高新技术企业颁发了“国家高新技术企业”证书。市科委政策法规宣讲团就企业研究开发费用加计扣除、中关村国家自主创新示范区技术转让企业所得税试点等科技政策进行了全面讲解。

(宋立荣)

【党的群众路线教育实践活动开展】 4月26日,党的群众路线教育实践活动部署会召开,标志着县科委党的群众路线教育实践活动全面开展。活动期间,共有70名党员和入党积极分子参加,累计征求基层服务对象意见建议66条,查摆自身“四风”问题266个,制定整改措施202项,修订完善机关制度29项。年内,服务对象的意见建议和“四风”问题已全部得到落实和整改。

(张怀东)

【“身边的水资源”科普展览开展】 4月,在密云科技馆开展了为期两个月的“身边的水资源”科普展览,展览包括“水的概念”“水很重要”“水很缺乏”“我的水足迹”和“水的艺术”5个主题。累计2000人次参加展览,进一步增强了市民保护水环境、减少水污染的意识和社会责任感。

(苑光前)

【举办科普知识讲座】 5月20日,密云县与果园街道果园西里社区共同举办“科普进社区”科普知识讲座,从知识产权角度,详细讲解了摄影作品著作权的登记流程、登记方式、维权途径和索赔依据。50余名社区居民参加讲座,发放知识产权宣传品500余份。

(景 姗)

【科普影视展映活动启动】 5月23日,为期7天的科普影视展映活动启动。活动期间,巡展40余家社区,放映科普影视作品22部,固定播放350场,参加居民6万人次。

(董 敏)

【专利执法工作会召开】 5月30日,专利执法工作会召开,30余家商场、超市、医药等企业的代表参加了会议。会议对1—5月的专利执法工作和13件假冒专利案件的处理情况进行通报,就下一步工作进行部署,并对北京市专利商品动态监控系统的使用方法进行培训。

(景 姗)

【涉农电子商务培训举行】 6月13日,涉农电子商务商业模式创新培训会举行。会上,电子商务专家以“基于网络平台建设谈农产品电子商务的过去、现在与未来”为主题,详细讲解了电子商务的运营模式和发展前景。县内特色生态农业科技示范基地、重点农业龙头企业以及合作社的50余位负责人参加培训。

(赵红霞)

【科技研发机构认定宣讲会召开】 6月20日,市科委与密云县经济开发区共同举办北京市科技研发机构认定专题宣讲会。会上,市科委政策法规宣讲团讲师就北京市研发机构、北京市重点实验室、北京市工程技术中心的申报流程和享受政策等方面进行了全面讲解,县内40家科技型企业负责人参加培训。

（宋立荣）

【首个12330工作站挂牌成立】 6月25日，县内首个12330知识产权保护服务工作站在县经济开发区挂牌成立。工作站重点向县经济开发区内企业提供专利咨询、专业战略规划制定、侵权诉讼咨询和相关政策培训等服务。

（景 姗）

【组建产业技术服务队】 8月14日和21日，农业技术服务队组建仪式举行，板栗、葡萄种植和养蜂3支服务队正式成立。服务队由1名市级农业专家和多名基层“农把式”（具有一定农业技术的农民）组成，按照“服务约定有合约、服务内容有标准、服务过程有记录、服务人员有培训、服务质量有保障”的运营机制，为县内外农户提供有偿技术服务，队员每次开展技术服务每天可获得200元以上报酬，基本实现了市场化运作。

（魏长山）

【县领导到科委调研】 12月22日，县委常委、组织部部长刘颖到县科委调研，听取全县科技工作和科技人才工作的汇报。就下一阶段的科技人才工作，刘颖要求做好“三个坚持”，即：坚持问题导向，提高科技人才工作的针对性和实效性；坚持特色发展，不断提升人才培养、引进的能力；坚持人才引领，提高人才支撑引领区域经济社会快速发展的能力和水平。

（张怀东）

【知识产权管理系统投入运行】 年内，县知识产权管理系统投入运行。该系统包括数据报表、数据分析、区域申请人、区域专利、监控提醒、知识产权政策6部分内容，可实现授权专利信息查询与趋势分析、专利失效和缴费提醒、知识产权政策查询等功能。系统累计录入专利信息1460条、专利人信息524项、知识产权政策24项。

（景 姗）

【密云县首家企业被认定为市级设计创新中心】 年内，中科恒源科技股份有限公司被市科委认定为北京市设计创新中心，成为密云县首个通过此项认定的企业，可在科技创新能力培育、创新政策扶持、创新项目申报等方面享受市科委的支持。

（宋立荣）

【51个项目通过企业研发项目鉴定】 年内，北京赫宸环境工程股份有限公司等13家企业的51个项目通过北京市企业研发项目鉴定，将享受有关研究开发费加计扣除试点政策。

（宋立荣）

【中小企业技术创新资金项目立项】 年内，北京博迪克液压技术有限公司等4家企业申报的资源与环境、光机电一体化和现代农业等领域的4个项目，获得2014年度北京市科技型中小企业技术创新资金项目立项，享受市科委资金支持。

（任雪娇）

【北京市职工创新工作室认定】 年内，县植保植检站、北京华德液压工业集团有限责任公司被市总工会和市科委联合认定为北京市职工创新工作室。

（魏长山）

【科技合作基地】 年内，金诚信矿业管理股份有限公司和北京绿润食品有限公司被市科委评为国际科技合作基地。

（宋立荣）

【农业科技示范基地培育】 年内，按照“集中打造，综合示范，一地一品，突出特色”的原则，密云县共培育龙耘制种、原野生态等特色生态农业科技（科普）示范基地6家。

（魏长山）

【区域特色商标注册】 年内，密云县申报“蔡家洼玫瑰情园”等特色商标20件，累计有209件特色商标获得授权，其中31件已授权县内企业使用。

（王香玲）

【市级科普教育基地】 年内，北京利农富民葡萄种植专业合作社（天葡庄园）和北京爱农养殖基地有限公司（爱农）被认定为北京市科普教育基地。全县市级科普教育基地达到9家。

（董 敏）

【科技项目通过验收】 年内，“亚界离心机专用特种电机研发及中试”“密云休闲生态农业产业促进工程”“2013年密云县科普能力建设”“密云文化旅游产业示范区科技服务平台”“北京市密云县优质板栗综合生产技术开发及产业化促进”和“2014年密云县条件平台工作站建设”6个项目通过市科委验收。

（蔡大海）

延庆县

【概况】 县科委于1978年成立，是县政府管理全县科技工作的职能部门，业务上受市科委指导，设有办公室、管理科、综合科、知识产权科、科技协作服务部5个科室，现有在职干部职工20人。年内，3项市科技项目（课题）被列为市级科技项目，获市扶持资金共计1150万元；3个项目（课题）通过验收；高新技术企业增至32家，北京市专利试点单位增至18家，市级创新型科普社区增至9家；举办各类科技政策法规培训、科普宣传、知识产权宣传等8期，宣传培训万余人次。

（罗　振）

【延庆循环农业科技示范园建设将启动】 1月6日，由县政府组织编制的《国家现代农业科技城延庆循环农业科技示范园建设规划（2013—2020）》，通过北京国家现代农业科技城领导小组联合办公室组织的专家论证。《规划》对延庆循环农业科技示范园建设工作进行了全面部署，具有良好的展示和示范带动作用。根据《规划》，延庆科技园将以循环利用、产业融合与功能开发为主线，按照“一核三区一带”，即以德清源北京生态园为核心，打造有机循环农业区、沟域循环农业产业区和新能源利用示范区，形成一条循环观光带的总体空间布局思路开发建设，并根据产业发展需要，重点实施循环农业科技示范园核心区拓展工程、延庆新农村绿色燃气建设工程、有机农产品全产业链产业化提升工程、循环农业科技示范信息化提升工程、特色有机农产品精品生产及品牌建设工程、生态循环现代农业科技园观光科普工程和循环农业模式法人科特派推广工程等七大工程，通过采取精细的组织管理、资金投入、政策体系和人才建设等保障措施，努力实现新能源产业聚集、研发示范、企业孵化和技术输出的发展目标，通过构建和推广循环农业模式，推动有机农业的发展，为延庆县农业转型增值提供科技支撑，促进北京现代农业的快速发展，打造全国领先的“循环农业之城”，让延庆科技园以循环农业科技示范为依托，成为北京农科城未来具有现代农业高端形态的特色园区。

（市科委农村中心）

【市级专利试点企业通过考核验收】 2月28日，东晨阳光（北京）太阳能科技有限公司、北京匡达制药厂两家企业通过市知识产权局的考核验收，获得北京市专利试点企业证书。

（罗　振）

【3家单位获市级科普教育基地称号】 3月21日，延庆地质博物馆、马铃薯博物馆、循环经济示范体验园3家单位被市科委和市科协命名为市级科普教育基地，命名周期为2014—2016年。至此，全县市级科普教育基地已达13家。

（罗　振）

【北京市专利试点培养单位申报】 4月，县科委组织金果园老农（北京）食品股份有限公司申报2014年北京市专利试点培养单位，并获批准，试点期限为1年。试点期间，市、县知识产权局对试点单位进行知识产权有关方面的培训工作，并帮助和指导企业建立知识产权制度，开展知识产权战略研究，提升企业知识产权管理水平。

（罗　振）

【“马铃薯工程技术研究中心及科技示范基地建设”课题通过专家论证】 5月19日，由北京希森三和马铃薯有限公司承担的“马铃薯工程技术研究中心及科技示范基地建设”课题通过市科委组织的专家论证。

（罗　振）

【绿富隆天敌昆虫科技馆通过验收】 9月12日，绿富隆天敌昆虫科技馆建设项目通过市科委验收。绿富隆天敌昆虫科技馆成为北京市第一家具有农业科普教育与交流的天敌昆虫科技馆。

（罗　振）

【“延怀地区蔬果产业科技促进及安全生产示范基地建设”课题通过专家论证】 9月26日，由延庆县有机蔬菜研究所等单位承担的“延怀地区蔬果产业科技促进及安全生产示范基地建设”课题通过了市科委组织的专家论证。

（罗　振）

【“世葡会科技示范基地建设与农机农艺高产栽培技术集成应用”课题通过验收】 12月29日，由延庆县果品服务中心承担的“世葡会科技示范基地建设与农机农艺高产栽培技术集成应用”课题通过市科委组织的专家验收。

（罗　振）

【“马铃薯新品种选育及种薯产业化开发”课题通过验收】 12月29日，由北京希森三和马铃薯有限公司承担的“马铃薯新品种选育及种薯产业化开发”课题通过市科委组织的专家验收。

（罗　振）

【完成2013年度全国科普统计工作】 年内，完成2013年度全国科普统计工作。截至上年底，全县共有科普专职人员204人，科普兼职人员1486人，注册科普志愿者85人；拥有科技馆2个，科学技术博物馆6个；举办科普讲座、科普展览等科普活动2350次，参加人数80万余人；在科技活动周期间，组织开展专题活动144次，参加人数5万余人；全县共举行实用技术培训2503次，参加人次13万余人次；发放科普读物和资料154万余份。

（罗　振）

【高新技术企业认定】 年内，依据科技部、财政部、国家税务总局联合印发的《高新技术企业认定管理办法》和《高新技术企业认定管理工作指引》，经市科委、市财政局、市国税局、市地税局组织专家评审，北京中航长力能源科技有限公司、北京华润高科天然药物有限公司等10家企业，在市科委网站获得拟认定高新技术企业公示。

（罗　振）

【延庆县科技进步奖评审】 年内，根据《延庆县科学技术奖励办法》（延政发〔2009〕43号）和《延庆县科学技术奖励办法实施细则》（延政发〔2009〕44号）的要求，评审出2013年科技成果奖23项，其中一等奖4项、二等奖9项、三等奖10项。23项科学技术奖中，科学技术进步奖12项、科学技术软科学奖11项。

（罗　振）

【科技成果转化情况】 年内，筛选出适合密云县农业推广的设施蔬菜高产创建与新技术推广、万亩春玉米高产创建、葡萄综合技术推广等重点技术10项。

（罗　振）

【完成2013年度国家级高新技术企业统计工作】 年内，完成2013年度国家级高新技术企业统计工作。截至上年底，全县高新技术企业职工达到3822人，同此增长13%；上年，高新技术产品收入达到56亿元，同比增长56%；实现销售收入67亿元，同比增长45%；纳税总额为2.8亿元，同比增长40%；利润总额为3.7亿元，同比下降24%；研发总额2.1亿元；高新减免企业所得税4665万元，同比增长26%。

（罗　振）

政策法规选

北京市人民政府办公厅关于印发加快推进高等学校科技成果转化和科技协同创新若干意见(试行)的通知

京政办发〔2014〕3号

各区、县人民政府,市政府各委、办、局,各市属机构:

《加快推进高等学校科技成果转化和科技协同创新若干意见(试行)》已经市政府同意,现印发给你们,请认真遵照执行。

北京市人民政府办公厅

二〇一四年一月九日

附件:

加快推进高等学校科技成果转化和科技协同创新若干意见(试行)

为贯彻落实党的十八大和十八届二中、三中全会精神,加大高等学校科技成果转化体制机制创新力度,充分发挥高等学校在首都创新体系建设和率先形成创新驱动发展格局中的重要作用,激发高等学校开展科技成果转化和科技协同创新的积极性,本着发挥优势、创新突破、先行先试的原则,提出如下意见。

一、开展高等学校科技成果处置权管理改革。加强知识产权交易市场建设,建立符合科技成果转化规律的市场定价机制,试行高等学校科技成果公开交易备案管理制度。科技成果的知识产权由承担单位依法取得,赋予高等学校自主处置权。高等学校可自主对科技成果的合作实施、转让、对外投资和实施许可等科技成果转化事项进行审批,报主管部门和财政部门备案。

二、开展高等学校科技成果收益分配方式改革。高等学校科技成果转化所获收益可按不少于70%的比例,用于对科技成果完成人和为科技成果转化做出重要贡献的人员进行奖励,支持高等学校科学研究、成果转化和教育教学工作。科技成果转化所获收益用于人员激励支出的部分,经批准可一次性计入当年高等学校工资总额,但不纳入工资总额基数。

三、建立高等学校科技创新和成果转化项目储备制度。鼓励高等学校和企业联合开展科技创新和成果转化,支持高等学校加强自身科技研发能力建设,定期对符合条件的拟研、在研科技创新和成果转化项目进行评估,选择一批符合首都科技创新和经济社会发展需要的重大科研和成果转化项目,纳入高等学校科技项目储备库进行跟踪支持。

四、加大对高等学校产学研用合作的经费支持力度。根据高等学校的实际需求,进一步加大市级财政性高等教育经费中高等学校科研经费的规模和比例,重点支持高等学校与企业通过联合共建产业技术创新战略联盟、新型产业技术研究院和产业创新园等形式，合作开展科技研发和成果转化；支持企业建立高等学校学生实践训练基地，联合培养研究生。根据高等学校科研经费的支持方向和特点，开展间接费用补偿、分阶段拨付、后补助和增加经费使用自主权等经费管理改革试点。

五、支持高等学校开放实验室资源。鼓励高等学校建设"首都科技条件平台"研发实验服务基地，向企业、科研机构和其他高等学校开放研发实验服务资源，为各类创新主体以及大型研究工程和项目提供联合研发、委托研发等技术攻关和技术服务，并根据服务的数量和质量给予相应补贴。鼓励高等学校和企业联合共建实验室，加大对实验室开放课题支持的力度，支持联合开展重大课题攻关。在满足正常教学科研需要的前提下，探索将高等学校重大仪器设备以租赁费、使用费等方式入股科技型企业等新模式。

六、支持高等学校建设协同创新中心。支持高等学校之间以及与企业、科研机构共同建立协同创新中心，联合开展科研项目攻关和科技成果转化。每年设定若干重大专项，支持高等学校"2011协同创新中心"围绕国家和首都经济社会发展的重大战略需求开展科学研究和联合攻关，进一步提升协同创新中心的科技创新和协同创新能力。

七、支持高等学校搭建国际化科技成果转化合作平台。支持高等学校实施高端人才引进计划，聘任入选国家"千人计划"、教育部"长江学者奖励计划"、北京"海聚工程"、中关村"高聚工程"等全球一流的专家和科研人员，利用国际创新资源开展科研项目研究和研究生联合培养工作，搭建国际化科技成果转化合作平台。

八、鼓励高等学校科技人员参与科技创业和成果转化。鼓励高等学校拥有科技成果的科技人员，依据中关村示范区股权激励试点政策和以现金出资方式，在中关村示范区创办科技型企业，并持有企业股权。创办的企业可按照科技人员现金出资额度的20%申请政府股权投资配套支持；政府股权退出时，按照原值加同期银行活期存款利息优先回购给创业团队。高等学校科技人员经所在学校同意，可在校际或中关村示范区科技型企业兼职，从事兼职所获得的收入按有关规定进行分配；科技人员在兼职中进行的科技成果研发和转化工作，作为其职称评定的依据之一。支持高等学校拥有科技成果的科技人员离岗创业，高等学校可在一定期限内保留其原有身份和职称。

九、鼓励在高等学校设立科技成果转化岗位。可在高等学校新设科技成果转化岗位，该岗位以科技人员实施科技成果转化的工作绩效为主要指标进行考核，并在人员编制、落户等方面给予支持。高等学校科技成果转化岗位的科技人员可列入中关村示范区高端领军人才专业技术资格评价试点范围，评价合格人员可获得高级工程师（教授级）专业技术资格。高等学校按照教师获得的高级工程师（教授级）专业技术资格聘任其为相应的职级，不占用所在高等学校教授（研究员）名额。鼓励高等学校加强科技成果转化管理服务队伍建设，在人力、财力、物力等方面支持科技成果对接市场并给予经费支持。

十、制定高等学校在校学生创业支持办法。降低门槛，简化流程，支持在校学生休学创办科技型企业，创业时间可视为参加实践教育的时间，并根据学校实际计入相关实践学分。支持学生以创业的方式实现就业，凡到中关村科技企业孵化器或大学生创业基地创业的学生，给予房租减免、创业辅导等支持。设立学生创业项目天使投资配套支持资金，高等学校教师作为天使投资人投资的学生科技创业项目，可按照教师实际投资额度的50%申请政府股权投资的配套支持；政府股权退出时，按照原值加同期银行活期存款利息，可优先回购给创业团队及对该项目进行天使投资的教师。

本意见适用于北京市属高等学校，北京地区其他高等学校可结合实际参照执行。

本意见自发布之日起执行。

关于印发《北京市科普基地管理办法》的通知

京科发〔2014〕189 号

各有关单位：

为加强本市科普基础设施建设，动员社会力量参与科普，推动科普事业发展，根据《中华人民共和国科学技术普及法》《全民科学素质行动计划纲要（2006—2010—2020）》和《北京市科学技术普及条例》，北京市科学技术委员会、北京市科学技术协会制定了《北京市科普基地管理办法》，原《北京市科普基地命名暂行办法》废止，现印发给你们，请遵照执行。

北京市科学技术委员会
北京市科学技术协会
二〇一四年四月八日

附件：

北京市科普基地管理办法

第一章　总　　则

第一条　为加强本市科普基础设施建设，动员社会力量参与科普，推动科普事业发展，根据《中华人民共和国科学技术普及法》《全民科学素质行动计划纲要（2006—2010—2020）》和《北京市科学技术普及条例》，制定本办法。

第二条　本办法适用于北京市科普基地（以下简称“市科普基地”）的申报、推荐、评审、命名、服务与管理。

第三条　科普基地是开展社会性、群众性、经常性科普活动的有效平台，是普及科学技术知识、倡导科学方法、传播科学思想、弘扬科学精神的重要载体，是向公众提供科普产品与服务的组织与机构。

市科普基地分为科普教育、科普培训、科普传媒和科普研发 4 类基地。

第四条　市科普基地由北京市科学技术委员会（以下简称“市科委”）、北京市科学技术协会（以下简称“市科协”）共同命名。

第五条　市科普基地采取统一命名、分类指导、社会监督、定期考评、动态调整的运行和培育机制。

第二章　条　　件

第六条　在本市行政区域内登记或注册的法人单位均可申报市科普基地。

第七条　科普教育基地是指为社会组织或公众提供学习科学技术知识、开展科普活动的机构。科普教育基地应具备以下条件。

1. 将科普工作纳入本单位的工作议事日程，有专门从事科普活动的部门，有明确的科普工作目标和任务，特色突出。

2. 具备一定规模的专门用于科学技术教育、传播与普及的固定场所。

3. 拥有主题内容明确、形式多样的科普展教资源，有针对不同人群、主题鲜明的科普活动方案。

4. 开展科普活动时有不少于2名的科普工作者。

5. 有开展经常性科普活动所需的经费。

6. 科技馆、博物馆等具备常年开放条件的机构，每年向公众开放的天数不少于250天；其他具备向公众开放的科研机构、高等学校、观测台（站）、科技型企业等机构，每年向公众开放的天数不少于30天。以上机构应向社会公布开放的具体时间及活动内容。

第八条　科普培训基地是指专门针对科普工作者开展科普培训的机构，是提升科普工作者科学素质和科普能力的载体。科普培训基地应具备以下条件。

1. 依法依规批准的教育或培训机构。

2. 有专门从事科普培训的部门，并有不少于5名开展科普工作者培训的教师。

3. 具有持续开发基于自身优势的科普工作者培训教材和课程资源的能力。

4. 从事过科普工作者培训，并取得一定成效。

5. 有针对科普工作者培训的教学大纲、教材及课程计划。

6. 将科普工作者培训纳入本单位教学与培训日程。

第九条　科普传媒基地是指以电子媒介、印刷媒介等为载体，专门进行科普宣传的机构，是公众获取科学技术知识和信息的主渠道。科普传媒基地应具备以下条件。

1. 具有主管部门批准的传媒资质。

2. 有专门从事科普内容策划、制作、编辑等职能的部门，有不少于5名的专职人员。

3. 有固定的栏目或版面从事科普宣传。

4. 将科普传媒工作纳入本单位工作日程，科普传媒工作应不少于本单位业务工作的30%。

第十条　科普研发基地是指专门从事用于科普活动的设备、作品、教具等科普产品研究开发的机构。科普研发基地应具备以下条件。

1. 有明确的科普产品研究开发方向和年度研究开发计划，有固定的场所、仪器设备及其他必需的研发条件。

2. 研究开发人员不少于8名，其中具有本科以上学历的比例应不低于60%。

3. 每年投入的科普产品研究开发经费应不低于本单位研发费用的20%。

4. 有相应的研发产品投入科普活动。

第三章　推荐与申报

第十一条　各区县科委、科协负责辖区内市科普基地推荐申报。

第十二条 对部分科普活动业绩突出，社会影响力大，且符合上述第六、七、八、九、十条的申报单位，市科普工作联席会议成员单位可直接推荐其申报市科普基地。

第十三条 申报单位应提供以下材料，并保证材料的真实性和准确性。

1. 市科普基地申报书。
2. 单位法人证书或营业执照及相关资质证明的材料。
3. 场地和仪器设备等有关证明的材料。
4. 科普工作管理制度、科普工作年度计划和总结。
5. 开展各类科普活动或从事科普工作原始档案等相关证明材料。
6. 申报单位认为需要提交的其他材料。

第四章 评审与命名

第十四条 市科委、市科协组织专家对申报单位进行评审，评审结果进行社会公示，公示期为7个工作日。

第十五条 经评审合格、社会公示无异议的申报单位，命名为市科普基地，有效期3年。

第五章 支持与服务

第十六条 市科委、市科协创造有利条件，支持开展科普活动、提升科普能力和科技资源科普化等工作。

第十七条 市科委、市科协对市科普基地申报的科普项目择优支持，同时择优向国家有关部门推荐申报国家级科普基地。

第十八条 市科普基地的上级单位应当加大投入，为市科普基地开展科普工作提供有力的支撑和保障。

第十九条 市科普基地的推荐单位，应对市科普基地日常活动和相关工作提供业务指导。

第二十条 市科普基地应将其科普资源、服务内容等信息主动面向社会公开，履行向社会公众开放、服务的功能，接受社会监督。

第二十一条 市科委、市科协对市科普基地建立信用考核评价机制，命名到期后经考核合格的，可依据申请继续命名为市科普基地。

第二十二条 市科普基地有下列情况之一的，市科委、市科协取消市科普基地命名。

1. 未履行向公众服务、开放功能的。
2. 有损害公众利益的行为，拒不整改的。
3. 经考核不符合市科普基地命名条件的。
4. 有违法行为的。

第六章 附　　则

第二十三条 本办法自2014年5月8日起实施，《北京市科普基地命名暂行办法》（京科社发〔2007〕501号）同时废止。

北京市科学技术委员会关于印发《北京市鼓励企业设立科技研究开发机构实施办法》的通知

京科发〔2014〕312号

各有关单位：

为坚持和强化北京作为全国科技创新中心的城市战略定位，贯彻落实《北京市人民政府关于强化企业技术创新主体地位 全面提升企业创新能力的意见》（京政发〔2013〕28号），引导和鼓励企业科技研究开发机构建设，强化企业技术创新主体地位，充分发挥企业科技研究开发机构在服务企业创新、支撑产业发展中的重要作用，我委研究制定了《北京市鼓励企业设立科技研究开发机构实施办法》，现予印发，请遵照执行。

北京市科学技术委员会

二〇一四年五月十六日

附件：

北京市鼓励企业设立科技研究开发机构实施办法

第一章　总　　则

第一条　为坚持和强化北京作为全国科技创新中心的城市战略定位，贯彻落实《北京市人民政府关于强化企业技术创新主体地位 全面提升企业创新能力的意见》（京政发〔2013〕28号），引导和鼓励企业科技研究开发机构建设，强化企业技术创新主体地位，充分发挥企业科技研究开发机构在服务企业创新、支撑产业发展中的重要作用，特制定本办法。

第二条　本市建立健全鼓励原始创新、集成创新、引进消化吸收再创新机制，完善技术创新市场导向机制，发挥大型企业创新骨干作用，激发中小企业创新活力。

培育和发展研发服务业，引导和鼓励企业建设以市场为导向、体制机制创新、与产业化紧密结合的新型科技研究开发机构，服务首都创新体系建设。

第三条　企业科技研究开发机构（以下简称"企业研发机构"），是指从事自然科学及科学技术相关领域研究开发和试验发展（包括为开发活动服务的中间试验）的企业，或者企业内部从事技术开发、产品开发、工艺开发以及有关技术服务的机构，是企业开展技术创新、实现科技进步的基础条件。

企业研发机构的形式可分为法人企业和企业分支机构。

第四条 鼓励建设有高水平科技研究开发机构的企业申请认定北京市企业科技研究开发机构（以下简称“市级企业研发机构”）。

第五条 北京市科学技术委员会（以下简称“市科委”）负责制定相关促进本市企业研发机构建设政策，开展市级企业研发机构的认定、评估和管理等工作。

第六条 市级企业研发机构的认定、评估和管理工作遵循公开、公平、公正原则。

第二章 认 定

第七条 申请认定市级企业研发机构的，应当是在本市或者区（县）工商行政管理部门依法取得《企业法人营业执照》或《营业执照》的法人企业或者企业分支机构。

第八条 已获得市级企业研发机构资格的企业，除所从事的主营业务不同外，不再受理其控股子公司或者所属母公司的市级企业研发机构的认定申请。

第九条 除符合第七条规定外，具备以下条件的企业法人，可以申请认定市级企业研发机构。

（一）有明确的研究开发方向，符合国家及本市的技术政策和产业政策。

（二）企业信用情况良好，两年内未发生产品质量事故或者侵犯他人知识产权等违法违规行为。

（三）工商登记注册时间在1年以上；有固定场所、科研仪器设备以及其他开展技术研发所需的科研条件，其中，科研用房面积300平方米以上、科研仪器设备原值200万元以上。

（四）总人数不少于20人，其中具有本科以上学历人员人数不低于50%；专职从事研究开发活动人员人数不低于60%。

（五）上一年度技术性收入占总收入比例不低于60%。

（六）上一年度销售收入不足1千万元的，要求近3个会计年度年平均研究开发经费投入不低于200万元；上一年度销售收入1千万元以上的，近3个会计年度研究开发经费投入总额采用超额累计计算，研究开发经费投入占销售收入的比例按照分段超额累退比例法核定。

1. 年销售收入不足3千万元的，比例不低于20%。

2. 年销售收入在3千万元以上、不足1亿元的部分，比例不低于15%。

3. 年销售收入在1亿元以上的部分，比例不低于10%。

其中，企业在中国境内发生的研究开发经费投入总额占全部研究开发经费投入总额的比例不低于60%。企业注册成立时间不足3年的，按实际经营年限计算。

（七）近3年拥有以下科技成果或者奖项之一。

1. 国内外授权的发明专利，或者至少3项实用新型专利。

2. 制（修）订现行有效的国家标准、行业标准，实质性参与制（修）订国际标准。

3. 国家秘密技术。

4. 国家新药或者临床批件。

5. 国家动（植）物新品种权。

6. 认定为中关村国家自主创新示范区新技术新产品（服务）。

7. 国家或者本市科学技术类奖励。

第十条 除符合第七条和第九条第一、二、七款规定外，具备以下条件的企业分支机构，可以申请认定市级企业研发机构。

（一）所属公司上一年度销售收入在1亿元（含）以上。

（二）有固定场所、科研仪器设备以及其他开展技术研发所需的科研条件。其中，科研用房面积500平方米以上，科研仪器设备原值300万元以上。

（三）具有本科以上学历的从事研究开发活动人员人数不少于30人。

（四）所属公司近3个会计年度研究开发经费投入总额采用超额累计计算，研究开发经费投入占销售收入的比例按照分段超额累退比例法核定。

1. 年销售收入不足3亿元的，比例不低于5%。

2. 年销售收入在3亿元以上、不足10亿元的部分，比例不低于3%。

3. 年销售收入在10亿元（含）以上的，研究开发经费投入占销售收入的比例不低于1.5%，或者企业当年研究开发费用总额不低于7000万元。

其中，企业在中国境内发生的研究开发经费投入总额占全部研究开发经费投入总额的比例不低于60%。企业注册成立时间不足3年的，按实际经营年限计算。

第十一条 申请认定市级企业研发机构的，应当向市科委提交《北京市级企业科技研究开发机构认定申请报告》及相关证明材料，材料要求齐全、规范、真实、有效。

第十二条 市科委对申请单位提交的申报材料进行形式审查。符合本办法所规定的形式要件的，予以受理。

第十三条 受理申报材料后，市科委对申报材料进行书面审查，并对审查合格的申请单位进行现场考察。现场考察内容包括机构基本情况、科研条件及申报材料真实性审核等。

第十四条 现场考察符合条件的申请单位在市科委门户网站进行公示。公示期满无异议的，市科委予以认定并颁发《北京市级企业科技研究开发机构证书》。现场考察不符合条件的，不予认定并告知理由。

第十五条 市科委自正式受理申报材料之日起30个工作日内完成认定工作。

第三章 评估与管理

第十六条 市级企业研发机构应当健全组织技术研发、产品创新、科技成果转化的机制，加大研究开发投入，加强技术创新能力建设。

第十七条 市级企业研发机构自通过认定之日起，每三年复核一次。复核一般采取书面审查方式，必要时可以结合现场考察。

市级企业研发机构应在期满前30日内向市科委提交复核申请材料。复核申请材料参照认定申报材料要求提交，重点说明3年建设期间发展情况。

第十八条 发生下列情况之一的，撤销其市级企业研发机构资格。

（一）逾期未复核的。

（二）复核结果不合格的。

（三）所在单位自行要求撤销或者被依法终止的。

（四）弄虚作假、违反相关规定或有严重违法行为的。

（五）市科委认为应当撤销的其他情形。

被撤销市级企业研发机构资格的，两年内不得重新申报市级企业研发机构。

第十九条 市级企业研发机构发生更名、重组等重大调整事项的，应当在相关法律手续办理完毕后20个工作日内将有关调整情况书面报送市科委备案。

第四章 扶持政策

第二十条 支持市级企业研发机构开展体制机制创新。鼓励市级企业研发机构建立和完善激励机制，对做出突出贡献的科技人员和主要经营管理人员进行奖励，激发企业科技人员创新积极性。

第二十一条 支持企业开展产业重大共性关键技术研究等公共科技活动，鼓励产学研协同攻关。本市科技计划项目立项时，应当将具有市级企业研发机构资格作为研发能力审核的重要条件；同等条件下，优先支持市级企业研发机构。

第二十二条 市科委设立专项资金，吸引和带动社会投资，对研发投入持续增长、拥有自主知识产权成果并形成良好社会经济效益的市级企业研发机构进行重点扶持。

第二十三条 市级企业研发机构的高级人才符合本市高级人才奖励管理政策的，可享受相关优惠政策。

第二十四条 鼓励市级企业研发机构申报市级重点实验室、工程技术研究中心等科技创新平台，提升对产业协同创新的支撑与服务能力。

第二十五条 鼓励有条件的市级企业研发机构加入首都科技条件平台，根据可开放的科技资源量以及对外提供的服务业绩，给予财政科技经费支持，促进科技基础设施和科研仪器设备、科学数据、科技文献、科技成果等科技资源开放共享。

第二十六条 鼓励符合条件的市级企业研发机构申请北京市科技服务业相关专项资金支持。

第二十七条 市级企业研发机构的科技成果在本市实施转化的，可享受《北京市人民政府关于进一步加大统筹力度支持高技术产业发展的若干意见》（京政发〔2011〕73 号）有关政策。

第二十八条 支持市级企业研发机构组建产业技术创新战略联盟，合作开展共性关键技术研发，可根据其对行业及产业的贡献给予政策支持。

第二十九条 符合条件的内资研发机构和外资研发中心采购国产设备、符合条件的外资研发中心进口科技开发用品，可根据《财政部 商务部 海关总署 国家税务总局关于继续执行研发机构采购设备税收政策的通知》（财税〔2011〕88 号）的规定享受相关优惠政策。

第三十条 在京设立市级企业研发机构的总部企业，符合《关于加快总部企业在京发展的工作意见》（京政发〔2013〕29 号）有关规定的，可享受相关政策。

第三十一条 跨国公司在京地区总部设立市级企业研发机构自建或购买办公用房的，可按照《关于鼓励跨国公司在京设立地区总部的若干规定》（京政发〔2009〕15 号）相关规定享受补助。

第三十二条 市科委与区（县）建立协同工作机制，鼓励各区（县）对市级企业研发机构创新发展给予配套扶持政策。

第五章 附 则

第三十三条 本办法自 2014 年 6 月 16 日起施行。

北京市人民政府办公厅关于印发《加快推进科研机构科技成果转化和产业化的若干意见(试行)》的通知

京政办发〔2014〕35号

各区、县人民政府,市政府各委、办、局,各市属机构:

《加快推进科研机构科技成果转化和产业化的若干意见(试行)》已经市政府同意,现印发给你们,请认真遵照执行。

北京市人民政府办公厅

二〇一四年六月九日

附件:

加快推进科研机构科技成果转化和产业化的若干意见(试行)

为深入贯彻落实党的十八大、十八届三中全会和习近平总书记系列重要讲话,特别是考察北京工作时的重要讲话精神,深化科技体制改革和产学研用协同创新,加快科研机构科技成果转化和产业化,提高科研机构服务首都经济社会发展能力,不断强化北京作为全国科技创新中心的城市战略定位,特提出如下意见。

一、深化科技成果管理改革。探索建立科技报告和科技成果登记制度。鼓励科研机构通过托管等方式,委托第三方专业技术转移机构代理开展科技成果许可、转让、投资等工作。除涉及国家安全、国家利益和重大社会公共利益外,科技成果的知识产权由承担单位依法取得,赋予科研机构自主处置权。试行科研机构科技成果公开交易制度,科技成果可以通过在技术市场挂牌等方式确定价格并实现交易。鼓励科研机构加强知识产权保护和运用。

二、推进科研资产管理改革。推进应用型技术研发机构市场化、企业化改革。市属科研机构改制为企业的,根据科技成果转化需要,其已经实际使用的房屋所有权或使用权、土地使用权等资产,可以按国有资产管理相关规定变更房屋、土地产权手续。鼓励市属科研机构将与科技成果转化相关的仪器设备等固定资产,以及科技成果等无形资产的所有权或使用权入股组建科技成果转化实体,取得的市场收益在履行相关审批手续并纳入预算管理后,可以用于与科技成果转化相关的市场经营活动。

三、深化财政经费管理改革。进一步完善以市场、需求为导向的科研项目立项机制。由市财政科技资金资助的科技成果转化和产业化项目,项目承担单位可以根据转化和产业化需要,从项目经费中列支厂房、设备及相关费用。进一步提高项目承担单位经费使用自主权,提高经费使用效益。优化市财政经费资助项目(课题)的组织流程,统筹安排财务、绩效等检查工作,并强化检查结果共享。

四、强化科研人员激励机制。鼓励科研机构聘任高层次人才,在经核定的岗位结构比例范围内,市属科研机构可以自主设置科研岗位。市属科研机构可以采用年薪工资、协议工资等方式聘任高层次人才,人员工资以及实施股权激励等费用可以从科技成果转化收益中开支,经批准可以一次性计入当年科研机构工资总额,但不纳入工资总额基数。建立科研人员成果转化收益分配机制,经职工代表大会同意,科研机构可提取70%及以上的转化所得收益,划归科技成果完成人以及对科技成果转化做出重要贡献的人员所有。科研机构中从事科技成果转化和产业化的科研人员可以列入中关村国家自主创新示范区高端领军人才专业技术资格评价试点范围,评价合格人员可以获得高级工程师(教授级)专业技术资格。

五、加强对科研机构新技术新产品的应用和推广。使用市、区(县)两级财政资金采购的机关、企事业单位,以及市、区(县)两级财政资金全额投资或部分投资项目的出资、建设和管理单位,在使用财政资金采购时,通过首购、订购等方式,支持科研机构的新技术新产品在城市建设、智能交通、健康养老、文化惠民、城市安全运行和应急救援等领域的应用和推广。

六、优化科技金融服务环境。鼓励在京金融机构为科研机构科技成果转化和产业化提供知识产权质押贷款、股权质押贷款、科技企业信用贷款等科技金融服务。可以通过风险备偿、业务补助、贷款贴息等方式,将市财政经费用于支持科技服务机构、金融机构、科技企业开展融资对接、产品和服务创新。引导民间资本依法设立科技成果转化创投基金,支持科研机构科技成果转化和产业化。

七、支持科研机构深入开展协同创新。深化“首都科技条件平台”建设,鼓励科研机构将仪器设备、科学数据、科技文献等科技资源向社会开放,根据开放的科技资源量及市场评价的服务业绩给予后补助支持。鼓励科研机构与企业联合共建重点实验室、工程(技术)研究中心、技术转移中心和产业技术创新战略联盟,开展重大课题攻关和科技成果转化。通过政府购买服务等方式,支持科研机构为企业提供研发、中试、技术咨询、人才培训等服务。

八、完善科研机构成果转化平台。鼓励科研机构利用仪器设备、自有房屋、土地等资源,自建或与社会资金联合共建科技企业孵化器,为科技型中小企业提供孵化服务,其土地供应可以采取协议出让等方式。科研机构建设的科技企业孵化器,可以优先认定为市级孵化器,符合条件的可以推荐为国家级孵化器,并享受财政经费支持等政策优惠。建立市、区(县)两级科技成果转化用地协调机制,鼓励科研机构科技成果在区(县)转化落地。

九、广泛开展国际交流与合作。充分发挥中国北京国际科技产业博览会、中国(北京)国际服务贸易交易会、联合国教科文组织创意城市北京峰会、中国(北京)跨国技术转移大会、国家技术转移集聚区等平台作用。支持科研机构通过国际国内展会平台对外展示科技成果,寻求科技成果转化合作,参与国际标准制定,抢占知识产权和标准的制高点。支持海外风险投资机构来京发展,鼓励投资机构加大对科研机构科技成果转化和产业化项目的投资力度。

本意见所指的科研机构是指在北京市行政区域内依法依规设立,具有开展研究工作的科研人员、科研仪器设备以及实验场地等基本条件,在自然科学及其相关科学技术领域从事研究、开发的各类机构,包括科研事业单位、高等学校的科研机构、各类企业和社会组织中的科研机构。

关于印发《建立高等学校科技创新和成果转化项目储备制度实施细则(试行)》的通知

京科发〔2014〕546号

各有关单位:

为进一步落实《加快推进高等学校科技成果转化和科技协同创新若干意见(试行)》,我们研究起草了《建立高等学校科技创新和成果转化项目储备制度实施细则(试行)》,经报请市领导同意,现印发给你们,请遵照执行。

特此通知。

北京市科学技术委员会
北京市教育委员会
北京市财政局
中关村科技园区管理委员会
二〇一四年十一月二日

附件:

建立高等学校科技创新和成果转化项目储备制度实施细则(试行)

第一章 总 则

第一条 为落实《加快推进高等学校科技成果转化和科技协同创新若干意见(试行)》(京政办发〔2014〕3号),发挥高等学校在首都创新体系建设中的重要作用,支持鼓励高等学校与企业进行产学研用合作,促进科技成果转化及产业化,就建立高等学校科技创新和成果转化项目储备制度制定本细则。

第二条 本细则适用于高等学校(或联合企事业单位)申报的科技创新和成果转化项目(成果)管理。

第三条 为便于管理高等学校申报的科技创新和成果转化项目(成果),将建立高等学校科技创新和成果转化项目(成果)储备库(以下简称"储备库")。

第二章 储备库入库机制

第四条 由市科委、市教委、市财政局、中关村管委会等部门组成工作组,定期召开工作组联席会议,共同研究决策储备库相关重大问题。工作组办公室设在市科委,工作组日常工作由办公室负责。

第五条 鼓励高等学校与企事业单位联合申报,申报的项目(成果)应符合以下原则。

1. 面向首都经济社会发展或京津冀区域协同发展重大需求的科技创新项目(成果)。

2. 面向首都新兴业态发展的核心、关键技术研发项目。

3. 具备转化或产业化前景的科研成果。

第六条 由高等学校负责科技项目(成果)管理的部门牵头组织并推荐,或由工作组成员等有关各部门组织推荐。

第七条 每年度定期组织统一申报,由工作组办公室进行受理,并备案。

第八条 由工作组办公室对申报的项目(成果)开展初步审查,初次审查不通过的,限期要求做出更正、补充。二次审查仍不通过的,不予受理。审查通过的,由工作组办公室按照《北京市科技计划管理相关责任主体信用管理办法(试行)》对项目(成果)申报单位进行科技信用查询。

第九条 由工作组办公室对申报项目(成果)按照国家"科学技术研究项目评价通则(GB/T 22900—2009)"开展标准化评价及登记。

第十条 工作组办公室将建议纳入储备库的项目(成果),提交工作组联席会议审议,确定拟入库项目(成果)名单。

第十一条 对纳入储备库的项目(成果)进行网上公示,公示期为7天。从申报受理到入库结果公示,原则上不超过120个工作日。

第三章 储备库项目管理机制

第十二条 我市有关部门组织各方面专家从储备库中择优选择项目(成果)进行支持。

第十三条 纳入以上支持范围的高等学校科技创新和成果转化项目(成果),由有关各部门分别按照本部门预算和立项决策机制给予支持。其中以立项支持形式出库的项目(课题)由财政部门核定市财政经费支持额度,并由工作组办公室统一进行备案。

第十四条 纳入立项支持的项目(课题)的过程管理和审计、验收评估等工作分别由有关各部门按照各自现有的项目(课题)管理办法执行。

第十五条 探索建立高等学校科技创新和成果转化项目(课题)的科技报告制度。有关各部门组织验收通过的项目(课题),参照国家科技部科技报告模板填写科技报告,由工作组办公室统一汇总备案,并提供信息公开、查询等工作。

第十六条 由工作组办公室对高等学校科技创新和成果转化项目(课题)的效果按照国家"科学技术研究项目评价通则(GB/T 22900—2009)"开展标准化评价及登记。

第四章 储备库项目(成果)跟踪服务与支持

第十七条 鼓励高等学校对出库的成果(或出库项目产生的成果)开展成果登记工作,由工作组办公室进行登记备案。

第十八条 鼓励高等学校通过委托托管机构代理等方式，开展科技成果许可、转让、投资等工作。

第十九条 科技成果托管的委托主体为高等学校（或联合企事业单位）。高等学校应设立科技项目（成果）管理的专门机构和专职人员，对校内科技项目（成果）进行管理及对外开展各类服务对接等。

第二十条 托管机构可以是高等学校技术转移机构、科研院所技术转移机构、独立第三方技术转移机构、政府所属技术转移机构、技术交易所、技术产权交易所等多种类型的专业技术转移机构。

第二十一条 依托现有各成果托管服务平台，探索建立针对不同领域的、可为高等学校提供科技成果托管服务的成果托管平台。由成果托管平台引入各专业托管机构进行服务。

第二十二条 由工作组办公室授权的托管平台制定相应的托管制度，包括工作流程、入托标准、费用标准、服务标准、利益分配制度、保密制度、跟踪评估制度等。

第二十三条 高等学校可以自主选择托管机构，也可将需托管的科技成果统一汇聚到成果托管平台，由平台统一筛选后，通过公开竞争、择优分配的原则交由托管机构代理开展相关工作。

第二十四条 托管机构应在促进技术许可转让、成果价值评估、技术产业化、技术投融资、技术并购、技术成果展示推广等方面展开有效服务，推动高等学校科技成果的商业化。

第二十五条 对储备库中有重大产业化前景的落地项目（成果），可以申请市重大产业化项目统筹资金等支持。

第五章 储备库滚动机制

第二十六条 储备库实施滚动机制，对纳入储备库长期（超过 18 个月）未获得立项支持，或未实现成果托管、技术转移等的项目（成果），将定期给予滚动退出，可更新后再次申报。

第六章 附 则

第二十七条 本细则适用于北京市属高等学校，北京地区其他高等学校可结合实际参照执行。

第二十八条 本细则由市科委负责解释，自发布之日起 30 日后施行。

北京市财政局 北京市科学技术委员会关于印发《首都科技创新券实施管理办法（试行）》的通知

京财科文〔2014〕2515 号

各有关单位：

为落实《北京市关于加快推进科研机构科技成果转化和产业化的若干意见（试行）》（京政办发〔2014〕35 号），充分发挥市场在资源配置中的决定性作用，进一步盘活首都优势科技资源，降低小微企业和创业团队科研创新投入成本，激发小微企业和创业团队的科技创新活力，北京市决定实施首都科技创新券(以下简称“创新券”)制度。为切实加强创新券的管理,充分发挥创新券的作用,特制定《首都科技创新券实施管理办法(试行)》,现印发给你们,请遵照执行。

附件:首都科技创新券实施管理办法(试行)

北京市财政局 北京市科学技术委员会

二〇一四年十一月二日

附件:

首都科技创新券实施管理办法(试行)

第一章 总 则

第一条 为深入贯彻党的十八大和十八届二中、三中全会精神,落实《国务院关于改进加强中央财政科研项目和资金管理的若干意见》(国发〔2014〕11 号),进一步强化北京作为全国科技创新中心的核心功能定位,加快中关村国家自主创新示范区建设,充分发挥市场在资源配置中的决定性作用,进一步盘活首都优势科技资源,降低企业创新投入成本,聚焦科技创新活动,增强创新氛围,激发创新活力,促进小微企业与高等学校和科研院所之间的产学研用合作,北京市决定实施科技创新券(以下简称“创新券”)制度,由北京市财政局(以下简称“市财政局”)牵头与北京市科学技术委员会(以下简称“市科委”)共同组织实施。为切实加强创新券的管理,充分发挥创新券的作用,特制定本管理办法。

第二条 创新券主要用于鼓励本市小微企业和创业团队充分利用国家级、北京市级重点实验室,工程技术研究中心以及北京市设计创新中心(以下统称“实验室”)的资源开展研发活动和科技创新,由政府发放,小微企业及创业团队向高等学校、科研院所购买科研活动时使用。收取创新券的单位持创新券到指定部门兑现。

第三条 创新券专项资金来源于市财政科技资金,使用和管理遵守国家有关法律法规和财务规章制度,遵循诚实申请、公正受理、择优支持、科学管理、公开透明、专款专用、据实列支的原则。

第二章 组织机构及职责

第四条 市财政局、市科委联合成立领导小组。由市财政局、市科委主管领导任组长。领导小组主要负责创新券的政策制定、决策指导、监督审批、绩效评价及研究确定创新券实施过程中的有关重大事项。

第五条 领导小组下设办公室。办公室设在北京技术交易促进中心,主要负责创新券的日常运营和管理,编制与上报年度预算,具体办理创新券的申请、发放、兑现及组织评价,完成年度工作报告及领导小组交办的其他事项。

第六条 推荐机构。主要服务小微企业和创业团队,负责向办公室申请一定额度的创新券并组织发放。推荐机构主要从科技服务机构、科技企业孵化器或创新型孵化器中遴选,每年经领导小组决定后公告。推荐机构需提交工作承诺函以及保障工作顺利开展的工作机制、保障措施等。

第七条 专业服务机构。实验室在向企业提供服务、收取并兑现创新券的过程中,具体委托一家专业服务机构作为本单位在创新券工作中的唯一对外工作机构,主要负责组织实验室开展科技资源服务,审核业务的真实性以及是否满足创新券发放要求、业务是否已正常完成、配套资金比例是否符合要求等,接收并兑现创新券。

第八条 专业服务机构主要从能够接收创新券的实验室所属的高等学校、科研院所和企业等机构中遴选,自愿申报,择优选取,经领导小组决定后公告。专业服务机构需提交工作承诺函以及保障工作顺利开展的实施细则,实施细则主要包括能够接收创新券的实验室名录、合同签署方式、接收创新券的主体、资金垫付方式及创新券兑现方式等。

第三章 创新券的形式

第九条 创新券采用网络认证的模式,每年可多次申领,每张券限额 5000 元,需按规定使用,每次至少使用 1 张,最多可使用 40 张。每张创新券均需在有效期内使用,在有效期内未登记科研活动的创新券,逾期自动作废。

第十条 在每一个申报周期(一般不超过 12 个月),小微企业和创业团队申请创新券的最高补贴不超过 20 万元(40 张)。对于首次申请创新券的小微企业和创业团队,可获取并直接使用最高不超过 5 万元(10 张)的创新券,超出 5 万元的部分参照非首次申请的创新券额度采取分段超额累退比例法核定。

非首次申请创新券的小微企业和创业团队,申请的创新券额度可采取分段超额累退比例法核定,核定比例如下。

(一)每年度符合补贴要求的业务合同金额在 10 万元及以下的部分按照最高不超过 50% 的比例核定。

(二)超过 10 万元至 50 万元的部分按照最高不超过 25% 的比例核定。

(三)超过 50 万元至 100 万元的部分按照最高不超过 10% 的比例核定。

(四)超过 100 万元以上的部分,不再予以创新券补贴。

第四章 支持对象、范围与方式

第十一条 支持对象为小微企业和创业团队,同时可选择 1 ~ 2 个重点领域进行重点支持。对其与指定实验室围绕科技创新创业开展的测试检测、合作研发、委托开发、研发设计、技术解决方案或购买新技术新产品(服务)等科研活动给予资助。创新券只支持科技创新创业而开展的科研活动。按照法律法规或者强制性标准要求必须开展的强制检测和法定检测等其他商业活动,不纳入创新券的支持范围。

第十二条 申请创新券的小微企业需同时满足以下条件。

(一)在中关村国家自主创新示范区内注册,具有独立法人资格,在职正式职工不多于 100 人,营业收入 1000 万元以下,注册资金不高于 2000 万元,具有健全的财务机构,管理规范,无不良诚信记录。

(二)自申请支持前两个年度以来(但不要求企业开业时间),除创新券专项资金外,未获得过任何市财政资金支持。

(三)与开展合作的单位无任何隶属、共建、产权纽带等关联关系。

申请创新券的创业团队需同时满足以下条件。

（一）不具备法人资格，还未注册企业。

（二）创业项目需具有产品研发及转化所需的测试或研发工作（不包括仅限创业文本策划的项目）。

对符合创新券发放条件，并于近两年在省部级以上创业大赛上胜出的前三名创业团队，或在京高等学校创业大赛上胜出的前两名创业团队，推荐机构应给予优先发放。

第五章　申请与发放

第十三条　办公室发布创新券申请通知，推荐机构组织小微企业和创业团队进行申报。对于每年选定的重点支持领域，符合条件的专业服务机构也可以作为推荐机构，组织本领域的企业申请创新券。推荐机构择优选取小微企业和创业团队发放创新券。

第十四条　小微企业和创业团队登录“首都科技创新券申报系统”（网址：http://www.cxq-bj.cn）（以下简称“申报系统”），填写电子版《首都科技创新券申报信息表》，并将相关证明材料扫描后上传。

第十五条　小微企业网上提交的证明材料主要包括：

（一）企业营业执照副本。

（二）税务登记证副本。

（三）组织机构代码证副本。

（四）法定代表人身份证。

（五）近两年的财务报表（包括资产负债表、损益表）。

（六）其他证明文件。

除以上文件外，同时还可提供公司章程或股东协议书、现金流量表、计划使用创新券的科研活动简介或项目计划书等有利于自己申请取得创新券的证明材料。

创业团队网上提交的证明材料主要包括以下内容。

（一）负责人身份证等个人信息文件。

（二）该创业团队获奖证明文件。

（三）其他证明文件。

还可提供计划使用创新券的科研活动的简介或项目计划书等有利于自己申请取得创新券的证明材料。

第十六条　推荐机构对小微企业和创业团队网上填写的申报材料及相关证明材料进行审查，推荐机构根据创新券额度，拟定发放创新券的小微企业和创业团队名单和金额，报办公室审批后实施。

第十七条　办公室批准后，推荐机构将创新券发放给通过审查的小微企业和创业团队，小微企业和创业团队可通过系统查询取得创新券的额度。

第六章　兑现及要求

第十八条　专业服务机构组织实验室为小微企业和创业团队完成计划使用创新券的科研服务活动后，需及时登记对应的合同内容及金额。取得申报系统自动生成的唯一标识验证码后通过信息系统与合同内容绑定，完成创新券收取。

第十九条　办公室根据申报情况定期结算，专业服务机构需凭创新券及相关证明材料到办公室登记。办公室组织专家对创新券兑现材料进行评审，评审合格并公示后进行兑现。创新券工作终止时，指定最后兑现期限，并停止创新券的发放工作，不再接收创新券相关申请。创新券按实际面值进行兑现。

第二十条 兑现创新券时，专业服务机构需向办公室同时报送以下通过申报系统生成并打印的证明材料，并加盖专业服务机构公章。

（一）项目活动基本信息表，包括小微企业或创业团队单位名称、项目名称、提供服务的科研机构名称、项目起止时间。

（二）测试检测、合作研发、委托开发、研发设计、技术解决方案或购买新技术新产品（服务）合同。

（三）项目收入发票。

（四）申报系统记录创新券的数量和系统生成的纸质汇总报表。

第二十一条 专业服务机构还可向办公室报送研发成果或解决的主要技术问题、项目实施情况总结及其他创新成果证明，如专利、著作权、新产品、新工艺、样机证明材料等有利于证明自身工作效率及服务能力等的文件。

第七章 绩效评价和监督管理

第二十二条 办公室每年对推荐机构和专业服务机构的创新券工作情况进行评价，并根据评价结果给予一定的后补贴资金支持，同时作为其参加下一年度创新券工作的重要依据。

第二十三条 创新券不得转让、赠送、买卖等，在创新券申请过程中，企业、创业团队、推荐机构和专业服务机构等不得提供虚假信息。对于违反以上规定的单位或个人，停拨或追回财政资金。构成违法的，按照《财政违法行为处罚处分条例》及其他相关法律法规处理。

第八章 附 则

第二十四条 为了维护小微企业和创业团队的商业机密及合法权益，要求推荐机构和专业服务机构对小微企业和创业团队提交的注册资料、科研活动内容等相关信息严格保密。

第二十五条 本办法自发布之日起 30 日后施行。

关于印发《促进北京市增材制造(3D 打印)科技创新与产业培育的工作意见》的通知

京科发〔2014〕5 号

各有关单位:

北京 3D 打印技术研发和产业化水平处于国内领先地位,3D 打印全产业链已初步形成,具备快速发展 3D 打印产业的基础。加快发展 3D 打印技术,对北京高端制造业转型升级,提升核心竞争力具有重要意义。市委、市政府高度重视 3D 打印产业的发展,为落实市委、市政府要求,全面推进我市 3D 打印科技创新与产业培育,取得战略性新兴产业发展的主动权,抢得 3D 打印技术制高点,提升北京高端装备制造产业核心竞争力,我们研究提出了《促进北京市增材制造(3D 打印)科技创新与产业培育的工作意见》,现印发给你们,请认真落实相关工作。

北京市科学技术委员会
北京市发展和改革委员会
北京市经济和信息化委员会
二〇一四年一月六日

附件:

促进北京市增材制造(3D 打印)科技创新与产业培育的工作意见

为深入实施创新驱动发展战略,全面落实《北京市关于加快培育和发展战略性新兴产业的实施意见》(京政发〔2011〕38 号)和《北京市"十二五"时期科技北京发展建设规划》(京政发〔2011〕46 号),进一步实施北京技术创新行动计划,抢占全球高端制造技术制高点,加快培育 3D 打印战略性新兴产业,特制定本工作意见。

一、充分认识发展增材制造技术与产业的重要意义

增材制造,即 3D 打印,是直接从数字模型通过材料堆积来生产三维实体的技术,该技术将引发产品设计、制造工艺、制造装备、材料制备、相关标准、制造企业形态乃至整个传统制造体系产生全面、深刻的变革,已成为第三次工业革命的重要标志,受到世界各国的极大关注。美国、欧洲国家、日本、澳大利亚、南非国家等正在大力推动 3D 打印技术的研发和推广应用。在我国,自 20 世纪

90年代初，部分高校和企业率先在3D打印设备制造、材料、设计与成型软件开发及工业应用等方面开展研究，已取得长足进展，国家层面给予了高度重视。

加快发展3D打印技术，对北京高端制造业转型升级和提升核心竞争力具有重要意义，市委、市政府高度重视3D打印产业的发展。为落实市委、市政府要求，市科委等部门对3D打印科技创新及产业培育给予了持续支持，取得了良好的效果。

北京在3D打印的研发及产业化等方面初步形成材料、数字化设计、关键部件、整机和应用服务的3D打印全产业链，并成功应用于大型金属复杂构件直接制造、医疗器械与健康服务、创意设计等领域，具备快速发展3D打印产业的基础。在大型金属复杂构件应用领域，现已组建起由领衔专家牵头，覆盖全产业链的创新团队，装备与应用均取得突破，技术水平国际领先，产业化实体已落地北京，即将进入大规模生产阶段；在医疗器械与健康服务领域，正在推进相关骨干单位牵头组织产业链团队，虽装备与材料目前主要依靠进口，但临床应用研究已处于国际先进水平；在创意设计领域，北京部分优势单位牵头组建了产业链团队，技术水平基本与国外同步，部分装备产品已出口国外。

二、基本原则和主要目标

（一）基本原则

以深化改革为动力，充分发挥首都科技优势，创新3D打印技术研发和产业培育组织模式，面向大型复杂构件直接制造、医疗器械与健康服务、创意设计等应用需求，由领衔专家牵头，构建产业链团队，大力支持北京3D打印技术创新能力提升，持续产出原创性成果，抢占3D打印技术全球制高点，推动3D打印技术的应用，培育3D打印市场，优化产业布局，引导集聚发展，培育首都经济新的增长点，增强北京高端制造业的技术水平和核心竞争力。

（二）主要目标

重点突破一批原创性技术，研发一批专用材料，研制一批高端装备，到2017年，申请及授权专利100项以上；制定技术标准100项以上；取得3D打印产品医疗注册证5项以上；拓展在10个以上行业的创新应用；培育2～3家龙头企业、10家以上骨干企业，推进北京3D打印技术全面跻身国际先进水平。

构建3～4个以企业为主体，产学研用协同创新的3D打印技术创新研究院或应用服务平台，推动北京成为引领全球的3D打印技术高地和人才聚集地。

以龙头企业为核心，建设3D打印产业园，集群式推动3D打印产业发展，努力建成世界知名的3D打印产业基地，增强北京高端制造业的核心竞争力，培育未来经济增长点。

三、重点任务

（一）攻克重大关键技术，推进3D打印技术全面跻身国际先进水平

1. 面向航空、航天、航海等大型金属复杂构件直接制造领域，着力突破激光、电子束等高能束流直接制造技术，攻克钛合金、高强钢、铝合金、镍合金等材料体系、加工工艺、制造装备和应用技术中的重大核心技术，持续保持国际领先水平。

2. 面向医疗器械与健康服务领域，一方面大力推进体内植入物、手术导板、手术辅助器械等3D打印产品的临床应用研究，跻身国际先进水平；另一方面着力突破医用材料、3D打印装备等环节核心技术，实现材料及装备的重大突破。

3. 面向创意设计领域，以个性消费和定制服务为主，着力突破低成本材料与制造、智能人机交互、创意设计服务平台等关键技术，降低大众消费的经济门槛和专业设计门槛，推动高端设计产业

发展,跻身国际先进水平。

4. 支持北京优势企业和科研机构开展3D打印技术标准制定工作,并向国家和国际标准化组织申报标准和标准化提案。

5. 推进3D打印专利布局,支持优势单位积极申请国际专利,加强3D打印领域知识产权保护工作,突破国际技术壁垒和专利垄断。

(二)构建完善科技创新平台,支撑北京持续产出原创性技术

6. 面向3D打印技术不同的应用领域以及不同的发展阶段,构建3D打印技术创新研究院、临床研究平台和应用创新服务平台等,加强基础研究和应用研究,努力提高在新型材料体系、新型功能部件、新型检测装备、整机集成以及3D打印产品应用技术等方面的创新能力。

7. 结合国家级和市级重点实验室、工程技术中心、工程技术研究中心、企业研发机构、企业技术中心等科技创新主体,布局并完善3D打印公共研发平台,为3D打印产业发展提供有力的技术支撑。

(三)推动科技成果转化,促进3D打印技术应用

8. 以企业为主体,推动在3D打印科技成果转化方面的体制机制创新,推动培育科技成果产业化主体,协调技术孵化基地及产业化用地等资源,促进科技成果尽快形成产业。

9. 支持企业建设电子商务平台、云服务平台等,推动商业模式创新,加强市场培育,大力促进3D打印新技术、新成果推广应用。

(四)优化产业布局,推动3D打印产业集群式发展

10. 充分发挥市场在资源配置中的决定性作用,引导产业链上下游的京内外优势资源聚集,在海淀区等区县建立3D打印技术孵化基地,在昌平区、通州区等区县建立3D打印产业化基地,在西城区等区县建立3D打印推广服务中心,集群式推动3D打印产业发展。

四、保障措施

(一)建立工作协调机制

市科委联合市发展改革委、市经济信息化委等部门共同研究全市3D打印科技创新与产业培育的重大问题,制定相关政策,加强统筹协调。

(二)强化社会组织作用

充分发挥中国工程机械工业协会、北京数字化制造产业技术创新联盟等社会组织的作用,为3D打印科技创新与产业培育提供沟通联络、咨询评价、组织实施等方面的服务,推动3D打印全产业链协同创新、科学发展。

(三)设立市级科技计划重大专项

设置3D打印科技重大专项,全方位支持3D打印全产业链技术创新,持续推动3D打印产业发展。

(四)优化技术创新和产业培育环境

加强人才引进和培养力度,形成一批3D打印自主创新领军人才和团队;加强国际交流合作,吸引全球范围优势资源与北京开展合作;加强社会多元化资本投入,引导金融机构、创投机构等投资3D打印产业;加强科普宣传,形成推动3D打印产业发展的良好氛围。

北京市人民政府关于印发《北京市进一步促进软件产业和集成电路产业发展若干政策》的通知

京政发〔2014〕6号

各区、县人民政府，市政府各委、办、局，各市属机构：

现将《北京市进一步促进软件产业和集成电路产业发展的若干政策》印发给你们，请结合实际，认真贯彻执行。

北京市人民政府

二〇一四年二月八日

附件：

北京市进一步促进软件产业和集成电路产业发展的若干政策

为促进我市软件产业和集成电路产业的新发展，加速培育战略性新兴产业，进一步发挥软件产业在首都经济和社会发展中的支撑作用和支柱作用，提升集成电路产业的战略性基础作用，特制定以下政策。

一、软件产业政策

（一）加速软件产业转型升级。按照首都人口资源环境协调发展的总体要求，充分发挥创新资源优势，支持软件企业大力发展自主、高端、新兴的技术和产品，打造中国软件产业创新发展高地。与首都经济圈和环渤海经济带中具备条件的城市建立合作机制，促进人力密集型的软件和信息技术服务企业以及能耗较高的数据中心企业向京外转移。

（二）打造中关村软件城。以海淀区上地及周边地区为核心，积极推进中关村软件园三期工程建设，盘活区域内存量产业用地，推动区域业态调整，促进软件产业集中成片发展，建成覆盖面积约30平方公里的中关村软件城，并在产业规模、公共服务能力、土地集约利用、综合配套水平、园区形象等方面达到国际领先水平。

（三）支持软件产业特色园区建设。在具备条件的中关村科技园区特色产业基地中，布局建设定位明确、职住一体的软件产业特色园区。发挥市场机制作用，调动各类投资主体的积极性，综合利用土地、规划、财税政策，将一批腾退的工业、商业企业用地提升改造为软件产业特色园区。政府有关部门在建设公共平台、建立服务体系、公共租赁住房配套以及各项手续办理等方面予以支持。

（四）降低小微软件企业创业成本。集中扶植一批软件企业创业孵化基地。对服务特色鲜明、领域聚焦的创业孵化基地实行挂牌制度，由市、区（县）政府加大支持力度。在海淀区开展“创业社区”试点，选择在智力资源密集、交通便利、商业配套成熟的社区周边，建立专为初创企业服务的创业孵化基地。战略新兴领域的小微企业入驻政府投资的创业孵化基地，可享受低租金优惠政策。

（五）加大财政资金统筹支持力度。在全市重大科技成果转化和产业项目统筹资金中将软件产业列为重点支持产业，按年度发布重点支持方向，支持一批重大产业化项目、中关村软件城和特色园区建设项目、新兴领域关键核心技术研发项目、标准创制项目以及大型并购项目。

（六）进一步拓宽产业融资渠道。发挥政府引导作用，支持设立一批软件产业投资基金。积极推进科技金融创新，在完善信用体制机制、创新金融产品等方面开展先行先试。鼓励市属国有企业参与软件园区投资建设和软件企业并购投资。

（七）鼓励软件企业开展企业并购。政府相关部门加强同政策性银行的战略合作，促进更多软件企业境外并购专项贷款享受政策性银行出口信贷优惠利率。对利用商业银行贷款实施的大型并购项目给予贷款贴息。对企业合并后新总部落户本市的软件企业，按照《北京市人民政府关于印发加快总部企业在京发展工作意见的通知》（京政发〔2013〕29 号）等有关政策予以支持。

（八）做好国家相关重大科技专项组织实施工作。支持以企业为主体申报国家重大科技专项。对于符合本市产业发展方向并在本市实现产业化的项目，由市、区（县）政府共同遴选后，加大资金配套比例。配套资金由市、区（县）政府通过多种资金渠道安排。

（九）进一步开放政府和国有企事业单位信息化市场。各级政府部门和国有企事业单位原则上不再新建、扩建自用数据中心。鼓励将信息化建设和数据处理工作中的一般性业务发包给专业软件和信息服务企业，支持在公共云平台上或者政务云平台上迁移和部署信息化应用。信息化主管部门组织对政府机构数据开放程度进行评估，并向社会公开。

（十）严格落实软件知识产权保护制度。进一步推进计算机销售环节正版软件预装工作，推动正版软件服务工作站和正版软件采购平台建设，依法打击各类侵权行为，全面推行软件正版化。

（十一）加大软件消费新型市场渠道建设力度。鼓励互联网应用商店、内容分发和开放平台发展，对于符合软件企业条件的，经认定后可享受软件企业相关优惠政策。

（十二）加强软件出口服务。支持软件企业以市场联盟、产品合作、系统集成工程整包等多种形式开拓国际市场。经产业主管部门确认的高新软件出口企业，其在商务部门软件出口合同登记中归入《中国高新技术产品出口目录》软件类的产品，享受出口免税政策。

（十三）吸引和集聚高端软件人才。对本市软件企业高级经营管理人才、专业技术人才，按照本市高级人才政策给予奖励。设立软件行业人才工作服务站，加强对纳入国家“千人计划”和本市“海聚工程”、中关村“高聚工程”的软件行业领军人才的跟踪服务。

二、集成电路产业政策

（十四）集成电路设计业视同软件产业，适用软件产业有关政策。

（十五）推进集成电路产业集聚发展。在中关村科学城建设国家级集成电路设计产业基地，在南部高技术制造业和战略性新兴产业发展带建设国家级集成电路产业园，为集成电路设计、制造、封装测试、装备材料及整机终端生产的集聚发展提供新的空间。基地或园区所在区（县）政府提供完善的基础设施配套条件，并在产业用地和公共租赁住房等方面提供支持。

（十六）创新集成电路产业投融资模式。发挥政府资金引导作用，拓展创业投资基金等资金渠道，鼓励和吸引机构投资者、产业资本和海外资本参与组建集成电路产业发展基金，以股权投资等方式支持集成电路产业链各环节协同发展，推动重点企业兼并重组和产业园区建设。

（十七）进一步鼓励集成电路设计企业与生产企业开展合作。对利用本市集成电路生产线开展符合一定条件的工程产品首轮流片的集成电路设计企业，按该款产品掩膜版制作费用的60%或首轮流片费用的30%给予研发支持。

（十八）支持高端集成电路生产性项目建设。对于线宽小于65纳米的新建或扩建12英寸及以上生产线、特色工艺生产线、高端封装测试生产线、关键装备及材料生产线等集成电路产业重大投资项目，鼓励和引导产业发展基金、社会资本对项目进行股权投资，市、区（县）政府对重点项目给予代建厂房或贴息支持。

（十九）打造集成电路工程化创新平台。针对集成电路产业关键技术环节和重大需求，整合产业链上下游资源，积极推进国家级和市级工程（技术）研究中心、工程实验室、重点实验室、企业技术中心等创新平台建设，为本市及全国集成电路产业提供完整的技术支撑和服务。

三、政策落实

（二十）完善全市软件和信息服务业发展协调机制，加强对全市软件和信息服务业发展及中国软件名城、全国软件与信息产业知名品牌创建示范区建设的统筹规划和组织协调。

（二十一）认真贯彻落实《国务院关于印发进一步鼓励软件产业和集成电路产业发展若干政策的通知》（国发〔2011〕4号）中关于增值税、企业所得税等各项税收优惠政策。财政、税务部门和产业主管部门建立联合工作机制，协调政策落实过程中的有关问题。

（二十二）产业相关部门强化行业公共服务支撑，完善产业统计监测和评价体系，支持行业中介组织发展，研究进一步简化软件企业与集成电路设计企业认定和软件产品登记等审批流程。

（二十三）本政策自发布之日起实施。

关于印发《关于加快培育大数据产业集群推动产业转型升级的意见》的通知

各分园管委会、示范区各有关单位：

为加快培育中关村大数据产业集群，充分发挥大数据在工业化与信息化深度融合中的关键作用，推动中关村示范区产业转型升级，根据《中关村国家自主创新示范区战略性新兴产业集群创新引领工程（2013—2015年）》，我委制定了《关于加快培育大数据产业集群 推动产业转型升级的意见》，现印发给你们，请认真组织实施。

中关村科技园区管理委员会

二〇一四年二月十二日

附件：

关于加快培育大数据产业集群 推动产业转型升级的意见

以大数据为代表的新一代信息技术是新科技和产业革命的重要引擎。为加快培育中关村大数据产业集群，充分发挥大数据在工业化与信息化深度融合中的关键作用，推动中关村国家自主创新示范区（以下简称"中关村示范区"）产业转型升级，根据《中关村国家自主创新示范区战略性新兴产业集群创新引领工程（2013—2015 年）》，制定本意见。

一、加快培育中关村大数据产业集群

（一）培育大数据产业具有重要意义。当前，信息技术和互联网的新发展带来了大数据的爆发式增长，数据正在成为驱动经济增长和社会进步的重要基础和战略资源。基于海量数据资源的挖掘和应用催生的大数据产业，蕴含着巨大的商业价值和社会价值，是全球下一个促发创新、角力竞争、提高生产力的前沿领域。大数据与信息、生物、高端制造、节能环保、新能源、文化教育等领域的深度融合和创新应用，将广泛带动行业信息化、网络化、智能化发展，加速农业、制造业和服务业等产业转型升级。作为我国信息产业的策源地，中关村率先布局大数据产业，大数据应用领域与硅谷发展同步，超大规模数据仓库、分布式存储和计算、基于人工智能的大数据分析等一批前沿技术实现突破，大数据基础设施、基础软件、行业应用等环节一批领军企业快速成长，已形成大数据产业集群先发优势。中关村加快培育和发展大数据产业集群，将为一区多园协同发展和首都率先实现创新驱动及参与国际产业竞争发挥重要带动作用，也将为国家工业化与信息化深度融合提供坚强支撑。

（二）紧抓机遇打造全球大数据创新中心。中关村将坚持把大数据产业作为战略性新兴产业发展的突破口，围绕首都经济社会发展和一区多园协同发展的需求，以大数据应用和商业模式创新为重点，聚集全球大数据创新资源，研发和引进一批大数据关键核心技术，推动实施一批全行业大数据应用解决方案，培育一批大数据产业领军企业，建设大数据产业服务平台和大数据产业基地，构建大数据产业生态系统，促进大数据产业发展，推动中关村示范区产业转型升级，全力建设全球大数据创新中心。

（三）培育形成具有全球影响力的大数据产业集群。到 2016 年，中关村大数据对产业的带动规模超过 1 万亿元，对各相关产业转型升级的带动作用明显，成为首都经济发展的重要增长点。具体目标如下。

——大数据产业集群发展态势良好。中关村大数据产业链完整，建立企业主体、市场导向的数据信息协作创新体系，突破大数据的收集、处理、挖掘、应用等一批关键核心技术，培育 500 家大数据企业和一批领军企业；具有自主技术的云计算和数据中心软硬件设施得到广泛应用，初步实现互联网数据、政府数据、行业数据、科研数据的共享，形成良好的大数据产业生态系统。

——大数据进一步推动产业转型升级。初步形成若干大数据应用和服务标准，建成 10 个以上行业大数据应用平台，具备大数据应用能力的企业数量超过 5000 家，形成一批基于大数据分析的信息消费、文化创意、远程教育、健康服务等领域新兴业态，对商业、金融、先进制造、节能环保等产业的转型升级和创新发展产生巨大的带动作用。

——大数据对一区多园协同发展作用明显。中关村示范区大数据产业布局更加优化,形成依托大数据的全产业创新网络。各分园对大数据的使用能力进一步提高,产业、创新和公共服务资源的整合能力不断增强,创新效率和规模效益快速提升。各分园通过大数据应用有力推动园区传统产业转型升级,低碳经济体量进一步扩大,形成基于大数据的高端制造业与现代服务业融合发展的态势。

——聚集整合国际国内大数据资源效果显著。基本建立国际一流的大数据产业发展创新环境,初步形成面向国际的数据交易市场体系和服务全球的创新能力,成为全球大数据创业和人才、技术、资本、数据资源等创新要素的主要汇集地。国内大数据产业引领示范作用明显,与天津、河北等地区在软硬件研发、生产和应用服务等方面开展创新合作,初步建成“京津冀大数据走廊”。

二、提升大数据对经济社会发展的带动作用

(四)提高中关村示范区创新主体对大数据的认识和使用能力。推动中关村示范区内企业、高校、科研机构、社会组织等各类创新主体高度重视数据资源的整合和数据的分析挖掘,不断提升数据描述能力以及对数据广度、深度和关联度的认识能力。鼓励创新主体积极运用互联网思维,通过大数据、互联网促进信息整合、知识共享、规律探寻和生产力提升。发挥大数据作为生产力要素对行业的重要作用,支持创新主体加强数据积累,提升经济社会基础数据和行业数据的规模效应,推动新兴数据产品和数据驱动生产方式创新。

(五)支持大数据领域关键技术的研发和市场化应用。支持人机交互、复杂沟通、虚拟现实、深度学习、知识图谱、软件定义网络(SDN)等大数据关键技术突破和应用。围绕云计算、物联网、移动互联网、智能终端等新兴技术领域,推动中关村示范区内大数据采集、存储、处理、分析、应用、可视化等技术环节创新。加快提升下一代互联网(IPv6)、第四代移动通信(4G)、卫星导航等网络环境下大数据技术水平,促进基于数据采集的智能移动终端、智能家居产品和可穿戴设备产业化,推动支撑大数据的信息安全技术创新。

(六)依靠大数据提升首都和区域经济社会发展重大问题的解决能力。进一步推动企业在科学计算、资源勘查、卫星应用、重大装备制造、现代农业等领域应用大数据,服务国家战略需求。鼓励在治理大气污染、缓解交通拥堵等方面探索基于数据驱动的精细化管理模式,促进首都经济社会发展。围绕现代服务业发展需求,推动大数据与商业、金融、文化、教育、医疗等领域相结合,提升产业内生创新驱动能力,加快商业模式创新,促进优质服务资源更广泛惠及民生。

(七)通过大数据提升智慧城市建设和公共服务水平。在工商、财政、税务、统计、社保、城市管理、公共安全等领域,推动大数据解决方案应用,搭建智慧城市大数据公共服务平台,加快中关村示范区智慧政务和城市管理物联网建设。支持基于大数据的网格化管理、安监与应急管理、疾病防控、环境监测、分布式能源利用等公共服务示范,以及在经济预测、公共政策制定等方面的示范应用。推进中关村示范区政务数据的挖掘、开放与共享,创新宏观经济和社会管理的研究分析模式,提高公共服务科学决策能力。

三、推动大数据行业应用,促进生产效率提升

(八)提升生产制造智能化水平。促进大数据技术在装备、汽车、电力、能源等行业应用,推动3D打印、数据勘探、材料设计与过程模拟计算等新兴技术发展。支持工厂设施、产品模型、研发成果和生产管理的数字化与数据化,推动数字工厂建设,提升制造企业资源能源利用、智能控制、安全生产、数据资产管理水平。支持中关村示范区企业依靠大数据和互联网建设生产规划和评价系统,建立用户需求与质量体系、工序管理、成本核算、市场营销等活动关系模型,加强数据分析对生产经营决策的服务能力。

（九）降低中关村示范区商业服务和渠道的成本。通过大数据大力发展商业智能服务。促进中关村传统商务和物流贸易向互联网、移动电子商务方向发展,鼓励企业建立收集、挖掘商品和服务供需信息的大数据分析和服务系统,支持基于大数据分析的精准营销、精准物流、销售趋势预测、广告精细管理、市场决策分析等商业服务。加大中关村示范区内电子商务在农产品产地与销售对接、消费类商品个性化定制服务、线下销售与线上服务结合等方面的应用和商业模式创新,加速传统营销向互联网营销转型。

（十）加速中关村示范区金融创新和要素聚合。大力推动大数据服务为中关村示范区资金融通、支付和信息中介等金融环节创新提供技术和商业模式支撑,拓展金融服务领域,提高金融服务效率。探索基于大数据的企业信用评价和风险控制机制,加快积累企业数据信用,增强数据信用对资本、人才、技术等创新要素的聚集作用。鼓励基于各类电子商务、技术开发与应用孵化平台、供应链服务等环节的大数据分析,带动中关村示范区各类金融机构向中小企业提供创新金融服务。支持互联网企业与金融机构开展合作,加快推进移动支付、P2P 网络信贷、众筹等互联网金融模式发展,促进金融资源和融资需求相对接。

（十一）促进数字内容和文化信息消费。鼓励基于海量信息的多样化移动应用服务,鼓励中关村示范区互联网企业向移动和智能内容提供商转型,为公众提供个性化服务。支持中关村示范区互联网音视频服务和数字出版提供商探索基于大数据分析的新兴商业模式,促进智能推送、互动媒体、众筹设计等发展。鼓励中关村示范区企业建设数字多媒体内容大数据管理平台,加大数字出版物和多媒体作品网络版权保护,扩大文化消费覆盖面。鼓励中关村示范区传统影视制作企业和互联网视频提供商开展基于大数据分析的影视节目创作,提升文化影响力。

（十二）推动基于大数据技术的公共服务体系建设。加快数字教学资源、教育服务平台建设,支持中关村示范区社会化教育机构和教育信息化企业向线上线下结合的公共学习和个性化教育服务机构转型,创新服务模式。推动大数据技术在远程医疗领域广泛应用,建设中关村示范区医疗健康公共服务和数据平台,针对临床质量分析、医疗资源分配、医疗辅助决策、科研数据服务、个性化健康引导等需求,创新服务模式,促进智能临床诊治、自助就医服务等健康服务业新业态发展。

四、实施大数据解决方案,推动商业模式创新

（十三）大数据智慧城市解决方案。鼓励使用大数据技术对城市管理数据进行分析,支持基于社交媒体分析技术的公共管理,建立公共安全大数据分析平台,提供舆情监测、公共事件预警、宏观经济预测、园区企业服务等公共服务。支持依托大数据技术加强地下空间管理,实时动态掌握基础设施的运营情况,打造智能化的安监与城市应急系统。

（十四）大数据金融解决方案。支持基于大数据技术的互联网金融服务,推动业务模式创新,建立新型信用评估和风险管理体系。鼓励移动互联网与近场通信（NFC）、射频识别（RFID）等物联网技术融合发展,率先在电信、移动支付、公共交通、校园管理、现代物流等领域开展应用示范。

（十五）大数据智能终端解决方案。积极支持基于人机交互的智能移动终端和可穿戴设备的研发和产业化,率先在健康服务和安全防护等领域开展应用,催生大数据技术与个人生活紧密结合的新业态。

（十六）大数据位置服务解决方案。开展位置服务应用示范,支持基于众包模式的地理信息数据库建设。推进北斗公用服务平台的建设,为大数据位置服务创造基础条件。开展智能交通系统建设,率先提供车联网服务,深度挖掘驾驶行为数据,推动依驾驶里程数收费的保险（UBI）等业务模式创新发展。

（十七）大数据教育解决方案。推动建设教育大数据服务平台，积累数字教学资源、教育服务平台学习者行为和偏好数据，提供个性化的终身在线学习等创新服务模式。支持基于大数据技术的中小学校园教育，推进新型教学管理、教学服务、教学互动系统建设。

（十八）大数据文化创意解决方案。推动互联网、企业、政务门户网站加速向移动互联网内容提供商转型。支持传统互联网内容提供商探索内容定制、个性化出版等新兴商业模式。

（十九）大数据环境解决方案。支持建设基于大数据技术的气象预测、地质分析、资源勘查等服务平台。推动大数据生产能效分析、PM2.5监测分析、烟气治理排放监测分析及智能电网等示范应用。

（二十）大数据制造解决方案。推进基于工业物联网的“数字工厂”建设，支持建立基于大数据的产品研发机制，推动基于3D打印的数据制造，提升生产经营环节的精细化管理能力，促进现代制造服务业发展。

（二十一）大数据生物健康解决方案。汇集基因筛查、临床检验、分子育种等基因组信息，支持建立覆盖重大疫病致病基因数据库，建立基于高通量基因测序和基因芯片的数据分析平台，推动大数据技术在流行病监测、基因组检测、个性化医疗、分子育种、生物芯片、食品安全等方面的示范应用。

（二十二）大数据中小企业数据中心解决方案。支持大规模计算企业牵头建设数据中心，依托社会资本，提供应用软件与运维平台，为中小企业提供行业数据分析、用户反馈评价、潜在客户挖掘等增值服务。

（二十三）大数据服务平台解决方案。支持产业技术联盟牵头，组织行业领军企业建设大数据交易平台和算法验证公共服务平台。探索依托新型社会组织，推进行业大数据标准制定，加快数据开放共享。

（二十四）大数据信息安全解决方案。支持基于大数据技术的信息安全环境建设，提供病毒特征及用户行为海量数据分析服务，加快建设数据保护体系。

五、构建大数据产业生态系统

充分发挥市场配置资源的决定性作用，大力促进资源整合和协同创新，优化产业布局，构建人才、技术、资本、数据、平台配置完善的大数据产业生态系统。

（二十五）集聚全球大数据创新资源。瞄准大数据前沿技术和应用，从硅谷等创新前沿地区引进一批国际大数据顶尖人才团队和企业，支持大数据相关领域知名研究机构、产业组织到中关村落户。支持在硅谷等地从事大数据应用研发和运营的创业团队到中关村发展，促进中关村大数据企业与境外研究机构、企业开展研发合作和全球服务，进一步提升大数据创新资源聚集度。

（二十六）加快培育大数据人才技术和鼓励创新创意。发挥中关村跨领域智力资源优势，支持大数据企业、行业企业与高校、科研院所联合开设大数据课程和开展人才培训。建立跨行业的大数据实验室，培育一批具备行业实践经验的数据科学家。支持建立大数据创新创意平台、算法竞赛平台及大数据孵化器，推动成立一批大数据创业投资基金，探索算法研发和数据服务的众包模式，促进形成良好的大数据技术和商业模式协同创新生态。

（二十七）搭建跨行业的大数据服务平台。推动研究和建立各类公共数据、商业数据和个人数据统一交换标准和数据接口，支持大数据企业依托互联网建设具有数据集成、存储、挖掘、分析、可视化等功能的行业数据共享和应用平台，面向企业和公众提供数据服务。依托互联网龙头企业，推动建设一批基于云计算架构的创新型数据应用孵化平台，发挥市场机制围绕数据配置资源，促进大数据服务创新和形成聚集效应。加快建立中关村大数据交易所，扩大企业私有数据交易和协作，鼓励企业提供数据增值服务，构建高效的数据交易机制。

（二十八）培育新型大数据交流形态和产业组织。依托海淀核心区“一城三街”建设，积极引入大数据领域顶尖国际会议、出版物，鼓励开办研讨大数据技术和应用的创新沙龙，构建国际化的大数据创新交流环境，提升中关村对全球大数据人才、技术的吸引力。发挥大数据、云计算等产业技术创新联盟作用，推动成立“大数据标准联盟”和“大数据交易联盟”，构建完善产业集群。支持龙头企业牵头建立大数据应用服务联合体，围绕大数据关键技术构建专利池和专利群，支持行业数据标准创新，提升大数据产业竞争力。

（二十九）统筹规划一区多园和京津冀地区大数据产业布局。围绕国家战略和首都经济圈发展需求，加强顶层设计，根据各区县功能定位、资源禀赋和发展基础，结合“两城两带”的战略布局，在北部重点推进大数据应用服务，在南部重点推动大数据基础设施建设，支持海淀园等园区建设大数据产业基地。鼓励企业在北京市建设大数据技术研发、服务平台及控管中心，在天津市建设云计算、物联网设备生产基地，在河北省建设计算中心和数据中心，形成“前店后厂”式的大数据产业链布局和重点突出、优势互补的功能格局。充分发挥“中关村——滨海大数据创新战略联盟”资源整合优势，全面促进“京津冀大数据走廊”建设，加快形成具有国际竞争力的大数据产业基地和数据资源聚集服务区。

六、完善大数据创新发展环境

充分发挥政府引导作用，积极探索支持大数据产业创新的体制机制，持续完善大数据产业政策环境，引导建立大数据产业创新创业投资体系，抓好包括大数据基础设施、政府及公共数据开放等大数据产业的关键环节，提升中关村大数据产业影响力。

（三十）加快大数据基础设施建设。推进实施“宽带北京”战略，持续支持下一代互联网、第四代移动通信、公共无线网络、电子政务网、行业专网和物联网等网络基础设施建设，规划和推进企业建设一批云计算平台和数据中心。根据发展需求，科学规划和合理配置网络地址、网络带宽等网络资源，推动在核心区及重点园区建设公共无线网络。鼓励中关村大数据企业参与网络设施投资和电信服务运营，建设云计算平台，研究促进企业租用服务器开展大数据服务及无线网络的运营支持政策。

（三十一）强化大数据信息安全保障。大力推进安全、可控的大数据关键装备产业化和部署升级，强化大数据存储、灾备、应急管理服务能力和机制，支持数据加解密、数据审计、数据销毁、完整性验证等数据安全技术研发及应用。推动数据交换过程中的数据来源追溯和安全保护，支持数据产品知识产权的研究和保护，强化企业和社会对数据安全与知识产权保护的意识和责任，积极推动数据信息保护立法。

（三十二）探索公共数据开放共享和服务创新的管理机制。加强公共数据开放，主动发挥市场作用，积极探索企业运营、政府监管、开放标准与服务接口的新型公共数据增值服务模式，减少对大数据企业的公共服务准入限制，推动公共服务创新。支持企业参与政府相关部门业务数据互联共享平台建设，推动建立面向社会和公众的中关村示范区公共数据服务门户网站，加快形成政府大数据决策管理机制。

（三十三）不断提升中关村在国内外大数据领域的影响力。面向全球举办各类大数据专题活动，进一步培育“中关村大数据日”活动品牌，发挥中关村在大数据创新方面的旗帜作用。加强对中关村大数据领域前沿技术、创新应用、新型商业模式的宣传，形成大数据对产业转型发展的强烈共识。依托中关村示范区展示中心建设中关村大数据创新展示平台，加强大数据企业和技术展示，推广大数据应用解决方案。

北京市人民政府关于印发《北京技术创新行动计划（2014—2017年）》的通知

京政发〔2014〕11号

各区、县人民政府，市政府各委、办、局，各市属机构：

现将《北京技术创新行动计划（2014—2017年）》印发给你们，请结合实际认真贯彻落实。

北京市人民政府

二〇一四年四月十四日

附件：

北京技术创新行动计划（2014—2017年）

为坚持和强化北京作为全国政治中心、文化中心、国际交往中心、科技创新中心的城市战略定位，进一步加快本市技术创新体系建设和产业发展，在成功实施"'科技北京'行动计划（2009—2012年）——促进自主创新行动"基础上，结合实际，制订本行动计划。

一、指导思想和主要目标

（一）指导思想

坚持以邓小平理论、"三个代表"重要思想、科学发展观为指导，深入学习贯彻党的十八大、十八届三中全会和习近平总书记系列重要讲话，特别是考察北京工作时的重要讲话精神，按照市委、市政府关于深入实施创新驱动发展战略的决策部署，紧紧围绕国家重大战略需求和首都城市战略定位，准确把握科技创新的发展目标、实现路径和重点任务，深化科技体制改革，充分发挥市场配置资源的决定性作用，更好发挥政府作用，加快以企业为主体的技术创新体系建设，不断提高自主创新能力，促进科技成果产业化和新技术新产品的推广应用，为推动首都城市可持续发展和服务民生重大需求提供科技支撑，率先形成创新驱动的发展格局，更好地服务国家创新体系建设。

（二）主要目标

——科技体制改革取得重要突破。进一步打破行业壁垒、部门分割和所有制限制，跨部门、跨领域、跨区域的统筹协调机制不断健全，科技创新政策体系进一步完善，建立主要由市场决定技术创新项目、经费分配和成果评价的机制。创新商业模式，促进科技成果资本化、产业化。中关村国家自主创新示范区建设步伐加快，形成分工明确、布局合理、相互联动、协同发展的"一区多园"发展格局。

——以企业为主体的技术创新体系进一步完善。产学研用协同创新的利益分配机制取得新突破，产业、经济、科技、消费等政策资源实现深度融合。培育一批具有国际竞争力的创新型企业和国际知名品牌，培养和聚集一批优秀创新人才特别是产业领军人才，突破一批核心、关键和共性技术，形成一批技术标准，转化一批重大科技成果，做强“北京创造”和“北京服务”品牌。企业在技术创新决策、研发投入、科研组织和成果转化中的主体作用进一步强化，大型企业创新骨干作用进一步发挥，中小企业创新活力进一步激发。到2017年，高新技术企业、重点市属国有企业研发经费支出占主营业务收入比重分别达到5.5%和3.0%。

——科技支撑经济发展方式转变的作用更加突出。到2017年，全社会研发经费支出占地区生产总值比重达到5.5%；技术交易增加值占地区生产总值比重达到9.5%；战略性新兴产业增加值占地区生产总值比重达到25%；高技术产业、信息服务业和科技服务业增加值占地区生产总值比重达到34%；中关村国家自主创新示范区总收入达到6万亿元，对首都经济增长贡献率达到25%。

——科技支撑城市可持续发展和服务民生重大需求的能力显著提升。城市管理的精细化、智能化水平进一步提高，防灾减灾和应急处置能力进一步增强，城市运行更加安全高效。生态环境明显改善，重点食品安全实现全程可追溯，重大疾病防治水平明显提高，首都科技创新的辐射带动和示范引领作用更加显著。

二、创新重大专项组织管理方式

遴选若干重大战略领域、关键共性技术或重大工程作为重大专项，改革政府科技创新组织方式，优化重大专项管理机制，努力提升重大专项实施效果。

（一）明确重大专项设置原则

坚持突出创新导向，积极开展基础性、战略性、前沿性科学研究和共性技术研究，加大科技创新储备，积极培育先导技术和战略性新兴产业。

坚持围绕城市可持续发展和重大民生需求，突破一批关键共性技术和重大公益性技术，通过商业模式创新和政策集成加快新技术新产品的示范应用和推广，在破解城市发展难题的同时培育具有竞争力的产业。

坚持技术创新市场导向机制，发挥市场对技术研发方向、路线选择、要素价格、各类创新要素配置的导向作用。

坚持与国家科技重大专项、国家重大科技工程和存量科技资源、现有计划规划的衔接配套，提升重大专项整体效能。

（二）健全三级组织管理体系

成立行动计划领导小组。领导小组由市委、市政府主管领导担任组长，市有关部门、区县政府主管领导为成员，负责重大专项的顶层设计、重大事项决策和组织协调。领导小组办公室设在市科委。

明确重大专项组织单位。组织单位由市有关部门和区县政府组成，负责落实重大专项实施的相关支撑条件，研究提出重大专项实施方案，制定配套政策，确定项目承担单位及支持方式，组织对项目的监督检查，支持相关科技成果的推广应用。

遴选重大专项项目承担单位。引导具有较强科研能力和配套支撑条件的企业、高等学校、科研院所以及产业技术创新联盟等各类创新主体作为项目承担主体参与重大专项。充分发挥企业参与重大专项的积极性，促进产学研用协同创新。重大专项项目承担单位负责具体项目实施，是重大专项的实施主体和具体项目的责任主体。

（三）完善重大专项全过程管理

完善重大专项决策机制。行动计划领导小组根据国家和首都发展需要广泛征集需求，提出重大专项并明确组织单位。重大专项组织单位根据重大专项目标，设计分解任务体系，明确重点任务和项目承担单位。充分发挥项目承担单位在技术研发方向、路线选择、经费管理等方面的决策自主权，健全和完善市场决定技术创新项目立项、经费分配、成果评价的机制。

完善重大专项组织机制。重大专项组织单位明确企业、研究机构参与重点任务的准入条件。采取定向委托、择优委托、招标等方式遴选项目承担单位，明确项目承担单位权利和责任，并将形成技术标准作为重大专项考核的重要指标。将知识产权管理纳入重大专项实施全过程，支持开展知识产权检索、分析、申请、预警、保护和维护等，提升知识产权的运用和商用化水平。

建立决策、执行、监督相对分离的全周期监督评估机制。建立第三方评估机制，由具有相应资质的第三方专业机构对重大专项执行情况、组织管理、保障条件、经费管理、预期前景等进行独立评估。对重大专项组织单位，重点考核评估专项实施方案制定与推进、组织协调、配套政策措施制定及落实、支持成果转化和应用示范等方面的情况；对项目承担单位，重点考核评估项目执行、经费管理、履行义务、重大成果报告及信息反馈等方面的情况。探索后评估制度，对重大专项验收当年及随后3年的效益和影响等进行科学评估。探索建立科技报告制度，将重大专项的立项结果、进展成效、动态调整、评估结果等信息及时向社会公布。

（四）强化重大专项项目分类管理

将重大专项项目划分为政府直接组织开展、政府支持开展、政府鼓励开展3类，并根据创新链布局变化和项目进展情况进行动态调整。

政府直接组织开展的项目。对具有战略性、前沿性和较强的公益性，尚不具备市场化条件或短期经济回报具有不确定性，需要政府汇聚资源协同攻坚的项目，以政府直接组织为主，充分发挥政府规划布局、区域协调、政策联动和组织推进等作用，通过体制机制创新，将各种要素组合起来搭建平台，采取直接委托与招投标相结合的立项组织方式实施。

政府支持开展的项目。对有技术基础、产业化目标较为明确，但市场基础薄弱、风险较大、所属领域产业链仍不完善的项目，由政府引导并鼓励企业、金融机构等加大投入，通过竞争性项目、政府采购新技术新产品、科技成果示范推广等方式给予支持。

政府鼓励开展的项目。对产业化目标明确、市场基础好、所属领域符合首都资源禀赋特点和发展定位，但产业亟须转型升级或向高端、集群化发展的项目，通过政府竞争性项目招投标、共性平台搭建、后补助、股权投资等鼓励方式和政策措施营造发展环境。

三、完善政策保障措施

（一）完善投融资政策

健全多元化投入体系，鼓励多种方式筹措实施资金，积极吸纳中央企业、市属国有大中型企业以及民营资本等社会资金投入。改善科技型中小企业融资条件，鼓励金融机构推进知识产权质押贷款、科技保险、科技物业资产证券化等科技金融产品创新，促进科技成果资本化、产业化。完善无偿资助、偿还性资助、贷款贴息、风险补偿、股权投资、后补助等多样化财政资金支持方式。加快推进“1+6”先行先试政策，落实“新四条”政策措施。探索采用创新券制度，促进中小企业联合高等学校、科研院所开展科技攻关。发挥区县参与重大专项的积极性，对研发和生产分离的项目承担单位在本市范围内形成的地方税收，由研发所在区县和生产所在区县按比例分成。

（二）强化市场拉动

培育新技术新产品应用的市场环境。加大市、区（县）两级财政资金对新技术新产品的采购力度,研究制定促进公共服务部门和国有企业采购新技术新产品的政策。深化新技术新产品政府采购试点工作,通过首购、订购、首台(套)重大技术装备试验和示范项目、推广应用以及远期采购合约等方式,带动新技术新产品在全社会的推广应用。支持企业承接重大建设工程,以应用为导向,实施科技成果应用示范工程。通过预留、评审优惠和合同分包等方式提高中小企业政府采购比例。建立符合国际规则的政府采购技术标准认证制度,有针对性地制定符合首都产业和产品发展的标准。严格执行节能、环保产品优先采购政策。研究节能环保等领域的新技术新产品消费扶持政策。积极推行新能源汽车租赁、合同能源管理、现代废旧商品回收利用、电子商务等新型商业模式,发展商业性的增值服务新业态。

(三)创新人才机制

探索建立分层次、多领域的引才用才平台,凝聚和培养一批高端技术人才、科技成果转化人才和项目管理人才,推进首都人才集群化发展。鼓励入选“千人计划”“海聚工程”等高层次人才积极参与重大专项。把人才培养和团队建设作为项目立项、实施、考评的重要指标。完善以科研能力和创新成果等为导向的科技人才评价机制。探索建立灵活多样的创新型人才流动与聘用方式。鼓励高等学校、科研院所、国有企业提高职务发明成果所得收益用于奖励研发及成果转化人员的比例,奖励不计入单位工资总额。

(四)优化空间布局

加快推进中关村国家自主创新示范区一区十六园与行政区的融合发展和有效对接,培育多点支撑的经济发展格局。在市级层面建立重大产业项目统筹协调机制,引导全市产业项目合理布局。加强对全市产业用地的统筹指导,研究完善以技术创新性强、产出效益明显、产业聚集度高、生态效益好为主要目标的产业准入标准和土地评价体系。积极探索集体建设用地使用的流转机制,推进国有土地使用权转让、作价出资、租赁或抵押,确保重大项目快速落地。研究制定中小企业工业楼宇产权分割政策,盘活、新建持有型科技物业,鼓励将经认定的集中办公区优先作为重大专项项目承担单位的办公场所。

(五)营造有利于创新的生态环境

深化企业主导的产学研用协同创新机制,围绕创新链和产业链布局创新资源。深化首都科技条件平台与科技成果转化平台建设,建立健全组织方式、工作机制和绩效评价体系,促进科技资源开放共享。重点培育并优先发展科技类社会组织,成立时直接依法申请登记。鼓励社会资本投资兴办孵化机构,引导孵化机构提升产业培育能力。培育和发展要素市场,完善技术市场运行机制。加快建设国际技术转移中心、国家技术转移集聚区和国家技术标准创新基地,促进国际技术转移和产业化项目在北京落地。主动融入环渤海、京津冀区域,加快推进首都经济圈建设,形成区域协调发展新格局。面向全社会征集技术和成果需求,创新宣传方式和渠道,鼓励全社会参与技术创新行动计划。

四、组织实施重大专项

按照成熟一个、启动一个和动态调整的原则,先期启动实施一批市场需求迫切、技术创新基础较为成熟且需要进一步创新政府组织管理机制的重大专项。

专项一:首都蓝天行动

重点组织实施大气污染成因与预警预报研究、能源清洁高效利用、推广应用新能源和清洁能源汽车、重点污染源防治技术研究与示范等任务。到 2015 年,大气污染成因与传输规律研究取得阶段性成果,推广应用 7 万辆新能源和清洁能源汽车,生物燃气形成约 6000 万立方米生产能力。到 2017 年,建立动态高分辨率的污染源排放清单,提高重污染天气预测预警准确率,推广应用 20 万辆新能源和清洁能源汽车,生物燃气形成约2亿立方米生产能力,全市工业重点行业挥发性有机物排放比2012年累计减少50%左右,燃气工业锅炉氮氧化物排放大幅降低,促进环保产业快速发展。

重点任务分解:

1. 大气污染成因与预警预报研究。市环保局牵头组织开展以下重点工作:一是开展细颗粒物(PM2.5)的污染成因、传输规律、源解析、源排放清单研究,大气中氨排放现状及来源分析,以及细颗粒物对人群健康影响的研究。二是开展大气重污染监控及预警技术体系研究,开发监测仪器设备,提高重污染预报预警能力和水平。三是协助建立区域大气污染联防联控技术体系。

2. 能源清洁高效利用。市发展改革委、市农业局牵头组织开展以下重点工作:一是梳理并推广应用煤炭清洁利用、半导体照明、余热回收利用、建筑节能、住宅产业化、热泵等先进适用的节能技术和产品。二是推广应用分布式能源技术。在典型应用领域建设高效燃气分布式能源系统,推进太阳能等可再生能源的综合利用。三是实施生物燃气产业科技示范工程。开展生物燃气综合利用关键技术和产品研发,促进生物燃气规模化生产。建设生物燃气科技产业化基地。

3. 推广应用新能源和清洁能源汽车。市科委、市交通委牵头组织开展以下重点工作:一是开展整车优化研究,采用高效电机提高整车驱动效率。优化整合零部件供应体系,提升关键零配件性能,提高整车性价比。提高车辆智能化、信息化水平,提高纯电动汽车使用价值。二是研究制定鼓励个人购买和使用新能源汽车的相关政策。在财政资金补助和购车指标确认上给予政策支持,并在公交、环卫、邮政、物流、租赁、出租等公共服务领域加大示范应用力度。完善充电桩等配套设施建设。三是完善公共领域运营保障平台、智能充换电服务平台和检验检测服务平台建设,保障新能源汽车安全运行。四是推进新能源汽车产业化。

4. 重点污染源防治技术研究与示范。市环保局、市经济信息化委牵头组织开展以下重点工作:一是严格规范环保标准。加快修订重点行业大气污染物排放标准,严格污染物排放限值。初步建成大气污染物排放标准体系。二是推进清洁生产。组织和引导企业开展清洁生产技术改造,推进工业开发区开展生态化建设。三是控制重点污染物排放。开展挥发性有机物、氨、餐饮油烟和道路扬尘治理。推动燃气锅炉低氮燃烧技术改造。

专项二:首都生态环境建设与环保产业发展

重点组织实施水资源保护与利用、垃圾处理和资源化利用、北京生态功能提升等任务。到2015年,突破一批关键技术,形成10项以上重大创新成果,污水处理能力、再生水使用规模、垃圾处理能力和资源化利用率进一步提高,首都生态环境标准体系进一步完善,为实现全市环保产业产值达到2500亿元提供科技支撑。到2017年,形成20项以上重大创新成果,实现再生水出水稳定达到地表Ⅳ类水,重大园林绿化工程良种使用率达到95%,生态承载能力提高25%。

重点任务分解:

1. 水资源保护与利用。市水务局牵头组织开展以下重点工作:一是开展饮水安全工艺提升和城乡供水保障,推广节水新技术新产品,推动海水淡化应用及产业化。二是开展污水处理与再生水利用,推广先进污水处理工艺和污泥处置技术,扩大再生水利用规模,培育一批水处理龙头企业。三是开展水环境保护、清洁小流域和水源地治理,防治水体富营养化和地下水污染,推广雨水利用技术。

2. 垃圾处理和资源化利用。市市政市容委、市发展改革委牵头组织开展以下重点工作:一是开展垃圾处置重点环节关键技术与装备的优化和示范应用,培育相关产业。引导生活垃圾处理技术和装备向外地输出。二是推动建筑垃圾、园林废弃物等的资源化利用和产业化。

3. 提升生态功能。市园林绿化局牵头组织开展以下重点工作:一是开展森林、绿地和湿地生态系统功能提升,加快景观生态林建设、营造及多功能经营,提升健康绿道景观多样性与功能,推进湿地恢复与保护。二是开展林木优良种质资源保护、繁育与利用,建设资源数据库和基因库,开展特殊濒危种质资源重点保护,培育、驯化及繁育优良乡土树种。三是开展生态修复技术推广应用与产业培育,以及土壤质量评价、污染防控与有机质提升。

专项三:城市精细化管理与应急保障

重点组织实施城市运行效率提升、重点行业运行安全保障、应急救援能力提升和产业发展等任务。到2015年,健全精细化管理机制,形成重点行业运行安全保障技术产品体系,集成一批高效实用的应急救援装备,促进城市精细化管理与应急保障能力进一步提升。到2017年,编制和修订一批精细化管理与应急保障技术标准、规范和技术指南,提高精细化管理水平、运行安全监控手段和应急救援装备的原创水平,形成一批具有自主知识产权的新方法、新工具和新装备,推动城市管理与应急保障由人力支撑型向科技支撑型转变。

重点任务分解:

1. 提升城市运行效率。市交通委、市公安局公安交通管理局牵头组织开展以下重点工作:一是开展面向特大城市的交通体系规划研究。二是提升城市交通智能化水平,建设地面公交智能运营系统、智能车辆管理系统及综合枢纽一体化信息服务系统。三是建设公众出行信息服务系统,推广应用动静态信息采集新技术新产品,完善公众出行信息一体化服务。

2. 重点行业运行安全保障。市市政市容委、市交通委牵头组织开展以下重点工作:一是保障"城市生命线"系统安全,提升水、电、气、热、道路、桥梁等基础设施运行信息的实时监测、动态分析、预测预警和风险研判能力。开展地下管线及其生存环境的探测检测、远程监控及物联网新技术感知设备的应用。二是保障轨道交通运营安全,开展轨道交通运营安全监控体系建设,以及应急处置技术的研发与应用。

3. 应急救援能力提升和产业发展。市科委、市应急办牵头组织开展以下重点工作:一是加强应急处置相关通信、信息技术创新,开展救援处置成套装备和集成解决方案研究,加强火灾、危化品泄露等事故控制能力,加快救援技术及装备研发,支撑应急物资和生产能力储备体系建设。二是加快北京应急救援科技创新园、产业园和中国安全生产科学研究院安全工程技术实验与研发基地、同方威视安检设备产学研基地建设,提升服务功能,促进成果孵化、转化,吸引企业集聚发展。

专项四:首都食品质量安全保障

重点组织实施食用农产品生产基地安全保障、食品生产加工质量安全保障、食品物流质量安全保障和食品质量安全检测监控等任务。到2015年,研发集成应用食品安全新产品、新技术、新装备320种以上;建立健全种养业安全生产标准体系,研究开发加工食品品质评价和鉴别、食品加工过程有害物形成控制等新技术和新工艺,开展全产业链的食品安全质量控制和智能化食品安全追溯技术开发与应用,搭建多品种、全方位、高效率的食品安全检测服务平台;实现绿色食品、有机农产品生产量比"十一五"末翻一番,本市流通环节食品安全抽检合格率达到97%以上,食品安全平均检测准确率达到95%以上。到2017年,有效支撑设施种养殖业加快升级,进一步提升食品生产加工及食品质量安全检测监控水平,实现肉蛋奶等重点产业食品安全全程可追溯,全面保障首都食品质量安全。

重点任务分解:

1. 食用农产品生产基地安全保障。市农委、市科委牵头组织开展以下重点工作:一是推动食用农产品标准化基地创建及升级改造,实现规模化、标准化生产。二是加快生物农业安全投入品研发及产业化,开展共性技术攻关。三是实施"菜篮子"安全生产技术集成应用,加快优质、高产、低碳、循环等先导技术的转化应用。

2. 食品生产加工质量安全保障。市食品药品监管局、市农委牵头组织开展以下重点工作:一是开展安全婴幼儿配方奶粉研发与产业化,打造国产婴幼儿配方奶粉安全品牌。二是加快安全食品加工技术研发与食品制造技术升级。三是建设安全食品产业聚集区,推动农产品加工与资源综合利用技术的集成应用和产业示范。

3. 食品物流质量安全保障。市商务委、市经济信息化委牵头组织开展以下重点工作:一是强化农业物联网技术、产品在食品安全物流中的集成应用。二是开展农业物联网、冷链物流等关键技术的研究与攻关。三是深化食品安全追溯体系建设,开展"从田间到餐桌"全过程信息采集标准化技术研究与应用。

4. 食品质量安全检测监控。市食品药品监管局、市科委牵头组织开展以下重点工作:一是建设食品安全检验检测服务平台,构建覆盖全面、链条完整的追溯体系。二是开展食品安全风险评估与预警新技术研发,推动食品安全风险评估防控体系建设。三是研究高通量、高精准检测技术,开发智能化、数字化快速检测试剂和设备。

专项五:重大疾病科技攻关与管理

重点组织实施十大疾病科技攻关与管理、生命科学前沿技术和首都特色学科创新研究等任务。到2015年,形成5项以上有国际影响力的创新性成果,形成20个处于国内领先地位的优势学科,制定60项诊疗技术规范和标准。到2017年,形成10项以上有国际影响力的创新性成果,形成30个处于国内领先地位的优势学科,制定100项诊疗技术规范和标准。

重点任务分解:

1. 十大疾病科技攻关与管理。市科委、市卫生计生委牵头组织开展以下重点工作:一是开展健康教育与健康促进。二是开展提升重大传染病综合防控能力的关键技术研究。三是开展提升重大慢性病综合防治能力的关键技术研究。四是开展重大创新成果惠民应用。

2. 生命科学前沿技术和首都特色学科创新研究。市科委牵头组织开展以下重点工作:一是培育生命科学前沿技术。二是促进首都临床特色学科的保持与发展。

专项六:新一代移动通信技术突破及产业发展

重点组织实施技术突破与标准研发,芯片、终端与系统设备研发与产业化,移动通信与互联网大数据应用服务等任务。到2015年,在第五代移动通信技术(5G)、大数据、自防御网络(SDN)等领域突破一批关键技术,参与国际标准制定,巩固本市在移动通信与互联网领域排头兵地位。到2017年,关键技术取得标志性成果,抢占国际标准制高点,形成全球领先的移动通信与互联网领域技术群与产品群,培育、聚集核心研发团队,催生可持续输出原创性核心技术及创新产品的龙头企业,加速新一代移动通信技术与各行业的广泛融合。

重点任务分解:

1. 技术突破与标准研发。市科委、市质监局牵头组织开展以下重点工作:一是开展第五代移动通信技术预研与标准制定。二是开展云计算及大数据关键技术攻关与标准突破。

2. 芯片、终端与系统设备研发与产业化。市经济信息化委、市科委牵头组织开展以下重点工作:一是突破核心芯片关键技术并实现产业化。二是突破新型显示关键技术并实现产业化。三是推进智能终端研制与产业化。四是加快推进系统设备产业化及网络基础设施建设。

3. 移动通信与互联网应用服务。市科委、市经济信息化委牵头组织开展以下重点工作:一是促进龙头企业开放应用服务平台资源。二是拓展云计算与大数据应用服务。三是开展以北斗导航为主的空天信息应用服务。四是推动智能终端与网络系统的信息安全服务。

专项七:数字化制造技术创新及产业培育

重点组织实施数字化增材制造(3D打印)创新及产业培育、机器人及自动化成套装备创新及产业培育等任务。到2015年,数字化增材制造领域重点突破一批原创性技术,研制一批高端装备和专用材料;在养老健康、文化教育等领域产生一批具有代表性的服务机器人及成套装备产品,并在典型领域应用验证;以增材制造和机器人为核心的数字化制造产业实现产值超过120亿元,培育形成新的经济增长点。到2017年,推动数字化增材制造产品在航空航天、船舶、医疗器械与健康服务、大众消费和创意设计等领域得到广泛应用;机器人及成套装备在汽车制造、物流搬运、养老健康、文化教育等领域得到广泛应用;北京数字化制造产业集群式发展,实现产值超过230亿元,形成“北京创造”品牌。

重点任务分解:

1. 数字化增材制造创新及产业培育。市科委、市经济信息化委牵头组织开展以下重点工作:一是攻克一批重大关键技术,推进数字化增材制造技术跻身国际先进水平。二是完善科技创新平台,支撑持续产出原创性技术。三是推动科技成果转化,促进数字化增材制造技术应用。四是优化产业布局,推动数字化增材制造产业集群式发展。

2. 机器人及自动化成套装备创新及产业培育。市科委、市经济信息化委牵头组织开展以下重点工作:一是开展以整机为牵引的关键技术攻关、功能部件及成套装备研发。二是推动整机成果转化和产业化,培育系统集成商。三是培育壮大机器人市场。四是引导在海淀、大兴等区域形成机器人产业集聚。

专项八:生物医药产业跨越发展

重点组织实施支柱产业跨越发展、完善创新驱动政策体系等任务。到2015年,重点培育1~2个百亿级企业和1~2个20亿元以上“重磅产品”,10亿元以上企业增加到20家,5亿元以上品种增加到25个,生物医药产业实现总收入1800亿元,年复合增长率20%以上。到2017年,生物医药产业力争成为支柱产业。

重点任务分解:

1. 实现支柱产业跨越式发展。市科委牵头组织开展以下重点工作:一是开发重磅产品,培育龙头企业,实现重大产品突破,推动形成支柱产业。二是布局一批原创性前沿技术,储备一批临床前创新品种,提升持续创新能力。

2. 完善创新驱动政策体系。市科委、市发展改革委牵头组织开展以下重点工作:一是统筹产业规划和土地供给,巩固大兴区(亦庄)和海淀区、昌平区“一南一北、功能互补”的产业发展格局。二是发挥临床、金融等对产业的支撑作用。三是发挥产业政策和市场对创新发展的支撑和引领作用。

专项九:轨道交通产业发展

重点组织实施提升高端装备研制水平、提升工程技术服务能力、加大城市轨道新技术新产品研发及示范应用等任务。到2015年,在机车、车辆、通信、信号、养护、维修、检测、施工等领域突破一批关键技术,研制出20项新技术新产品。到2017年,装备制造企业科技研发能力进一步增强,培育一批具有行业竞争力的工程技术服务企业和“专、特、精、新”企业,形成50项新产品,进一步提高城市轨道建设及运营技术水平,促进轨道交通产业集群发展。

重点任务分解:

1. 提升高端装备研制水平。市科委、市发展改革委、市经济信息化委牵头组织开展以下重点工作:一是支持铁路货车、机车、城市轨道车辆等装备制造企业调整产品结构,提升产业规模。二是支持通信、信号、指挥调度、控制、信息系统新技术新产品研发,支持系统集成创新,提升测试、试验、认证能力。三是提升丰台区、海淀区等轨道交通产业集聚区核心竞争力,推动已规划和在建的轨道交通科技创新园、产业基地建设。

2. 提升工程技术服务能力。市科委、市重大办牵头组织开展以下重点工作：一是提升铁路和城市轨道路基、桥涵、隧道、轨道工程施工、检测等技术水平。二是提升轨道交通规划、设计、咨询、监理、工程承包等技术服务水平；完善试验验证、认证检测等公共服务平台建设。

3. 加大城市轨道新技术新产品研发及示范应用。市重大办、市交通委牵头组织开展以下重点工作：一是开展城市轨道交通设计咨询、建设施工、装备制造、运营安全等关键技术研发，加快新技术新产品推广应用，打造集成“北京创造”品牌产品和自主创新技术的示范工程。二是开展适合北京城市发展的立体轨道交通体系研究，加快中低速磁悬浮、跨座式单轨、现代有轨电车等制式轨道交通技术创新和成果应用。

专项十：面向未来的能源结构技术创新与辐射带动

重点组织实施能源开发与利用关键技术和核心装备攻关，加快能源科技和产业资源集聚，促进能源科技产业发展等任务。到2017年，在化石能源和新能源领域取得50项具有国际先进水平的技术创新成果，形成60个由“千人计划”专家领衔的能源研发团队，初步建成未来科技城、中石油科技园、中核科技园等8个能源科技创新基地，促进北部研发带能源科技和产业资源进一步聚集，实现产业规模突破1500亿元，进一步增强对全国能源发展的辐射带动作用。

重点任务分解：

1. 能源开发与利用关键技术和核心装备攻关。市科委牵头组织开展以下重点工作：一是在化石能源领域，重点支持石油和天然气（页岩气、煤层气）勘探与高效开发、煤炭清洁转化利用、火电节能减排、重型燃气轮机、特高压输变电、智能配用电等关键技术研究及应用。二是在新能源领域，重点推动太阳能、风能核心技术的研究与示范应用；支持核电先进堆型关键技术研发和服务。

2. 加快能源科技和产业资源集聚。市科委、昌平区牵头组织开展以下重点工作：一是加快未来科技城高层次人才和科研团队聚集，促进项目合作和信息交流；鼓励未来科技城集成生态、低碳、绿色的新技术、新设计、新产品并推广应用。二是促进未来科技城、中石油科技园、中核科技园等能源科技创新基地协同发展，加快科技成果转化落地，培育一批工程服务、技术服务骨干企业。

3. 促进能源科技产业发展。市科委、市发展改革委牵头组织开展以下重点工作：一是支持软件研发、数据解析、检测认证、设计咨询等工程技术服务能力提升，聚集金融、商务、科技等要素，推进北京科技商务区（昌平）建设，扩大能源科技产业规模。二是推动中央企业、高等学校、科研院所的科研成果在区域大气污染防治和本市能源设施、能源产业基地建设中应用；支持新型能源管理模式推广。三是通过技术交易、工程服务等形式，发挥龙头企业在国家重点能源工程中的集成优势，辐射带动国内能源发展方式转变和产业转型升级。

专项十一：先导与优势材料创新发展

重点组织实施纳米材料原始创新和集聚发展、先导材料国产化开发和高端产业培育、优势材料产业竞争力提升和辐射带动等任务。到2015年，建成国家级纳米科技产业化基地，形成5项以上国际一流原创性成果，占领全球纳米科技战略制高点；实现航空发动机与燃气轮机用高性能高温合金、增材制造用相关金属与高分子材料等先导材料的国产化开发，促进非晶带材与高性能磁性材料等优势材料的大规模应用推广，做强优势材料产业并辐射带动相关下游产业。到2017年，推进纳米材料在信息、能源、环境、生物医药等领域的应用，实现80项以上纳米重大科技成果的转化，实现20项以上高温合金、增材制造材料等先导材料及其应用产品的开发和批量生产，持续提升非晶带材、高性能磁性材料等优势材料的创新能力和市场竞争力。

重点任务分解：

1. 纳米技术原始创新和集聚发展。市科委牵头组织开展以下重点工作：一是支持纳米原创性技术攻关，搭建共性技术创新支撑平台，吸引全球纳米顶尖人才和团队来京创新创业，建设国际一流的纳米科技创新中心。二是加强产业园区建设,完善创业服务体系,培育高端纳米产业,推动产业聚集发展,建设北京国家纳米高新技术产业化基地。三是组织召开大型国际研讨会,促进技术交流与合作,参与国际相关标准制定,提高北京在全球纳米领域的影响力。

2. 先导材料国产化开发和高端产业培育。市科委、市经济信息化委牵头组织开展以下重点工作:一是支持一批先导材料的国产化开发,促进先导材料及其产品的成果转化和产业化。二是加强先导材料的应用产品开发,培育先导材料高端应用产业,支撑下游产业的转型升级。

3. 优势材料产业竞争力提升和辐射带动。市科委、市经济信息化委牵头组织开展以下重点工作:一是加强优势材料技术创新和产品性能提升,增强优势材料产业的创新能力和市场竞争力。二是加大优势材料的应用研究和相关产业化关键技术攻关,促进优势材料的大规模应用,辐射带动下游产业发展。

专项十二:现代服务业创新发展

重点组织实施科技服务业促进、科技金融创新、文化科技融合、现代服务业重构等任务。到2017年,培育一批知名设计品牌,设计产业总收入超过1600亿元,形成一批年收入超过10亿元的工程技术服务企业,集聚一批专业科技服务机构,实现超过1000项重大科技成果交易;形成完善的科技金融服务体系;培育1000家特色文化科技融合企业,建成有国际影响力的文化科技融合示范基地;推进以云计算、大数据、物联网等技术支撑的电子商务、现代物流、养老健康等服务业应用创新和转型升级。

重点任务分解:

1. 科技服务业促进。市科委、西城区、海淀区牵头组织开展以下重点工作:一是开展研发服务创新,建设市级重点实验室、市级工程技术研究中心,深化首都科技条件平台建设。二是推进北京“设计之都”建设,实施首都设计产业提升计划,加快中国设计交易市场、北京市设计创新中心建设。三是鼓励工程技术服务企业提供工程技术整体解决方案和国际化发展。四是推动科技中介服务业发展,打造科技企业孵化全链条服务模式,提升专业服务能力。五是推动技术交易服务业发展,促进技术市场发展,推进国家技术转移集聚区建设。

2. 科技金融创新。市科委、市金融局牵头组织开展以下重点工作:一是完善首都科技创新投融资体系,创新科技金融产品和服务,促进科技与金融资本对接,完善多层次资本市场,促进科技成果转化和产业化。二是建立和完善以财政资金为引导、社会资金为主体的创业资本筹集机制和市场化的创业资本运作机制,引导社会投资积极参与,促进创新创业。

3. 文化科技融合。市科委、市文资办、市文化局牵头组织开展以下重点工作:一是研发具有自主知识产权的共性关键技术,提高对重点文化领域的科技支撑水平,培育特色鲜明、创新能力强的文化科技企业。二是加强文化领域技术集成创新与商业模式创新,培育新兴文化产业,提高文化事业服务能力。三是推进中关村国家级文化和科技融合示范基地建设、文化创意产业集聚区建设,支持服务文化科技融合的技术创新战略联盟、专业孵化器和公共服务平台等文化科技创新体系建设。

4. 现代服务业重构。市科委牵头组织开展以下重点工作:一是建立完善现代服务业技术支撑体系,提高服务业应用创新和转型升级能力。二是促进电子商务创新发展,加快完善云计算、大数据环境下的电子商务支撑和服务体系,积极创建国家电子商务示范城市。

关于印发《北京市示范应用新能源小客车管理办法》的通知

京科发〔2014〕46 号

各相关单位：

为贯彻落实《北京市 2013—2017 年清洁空气行动计划》，实现 2017 年年底全市新能源和清洁能源汽车应用规模达到 20 万辆的目标，我们研究制定了《北京市示范应用新能源小客车管理办法》，经报市政府同意，现印发给你们，请遵照执行。

北京市科学技术委员会
北京市发展和改革委员会
北京市经济和信息化委员会
北京市财政局
北京市交通委员会
二〇一四年一月二十三日

附件：

北京市示范应用新能源小客车管理办法

第一章 总 则

第一条 为落实《北京市 2013—2017 年清洁空气行动计划》，改善首都空气质量，大力培育战略性新兴产业，加快新能源汽车推广示范应用，制定本办法。

第二条 本办法所称示范应用新能源小客车（以下简称“新能源小客车”）是指纳入《北京市示范应用新能源小客车生产企业和产品目录》的小型、微型纯电驱动载客汽车，包括纯电动汽车及燃料电池汽车。

第三条 本市支持单位和个人购买和使用新能源小客车，并鼓励各类机构组织员工集体购买和使用新能源小客车。

第四条 单位和个人按照《北京市小客车数量调控暂行规定》及实施细则相关规定取得和使用专用新能源小客车配置指标确认通知书。

第五条 按照本办法要求购买新能源小客车，可获得本市财政补助。

第二章 生产企业及新能源小客车条件

第六条 新能源小客车生产企业应当具备以下条件：

（一）应当纳入工业和信息化部《车辆生产企业及产品公告》。

（二）具备完善的销售服务体系。

（三）具备一定的产品研发、试验验证、生产等能力，并承诺对动力电池进行回收处理。

（四）对所售车辆的动力电池、电机及其他安全系统的日常运行状态进行实时监测，确保车辆安全运行。

（五）执行国家《缺陷汽车产品召回管理条例》等规定。

第七条 新能源小客车应当具备以下条件。

（一）应当为符合本办法第六条规定条件的生产企业生产的产品，且纳入国家《节能与新能源汽车示范推广应用工程推荐车型目录》。

（二）符合《GB/T28382—2012 纯电动乘用车技术条件》和《GB/T29123—2012 示范运行氢燃料电池电动汽车技术规范》的规定。

（三）符合《GB/T20234—2011 电动汽车传导充电用连接装置》的规定。

（四）符合国家及本市其他现行有关标准和规定，如上述标准或规定出现调整，按新要求执行。

第八条 新能源小客车生产企业向北京市经济和信息化委员会提交本办法第六条、第七条要求的各项材料，北京市经济和信息化委员会负责对新能源小客车生产企业及产品进行审核、备案，并分批发布《北京市示范应用新能源小客车生产企业和产品目录》。

第三章 充电设施

第九条 本办法所称充电设施是指充电桩及其接入上级电源的相关设施。充电设施应符合国家和行业及本市地方相关标准，充电设施建设企业应具备完善的安全保障及服务体系，并具有良好的信誉。

第十条 新能源小客车生产企业或其委托的机构负责组织单位和个人的充电条件确认、自用充电设施建设，并纳入其售后服务体系。

第十一条 北京市发展和改革委员会结合城市建设发展规划和配电网规划，统一安排、合理布局、统筹组织建设公用充电设施，逐步完善新能源小客车充电设施网络体系。

第四章 补助申领

第十二条 本市财政补助对象是消费者，消费者按照销售价格扣减补助后支付。生产企业按扣减补助后的价格销售新能源小客车。在完成本市车辆注册登记后，由生产企业据实申请财政补助资金。

第十三条 本市财政补助参照财政部、科技部、工业和信息化部、发展改革委颁布的《关于继续开展新能源汽车推广应用工作的通知》（财建〔2013〕551 号）相关内容，按照国家和本市 1:1 的比例确定补助标准。国家和本市财政补助总额最高不超过车辆销售价格的 60%。

2016 年和 2017 年补助标准按照 2015 年标准执行。如国家政策调整，本市财政补助标准参照国家政策另行制定。

第十四条 北京市财政局负责补助资金的安排和拨付。

第十五条 新能源小客车生产企业申请补助资金,应当提交以下相关材料。

(一)《北京市示范应用新能源小客车财政补助资金申请书》。

(二)生产企业组织机构代码证、营业执照、法定代表人身份证明。

(三)国家质量监督检验检疫总局认可的检测机构出具的检验报告。

(四)销售给单位的还应提供:法定代表人身份证明、组织机构代码证、营业执照、车辆买卖合同、车辆销售发票、购置税完税凭证、交强险保单、机动车登记证和行驶证。

销售给个人的应提供:个人身份证明、车辆买卖合同、车辆销售发票、购置税完税凭证、交强险保单、机动车登记证和行驶证。

第五章 监督管理

第十六条 单位和个人对所提供材料的真实性负责。对于提供虚假信息、材料或者伪造、涂改北京市示范应用新能源小客车指标通知书的单位和个人,依照《北京市小客车数量调控暂行规定》及实施细则相关规定进行处理。

第十七条 新能源小客车汽车生产企业应对提供材料的真实性负责,凡新能源小客车产品与申报材料不符、性能指标未达到要求,提供虚假信息、骗取补助资金的,将及时追回资金。补助资金必须专款专用,任何单位不得以任何理由和形式截留、挪用。对违反规定的,将依照《财政违法行为处罚处分条例》(国务院令第 427 号)等有关规定,由有关部门依法追究有关单位和人员的责任。

第十八条 生产及配套服务企业应对其提供的产品及服务负责。对于产品质量、售后保障等未达到要求并造成严重后果的,将依照相关法律法规追究其责任。

第六章 职责分工

第十九条 北京市科学技术委员会负责推动新能源小客车技术进步,并协调相关委办局共同推进新能源小客车示范应用;北京市发展和改革委员会负责推进充电设施建设;北京市经济和信息化委员会负责对参与示范应用的新能源小客车生产企业及产品进行审核、备案;北京市财政局负责财政补助资金的安排和监管;北京市交通委员会负责新能源小客车指标申请受理、组织审核;北京市公安交通管理局负责新能源小客车牌照核发;北京市质量技术监督局负责产品符合性检验和不定期抽检。

第七章 附　　则

第二十条 本办法自 2014 年 1 月 1 日起实施,有效期至 2017 年 12 月 31 日。若国家补助政策出现调整,则对本办法进行修订。

北京市经济和信息化委员会 北京市发展和改革委员会 北京市科学技术委员会 北京市质量技术监督局 关于印发《北京市示范应用新能源小客车生产企业及产品审核备案管理细则》的通知

京经信委发〔2014〕12 号

各有关单位：

为贯彻落实《北京市 2013—2017 年清洁空气行动计划》（京政办发〔2013〕27 号）和《北京市示范应用新能源小客车管理办法》（京科发〔2014〕号），北京市经济和信息化委员会会同北京市发展和改革委员会、北京市科学技术委员会、北京市质量技术监督局等单位共同制定了《北京市示范应用新能源小客车生产企业及产品审核备案管理细则》（见附件），现予以发布。

特此通知。

北京市经济和信息化委员会 北京市发展和改革委员会

北京市科学技术委员会 北京市质量技术监督局

二〇一四年二月十一日

附件：

北京市示范应用新能源小客车生产企业及产品审核备案管理细则

第一章 总 则

第一条 为贯彻落实国务院《节能与新能源汽车产业发展规划（2012—2020 年）》（国发〔2012〕22 号）的相关要求，保障本市新能源小客车示范应用安全、有序开展，依据《新能源汽车生产企业及产品准入管理规则》（工产业〔2009〕第 44 号）、《关于继续开展新能源汽车推广应用工作的通知》（财建〔2013〕551 号）以及《北京市示范应用新能源小客车管理办法》（京科发〔2014〕46 号），制定本细则。

第二条 本细则适用于参与本市示范应用的新能源小客车生产企业及产品。

第二章 企业条件

第三条 生产企业是示范应用新能源小客车产品及服务质量和安全的第一责任人。参与本市示范应用新能源小客车的生产企业须符合以下条件。

(一)具备独立法人资格,列入国家工信部《车辆生产企业及产品公告》,并满足国家关于新能源汽车推广应用补贴车型和企业的相关要求。

(二)具备单班年产10000辆以上的新能源小客车生产线及产品独立研发、试验验证、生产一致性保障等能力。

(三)具备完善的销售和售后服务体系。

1. 履行《家用汽车产品修理、更换、退货责任规定》规定的法定义务并承担相应责任。

2. 非在京注册的新能源小客车生产企业需在本市辖区工商注册登记或委托一家在京具有独立法人资格的汽车销售机构。

3. 在本市设有5家(含)以上授权合格的新能源小客车维修服务中心,布置在合理的服务区域;销售和维修服务中心须配备一定数量的专业技术人员,具备一定数量的充电设施,以快速充电为主,并承诺对社会开放;承诺提供24小时不间断救援服务,示范应用的新能源汽车出现故障或事故时,应在30分钟内迅速反应,启动处置预案,及时进行解决。

4. 承担或委托相关机构组织单位和个人的充电条件确认、建设自用充电设施,并纳入其售后服务体系;承诺提供安全使用指导和培训等服务。

5. 对车辆提供不低于3年或6万公里(以先到者为准)的质保,对动力电池等关键零部件提供不低于5年或10万公里(以先到者为准)的质保。

(四)具备远程监测能力。具有对整车、动力电池、驱动电机等进行实时监测的设施和能力,企业数据保存时间须不少于3年;监测数据应实时发送至北京市示范应用新能源小客车综合服务与管理平台。

(五)履行《缺陷汽车产品召回管理条例》等规定。具备缺陷汽车产品召回管理制度和缺陷调查能力,对可能存在缺陷的产品依法组织调查分析,履行召回义务;承诺对动力电池按照要求进行回收处理等。

(六)生产企业的各项承诺须在其销售、维修和服务等机构和场所向社会进行明示。

第三章 产品条件

第四条 本市示范应用新能源小客车产品须符合以下条件。

(一)为参与示范应用的新能源小客车生产企业生产的产品,取得强制性产品认证证书。

(二)纳入国家《节能与新能源汽车示范推广应用工程推荐车型目录》,满足国家关于新能源汽车推广应用补贴车型的相关要求。

(三)符合GB/T28382—2012《纯电动乘用车技术条件》、GB/T29123—2012《示范运行氢燃料电池电动汽车技术规范》、GB/T20234—2011《电动汽车传导充电用连接装置》、GB/T 27930—2011《电动汽车非车载传导式充电机与电池管理系统之间的通信协议》、DB11/Z 753—2010《电动汽车电能供给与保障技术规范 车载充电机》、DB11/Z 801—2011《电动汽车电能供给与保障技术规范 动力蓄电池包编码》、DB11/T 862－2012《电动汽车识别标志》等国家及本市现行有关标准和规定。

(四)产品应明示续驶里程、最高车速、30分钟最高车速、(0～50)千米/时加速性能、(50～80)

千米/时加速性能、能量消耗率、动力蓄电池包容量等参数指标和产品质量担保承诺，并满足在本市运行所需的产品安全性能要求[验证方案见附件1(略)]。

(五)具备满足远程监测所需的车载终端并能够实现数据交换，满足DB11/Z 993—2013《电动汽车远程服务与管理系统技术规范》要求。

(六)具备必要的安全及救援信息标识等。

第四章　目录管理

第五条　北京市经济和信息化委员会对参与本市示范应用的新能源小客车生产企业及产品实施目录管理。

(一)北京市经济和信息化委员会委托北京市信息化项目评审中心(联系电话:88011373，地址:西城区槐柏树街2号市府大楼3号楼248室)承担本市示范应用新能源小客车生产企业及产品审核备案的预审工作[流程见附件2(略)]。

(二)首次申报的新能源小客车生产企业向北京市信息化项目评审中心提交本办法第三条、第四条规定的各项证明材料[见附件3、4(略)]。新增产品的申报提供第四条规定的证明材料。其中，第四条(四)要求的证明材料须由北京市质量技术监督局认可的检验机构出具。

(三)北京市经济和信息化委员会将预审通过的生产企业及产品报北京市新能源汽车联席会议审议，通过后由北京市经济和信息化委员会进行审核备案，并在其门户网站(www. bjeit. gov. cn)分批发布《北京市示范应用新能源小客车生产企业和产品目录》(以下简称《目录》)。

(四)纳入《目录》内的新能源小客车生产企业每月5日前向北京市信息化项目评审中心提交上月《月度销售情况表》[见附件5(略)]。

第五章　监督管理

第六条　北京市经济和信息化委员会、北京市质量技术监督局将对纳入《目录》的企业和产品进行评估，建立企业和产品的退出机制。

(一)建立产品退出机制。示范应用的新能源小客车产品如发现有以下情形之一的，将取消其《目录》。

1. 产品已停产。

2. 实际产品与申报材料或目录不一致。

3. 存在重大安全隐患或质量问题(爆炸、起火、漏电等)。

4. 单一车型累计总销量500辆以下、在正常运行过程中累计发生2起非人为安全事故(爆炸、起火、漏电等)，或单一车型累计总销量500辆(含)以上、超过1%(含)产品发生非人为安全事故(爆炸、起火、漏电等)等。

(二)建立企业退出机制。纳入《目录》的生产企业单一年度在京新能源小客车销售量低于一定规模[2014年为500辆(含)，2015年起为1000辆(含)]，下一年度退出《目录》。生产企业应诚信守法，对申报材料的真实性、产品的一致性及安全性、售后保障服务等负责，有以下情形之一的，将视情节轻重给予通报批评，并责令限期整改。若拒不整改或整改不合格，将取消其《目录》。造成严重后果的，将依照相关法律法规追究其责任。

1. 企业的上报材料或申请中存在虚假信息的。

2. 销售或售后服务不规范、未履行相关承诺的。

3. 发生过重大安全或质量事故(爆炸、起火、漏电等)等,并造成人员伤亡或恶劣社会影响的。

4. 其他违反相关法律、法规和管理要求的。

(三)退出《目录》的生产企业和产品整改合格后,须按照本细则第三条、第四条要求重新申请审核备案。

第六章 附 则

第七条 本细则所称新能源小客车的定义与《北京市示范应用新能源小客车管理办法》一致。

第八条 本细则第四条引用的标准或规定发生变更或调整,按新要求执行。

第九条 本细则为《北京市示范应用新能源小客车管理办法》的组成部分,与之同步实施,由北京市经济和信息化委员会、北京市质量技术监督局负责解释,并适时根据国家和本市相关规定进行修订。

北京市示范应用新能源小客车财政补助资金管理细则

京财经一〔2014〕449 号

各相关单位:

为贯彻落实《北京市 2013—2017 年清洁空气行动计划》(京政办发〔2013〕27 号),依照财政部、科技部、工业和信息化部、发展改革委《关于继续开展新能源汽车推广应用工作的通知》(财建〔2013〕551 号)和《北京市示范应用新能源小客车管理办法》(京科发〔2014〕46 号)等相关政策,我们制定了《北京市示范应用新能源小客车财政补助资金管理细则》,现予以发布,请遵照执行。

附件:北京市示范应用新能源小客车财政补助资金管理细则

北京市财政局 北京市科学技术委员会

北京市经济和信息化委员会

二〇一四年三月十五日

附件：

北京市示范应用新能源小客车财政补助资金管理细则

第一章 总 则

第一条 为落实财政部、科技部、工业和信息化部、发展改革委《关于继续开展新能源汽车推广应用工作的通知》（财建〔2013〕551 号）和《北京市示范应用新能源小客车管理办法》（京科发〔2014〕46 号）等相关政策，做好新能源小客车财政补助资金发放工作，加强财政资金管理，特制定本细则。

第二条 符合《北京市示范应用新能源小客车管理办法》规定，并纳入《北京市示范应用新能源小客车生产企业及产品目录》的新能源小客车及其生产企业，可依照本细则申请本市财政补助。

第三条 北京市财政局委托北京环境交易所（以下简称“环交所”）负责受理和审核新能源小客车财政补助资金申请材料。

第二章 补助对象和补助方式

第四条 本市财政补助的对象是消费者，消费者按销售价格扣减补助后支付。汽车生产企业按扣减补助后的价格销售新能源小客车。车辆在本市完成注册登记后，汽车生产企业据实申请财政补助资金。

第五条 本市注册的汽车生产企业申领本市财政补助资金，财政部门将补助资金兑付到汽车生产企业。

第六条 非本市注册的汽车生产企业申领本市财政补助资金，须授权委托一家在京注册登记的具有独立法人资格的汽车销售机构统一申领，财政部门将补助资金兑付到该汽车销售机构。

第三章 补助标准

第七条 符合本市财政补助政策的新能源小客车，本市财政补助标准如下。

车辆类型	续驶里程 R（工况法、公里）	补助标准（万元/辆）	
		2014 年	2015 年
纯电动小客车	80≤R＜150	3.325	3.150
	150≤R＜250	4.750	4.500
	R≥250	5.700	5.400
燃料电池小客车		19.000	18.000

2016 年和 2017 年补助标准按照 2015 年标准执行，如国家政策调整，本市财政补助标准参照国

家政策另行制定。

第八条 汽车生产企业享受中央和本市财政补助总额最高不超过车辆销售价格的6%。如补助总额高于车辆销售价格的60%，按车辆销售价格60%扣除中央补助后计算本市财政补助额。

第九条 实行公务用车编制管理的单位购买新能源小客车，不享受本市财政补助。

第四章 补助申请及审核

第十条 汽车生产企业申领财政补助资金，须向环交所递交以下材料。

（一）汽车生产企业备案材料

1. 汽车生产企业申领补助资金，提供汽车生产企业组织机构代码证、营业执照、法定代表人身份证明复印件。

2. 汽车销售机构申请补助资金，提供汽车销售机构组织机构代码证、营业执照、法定代表人身份证明复印件，以及汽车生产企业出具的申领财政补助资金授权委托书原件。

（二）申领补助资金申请材料

1. 财政补助资金书面申请书。

2. 销售给个人用户的车辆需提供：个人身份证明、车辆买卖合同、车辆销售发票、购置税完税凭证、交强险保单、机动车登记证和行驶证复印件。

销售给单位用户的车辆需提供：法人代表人身份证明、组织机构代码证、营业执照、车辆买卖合同、车辆销售发票、购置税完税凭证、交强险保单、机动车登记证和行驶证复印件。

3. 国家质量监督检验检疫总局认可的检测机构出具的检测报告和北京市质量技术监督局认可的检验机构出具的符合性验证报告复印件（其中包含纯电续驶时里程、车辆动力电池组能量、电池电机类型等内容）。

上述所有材料均加盖汽车企业公章。

第十一条 环交所负责受理财政补助申请资料，按《申领新能源汽车财政补助资金工作流程》对资料的真实性、完整性、合规性进行审核。每年1、3、5、7、9、11月初10个工作日内向北京市财政局提交审核结果和补助资金书面申请报告。

第十二条 北京市财政局对审核结果进行复审后，将补助资金兑付到汽车企业。

第五章 资金监督管理

第十三条 依照《北京市示范应用新能源小客车生产企业及产品审核备案管理细则》规定的企业和产品退出机制，企业和产品一旦退出《北京市示范应用新能源小客车生产企业及产品目录》，自退出之日起销售的车辆不再享受本市财政补助。

第十四条 汽车企业对提供材料的真实性负责，凡新能源小客车产品与申报材料不符、性能指标未达到要求，提供虚假信息、骗取补助资金等情形的，将扣回补助资金，并取消企业申请补贴资格。

第十五条 补助资金必须专款专用，任何单位不得以任何理由、任何形式截留、挪用。对违反规定的，将依照《财政违法行为处罚处分条例》（国务院令第427号）等有关规定，依法追究有关单位和人员的责任。

第六章 附 则

第十六条 本市注册汽车生产企业申请中央财政补助资金，按照《关于继续开展新能源汽车推广应用工作的通知》（财建〔2013〕551号）和《关于进一步做好新能源汽车推广应用工作的通知》（财建〔2014〕11号）政策规定，依照本细则第四章规定的流程进行申报，市财政局按中央要求及时申报并将补助资金兑付到相关汽车企业。

第十七条 本细则自2014年1月1日起施行，有效期至2017年12月31日。

第十八条 本细则由北京市财政局负责解释。

附件：1. 申领新能源汽车财政补助资金申领工作流程（略）

2.《关于继续开展新能源汽车推广应用工作的通知》（财建〔2013〕551号）（略）

3.《关于进一步做好新能源汽车推广应用工作的通知》（财建〔2014〕11号）（略）

北京市发展和改革委员会 北京市科学技术委员会 北京市经济和信息化委员会关于印发《北京市示范应用新能源小客车自用充电设施建设管理细则》的通知

京发改〔2014〕1009号

相关单位：

为进一步贯彻落实《北京市2013—2017年清洁空气行动计划》，推进本市新能源小客车示范应用工作，按照市科委、市发展改革委、市经济信息化委、市财政局、市交通委等5部门近期联合发布的《北京市示范应用新能源小客车管理办法》（京科发〔2014〕46号）及市新能源汽车联席会有关要求，我们研究制定了《北京市示范应用新能源小客车自用充电设施建设管理细则》，经市政府同意，现予以印发，请遵照执行。

附件：北京市示范应用新能源小客车自用充电设施建设管理细则

北京市发展和改革委员会 北京市科学技术委员会

北京市经济和信息化委员会

二〇一四年五月十五日

附件：

北京市示范应用新能源小客车自用充电设施建设管理细则

第一条 本细则适用于按照《北京市示范应用新能源小客车管理办法》购买新能源小客车的单位和个人自用充电设施（以下简称“充电设施”）的充电条件确认、用电报装和设施建设。

第二条 本细则所称的充电设施是指购买和使用新能源小客车的单位和个人，在其拥有所有权或使用权的固定停车位上建设的交流充电桩及其接入上级电源的相关设施。本细则所称的新能源小客车生产企业包含生产企业授权经营的整车销售机构（4S 店）。

第三条 新能源小客车生产企业负责组织单位和个人的充电条件确认、充电设施建设，并纳入售后服务体系。

第四条 充电设施建设

（一）充电设施建设应符合国家和本市充电设施建设标准和设计规范。充电设施产品符合《NB/T33002—2010 电动汽车交流充电桩技术条件》等国家和地方相关产品及安全标准。

（二）充电设施用电应单独计量，符合《GB/T28569—2012 电动汽车交流充电桩电能计量》要求。

（三）小区物业、业委会对充电设施建设应给予支持和配合。

第五条 充电价格按照充电设施属地用电性质收取。其中，居民住宅小区内自用充电设施按照本市居民电价标准（执行居民电价的非居民用户）收取，不执行阶梯电价；其他充电设施按照本市一般工商业电价标准（非工业峰谷电价）收取。国家相关电价政策出台后，按照国家政策执行。

第六条 充电设施建设应按有关规定到供电公司办理低压业扩报装手续。

第七条 充电设施建设包括电源条件确认、施工可行性确认、用电报装、方案编制、工程建设、工程竣工验收、供用电合同签订、计量装置安装和接电等环节。

第八条 需建设充电设施的单位和个人，签订购车意向协议后，到新能源小客车生产企业办理购车充电条件确认手续。

（一）购车充电条件确认需提供的材料包括以下几项。

1. 购车意向协议。

2. 申请人身份证明。

3. 固定车位产权或使用权证明。

4. 关于在停车位安装电动汽车充电设备的申请（物业盖章同意）。

5. 停车位（库）平面图（或现场环境照片）。

（二）受理用户申请后，新能源小客车生产企业对用户资料的真实性和完整性核实无误后，会同供电公司按照约定勘查时间到现场进行用电、施工可行性勘查。供电公司负责对用户电源条件进行确认，完成《自用充电设施用电初步可行性方案》编制。新能源小客车生产企业负责对充电设施建设的施工可行性进行确认，会同供电公司于 7 个工作日内出具《新能源小客车购车充电条件确认书》。

第九条 单位和个人正式签订购车合同后，可自行或委托新能源小客车生产企业向所在区域供电公司营销部（客户服务中心）提出用电报装申请。供电公司营销部（客户服务中心）在7个工作日内正式答复供电方案。单位和个人应在有效期内到供电公司营销部（客户服务中心）办理确认手续。

第十条 单位和个人正式取得供电方案确认后，由新能源小客车生产企业组织开展充电设施工程建设。不含土建工程的充电设施施工应在3个工作日内完成。

充电设施建设企业应具备相关资质，设备选型应符合国家相关要求。

第十一条 充电设施建设完成后，单位和个人向所在区域供电公司营销部（客户服务中心）提出验收申请。工程检验合格并办结相关手续（供用电合同签署）后，供电公司于5个工作日内完成装表接电工作。

第十二条 新能源小客车生产企业应在用户签署充电设施供用电合同后，正式将车辆交付用户。

第十三条 本细则为《北京市示范应用新能源小客车管理办法》的组成部分，与之同步实施，由北京市发展和改革委员会、北京市科学技术委员会负责解释。

北京市人民政府办公厅关于印发《北京市电动汽车推广应用行动计划（2014—2017年）》的通知

京政办发〔2014〕39号

各区、县人民政府，市政府各委、办、局，各市属机构：

《北京市电动汽车推广应用行动计划（2014—2017年）》已经市政府同意，现印发给你们，请结合实际认真贯彻落实。

北京市人民政府办公厅

二〇一四年六月十六日

附件：

北京市电动汽车推广应用行动计划（2014—2017年）

为深入贯彻落实国家《大气污染防治行动计划》和《北京市2013—2017年清洁空气行动计划》，切实做好电动汽车推广应用工作，努力实现北京市大气污染防治目标，特制定本计划。

一、总体要求

紧紧围绕首都城市战略定位，坚持市场导向和政府推动相结合，以政策服务创新为牵引，以重点应用示范为突破,以市场全面开放为动力,以基础设施建设为支撑,在公共领域率先示范,兼顾有序培育私家电动汽车市场,营造全社会共同关注创新、共同支持减排的良好氛围,努力将北京建设成为电动汽车全国示范应用的新标杆、应用规模全球领先的新高地。

一是着力推进政策服务创新。将推广应用电动汽车的政策从购车环节向用车环节延伸,覆盖购车、用车、基础设施建设及运营、服务保障等全链条。鼓励各类金融机构开发金融产品,全面参与电动汽车推广应用。

二是着力推进重点应用示范。聚焦示范效应突出、节能减排效果明显、应用模式相对成熟的细分市场,大领域以点带面,小行业集中突破,加大在公交、出租、公务车领域的推广力度,引导和带动单位及个人购买使用电动汽车。

三是着力推进市场全面开放。立足纯电驱动,坚持以市场为导向,在产品准入、基础设施建设及运营等全面开放,突出质量与服务并重,强化企业主体责任。

四是着力基础设施建设。坚持公用充电桩以快充补电为主、自用充电桩以慢充为主的原则,适度超前布局,充分发挥政府规划引导作用,吸引社会力量全面参与,推动形成市场化的建设、运营、管理机制,建成较为完善的充电设施服务网络。

二、重点任务及责任分工

(一)坚定不移推进公交电动化

将电驱动公交车的推广应用与交通体系深化改革相结合,使技术创新与商业模式创新相协调,因线制宜,实现换电、场站集中充电、在线充电、停靠站分散补电等多种供电模式的有机协同和车辆、供电、营运之间的有效匹配。以公交电动化为突破口,聚焦主要线路和重点区域,大力推进公交电动化。2014 年,投运电驱动公交车不低于 900 辆。到 2017 年,投运电驱动公交车不低于 4500 辆。

1. 推进重点公交线路电动化。长安街沿线、三环路环线等重点公交线路全部采用电驱动公交车。2014 年在重点公交线路上投运电驱动公交车 700 辆。

牵头单位:市交通委

责任单位:市发展改革委、市规划委、北京市电力公司

2. 实现全部城市快速公交线路(BRT)电动化。将现有 4 条城市快速公交线路全部更新为电驱动公交车。2014 年重点启动南中轴快速公交线路首批 40 辆电驱动公交车的更新工作。

牵头单位:市交通委

责任单位:市发展改革委、市规划委

3. 实现全部轨道交通接驳微循环线路电动化。现有及新增轨道交通接驳微循环线路全部采用电驱动公交车。2014 年重点在 6 条以上微循环线路投运电驱动公交车不低于 100 辆。

牵头单位:市交通委

责任单位:市发展改革委、市规划委、北京市电力公司

4. 推动新城城区主要公交线路电动化。新城城区内主要公交线路全部采用电驱动公交车。2014 年重点在怀柔亚太经济合作组织会议会址、亦庄新城、昌平未来科技城等的主要公交线路投运电驱动公交车 60 辆。

牵头单位:市交通委

责任单位:北京市电力公司、门头沟区政府、房山区政府、通州区政府、顺义区政府、昌平区政府、大兴区政府、平谷区政府、怀柔区政府、密云县政府、延庆县政府、北京经济技术开发区管委会

5. 推动机场运营车辆电动化。首都机场更新或新增各类运营车辆、摆渡等旅客保障车辆全部

采用纯电动汽车。2014 年完成首批电动汽车示范运行，规划建设配套充电站。

牵头单位：首都机场集团公司

责任单位：市经济信息化委、市环保局、北京市电力公司

（二）大力推进电动汽车在出租行业的应用

6. 加大市区出租车采用电动汽车力度。市区内新增出租车全部采用电动汽车；加快研究出台出租车辆更新为电动出租车的鼓励政策，推动存量出租车辆有序更新为电动汽车。

牵头单位：市交通委

责任单位：市发展改革委、市规划委、北京市电力公司

7. 10 个郊区县区域出租车全部采用电动汽车。各区县要加快充电站选址建设，完善快速充电网络。

牵头单位：市交通委

责任单位：北京市电力公司、门头沟区政府、房山区政府、通州区政府、顺义区政府、昌平区政府、大兴区政府、平谷区政府、怀柔区政府、密云县政府、延庆县政府

（三）加快推进电动汽车分时租赁示范应用

8. 开展电动汽车分时租赁示范运行。建设电动汽车分时租赁网络，使其成为城市多层次交通体系的组成部分。

牵头单位：市交通委

责任单位：市科委、市发展改革委、市规划委、北京市电力公司

（四）全力推进末端物流电动化

9. 打造绿色末端物流配送体系。适应电子商务快速发展需要，聚焦末端物流配送，在邮政快递、电子商务末端物流等领域推广应用电动物流车。

牵头单位：市商务委、市交通委、市邮政管理局

（五）坚决推进公务车示范应用

10. 推动公务用车率先采用电动汽车。新增的公务车、具备更新条件的公务车、党政机关机要通讯车原则上均采用电动汽车。参照《北京市居住公共服务设施规划设计指标》要求，在本市党政机关和企事业单位现有公共停车位建设一定比例的充电桩，专门用于电动汽车的充电和停车。

牵头单位：市财政局

责任单位：市发展改革委

（六）持续推进电动环卫车示范运行

11. 推进环卫车电动化进程。确保已投运的环卫车满负荷运营。全力推进已采购的电动环卫车投入运营。新增环卫车中电动环卫车比例要超过 50%。

牵头单位：市市政市容委

责任单位：各区县政府

（七）有序推进单位及个人购买使用电动汽车

12. 鼓励单位及个人购买使用电动汽车。在基础设施不断完善、市场能够支撑的情况下，提供 17 万辆电动小客车指标。2014 年完成 2 万辆电动小客车指标配置，争取出台有关政策鼓励老旧机动车更新为电动汽车。

牵头单位：市科委

责任单位：市经济信息化委、市交通委、市财政局、市环保局

（八）统筹推进基础设施建设

13. 加大公共领域充换电站建设力度。在公交领域，建设大型充换电站 3 座；对直充式电驱动

公交车、增程式公交车分别按照不低于2:1、10:1的车桩比建设快速充电桩。在出租领域，对市区电动出租车按照不低于3:1的车桩比建设快速充电桩；对区域电动出租车分别按照不低于1:1、5:1的车桩比建设交流充电桩、快速充电桩；同时在出租企业建设慢充桩。2014年力争完成小营公交车充换电站建设，启动通州土桥和昌平未来科技城公交车充换电站建设，推进电动出租车充电设施建设。

牵头单位：市发展改革委

责任单位：市交通委、市规划委、各区县政府、北京市电力公司

14. 全面建成较为完善的公用充电服务网络。在社会公共停车场、交通枢纽停车场（含P+R）、大型商超停车场、高速公路服务区、电动汽车专业销售（4S）店、具备条件的加油站等建设10000个快速充电桩。全面调动社会力量参与基础设施建设的积极性，加快推动形成基础设施建设、运营、管理的市场化机制。研究推进建设京津冀一体化充电服务网络。2014年重点研究制定在首都机场、南苑机场、北京站、北京南站、北京西站等大型交通枢纽，以及公共停车场、高速公路服务区等公共场所充电设施配建规范，完成1000个快速充电桩建设，在五环内初步建成5公里半径快速充电网络。

牵头单位：市发展改革委

责任单位：市交通委、市规划委、市商务委、北京市电力公司

15. 推进单位及个人自用充电桩建设。2014年，市发展改革委发布实施《北京市示范应用新能源小客车自用充电设施建设管理细则》，做到流程清晰、标准明确、方便快捷、规范有序；市规划委发布实施《北京市居住公共服务设施规划设计指标》，明确新建及改建建筑要按照不低于18%的停车位比例配建充电设施，并将此作为规划审批条件；市住房城乡建设委发布《关于推进既有居住区新能源小客车自用充电设施安装的通知》，明确既有居住区内用户、物业、充电设施建设单位等各方的权利和义务，要求协调配合推进充电设施建设。

牵头单位：市发展改革委、市规划委、市住房城乡建设委

责任单位：市科委、北京市电力公司

（九）统筹政策形成合力

16. 发挥政策叠加效应。在发布实施《北京市示范应用新能源小客车管理办法》及相关细则、《北京市纯电动汽车示范推广市级补助暂行办法》的基础上，将政策从购车环节向用车环节延伸，在购车、用车、基础设施建设及运营、服务保障等环节实现全覆盖。

在购车环节，邮政、物流等企业购买的纯电动专用车，按照国家标准1:1比例给予市级财政补贴，并支持电动客车在单位班车、旅游客车等方面开展示范运行。在用车环节，积极研究差异化停车费、电动物流车优先配置货车通行证等政策。在基础设施方面，研究制定加快充电设施建设和有效运营的相关政策。同时，积极争取国家相关政策支持，申请在本市开展先行先试政策试点。

牵头单位：市发展改革委、市财政局、市公安局交通管理局

责任单位：市科委、北京市电力公司

三、保障措施

（一）完善工作协调机制

充分发挥新能源汽车联席会议制度的作用。新能源汽车联席会议负责计划制定、政策及资金统筹、重大事项协调等工作，牵头单位负责制定具体工作方案并组织推进，责任单位按部门职能分工及属地管理原则认真落实。市科委负责组织协调、及时汇报工作进展，并适时提请联席会议协调解决重大事项；市发展改革委牵头成立专项工作小组，统筹推进基础设施建设；市环保局加强对重

点应用领域机动车排放情况的检查监督；市质监局加强对车辆安全运营监管。

（二）加强资金和用地保障

在资金保障方面，全面落实市级购车财政补贴和基础设施建设财政补贴，积极争取国家财政补贴。在用地保障方面，盘活存量，用好增量，保障充换电站建设的用地需求。研究设立新能源汽车碳交易基金，推动在本市运行的电动汽车整体参加碳交易。

（三）加大科技创新支撑

持续加大科技创新及产业化力度，引导产学研用紧密合作，重点提升动力电池、驱动电机、整车电控等关键核心技术水平，支持新型动力电池开发，加强共性技术平台的建设。积极发展车联网技术，将电动汽车打造成移动智能终端，实现车人、车车、车路、车网等交互，推动电动汽车和大数据平台有机融合，实现车辆智能化、交通智慧化和信息动态化。

（四）鼓励商业模式创新

通过融资租赁等方式，加快在公交、出租等领域大规模应用电动汽车。在完善贷款贴息、电池租赁政策的基础上，积极探索公私合营（PPP）等模式，通过共享油电差价等机制，鼓励社会资本参与充电设施建设与运营、车辆购买与维护。引导设立电动汽车发展基金，鼓励充换电设施建设运营单位实行有偿服务，推动形成车位所有者、基础设施建设者和运营管理者等多方共赢的运营模式。

四、全社会共同参与

（一）强化企业主体责任

1. 整车企业全面保障产品质量和服务。整车产品须满足低温运行等地域性特征要求。整车企业负责对废旧动力电池回收处理；建立车辆运行保障体系，重点对车辆安全运营信息进行监控，并实现实时故障预警；建设一定规模的充电设施并承诺对社会开放。

2. 电力部门全面推进基础设施建设。开辟绿色通道，进一步优化报装验收流程；完善智能充换电服务管理平台，满足公众预约、查询、结算等使用需求；加快在社会停车场、交通枢纽建设快充服务网络。

3. 物业管理单位全面参与充电桩建设运营。小区物业管理单位、业主委员会等应支持具备条件的单位或个人开展自用充电桩建设；具备条件的社会停车场应建设一定比例的充电桩向社会开放，并按照相关规定收取服务费用。

4. 公用企事业单位全面开展电动汽车示范运行。全市范围内的公交、出租、环卫、邮政物流等公用企事业单位，应成为推广电动汽车应用的重要示范载体，率先推广应用电动汽车，积极探索创新运营机制和商业模式。

（二）倡导公众全面参与

公务人员率先使用电动汽车，自觉成为电动汽车推广应用的推动者。倡导电动汽车行业从业人员身体力行，自觉成为电动汽车理念的传播者。倡导广大市民积极参与电动汽车推广应用活动，成为电动汽车推广的践行者。

（三）加大宣传监督力度

新闻媒体进行全方位、多层次、宽视角的科普宣传，切实增进社会公众认知程度，营造易于接受、乐于使用电动汽车的良好环境。重点加大政策宣传力度，通过专家解读、专题报道、典型案例等形式进行宣传报道，使公众清晰、消费者明晰、执行者熟悉。强化舆论监督作用，重点关注产品质量、服务保障、设施建设等关键环节，共同维护电动汽车良好的发展态势和局面。

北京市《关于推进物业管理区域新能源小客车自用充电设施安装的通知》

京建发〔2014〕238号

各相关单位：

为贯彻落实《北京市大气污染防治条例》和《北京市示范应用新能源小客车管理办法》，推动本市新能源小客车发展，现就推进新能源小客车自用充电设施安装有关事项通知如下。

一、本市物业服务企业应当积极支持和配合新能源小客车自用充电设施的安装。

二、安装自用充电设施的单位应当具有机电安装资质或电力总承包资质。

三、安装单位应当妥善保护小区内共用部位和共用设施，造成破损的应当及时修复。

四、物业服务企业应当配合做好下列工作，不得借机收取费用。

（一）指定专人配合新能源小客车生产企业和属地供电公司勘查现场。

（二）提供相关图纸或指认停车区域内电源位置及暗埋管线的走向。

（三）配合安装单位现场施工。

（四）配合办理用电变更手续。

五、自用充电设施由所有权人负责后期维护。租赁车位到期或不再使用充电设施的，所有权人应当负责拆除。

六、物业服务企业不配合安装自用充电设施，或向购车人和安装单位收取额外费用的，由各区县住房城乡建设委、房屋管理局责令改正，并可依照《北京市物业服务企业信用信息管理办法》（京建发〔2010〕658号）规定，对物业服务企业和项目负责人分别记1分。情节严重的，将予以公开曝光。市住房城乡建设委投诉受理邮箱：bjwyjb@163.com。

七、安装新能源小客车自用充电设施应不破坏人民防空地下室战时防护功能。在人民防空地下室安装新能源小客车自用充电设施，应由人民防空地下室管理使用单位报告属地区县民防主管部门。

八、本通知自2014年8月1日之日起实施。

北京市住房和城乡建设委员会 北京市发展和改革委员会

北京市科学技术委员会 北京市民防局

二〇一四年七月一日

关于印发《中关村国家自主创新示范区支持企业国际化发展行动计划(2013—2015年)》的通知

各相关单位:

《中关村国家自主创新示范区支持企业国际化发展行动计划(2013—2015年)》已经中关村示范区领导小组第十七次会议审议通过,现印发给你们,请认真贯彻实施。

中关村国家自主创新示范区领导小组

二〇一四年一月十三日

附件:

中关村国家自主创新示范区支持企业国际化发展行动计划(2013—2015年)

为贯彻落实《中共中央国务院关于深化科技体制改革 加快国家创新体系建设的意见》(中发〔2012〕6号)和《国务院关于印发〈国家中长期科学和技术发展规划纲要(2006—2020年)〉的通知》(国发〔2005〕44号)、《国务院关于同意支持中关村科技园区建设国家自主创新示范区的批复》(国函〔2009〕28号)、《国务院关于中关村国家自主创新示范区发展规划纲要(2011—2020)的批复》(国函〔2011〕12号)、《国务院关于同意调整中关村国家自主创新示范区空间规模和布局的批复》(国函〔2012〕168号),以及《中关村国家自主创新示范区条例》精神,增强中关村国家自主创新示范区(以下简称"中关村示范区")企业国际竞争力,加快建设具有全球影响力的科技创新中心,现提出以下行动计划。

一、总体思路和发展目标

(一)总体思路

坚持政府引导与发挥市场作用相结合,坚持"引进来"与"走出去"相结合,以全面提升企业参与全球科技与产业资源配置能力,抢占产业价值链的高端环节为目标,以服务和推进企业国际化发展为核心,支持企业开展国际研发合作,开拓国际市场。充分发挥中关村示范区示范引领、聚集辐射作用,围绕中关村战略性新兴产业集群创新引领工程(以下简称"641"工程),做强做大一批具有全球竞争力的企业,提升中关村示范区在全球产业链和创新链中的地位和话语权,为建设具有全球影响力的科技创新中心奠定坚实基础。

（二）发展目标

到2015年，中关村示范区企业通过《专利合作条约》（PCT）或《巴黎公约》途径提交的国际专利年度申请量由2012年的1736件增至2500件以上；拥有海外收入的亿元以上企业由2012年的1900家增至2500家以上；在海外设立分支机构的企业由2012年的320家增至600家以上；企业年度出口总额由2012年的261.7亿美元增至300亿美元以上。

二、重点任务

（一）促进企业全球技术协同创新

1. 支持企业在全球布局研发中心开展国际合作

支持中关村示范区企业在美国、芬兰、法国、以色列、日本、韩国、新加坡、中国香港、中国台湾等科技发达国家和地区，通过自建、并购、合资、参股、租赁等多种方式建立海外研发中心、实验室，开展关键核心技术研发和产业化应用研究，利用中央、北京市的对外经济合作专项资金和中关村国际化发展专项资金给予房租补贴。

推动中关村示范区企业与哈佛大学、麻省理工学院、剑桥大学、牛津大学等国际知名高校，以及劳伦斯伯克利国家实验室、斯坦福杰贝里先进材料实验室、以色列威兹曼科学院等境外知名研究机构建立研发合作关系。支持企业参与麻省理工学院产业联盟计划、欧盟“未来新兴技术旗舰计划”等项目。

推动中关村示范区企业依托在京各类国家级及地方实验室、工程中心，开展国际产学研合作。重点支持企业和实验室与欧洲创新驿站、芬兰信息通信技术科学与创新战略中心（DIGILE）等国际产学研合作组织开展交流与合作；支持企业通过中关村开放实验室平台与国际知名实验室开展检测认证、技术攻关、联合研发、科技成果转化等合作。

支持下一代互联网、移动互联网和新一代移动通信、节能环保、卫星应用、生物医药、集成电路、新材料等重点领域企业与世界500强企业开展实质性合作，对在中关村示范区落地的产业化合作项目予以优先支持。

2. 打造全球技术转移枢纽

通过吸引国际知名高校技术转移办公室、国际技术转移促进和服务机构在中关村示范区设立分支机构，建设全球技术转移枢纽，为中关村示范区企业引进跨国技术转移项目，进行自主技术海外推广搭建平台。

发挥国际技术转移中心作用，吸引英国牛津大学Isis创新公司、美国斯坦福大学技术许可办公室、德国史太白技术转移中心（STW）等技术转移促进、服务机构在中关村示范区设立分支机构。支持中关村示范区企业参与建设技术转移平台，利用平台发掘引进行业领先的重大科技成果。

3. 支持企业参与国际标准制定

支持中关村示范区企业、产业联盟参与或主导创制国际标准，重点扶持企业、产业联盟在“641”工程重点领域内创制一批具有一定技术主导权的国际标准并在海外推广应用；支持企业、产业联盟承担国际标准化组织（技术委员会、分技术委员会和工作组）相关工作，逐步掌握重要技术领域的话语权；推动检验检测和认证的国际互认，促进标准检测认证机构国际化发展。

引导和促进中关村示范区企业加强国际交流与合作，推动中关村示范区与国际标准组织的战略合作，吸引国际标准组织及其技术机构入驻。重点引进一批国际型、复合型标准化人才，加强标准化国际人才的培养。

4. 支持知识产权机构和标准检测认证机构为企业提供服务

支持知识产权服务机构为中关村示范区企业进行全球知识产权布局提供服务；支持企业向服

务机构购买知识产权检索、分析、交易和运营等高端服务；支持企业通过多种途径进行国际专利申请、授权、商标注册及向海外输出版权。

吸引知识产权、标准检测认证等国际、国内高端专业服务机构、公益服务机构在“知识产权和标准一条街”聚集发展。

支持知识产权和标准检测认证服务机构搭建战略性新兴产业知识产权综合服务平台、标准检测认证公共服务平台。鼓励服务机构创新服务模式，提升服务水平，为中关村示范区企业提供多层次、高水平专业服务，打造全球知识产权和技术标准创造、运用和交易聚集区，培育服务机构知名品牌。

支持中关村示范区企业和服务机构建立实时高效的知识产权侵权预警和风险防范机制，规避企业在海外开展经营的知识产权风险，对企业在海外遇到的知识产权纠纷提供法律援助。

5. 支持企业和高技术服务机构参与平台建设

落实服务外贸示范基地支持政策，发挥服务外包公共平台建设资金作用，对企业参与建设中关村示范区服务外包公共技术服务平台、公共信息服务平台、公共培训服务平台所需设备配置、运营及维护等费用给予资金支持。

6. 吸引跨国公司、国际组织及联盟落户中关村示范区

贯彻落实国家关于吸引跨国公司、国际组织及联盟落户中关村示范区的相关优惠政策，鼓励跨国公司、国际组织及联盟利用其海外资源，协助中关村示范区企业开拓国际化发展渠道、增强国际话语权和规则制定权。支持企业在中关村示范区发起成立国际性行业协会、产业联盟。支持国际半导体照明联盟（ISA）、国际垃圾处理产业发展联盟、国际焊接和表面技术联合会等机构的发展。

按照商务部和北京市商务委有关政策，开展新设外资企业合同、章程格式化审批等试点工作。支持跨国公司在中关村示范区内设立研发中心、结算中心、采购中心、营销中心、数据中心等功能性机构，提升现有上述机构层级。支持跨国公司通过多种方式与中关村示范区企业开展合作，在京转化研发成果，促进示范区战略性新兴产业高端化发展。

7. 面向全球征集创新思想和项目

支持中关村示范区企业举办中关村—硅谷创新创业大赛等国际创业大赛、原创思想大赛、解决方案竞赛，面向全球征集科技原创思想、解决方案，发掘创业项目，推动项目在中关村示范区产业化。

（二）强化科技金融服务支撑

8. 完善支持企业“走出去”信用保险服务

加强与中国出口信用保险公司合作机制建设，发挥信用保险的风险保障、融资推动、财务规划和市场拓展功能，鼓励中关村示范区企业在进行货物和服务出口、境外投资时，投保短期、中长期出口信用保险和境外投资保险，重点加强对企业技术输出的支持服务。鼓励保险公司为企业建立快速审批通道，实行优惠保险费率，政府相关部门对企业保费给予一定的资金支持。

9. 加强对企业跨境贸易和投资的信贷支持

加强与中国进出口银行等政策性银行，以及国家开发银行等金融机构合作，构建出口买方信贷、出口卖方信贷、进口信贷、境外投资贷款等信贷支持体系，拓宽中关村示范区企业融资渠道，支持企业开拓国际市场。鼓励商业银行为企业提供境外并购贷款。鼓励符合条件的企业按照规定通过发行企业债券、信托计划、中期票据、中小企业私募债等新型债务融资工具进行境外投资和并购，对企业发生的融资费用给予一定的资金支持。

10. 支持企业借助国际资本市场做强做大

加强与纳斯达克证券交易所、纽约证券交易所、香港证券交易所等境外资本市场，以及境外金

融机构和中介机构的交流合作。支持中关村示范区企业在境外资本市场上市，对企业境外上市发生的中介费用给予资金支持。

11. 支持企业开展境外投资和并购

加强支持中关村示范区企业境外并购的综合金融服务。建立中介机构与企业的长效沟通机制，与一批境内外知名机构建立合作伙伴关系，为企业提供并购咨询、培训和辅导。对企业境外并购时发生的法律、财务等中介服务费用，根据并购类型、交易额给予资金支持。建立企业境外并购项目信息数据库，为企业提供项目来源等信息。

利用重大科技成果产业化项目全市统筹资金优先支持中关村示范区企业将境外并购获取的关键技术在中关村示范区实现转化和产业化。

12. 大力吸引境外资本

支持境外创业投资机构在中关村示范区设立和发展。落实北京市关于股权投资基金及其管理企业做好利用外资工作试点的政策措施，简化外资股权投资基金结汇流程。发挥政府引导资金作用，探索通过股权投资、人才引进及产业化载体相结合的国际技术转移新模式，推动国际重大技术成果在中关村示范区转化和产业化。支持中关村发展集团与社会机构合作，在境外发起设立中关村企业境外投资和并购引导资金，为中关村示范区企业境外投资和并购提供资金支持。

13. 积极争取在中关村示范区开展企业境外投资和并购管理政策创新试点

积极争取国家发展改革委、商务部简化企业境外并购核准程序，争取对中关村示范区企业实施境外并购重组，由事前核准改为事后备案。积极争取中国证监会增加境内上市公司进行境外投资和并购的收购及支付方式，简化审核流程，优化信息披露要求。

14. 在中关村示范区开展外汇管理改革试点工作

积极争取国家外汇管理局在中关村示范区开展外汇管理制度创新试点，在资金统一运营、跨境往来、轧差结算、外汇资金池资金融通、外债指标限制政策等多方面对企业进行支持，推动中关村示范区企业外汇资金集约化、便利化管理。对企业核定外汇使用额度，允许企业在外汇额度范围内先使用后登记。争取北京市委、市政府及相关部门的支持，配合国家外汇管理局北京外汇管理部开展试点工作。

（三）支持企业引进国际高端人才和原创技术

15. 绘制全球顶尖技术和团队分布图

围绕“641”工程产业链高端环节和重点要素，在全球范围内搜集具有行业领先水平、掌握前沿技术的人才和团队信息，绘制全球顶尖技术和团队分布图。向中关村示范区企业发布分布图信息，支持企业在全球范围内发掘可实现的、有商业价值的创新技术成果，引进行业领先的重大科技项目，实现在中关村示范区商业化运作、产业化落地和集群化发展，提高产业原始创新和集成创新能力，抢占产业创新链和价值链的高端环节。

16. 发挥各类机构作用，引进海外技术人才团队

充分发挥领军人才的带动作用和中关村示范区企业、大学、科研院所的吸附效应，通过天使投资、风险投资等各类创业投资机构，以及中央部委、驻外机构“选才”“引才”“荐才”，支持海外人才（团队）到中关村示范区创办科技型企业，鼓励海外高层次人才（团队）申报国家“千人计划”、北京市“海聚工程”等项目。对于当年入选国家“千人计划”、北京市“海聚工程”创业类的海归人才，按照中关村“高聚工程”支持标准，给予其所创办企业资金支持。

17. 推动实施“雏鹰人才工程”，构建多层次科技人才支撑体系

围绕“641”工程的关键核心环节，与相关区县政府、著名高校、大型企业或中介组织等机构共同建设一批“雏鹰人才创业基地”。发挥市场机制引才作用，积极在全球范围内吸引和延揽优秀人

才到中关村创新创业，形成中关村海归人员、海内外优秀人才、高端领军人才等系列人才培养扶持体系，推动多层次科技人才向企业集聚。

18. 制定专项政策引进前沿性和原创性人才团队

制定实施《中关村高端产业集群创新团队专项支持计划》，充分发挥区县政府及中关村发展集团的积极作用，通过提供资金支持、办理海外人才引进等方式支持海外高端人才团队快速落地。

面向来京从事前沿性和原创性项目研究、在“641”工程领域推动重大项目转化的国际高端人才及其团队，提供代建厂房、办公用房和人才服务等方面的特殊支持政策。

19. 支持领军企业创办聚集全球高端人才的研发机构

支持中关村示范区企业在全球范围内吸引、储备和培养科技和产业人才，在发达国家和地区设立研发机构，吸引包括外籍人才在内的高端人才，打造世界顶尖的专家研发团队，整合全球人才资源，构建高效的研发协同创新体系。

20. 支持海外高层次人才(团队)承担重大示范应用项目

围绕“641”工程，鼓励拥有海外高层次人才(团队)的中关村示范区企业承担重大示范应用项目。与国家留学基金委等有关部门合作，联合设置科研项目奖学金，支持公派留学生围绕国内重大示范应用项目在海外开展课题研究，并协助其与国内企业建立联系与合作。

21. 营造海外高层次人才(团队)和外国专家创新创业的良好环境

加大对海外高层次人才在中关村示范区创办企业的税收优惠、知识产权质押融资、股权激励、政府采购等扶持政策的落实力度。

简化高层次人才创业境外融资程序，推动出台《中关村国家自主创新示范区内特殊人才返程并购审批管理试行办法》。

支持海外高层次人才(团队)和外国专家享受人才特区关于居留与出入境、落户与国籍变更、配偶安置、子女就学、医疗、住房、税收和股权奖励等各项特殊政策。

22. 发挥中关村海外联络处的作用

充分发挥中关村示范区驻硅谷、纽约、多伦多、东京、伦敦、慕尼黑、悉尼、赫尔辛基、布鲁塞尔及中国台北联络处的作用，围绕“641”产业的核心领域和关键环节，为中关村示范区企业提供人才、技术、市场等多方面的资源对接支持，鼓励企业用好境内境外两个市场、两方面的资源。

(四)营造企业国际化创新创业环境

23. 积极争取在中关村示范区建立高新技术企业保税仓库

结合中关村示范区各分园的产业定位和空间布局情况，联合北京海关建立一批高新技术企业保税仓库，为中关村示范区企业开展国际化业务和办理货物进出口提供便利。

24. 支持企业与国际高端资源对接

加强与国际科技园区、外国驻华使馆、外国商会和协会，以及我驻外使馆合作，协助中关村示范区企业掌握全球产业发展趋势和市场动态。深化与国际科技园区协会(IASP)的合作，依托国际科技园区，组织开展企业双向对接。

支持行业协会、产业联盟等相关机构组织中关村示范区企业参与国际市场考察、项目推介等对接活动。推动成立中关村企业国际化发展联盟，建立信息和市场资源共享渠道，支持联盟以集群方式，组织产业链上下游企业联合开拓国际市场。

支持中关村示范区“双自主企业”(拥有自主品牌和自主知识产权的企业)参照 ISO10668 国际标准开展品牌建设，提升品牌价值，开拓国际市场。对“双自主企业”承接、参与国家对外援助项目，建立境外销售分支机构、生产加工基地等给予资金支持。对“双自主企业”参与境外展会、企业管理体系认证、各类产品认证、境外广告、国际市场宣传推介、国际电子商务、国际市场考察等活动给予资金支持。

推动设立促进服务贸易类企业开拓国际市场的综合性资金支持政策。

25. 支持企业参加国际组织与活动

利用中关村示范区国际化发展专项资金，支持中关村示范区企业参与和举办具有国际影响力的科技类产业论坛、会展和学术活动。将高德纳(Gartner)服务外包峰会等高端国际展会活动引入中关村示范区，吸引世界500强企业及国内服务外包企业在中关村示范区直接洽谈交易。

26. 支持优秀孵化器开展国际化业务

支持中关村示范区企业、创业孵化机构借鉴中关村瀚海硅谷孵化器、中发展集团渥太华孵化器模式，在美国硅谷、加拿大多伦多、以色列等地自建、收购或与境外孵化机构合作建设国际孵化器，发掘筛选海外原创技术和项目，引进国外创业团队。

27. 支持国际孵化机构在中关村示范区开展业务

充分发挥中关村—以色列国际技术创新合作转移中心、芬华创新中心的作用，加快瑞士中心等科技孵化机构的引进，吸引境外中小型高科技企业落户中关村示范区，实现产业化。

支持中关村示范区企业与国际知名孵化器机构开展合作，吸引美国天使投资联盟(Keiretsu Forum)、美国Plug and Play、500Startups、QB3(California Institute for Quantitative Biosciences)、以色列The time等国际知名孵化器和投资机构在中关村示范区开展业务，引入先进的孵化理念、创新资源、创业人才和原创技术，提升中关村示范区吸纳全球高端创业项目和团队的能力。

28. 打造中关村国际化大讲堂培训体系

定期举办企业国际化专题讲座，重点培训国际贸易规则、国际知识产权保护、目标国投资环境、国际标准、专利、法律法规、会计准则等内容，提升中关村示范区企业国际化业务能力。

支持中关村示范区各分园管委会、行业协会、产业技术联盟等机构邀请国际知名企业家、风险投资人、行业专家在中关村示范区举办讲座、论坛等活动。

29. 建立企业国际化数据库

建立中关村示范区企业国际化指标统计和工作体系，以“十百千工程”“瞪羚计划”和“金种子工程”企业为重点，收集企业国际化相关数据，分析、评价企业在海外销售、设立分支机构、海外并购、技术和产品出口、标准检测认证等方面的情况，完善国际化政策和工作机制，为企业开展国际业务提供信息服务。

30. 加强企业国际形象宣传

拓宽中关村示范区企业与境外主流媒体的沟通渠道，主动提供采访线索和信息，组织邀请境外媒体参观、采访，促进对中关村示范区及企业创新创业成果的宣传报道。

发挥中关村示范区驻硅谷、纽约、伦敦、慕尼黑等联络处的桥梁作用，提升中关村示范区的品牌和国际化形象。开展与国际品牌组织的合作交流，鼓励和支持中关村示范区企业参加国际品牌交流与促进的相关活动，探索、创新有效的品牌国际传播渠道和策略。

三、保障机制

(一)加强组织领导

充分发挥中关村国家自主创新示范区部际协调小组的作用，研究解决企业在国际化发展中的重大问题。

发挥中关村国家自主创新示范区领导小组的作用，落实国际化工作的责任，细化政策措施，推动行动计划实施。

（二）加强统筹协调

充分发挥中关村创新平台的作用，完善部市会商机制，通过联席会议、专项工作小组等形式，加强国家和市级有关部门的沟通衔接，重点支持科技金融、海外投资与并购、企业引进国际高端人才和技术等方面的政策创新、机制创新。

（三）强化资金支持

整合中关村示范区现有国际化相关政策资源，积极争取国家和北京市设立的各项国际化资金的支持。

创新资金使用模式，支持以企业为主体开展的国际化工作，支持行业协会、产业联盟、专业园、大学科技园、留学生创业园、孵化器等各类机构为企业国际化发展提供服务。

（四）明确职责定位

在中关村创新平台统一协调下，中关村示范区各分园应根据各自发展特点，搭建国际化工作平台，形成各具特色、各有侧重的示范区企业国际化工作推进网络，面向企业开展服务。针对企业发展需要设定专职或专人，组织实施推进企业国际化发展的具体项目。

关于印发《中关村国家自主创新示范区产业发展资金管理办法》的通知

各有关单位：

《中关村国家自主创新示范区产业发展资金管理办法》已经我委2013年第27次主任办公会审议通过。现予以印发，请遵照执行。

中关村科技园区管理委员会

二○一四年二月二十八日

附件：

中关村国家自主创新示范区产业发展资金管理办法

第一章 总 则

第一条 为加快推动科技创新与经济社会发展紧密结合，营造中关村国家自主创新示范区（以下简称“中关村示范区”）良好的创新创业生态环境，进一步促进中关村战略性新兴产业发展，培育2～3个具有技术主导权的产业集群，根据《北京市人民政府关于加快建设中关村科学城的若干意见》（京政发〔2011〕14号）、《中关村国家自主创新示范区发展专项资金管理办法》（京财文〔2011〕2858号）和《中关村战略性新兴产业集群创新引领工程（2013—2015年）》（中示区组发〔2012〕2号）等有关规定，特制定本办法。

第二条 本办法支持对象包括中关村示范区“641”产业领域创新性强和成长性好的高新技术企业、“十百千工程”企业、产业技术联盟及其成员单位、中关村科学城高校院所建设的新型产业技术研究院、特色产业园以及应用中关村创新成果的相关单位。

第三条 本资金从中关村示范区发展专项资金中列支，并按照年度预算进行安排。

第二章 支持内容

第四条 支持企业、产业技术联盟围绕产业链关键环节开展重大前沿、原创技术的研发、引进转化及产业化，支持资金不超过项目总投资额的30%；单个项目支持资金最高不超过1000万元。

第五条 支持企业、产业技术联盟围绕首都经济社会发展重大需求，联合高校院所等有关单位共同开展关键、共性技术研发和产业化。对达到国际先进水平、能够替代进口、产业带动性强的重大研发产业化和系统应用项目，支持资金不超过项目总投资额的30%；单个项目支持资金最高不超过500万元。

第六条 支持中关村科学城重点高校院所与“641”产业领军企业、产业技术联盟、知识产权运营公司或代理公司等共同设立重大科技成果转化基金，通过市场化的创新成果转化模式，促进高校院所重大科技成果在中关村转化和产业化。每家成果转化基金的资本总额应不低于5000万元，给予不超过基金资本总额30%的引导资金支持。

第七条 支持行业领军企业、产业技术联盟等设立“641”产业投资基金，采用市场化运营和激励机制，投资中关村示范区重大产业化项目。每家产业投资基金的资本总额应不低于1亿元，给予不超过基金资本总额30%的引导资金支持。

第八条 支持企业不断开展技术创新、产品创新和服务创新。

（一）对于新技术新产品（服务）和首台（套）重大技术装备试验、示范项目给予保险费支持，支持比例不超过所投险种保险费的90%；对同一企业在同一年度的支持金额累计不超过100万元。

（二）对提供新技术新产品（服务）的中关村示范区企业以及应用中关村示范区创新成果的相

关单位给予资金支持，支持金额不超过项目总投资额的20%；单个项目支持金额最高不超过500万元。对于特别重大项目，支持金额不超过项目总投资额的30%；单个项目年度支持金额最高不超过1000万元。

第九条 支持产业技术联盟围绕首都生态文明建设、智慧城市管理和重大民生需求，组织联盟中的行业领军企业牵头，联合产业链上下游企业、高校院所等相关单位共同策划实施重大应用示范项目，支持资金不超过项目总投资额或合同金额的20%；单个项目支持金额最高不超过500万元。

第十条 支持产业技术联盟建设科技基础设施和共性技术服务平台，提升服务能力。对牵头筹建国家工程研究中心、国家工程技术研究中心、国家重点实验室等的产业技术联盟，在获得国家有关部门受理后，一次性给予不超过100万元的筹建经费支持。

第十一条 支持产业技术联盟组建专职工作团队，健全工作制度，开展协同创新、行业交流、市场推广、产业研究、政策咨询等服务，进一步增强自身凝聚力和行业话语权、公信力。对中关村产业促进发挥重要支撑作用、工作成效突出的产业技术联盟，按照评估情况分等级给予最高不超过80万元的资金支持。

第十二条 支持"十百千工程"企业加大研发投入。对上一年度研发投入强度达到6%，并实现收入快速增长的"十百千工程"企业，给予一定的资金支持。

（一）年收入在1000亿元（含）以上，近两年收入平均增长率达到10%以上的企业，给予不超过300万元资金支持。

（二）年收入在100至1000亿元（含100亿元），近两年收入平均增长率达到15%以上的企业，给予不超过200万元资金支持。

（三）年收入在10至100亿元（含10亿元），近两年收入平均增长率达到20%以上的企业，给予不超过100万元资金支持。

（四）年收入在10亿元以下，近两年收入平均增长率达到30%以上的企业，给予不超过50万元资金支持。

第十三条 支持企业做强做大，对于近两年研发投入增速达到10%，且收入规模首次达到1000亿元、500亿元、100亿元、50亿元、10亿元的企业，按照收入规模跨越的最高等级，一次性给予不超过500万元、300万元、200万元、100万元、50万元的资金支持。

第十四条 支持中关村科学城高校院所建设新型产业技术研究院及特色产业园，围绕引进高端领军人才及团队创办新企业、关键技术研发、与企业联合共建研发机构、设立科技成果转化投资基金、推动重大前沿科技成果转化和产业化等方面开展创新性工作，根据其资金投入、工作成效等情况，按照评估情况分等级给予最高不超过200万元的资金支持。

第十五条 落实市委、市政府及重大科技成果产业化项目审批联席会要求，围绕"641"产业发展前沿和重点领域，支持落户中关村示范区的重大产业化项目，给予不超过项目总投资30%的资金支持。

第三章　资金申请程序

第十六条 中关村科技园区管理委员会（以下简称"中关村管委会"）每年不定期开展产业发展资金的申请受理工作，具体通知将通过中关村示范区网站（www. zgc. gov. cn），或一区十六园、产业技术联盟、行业协会、投资孵化机构等工作渠道进行发布。

第十七条 申请产业发展资金支持的单位，应按照通知相关要求提供相应的申报材料和证明文件。

第十八条　中关村管委会或受托的专业机构对产业发展资金申报项目进行受理。中关村管委会负责组织申报资料的审查核验，并确定支持名单和金额。

第十九条　对企业或单位的同一项目不得通过多种方式重复支持；同一企业或单位同一年度累计获得产业发展资金支持额度不得超过1000万元。全市重大产业化项目以市委、市政府或重大科技成果产业化项目审批联席会审议通过的支持额度为准。

第四章　监督管理

第二十条　获得产业发展资金支持的单位应按国家相关会计制度进行账务处理，对资金单独核算，专款专用，接受中关村管委会的监督、检查和审计，并及时向中关村管委会汇报工作开展情况。项目承担单位要配合做好绩效评价、提交资金使用效益分析报告、项目验收、宣传、调研、报送信息、档案管理等工作。同时，获得产业发展资金支持的单位应按照中关村管委会的统一要求，配合做好本单位技术产品在中关村示范区展示中心的展示工作。

第二十一条　中关村管委会对产业发展资金的使用情况进行监督和检查。对资金使用中违反法律法规的行为，依据《中华人民共和国预算法》《中华人民共和国会计法》和《财政违法行为处罚处分条例》等规定进行处理处分。对于弄虚作假骗取支持资金的申报单位，除按以上规定处罚外，中关村管委会将在中关村示范区网站予以通报，追回已拨付资金，并不再受理其相关公共政策支持资金的申请，同时取消与该单位的合作关系。

第五章　附　　则

第二十二条　本办法由中关村管委会负责解释。

第二十三条　本办法自发布之日起实施。原《中关村科技园区产业发展资金管理办法》（中科园发〔2006〕29号）、《中关村国家自主创新示范区“十百千工程”专项资金管理办法》（中科园发〔2012〕26号）、《中关村国家自主创新示范区产业技术研究院支持资金管理办法（试行）》（中科园发〔2012〕31号）、《中关村国家自主创新示范区产业技术联盟专项资金管理办法》（中科园发〔2012〕60号）、《中关村国家自主创新示范区新技术新产品（服务）应用推广专项资金管理办法》（中科园发〔2012〕62号）同时废止。

关于开展中关村国家自主创新示范区高端领军人才专业技术资格评价工作的通知

京人社专技发〔2014〕45号

各区县人力社保局、科技园区管委会，各有关单位人才部门：

为加快中关村人才特区建设，进一步促进专业技术人才队伍发展，根据《中关村国家自主创新示范区高端领军人才专业技术资格评价办法》(京人社专技发〔2013〕180 号)规定,经研究,今年继续在中关村国家自主创新示范区一区十六园开展高端领军人才高级工程师(教授级)评价试点工作。现将有关事宜通知如下。

一、实施范围

在中关村国家自主创新示范区一区十六园园区内注册的企业中从事工程技术研发生产的专业技术人员。

二、申报条件

申报人员不受学历、资历、职称限制,不需参加职称外语和计算机应用能力考试,满足下列条件之一可直接申报我市高级工程师(教授级)专业技术资格。

(一)曾取得国家级人才表彰奖励。

(二)曾获得国家级科技奖项。

(三)曾担任国家级重大科技项目负责人。

(四)在自主创新和科技成果转化过程中取得突出成绩。

三、评价程序

(一)个人申请。符合参评条件人员可自主提出申请参加高端领军人才专业技术资格评价。

(二)企业申报。申报人员须由其所在企业向所属区域推荐委员会申报参评,并按要求组织申报材料。

(三)区域推荐。推荐委员会按照规定的推荐标准和推荐程序,在充分讨论的基础上,对申报人员的技术水平、工作能力和工作业绩进行审核、评议,采取票决制确定推荐人选,向市评审委员会提交推荐报告。推荐结果需由全体推荐委员会委员三分之二以上出席并参加投票方为有效,推荐人选需获得全体委员三分之二以上同意票数。

(四)业绩陈述。市评审委员会组织推荐人选业绩陈述,推荐人选就专业技术工作,向专业评议组陈述本人的专业业绩,并回答专业评议组专家提出的问题。

(五)专家评价。专业评议组根据量化标准采取面试的方式对推荐人选进行评价。重点从专业角度考核申报人的创新能力、成果转化能力、工作业绩和发展潜力,其评价意见作为评审委员会评审表决的重要参考依据。

(六)评委会表决。市评审委员会对推荐人选的学识水平、工作业绩和专业技术能力进行综合评价,采取署名投票方式表决,确定专业技术资格。评审结果需由全体评审委员会委员三分之二以上投票方为有效,通过人选需获得全体委员三分之二以上同意票数方可取得专业技术资格。

(七)结果验收。评审委员会的评价工作结束后,由北京市人力资源和社会保障局按全市职称评审的统一要求进行验收。

(八)社会公示。评价通过人员名单在北京市人力资源和社会保障局网站上进行公示,公示期为 15 天。

(九)证书发放。公示期满后,北京市人力资源和社会保障局为通过专业技术资格评价人员颁发北京市高级工程师(教授级)专业技术资格证书。

四、申报流程

(一)3 月 17 日至 31 日,申报人员登录市人力社保局网站人事考试频道(www. bjrbj. gov. cn/

bjpta)“职称评审栏目”,按照要求进行网上申报。

(二)4月1日至11日(节假日除外),申报人员所在单位向所属区域推荐委员会办公室(区县人力社保局或科技园区管委会)提交申报材料。

(三)4月14日至5月16日,推荐委员会按照规定的推荐标准和推荐程序确定推荐人选,并在本区县人力社保局网站公布推荐结果。

(四)5月19日至30日(节假日除外),推荐委员会向市评审委员会提交推荐报告和推荐人选的申报材料。

(五)6月1日至15日,申报人员可登录区县人力社保局网站查询推荐结果。推荐人选须登录市人力社保局网站人事考试频道(www. bjrbj. gov. cn/bjpta)查询缴费事宜。

(六)6月16日至7月15日,市评审委员会组织推荐人选进行专业答辩。请推荐人选提前做好时间安排。

(七)8月底前,组织专家评审,将评审结果在市人力社保局网站公示。

五、申报材料及要求

(一)申报人员应按时申报,准确、全面地填写申报信息。

(二)向区域推荐委员会办公室提交的材料包括:申报表原件一式三份;身份证明(包括身份证、护照等)、学历、学位(海外学位需经教育部学位认证)、表彰、获奖、专利证书、发表论文、出版专著、制定标准和项目结题验收报告等相关证明原件(现场审核后返还),复印件一式三份;所在企业注册地属于区县科技园区范围证明。复印件及有关证明等申报资料均应按照A4纸标准,按顺序装订成册并加盖印章。

六、咨询电话

市专业技术资格评审中心联系电话:12333。

具体申报事宜可与企业所属区县的人力社保局或科技园区管委会联系、咨询。

北京市人力资源和社会保障局

二〇一四年三月四日

北京市人民政府办公厅印发《关于在中关村国家自主创新示范区深入开展新技术新产品政府采购和推广应用工作的意见》的通知

京政办发〔2014〕24 号

各区、县人民政府,市政府各委、办、局,各市属机构:

《关于在中关村国家自主创新示范区深入开展新技术新产品政府采购和推广应用工作的意见》已经市政府同意,现印发给你们,请认真贯彻落实。

北京市人民政府办公厅

二〇一四年四月十八日

附件:

关于在中关村国家自主创新示范区深入开展新技术新产品政府采购和推广应用工作的意见

为贯彻落实党的十八大、十八届三中全会和习近平总书记系列重要讲话,特别是考察北京工作时的重要讲话精神,更好地发挥中关村国家自主创新示范区(以下简称"中关村示范区")的先行先试和示范引领效应,进一步增强政府采购和推广应用在支持企业成为创新主体方面的作用,现提出如下意见。

一、总体思路

坚持和强化北京作为全国政治中心、文化中心、国际交往中心、科技创新中心的城市战略定位,深入实施创新驱动发展战略,紧紧围绕首都生态环境治理、智慧城市、平安城市、区域合作发展等方面的重大需求和群众普遍关注的大气污染、垃圾污水、交通拥堵、食品安全等难点问题,进一步健全政府采购和推广应用新技术新产品的政策体系,完善工作机制,提高财政资金使用效率,更好地营造公平公正、竞争有序和有利于创新的市场环境,充分发挥新技术新产品政府采购和推广应用对于促进科技创新和科技成果转化、产业化的重要作用,推动传统产业转型升级,加快培育和发展战略性新兴产业,促进首都经济社会持续健康发展。

二、实施范围和方式

(一)实施主体

主要包括政府机关、事业单位、团体组织、市区(县)国有(控股)企业,市区(县)两级财政性资金全额投资或部分投资项目的出资、建设和管理单位。

（二）实施对象

主要包括由中关村示范区内的企业、大学、科研院所等单位研制生产的新技术新产品，首台（套）重大技术装备，以及国家和本市需要研究开发的重大创新技术和产品。

（三）资金来源

主要包括纳入政府预算管理的资金、财政管理的其他资金、以财政性资金作为还款来源的借贷资金、市区（县）国有（控股）企业用于基本建设的资金。

（四）实施领域

主要包括政府行政办公、环保和资源循环利用、公共安全、医疗卫生、交通管理、市政基础设施建设，以及市政府确定的其他重点领域。

（五）实施方式

主要包括首购，订购，首台（套）重大技术装备试验、示范项目，推广应用4种方式。

1. 首购。实施主体对首购产品进行首先购买。

2. 订购。实施主体对国家和本市需要研究开发的重大创新产品、技术、软科学研究课题等，面向全社会确定研究开发和生产单位。

3. 首台（套）重大技术装备试验、示范项目。实施主体对首台（套）重大技术装备进行优先采购。

4. 推广应用。实施主体对已经生产并投放市场，且质量可靠、处于国际或国内领先技术水平、符合国家相关产业政策的新技术新产品进行规模化采购。实施主体可通过区域合作、军民融合等方式帮助中关村示范区内的企业、大学、科研院所等单位对接全国采购市场和军方采购市场。

三、工作原则

（一）立足需求导向

围绕国家战略需求和首都经济社会发展重大问题，充分发挥重大建设项目的示范作用，重点支持具有全局性、前瞻性，以及未来市场空间大的新技术新产品推广应用，以需求拉动创新，以创新促进战略性新兴产业发展。

（二）强化企业主体

发挥市场机制作用，综合运用经济、法律和必要的行政措施，释放企业活力，促进企业成为新技术新产品研发投入、成果转化及推广应用的主体。

（三）加强分类指导

对技术较成熟、市场潜力较大、认同度较高的新技术新产品，主要运用市场手段加以推广应用。对处于技术初创期、市场培育期，特别是新兴产业领域初期投入大、短期效益不明显的新技术新产品，加大政策支持力度。

（四）依法规范运作

按照公开透明、公平公正、诚实信用的原则，规范开展新技术新产品政府采购和推广应用工作。

四、主要任务

1. 围绕国家战略需求和首都经济社会发展重大问题，引导企业进行创新，促成一批新技术新产品的示范应用。围绕大气污染治理、信息化与信息安全、轨道交通建设等方面的需求，聚焦首都重点发展的战略性新兴产业，选择能够有效提升企业市场竞争能力和产业集群创新能力的新技术新产品，组织实施重点建设领域的示范应用。

2. 加大推进区域合作力度，发挥中关村示范区新技术新产品对合作区域协同发展的支撑作用。探索建立跨区域的重大项目合作机制，充分发挥中关村示范区在节能环保、新一代信息技术、高端装备制造等领域的产业优势，积极支持企业承接合作地区的大气污染治理、信息化与信息安全、基础设施建设等项目，推动合作地区产业结构调整、经济发展转型。

3. 以技术为核心，以市场为导向，支持一批科技型中小企业联合体参与首都经济社会发展和建设。建立面向科技型中小企业的新技术新产品供需对接机制，支持产业技术联盟组织科技型中小企业参与示范项目，支持科技型中小企业进入中央企业和市属国有（控股）企业采购供应系统，鼓励科技型中小企业与大型企业配套协作，开发推广专、精、特、新产品。

4. 构建立体化服务平台，为中关村示范区新技术新产品政府采购和推广应用工作夯实基础。搭建中关村示范区新技术新产品网上供需服务平台。支持产业技术联盟等新型产业组织积极开展新技术新产品推介与对接活动。充分发挥中国（北京）国际服务贸易交易会、北京国际科技产业博览会、中关村示范区展示中心等品牌展会和展馆的作用，提高中关村示范区新技术新产品的市场认知度。

五、保障措施

（一）建立健全组织机构

在原有工作基础上，由市发展改革委、市财政局牵头，市教委、市科委、市经济信息化委、市公安局、市环保局、市住房城乡建设委、市市政市容委、市交通委、市农委、市水务局、市卫生计生委、市审计局、市国资委、市质监局、市安全监管局、市食品药品监管局、市文资办、市统计局、市园林绿化局、市支援合作办、市重大办、中关村管委会、市公安局公安交通管理局等部门参与，组建中关村创新平台新技术新产品政府采购和推广应用联合工作组，主要负责研究提出年度工作方案，确定重点示范领域和示范项目并组织实施。各区县、各部门完善主管领导牵头负责的常态化工作机制。

（二）明确职责分工

市科委牵头，会同市有关部门研究完善新技术新产品（服务）的认定条件、认定方式。

市财政局牵头，探索研究以需求管理为核心、鼓励创新的政府采购政策，研究提出新技术新产品首购、订购实施办法，积极探索政府采购公共服务的具体方式。

市财政局、市发展改革委牵头，会同市经济信息化委等部门积极探索在政府采购货物类、工程类、服务类项目中通过预留项目份额、评审优惠等方式，加大对中小企业的扶持力度。

市国资委、市科委、中关村管委会共同建立市属国有（控股）企业推广应用新技术新产品的工作机制，搭建市属国有（控股）企业与中关村示范区科技型中小企业的信息、技术、产品交流平台。研究完善将新技术投入、新产品应用等指标纳入科技投入考核体系的具体方式。

中关村管委会牵头，搭建中关村示范区新技术新产品网上供需服务平台，通过线上发布、线下推介等多种方式，实现供需信息的有效对接。探索通过区域合作、军民融合等方式促进新技术新产品政府采购和推广应用的新路径。

（三）加强采购活动监管

加大新技术新产品政府采购项目立项、采购预算、采购过程、采购结果及采购合同等信息的公开力度，强化政府监管、审计及社会监督。

（四）加强督查和督办

中关村创新平台新技术新产品政府采购和推广应用联合工作组负责本意见实施情况的督促检查，组织开展工作情况评估和经验总结，协调解决工作中遇到的困难和问题，并向市政府报告实施情况。

关于印发《中关村国家自主创新示范区企业改制上市和并购支持资金管理办法》的通知

中科园发〔2014〕27 号

各分园管委会,示范区各相关金融机构、中介机构,各相关协会、高新技术企业:

《中关村国家自主创新示范区企业改制上市和并购支持资金管理办法》已经我委主任办公会议审议通过。现印发给你们,请认真遵照执行。

中关村科技园区管理委员会

二〇一四年六月四日

附件:

中关村国家自主创新示范区企业改制上市和并购支持资金管理办法

第一章 总 则

第一条 为加快国家科技金融创新中心建设,支持中关村企业借助资本市场实现规范运作和快速发展,根据《国务院关于同意支持中关村科技园区建设国家自主创新示范区的批复》(国函〔2009〕28 号)、国家发展改革委等 9 部委和北京市政府联合印发的《关于中关村国家自主创新示范区建设国家科技金融创新中心的意见》(京政发〔2012〕23 号)等相关规定,制定本办法。

第二条 中关村企业改制上市和并购支持资金(以下简称“改制上市和并购支持资金”)从中关村示范区专项资金中列支,并按照年度预算进行安排。

第二章 支持对象和标准

第三条 申请改制上市和并购支持资金的企业应符合以下条件。

(一)中关村高新技术企业。

(二)中关村企业信用促进会成员。

(三)申请改制资助的企业应已从工商部门取得股份有限公司法人营业执照。

(四)申请挂牌资助的企业应已取得监管机构出具的同意企业进入全国中小企业股份转让系统的函。

(五)申请境内上市资助的企业应已取得《中国证监会行政许可申请受理通知书》。

（六）申请境外上市资助的企业应已完成境外公开发行上市。

第四条 申请资助的主办券商应与中关村企业签订推荐挂牌协议，且推荐的企业已取得监管机构出具的同意其进入全国中小企业股份转让系统的函。

第五条 申请并购资助资金的企业还应至少符合下列条件之一。

（一）境内外资本市场上市公司。

（二）全国中小企业股份转让系统挂牌公司。

（三）“十百千工程”重点培育企业。

第六条 改制上市和并购支持资金资助标准如下。

（一）改制资助：每家企业支持30万元。

（二）挂牌资助：每家企业支持30万元。

（三）境内上市资助：每家企业支持50万元。

（四）境外上市资助：每家企业支持50万元。

（五）主办券商资助：每家券商支持20万元。

（六）并购中介费用资助：中关村科技园区管理委员会（以下简称“中关村管委会”）对企业并购时发生的法律、财务等中介服务费用，根据并购的类型、并购涉及的交易额给予一定的资助，对每家企业的年度资助金额不超过100万元。具体如下述。

1. 境内并购：对并购交易额在人民币5000万元（含）以下的交易，资助实际发生费用的50%，对单个并购项目的年度资助金额最高不超过人民币25万元；对交易额在人民币5000万元以上的交易，资助实际发生费用的60%，对单个并购项目的年度资助金额最高不超过人民币35万元。

2. 境外并购：对并购交易额在人民币5000万元（含）以下的交易，资助实际发生费用的60%，对单个项目的年度资助金额最高不超过人民币40万元；对交易额在人民币5000万元以上的交易，资助实际发生费用的70%，对单个项目的年度资助金额最高不超过人民币60万元。

（七）并购贷款贴息资助：中关村管委会对商业银行为企业开展并购发放的一年期（含）以上的并购贷款，按照银行贷款基准利率的40%给予企业贷款贴息，“瞪羚”重点培育企业的并购贷款贴息比率为45%。对单个企业的年度贴息总额不超过50万元，每笔贷款享受贴息的时限不超过3年。本办法所指的并购贷款是指商业银行依据《商业银行并购贷款风险管理指引》（银监发〔2008〕84号），向并购方或其子公司发放的，用于支付并购交易价款的贷款。

第三章 受理和审核程序

第七条 申请改制资助的企业应提交下列材料。

（一）企业改制资助资金申请表。

（二）中关村高新技术企业证书复印件。

（三）中关村企业信用促进会成员证书复印件。

（四）股份有限公司的营业执照副本复印件。

（五）与证券公司签订的改制顾问协议复印件。

第八条 申请挂牌资助的企业应提交下列材料。

（一）全国中小企业股份转让系统挂牌资助资金申请表。

（二）中关村高新技术企业证书复印件。

（三）中关村企业信用促进会成员证书复印件。

（四）企业营业执照副本复印件。

（五）监管机构出具的同意企业进入全国中小企业股份转让系统的函。

第九条 申请上市资助的企业应提交下列材料。

（一）企业上市资助资金申请表。

（二）中关村高新技术企业证书复印件。

（三）中关村企业信用促进会成员证书复印件。

（四）企业营业执照副本复印件。

（五）企业或相应境外特殊目的公司与证券公司签订的有关协议复印件。

（六）有关主管部门出具的已受理或批准企业有关发行和上市申请的通知书、备案文件等证明材料。

第十条 申请资助的主办券商应提交下列材料。

（一）主办券商完成中关村示范区企业全国中小企业股份转让系统挂牌工作资助资金申请表。

（二）监管机构出具的同意主办券商所推荐企业进入全国中小企业股份转让系统的函。

第十一条 申请并购中介费用资助的企业应提交下列材料。

（一）企业并购中介服务支持资金申请表。

（二）中关村高新技术企业证书复印件。

（三）与并购中介服务机构签署的协议（合同）复印件。

（四）并购中介服务收费凭证复印件。

（五）涉及股权收购或资产收购的相关证明材料。

（六）中关村管委会要求提交的其他材料。

第十二条 中关村管委会委托专业机构进行并购贷款贴息资助的受理和初审工作。受托机构信息在中关村管委会网站（www. zgc. gov. cn）上公布。

第十三条 申请并购贷款贴息资助的企业应提交下列材料。

（一）企业并购贷款贴息资金申请表。

（二）中关村高新技术企业证书复印件。

（三）中关村企业信用促进会成员证书复印件。

（四）企业并购贷款补贴申请审批表。

（五）企业并购贷款利息单汇总表（加盖银行公章）。

（六）企业并购贷款利息单、放款凭证、还款凭证等资料复印件。

（七）中关村管委会及受托机构要求提交的其他材料。

第十四条 受托机构代企业向中关村管委会申请并购贷款贴息支持时，除提供第十三条所列的材料外，还应向中关村管委会提交下列材料原件两份，受托机构留存一份原件备查。

（一）代企业申请并购贷款贴息报告。

（二）企业并购贷款贴息明细汇总表。

（三）中关村管委会要求提交的其他材料。

第十五条 改制上市和并购支持资金申请表可从中关村管委会网站（www. zgc. gov. cn）下载。有改制、挂牌或上市意向的企业，可下载并填写《改制上市重点培育企业登记表》，向中关村管委会报备。

第十六条 企业和主办券商在申请资助时应提交相应材料一式两份，复印件加盖公章。中关村管委会审核通过后，办理相关资金拨付手续。

第十七条 受托机构每年代企业提交一次并购贴息申请。中关村管委会收到申请材料并审核完毕后，将利息补贴款拨付至受托机构。受托机构在收到有关贴息资金后的15个工作日内，将利息补贴款拨付至企业。受托机构应于资金拨付完成后5个工作日内，向中关村管委会提交资金拨付情况的说明。

第十八条 申请改制、挂牌和上市资助的企业及主办券商，应当在有关工作完成的半年内向中关村管委会提出资助申请，逾期不予受理。申请并购中介费用资助的企业应在完成相关变更手续后6个月内向中关村管委会提出资助申请，逾期不予受理。申请并购贷款贴息资助的企业应在还款结束后6个月内向受托机构提出贴息申请，逾期不予受理。

第四章 监督管理

第十九条 享受本办法资金支持的企业和主办券商，应及时向中关村管委会报告有关企业改制、挂牌、上市及并购进展情况。

第二十条 中关村管委会对企业改制上市和并购支持资金的使用情况进行监督和检查。申请企业应留存一套申报材料，并在相关部门对资助资金进行财务核查时提供配合。

第二十一条 对改制上市和并购支持资金使用中违反法律法规的行为，依据《中华人民共和国预算法》《中华人民共和国会计法》和《财政违法行为处罚处分条例》等相关规定进行处理处分。对于弄虚作假骗取改制上市和并购支持资金的申报单位，除按以上规定处罚外，中关村管委会将在中关村示范区网站予以通报，追回已拨付资金，并不再受理其相关公共政策支持资金的申请。

第二十二条 中关村管委会专项委托机构违反本办法有关规定，没有认真履行职责，在受理、管理和监督工作中滥用职权、玩忽职守、徇私舞弊的，中关村管委会将依法追究其责任。

第五章 附 则

第二十三条 本办法由中关村管委会负责解释。

第二十四条 本办法自2014年8月1日起实施，原《中关村国家自主创新示范区支持企业改制上市资助资金管理办法》（中科园发〔2011〕31号）和《中关村国家自主创新示范区并购支持资金管理办法》（中科园发〔2011〕33号）同时废止。

关于印发《中关村国家自主创新示范区天使投资和创业投资支持资金管理办法》的通知

中科园发〔2014〕41号

各分园（产业基地）管委会、各相关单位：

《中关村国家自主创新示范区天使投资和创业投资支持资金管理办法》已经我委2014年第19次主任专题会议审议通过。现印发给你们，请遵照执行。

中关村科技园区管理委员会

二〇一四年九月一日

附件：

中关村国家自主创新示范区天使投资和创业投资支持资金管理办法

第一章　总　　则

第一条　为营造中关村国家自主创新示范区（以下简称“中关村示范区”）良好的创业投资环境，发挥财政资金的杠杆放大作用，加快推动科技创新与社会资本紧密结合，促进创新创业企业发展，培育战略性新兴产业集群快速发展，根据《国务院关于同意支持中关村科技园区建设国家自主创新示范区的批复》（国函〔2009〕28 号）、《关于中关村国家自主创新示范区建设国家科技金融创新中心的意见》（京政发〔2012〕23 号）、《中关村战略性新兴产业集群创新引领工程（2013—2015）》（中示区组发〔2012〕2 号）、《中关村国家自主创新示范区产业发展资金管理办法》（中科园发〔2014〕12 号）等相关规定，特制定本办法。

第二条　中关村示范区天使投资支持资金包括天使投资风险补贴资金和天使投资引导资金。

第三条　天使投资风险补贴资金是指对在中关村示范区开展天使投资的天使投资机构，根据其投资于中关村示范区企业的实际投资额，按一定比例给予补贴的专项资金。

第四条　天使投资引导资金是指主要依托专业投资管理机构运作，通过参股方式设立天使投资基金（以下简称“天使基金”）支持中关村示范区企业发展的专项资金。

第五条　中关村示范区创业投资支持资金包括创业投资风险补贴资金和创业投资引导资金。

创业投资风险补贴资金是指对在中关村开展创业投资的创业投资机构和科技企业孵化器（以下统称“创业投资企业”），根据其投资于中关村示范区初创企业的实际投资额，按一定比例给予补贴的专项资金。

创业投资引导资金是指用于参股设立创业投资基金（以下简称“创投基金”），通过财政资金的杠杆放大作用，使更多的社会资金投向中关村战略性新兴产业领域的高科技高成长创业企业的专项资金。

本文所指创投基金包括以下 4 类。

（一）创业投资引导资金与知名社会创业投资机构共同发起设立的，重点投向战略性新兴产业领域的创业企业和开展行业并购的创投基金。

（二）创业投资引导资金与“641”产业领军企业、产业技术联盟等共同发起设立，重点投资中关村示范区重大产业化项目以及开展产业并购的创投基金。

（三）创业投资引导资金与中关村科学城重点高校院所等机构共同发起设立，重点投资于中关村重大科技成果转化和产业化项目的创投基金。

（四）创业投资引导资金与知识产权运营公司或代理公司等共同发起设立，重点对中关村战略性新兴产业发展具有重大意义的知识产权进行投资孵化的创投基金。

第六条　中关村示范区天使投资和创业投资支持资金从中关村示范区专项资金中列支，按照年度预算进行安排，并实行总额控制。

第二章 天使投资支持资金补贴对象和标准

第一节 风险补贴资金

第七条 申请天使投资风险补贴资金的天使投资机构应当符合下列条件。

（一）在中关村管委会备案具备申请风险补贴的资格，其中对于委托专业天使投资管理公司进行投资的，只对相应的天使投资管理公司进行风险补贴。

1. 在北京注册，专业从事天使投资业务活动的天使投资机构。

2. 注册资本金为1000万元人民币以上（含）或受托管理的天使投资资金不低于1000万元人民币。

3. 运作规范，具有科学合理的项目评估标准、投资决策程序及激励约束机制。

4. 投资于成立不满3年（生物医药领域企业不满5年）的中关村示范区企业的资金比例不低于累计投资额的70%。

5. 至少有3名具备2年以上天使投资或相关业务经验的高级管理人员承担投资管理责任，核心管理团队受托管理资金累计投资额不低于1000万元人民币。

（二）所投资企业为中关村示范区企业，且从企业设立之日起到企业与天使投资机构签订投资协议之日止，不超过3年；所投资企业属于生物医药领域的，从企业设立之日起到企业与天使投资机构签订投资协议之日止，不超过5年。

（三）已完成实际投资，即投资资金已投入中关村示范区被投资企业，并已完成工商变更登记。在中关村管委会备案的天使投资机构，可利用自有资金或利用其受托管理资金，以委托人的名义对中关村示范区企业进行投资；通过特殊目的公司采用返程投资方式对中关村示范区企业进行投资的，该投资等同于天使投资机构对中关村示范区企业进行投资。

第八条 天使投资风险补贴资金原则上补贴金额不超过该天使投资机构上一年度投资于中关村示范区企业总投资额的15%，单笔补贴最高不超过45万元人民币，且每年补贴总额不超过150万元人民币。对投资中关村管委会审定的前沿技术项目的天使投资机构，根据其投资额度，单笔补贴金额不超过100万元人民币。

第二节 天使投资引导资金

第九条 申请合作设立并管理天使基金的天使投资管理机构应当符合下列条件。

（一）注册资本金为1000万元人民币以上（含）或受托管理的天使投资资金不低于1000万元人民币。

（二）具有良好的风险评估标准、投资决策程序及激励约束机制。

（三）管理团队至少具有3名2年以上天使投资或相关业务经验的专业管理人员和核心业务人员。

（四）具备良好的服务所投资企业的专业能力。

第十条 天使投资引导资金在每家天使基金中的出资比例不得高于该天使基金资本总额的30%，且不超过3000万元人民币。

第十一条 天使基金投资应遵循以下运作原则。

（一）不得投资于合伙企业。

（二）不得投资于其他投资型企业。

（三）投资于成立不满3年（生物医药领域企业不满5年）的中关村示范区企业的资金比例不低于天使基金资本总规模的70%。

（四）天使投资管理机构或管理团队需参与天使基金的出资。

（五）天使基金应在银行开立专门账户托管资金，且闲置资金原则上只能以存放银行、购买国债或其他固定收益类产品等安全方式进行管理。

（六）天使基金原则上不得将资金用于以下用途。

1. 不得从事下列业务：吸收或变相吸收存款、贷款、拆借；期货及金融衍生品交易；抵押和担保业务；房地产投资；主管部门禁止从事的其他业务。

2. 不得对已上市企业进行股权投资，但所投资的未上市企业上市后，天使基金所持股份的未转让部分及其配售部分不在此限。

（七）天使基金运作中的以下重大事项应经受托管理机构在内的多数以上出资人代表同意，并在基金章程中约定：

1. 天使基金管理人的选定和更换。

2. 涉及关联交易的事项。

3. 涉及与天使投资无关的业务。

（八）天使基金出售所持有的股份或权益后所得的投资本金及投资收益不得用于再投资。

（九）天使基金应通过协议约定投资收益的分配原则和支付方式。

（十）天使基金经营期限届满时，应当按有关法律、法规的规定进行清算。

（十一）天使投资引导资金的总体收益包括资金利息、参股天使基金的股权分红、参股天使基金的股权转让收益及参股天使基金清算收益等。

第十二条 天使投资引导资金应当专户管理，不得直接从事贷款、股票、期货、房地产、企业债券、金融衍生品等投资以及用于赞助、捐赠等支出。

第三章 创业投资支持资金补贴对象和标准

第一节 风险补贴资金

第十三条 申请创业投资风险补贴资金的创业投资企业应当符合下列条件。

（一）在中关村管委会备案具备申请风险补贴的资格，其中对于委托专业创业投资管理公司进行投资的，只对相应的创业投资管理公司进行风险补贴。

创业投资机构需符合下列条件。

1. 在北京注册，专门从事创业投资业务活动的创业投资公司及创业投资管理公司。

2. 注册资本金不低于3000万元或受托管理的创业投资资金不低于1亿元人民币。

3. 公司运作规范，具有科学合理的项目评估标准、投资决策程序及激励约束机制。

4. 至少有3名具备5年以上创业投资或相关业务经验的高级管理人员承担投资管理责任。

科技企业孵化器需符合下列条件。

1. 注册在园区，主要为园区科技型创业企业服务的孵化器。

2. 运作规范，具有科学合理的项目评估标准、投资决策程序及激励约束机制。

3. 至少有 3 名具备 2 年以上创业投资或相关业务经验的高级管理人员。

（二）所投资企业为未上市的中关村高新技术企业，且从企业设立之日起到企业与创业投资企业签订投资协议之日止，不超过 5 年；所投资企业属于生物医药领域的，从企业设立之日起到企业与创业投资企业签订投资协议之日止，不超过 8 年。

（三）已完成实际投资，即投资资金已投入中关村示范区企业，并已完成工商变更登记。在中关村管委会备案的创业投资企业，可利用自有资金或利用其受托管理资金，以委托人的名义对中关村示范区企业进行投资；通过特殊目的公司采用返程投资方式对中关村示范区企业进行投资的，该投资等同于创业投资企业对中关村示范区企业进行投资。

第十四条 补贴额度为创业投资企业以货币形式对中关村示范区企业的实际投资额的 10%，单笔最高补贴 100 万元。一家创业投资企业对同一企业投资申请获得的补贴额累计不超过 100 万元。对一家创业投资企业每年的补贴金额不超过 200 万元。

第十五条 已获天使投资风险补贴资金支持的创业投资企业不得以同一被投资企业申请创业投资风险补贴资金。

第二节 创业投资引导资金

第十六条 创业投资引导资金由中关村管委会委托专业投资管理机构（以下简称“受托管理机构”）代为出资；受托管理机构负责创业投资引导资金的日常管理和运作，定期向中关村管委会报告。

第十七条 申请合作设立并管理创投基金的创业投资管理机构应当符合下列条件。

（一）具有良好的投资决策机制、风险约束机制和激励机制。

（二）管理团队至少具有 3 名从事高新技术企业投资或相关业务 5 年以上的专业管理人员和核心业务人员；具有在高新技术企业投资方面的管理能力和优良业绩；在国际化运作方面具有一定的经验，并具有整合相关资源的能力。

（三）“641”产业领军企业申请合作发起设立创投基金的，应具有一定的收入规模、较强的科技创新能力和产业链整合能力，产业联盟应具备一定的行业话语权和公信力。

（四）中关村科学城重点高校院所等机构申请合作发起设立创投基金的，应综合排名前列、具有一定的科技成果数量和较强的科技研发和成果转化能力，并可适度放宽有关条件。

第十八条 创投基金应遵循以下运作原则。

（一）每家创投基金的资本总额应不低于 5000 万元人民币，其中与“641”产业领军企业等共同发起设立的创投基金资本总额应不低于 1 亿元。

（二）创业投资引导资金在每家创投基金中的出资比例不超过该创投基金资本总额的 30%。

（三）创业投资管理机构或管理团队需参与创投基金的出资。

（四）创投基金对单个项目的投资上限不超过创投基金资本总额的 20%。

（五）创投基金应在银行开立专门账户托管资金，且闲置资金原则上只能以存放银行、购买国债或其他固定收益类产品等安全方式进行管理。

（六）创投基金原则上不得将资金用于以下用途。

1. 创投基金不得从事下列业务：吸收或变相吸收存款、贷款、拆借；期货及金融衍生品交易；抵押和担保业务；房地产投资；商业赞助；主管部门禁止从事的其他业务。

2. 除并购基金外，不得对已上市企业进行股权投资，但所投资的未上市企业上市后，创投基金所持股份的未转让部分及其配售部分不在此限。

3. 不得投资于其他创业投资企业。

（七）对于公司制的创投基金，受托管理机构原则上应派出董事参与创业基金重大事项决策；对于有限合伙制的创投基金，原则上通过协议的相关约定或委派代表实现对创业基金重大事项的管控要求。

（八）创投基金运作中的以下重大事项应经受托管理机构在内的三分之二以上出资人代表同意，并在基金章程中约定。

1. 创投基金管理人的选定和更换。

2. 涉及关联交易的事项。

3. 涉及与创业投资无关的业务。

（九）创投基金出售所持有的股份或权益后所得的投资本金及投资收益不得用于再投资。

（十）创投基金应通过协议约定投资收益的分配原则和支付方式。

（十一）创投基金经营期限届满时，应当按有关法律、法规的规定进行清算。

（十二）引导资金的总体收益包括资金利息、参股创投基金的股权分红、参股创投基金的股权转让收益及参股创投基金清算收益等。

（十三）对于资金规模不低于3亿元，创业投资引导资金占比不超过10%的创投基金，在遵循市场规律和行业惯例的前提下，可适当调整以上运作原则，具体合作方案由委托管理机构与创投机构约定，报中关村管委会备案后实施。

第四章　支持资金的申请程序

第一节　天使投资风险补贴资金申请程序

第十九条　天使投资机构可持下列文件到中关村管委会委托受理机构申请，经审查合格后具备申请资格。

1. 天使投资机构基本情况表。

2. 营业执照复印件或其他营业资格证明文件。

3. 企业章程或其他进行投资和管理的主要文件，包括但不限于：项目评估标准说明、投资决策程序介绍及激励约束机制说明等。

4. 企业主要投资管理人员介绍材料，包括3名（含）以上管理人员的从业背景、投资纪录。

5. 企业上一年度的会计报表和审计报告。

6. 企业自有投资资金情况的证明文件，天使投资管理公司需提供受托管理投资资金的相关协议或其他证明文件（外文文本需同时提供中文要点说明并加盖公章）。

7. 由中关村管委会合作的信用中介服务机构出具的《标准征信报告》（中关村企业信用促进会www. ecpa. org. cn）。

以上所提交材料是复印件的需加盖企业公章。申请补贴的天使投资机构应承诺上述所提供资料的真实性。

具备申请天使投资风险补贴资格的天使投资机构，通过中关村管委会网站（www. zgc. gov. cn）向社会公告。

第二十条　中关村管委会委托专业机构作为天使投资风险补贴的受理机构。具备申请天使投资风险补贴资格的天使投资机构，持下列文件到委托受理机构申请风险补贴。

（一）中关村天使投资风险补贴申请表。

（二）被投资企业的营业执照复印件。

（三）天使投资机构与被投资企业其他股东签订的《投资协议》。

（四）被投资企业的入资凭证复印件。

（五）加盖工商局信息中心查询章的中关村示范区被投资企业股东名单（含股东持股比例和持股数额）。

天使投资机构采用“返程投资”方式投资境内企业，还应提供其持有境外特殊目的公司股权的证明文件，以及投资机构、境外特殊目的公司和境内被投资企业的关系、投资金额等上述第三款中《投资协议》要点的中文说明。

上述材料一式三份，需加盖企业公章，同时提交电子文档。

第二十一条 受理机构对申请天使投资风险补贴的天使投资机构的投资行为和报送的材料进行核准、确认，出具初审意见，并将符合规定的项目报中关村管委会审核后办理拨款手续。

天使投资机构应在已实际进行投资，即投资资金已投入中关村示范区被投资企业，且在被投资企业已完成工商登记变更的6个月之内提出风险补贴申请，逾期不再受理。

累计投资额以现金投资资金已投入中关村示范区被投资企业，且被投资企业已完成工商登记变更为限。

第二十二条 已获创业投资风险补贴资金支持的天使投资机构不得以同一被投资企业申请天使投资风险补贴资金。

第二节 天使投资引导资金申请程序

第二十三条 天使投资机构申请合作设立并管理天使基金时，应向受托管理机构提交下列文件，并对其真实性、有效性负责。

（一）天使投资管理机构的营业执照副本复印件。

（二）天使投资管理机构投资决策机制、风险控制机制、激励机制的制度文件。

（三）主要管理团队成员的身份证明、履历资料。

（四）天使投资管理机构经营管理业绩的介绍。

（五）天使基金的设立方案（包括经营计划书、天使基金合作协议及委托管理协议要点、资金募集说明书等）。

（六）中关村管委会和受托管理机构认为需要提供的其他材料。

第二十四条 受托管理机构负责组织投资评审委员会，对申请管理天使基金的天使投资管理机构及天使基金合作方案进行评审。投资评审委员会由天使投资领域专家和受托管理机构管理人员等共同组成，其中天使投资领域专家等外部专家人数应占投资评审委员会成员总数的三分之二以上。

申请管理天使基金的天使投资管理机构及天使基金合作方案经投资评审委员会成员总数的三分之二以上同意方可通过，经中关村管委会确认后实施。

第二十五条 中关村管委会每年按委托受托管理机构管理的天使投资引导资金总额的1%向受托管理机构支付委托管理费用，委托管理费用从天使投资引导资金到达受托管理机构委托资金专户之日起开始计算，按日计提年底结算，该费用从到达专户的天使投资引导资金中直接支付。

第二十六条 天使基金清算时，基金赢利时，受托管理机构应将全部本金和基金净收益的

95% 返还给中关村管委会,剩余 5% 作为对受托管理机构的托管报酬。基金亏损时,受托管理机构应按照出资比例,将管委会投入本金剩余部分返还给中关村管委会。委托机构按照预算管理程序,将收回的本金和基金净收益继续用于扩大天使投资引导资金的规模。

第三节　创业投资风险补贴资金申请程序

第二十七条　创业投资企业可持下列文件到中关村管委会申请,经审查合格后具备申请风险补贴的资格。

(一)创业投资企业基本情况表。

(二)营业执照复印件或其他营业资格证明文件。

(三)企业章程或其他进行投资和管理的主要文件,包括但不限于:项目评估标准说明,投资决策程序介绍及激励约束机制说明等。

(四)企业主要投资管理人员介绍材料,包括但不限于:三名以上(含三名)管理人员的从业背景、投资记录。

(五)上一年度的会计报表和审计报告。

(六)创业投资公司需提供自有投资资金情况的证明文件,创业投资管理公司需提供受托管理投资资金的相关协议或其他证明文件(外文文本需同时提供中文要点说明并加盖公章)。

(七)由中关村管委会合作的信用中介服务机构出具的《标准征信报告》(有关信息参阅中关村企业信用促进会网站 www. ecpa. org. cn)。

以上所提交材料是复印件的需加盖企业公章。申请补贴的创业投资企业应承诺上述所提供资料的真实性。

具备申请风险补贴资格的创业投资企业,通过中关村管委会网站(www. zgc. gov. cn)向社会公告。

第二十八条　中关村管委会委托中关村创业投资发展公司(以下简称"中关村创投")作为风险补贴的受理机构。具备申请风险补贴资格的创业投资企业,持下列文件到受理机构申请获得风险补贴。

(一)中关村创业投资风险补贴申请表。

(二)被投资企业的营业执照复印件及中关村高新技术企业证书复印件。

(三)创业投资企业与被投资企业其他股东签订的《投资协议》。

(四)被投资企业的入资凭证复印件。

(五)加盖工商局信息中心查询章的园区被投资企业股东名单(含股东持股比例和持股数额)。

创业投资企业采用"返程投资"方式投资境内企业,还应提供其持有境外特殊目的公司股权的证明文件,以及投资机构、境外特殊目的公司和境内被投资企业的关系、投资金额等上述第三款中《投资协议》要点的中文说明。

上述材料一式三份,需加盖企业公章,同时提交电子文档。

第二十九条　受理机构对申请风险补贴的创业投资企业的投资行为和报送的材料进行核准、确认,出具初审意见,并将符合规定的风险补贴项目报中关村管委会审核后办理拨款手续。

第三十条　创业投资企业应在已实际进行投资,即投资资金已投入园区内被投资企业,且被投资企业已完成工商登记变更的 6 个月之内提出风险补贴申请,逾期不再受理。

第四节 创业投资引导资金申请程序

第三十一条 创业投资管理机构申请合作设立并管理创投基金时，应向受托管理机构提交下列文件，并对其真实性、有效性负责。

（一）创业投资管理机构的营业执照副本复印件。

（二）创业投资管理机构投资决策机制、风险控制机制、激励机制的制度文件。

（三）主要管理团队成员的身份证明、履历资料。

（四）创业投资管理机构经营管理业绩的介绍。

（五）创投基金的设立方案（包括经营计划书、创投基金合作协议及委托管理协议要点、资金募集说明书等）。

中关村管委会和受托管理机构认为需要提供的其他材料。

第三十二条 受托管理机构负责组织投资评审委员会，对申请管理创投基金的创业投资管理机构及创投基金合作方案进行评审。投资评审委员会由创业投资领域专家和受托管理机构管理人员共同组成，其中创业投资领域专家等外部专家人数应占投资评审委员会成员总数的三分之二以上。

第三十三条 申请管理创投基金的创业投资管理机构及创投基金合作方案经投资评审委员会成员总数的三分之二以上同意方可通过，评审结果需报中关村管委会备案。

第三十四条 中关村管委会每年按委托中关村创投管理的引导资金总额的1%向受托管理机构支付委托管理费用，委托管理费用从引导资金到达委托资金专户之日起开始计算，按日计提年底结算，该费用从到达专户的引导资金中直接支付。

第三十五条 创投基金清算时，基金赢利时，受托管理机构应将全部本金和基金净收益的95%返还给委托机构，剩余5%作为对受托管理机构的托管报酬。基金亏损时，受托管理机构应按照出资比例，将管委会投入本金剩余部分返还给中关村管委会。受托管理机构按照预算管理程序，将收回的本金和基金净收益继续用于扩大引导资金的规模。

第五章 监督管理

第三十六条 获得天使投资和创业投资支持资金的单位需按国家相关会计制度进行账务处理，对专项资金单独核算，专款专用，应接受中关村管委会的监督、检查和审计，并配合开展宣传、调研、报送企业信息、提交资金使用效益分析报告等工作。

第三十七条 对专项资金使用中的违反法律法规的行为，依据《中华人民共和国预算法》《中华人民共和国会计法》和《财政违法行为处罚处分条例》等规定进行处理处分。对于弄虚作假骗取支持资金的申报单位，除按以上规定处罚外，中关村管委会将在中关村示范区网站予以通报，并追回已拨付资金，今后不再受理其相关公共政策支持资金的申请，取消与该单位的合作关系。

第六章 附　　则

第三十八条 本办法由中关村管委会负责解释。

第三十九条 本办法自发布之日起30日后实施。原《中关村国家自主创新示范区创业投资风险补贴资金管理办法》（中科园发〔2012〕28号）、《中关村国家自主创新示范区创业投资引导资金管理办法》(中科园发〔2011〕48 号)同时废止。本办法中有关天使投资的内容,如与《中关村国家自主创新示范区战略性新兴产业中小企业创新资金管理办法》(中科园发〔2011〕39 号)不一致的地方,以本办法为准。

关于印发《金融支持中关村国家自主创新示范区中小科技型企业投标承接重大建设工程项目的若干措施》的通知

中科园发〔2014〕47 号

各相关单位:

《金融支持中关村国家自主创新示范区中小科技型企业投标承接重大建设工程项目的若干措施》已经我委 2014 年第 24 次主任专题会议审议通过。现印发给你们,请遵照执行。

中关村科技园区管理委员会

二〇一四年九月二十三日

附件:

金融支持中关村国家自主创新示范区中小科技型企业投标承接重大建设工程项目的若干措施

为进一步加快具有全球影响力的科技创新中心建设,支持中关村国家自主创新示范区(以下简称“中关村示范区”)中小科技型企业将自主创新产品应用于重大建设工程,协助企业解决在投标承接重大建设工程项目中面临的突出困难,特制定本措施。

第一条 重大建设工程项目是指由政府或企业依法依规履行立项手续并投资建设的项目。主要领域包括:铁路、公路、城市轨道交通、机场、水利、电力等重大基础设施建设,医疗卫生、教育文化等社会公共事业,节能减排和生态建设工程,航空航天工程,信息工程等。

第二条 支持的企业应符合以下条件。

(一)在中关村示范区注册的中关村高新技术企业。

(二)企业单一投标额在3000 万元以上(同一工程项下的招标可累计)。

第三条 企业可凭重大建设工程项目招标文件向担保公司提出投标保函申请。企业中标后,可凭中标通知书向担保公司提出履约保函申请。担保公司及银行在5 个工作日内为符合条件的企业出具投标保函或履约保函。

第四条　合作担保公司根据企业签订的重大建设工程项目合同，加快担保审批流程，执行优惠担保费率。银行为企业提供担保贷款，实行快捷贷款审批程序和优惠的贷款利率。中关村科技园区管理委员会（以下简称“中关村管委会”）以年利率6%为基数，给予贷款企业利息总额40%的补贴支持。

第五条　鼓励银行根据企业签订的重大建设工程项目合同，为企业提供信用贷款，简化操作流程，加快放款时间。各银行可根据申请企业的实际情况制定贷款利息标准，但享受本措施支持的信用贷款的上浮幅度不得超过银行同期贷款基准利率的30%。中关村管委会以年利率6%为基数，给予贷款企业利息总额40%的补贴支持。

第六条　支持企业开展信用保险及贸易融资业务，盘活应收账款。支持信用保险机构对企业适度降低承保条件，放宽信用限额。支持银行根据保单适度扩大融资金额，延长融资期限。中关村管委会以年利率6%为基数，给予贷款企业利息总额40%的补贴支持。

第七条　企业承接重大建设工程项目，在银行开立投标保函、履约保函、预付款保函的，中关村管委会给予企业保函手续费、评审费、担保费等综合成本20%的补贴。

第八条　中关村管委会对单个企业发生的本措施项下各类补贴年度总额不超过100万元。

第九条　本措施由中关村管委会负责解释。

第十条　本措施自发布之日起30日后实施。2013年1月20日至正式实施期间发生的中关村企业投标承接重大建设工程项目适用本措施。

关于印发《中关村国家自主创新示范区科技型企业创业孵化集聚区管理办法（试行）》的通知

中科园发〔2014〕48号

各相关单位：

《中关村国家自主创新示范区科技型企业创业孵化集聚区管理办法（试行）》已经中关村国家自主创新示范区领导小组第十七次会议审议通过。现印发给你们，请遵照执行。

中关村科技园区管理委员会

北京市工商行政管理局

二〇一四年九月二十三日

附件：

中关村国家自主创新示范区科技型企业创业孵化集聚区管理办法（试行）

第一条　为支持中关村国家自主创新示范区（以下简称“示范区”）创业期科技型中小微企业发展，降低其开办和经营成本，规范其经营行为，依据《中关村国家自主创新示范区条例》和《中关村国家自主创新示范区企业登记办法》，制定本办法。

第二条　本办法所称示范区科技型企业创业孵化集聚区（以下简称“创业孵化集聚区”）是指在示范区内由独立机构运营、集中面向科技类和文化创意类及相关产业的创业期中小微企业出租，自行或通过第三方专业机构为入驻企业提供相应办公服务的场所。

第三条　下列单位的特定区域经中关村科技园区管理委员会（以下简称“中关村管委会”）会同相关区（县）人民政府审核同意并向社会公开发布后，即确认为创业孵化集聚区。

（一）国家级或北京市级大学科技园。

（二）国家级或北京市级科技企业孵化器。

（三）中关村海外留学回国人员创业园。

（四）中关村创新型孵化器。

第四条　对于由行业领军企业、创业投资机构、社会组织等社会力量兴办的、信誉良好的创业孵化区域，可向中关村管委会提出创业孵化集聚区认定申请，由中关村管委会会同相关区（县）人民政府进行认定。

第五条　创业孵化集聚区应当由专业管理服务机构运营，从事出租并提供相应服务。管理服务机构为企业的，经营范围应包括“为入驻企业提供办公场所、商务服务及其他配套服务”，其注册地应当在自有创业孵化集聚区内，同时开办多个创业孵化集聚区的应当办理分支机构营业执照。

第六条　创业孵化集聚区建筑面积原则上应在500平方米以上（含500平方米）。创业孵化集聚区场所原则上应为管理服务机构自有或租期5年以上，应为入驻企业提供必需的办公设备及会议室、洽谈室等公共办公场地；公共办公场地面积不得低于创业孵化集聚区面积的20%。

第七条　创业孵化集聚区的管理服务机构应当建立健全以下管理制度。

（一）规定企业入驻的条件。入驻企业应是处于创业期的科技类和文化创意类及其相关产业的中小微企业（法律、法规和国务院规定需办理许可审批的企业除外），经营项目符合示范区一区十六园区域产业政策要求，并在法律、法规允许的范围内从事经营活动。

（二）制订入驻企业总量控制计划。根据创业孵化集聚区的场地面积、能够提供公共服务的能力等情况，对入驻企业总量和引进计划进行合理安排。应为每个入驻企业提供必要的固定的办公场地，并要求企业在此办公场地悬挂营业执照。入驻企业数量超出核定数量时，在原企业退出并办理相应变更或注销登记前，不再办理新企业入驻。

（三）建立企业退出机制。对于发展成熟的入驻企业，应当引导其办理地址变更，限期迁出创业孵化集聚区；对于实际办公经营所在地符合办照条件的入驻企业，应当限期迁出创业孵化集聚区或办理分支机构；对于不再符合创业孵化集聚区入驻条件的企业应及时办理退出；对严重违法违规或违反创业孵化集聚区管理规定的入驻企业，及时清理，限期迁出创业孵化集聚区。

（四）建立企业商务秘书或联系人制度，为入驻企业提供服务，定期与入驻企业联络沟通；配合行政司法等相关部门对入驻企业开展监督管理工作。

（五）建立入驻企业基本信息档案管理制度。掌握入驻企业其他经营场所、法定代表人联系电话、邮箱以及实际经营项目等基本情况，记录与入驻企业联络沟通情况，并负责行政、法律文书送达。

（六）建立入驻企业信息报告制度及披露机制。创业孵化集聚区的管理服务机构每半年应向中关村管委会提交入驻企业相关信息，并将商务秘书或联系人及入驻企业基本信息报工商行政管理部门进行备案。创业孵化集聚区管理服务机构发现已迁出或失去联系不在创业孵化集聚区继续经营的企业，应在企业租赁期满未续约之日起15个工作日或失去联系起15个工作日内，将有关情况反馈工商行政管理部门。经工商行政管理部门核实属于查无下落的，在北京市企业信用信息网上向社会公示。

（七）建立创业孵化集聚区信息报告制度及披露机制。创业孵化集聚区的管理服务机构每年向中关村管委会报告运行管理情况，中关村管委会会同政府有关部门对信息报告情况进行综合分析，取消不合格创业孵化集聚区的资格，向社会公开发布，并通告工商行政管理部门。工商行政管理部门据此不再办理新企业入驻，创业孵化集聚区的管理服务机构及入驻企业应依法办理变更或注销登记。

第八条 经认定的创业孵化集聚区应由其管理服务机构免费为符合相关条件的企业办理入驻手续和出具登记注册的住所或经营场所使用证明。创业孵化集聚区及其管理服务机构接受工商、税务、人力社保、质监、中关村管委会等政府部门的指导和监督。各区（县）人民政府负责对本辖区内经认定的创业孵化集聚区进行日常监管和服务。

第九条 建立创业孵化集聚区运行信息分析研判机制，加强经济信息的分析利用，促进政府部门间的信息共享，完善信息互通机制，为辖区经济服务、为政府决策提供依据。

第十条 本办法由中关村管委会负责解释。

第十一条 本办法自发布30日之后施行。

关于印发《中关村国家自主创新示范区中小微企业小额贷款支持资金管理办法》的通知

中科园发〔2014〕49号

各相关单位：

《中关村国家自主创新示范区中小微企业小额贷款支持资金管理办法》已经我委2014年第24次主任专题会审议通过。现印发给你们，请认真遵照实施。

中关村科技园区管理委员会

二〇一四年九月二十五日

附件：

中关村国家自主创新示范区中小微企业小额贷款支持资金管理办法

第一章　总　　则

第一条　为贯彻落实国务院办公厅《关于金融支持小微企业发展的实施意见》(国办发〔2013〕87号)、国家发展改革委《关于加强小微企业融资服务支持小微企业发展的指导意见》(发改财金〔2013〕1410号)以及国家发展改革委等9部委与北京市政府联合发布的《关于中关村国家自主创新示范区建设国家科技金融创新中心的意见》(京政发〔2012〕23号)等文件精神,进一步提升中关村国家自主创新示范区企业融资效率和融资可获得性,促进中小微企业通过小额贷款获得融资支持,缓解企业融资难问题,制定本办法。

第二条　本办法所指的小额贷款业务,是指由中关村科技园区管理委员会(以下简称"中关村管委会")合作的小额贷款机构对符合条件的中关村中小微企业提供的小额贷款。

第三条　合作小额贷款机构应当注册在北京市,且经营范围覆盖中关村一区十六园。合作机构名单通过中关村示范区网站(www. zgc. gov. cn)向社会公开发布。

第二章　支持措施

第四条　符合本办法支持条件的中关村中小微企业应当是中关村高新技术企业,并且为中关村企业信用促进会会员。

第五条　中关村管委会为按期还本付息并符合小额贷款支持条件的中小微企业,以年利率6%为基数,按照一定比例给予贷款贴息。贴息比例与企业的星级对应关系如下:一星级企业贴息比例为20%(初次申请贷款的企业,按照一星级企业贴息标准执行);二星级企业贴息比例为25%;三星级企业贴息比例为30%;四星级企业贴息比例为35%;五星级企业贴息比例为40%。"瞪羚重点培育"企业在原有贴息比例基础上提高5%。

本办法规定的企业信用星级评定标准参照《中关村国家自主创新示范区企业信用星级评定管理办法》(中科园发〔2010〕47号)执行。

第六条　对于符合本办法条件的贷款,按月计算贴息金额,不足整月部分的贷款不予补贴。

第七条　企业贷款时应符合本办法规定的相关条件,并应在按时还本付息后6个月内向小额贷款机构提交补贴申请,逾期不再受理。对单家企业小额贷款业务年度贴息支持不超过30万元。同一笔小额贷款的利息补贴不超过1年。

第三章　支持资金申请及受理

第八条　企业应通过合作小额贷款机构申请小额贷款贴息资金支持,并向小额贷款机构提供下列资料一式两份。

(一)《企业小额贷款贴息申请报告》(法定代表人签字并加盖公章)。

(二)中关村高新技术企业资格证书复印件。

(三)中关村企业信用促进会会员证书复印件。

(四)贷款日之前取得的企业信用星级证书复印件。

(五)贷款日之前取得的,监管机构出具的同意企业进入全国中小企业股份转让系统的函的复印件(在全国中小企业股份转让系统挂牌的“瞪羚重点培育”企业提供)。

(六)贷款日之前取得的,有关主管部门出具的已受理或批准企业有关发行和上市申请的通知书、备案文件等证明材料复印件(在境内外上市的“瞪羚重点培育”企业提供)。

(七)企业名称变更的,提交市工商局出具的《名称变更通知》复印件。

(八)放款凭证、还款凭证等材料复印件。

(九)企业小额贷款利息单复印件。

(十)中关村管委会及合作小额贷款机构要求提交的其他材料。

申请企业应保证所提供材料真实有效。以上材料是复印件的,需加盖企业公章。

第九条 小额贷款机构代企业向中关村管委会申请贷款贴息资金支持时,除提供第八条所列的材料外,还应向中关村管委会提交下列材料一份,机构留存一份备查。

(一)《小额贷款机构代企业申请贴息报告》(加盖小额贷款机构公章)。

(二)中关村管委会要求提交的其他材料。

第四章 支持资金拨付

第十条 小额贷款机构应及时汇总审核企业补贴申请材料,并于每年4月1日前代企业提交上一年度的补贴申请。中关村管委会收到上述材料并审核完毕后,将补贴款项拨付给小额贷款机构,由其在收到款项后的15个工作日内拨付给相关企业。小额贷款机构应于资金拨付完成后5个工作日内,向中关村管委会提交资金拨付情况的说明。

第五章 监督管理

第十一条 小额贷款机构负责审核确认申请企业按时还本付息,汇总、初步审核企业贴息申请材料,并对材料的真实性和准确性负责。中关村管委会有权随时抽检。

第十二条 合作小额贷款机构应按照中关村管委会的要求报送相关项目情况的进展报告及报表。合作机构不按时提交相关材料或者不配合相关工作的,中关村管委会有权取消其合作机构资格。

第十三条 中关村管委会对小额贷款支持资金的使用情况进行监督和检查。

第十四条 对小额贷款支持资金使用中的违反法律法规的行为,依据《中华人民共和国预算法》《中华人民共和国会计法》和《财政违法行为处罚处分条例》等规定进行处理处分。对于弄虚作假骗取小额贷款支持资金的申报单位,除按以上规定处罚外,中关村管委会将在中关村示范区网站予以通报,追回已拨付资金,并不再受理其相关公共政策支持资金的申请,取消与该单位的合作关系。

第六章　附　　则

第十五条　本办法由中关村管委会负责解释。

第十六条　本办法自2015年1月1日起施行。其他中关村小额贷款补贴支持规定如有与本办法不符的，参照本办法执行。

关于印发《关于支持高等学校科技人员和学生科技创业专项资金管理办法（试行）》的通知

中科园发〔2014〕53号

各相关单位：

为支持高等学校科技人员和学生科技创业，根据《北京市人民政府办公厅关于印发加快推进高等学校科技成果转化和科技协同创新若干意见（试行）的通知》（京政办发〔2014〕3号）的精神，我们制定了《关于支持高等学校科技人员和学生科技创业专项资金管理办法（试行）》。现印发给你们，请遵照执行。

中关村科技园区管理委员会

二○一四年十一月十五日

附件：

关于支持高等学校科技人员和学生科技创业专项资金管理办法（试行）

第一章　总　　则

第一条　根据《北京市人民政府办公厅关于印发加快推进高等学校科技成果转化和科技协同创新若干意见（试行）的通知》（京政办发〔2014〕3号）有关规定，制定本办法。

第二条　本办法所称中关村高等学校科技人员和学生科技创业专项资金（以下简称“专项资金”），是指从中关村科技园区管理委员会（以下简称“中关村管委会”）部门预算中安排，实行总额控制，专门用于引导高等学校开展科技成果转化和科技协同创新，支持高等学校科技人员和学生科技创业的资金。

第三条 专项资金的使用和管理遵循公开透明、统筹管理、注重实效、加强监督的原则。

第四条 专项资金建立申报受理、结果公示、追踪问效的全过程管理机制，实现资金分配的激励和约束。

第五条 中关村管委会负责专项资金的使用和管理，开展绩效评价和监督检查，并将专项资金使用情况报市财政局。

第六条 中关村管委会建立筛选机制，组织资金申报和审核，对符合条件的申请企业给予资金支持，并根据企业发展情况进行跟踪服务。

第二章 支持方式、范围与支持条件

第七条 专项资金以一次性无偿资助的方式支持高等学校科技人员和学生创办的科技企业。

（一）高等学校拥有科技成果的科技人员，以现金方式出资并持有企业股权，在中关村示范区创办的科技型企业，可按照不超过科技人员现金出资额度的20%申请专项资金支持。

科技成果是指由高等学校依法持有的，经科学研究和技术开发所产生的具有实用价值的科学技术成果，包括发明、实用新型、外观设计专利，软件著作权，集成电路布图设计权，植物新品种，中药品种，农作物品种，国防专利，专有技术，各类创意设计作品，以及法律法规规定的其他科技成果。

科技人员是指参与科技成果研发的高等学校的教师。

（二）高等学校教师作为天使投资人投资的学生（含在校学生和毕业两年之内的毕业生）科技创业企业，可按照不超过教师现金出资额度的50%申请专项资金支持。

（三）每家企业获得专项资助的数额不超过100万元。

（四）专项资金支持主要用于企业的正常经营活动，不得用于从事贷款或股票、期货、房地产、基金、企业债券、金融衍生品等投资和赞助、捐赠等支出。

第八条 申请专项资金支持的企业应具备以下基本条件。

（一）本办法实施后在中关村示范区注册，从事战略性新兴产业领域的技术服务、技术咨询，产品的研发、生产和服务，具有切实可行的商业计划，知识产权明晰。

（二）高等学校科技人员的现金出资或高等学校教师对学生创业企业的现金出资已实际到位，所形成的股权尚未退出。

（三）尚未获得政府其他专项资金支持。

第三章 资金申请与受理

第九条 企业申请专项资金，应按中关村管委会发布的资金申请通知，准备和提供相应的申请材料。

第十条 中关村管委会负责受理申请，并进行资格、内容审核及最终审批。

第十一条 中关村管委会在官网（www. zgc. gov. cn）上对拟进行专项资金支持的企业名单进行公示，公示期为2周；期满后，对确认无异议的，将专项资金直接拨付至企业。

第四章 监督管理

第十二条 中关村管委会将专项资金纳入公共财政资金考核评价体系，根据公共财政原则建立有效的绩效考核制度，定期对资金使用效益进行评估，并将专项资金的使用情况报市财政局。

第十三条 中关村管委会作为专项资金管理的责任单位，可以对获得资金支持的企业进行抽查，对弄虚作假、套取专项资金、不按规定用途使用资金的企业，将收回已拨付资金，并在网站予以通报。

第五章 附 则

第十四条 本办法由中关村管委会负责解释。

第十五条 本办法自发布之日起 30 日后施行。

首都知识产权服务业发展规划(2014—2020年)

(2014年5月27日)

为贯彻落实《北京市人民政府关于促进首都知识产权服务业发展的意见》,助推中国特色世界城市建设,促进首都知识产权服务业发展,强化知识产权服务对科技进步和经济发展的促进作用,特制定本规划。

一、首都知识产权服务业发展面临的形势

近年来,国家和北京市对知识产权服务业给予高度重视,促进知识产权服务业发展的政策体系不断完善。2011年12月,北京市政府发布《关于促进首都知识产权服务业发展的意见》,成为全国首个引导和促进知识产权服务业发展的政府文件。2012年11月,国家知识产权局、发展改革委等九部委联合制定《关于加快培育和发展知识产权服务业的指导意见》。2012年12月,首都知识产权服务业大会召开,对首都知识产权服务业进行总体部署,并提出新的要求。2013年5月,首都知识产权服务业作为重要参展方,首次在京交会上亮相。推进首都知识产权服务业发展的一系列重要政策和措施相继推出,为首都知识产权服务业创造了良好的发展环境。

北京市知识产权中介服务机构不断增多,中介服务基本实现市场化、社会化。北京市专利代理机构作为首都知识产权服务业的中坚力量,不论是机构数量,还是从业人员队伍,都在全国居领先地位。截止到2012年年底,北京市专利代理机构共251家,占全国专利代理机构的28%;执业专利代理人3254人,占全国总数的40%。目前,北京市已初步形成由代理服务、法律服务、信息服务、商用化服务、咨询服务和培训服务等组成的全方位知识产权服务体系,成为首都创新体系建设的重要力量,在首都经济社会发展中起到重要支撑作用。

然而,从首都知识产权服务业可持续发展的要求来看,首都知识产权服务业还面临着一些问题与不足。高端业务的服务能力有待加强,行业无序竞争现象严重,行业标准和规范建设滞后,行业自律与行业诚信体系建设有待加强,高层次、复合型、具有国际竞争力的高端人才相对缺乏,团体意识和社会影响偏弱。

在新的发展阶段,随着市场主体对知识产权服务的需求日趋旺盛,北京作为知识产权服务业聚集区,面临着重要的发展机遇和挑战。从国际来看,面对日趋激烈的国际竞争,发展具有国际化水平的知识产权服务业,提升知识产权综合服务能力,有效地应对涉外知识产权争端,是首都知识产权服务业发展的迫切要求。从国内来看,北京在全国知识产权服务业发展中发挥着重要的龙头引领作用,建立健全知识产权服务体系,拓展服务模式,将知识产权服务业发展成为高技术服务业的主导力量之一,是首都知识产权服务业发展的重要使命。

因此,需要对未来一段时期首都知识产权服务业发展进行全面规划,统筹协调,采取有效措施,推动首都知识产权服务业发展迈上新台阶,为首都创新驱动发展提供强大动力,为首都经济社会可持续发展提供坚强保障。

二、首都知识产权服务业发展的指导思想和工作目标

(一)指导思想

深入实施创新驱动发展战略,按照“人文北京、科技北京、绿色北京”和中国特色世界城市建设的总体要求,以实施首都知识产权战略为主线,着力培育知识产权服务市场,构建服务主体多元化的知识产权服务体系,拓展服务领域、丰富服务模式、提升服务水平,推动首都知识产权服务业向专业化、规模化、国际化发展,为首都率先形成创新驱动发展格局做出重要贡献,为全国知识产权服务业发展发挥示范引领作用。

(二)工作目标

到2020年,首都知识产权服务业对首都经济社会发展的支撑作用充分显现,知识产权体系化服务能力显著增强,知识产权服务管理体系得到有效规范,实现以培育百家知识产权服务品牌机构、百名知识产权服务领军人才为目标的“双百工程”,打造高端知识产权服务品牌,使北京成为全国知识产权服务业发展的先行示范区。

1. 首都知识产权服务对经济社会发展的贡献明显提高。实现首都知识产权服务与经济社会发展深度融合,知识产权服务能力和水平大幅提升,提高优秀自主创新知识产权成果的产出效率,提升自主知识产权的品牌效应,加快知识产权成果产业化并实现其经济社会价值。到2020年,知识产权服务业成为高技术服务业中最具活力的领域之一,其规模和产值占现代服务业的比重明显提升,对经济社会发展的贡献明显提高。

2. 首都知识产权服务体系更加完善。形成公共服务与商业服务协同发展的知识产权服务体系,建立并完善由代理服务、法律服务、信息服务、商用化服务、咨询服务和培训服务构成的全方位知识产权服务体系,围绕技术创新、文化创意和品牌创建,在专利、商标、版权、商业秘密和植物新品种等知识产权领域提供专业化服务。

3. 首都知识产权服务环境更加优化。建立较为完善的首都知识产权服务业政策体系、标准体系和行为规范,健全行政监管与行业自治自律相结合、有利于知识产权服务业发展的管理环境,改善有助于维护市场主体合法权益的知识产权保护环境,促进知识产权服务业持续、健康、有序发展。到2020年,实现1000家国有企业的软件正版化。

4. 首都知识产权服务机构实力更加强大。形成市场化发展机制,扩大知识产权服务业规模,提升知识产权服务机构综合能力,知识产权服务主体向多元化发展,形成一批专业化、规模化、国际化的知识产权品牌服务机构。到2015年,北京市专利代理机构达到300家。到2020年,北京市专利代理机构达到400家,培育首都知识产权服务品牌机构100家;正版产品销售示范单位达到500家,培育版权输出超过100种的版权贸易(输出)企业10家,版权输出数量年均增长10%,形成一批具有国际影响的版权交易品牌。

5. 首都知识产权服务队伍素质明显提升。知识产权服务业从业人员数量和服务能力大幅提高,人员结构优化,培养一批高层次专业人才,打造一支专业素质高、具有国际竞争力的知识产权服务队伍。到2015年,北京市执业专利代理人达到4000人;到2020年,北京市执业专利代理人达到6000人,培养100名首都知识产权服务领军人才。

三、首都知识产权服务业发展的主要任务

(一)完善知识产权服务政策体系

1. 加强知识产权服务与产业、科技、金融、区域等政策衔接。制定有利于首都知识产权服务业发展的优惠政策,出台北京市知识产权质押融资支持政策,扩大行业规模,鼓励服务机构做强、做

优。强化科技创新中的知识产权导向，健全科技计划和科技重大专项知识产权管理制度，在重大科技经济活动中明确对于知识产权配套服务的要求。

2. 完善支持知识产权服务业发展的配套政策。制定政策措施加快知识产权服务业集聚创新发展，出台中关村促进知识产权服务业聚集的支持政策，通过租金补贴和物业进驻优惠政策，鼓励知识产权服务机构向中关村聚集。完善北京市专利相关资助政策，支持服务机构提高专利质量，支持各类知识产权服务机构加强分析评议能力建设，开展知识产权分析评议服务；支持行业协会、专利中介服务机构在专利预警方面为政府决策和企业发展提供服务；鼓励行业协会、服务机构为企业提供应对海外专利纠纷、争端和突发事件的服务。

3. 完善知识产权服务业统计和监测制度。建立首都知识产权服务业统计调查制度，明确统计范围和统计对象，设计统计指标，规范统计内容，统一统计口径，完善涉及知识产权代理、法律、信息、商用化、咨询和培训等服务内容的知识产权服务业统计体系，建立健全首都知识产权服务业发展的监测和信息发布机制。

（二）建立知识产权公共服务平台

1. 完善知识产权公共信息服务平台。推出知识产权信息服务公共产品，整合政府部门、企业、科研院所、高校和信息分析机构的信息资源，加快北京市知识产权公共信息服务平台的建设，实现面向社会公众的专利基础信息的检索查询、在线统计分析服务，面向北京市重点行业及企业提供专利信息应用服务和专利预警的数据支持，并为政府部门提供管理决策分析服务。依托北京市知识产权公共信息服务平台，构建由主站、工作分站、服务网点组成的专利信息三级服务体系，实现专利信息服务的物理延伸。加强专利、商标、版权、集成电路布图设计和植物新品种等各类知识产权信息资源的整合，进一步开放知识产权信息基础资源，提升知识产权信息公共服务能力，准确、及时、全面地向公众提供知识产权信息数据。

2. 建立知识产权专题数据库服务平台。立足北京市重点发展产业，逐步建立全面覆盖战略性新兴产业的专利信息服务体系，围绕新一代信息技术、生物、节能环保、新材料、新能源汽车、新能源、航空航天、高端装备制造等产业建设专题数据库，为产业发展提供更有效的专利信息服务，推进专利信息在战略性新兴产业联盟和相关企业的产业布局、研发创新、技术引进、贸易风险防范等方面的应用。

3. 完善知识产权保护公共服务平台。充分发挥北京市保护知识产权举报投诉语音电话系统和案件流转系统的作用，依托部门协作机制，畅通举报投诉与维权渠道。依托中国（北京）知识产权保护网，为企业创新和产业发展提供最新、最快、最全面的知识产权保护信息。强化首都知识产权保护公共服务平台建设，拓展公共服务功能，提供重点产业、重点区域和重点领域的知识产权保护专业化服务，为行政执法和司法部门提供有力支撑。

4. 搭建知识产权商用化服务平台。利用现有的专利信息资源对专利的技术价值和潜在风险进行鉴别分析，提高专利交易的可信度和公信力。促进知识产权转化，重点支持知识产权成果在本市转化。搭建集商标展示、商标事务咨询、商标融资、商标交易和闲置商标转让等功能于一体的商标服务平台，推动商标资产的合理流动与优化配置，进一步推动商标服务的市场化进程。搭建集版权交易、评估、投融资和信息交流为一体的版权服务平台，实现版权产业化、市场化运作。

（三）拓展知识产权服务模式

1. 发展综合知识产权体系化服务。支持服务机构开展包括知识产权代理、法律援助、信息服务、管理咨询、商用化、培训等业务类型的综合服务，根据市场主体的立体需求，为不同行业、不同区域和不同企业提供知识产权一站式服务，提升服务机构的知识产权综合服务能力。

2. 加强知识产权信息传播利用。政府有关部门制定科技和产业发展战略、政策以及进行重大项目决策时，要对可能影响科技和产业发展的知识产权信息进行分析。引导企业、大专院校和科研机构把知识产权信息查询、分析纳入科技创新活动过程之中，充分利用知识产权检索分析工具，提高知识产权信息的利用能力。鼓励各类知识产权服务机构开展知识产权分析和预警服务，形成为特定领域服务的专业特色。

3. 强化知识产权保护服务。建立政府部门、司法机关、知识产权法律服务机构、行业协会等协同发展的知识产权保护服务机制。依托首都知识产权保护公共资源，开展专业化、公益性的知识产权保护服务，指导行业或企业建立知识产权防御体系，提升纠纷处理能力。设立知识产权保护资金，鼓励服务机构提供知识产权维权援助服务。依托行业协会和服务机构，推动知识产权纠纷多元调解机制的构建，多渠道化解各类知识产权矛盾纠纷。支持服务机构为企业提供知识产权法律服务，形成对专利、商标、著作权、商业秘密等各类知识产权的保护服务体系，全方位保护市场主体创新成果。

4. 加强知识产权投融资服务。组建由政府主导、金融机构和知识产权服务机构共同参与的知识产权服务联盟，构建资源共享的知识产权服务共同体，面向企业提供知识产权评估、知识产权转让交易、知识产权项目融资等服务。开展知识产权金融产品与服务创新，探索推动知识产权质押贷款和知识产权小额信用贷款等金融产品，推动企业信用评级、知识产权价值评估、知识产权拍卖、知识产权战略分析等知识产权服务的发展。

5. 培育知识产权新兴服务业态。支持服务机构与技术转移机构建立深度战略合作关系，为专利技术的转移转化和商用化提供"链条式"知识产权整体解决方案和综合咨询服务，培育一批知识产权与技术转移融合发展的新兴服务业态，进一步拓展知识产权服务业的范畴。

（四）优化知识产权服务的管理环境

1. 加强知识产权服务行业监督管理。规范政府部门对知识产权代理行业的监管，完善代理机构审批、年检和惩戒制度。完善行政监管与行业自律有机结合、定位明确、分工合理、相互协调、运转有效的监督管理机制。逐步对服务机构开展分级分类管理，促进知识产权服务机构不断提升服务质量和服务能力。

2. 加强行业协会自治自律建设。完善各类知识产权行业协会组织体系，加强行业协会的自治自律管理、业务指导、行业维权、执业培训等工作，强化行业协会的各项职能，逐步建设专业委员会，加强对会员的专业化支持和服务，积极树立良好的行业形象，扩大行业社会影响力。指导行业协会开展知识产权服务机构考评工作，鼓励服务机构做优做强。支持北京市专利代理人协会打造会员交流与服务平台，推动北京专利代理服务行业发展。支持北京商标协会加强对商标代理组织和代理人的自律管理，建立信用记录、信用等级评价和失信惩戒等制度，推动商标中介组织从单一的注册服务向综合全面的商标服务转变。

3. 制定和推广服务标准。建立专业高效、服务规范、支撑有力的北京市知识产权服务标准体系，指导知识产权服务机构和知识产权服务人员开展业务，规范服务机构的服务行为。建立服务标准的管理机制，开展服务标准的贯彻实施、普及教育、培训指导等工作。建立知识产权服务质量评估机制，提升知识产权服务的质量。

4. 培育知识产权服务文化。广泛开展知识产权服务的宣传教育，支持各类知识产权服务机构开展行业宣传，树立专业化的知识产权服务理念，鼓励知识产权服务人才加入志愿者队伍，普及知识产权知识，提升社会各界对知识产权服务的认识，营造有利于知识产权服务业发展的社会氛围。

（五）培育知识产权服务机构

1. 实施知识产权服务品牌机构培育计划。遴选基础条件好、资信度高、辐射范围广、业务能力强、具有示范带头效应的知识产权服务机构，开展品牌机构培育工作。通过分级分类评定，在每个重点服务领域选取一定比例的机构进行重点培育，引导知识产权服务机构不断完善服务功能，在代理服务、法律服务、信息服务、商用化服务、咨询服务和培训服务等方面实现重大突破，通过品牌培育带动知识产权服务业快速发展。

2. 培育知识产权分析评议服务示范机构。遴选知识产权分析评议能力较强、有一定服务经验、发展潜力好、具有引领带动作用的知识产权服务机构，开展分析评议示范培育工作。建立专利分析评议工作体系，明确专利分析评议工作规范，形成分析评议项目的统筹协调和成果共享交流机制，合理配置数据信息资源，加强专利分析成果的推广应用。建立高质量的专利分析评议专家库，培养专业化的分析评议人才队伍，形成引领知识产权分析评议服务发展的骨干力量。

3. 引导服务机构与各类创新主体对接。组织知识产权服务机构为创新型中小企业提供点对点知识产权专业服务，通过建立重点企业知识产权联络员制度，使知识产权服务机构能够及时掌握服务需求，为企业提供优质高效的知识产权服务。通过建立企业与服务机构间的沟通桥梁，鼓励企业加大知识产权维权投入，增强维权信心，利用服务机构的优质服务，提升企业的品牌价值和市场竞争力。引导知识产权服务机构与科研单位和高等院校联合、协作，使服务机构能够充分利用科研单位和高等院校的专业知识、人才优势及技术开发、检测和中试设施，为智力成果权利化、产业化更好地提供服务。

（六）加强知识产权服务人才培养

1. 开展知识产权服务业的职业培训工作。根据不同层级、不同领域和不同阶段的需要，组织多种形式的交流培训活动，引进国际师资，对知识产权服务从业人员开展职业培训，培育知识产权服务高端实务人才。组织好专利代理人继续教育工作，建立专利代理人执业教育体系，推进专利代理实务技能培训工作，开发网络教育平台。

2. 壮大知识产权服务人才队伍。扩大知识产权服务人才队伍规模，发展知识产权管理、咨询、运营、评估、保险和信息分析人才队伍。鼓励知识产权服务机构多形式多渠道引进高端人才，引进高学历人才和海外留学人才，引进能够胜任知识产权战略研究、诉讼服务和涉外服务的高层次人才。鼓励参加专利代理、资产评估资格考试，取得相应资质。

（七）推动知识产权服务业在中关村集聚发展

1. 加快中关村知识产权和标准一条街建设。落实促进中关村知识产权服务业高端发展的政策，营造知识产权服务业发展的良好环境。吸引国内外高端知识产权服务机构进驻，实现中关村知识产权服务业聚集效应。配合国家技术转移集聚区建设，在国际技术转移中实现自主知识产权高端辐射，吸引国际高端知识产权服务机构在国家技术转移集聚区内聚集发展。

2. 做好中关村国家知识产权服务业集聚发展试验区工作。加大中关村知识产权服务业先行先试的工作力度，深入开展知识产权评议、专利导航产业、知识产权投融资、专利普及分析推广等先行先试工作，充分发挥中关村知识产权服务业集聚发展的示范引领作用。加强商业模式及服务理念创新示范，优化区域知识产权服务业态结构，促进区域创新资源向产业优势转化。开展知识产权服务的理论研究，探索知识产权服务的新模式、新举措。

3. 推动中关村知识产权服务业联盟建设。建立和完善中关村知识产权服务业机构库，充分发挥中关村知识产权服务业联盟的专业优势，加强知识产权服务业产业链上中下游机构的合作与交流，实现中关村知识产权服务业功能聚集效应。组织联盟内优秀的知识产权服务机构为园区重点产业、重点企业、重大经济科技活动等提供深度知识产权服务，为政府科学决策提供支撑。

（八）提高知识产权服务的国际化水平

1. 开展知识产权服务对外合作与交流。制订知识产权服务对外合作与发展计划，支持知识产权服务机构不断拓展涉外知识产权服务，参与国际合作与竞争。争取与更多国家和地区的知识产权服务机构及相关行业组织建立友好协作关系，扩大知识产权服务业在知识产权国际事务中的影响力。

2. 推动知识产权服务机构的国际化进程。通过定期组织业务论坛、境外学习等活动，学习和借鉴发达国家成功经验，特别是先进管理经验和专业化运作模式，使北京市优质知识产权服务机构的服务水平逐步与国际接轨。支持资质好、信誉高、运作规范的机构积极开拓国际业务，到海外设立分支机构。支持国际知名服务机构在北京设立分支机构，鼓励海外留学人才回国创办知识产权中介服务机构。

四、首都知识产权服务业发展的保障措施

（一）加强组织领导

成立促进首都知识产权服务业发展工作联席会议，建立健全促进首都知识产权服务业发展的协调机制，每年制订工作计划，共同推进规划各项工作的落实，定期组织工作协调会议，形成横向协作、上下联动的工作合力，充分发挥政府部门、行业协会和知识产权服务机构等各方面的积极性，推进首都知识产权服务业快速发展。

（二）强化政策导向

市区两级知识产权工作部门有针对性地制定和完善有助于知识产权服务业发展的扶持和激励政策，加强产业政策、区域政策、科技政策、金融政策与知识产权服务业政策的衔接，推动知识产权服务业健康发展。

（三）加大支持力度

市区两级财政部门要积极统筹资金，优化结构，加强对知识产权服务业发展的支持，培育知识产权服务品牌机构。鼓励知识产权服务机构配套必要的资金，为知识产权服务业发展提供可靠的资金保障。

北京市知识产权局 北京市财政局关于印发《北京市专利资助金管理办法》的通知

京知局〔2014〕178 号

各有关单位、个人：

为有效提升我市专利质量和价值，推动我市科技创新中心的建设，按照国家和北京市相关政策要求，我们研究制定了《北京市专利资助金管理办法》，现将该办法印发给你们，请遵照执行。原《北京市专利申请资助金管理暂行办法》同时废止。

附件：北京市专利资助金管理办法

北京市知识产权局 北京市财政局

二〇一四年九月二十八日

附件：

北京市专利资助金管理办法

第一章 总 则

第一条 为实施创新驱动发展战略，鼓励发明创造和自主创新，促进科技、经济和社会发展，提高北京市专利资助金（以下简称“资助金”）的管理水平和使用效益，根据《北京市专利保护与促进条例》的相关规定，制定本办法。

第二条 资助金主要用于资助本市专利创造的相关活动。

第三条 资助金资助对象是指注册或登记地在本市的单位和户籍在本市或具有本市工作居住证的个人。资助涉及的专利具有多个权利人的，必须是第一权利人。

第四条 资助金纳入市财政预算，由市财政局和市知识产权局共同管理。

第五条 资助金的使用坚持“公正透明、支持重点、部分资助，总量控制”的原则。

第二章 管理机构的职责

第六条 市财政局是资助金的监管部门，其主要职责如下。

（一）确定资助金的使用原则。

（二）审核、批复年度资助金预算和决算。

（三）检查、监督资助金的管理和执行情况。

（四）对重大项目组织实施绩效考评。

第七条 市知识产权局是资助金的主管部门，其主要职责如下。

（一）联合市财政局确定资助金的支持方向。

（二）编制年度资助金的预算和决算。

（三）组织对资助金申报的审核、评估。

（四）检查、监督资助金的管理和使用情况。

（五）对资助金执行情况进行绩效考评。

第三章 资助范围和标准

第八条 专利资助是对授权专利在申请和维持过程中发生的相关费用所给予的部分资助。

第九条 资助范围

（一）国内授权发明专利、实用新型专利和外观设计专利的部分申请费用。

（二）国内授权发明专利的代理服务费和第七年、第八年年费，小微企业发明专利授权后前三年度的年费。

（三）向我国香港、澳门和台湾地区提交的发明（标准）专利并获得授权（注册）的部分申请费用。

（四）通过 PCT 途径或巴黎公约途径向国外申请并获得授权的发明专利的费用。

（五）其他需要资助的专利费用。

凡获得国家财政或市级财政专项支持的专利，不得重复申请资助。

第十条 涉及本市战略性新兴产业的项目，企业与高校、科研院所合作研究开发的项目，以及其他需要重点支持项目的授权专利可优先获得资助。

第十一条 国内专利的资助

（一）发明专利授权后，单位申请人每件资助申请费用 1500 元，个人申请人每件资助申请费用 1000 元。

（二）实用新型和外观设计专利授权后，每件资助申请费用 150 元。

（三）委托本市专利代理机构办理的国内发明专利的代理服务费，授权后每件资助 1000 元。

（四）择优资助国内授权发明专利的第七年、第八年年费，资助金额每件每年不超过 500 元；小微企业发明专利授权后前三年度年费，按费用减缓后的全额标准予以资助。

（五）向香港、澳门和台湾地区提交发明（标准）专利并获得授权（注册）的，按照国内发明专利资助标准办理。

（六）单位申请人年度获得本条所规定的专利资助金额最高不超过 200 万元。个人申请人年度获得资助金额最高不超过 10 万元。

第十二条 向国外申请专利的资助

（一）在美国、日本和欧洲专利局获得发明专利授权的，每个国家每件资助不超过 2 万元；在其他国家获得发明专利授权的，每个国家每件资助不超过 1 万元，每件发明专利资助不超过 5 个国家。

（二）资助费用包括资助申请人向有关专利审查机构缴纳的官方规定费用和向国内专利代理机构支付的专利代理服务费用。

（三）单位申请人年度获得本条所规定的专利资助金额最高不超过 100 万元，个人申请人年度获得资助金额最高不超过 10 万元。

第四章 申报与受理

第十三条 市知识产权局委托国家知识产权局专利局北京代办处作为执行部门，按照本办法要求，制定相关实施细则和实施方案，做好资助金申报受理、审核、发放的具体工作。

第十四条 资助金申请集中申请。资助金申请人应当根据本办法规定和实施细则要求按时申报，逾期不予受理。

申请项目的资助金申请人，应按规定提交相应的申报表格和证明材料，如实填写相关信息。

第五章 管理与监督

第十五条 资助金必须专款专用。资助金的使用，接受有关部门的专项审计和绩效评价，确保专利资助规范、安全和有效运行。

除用于资助项目的管理、审查、评估、检查、验收等费用外，其他费用不得在资助金中列支。

第十六条 资助金申请人在申请资助过程中弄虚作假、套取资金的，限期交回已拨付的资金，取消 3 年内申请资助金的资格，违反法律规定的，依法追究法律责任。

第十七条 专利代理等服务机构受委托办理资助金申请或者承担工作过程中，弄虚作假的，停止办理资助资格，并提请有关部门给予惩戒，违反法律规定的，依法追究法律责任。

第十八条 办理资助的工作人员滥用职权、玩忽职守、徇私舞弊，造成恶劣影响的，依据有关规定处理；违反法律规定的，依法追究法律责任。

第六章 附 则

第十九条 本办法自发布之日起施行。《北京市专利申请资助金管理暂行办法》（京财文〔2006〕3101号）、《北京市专利申请资助金管理暂行办法（补充规定）》（京财文〔2009〕850号）同时废止。

北京市人民政府关于促进信息消费扩大内需的实施意见

京政发〔2014〕5 号

各区、县人民政府,市政府各委、办、局,各市属机构:

为贯彻落实《国务院关于促进信息消费 扩大内需的若干意见》(国发〔2013〕32 号)和《国务院关于印发"宽带中国"战略及实施方案的通知》(国发〔2013〕31 号)精神,促进本市信息产业发展转型升级,推动信息消费持续增长,催生新兴经济增长点,现提出以下实施意见。

一、总体部署

(一)指导思想

坚持首都功能定位,深刻把握阶段性特征,全面落实国家战略部署,充分发挥市场在资源配置中的决定性作用和中关村国家自主创新示范区的示范引领作用,深化改革,加强新技术、新业态及增值服务创新,增强信息基础设施对信息消费的支撑能力,提高新兴信息服务业态对信息消费的引导能力,强化健康可信市场环境对信息消费的保障能力,扩大本市信息产品和服务面向全国信息消费市场的供给能力,打造信息产业的"北京服务""北京创造"和"北京创意"品牌,增强新一代信息技术的核心竞争力,使信息消费成为本市扩大内需的新动力、稳增长的新引擎、调结构的新举措和惠民生的新途径。

(二)基本原则

一是需求引领、拉动产业。面向公众、企业和政府信息消费需求,挖掘市场潜力,扩大市场规模,促进信息产业升级,带动形成新的产业优势。

二是聚焦高端、突出前沿。发挥创新优势,聚焦信息产业价值链高端,面向信息消费前沿,积极培育信息产业新业态和新领域,强化本市在全国信息产业的高端引领优势。

三是统筹协调、资源共享。加强对信息资源建设的统筹,促进公共信息资源共享,鼓励信息资源的社会化开发,建成全国领先的信息化公共服务体系。

四是深化改革、完善环境。积极建设统一开放、竞争有序的信息消费市场,消除阻碍信息消费的壁垒。增强信息安全保障能力,加强对信息内容生产、传播和消费的引导和管理,确保信息消费合法规范、健康安全。

(三)主要目标

一是基于电子商务、云计算等信息平台的消费快速增长,信息产品和服务对全国信息消费的供给和辐射能力进一步增强,信息消费成为本市扩大内需、拉动经济增长的强劲动力。到 2015 年,全市居民信息消费规模达到 1100 亿元;全市信息产品和服务规模超过 8000 亿元,在全国信息消费市场的占有率达到 20% 左右;电子商务交易额超过 1 万亿元。

二是建成国内领先、国际先进、泛在、融合、智能、可信的下一代信息基础设施。到2015年,实现本市光纤宽带网络城乡全覆盖,使用10兆及以上宽带接入互联网的用户比例超过75%。

三是建立有利于信息消费持续增长的长效机制,促进面向生产、生活和管理的信息新技术、新业态、新服务不断涌现,形成信息消费市场健康活跃、监管体系健全完善以及放心消费、安全消费的良好局面,引领信息消费发展潮流。

二、主要任务

(一)高标准推进信息基础设施建设

贯彻落实《北京市人民政府关于印发宽带北京行动计划(2013—2015年)的通知》(京政发〔2013〕16号)精神,创新工作方式,突破瓶颈障碍,着力解决光纤到户难、基站选址难问题,推动全市宽带接入能力达到全球领先水平。推进第四代移动通信网络建设,组织实施TD—LTE产业化及应用示范工程。推进下一代互联网(IPv6)规模商用,完善下一代互联网公共服务平台,促进政务网站尽快完成下一代互联网改造,鼓励商业网站向下一代互联网迁移。推进下一代广播电视网规模建设。面向环渤海地区统筹云计算数据中心合理布局。

(二)高起点培育信息消费需求

发挥中关村国家自主创新示范区先行先试政策优势和新兴产业创新资源优势,推动企业开展商业模式创新和业务融合创新,推出一批符合信息技术发展趋势的新产品、新服务和新业态,使本市成为我国信息消费的引领示范基地和产品创新中心。加快发展移动互联网、网络视频、社交网络、数字电视等信息服务,促进智能手机、智能电视、平板电脑等新型信息消费终端的普及,推动居民信息消费产品升级换代。启动大数据应用示范工程,扩大北斗卫星导航、物联网等应用示范工程的实施范围,继续实施移动互联网工程和祥云工程,培育北斗卫星导航产品、云终端等信息消费新热点。

(三)全方位推动信息产业转型升级

实施信息平台引领工程,支持打造一批集新型智能终端、软件、内容、运营服务为一体的信息平台,提供面向市民、企业和社会管理的服务,优化面向新一代信息技术的产业生态环境,引领信息产业向网络化、服务化、集成化方向转型。抓好大规模集成电路生产线、新型显示器、新型操作系统、工业云等重大项目建设,形成新型信息消费产品和服务的产业链联动发展格局。把握新型信息消费的多样化和个性化趋势,支持开发可穿戴设备、智能家居、云终端等未来型信息消费产品。推进数字家庭产业基地、国家集成电路产业园、国家数字出版基地等高端产业基地建设,形成高端信息消费产业集群。

(四)深层次推进信息消费与文化消费融合

加快推进文化创意产业数字化、网络化和服务化,大力发展数字出版、数字音乐、数字音视频、动漫游戏、网络艺术品等数字文化产品。建立技术先进、传播便捷、覆盖广泛的文化传播体系。促进广播影视内容产业和传播渠道的发展,提升广电新媒体的影响力和竞争力。加强公共文化网络设施建设,提高公共图书馆、文化馆、博物馆的数字化水平。大力加强信息内容建设,完善文化信息产品供给平台。建设国家对外文化贸易基地跨境电子商务云,支持文化生产和传播机构同国内外主流信息平台建立合作对接机制,扩大本市数字文化产品在主流信息平台的产品占有比例。结合文化消费配套政策,搭建文化消费供需平台,继续办好惠民文化消费活动,提高文化资源的价值再实现能力。

(五)多举措促进电子商务快速发展

贯彻落实《北京市人民政府关于促进电子商务健康发展的意见》(京政发〔2013〕15号)精神,

支持具有信息平台和物流资源的大型电子商务企业利用云计算和大数据技术提升增值服务能力和辐射带动能力,成为综合性、国际领先的电子商务企业。建立北京交通运输物流公共信息平台,搭建北京市城市道路配送信息系统,加强对城市货运保障"绿色车队"的支撑服务。拓展中小企业电子商务应用,建设面向中小企业的电子商务服务体系。鼓励电子商务企业同本市电子支付企业、物流仓储企业、第三方信用企业等开展合作。发展电子商务代运营、个性化定制(C2B)、线下线上互动经营(O2O)、移动电子商务等新型电子商务业务。加快推进跨境电子商务支付业务试点工作,逐步扩大试点范围。

(六)进一步提升公共服务信息化水平

落实国家信息惠民政策措施和相关重大项目,开展信息惠民示范市创建工作,全面提升教育、医疗、食品安全、养老、就业等民生领域的信息化水平。按照《北京市人民政府关于印发智慧北京行动纲要的通知》(京政发〔2012〕7 号)要求,切实采取措施吸引各类市场主体参与智慧城市建设和运行。整合政府和社会资源,推进社保卡、市政交通一卡通实现"一卡多用"。加快启动服务全市、辐射全国的教育云、健康云和智慧旅游工程。全面推进智慧社区建设,到 2015 年完成 1500 个智慧社区建设,实现社区居民生活要素信息集成服务。加快物联网在环境保护领域的应用,实现智能环境监测。政企合作建设交通云,大力推广快乐出行、绿色出行,推进轨道交通、地面公交、停车管理、出租车、自行车等综合交通实时信息应用。支持广电媒体升级改造,提高公共服务信息传播覆盖效果。推进金融 IC 卡在民生领域应用的融合创新,支持互联网支付、移动支付、电视支付等新型支付手段在公共服务领域的应用。

(七)大力统筹信息资源开发利用

制定全市大数据发展战略规划,鼓励和引导更多公共机构、企业参与北京市政府数据资源网等社会化公共信息资源平台的建设和运营,创造数据资产的社会价值和商业价值。加快制定本市公共信息资源开放和开发利用管理办法,建立完备的技术支撑体系、标准体系和安全体系,为信息资源公开、共享和利用提供有力的政策支持、标准规范和安全保障。完善市、区县政府及部门间政务信息资源共享交换机制,加快人口、空间地理、宏观经济、法人等基础数据库的建设和完善,推动基础数据库在全市应用。合理规划电子政务云数据中心,支持企业参与建设和运营电子政务云。

(八)高水平构建健康可信的信息消费环境

加强与信息消费有关的个人隐私保护、产品质量和价格管理,创造让消费者放心的消费环境。积极推进电子发票应用试点工作,逐步扩大试点范围。加强自主信息安全产品和服务的推广应用。强化重要信息系统的安全防护,提升本市信息安全保障能力。抓住互联网和金融融合发展机遇,实施互联网金融创新工程,吸引相关要素聚集,打造中国的互联网金融中心。推广新型信任技术,支持第三方机构组织开展可信网站、可信应用、可信电商的评估和认定。开展信息消费企业信用体系建设试点示范,支持行业协会开展互联网、电子商务、软件和信息服务、消费类电子等行业信用体系建设工作。将信息消费领域的网络交易行为监管、网络销售产品及服务质量监管、消费者权益保护、打击盗版侵权行为等纳入各相关单位工作重点。鼓励软件和互联网中介组织探索行业自律机制。

三、保障措施

(一)落实工作责任,加强协同配合,提高服务质量

明确各相关单位责任分工和年度任务目标,分步推进各项任务和重点工程落实。根据相关法律法规和文件精神,对本市涉及信息消费的许可、审批、核准、备案、年检等行政审批类事项按照应减必减、可放则放的原则予以清理,简化优化审批流程。

（二）积极争取国家层面的政策措施在京试点示范

积极争取国家关于降低互联网企业设立门槛、推进电子营业执照、扩大民间资本开展移动通信转售试点、简化数据中心牌照发放审批程序、鼓励民间资本参股基础电信运营等方面的改革措施在本市实施。开展信息消费试点示范城市建设工作，充分发挥中关村国家自主创新示范区先行先试作用，在互联网金融创新、网络应用商店发展等方面探索更加有效的促进政策。

（三）拓宽支持信息消费相关产业资金渠道

加大政府统筹资金对信息产业转型升级的支持力度。综合利用高新技术企业、软件企业、文化创意企业优惠政策扶植互联网企业发展。鼓励金融机构和融资担保机构大力发展科技金融，对软件和互联网企业开展知识产权质押融资。支持一批成长性好的互联网企业借助全国中小企业股份转让系统、北京股权交易中心等场外市场平台加速发展。整合社会资源，加快设立本市集成电路产业发展股权投资基金。支持利用现有引导基金设立互联网并购基金及信息消费重点领域的创业投资基金和天使投资基金。

（四）积极承接国家重大工程

做好本市承担的国家电子商务示范城市、云计算服务创新发展试点示范城市、三网融合试点城市的推进工作，积极争取成为下一代互联网示范城市、政务信息共享国家示范城市、智慧城市示范试点。集成创新资源，组织以企业为主体承接国家相关科技重大专项，进一步提升本市基础软件、集成电路、平板显示等基础性产业的创新引领能力，促进国家科技重大专项成果转化落地。

（五）保障信息基础设施建设

市政设施、公路、铁路、机场、地铁等公共设施以及政府机关、企事业单位和公共机构等所属公共设施要向宽带网络设施建设开放，并提供通行便利。落实光纤到户国家标准，规范宽带市场竞争行为，保障住宅小区和公共服务区域的公平进入。

（六）加强信息消费产品的标准创制

鼓励本市企业积极参与国家信息消费重点及新兴领域的产品和服务标准的创制。在智慧城市、智能交通、智慧社区、智能家居等重点领域制定相关地方标准。

（七）开展信息消费统计监测

科学制定信息消费的统计分类和标准，开展信息消费统计和监测，及时全面反映本市信息消费在各相关部门的发展规模、结构变化、发展水平和趋势。加强运行分析，及时向社会发布相关信息，合理引导消费预期。

各部门、各区县政府要围绕本实施意见，加强协同配合，落实各项措施和年度任务，切实将促进信息消费和宽带北京建设等各项工作抓出成效。

附件：北京市促进信息消费 扩大内需重点任务分工及时间进度（略）

北京市人民政府

二〇一四年二月八日

北京市财政局 北京市科学技术委员会转发《财政部 科技部关于执行〈科学事业单位财务制度〉有关问题的通知》

京财科文〔2014〕1148 号

市属各科研机构、各区县财政局、各区县科委：

为更好地贯彻执行《科学事业单位财务制度》，财政部、科技部下发了《财政部 科技部关于执行〈科学事业单位财务制度〉有关问题的通知》，现转发给你单位，请遵照执行。执行中有何问题，请及时反馈我局。

附件：《财政部 科技部关于执行〈科学事业单位财务制度〉有关问题的通知》（财教〔2014〕10 号）

北京市财政局

北京市科学技术委员会

二〇一四年六月十九日

附件：

关于执行《科学事业单位财务制度》有关问题的通知

财教〔2014〕10 号

党中央有关部门、国务院各部委、各直属机构、高检院、有关人民团体、各省（自治区、直辖市、计划单列市）财政厅（局）、科技厅（科委），新疆生产建设兵团财务局、科技局：

修订后的《科学事业单位财务制度》自 2013 年 1 月 1 日起施行。为了更好地贯彻执行《科学事业单位财务制度》，现将有关问题通知如下。

一、关于专用基金的问题

（一）修购基金。修购基金如有余额，继续用于固定资产的维修和购置，直至余额为零。

（二）职工福利基金。自 2013 年 1 月 1 日起，职工福利基金按非财政拨款结余不超过 40% 的比例提取。以前年度提取的职工福利基金如有余额，继续用于职工集体福利。

（三）医疗基金。医疗基金如有余额，继续按照原制度规定的使用范围优先使用，直至余额为零。

（四）科技成果转化基金。自 2013 年 1 月 1 日起，科技成果转化基金仍从事业收入和经营收支结余中提取，但调整计提的基数和列支的科目，即事业收入扣除从财政部门、财务主管部门和其他相关部门取得的有指定项目和用途的专项资金形成的事业收入后，按照不超过 10% 的比例提取并在事业支出的相关科目中列支；以及按照当年经营收支结余的 10% 提取。以前年度提取的科技成果转化基金如有余额，继续用于科技成果转化。

二、关于固定资产的折旧年限

科学事业单位的各类固定资产折旧年限如下。

固定资产分类名称	折旧年限/年	备注
一、房屋及构筑物		
1. 业务用房		
钢结构、钢筋混凝土结构	50	
砖混结构、砖木结构	30	
2. 房屋附属设施	8	围墙、停车设施等
3. 构筑物	8	池、罐、槽、塔等
二、通用设备		
1. 计算机设备及软件	5	计算机、网络设备、终端设备、存储设备等
2. 办公设备	5	电话机、传真机、摄像机、刻录机等
3. 车辆	8～10	载货汽车、牵引汽车、乘用车、专用车辆等
4. 机械设备	10～15	锅炉、液压机械、金属加工设备、泵、风机、气体压缩机、气体分离及液化设备、分离及干燥设备等
5. 电气设备	5～10	电机、变压器、电源设备、生活用电器等
6. 雷达、无线电和卫星导航设备	10～15	
7. 通信设备、广播、电视、电影设备	5～10	
8. 仪器仪表、电子和通信测量仪器、计量标准器具及量具、衡器	5	
9. 其他通用设备	5	
三、专用设备		
1. 探矿、采矿、选矿和造块设备，石油天然气开采专用设备，石油和化学工业专用设备，炼焦和金属冶炼轧制设备	10～15	
2. 电力工业专用设备、核工业专用设备、航空航天工业专用设备	20～30	
3. 非金属矿物制品工业专用设备	10～20	
4. 工程机械、农业和林业机械、木材采集和加工设备，食品加工专用设备，饮料加工设备，烟草加工设备，粮油作物和饲料加工设备，纺织设备，缝纫、服饰、制革和毛皮加工设备，化学药品和中药专用设备，邮政专用设备	10～15	

续表

固定资产分类名称	折旧年限(年)	备注
5. 造纸和印刷机械、安全生产设备,环境污染防治设备,水工机械、铁路运输设备,水上交通运输设备,航空器及其配套设备	10~20	
6. 医疗设备,电工、电子专用生产设备,专用仪器仪表	5~10	
7. 公安专用设备,文艺设备,体育设备,娱乐设备	5~15	
8. 其他专用设备	5~15	
四、家具、用具、装具	10~15	椅凳类、沙发类、柜类、架类等

三、关于无形资产的摊销年限

科学事业单位的无形资产的摊销年限按照以下原则处理:法律规定了有效年限的,按照法律规定的有效年限作为摊销年限;法律没有规定有效年限的,按照相关合同或单位申请书中的受益年限作为摊销年限;法律没有规定有效年限、相关合同或单位申请书也没有规定受益年限的,按照不少于10年的期限摊销。

以上通知,请遵照执行。执行中如有问题,请及时反馈财政部和科技部。

财政部　科技部

二〇一四年三月十八日

北京市科学技术奖励办法

(2002年4月11日北京市人民政府第93号令公布　根据2007年3月7日北京市人民政府第187号令第一次修改　根据2010年8月13日北京市人民政府第222号令第二次修改　根据2014年7月9日北京市人民政府第259号令第三次修改)

第一条　为了奖励在本市科学技术进步活动中做出突出贡献的个人和组织,调动科学技术人员的积极性和创造性,加速本市科学技术进步,促进首都的经济建设和社会发展,根据《国家科学技术奖励条例》等有关规定,结合本市实际情况,制定本办法。

第二条　市人民政府设立北京市科学技术奖(以下简称"市科学技术奖")。

市科学技术奖用于奖励本市行政区域内对科学技术创新和发展做出突出贡献的组织和个人,重点奖励在本市国民经济和社会发展规划纲要确定的重点发展行业和科技发展重点领域中取得的技术成果、采取产学研联合创新机制研究开发并在本市实施应用的技术成果、拥有自主知识产权或者形成国家或者国际标准的技术成果等。

第三条 本市科学技术奖励贯彻尊重知识、尊重人才的方针,鼓励自主创新、促进科学研究、技术开发与经济建设、社会发展密切结合,加速科教兴国和可持续发展战略的实施。

第四条 市科学技术奖的评审、授予,实行公开、公平、公正的原则。

第五条 市科学技术行政部门负责市科学技术奖评审的组织和管理工作。

第六条 市人民政府设立北京市科学技术奖励评审委员会(以下简称"评审委员会")。评审委员会下设若干专业评审委员会,依照本办法的规定,负责市科学技术奖的评审工作。

评审委员会由政府相关部门主管科技工作的负责人和行业领域专家组成,其中行业领域专家比例不少于50%。评审委员会组成人员的人选,由市科学技术行政部门提出,报市人民政府批准,任期3年。

各专业评审委员会由相关专业领域的专家组成,各专业评审委员会的人选由市科学技术行政部门确定。

市科学技术奖励工作办公室承担评审委员会的日常工作。

第七条 社会组织或者个人设立的面向本市的地方性科学技术奖项,在评审、奖励活动中不得收取任何费用。

第八条 市科学技术奖的奖励范围包括以下方面。

(一)通过原始创新、集成创新、引进消化吸收再创新取得的技术成果,应用于经济建设和社会发展,拥有自主知识产权,并取得较大经济效益或者社会效益的。

(二)在产品、工艺、材料等方面研究开发共性技术和关键性技术,实施后取得较大经济效益或者社会效益的。

(三)在转化、推广科技成果并使之产业化中,取得显著经济效益或者社会效益的。

(四)在科学技术基础性工作和社会公益性科学技术事业中取得较大经济效益或者社会效益的。

(五)阐明自然现象、特征、规律,在学术上有新见解,得到国内外学术界公认的基础研究成果,对科学技术发展具有重要价值的。

(六)研究成果对推动决策科学化和管理现代化,促进科技、经济与社会协调发展起重人作用的。

(七)外国组织或者个人同本市的组织或者个人合作研究、开发的重大科学技术成果。

(八)对提高公众的科学文化素养具有明显成效的科普作品。

第九条 下列成果不属于市科学技术奖的评审范围。

(一)涉及国防、国家安全并由于国家安全和保密原因不能公开的成果。

(二)正在研究且不能在其他领域应用的成果。

(三)存在知识产权以及有关完成单位、完成人员等方面争议的成果。

(四)已申报其他省(部)级科技奖励的成果。

第十条 市科学技术奖每年评审奖励一次,由市人民政府颁发证书和奖金。奖励经费由市财政列支。

第十一条 市科学技术奖分设重大科技创新奖、一等奖、二等奖、三等奖。其中,每年一等奖为30项左右,二等奖为60项左右。奖金数额由市科学技术行政部门会同市财政部门规定。

对于完成取得重大经济效益或者社会效益的科技创新的组织和个人,可以授予重大科技创新奖。有关重大科技创新奖的评审事项,由市科学技术行政部门报市人民政府决定。

第十二条 市科学技术奖单项奖励授奖人数一等奖不超过15人,二等奖不超过10人,三等奖不超过6人。获奖人员按贡献大小排序。

重大工程类和重大推广类成果,依据单位申报,奖项可以仅授予组织。

第十三条 市科学技术奖的候选项目由本市行政区域内的下列组织推荐。

(一)国家及本市有关部门。

(二)所在区县人民政府。

(三)市科学技术行政部门认可的其他组织和个人。

第十四条 各专业评审委员会负责对候选项目进行初审,根据市科学技术行政部门制定的评审标准和评价指标实行记名投票,提出奖励项目的初审结果。

第十五条 市科学技术奖初审结果实行公告异议制度。初审结果在市科学技术行政部门指定的媒体上公布,公告期为30天。公告期内对初审结果有异议的,可以提请复审。

市科学技术行政部门组织有关专家对奖励项目有异议的进行复审,并记名投票表决,做出复审意见,提交评审委员会。

第十六条 评审委员会根据奖励的重点,对初审结果和复审意见进行综合评议,并记名投票表决,提出项目获奖人选和奖励等级的评审意见。

第十七条 市科学技术行政部门对评审委员会提出的市科学技术奖的获奖人选和奖励等级的评审意见进行审核后,报市人民政府批准。

第十八条 市政府有关部门按照各自的职责协同做好市科学技术奖的评审监督工作。

第十九条 获得市科学技术奖的组织,应当从实施获奖项目的收益中提取一定比例,奖励获奖项目的主要完成人员。

第二十条 市科学技术奖的获奖人申请市科技计划项目时,在同等条件下,可以优先立项。

第二十一条 市科学技术奖重大科技创新奖、一等奖、二等奖的获奖项目,符合国家级科学技术奖申报条件的,由市科学技术行政部门负责推荐。

第二十二条 评审专家及相关工作人员应当遵守评审工作规定,不得与获奖候选人单独接触,不得透露评审项目的技术内容及评审情况;涉及当年申报奖励项目或者与申报奖励项目的组织或者个人有利害关系的,应当回避。

第二十三条 对弄虚作假、剽窃他人成果等骗取奖励的,由市科学技术行政部门报经市人民政府批准,撤销其奖励,追回奖金和证书,并在相关媒体予以公布。

第二十四条 评审专家及工作人员在评审工作中有弄虚作假、徇私舞弊以及其他违反评审规定行为的,由其所在主管部门依法给予行政处分;由市科学技术行政部门报经市人民政府批准,取消其评审专家资格。

第二十五条 推荐单位提供虚假材料,协助他人骗取市科学技术奖的,由市科学技术行政部门取消其3年内的推荐资格,并在相关媒体予以公布。

第二十六条 本办法自2002年5月8日起施行。1988年市政府发布的《北京市科学技术进步奖励办法》(京政发〔1988〕121号)同时废止。

北京市人民政府办公厅印发《关于进一步加强金融支持小微企业发展的若干措施》的通知

京政办发〔2014〕58号

各区县人民政府，市政府各委办局，各市属机构：

《关于进一步加强金融支持小微企业发展的若干措施》已经市政府同意，现印发给你们，请结合实际认真贯彻落实。

附件：关于进一步加强金融支持小微企业发展的若干措施

北京市人民政府办公厅

二〇一四年十一月七日

附件：

关于进一步加强金融支持小微企业发展的若干措施

为深入贯彻落实国务院稳增长、促改革、调结构、惠民生系列政策措施，结合《北京市促进中小企业发展条例》有关规定，现就进一步加强对符合首都城市战略定位的小微企业的金融支持，提出以下工作措施。

一、加强信贷政策引导

（一）对涉农票据、小微企业票据和中小金融机构票据优先办理再贴现；对小微企业票据比例达到一定水平或小微企业贷款达到“增速不低于各项贷款平均水平，增量不低于上年同期水平”（以下简称“两个不低于”）指标的金融机构，适当增加再贴现额度。（人民银行营业管理部牵头）

二、加快小微企业信息服务平台建设

（二）加快建设中小企业公共服务平台，搭建“1×16×N”的立体式公共服务平台骨干网络，进一步提升服务能力。（市经济信息化委牵头）

（三）发挥首都金融服务商会作用，加快建设小微企业综合金融服务电子交易平台；整合注册登记、人才技术、纳税缴费、劳动用工、水电气热等企业经营信息，着力推进小微企业信息平台建设；积极推动以上两个平台对接，切实加强撮合交易工作，提高小微企业融资对接效率。（市金融局、

市经济信息化委按职责分工负责)

(四)进一步完善人民银行征信体系中的北京市中小企业金融服务平台,加快建立小微企业评级发布和信息通报制度。(人民银行营业管理部牵头)

三、强化对小微企业的增信服务

(五)鼓励各要素市场建立健全会员企业信用评估体系,切实发挥为小微企业融资增信服务功能,进一步丰富产业链融资和商业圈融资模式。(市金融局牵头)

(六)推广融资性担保联盟模式,促进担保公司通过组建联盟建立风险共担机制,为小微企业融资提供多渠道、专业化的增信服务。(市金融局牵头)

(七)加强对担保公司的监督管理,支持合规经营、资本金充足、风险管理完善的政策性担保公司增设服务网点,扩大服务覆盖范围,简化担保手续,促进风险分担。优化小微企业房产抵押登记手续、流程,提高抵押办理效率。(市金融局、市住房城乡建设委按职责分工负责)

(八)进一步规范小微企业融资担保的风险补偿工作,对代偿小微企业不良贷款的担保机构,按照有关规定予以相应补偿,鼓励担保机构加大为小微企业融资担保服务的力度。(市财政局、市金融局按职责分工负责)

(九)总结推广海淀区中小企业信贷履约保证保险短期贷款项目试点经验,扩大覆盖范围,为全市小微企业信贷保险提供保证。(市经济信息化委、北京保监局、北京银监局按职责分工负责)

四、发展小型金融机构

(十)促进大中型银行进一步加快小微企业专营机构建设和向下延伸服务网点。支持在小微企业集中的地区设立村镇银行等小型金融机构并加快网点建设,扩大对小微企业金融服务的覆盖范围。(北京银监局牵头)

(十一)加快小额贷款公司发展,积极引导小额贷款公司切实服务实体经济,降低融资成本。加快发展文化产业小额贷款公司。(市金融局、市文资办按职责分工负责)

五、拓宽小微企业直接融资渠道

(十二)充分发挥全国中小企业股份转让系统、北京股权交易中心等场外市场作用,推动小微企业优化股权结构,规范公司治理,进一步拓宽融资渠道。(北京证监局、市金融局、中关村管委会、市经济信息化委按职责分工负责)

(十三)通过发行企业集合债券、集合信托、中小企业私募债券等直接融资工具,进一步扩大小微企业直接融资规模,并逐步提高社会资本参与募集的比例。(人民银行营业管理部、市金融局、市经济信息化委、中关村管委会按职责分工负责)

(十四)支持符合条件的创业投资企业、股权投资企业、产业投资基金发行企业债券,专项用于投资小微企业;支持符合条件的创业投资企业、股权投资企业、产业投资基金的股东或有限合伙人发行企业债券,扩大创业投资企业、股权投资企业、产业投资基金资本规模。(市发展改革委、市金融局按职责分工负责)

六、创新小微企业金融服务模式

(十五)完善科技、文化领域小微企业融资配套政策,研究推进专利、商标、版权等知识产权资产的评估、转让、处置工作。(市科委、市文资办、市知识产权局、市版权局、市工商局、市金融局、中关村管委会按职责分工负责)

(十六)在风险可控的前提下,积极发展互联网金融服务模式。推动第三方支付机构为小微企业发展提供多样化支付服务。(市金融局、人民银行营业管理部、北京银监局、市经济信息化委、中关村管委会按职责分工负责)

(十七)积极推进银行间市场的中小企业循环授信集合票据试点开展产品创新。(人民银行营业管理部、市金融局按职责分工负责)

(十八)加大对服务小微企业的优质信贷产品宣传力度,扩大优质信贷产品发放规模。(市金融局、人民银行营业管理部、北京银监局、中关村管委会按职责分工负责)

七、降低小微企业融资成本

(十九)进一步完善银行收费定价机制,加强对小微企业融资等基本银行服务收费的监督管理,治理金融机构不合理收费和高收费行为。通过财政补贴和风险补偿等方式,鼓励融资担保公司等金融中介机构合理降低服务费率。(市发展改革委、北京银监局、市金融局、市财政局、人民银行营业管理部、市经济信息化委按职责分工负责)

八、完善相关配套政策措施

(二十)深入贯彻落实国务院关于工商登记制度改革总体要求,简化小微企业注册登记等手续,提高审批效率。(市工商局牵头)

(二十一)进一步细化对"两个不低于"的考核措施,完善小微企业申贷获得率、综合金融服务覆盖率等指标的考核办法,并建立健全相应的考核通报机制。(北京银监局牵头)

(二十二)进一步细化完善小微企业规模和行业的划型标准,重点扶持科技、文化类等符合首都城市战略定位的小微企业。(市经济信息化委、市统计局按职责分工负责)

(二十三)简化小微企业不良贷款核销程序,在政策规定的范围内简化自主核销税前扣除的申报要求,提高银行核销小微企业不良贷款的积极性。支持银行在符合政策规定的前提下,探索创新小微企业不良贷款的化解方式。(人民银行营业管理部、北京银监局、市国税局按职责分工负责)

(二十四)宣传普及金融知识,加大对非法金融活动的打击力度。(市金融局、人民银行营业管理部、市公安局、市高级人民法院、市人民检察院等按职责分工负责)

统计资料

北京地区 2014 年研究与开发(R&D)活动情况

北京地区科技活动表主要数据来源为科技部《独立科技机构及有科技活动单位统计调查》、国家教委《普通高等学校科技统计年报》、国家统计局《工业企业科技活动情况》等。执行部门中的科研院所指国有县级以上未转制科研院所,高等院校中含医学院校附属医院,其他指技术服务业事业单位。转制科研院所分为企业和非企业两类,转为企业或进入企业集团的科研院所按企业汇总,转为非企业的科研院所按其他汇总。本资料因小数取舍产生的误差均未做配平处理。

一、北京地区 2014 年 R&D 活动汇总表

表 1　北京地区 R&D 人员情况

	R&D 人员				R&D 人员折合	
	合计 /人	1. 博士毕业	2. 硕士毕业	3. 本科毕业	全时人员 /人年	研究人员
总　计	**343165**	**65373**	**81366**	**84911**	**245384**	**132411**
一、按执行部门分组						
科研院所	109363	29234	37525	28752	97130	63507
高等院校	77255	30808	22681	18403	33557	27903
企　业	145430	3943	18820	36140	108612	37465
工业企业	79915	1121	7656	20394	57761	18481
其　他	11117	1388	2340	1616	6086	3536
二、按单位隶属关系分组						
中　央	204527	57230	59067	47755	149620	101759
地　方	138638	8143	22299	37156	95764	30652
三、按活动类型分组						
基础研究					39042	
应用研究					59082	
试验发展					147263	
四、按从事的国民经济行业分组						
农、林、牧、渔业	339	1	3	4	65	18
采矿业	2527	92	349	313	1985	783

续表

	R&D人员合计/人	1.博士毕业	2.硕士毕业	3.本科毕业	R&D人员折合全时人员/人年	研究人员
制造业	76427	1001	7179	19953	55090	17399
电力、燃气及水的生产和供应业	961	28	128	128	686	300
建筑业	7935	75	459	1657	5423	3341
交通运输、仓储和邮政业	1855	1	43	326	949	784
信息传输、计算机服务和软件业	31872	241	3341	5843	25264	5075
批发和零售业						
住宿和餐饮业						
金融业	1017	0	2	11	110	23
房地产业						
租赁和商务服务业	2374	37	145	449	1631	578
科学研究、技术服务和地质勘查业	133074	32977	46606	37389	117007	74558
水利、环境和公共设施管理业	1699	31	132	317	1339	377
居民服务和其他服务业						
教育	77255	30808	22681	18403	33557	27903
卫生、社会保障和社会福利业	4601	78	282	89	1689	921
文化、体育和娱乐业	1229	3	16	29	590	351
公共管理和社会组织						
国际组织						

资料来源：北京市统计局、北京市科学技术委员会、北京市教育委员会、北京市经济和信息化委员会。

表2 北京地区R&D经费情况

	R&D经费内部支出合计/万元	1.日常性支出	人员劳务费	2.资产性支出	仪器和设备	R&D经费外部支出合计/万元
总　计	**12687953**	**10738644**	**3535287**	**1949310**	**1356112**	**1088331**
一、按执行部门分组						
科研院所	6409252	5037747	1106064	1371506	829442	512938
高等院校	1456552	1243993	197902	212560	183833	175996
企　业	4634972	4309758	2173860	325213	303662	369969
工业企业	2335010	2237692	930509	97319	93892	289620
其　他	187177	147146	57461	40031	39175	29428
二、按单位隶属关系分组						
中　央	9128156	7441103	1769122	1687054	1120926	863778
地　方	3559797	3297541	1766165	262256	235186	224553

续表

	R&D 经费内部支出合计/万元	1. 日常性支出	人员劳务费	2. 资产性支出	仪器和设备	R&D 经费外部支出合计/万元
三、按资金来源分组						
政府资金	7000675					
企业资金	4346862					
国外资金	405612					
其他资金	934803					
四、按活动类型分组						
基础研究	1594874					
应用研究	2749447					
试验发展	8343632					
五、按从事的国民经济行业分组						
农、林、牧、渔业	4008	3604	1144	405	143	206
采矿业	73423	70746	30306	2676	2476	8367
制造业	2247003	2152902	895355	94101	90875	280677
电力、燃气及水的生产和供应业	14585	14043	4848	542	542	577
建筑业	171419	132547	48419	38872	37959	2456
交通运输、仓储和邮政业	5641	5518	4502	123	117	566
信息传输、计算机服务和软件业	1121101	1041285	791157	79816	79548	17058
批发和零售业						
住宿和餐饮业						
金融业	1901	1021	938	880	870	1341
房地产业						
租赁和商务服务业	98466	94809	50723	3657	3607	12131
科学研究、技术服务和地质勘查业	7432375	5918857	1479613	1513518	954003	588487
水利、环境和公共设施管理业	36671	36430	16267	241	241	382
居民服务和其他服务业						
教　育	1456552	1243993	197902	212560	183833	175996
卫生、社会保障和社会福利业	18460	17430	9911	1030	1010	0
文化、体育和娱乐业	6347	5459	4202	888	888	87
公共管理和社会组织						
国际组织						

表3　北京地区 R&D 项目(课题)情况

	项目(课题)数 /项	项目(课题)人员折合全时当量 /人年	项目(课题)经费支出 /万元
总　计	**128179**	**231280**	**9647685**
一、按执行部门分组			
科研院所	27286	89867	4519871
高等院校	83455	33533	1189380
企　业	15467	102323	3846897
其　他	1125	3742	77308
二、按活动类型分组			
基础研究	43529	36326	1084606
应用研究	61997	56256	2018892
试验发展	22653	138698	6544187
三、按项目来源分组			
国家科技项目	54619	95925	4782961
地方科技项目	12524	10972	209303
企业委托科技项目	29679	21866	812070
自选科技项目	25476	79581	2706193
来自国外的科技项目	2037	8632	470541
其他科技项目	3843	14304	666617
四、按项目的合作形式分组			
与境外机构合作	1706	5774	326880
与国内高校合作	6894	11806	431616
与国内独立研究机构合作	8443	18681	788032
与境内注册外商独资企业合作	239	386	15779
与境内注册其他企业合作	6262	10732	538965
独立完成	101611	176254	7237575
其　他	3023	7647	308838

表 4 北京地区 R&D 活动产出情况

	专利申请数/件		有效发明专利数/件	发表科技论文/篇	出版科技著作/种
		发明专利			
总 计	**57751**	**40713**	**85755**	**190137**	**8140**
一、按执行部门分组					
科研院所	11847	9757	21711	56277	2118
高等院校	11503	10025	29344	115143	5357
企 业	34129	20720	34461	12558	481
其他	272	211	239	6159	184
二、按单位隶属关系分组					
中 央	31881	25248	63339	155480	6431
地 方	25870	15465	22416	34657	1709
三、按从事的国民经济行业分组					
农、林、牧、渔业	2	2	13	30	0
采矿业	318	237	581	388	0
制造业	18054	8953	17120	2295	0
电力、燃气及水的生产和供应业	1544	645	1020	764	0
建筑业	417	120	157	909	0
交通运输、仓储和邮政业	17	2	1	48	0
信息传输、计算机服务和软件业	8224	6912	4941	915	0
批发和零售业					
住宿和餐饮业					
金融业	56	43	30	19	0
房地产业					
租赁和商务服务业	1095	714	485	327	0
科学研究、技术服务和地质勘查业	16496	13049	32061	65908	2697
水利、环境和公共设施管理业	5	1	2	62	5
居民服务和其他服务业					
教 育	11503	10025	29344	115143	5357
卫生、社会保障和社会福利业	14	7	0	3092	52
文化、体育和娱乐业	6	3	0	237	29
公共管理和社会组织					
国际组织					

二、科研院所汇总表

表5 科研院所 R&D 人员情况

	R&D 人员合计/人	1. 博士毕业	2. 硕士毕业	3. 本科毕业	R&D 人员折合全时人员/人年	研究人员
总 计	**66129**	**24913**	**18256**	**14861**	**55340**	**34398**
一、按执行部门分组						
科研院所	66129	24913	18256	14861	55340	34398
高等院校						
企 业						
其 他						
二、按单位隶属关系分组						
中 央	61548	23768	16811	13448	51485	32434
地 方	4581	1145	1445	1413	3855	1964
三、按活动类型分组						
基础研究					20119	
应用研究					22728	
试验发展					12493	
四、按服务的国民经济行业分组						
农、林、牧、渔业	5402	1702	1295	1753	4780	2081
采矿业	0	0	0	0	0	0
制造业	3347	1100	1192	777	3022	1561
电力、燃气及水的生产和供应业	785	338	189	194	418	202
建筑业	160	19	71	55	129	71
交通运输、仓储和邮政业	0	0	0	0	0	0
信息传输、计算机服务和软件业	822	218	418	142	683	537
批发和零售业	0	0	0	0	0	0
住宿和餐饮业	1493	447	601	348	1051	570
金融业	0	0	0	0	0	0
房地产业	0	0	0	0	0	0
租赁和商务服务业	0	0	0	0	0	0
科学研究、技术服务和地质勘查业	41698	17267	10935	7862	35446	23706
水利、环境和公共设施管理业	2828	1282	962	414	2158	1442
居民服务和其他服务业	48	4	20	19	41	12
教 育	417	147	138	115	362	319
卫生、社会保障和社会福利业	6656	1941	1611	2248	5598	2925
文化、体育和娱乐业	503	82	144	209	377	260
公共管理和社会组织	1970	366	680	725	1275	712
国际组织	0	0	0	0	0	0

注：统计范围为政府部门属独立科研院所（民口）。

表 6 科研院所 R&D 经费情况

	R&D 经费内部支出合计/万元	1. 日常性支出	人员劳务费	2. 资产性支出	仪器和设备	R&D 经费外部支出合计/万元
总 计	**2711627**	**2086288**	**690230**	**625340**	**416979**	**115338**
一、按执行部门分组						
科研院所	2711627	2086288	690230	625340	416979	115338
高等院校						
企 业						
其 他						
二、按单位隶属关系分组						
中 央	2535816	1954146	636301	581670	380018	110288
地 方	175812	132142	53930	43670	36961	5050
三、按资金来源						
政府资金	2445846					
企业资金	81718					
国外资金	18421					
其他资金	165642					
四、按活动类型分组						
基础研究	865120					
应用研究	1088818					
试验发展	757689					
五、按服务的国民经济行业分组						
农、林、牧、渔业	217705	167051	48157	50655	29921	14947
采矿业	0	0	0	0	0	0
制造业	130329	98998	33966	31332	20315	7919
电力、燃气及水的生产和供应业	39083	36920	5061	2163	1766	0
建筑业	3501	3111	2150	390	390	116
交通运输、仓储和邮政业	0	0	0	0	0	0
信息传输、计算机服务和软件业	33333	24418	9707	8915	4703	3443
批发和零售业	0	0	0	0	0	0
住宿和餐饮业	69773	51195	19211	18579	15276	0
金融业	0	0	0	0	0	0
房地产业	0	0	0	0	0	0
租赁和商务服务业	0	0	0	0	0	0
科学研究、技术服务和地质勘查业	1831768	1379384	437469	452383	289571	70745
水利、环境和公共设施管理业	93008	74170	26622	18838	16653	3320
居民服务和其他服务业	2919	2780	234	140	140	0
教 育	12240	10297	6244	1943	1943	0
卫生、社会保障和社会福利业	200295	166613	82890	33682	30244	10898
文化、体育和娱乐业	17967	16063	4311	1904	1902	76
公共管理和社会组织	59709	55289	14212	4420	4159	3875
国际组织	0	0	0	0	0	0

表7 科研院所R&D项目(课题)情况

	项目(课题)数 /项	项目(课题)人员折合全时当量 /人年	研究人员	项目(课题)经费支出 /万元
总 计	**25550**	**49962**	**26529**	**1610086**
一、按执行部门分组				
科研院所	25550	49962	26529	1610086
高等院校				
企 业				
其 他				
二、按活动类型分组				
基础研究	10137	17794	9693	515936
应用研究	10994	20441	10287	704244
试验发展	4419	11727	6549	389906
三、按项目来源分组				
国家科技项目	17014	34705	18248	1071426
地方科技项目	1658	2835	1579	70637
企业委托科技项目	1475	1869	937	54727
自选科技项目	2041	3462	2215	91426
来自国外的科技项目	345	567	314	18219
其他科技项目	3017	6524	3237	303651
四、按项目的合作形式分组				
与境外机构合作	321	521	280	14905
与国内高校合作	1064	2575	1307	87263
与国内独立研究机构合作	2747	6743	3488	235378
与境内注册外商独资企业合作	18	39	21	1780
与境内注册其他企业合作	601	1173	617	31573
独立完成	20106	37011	19714	1173656
其 他	693	1901	1102	65531

表8 科研院所 R&D 活动产出情况

	专利申请数 /件	发明专利	有效发明专利数 /件	发表科技论文 /篇	出版科技著作 /种
总 计	**6004**	**5115**	**13964**	**48040**	**2058**
一、按执行部门分组					
科研院所	6004	5115	13964	48040	2058
高等院校					
企 业					
其 他					
二、按单位隶属关系分组					
中 央	5618	4857	13366	44218	1886
地 方	386	258	598	3822	172
三、按服务的国民经济行业分组					
农、林、牧、渔业	684	487	1118	4198	298
采矿业	0	0	0	0	0
制造业	851	737	1829	2404	62
电力、燃气及水的生产和供应业	47	33	101	348	32
建筑业	5	4	21	45	7
交通运输、仓储和邮政业	0	0	0	0	0
信息传输、计算机服务和软件业	50	5	146	1200	42
批发和零售业	0	0	0	0	0
住宿和餐饮业	260	247	1171	520	1
金融业	0	0	0	0	0
房地产业	0	0	0	0	0
租赁和商务服务业	0	0	0	0	0
科学研究、技术服务和地质勘查业	3732	3337	8769	27703	1113
水利、环境和公共设施管理业	194	150	386	1556	64
居民服务和其他服务业	3	1	37	14	1
教 育	0	0	0	585	53
卫生、社会保障和社会福利业	59	49	279	6474	175
文化、体育和娱乐业	15	11	19	690	82
公共管理和社会组织	104	54	88	2303	128
国际组织	0	0	0	0	0

三、转制科研院所汇总表

表9 转制科研院所 R&D 人员情况

	R&D 人员合计/人	1. 博士毕业	2. 硕士毕业	3. 本科毕业	R&D 人员折合全时人员/人年	研究人员
总 计	**16053**	**2414**	**5996**	**5656**	**14221**	**7690**
一、按转制方向分组						
转为企业或进入企业集团	15109	2247	5660	5333	13447	7244
工业企业	4838	582	1811	1848	4292	1864
非工业企业	10271	1665	3849	3485	9155	5380
转为非企业单位	944	167	336	323	774	446
其中:并入高校	10	2	3	3	5	2
二、按单位隶属关系分组						
中 央	15142	2354	5662	5266	13464	7273
地 方	911	60	334	390	757	417
三、按活动类型分组						
基础研究					530	
应用研究					1848	
试验发展					11843	
四、按服务的国民经济行业分组						
农、林、牧、渔业	185	51	39	48	161	80
采矿业	2477	791	945	537	2173	1405
制造业	6888	989	2223	2687	6102	3087
电力、燃气及水的生产和供应业	1303	177	625	332	1176	456
建筑业	1656	82	573	754	1474	912
交通运输、仓储和邮政业	0	0	0	0	0	0
信息传输、计算机服务和软件业	1849	155	713	733	1684	1083
批发和零售业	0	0	0	0	0	0
住宿和餐饮业	867	53	512	272	748	235
金融业	138	15	34	72	125	49
房地产业	0	0	0	0	0	0
租赁和商务服务业	0	0	0	0	0	0
科学研究、技术服务和地质勘查业	577	84	282	187	490	350
水利、环境和公共设施管理业	60	6	26	17	51	18
居民服务和其他服务业	0	0	0	0	0	0
教 育	0	0	0	0	0	0
卫生、社会保障和社会福利业	0	0	0	0	0	0
文化、体育和娱乐业	53	11	24	17	37	15
公共管理和社会组织	0	0	0	0	0	0
国际组织	0	0	0	0	0	0

注:统计范围为民口已转制的县以上独立核算的研究机构及科技信息与文献机构,不包括已转制的工程勘察设计单位及转制后重组或分解的研究机构。

表 10　转制科研院所 R&D 经费情况

	R&D 经费内部支出合计/万元	1. 日常性支出	人员劳务费	2. 资产性支出	仪器和设备	R&D 经费外部支出合计/万元
总　计	**832361**	**655595**	**291870**	**176766**	**144099**	**25842**
一、按转制方向分组						
转为企业或进入企业集团	802265	630674	283386	171591	139223	24157
工业企业	256495	192952	80833	63543	51811	1734
非工业企业	545771	437722	202553	108049	87412	22423
转为非企业单位	30096	24921	8484	5175	4876	1685
其中:并入高校	58	52	22	6	6	0
二、按单位隶属关系分组						
中　央	805378	634796	283434	170582	139042	25787
地　方	26984	20799	8435	6184	5057	55
三、按资金来源						
政府资金	197499					
企业资金	623895					
国外资金	4435					
其他资金	6531					
四、按活动类型分组						
基础研究	30125					
应用研究	100746					
试验发展	701491					
五、按服务的国民经济行业分组						
农、林、牧、渔业	6944	5276	1559	1669	1527	825
采矿业	198445	164004	63286	34441	30883	16894
制造业	333646	248851	108129	84795	73117	3316
电力、燃气及水的生产和供应业	108329	94161	39343	14168	4965	3109
建筑业	54010	47023	16718	6987	759	539
交通运输、仓储和邮政业	0	0	0	0	0	0
信息传输、计算机服务和软件业	77854	50770	39299	27084	25227	447
批发和零售业	0	0	0	0	0	0
住宿和餐饮业	26372	24802	16014	1570	1570	0
金融业	6328	2563	1033	3764	3764	0
房地产业	0	0	0	0	0	0
租赁和商务服务业	0	0	0	0	0	0
科学研究、技术服务和地质勘查业	17270	16279	5541	991	991	711
水利、环境和公共设施管理业	2296	1353	770	943	943	0
居民服务和其他服务业	0	0	0	0	0	0
教　育	0	0	0	0	0	0
卫生、社会保障和社会福利业	0	0	0	0	0	0
文化、体育和娱乐业	868	515	180	354	354	0
公共管理和社会组织	0	0	0	0	0	0
国际组织	0	0	0	0	0	0

表 11 转制科研院所 R&D 项目(课题)情况

	项目(课题)数 /项	项目(课题)人员折合全时当量 /人年	研究人员	项目(课题)经费支出 /万元
总　计	**3464**	**13934**	**7569**	**462403**
一、按转制方向分组				
转为企业或进入企业集团	3255	13188	7135	448581
工业企业	922	4165	1816	151108
非工业企业	2333	9022	5319	297473
转为非企业单位	209	747	435	13822
其中:并入高校	2	4	2	28
二、按活动类型分组				
基础研究	146	527	339	14863
应用研究	587	1810	1052	54638
试验发展	2731	11597	6178	392902
三、按项目来源分组				
国家科技项目	1016	5195	2704	146918
地方科技项目	95	479	222	11204
企业委托科技项目	1450	4851	2761	229804
自选科技项目	811	3042	1721	66165
来自国外的科技项目	43	234	97	5577
其他科技项目	49	134	65	2736
四、按项目的合作形式分组				
与境外机构合作	36	130	63	4158
与国内高校合作	199	922	484	26384
与国内独立研究机构合作	188	804	378	15089
与境内注册外商独资企业合作	0	0	0	0
与境内注册其他企业合作	616	2210	1278	88776
独立完成	2352	9354	5044	317731
其　他	73	516	323	10266

表 12　转制科研院所 R&D 活动产出情况

	专利申请数/件	发明专利	有效发明专利数/件	发表科技论文/篇	出版科技著作/种
总　计	**4630**	**3611**	**11225**	**7671**	**167**
一、按转制方向分组					
转为企业或进入企业集团	4515	3509	11138	7116	147
工业企业	1596	1155	2724	2195	45
非工业企业	2919	2354	8414	4921	102
转为非企业单位	115	102	87	555	20
其中:并入高校	0	0	0	0	0
二、按单位隶属关系分组					
中　央	4440	3517	10874	7325	136
地　方	190	94	351	346	31
三、按服务的国民经济行业分组					
农、林、牧、渔业	6	6	20	98	4
采矿业	777	598	1379	2120	30
制造业	2469	2028	8012	2514	40
电力、燃气及水的生产和供应业	831	634	842	1046	36
建筑业	206	107	582	823	41
交通运输、仓储和邮政业	0	0	0	0	0
信息传输、计算机服务和软件业	217	119	189	544	9
批发和零售业	0	0	0	0	0
住宿和餐饮业	72	71	68	99	1
金融业	27	27	71	11	0
房地产业	0	0	0	0	0
租赁和商务服务业	0	0	0	0	0
科学研究、技术服务和地质勘查业	15	15	52	346	3
水利、环境和公共设施管理业	10	6	10	35	2
居民服务和其他服务业	0	0	0	0	0
教　育	0	0	0	0	0
卫生、社会保障和社会福利业	0	0	0	17	0
文化、体育和娱乐业	0	0	0	18	1
公共管理和社会组织	0	0	0	0	0
国际组织	0	0	0	0	0

科技成果及获奖一览表(2001—2014 年)

单位:项

年　份	科技成果登记数	国家技术发明奖	国家科学技术进步奖
2001—2005	3063	25	233
2001	326	1	38
2002	275	5	48
2003	468	5	52
2004	976	6	43
2005	1018	8	52
2006—2014	5081	56	257
2006	1002	12	64
2007	1010	9	44
2008	1016	13	42
2009	1023	11	54
2010	1030	11	53
2011	1035	5	56
2012	1040	22	53
2013	1043	19	38
2014	1042	15	49

资料来源:北京市科学技术委员会。

2014 年度北京市获国家科学技术奖（通用项目）一览表

2014 年度北京主持完成的获奖项目共计 82 项，其中，国家自然科学奖一等奖 1 项，二等奖 17 项；国家技术发明奖二等奖 15 项；国家科技进步奖特等奖 1 项，一等奖 5 项，二等奖 43 项。

序号	奖种	等级	项目名称	主要完成人	推荐单位
1	国家自然科学奖	一等	网络计算的模式及基础理论研究	张尧学（清华大学），周悦芝（清华大学），林闯（清华大学），任丰原（清华大学），王国军（中南大学）	教育部
2	国家自然科学奖	二等	导电聚合物微纳米结构及其多功能化	万梅香（中国科学院化学研究所），魏志祥（中国科学院化学研究所），朱英（中国科学院化学研究所），江雷（中国科学院化学研究所）	北京市
3	国家自然科学奖	二等	微分流形的几何拓扑	方复全（首都师范大学）	
4	国家自然科学奖	二等	复杂流体的数学理论和计算方法	张平文（北京大学）	
5	国家自然科学奖	二等	低维材料中新奇量子现象及其调控的机理研究	段文晖（清华大学），顾秉林（清华大学），吴健（清华大学），周刚（清华大学）	中国物理学会
6	国家自然科学奖	二等	低维光功能材料的控制合成与物化性能	姚建年（中国科学院化学研究所），赵永生（中国科学院化学研究所），付红兵（中国科学院化学研究所），马颖（中国科学院化学研究所），翟天佑（中国科学院化学研究所）	中国科学院
7	国家自然科学奖	二等	若干分子基材料的自组装、聚集态结构和性能	李玉良（中国科学院化学研究所），刘辉彪（中国科学院化学研究所），李勇军（中国科学院化学研究所），张德清（中国科学院化学研究所），朱道本（中国科学院化学研究所）	中国科学院
8	国家自然科学奖	二等	晚新生代风化成壤作用与东亚环境变化	郭正堂（中国科学院地质与地球物理研究所），郝青振（中国科学院地质与地球物理研究所），吴海斌（中国科学院地球环境研究所）	中国科学院
9	国家自然科学奖	二等	青藏高原冰芯高分辨率气候环境记录研究	姚檀栋（中国科学院青藏高原研究所），秦大河（中国科学院寒区旱区环境与工程研究所），田立德（中国科学院青藏高原研究所），王宁练（中国科学院寒区旱区环境与工程研究所），康世昌（中国科学院青藏高原研究所）	中国科学院
10	国家自然科学奖	二等	气候预测的若干新理论与新方法研究	王会军（中国科学院大气物理研究所），范可（中国科学院大气物理研究所），孙建奇（中国科学院大气物理研究所），姜大膀（中国科学院大气物理研究所），高学杰（国家气候中心）	中国科学院
11	国家自然科学奖	二等	哺乳动物多能性干细胞的建立与调控机制研究	周琪（中国科学院动物研究所），王秀杰（中国科学院遗传与发育生物学研究所），曾凡一（上海交通大学），高绍荣（北京生命科学研究所），赵小阳（中国科学院动物研究所）	中国科学院

续表

序号	奖种	等级	项目名称	主要完成人	推荐单位
12	国家自然科学奖	二等	高等植物主要捕光复合物的结构与功能研究	常文瑞(中国科学院生物物理研究所),柳振峰(中国科学院生物物理研究所),匡廷云(中国科学院植物研究所),严汉池(中国科学院生物物理研究所),王可玢(中国科学院植物研究所)	中国科学院
13	国家自然科学奖	二等	遗传病致病基因和致病基因组重排的新发现	张学[北京协和医学院(清华大学医学部)],王宝玺[北京协和医学院(清华大学医学部)],何春涤(中国医科大学附属第一医院),沈岩[北京协和医学院(清华大学医学部)],孙淼[北京协和医学院(清华大学医学部)]	教育部
14	国家自然科学奖	二等	分布式协同控制的混合智能优化与稳定性	陈杰(北京理工大学),王凌(清华大学),方浩(北京理工大学),孙健(北京理工大学),肖峰(北京理工大学)	教育部
15	国家自然科学奖	二等	逻辑动态系统控制的代数状态空间方法	程代展(中国科学院数学与系统科学研究院),齐洪胜(中国科学院数学与系统科学研究院)	中国科学院
16	国家自然科学奖	二等	基于环境约束和多空间分析的机器人操作理论研究	乔红(中国科学院自动化研究所),王子栋(东华大学),刘智勇(中国科学院自动化研究所),沈波(东华大学)	中国科学院
17	国家自然科学奖	二等	多孔介质与微/纳结构中热传递机理研究	姜培学(清华大学),王补宣(清华大学),胥蕊娜(清华大学),周乐平(清华大学),任泽霈(清华大学)	教育部
18	国家自然科学奖	二等	纳微系统中表面效应的物理力学研究	赵亚溥(中国科学院力学研究所),袁泉子(中国科学院力学研究所),林文惠(中国科学院力学研究所),张吟(中国科学院力学研究所),郭建刚(中国科学院力学研究所)	
19	国家技术发明奖	二等	防腐高效低温烟气冷凝余热深度利用技术	王随林(北京建筑大学),刘贵昌(大连理工大学),艾效逸(北京建筑大学),贾润宇[阿尔西制冷工程技术(北京)有限公司],陈云水[阿尔西制冷工程技术(北京)有限公司],赵长春(北京华远意通供热科技发展有限公司)	北京市
20	国家技术发明奖	二等	花生低温压榨制油与饼粕蛋白高值化利用关键技术及装备创制	王强(中国农业科学院农产品加工研究所),许振国(山东省高唐蓝山集团总公司),刘红芝(中国农业科学院农产品加工研究所),祁鲲(河南省亚临界生物技术有限公司),朱新亮(河南省亚临界生物技术有限公司),相海(中国农业机械化科学研究院)	农业部
21	国家技术发明奖	二等	微波消融设备的研发与临床应用	梁萍(中国人民解放军总医院),于晓玲(中国人民解放军总医院),程志刚(中国人民解放军总医院),韩治宇(中国人民解放军总医院),于杰(中国人民解放军总医院),江荣华(南京康友微波能应用研究所)	中华医学会
22	国家技术发明奖	二等	海洋钻井隔水导管关键技术及工业化应用	姜伟(中国海洋石油总公司),杨进[中国石油大学(北京)],刘书杰(中海油研究总院),周建良(中海油研究总院),谢梅波(中国海洋石油总公司),邓建明[中海石油(中国)有限公司天津分公司]	中国海洋工程咨询协会

续表

序号	奖种	等级	项目名称	主要完成人	推荐单位
23	国家技术发明奖	二等	基于巨磁阻效应的油井管损伤磁记忆检测诊断技术及工业化应用	张来斌[中国石油大学(北京)],樊建春[中国石油大学(北京)],宋周成(中国石油天然气股份有限公司塔里木油田分公司),温东[中国石油大学(北京)],谢永金(中石化石油工程技术服务有限公司),苏建文(中国石油天然气股份有限公司塔里木油田分公司)	中国石油和化学工业联合会
24	国家技术发明奖	二等	有机废物生物强化腐殖化及腐植酸高效提取循环利用技术	席北斗(中国环境科学研究院),岳东北(清华大学),于家伊(北京嘉博文生物科技有限公司),李鸣晓(中国环境科学研究院),聂永丰(清华大学),姜永海(中国环境科学研究院)	环境保护部
25	国家技术发明奖	二等	新型功能化超顺磁性颗粒的制备及在分离技术中的应用	刘会洲(中国科学院过程工程研究所),邢建民(中国科学院过程工程研究所),杨良嵘(中国科学院过程工程研究所),安震涛(中国科学院过程工程研究所),陈家镛(中国科学院过程工程研究所)	中国石油和化学工业联合会
26	国家技术发明奖	二等	高性能铜铝复合材料连铸直接成形技术与应用	谢建新(北京科技大学),刘新华(北京科技大学),吴春京(北京科技大学),刘雪峰(北京科技大学),王连忠(烟台孚信达双金属股份有限公司),董晓文(烟台孚信达双金属股份有限公司)	教育部
27	国家技术发明奖	二等	标识网络体系及关键技术	张宏科(北京交通大学),苏伟(北京交通大学),吴强(中兴通讯股份有限公司),罗洪斌(北京交通大学),杨冬(北京交通大学),董平(北京交通大学)	工业和信息化部
28	国家技术发明奖	二等	可视素材内容驱动的虚拟场景生成技术及应用	陈小武(北京航空航天大学),赵沁平(北京航空航天大学),王莉莉(北京航空航天大学),周忠(北京航空航天大学),邹冬青(北京航空航天大学),白相志(北京航空航天大学)	教育部
29	国家技术发明奖	二等	机载高精度位置姿态测量系统关键技术及应用	房建成(北京航空航天大学),宋凝芳(北京航空航天大学),钟麦英(北京航空航天大学),李建利(北京航空航天大学),李英成[中测新图(北京)遥感技术有限责任公司],尚克军(北京自动化控制设备研究所)	教育部
30	国家技术发明奖	二等	低热阻高光效蓝宝石基 GaN LED 材料外延及芯片技术	李晋闽(中国科学院半导体研究所),王国宏(扬州中科半导体照明有限公司),王军喜(中国科学院半导体研究所),伊晓燕(中国科学院半导体研究所),刘志强(中国科学院半导体研究所),戚运东(湘能华磊光电股份有限公司)	中国科学院
31	国家技术发明奖	二等	高光束质量超高斯平顶钕玻璃激光器关键技术及应用	樊仲维(中国科学院光电研究院),邱基斯(中国科学院光电研究院),伍浩成(中国电子科技集团公司第三十四研究所),陈光辉(中国电子科技集团公司第二十三研究所),张国新(北京国科世纪激光技术有限公司),张彬(四川大学)	中国科学院
32	国家技术发明奖	二等	调控光线行为的三维自由光学曲面构建及其在半导体照明中的应用	罗毅(清华大学),钱可元(清华大学),韩彦军(清华大学),李旭亮(东莞勤上光电股份有限公司),李洪涛(清华大学),祝炳忠(东莞勤上光电股份有限公司)	中国科协

续表

序号	奖种	等级	项目名称	主要完成人	推荐单位
33	国家技术发明奖	二等	核电站反应堆安全壳结构系统全寿期检测评估关键技术	林松涛(中冶建筑研究总院有限公司),蒋坚毅(中冶建筑研究总院有限公司),王永焕(中冶建筑研究总院有限公司),张兴斌(中冶建筑研究总院有限公司),张际斌(中冶建筑研究总院有限公司),徐海翔(中冶建筑研究总院有限公司)	中国冶金科工集团有限公司
34	国家科技进步奖	特等	超深水半潜式钻井平台"海洋石油981"研发与应用		中国海洋石油总公司
35	国家科技进步奖	一等	国家电网智能电网创新工程		国有资产监督管理委员会
36	国家科技进步奖	一等	我国油气战略通道建设与运行关键技术	廖永远,孙波,黄维和,吴宏,黄泽俊,高泽涛,艾慕阳,冯庆善,冯耀荣,张劲军,杨忠文,王旭,王国丽,高顺华,伍奕	中国石油天然气集团公司
37	国家科技进步奖	一等	流域水循环演变机理与水资源高效利用	王浩,贾仰文,康绍忠,陈吉宁,王建华,曹寅白,陆垂裕,汪林,周祖昊,刘家宏,甘泓,仇亚琴,游进军,牛存稳,雷晓辉	水利部
38	国家科技进步奖	一等	我国首次对甲型H1N1流感大流行有效防控及集成创新性研究	侯云德,王宇,王辰,王永炎,李兰娟,赵铠,李兴旺,杨维中,刘保延,舒跃龙,金奇,高福,胡孔新,梁晓峰,钟南山	卫生和计划生育委员会
39	国家科技进步奖	一等	特厚煤层大采高综放开采关键技术及装备	王金华,于斌,康红普,吴永平,王国法,吴兴利,王家臣,杨智文,刘峰,李国平,毛德兵,雷煌,梁运涛,宋金旺,王晓东	中国煤炭工业协会
40	国家科技进步奖	二等	西瓜优异抗病种质创制与京欣系列新品种选育及推广	许勇,宫国义,张海英,郭绍贵,贾长才,李海真,丁海凤,任毅,孙宏贺,王绍辉	北京市
41	国家科技进步奖	二等	复杂油气储层裂缝定量识别与评价关键技术及工业化应用	曾联波,雍学善,乔文孝,李跃纲,狄帮让,苏惠,陶果,安勇,张峰,车小花	北京市
42	国家科技进步奖	二等	基于路感跟踪的高性能电动助力转向系统关键技术及应用	季学武,刘亚辉,姜殿鑫,陆海峰,吕荣华,卢琼波,艾涛,肖凌云,高家兵,石建伟	北京市
43	国家科技进步奖	二等	基于磁絮凝磁分离技术的超高速水质净化系统及规模化应用	张统,倪明亮,李志颖,杨志峰,侯军祥,董春宏,周勉,王守中,裴元生,肖茗心	北京市
44	国家科技进步奖	二等	药物成瘾机制及综合干预模式研究与应用	李锦,郝伟,周文华,崔彩莲,杨征,李建华,刘志民,赵敏,韩济生,苏瑞斌	北京市
45	国家科技进步奖	二等	中草药微量活性物质识别与获取的关键技术及应用	庾石山,石建功,张东明,于德泉,陈晓光,张建军,王珂,申竹芳,马双刚,屈晶	北京市
46	国家科技进步奖	二等	肝胆胰腹腔镜手术技术体系及应用	刘荣,胡三元,秦鸣放,黄志强,安力春,胡明根,张光永,赵宏志,赵国栋,许勇	北京市

续表

序号	奖种	等级	项目名称	主要完成人	推荐单位
47	国家科技进步奖	二等	甘蓝雄性不育系育种技术体系的建立与新品种选育	方智远，刘玉梅，杨丽梅，王晓武，庄木，张扬勇，孙培田，张合龙，高富欣，刘伟	农业部
48	国家科技进步奖	二等	小麦种质资源重要育种性状的评价与创新利用	李立会，李杏普，蔡士宾，吉万全，李斯深，安调过，郑有良，王洪刚，余懋群，李秀全	农业部
49	国家科技进步奖	二等	杨树高产优质高效工业资源材新品种培育与应用	苏晓华，潘惠新，黄秦军，沈应柏，姜岳忠，王胜东，于一苏，赵自成，王福森，付贵生	国家林业局
50	国家科技进步奖	二等	饲料用酶技术体系创新及重点产品创制	姚斌，罗会颖，黄火清，杨培龙，柏映国，于会民，李阳源，詹志春，刘鲁民，李学军	北京大北农科技集团股份有限公司
51	国家科技进步奖	二等	奶牛饲料高效利用及精准饲养技术创建与应用	李胜利，冯仰廉，王中华，李建国，曹志军，张晓明，张永根，张振新，刘连超，高丽娜	教育部
52	国家科技进步奖	二等	中国石化科技创新体系建设工程		国有资产监督管理委员会
53	国家科技进步奖	二等	中国中铁技术创新体系升级版工程		国有资产监督管理委员会
54	国家科技进步奖	二等	大型复杂储层高精度测井处理解释系统 CIFLog 及其工业化应用	李宁，王才志，刘乃震，赵路子，王宏建，杨景海，伍东，武宏亮，石玉江，伍丽红	中国石油天然气集团公司
55	国家科技进步奖	二等	阿姆河右岸盐下碳酸盐岩大型气田勘探开发关键技术与应用	吕功训，刘合年，邓民敏，吴蕾，程绪彬，张兴阳，刘廷富，刘有超，李万军，郭春秋	中国石油天然气集团公司
56	国家科技进步奖	二等	百万吨级精对苯二甲酸（PTA）装置成套技术开发与应用	周华堂，罗文德，姚瑞奎，许贤文，李利军，汪英枝，马海洪，王丽军，肖海峰，郑宝山	中国石油天然气集团公司
57	国家科技进步奖	二等	结构陶瓷典型应用条件下力学性能测试与评价关键技术及应用	包亦望，万德田，邱岩，周延春，刘小根，陈璐，刘正权，蒋丹宇，田远，胡春林	中国建筑材料联合会
58	国家科技进步奖	二等	新型阴极结构铝电解槽重大节能技术的开发应用	冯乃祥，顾松青，刘风琴，彭建平，王耀武，张廷安，席灿明，王绍鹏，田应甫，冯少峰	中国有色金属工业协会
59	国家科技进步奖	二等	高性能细晶粒钢筋的规模化生产及应用关键技术	岳清瑞，杨忠民，王晓锋，朱建国，程志军，陈洁，陈华斌，马德志，钱冠龙，朱启柱	中国冶金科工集团有限公司

续表

序号	奖种	等级	项目名称	主要完成人	推荐单位
60	国家科技进步奖	二等	稀土永磁产业技术升级与集成创新	李卫，胡伯平，竺韵德，喻晓军，李波，饶晓雷，朱明刚，王庆凯，闫阿儒，林德	中国钢铁工业协会
61	国家科技进步奖	二等	大型超超临界机组自动化成套控制系统关键技术及应用	刘吉臻，夏明，朱永芃，潘钢，马骏驰，牛玉广，曾德良，刘长良，陆家铭，周海东	教育部
62	国家科技进步奖	二等	复杂装备跨生命周期数据管理平台关键技术	王建民，孙家广，周翔，张力，刘英博，闻立杰，王朝坤，莫欣农，刘永红，张钰旻	工业和信息化部
63	国家科技进步奖	二等	工业工程振动控制关键技术研究与应用	徐建，尹学军，陈骝，俞渭雄，王伟强，娄宇，万叶青，黄尽才，高星亮，邵晓岩	中国机械工业集团有限公司
64	国家科技进步奖	二等	高水压浅覆土复杂地形地质超大直径长江盾构隧道成套工程技术	肖明清，王守慧，沙明元，韩风险，郭信君，何川，钱春香，韩向阳，王华伟，朱伟	中国铁道建筑总公司
65	国家科技进步奖	二等	大跨度钢结构防火防腐关键技术与工程应用	李国强，侯兆新，李风，楼国彪，王东林，左禹，刘洪亮，王国建，张泽江，张剑	中国钢结构协会
66	国家科技进步奖	二等	国家高速公路网运行监管与服务关键技术及应用	王笑京，杨琪，李爱民，秦勇，张可，董雷宏，李丁，沈鸿飞，周正兵，张明月	交通运输部
67	国家科技进步奖	二等	痕量分析用试剂纯化及检测关键技术研究与应用	李红梅，张庆合，戴新华，黄挺，全灿，冯钰锜，周涛，马康，陈大舟，何雅娟	国家质量监督检验检疫总局
68	国家科技进步奖	二等	中国游泳运动训练的关键技术突破与创新	陆一帆，杨红春，郑闽生，程燕，贾蕾，闫会萍，温宇红，马云，蔡有志，许琦	国家体育总局
69	国家科技进步奖	二等	重型柴油车污染排放控制高效 SCR 技术研发及产业化	贺泓，王树汾，潘吉庆，资新运，刘洋，苏大辉，余运波，郭庆波，刘福东，李腾英	中国科学院
70	国家科技进步奖	二等	移植后白血病复发及移植物抗宿主病新型防治体系建立及应用	黄晓军，许兰平，刘开彦，刘代红，赵翔宇，王昱，常英军，张晓辉，陈欢，韩伟	教育部
71	国家科技进步奖	二等	中药材生产立地条件与土壤微生态环境修复技术的研究与应用	郭兰萍，黄璐琦，虞云龙，陈保冬，王文全，崔秀明，刘大会，陈乃富，韩邦兴，杨光	国家中医药管理局
72	国家科技进步奖	二等	源于中医临床的中药药效学评价体系的构建与应用	刘建勋，林成仁，任钧国，李欣志，付建华，李磊，任建勋，孙明谦，苗兰，侯金才	中华中医药学会

续表

序号	奖种	等级	项目名称	主要完成人	推荐单位
73	国家科技进步奖	二等	分组传送网（PTN）重大技术攻关、设备研制和应用创新	李晗，李芳，赵福川，范志文，王磊，张海懿，敖立，段晓东，陈国，赵志鹏	工业和信息化部
74	国家科技进步奖	二等	星地融合广域高精度位置服务关键技术	邓中亮，吕子平，罗圣美，高利佳，施浒立，姜德荣，徐连明，刘雯，李卫宁，余彦培	工业和信息化部
75	国家科技进步奖	二等	农业旱涝灾害遥感监测技术	唐华俊，黄诗峰，霍治国，黄敬峰，陈仲新，吴文斌，杨鹏，李召良，刘海启，李正国	农业部
76	国家科技进步奖	二等	国家西部测图工程技术体系及其应用	张继贤，张力，辛少华，燕琴，李维森，郝科铭，谢露蓉，袁晓宏，杨升，李海涛	国家测绘地理信息局
77	国家科技进步奖	二等	国家基础地理信息更新技术体系与工程应用	陈军，王东华，商瑶玲，刘建军，廖安平，赵仁亮，肖平，于庆国，倪文辉，潘励	国家测绘地理信息局
78	国家科技进步奖	二等	地球系统科学数据共享国家平台构建、关键技术与应用服务	孙九林，诸云强，闾国年，李晓波，杨雅萍，王卷乐，朱建钢，吴立宗，廖顺宝，曹彦荣	中国科学院
79	国家科技进步奖	二等	生态脆弱区煤炭现代开采地下水和地表生态保护关键技术	顾大钊，翟桂武，张建民，孟召平，杨俊哲，毕银丽，陈苏社，杜文凤，李全生，贺安民	中国煤炭工业协会
80	国家科技进步奖	二等	原发性开角型青光眼新防治技术的建立及应用	王宁利，徐亮，王怀洲，杨迪亚，王亚星，陈伟伟，胡爱莲，任若瑾，贾力蕴，卢清君	中华医学会
81	国家科技进步奖	二等	原发恶性骨肿瘤的规范化切除及功能重建的系列研究	郭卫，杨荣利，汤小东，燕太强，杨毅，姬涛，李大森，唐顺，曲华毅，董森	中华医学会
82	国家科技进步奖	二等	高速铁路关键基础设施综合检测及评估技术	康熊，王卫东，顾世平，许贵阳，侯卫星，康高亮，王澜，黎国清，魏世斌，刘金朝	中国铁路总公司

2014年度北京市科学技术奖获奖项目一览表

2014年共有220项科技成果荣获北京市科学技术奖,包括一等奖30项、二等奖60项、三等奖130项。

一等奖

序号	获奖编号	项目名称	完成单位	主要完成人
1	2014计-1-001	大规模网络视频处理与内容分析关键技术及应用	中国科学院计算技术研究所 北京北纬通信科技股份有限公司 北京神州天脉网络计算机有限公司	张勇东 张冬明 李建涛 郭俊波 李锦涛 唐 胜 曹 娟 代 锋 高 科 顾晓光 王 波 马宜科 靳国庆 崔洪亮 李正勇
2	2014计-1-002	百万千瓦核电机组运行控制系统研制及产业化	北京和利时系统工程有限公司 北京广利核系统工程有限公司	朱毅明 施 波 贺剑锋 马吉强 史洪源 江国进 罗 斌 白 涛 张睿琼 贾 峰 黄 玲 潘 烽 李德江 季宗涛 刘瑞峡
3	2014计-1-003	国家高性能计算应用服务环境关键技术及应用	北京航空航天大学 中国科学院计算机网络信息中心 上海超级计算中心 无锡江南计算技术研究所 中国科学院计算技术研究所 清华大学 中国石油化工股份有限公司石油物探技术研究院 中国科学院上海药物研究所 国家超级计算天津中心 西安交通大学 中国人民解放军国防科学技术大学 北京应用物理与计算数学研究所 水利部水利信息中心 山东省计算中心 中国气象科学研究院	钱德沛 谢向辉 迟学斌 杨广文 王普勇 肖 侬 查 礼 郭兆电 于坤千 刘光明 栾钟治 程伯群 赵改善 伍卫国 曹小林
4	2014计-1-004	32位星载容错控制计算机系统关键技术及应用	北京控制工程研究所 中国科学院计算技术研究所	华更新 杨 桦 梁洁玫 李晓维 周新发 刘 群 胡 瑜 刘 波 衣学慧 胡洪凯 赵 玮 彭 飞 李华伟 刘鸿瑾 乔 磊
5	2014电-1-001	超大规模集成电路先进闪存存储器成套工艺与产品技术研发及产业化	北京兆易创新科技股份有限公司 中芯国际集成电路制造(北京)有限公司	吴汉明 朱一明 仇圣棻 舒清明 李绍彬 何 卫 杨 芸 胡 洪 胡建强 刘 铭 邹陆军 苏志强 沈 强 冯 骏 韩 飞
6	2014电-1-002	油气管道缺陷在线检测关键技术与应用	清华大学 中石化胜利石油工程有限公司钻井工艺研究院	黄松岭 赵 伟 王 珅 于歆杰 孙永泰 史永晋 吴 静 郝宽胜 初新杰 董甲瑞 宋小春 叶朝峰 崔 伟

续表

序号	获奖编号	项目名称	完成单位	主要完成人
7	2014 电 - 1 - 003	面向海量语音数据的识别、检索和内容分析技术研发及应用	清华大学 安徽科大讯飞信息科技股份有限公司 中科讯飞互联(北京)信息科技有限公司	吴　及　胡　郁　易中华　江　涛 胡国平　吕　萍　刘　江　贺志阳 鹿晓亮　刘　聪　张晓雷　王智国 于振华　潘青华　史　峰
8	2014 材 - 1 - 001	废旧电子电器处置和资源化技术及其工业化应用	北京科技大学 华新绿源环保产业发展有限公司 致远控股集团有限公司 清远市进田企业有限公司	张深根　潘德安　曲选辉　王建明 王云龙　赖建飞　田建军　李　彬 刘　波　薛可新　苑　杰
9	2014 环 - 1 - 001	北京市地下水资源安全及污染防控修复技术研究与应用	北京市水利规划设计研究院 北京市水文总站 北京师范大学 中国科学院地质与地球物理研究所 清华大学 中国地质大学(北京) 北京建工环境修复股份有限公司 北京市水文地质工程地质大队 北京市水科学技术研究院	张寿全　刘培斌　贺国平　杨忠山 戴育华　王金生　李国敏　武晓峰 刘明柱　高艳丽　张琦伟　谢振华 王晓红　孟庆义　宿　敏
10	2014 能 - 1 - 001	同步辐射纳米分辨三维成像平台和实验方法	中国科学院高能物理研究所	吴自玉　朱佩平　袁清习　黄万霞 张　凯　洪友丽　郑红卫　胡天斗
11	2014 能 - 1 - 002	±800kV 特高压直流输电换流阀研制及应用	国网智能电网研究院 中国电力科学研究院 华北电力大学 中电普瑞电力工程有限公司	汤广福　查鲲鹏　邱宇峰　崔　翔 曹均正　魏晓光　王华锋　高　冲 张　升　周建辉　王高勇　张　静 陈龙龙　刘　杰　许韦华
12	2014 能 - 1 - 003	预防交直流混联电网大面积停电的快速防控与故障隔离技术及应用	中国电力科学研究院	马世英　郭小江　郭剑波　蒋宜国 郑　超　唐晓骏　李柏青　熊　敏 宋墩文　孙华东　许　勇　王俊永 张　健　张彦涛　杨　琦
13	2014 能 - 1 - 004	新型太阳能高效热利用技术的研发与产业化	北京工业大学 南京光威能源科技有限公司 光威和通能源科技(北京)有限公司 湖南光威能源科技有限公司	赵耀华　全贞花　刁彦华　王　伟 邓月超　朱婷婷　王林成　张楷荣 张　冀　樊洪明　赵文仲　侯隆澍 王　岗
14	2014 能 - 1 - 005	非常规天然气高效开发地球物理关键技术研究与应用	中国石油化工股份有限公司石油勘探开发研究院 中国石油化工股份有限公司华北分公司	董　宁　刘俊州　宁俊瑞　陈业全 孙赞东　张　宏　高青松　刘喜武 王箭波　时　磊　刘振峰　夏红敏 刘来祥　许　杰　张金强
15	2014 制 - 1 - 001	变极性等离子弧穿孔立焊的关键技术研究与应用	北京工业大学 北京卫星制造厂	陈树君　卢振洋　杨颂华　刘　嘉 黄鹏飞　祁俊峰　殷树言　蒋　凡 毕向阳　韩永全　林三宝　方臣富 白立来　白韶军　张　军

续表

序号	获奖编号	项目名称	完成单位	主要完成人
16	2014 城－1－001	北京地铁10号线穿越重大风险工程关键控制技术及其工程应用示范	北京市轨道交通建设管理有限公司 北京工业大学 中国矿业大学(北京) 北京交通大学 中铁十六局集团有限公司 中铁隧道集团有限公司	苏　斌　陶连金　苏　艺　江玉生 何　平　汪国锋　鲍　艳　江　华 胡友刚　李积栋　王立波　袁振国 曹保利　郑向红　杨成永
17	2014 交－1－001	京石武高速铁路高可靠性接触网成套装备与集成关键技术	中国铁建电气化局集团有限公司 中铁建电气化局集团康远新材料有限公司 中铁建电气化局集团轨道交通器材有限公司 中铁建电气化局集团南方工程有限公司 北京中铁建电气化设计研究院有限公司	寇宗乾　李学斌　孟宪浩　郑　斌 万传军　邱正晓　冯学彬　谢文艺 王　旭　刘轶伦　杨昭伟　王振文 冯晓河　白利军　袁　远
18	2014 农－1－001	黄瓜优质多抗分子标记技术研究及配套新品种选育	中国农业科学院蔬菜花卉研究所 北京市农业技术推广站	顾兴芳　张圣平　方秀娟　王　烨 苗　晗　谢丙炎　杨宇红　高富欣 王铁臣　张连平　孔德男　徐彩清 张丽红　赵青春　王树忠
19	2014 农－1－002	“农大3号”小型蛋鸡配套系培育与应用	中国农业大学 北京北农大动物科技有限责任公司 湖北神丹健康食品有限公司 河南柳江生态牧业股份有限公司	杨　宁　宁中华　张庆才　吴常信 曲鲁江　刘华桥　陈福勇　徐桂云 许殿明　李清逸　陈思睿　侯卓成 郑江霞　李俊英　刘兴利
20	2014 农－1－003	微纳生物传感增敏及多靶同检技术与应用	中国检验检疫科学研究院 北京出入境检验检疫局检验检疫技术中心 北京勤邦生物技术有限公司 广州万孚生物技术股份有限公司 中国计量科学研究院 秦皇岛出入境检验检疫局检验检疫技术中心	邹明强　薛　强　李锦丰　张　捷 武利庆　王　飞　王继华　何方洋 李文美　刘　峰　冯才伟　杨向莹 金　涌　张　雷　田世民
21	2014 医－1－001	微环境调控干细胞增殖分化的作用机制及其应用基础研究	中国人民解放军军事医学科学院野战输血研究所	裴雪涛　岳　文　李艳华　贾雅丽 周军年　曾　泉　南　雪　王韫芳 张　静　裴海云　陈　琳　秦立篷 王静雪　习佳飞　阎新龙
22	2014 医－1－002	肿瘤新靶标CD146的发现及抗体靶向治疗	中国科学院生物物理研究所	阎锡蕴　冯　静　曾启群　罗永挺 姜天霞　周剑锋　卜鹏程　庄　洁 郑超固　康彦勇　张　莹　马晓黎 杨东玲

续表

序号	获奖编号	项目名称	完成单位	主要完成人
23	2014 医 - 1 - 003	基于影像导航和机器人技术的智能骨科手术体系研究及临床应用	北京积水潭医院 北京航空航天大学 北京天智航医疗科技股份有限公司 中国科学院深圳先进技术研究院	田　伟　王田苗　王满宜　王军强 张送根　胡　磊　刘亚军　刘文勇 刘　波　王彬彬　赵春鹏　胡　颖 何　达　苏永刚　张维军
24	2014 医 - 1 - 004	缺血性脑血管病医疗质量评价与防治优化体系的建立和临床应用	首都医科大学附属北京天坛医院 北京市神经外科研究所	王拥军　赵性泉　王伊龙　王春雪 刘丽萍　高培毅　王文志　贾　茜 许　杰　江　滨　米东华　孟　霞 濮月华　廖晓凌　张玉梅
25	2014 中 - 1 - 001	中药复方功效研究与评价体系的构建及应用	中国中医科学院西苑医院	刘建勋　林成仁　任钧国　张　颖 付建华　李　磊　侯金才　林　力 任建勋　孙明谦　葛争艳　洪晓华 李　澎　苗　兰　孟红旭
26	2014 药 - 1 - 001	化学药物晶型关键技术体系的建立与应用	中国医学科学院药物研究所	杜冠华　吕　扬　张　丽　杨世颖 龚宁波　杨德智　何国荣　邢　逞 杨庆云　谢　平　孙加琳　胡　帆 田　硕　吴　松　宋俊科
27	2014 基 - 1 - 001	HBV 相关肝病的遗传易感基因研究	中国人民解放军军事医学科学院放射与辐射医学研究所 中国人民解放军第三军医大学第一附属医院 南京医科大学 中国医学科学院肿瘤医院 中国医学科学院基础医学研究所	周钢桥　贺福初　张红星　翟　芸 胡志斌　邓国宏　沈洪兵　林东昕 丁克越　张彤雯　李元丰
28	2014 基 - 1 - 002	功能无机纳米颗粒的设计合成与肿瘤体内外检测应用	中国科学院化学研究所	高明远　李　桢　呼凤琴　杨云华 乔瑞瑞　韩　伟　巩雁军　雷　皓 唐智勇
29	2014 基 - 1 - 003	新型光学探针的设计及其在疾病诊断与治疗中的应用基础研究	中国科学院化学研究所	王　树　刘礼兵　李玉良　吕凤婷 朱道本
30	2014 基 - 1 - 004	先进压缩空气储能系统关键科学问题研究	中国科学院工程热物理研究所 北京源深节能技术有限责任公司 中国科学院过程工程研究所 中国科学院电工研究所	陈海生　谭春青　徐玉杰　王　亮 李　文　左志涛　赵　岩　盛　勇 金　翼　杨　征　刘　畅　许　剑 丁玉龙　韩　立　秦　伟

二等奖

序号	获奖编号	项目名称	完成单位	主要完成人
1	2014 计－2－001	具有个性化自适应能力的高性能语音处理技术及应用	中国科学院自动化研究所 北京百度网讯科技有限公司	陶建华 李　雅 杨明浩 温正棋 贾　磊 万广鲁 苏　丹 李秀林 车　浩 刘　斌
2	2014 计－2－002	基于 QVM 的云安全检测及防护系统的研发和应用	北京奇虎科技有限公司 奇智软件(北京)有限公司	周鸿祎 齐向东 石晓虹 董　毅 王　烜 邹贵强 姚　彤 朱翼鹏 谢　冉 谢军样
3	2014 计－2－003	红外光和受限自然光人脸识别技术及应用	汉王科技股份有限公司 中国科学院自动化研究所	黄　磊 刘迎建 刘昌平 石　践 肖志宏 曾建军 金友芝 任智杰 彭　菲 秦建辉
4	2014 计－2－004	面向智能电网的大数据即时处理和分析技术研究与应用	北京国电通网络技术有限公司 中国科学院计算技术研究所	王风雨 虎嵩林 王晶华 王　斌 闫爱梅 谢迎新 陈　晰 李晓珍 伍　亮 刘雨娜
5	2014 计－2－005	颅面形态信息学研究与应用	北京师范大学 西北大学 公安部物证鉴定中心	周明全 耿国华 纪　元 武仲科 王醒策 冯　筠 段福庆 王学松 李　康 叶　健
6	2014 计－2－006	钟形振子式角速率陀螺	北京理工大学 北京信息科技大学	付梦印 苏　中 邓志红 刘　宁 刘　洪 李　擎 王美玲 王　博 刘昕戈 范军芳
7	2014 电－2－001	高功率全固态激光器关键技术及应用研究	中国科学院半导体研究所 江苏中科四象激光科技有限公司	林学春 侯　玮 李晋闽 林培晨 赵鹏飞 王宝华 刘燕楠 李　达 农光壹 吉俊文
8	2014 电－2－002	高性能多极化微波成像系统及在灾害与海洋监测中的应用	中国科学院电子学研究所	邓云凯 赵凤军 禹卫东 张志敏 张　毅 吕　科 肖灯军 王　沛 刘晃剑 王春乐
9	2014 电－2－003	超精细移动显示关键技术及应用	京东方科技集团股份有限公司 北京京东方光电科技有限公司 成都京东方光电科技有限公司 合肥京东方光电科技有限公司 鄂尔多斯市源盛光电有限责任公司 京东方(河北)移动显示技术有限公司	董　学 陈　希 陈小川 祁小敬 李小和 郭　建 薛海林 崔贤植 白　峰 谢建云
10	2014 电－2－004	无线电子健康关键支撑技术及应用	北京邮电大学 中国人民解放军总医院 联通宽带业务应用国家工程实验室有限公司 北京柏惠维康科技有限公司	康桂霞 陈赤航 张梅奎 刘　达 田　辉 唐雄燕 张宁波 刘正宣 李建功 齐　飞
11	2014 电－2－005	面向大众消费市场的北斗导航核心芯片(蜂鸟 Humbird)研发与产业化	和芯星通科技(北京)有限公司	胡　刚 张正烜 郑　睿 吴永强 王旭社 吴红甲 孙红霞 张鲁胜 钱　镱 孙继华

续表

序号	获奖编号	项目名称	完成单位	主要完成人
12	2014 材 -2-001	纳米杂化材料设计与制备技术研究及在含蜡原油输运中的应用	中国科学院化学研究所 中国石油天然气股份有限公司管道分公司	阳明书 丁艳芬 张世民 王 峰 熊 辉 霍连风 李其抚 徐 波 董红军 王振声
13	2014 材 -2-002	车用高硅铝合金半固态制备成形技术的研发及产业化应用	北京有色金属研究总院 湖南文昌科技有限公司	徐 骏 张志峰 白月龙 石力开 张少明 李大普 杨必成 陈春生 梁 博 汤孟欧
14	2014 环 -2-001	数字航空遥感新技术体系研究及应用	中国测绘科学研究院 北京市测绘设计研究院 中测新图(北京)遥感技术有限责任公司 武汉中测晟图遥感技术有限公司	李英成 杨伯钢 刘晓龙 罗祥勇 丁晓波 朱祥娥 陈海燕 朱逢洲 孙晓峰 孔令彦
15	2014 环 -2-002	农用海洋褐藻生物产品创新研究及产业化应用	北京雷力海洋生物新产业股份有限公司 北京农学院 北京市大兴区园林绿化局 北京市裕农优质农产品种植公司 北京市土肥工作站	汤 洁 王为璋 严国富 郭占武 秦 岭 张铁强 李振茹 常希光 赵永志 王玉清
16	2014 环 -2-003	北京地区空气质量遥感监测技术与工程化应用	北京市环境保护监测中心 中国科学院遥感与数字地球研究所	张大伟 陈良富 徐 谦 李令军 王子峰 华 蕾 李 倩 陶明辉 邹铭敏 赵文慧
17	2014 环 -2-004	利用特种水泥高效固化核电站放射性废物的机理与技术研究	清华大学	王建龙 李俊峰 孙奇娜
18	2014 能 -2-001	智能变电站继电保护测试技术研究及应用	中国电力科学研究院	周春霞 周泽昕 詹荣荣 李仲青 艾淑云 李岩军 张晓莉 杜丁香 余 越 董明会
19	2014 能 -2-002	水煤浆提浓技术及关键设备的研发与工业应用	煤炭科学研究总院	何国锋 段清兵 王国房 尚庆雨 何银宝 张胜局 孙海勇 梁 兴 赵力明 贾传凯
20	2014 能 -2-003	大功率节能型金属软磁粉芯电抗器的研发与产业化	北京英博电气股份有限公司 钢铁研究总院	李月明 张洪平 赵栋梁 崔军军
21	2014 能 -2-004	智能配电网运行支撑关键技术研究与应用	北京四方继保自动化股份有限公司 华北电力大学 南京四方亿能自动化有限公司	葛 亮 赵风青 余庭豹 于晓阳 谭志海 毕天姝 钟华兵 张瑞鹏 周 俊 李海燕
22	2014 能 -2-005	陆丰深层评价开发一体化关键技术研究及工业化应用	中国石油大学(北京) 中海石油(中国)有限公司深圳分公司 北京石大油源科技开发有限公司	罗东红 王志章 刘伟新 韩秀梅 梁 卫 曹思远 戴 宗 魏 超 张 伟 王 鹏

续表

序号	获奖编号	项目名称	完成单位	主要完成人
23	2014 能 -2-006	基于风峰算法的高风速大容量风电机组的研发及应用	北京金风科创风电设备有限公司	孟庆顺 姜桐举 王明江 李 强 陈秋华 方 明 王百方 李延慧 朱海飞 孙兆冲
24	2014 能 -2-007	超深井钻井液降滤失剂开发与应用	中国石油化工股份有限公司石油工程技术研究院	杨小华 王 琳 钱晓琳 林永学 任立伟 蔡利山 詹美玲 薛玉志 王显光 李 胜
25	2014 制 -2-001	零臭氧损耗环境友好型氟化物的制造及过程催化剂技术的开发和应用	北京宇极科技发展有限公司 北京理工大学	权恒道 张小玲 周晓猛 贾晓卿 陈朝晖 张呈平 潘仁明 杨光成
26	2014 制 -2-002	车辆智能油气悬挂技术研究及应用	中国北方车辆研究所 北京北方专用车新技术发展有限公司	雷强顺 陈铁杰 郑冠慧 张亚峰 鞠海洁 韩小玲 王亚军 冯栋梁 郭建娟 崔向利
27	2014 制 -2-003	热致相分离法高性能聚偏氟乙烯中空纤维膜制备技术	清华大学 北京赛诺膜技术有限公司	王晓琳 林亚凯 杨 健 田 野 唐元晖 李 倩 宋 蕾 周 波 马文中 马恒宇
28	2014 制 -2-004	磁导向钻井关键技术研究及应用	中国石油集团钻井工程技术研究院 清华大学	邹来方 申瑞臣 田中兰 乔 磊 张 超 王子健 林盛杰 杨 松 何爱国 谢正凯
29	2014 城 -2-001	不停航机场跑道下大断面隧道修建技术	中铁十六局集团有限公司 中铁城建集团北京工程有限公司 首都机场集团公司 北京交通大学 北京市市政工程设计研究总院有限公司 北京致远工程建设监理有限责任公司 石家庄铁道大学	马 栋 谭忠盛 张晓峰 陈国兴 陈佑新 敖进滔 石胜锁 羿生钻 孙晓静 孙国著
30	2014 城 -2-002	富含超大粒径漂石地层盾构施工技术研究及工程应用	北京城建集团有限责任公司 北京市轨道交通建设管理有限公司	王 良 张晋勋 车 凯 李乾斌 潘秀明 桂铁雄 黄陆川 江 华 商啸旻 雷崇红
31	2014 城 -2-003	无水漂卵砾石地层盾构隧道施工关键技术	北京市政建设集团有限责任公司 北京市市政四建设工程有限责任公司	陈希林 郭彩霞 孔 恒 卢常亘 马福利 史磊磊 郑仔弟 谢桂馨 姜雪强 张丽丽
32	2014 城 -2-004	沥青路面节能减排与再生利用关键技术研究及应用	北京市道路工程质量监督站 交通运输部公路科学研究所 北京市政路桥建材集团有限公司 北京建筑大学	周绪利 薛忠军 黄颂昌 柳 浩 张 涛 徐世法 王春明 秦永春 杨丽英 王恩营

续表

序号	获奖编号	项目名称	完成单位	主要完成人
33	2014 城 -2 -005	中心城区盾构长距离连续穿越敏感建构筑物微扰动控制技术	北京市轨道交通建设管理有限公司 北京市勘察设计研究院有限公司 中铁隧道勘测设计院有限公司 中铁十四局集团有限公司 中铁十八局集团有限公司	潘秀明 周宏磊 雷崇红 韩 煊 陈 浩 黄广锴 李 立 周庆合 王 法 王 鑫
34	2014 城 -2 -006	村镇建筑抗震节能结构体系与成套技术	北京工业大学 北京市房地产科学技术研究所 哈尔滨鸿盛房屋节能体系研发中心 中国建筑科学研究院 清华大学 北京交通大学 北京市建筑设计研究院有限公司	曹万林 林国海 杨 威 葛学礼 董宏英 赵作周 朱立新 周中一 朱尔玉 张建伟
35	2014 交 -2 -001	极小震 - 检距超宽频带弹性波反射单点连续剖面法技术及装备	北京水工资环新技术开发有限公司	钟世航 孙宏志 王 荣 张大洲 吴德胜 杨 峰 王泽峰 吴 昱 冯劼东 闫亚丽
36	2014 交 -2 -002	大密度步行客流监测组织疏散关键技术研究及产业化	北京北大千方科技有限公司	杜水荣 马爱民 赵 斌 赵志泳 陈永峰 冉 皓
37	2014 交 -2 -003	动车组运行故障动态图像检测系统	北京华兴致远科技发展有限公司	王新宇 刘厚军 刘 冶 袁 宁 李 骏 宋 野 郑 煜 许 皓 王 琳
38	2014 交 -2 -004	大型公共设施行人交通感知与运营服务智能化成套技术	北京市交通信息中心 交通运输部公路科学研究所 北京工业大学 北京市交通运行监测调度中心 北京公联交通枢纽建设管理有限公司 北京师范大学 华南理工大学 北京竞业达数码科技有限公司	杜 勇 刘 浩 陈艳艳 张 可 张海林 李 静 于海涛 孙立山 陈智宏 孙 蕊
39	2014 交 -2 -005	穿越既有轨道交通工程安全风险控制成套关键技术	北京交通大学 北京市重大项目建设指挥部办公室 北京市地铁运营有限公司 北京环安工程检测有限责任公司 北京大成国测科技有限公司 北京交大建筑勘察设计院有限公司 北京交大创新科技中心	彭 华 杨广武 孙壮志 周继波 高 亮 曹 全 蔡小培 杨成永 白 雁 王佳妮

续表

序号	获奖编号	项目名称	完成单位	主要完成人
40	2014 交－2－006	资源勘查无人机系统技术及应用	中国航天空气动力技术研究院 中国地质科学院地球物理地球化学勘查研究所	周乃恩 尤向荣 王 刚 樊自伟 孙 静 李文杰 史宏伟 李军峰 刘士凯 蔡永恒
41	2014 农－2－001	农业纳米药物制备新技术及应用	中国农业科学院农业环境与可持续发展研究所 中国农业科学院植物保护研究所 中国农业科学院兰州畜牧与兽药研究所 中国农业科学院兰州兽医研究所 中国农业大学 深圳诺普信农化股份有限公司 中国农业科学院哈尔滨兽医研究所 中国农业科学院北京畜牧兽医研究所	崔海信 黄啟良 张继瑜 景志忠 周文忠 李谱超 刘国强 曹明章 吴东来 朱鸿飞
42	2014 农－2－002	新型生物饲料关键技术研究与产业化应用	中国农业科学院饲料研究所 南京农业大学 山东农业大学 辽宁禾丰牧业股份有限公司 福建傲农生物科技集团有限公司 广州立达尔生物科技股份有限公司 北京惠欣纯益养殖有限公司	丁宏标 邵彩梅 姚 文 乔 宇 高秀华 李多川 陶正国 肖俊峰 陈小兵 孙雁领
43	2014 农－2－003	玉米黄粉酶解制备玉米肽技术开发	中国食品发酵工业研究院 北京中食海氏生物技术有限公司	蔡木易 谷瑞增 董 哲 鲁 军 林 峰 金振涛 刘 艳 潘兴昌 马 勇 马永庆
44	2014 农－2－004	优质低耗鲜啤生产关键控制技术体系开发与应用	中国食品发酵工业研究院 北京燕京啤酒股份有限公司 中国农业科学院作物科学研究所	王德良 贾凤超 张 京 宋绪磊 林智平 郭刚刚 谷方红 李 红 郭立芸 江 伟
45	2014 农－2－005	中科 11 号等系列玉米新品种选育与产业化开发	北京联创种业股份有限公司	王义波 高 飞 王爱芬 原志强 宋连启 刘玉恒 李承宗 刘存辉 邓士政 孙 招
46	2014 农－2－006	北京重要园林宿根花卉品种选育与产业化	北京林业大学 中国农业科学院蔬菜花卉研究所 北京市植物园 北京林大林业科技股份有限公司 北京市花木有限公司 北京绿之星植物技术有限公司 北京利松花卉种植中心	董 丽 高亦珂 张启翔 刘 春 程堂仁 郭 翎 潘会堂 杨明琪 陈 菊 李淑英
47	2014 医－2－001	基于稀土纳米上转发光技术的生物应急检测系统创建与产业化	中国人民解放军军事医学科学院微生物流行病研究所 中国科学院上海光学精密机械研究所 上海科炎光电技术有限公司 北京热景生物技术有限公司	杨瑞馥 周 蕾 黄惠杰 黄立华 郑 岩 林长青 余韶华 张平平 屈建峰 谢承科

续表

序号	获奖编号	项目名称	完成单位	主要完成人
48	2014 医－2－002	遗传性耳聋基因诊断芯片的研制及其临床应用	中国人民解放军总医院 清华大学 博奥生物集团有限公司 安庆师范学院	戴　朴　李彩霞　王国建　高华方　邢婉丽　朱庆丰　高　雪　程　京　黄莎莎　张冠斌
49	2014 医－2－003	结核病诊疗关键技术的创新性研究与应用	首都医科大学附属北京胸科医院 北京市结核病胸部肿瘤研究所	许绍发　张宗德　初乃惠　黄海荣　陆　宇　李传友　赵雁林　陈效友　李　亮　端木宏谨
50	2014 医－2－004	内镜颅底外科技术体系的建立及推广应用	首都医科大学宣武医院	张秋航　王振霖　孔　锋　严　波　郭宏川　李茗初　吕海丽　齐　岩　张名霞　危　维
51	2014 医－2－005	中国过敏性疾病诊疗体系建立及关键技术研究	中国医学科学院北京协和医院 北京新华联协和药业有限责任公司	尹　佳　叶世泰　乔秉善　孙劲旅　周俊雄　王良录　李　宏　王瑞琦　顾建青　程　璇
52	2014 医－2－006	抗肿瘤新药临床评价研究技术平台的建立及推广应用	中国医学科学院肿瘤医院	石远凯　孙　燕　王金万　徐兵河　冯奉仪　储大同　周际昌　张湘茹　王奇璐　李树婷
53	2014 中－2－001	辛热药性实质研究与临床实践	北京中医药大学	张　冰　黄建梅　刘小青　林志健　孙建宁　金　锐　马长华　薛春苗　王春梅　钟赣生
54	2014 药－2－001	基于标志代谢物控制的发酵过程优化研究与应用	北京化工大学 浙江深友生物技术有限公司 东营市科维生物技术有限公司 浙江瑞邦药业有限公司 瑞星集团股份有限公司 黑龙江省万源粮油食品有限公司 山东富欣生物科技股份有限公司	谭天伟　王　峥　尚　飞　叶　华　张照明　孟广银　张　栩　王凤寰　李　政　王苗苗
55	2014 基－2－001	基于磁共振成像的针刺机理研究	中国科学院自动化研究所 首都医科大学附属北京天坛医院 北京中医药大学	田　捷　戴建平　秦　伟　白丽君　赵百孝　刘继欣　袁　凯　张　毅　刘　鹏　刘振宇
56	2014 基－2－002	阻变存储器及集成的基础研究	中国科学院微电子研究所	刘　明　刘　琦　管伟华　龙世兵　王　艳　吕杭炳　牛洁斌　左青云　李颖弢
57	2014 基－2－003	Belle 实验新粒子的发现和研究	中国科学院高能物理研究所	苑长征　沈成平　王小龙　王　平　刘智青
58	2014 基－2－004	联合信源信道编译码理论与方法	中国科学院大学	涂国防　张　灿　高绍帅
59	2014 基－2－005	多时标非线性系统的智能控制理论与方法	清华大学	孙富春　孙增圻　刘华平　李洪波　马晓军
60	2014 基－2－006	基于多模态磁共振图像的人脑连接组计算方法与应用基础研究	北京师范大学 中国科学院心理研究所 北京大学	贺　永　左西年　朱朝喆　龚高浪　舒　妮　邹启红　夏明睿

三等奖

序号	获奖编号	项目名称	完成单位	主要完成人
1	2014计-3-001	电子认证服务支撑平台研制与应用	中国科学院软件研究所 北京数字认证股份有限公司	冯登国　林雪焰　张立武　高志刚 侯鹏亮　张　严
2	2014计-3-002	安全漏洞数据库建设与应用	中国科学院大学	张玉清　刘奇旭　黄庭培　范　丹 王文杰
3	2014计-3-003	灾害监测预警与应急指挥系统的研发与应用	中国软件与技术服务股份有限公司	赵保翠　谢　莹　谢　欣　林大鹏 朱　林　刘　娜
4	2014计-3-004	可视按键型智能密码钥匙片内操作系统研发与应用	飞天诚信科技股份有限公司	李　伟　于华章　郑相启　陆　舟 朱鹏飞
5	2014计-3-005	具有HIP人机交互功能的新一代网银安全认证产品研发及产业化	天地融科技股份有限公司	张　兴　罗小虎　李　明　杨文锋
6	2014计-3-006	基于北斗的高精度驾驶员智能考试系统研发及产业化	北京星网宇达科技股份有限公司	李江城　徐烨烽　迟家升　李国盛 郭元明　赵志新
7	2014计-3-007	多协议混合存储系统研究与实现	浪潮(北京)电子信息产业有限公司	文中领　李瑞东　吴庆民　葛　峰 张立强　张会健
8	2014计-3-008	同方安全PC研发及推广	同方股份有限公司	李健航　刘　锋　郑必可　贾士民 秦建斌
9	2014计-3-009	多策略智能辅助翻译系统及工程管理平台	北京华建长河科技有限公司 北京理工大学 华建宇通科技(北京)有限责任公司	黄河燕　冯　冲　史树敏　张孝飞 张海军　洪　琳
10	2014计-3-010	互联网一键高清在线视频平台建设	北京暴风科技股份有限公司	冯　鑫　韦婵媛　崔天龙　黄森堂 孙冰晶　戴旭毅
11	2014计-3-011	北京市蔬菜价格短期监测预警系统研究与应用	北京市农业局信息中心 中国农业科学院农业信息研究所 北京农业信息技术研究中心	阎晓军　赵友森　王　川　赵安平 王大山　王晓东
12	2014计-3-012	集成电路制造装备标准化集束式控制与整机检测平台	清华大学 北京北方微电子基地设备工艺研究中心有限责任公司 北京七星华创电子股份有限公司	徐　华　邓俊辉　王焕钢　黄利平 王人成　贾培发
13	2014计-3-013	网络教学综合平台	清华大学	韩锡斌　程建钢　周　潜　杨　娟 刘英群　李斌锋
14	2014计-3-014	数字摄影遥感测树与林业信息化平台建设关键技术	北京林业大学 北京三鼎光电仪器有限公司 常州市新瑞得仪器有限公司 广州南方测绘仪器有限公司 北京农学院	冯仲科　姚　山　王秀兰　岳德鹏 王　佳　毛海颖

续表

序号	获奖编号	项目名称	完成单位	主要完成人
15	2014计-3-015	面向村镇的低成本信息服务技术及应用	北京农业信息技术研究中心 北京派得伟业科技发展有限公司	吴华瑞 赵春江 吴建伟 朱华吉 孙想 顾静秋
16	2014计-3-016	面向HPC的并行存储系统关键技术及应用	曙光信息产业(北京)有限公司 曙光信息产业股份有限公司	历军 邵宗有 惠润海 杨浩 张攀勇 付根希
17	2014计-3-017	动车故障轨边图像检测系统研究与应用	北京康拓红外技术股份有限公司	姜云绯 陈刚 马丁 韩涛 崔朝辉 李侠
18	2014电-3-001	等离子体浸没离子注入机开发与应用	中国科学院微电子研究所 嘉兴科民电子设备技术有限公司 中国科学院嘉兴微电子仪器与设备工程中心	夏洋 李超波 刘邦武 李勇滔 汪明刚 刘金虎
19	2014电-3-002	嫦娥一号/二号太阳风离子探测器及其应用	中国科学院空间科学与应用研究中心	张爱兵 孔令高 刘超 王馨悦 孙越强 梁金宝
20	2014电-3-003	光纤复合相线(OPPC)在电网中应用的关键技术研究	中国电力科学研究院 国网北京市电力公司 北京电力经济技术研究院 清华大学 中天日立光缆有限公司	陈希 安建强 戚力彦 李臻 赵大平 朱占巍
21	2014电-3-004	结构性安全的大规模视频通信网络技术研发与应用推广	北京视联动力国际信息技术有限公司	王艳辉 顾小平 李殿坤 杨春晖 杨余军 陆宏成
22	2014电-3-005	数字电视媒体综合处理平台关键技术开发与应用	北京数码视讯科技股份有限公司	张刚 张琦 张迪 郑海涛 邹箭宇 王万春
23	2014电-3-006	基于标准CMOS工艺的单芯片射频前端的开发与应用	北京中科汉天下电子技术有限公司	杨清华 孟浩 龙海波 许林健 彭凤雄 杨沛锋
24	2014电-3-007	高效率双模宽频RRU研发及产业化	大唐移动通信设备有限公司	王新民 肖鹏 孙华荣 段滔 王策 王文清
25	2014电-3-008	CAS-DIS数字电离层测高仪及在国家气象监测与灾害预警工程中应用	中国科学院电子学研究所	方广有 王顺 张锋 宫兆前 陈紫微 纪奕才
26	2014电-3-009	新型编码调制理论与应用	北京邮电大学 普天信息技术有限公司	吴湛击 王文博 彭涛 胡炜 池连刚 雷旭
27	2014电-3-010	分布式光纤振动传感关键技术应用及产业化	北京航天易联科技发展有限公司	贾渠 李刚 高翔 王玉军 田建伟 周莹
28	2014材-3-001	锂离子电池正极材料镍钴锰酸锂多元材料及其前驱体的产业化开发	北京当升材料科技股份有限公司	陈彦彬 刘亚飞 李建忠 宋顺林 张林 刘大亮

续表

序号	获奖编号	项目名称	完成单位	主要完成人
29	2014材-3-002	轧辊堆焊复合(再)制造药芯焊丝及成套堆焊技术开发及产业化	中冶焊接科技有限公司 中冶建筑研究总院有限公司	王清宝 刘景凤 王立志 白 波 段 斌 眭向荣
30	2014材-3-003	地下专用多层复合预铺高分子防水卷材技术的研发及应用	北京东方雨虹防水技术股份有限公司 北京化工大学	田凤兰 段文锋 陈永初 卢咏来 李红英 刘志维
31	2014材-3-004	减量化高强钢筋产线的开发与工艺技术集成应用	首钢总公司 首钢长治钢铁有限公司 北京首钢国际工程技术有限公司 北京首钢华夏工程技术有限公司 北京首钢自动化信息技术有限公司	赵民革 邸全康 王立峰 李睿英 吴明安 郑福印
32	2014材-3-005	105m/s高速线材终轧设备研发及应用	中冶京诚工程技术有限公司 北京京诚瑞信长材工程技术有限公司	周 琳 邓华容 李龙男 刘 炜 周 健 曲亚平
33	2014环-3-001	村镇废弃地生态恢复与整治关键技术开发及示范应用	中国土地勘测规划院	王 静 刘爱霞 李 钢 韦朝阳 刘晓端 夏军武
34	2014环-3-002	嵌入增强PVDF中空纤维微滤膜及低能耗MBR膜组器研发与规模化应用	北京碧水源科技股份有限公司 北京碧水源膜科技有限公司 清华大学	文剑平 陈亦力 俞开昌 李锁定 戴日成 刘德祥
35	2014环-3-003	资源型排水系统的构建及污水源分离关键技术的开发	万若(北京)环境工程技术有限公司	张 健 高世宝 陈小宏 李 萌 刘 燕 曹奎中
36	2014环-3-004	南水北调受水区饮用水安全保障共性技术研究与示范	北京市自来水集团有限责任公司 中国科学院生态环境研究中心 清华大学 北京市市政工程设计研究总院有限公司	白迪祺 樊康平 顾军农 林爱武 曹 楠 刘文君
37	2014环-3-005	基于植被生态恢复的密云水库饮用水源地保护技术研究	北京林业大学 北京市园林绿化局 北京市水源保护林试验工作站	余新晓 牛健植 贾国栋 甘 敬 陈丽华 王小平
38	2014环-3-006	非正规垃圾填埋场地污染治理技术研究与示范工程	北京市环境卫生设计科学研究所 北京市勘察设计研究院有限公司 北京林业大学 北京格林雷斯环保科技有限公司 北京国环清华环境工程设计研究院有限公司 北京金亮点市政园林工程有限公司	吴文伟 刘 竞 苏昭辉 张劲松 王 峰 郭小平
39	2014环-3-007	臭氧测量计量基标准研究和建立	中国计量科学研究院	周泽义 赵玉祥 毕 哲 马淑丽

续表

序号	获奖编号	项目名称	完成单位	主要完成人
40	2014 能 -3 -001	化石 X 射线成像装置研制及应用	中国科学院高能物理研究所 中国科学院古脊椎动物与古人类研究所 中国科学院自动化研究所	魏 龙 朱 敏 魏存峰 张文定 阎永廉 阙介民
41	2014 能 -3 -002	大型风电系统噪声试验检测及综合评价关键技术研究及应用	中国电力科学研究院 中国科学院声学研究所	秦世耀 李晓东 薛 扬 鲍 明 马晓晶 李 庆
42	2014 能 -3 -003	电力物联网下基于可信计算的数据安全接入与传输技术研究与应用	中国电力科学研究院 南京南瑞集团公司	林为民 张 涛 邓 松 马媛媛 陈亚东 邵志鹏
43	2014 能 -3 -004	电力需求侧能效测评技术和体系研究及应用	中国电力科学研究院	王 鹤 闫华光 郭炳庆 钟 鸣 李德智 许高杰
44	2014 能 -3 -005	低碳北京用电信息采集与能效提升关键技术研究与应用	中国电力科学研究院 国网北京市电力公司	章 欣 徐英辉 刘 宣 赵 兵 祝恩国 董俐君
45	2014 能 -3 -006	澳大利亚 Bowen 区块煤层气有利储层预测与水平井开发技术及应用	中国石油天然气股份有限公司勘探开发研究院 北京中油锐思技术开发有限责任公司	穆龙新 夏朝辉 冯建华 张 铭 丁 伟 刘玲莉
46	2014 能 -3 -007	烟煤特性指标标准物质的技术研究及应用	煤炭科学研究总院	隋 艳 杨华玉 孙 刚 张宝青 李燕燕 刘向坤
47	2014 能 -3 -008	特高压直流线路六分裂大截面导线施工技术研究与分次试展放试验	北京送变电公司	梅 丰 王志勇 张晓阳 任永平
48	2014 能 -3 -009	适合首都圈气候特点的空气源热泵技术及其产业化	北京工业大学 珠海格力电器股份有限公司	马国远 许树学 胡余生 魏会军 刘中良 杨欧翔
49	2014 能 -3 -010	气溶胶监测仪的研究与应用	北京市射线应用研究中心	黄子瀚 曾心苗 赵栓锁 边 江 牟长丽
50	2014 能 -3 -011	电网巡检作业电动无人机关键技术与应用	国网冀北电力有限公司 北京中飞艾维航空科技有限公司	郭昕阳 陈方东 赵雪松 王官珺 刘亚新 崔海龙
51	2014 能 -3 -012	高压开关设备局部放电与机械特性带电检测技术及诊断方法研究	国网北京市电力公司 上海交通大学 华北电力大学	程 序 段大鹏 陶诗洋 任志刚 刘若溪 王文山
52	2014 能 -3 -013	绿色能源智能用电小区关键技术研究和示范应用	国网北京市电力公司 北京科东电力控制系统有限责任公司 北京国电通网络技术有限公司	董凤宇 于希娟 张 鹏 林昌年 赵 贺 佟大力

续表

序号	获奖编号	项目名称	完成单位	主要完成人
53	2014能-3-014	千万千瓦级风电汇集系统无功电压管控技术研究及应用	国网冀北电力有限公司 华北电力科学研究院有限责任公司 北京四方继保工程技术有限公司 中国电力科学研究院	刘海涛 蓝海波 刘 辉 杜延菱 吴 涛 刘晓敏
54	2014能-3-015	北京市浅层地温能资源开发利用及规划研究	北京市地质勘察技术院 北京市华清地热开发有限责任公司 北京市地质矿产勘查开发局 北京市城市规划设计研究院 中国地质大学(北京)	郑 佳 于 湲 李 娟 李宁波 刘少敏 杨全合
55	2014能-3-016	多尺度三维三相数值模拟技术的研发与应用	中国石油化工股份有限公司石油勘探开发研究院	康志江 赵艳艳 张冬丽 张 允 崔书岳 吕 铁
56	2014能-3-017	低渗透油藏CO_2驱油与封存一体化技术与工业化应用	中国石油化工股份有限公司石油勘探开发研究院 中国石油化工股份有限公司东北油气分公司	计秉玉 吕成远 赵淑霞 伦增珉 何应付 石在虹
57	2014能-3-018	低能X射线空气比释动能基准的研究与建立	中国计量科学研究院	吴金杰 杨元第 王培玮 柳加成 马柯帆 段小娟
58	2014能-3-019	页岩气水平井固井技术与应用	中国石油化工股份有限公司石油工程技术研究院	刘 伟 陶 谦 谭春勤 丁士东 张明昌 匡立新
59	2014能-3-020	分段压裂工具研制与工业化应用	中国石油化工股份有限公司石油工程技术研究院	马开华 吴姬昊 何祖清 李洪春 杨同玉 秦金立
60	2014制-3-001	60万吨热轧不锈钢连续退火酸洗线的关键技术研究与应用	北京机械工业自动化研究所	刘 波 刘 新 张红健 耿运祥 魏宗强 娄亚军
61	2014制-3-002	地下空间三维激光扫描智能化监测关键技术研究与应用	北京矿冶研究总院	张 达 杨小聪 余乐文 陈 凯 张元生 刘冠洲
62	2014制-3-003	矿用救灾无线监测监视与通信技术研究及应用	煤炭科学研究总院	温 良 霍中刚 王 鹏 殷大发 孟庆勇 叶锦娇
63	2014制-3-004	30000kN强力液压支架检测技术及装备的研发与应用	煤炭科学研究总院	刘金国 方全国 姜金球 刘欣科 王晓东 马丕梁
64	2014制-3-005	自校准型直线容积式液体灌装技术研究及应用	北京强度环境研究所 北京航天斯达新技术装备公司	崔 岩 石卓栋 冯 巍 徐志刚 段文军 马 琛
65	2014制-3-006	12英寸65纳米工艺中能离子注入机研发及产业化	北京中科信电子装备有限公司	孙 勇 彭立波 龙会跃 谢均宇 王迪平 钟新华

续表

序号	获奖编号	项目名称	完成单位	主要完成人
66	2014 制 -3 -007	大型带式焙烧机球团技术研究开发与创新应用	北京首钢国际工程技术有限公司 首钢京唐钢铁联合有限责任公司	张福明 王 毅 夏雷阁 王渠生 王 涛 黄文斌
67	2014 制 -3 -008	涪陵地区页岩气水平井压裂关键技术工业化应用	中国石油化工股份有限公司石油工程技术研究院	路保平 曾义金 蒋廷学 贾长贵 李真祥 王海涛
68	2014 城 -3 -001	工业建筑钢结构检测鉴定与加固关键技术及应用	中冶建筑研究总院有限公司	郑 云 幸坤涛 岳清瑞 惠云玲 郭小华 常好诵
69	2014 城 -3 -002	高风险暗挖地铁车站施工关键技术	中铁十六局集团有限公司 中铁十六局集团地铁工程有限公司	戴兴民 陈 建 董贤顺 曹德更 汪春生 杨立伟
70	2014 城 -3 -003	高阻燃聚氨酯泡沫保温材料的制备关键技术及其规模化应用	北京市建筑工程研究院有限责任公司 北京建工四建工程建设有限公司	王万金 董全霄 夏义兵 马小军 王 靖 朱 宁
71	2014 城 -3 -004	复杂环境、富水粉细砂层地铁隧道动态化注浆与环境保护技术研究	北京建工土木工程有限公司 北京建筑大学	路 刚 刘 军 冯 跃 薛洪松 游大江 郭志明
72	2014 城 -3 -005	柔性索吊架在大空间结构机电安装中节材节能的创新研究与应用	中国建筑一局(集团)有限公司 中建一局华江建设有限公司 北京市建筑工程研究院有限责任公司 北京交通大学 中船重工建筑工程设计研究院有限责任公司	赵志滨 吴月华 陈 娣 王泽强 王晓峰 薛 刚
73	2014 城 -3 -006	软土地区超高层纯钢板剪力墙结构施工关键技术	中建一局集团建设发展有限公司 北京双圆工程咨询监理有限公司	周予启 葛冬云 刘卫未 任常保 王 晶 刘文航
74	2014 城 -3 -007	北京市城市雨水系统规划设计标准研究	北京市城市规划设计研究院 北京市规划委员会 北京市市政工程设计研究总院有限公司 北京市水文总站 北京市水科学技术研究院 北京工业大学	张晓昕 王 强 韦明杰 王 军 周楠森 马洪涛
75	2014 城 -3 -008	规划支持系统框架体系及典型应用研究	北京市城市规划设计研究院	黄晓春 龙 瀛 何莲娜 程 辉 喻文承 王 强

续表

序号	获奖编号	项目名称	完成单位	主要完成人
76	2014城-3-009	轨道交通工程穿越既有桥梁主动支护关键技术及其应用	北京市地铁建筑安装工程公司 北京市重大项目建设指挥部办公室 北京交通大学 北京市轨道交通建设管理有限公司 北京市市政工程管理处有限公司 北京建工集团有限责任公司	杨广武 周正宇 张顶立 徐会杰 王佳妮 罗富荣
77	2014城-3-010	构建北京市建筑节能体系的关键技术研究与应用	北京工业大学 北京市房地产科学技术研究所 清华大学 北京金房暖通节能技术有限公司 北京建筑技术发展有限责任公司 北京交通大学	刘加平 谢静超 杨 威 王皆腾 魏庆芃 丁 琦
78	2014城-3-011	城市道路隐患探测雷达装备研制及技术方法	中国矿业大学(北京) 北京市公联公路联络线有限责任公司	彭苏萍 杨 峰 卢士军 许献磊 梁 喆 樊晓辉
79	2014城-3-012	建筑室内生物污染控制与改善关键技术研究	中国建筑科学研究院 北京亚都环保科技有限公司 中国建筑材料科学研究总院 北京科技大学 中国疾病预防控制中心环境与健康相关产品安全所 中国人民解放军总医院	王清勤 张益昭 曹国庆 孟 冲 赵 力 马晓聪
80	2014交-3-001	对地观测卫星地面运行管理系统及业务化应用	中国科学院光电研究院	李传荣 李子扬 胡 坚 李晓辉 刘真余 蔡兴文
81	2014交-3-002	城市轨道交通车辆盘形基础制动系统	北京纵横机电技术开发公司	韩晓辉 李和平 李继山 焦标强 赵彦利 孙广合
82	2014交-3-003	机械式自动变速器技术研究与应用	中国长安汽车集团股份有限公司	李培军 龚为伦 沈 波 王海兵 罗通云 李政义
83	2014交-3-004	城市动态交通仿真平台关键技术及产业化应用	科进英华(北京)智能交通技术有限公司 清华大学	杜怡曼 吴建平 周 杨 郑少将 张 莹 孔 源
84	2014交-3-005	基于IC卡大数据的公共交通客流综合分析技术研究及应用	北京交通发展研究中心	郭继孚 陈 锋 刘剑锋 温慧敏 李 先 王印海
85	2014交-3-006	轨道交通轨道设施设备状态监测及预警技术的研究与应用	北京交通大学 北京市地铁运营有限公司 北京交大创新科技中心	刘仍奎 常素良 王福田 邹 策 徐 鹏 王 罡

续表

序号	获奖编号	项目名称	完成单位	主要完成人
86	2014 交 -3 -007	铁路网配流与负荷图谱形成技术及应用	北京交通大学 铁道第三勘察设计院集团有限公司 铁道部经济规划研究院 中国铁道科学研究院 西南交通大学 沈阳铁路局	林柏梁 聂英杰 王卓宽 张 锦 胡吉平 邵 琳
87	2014 交 -3 -008	全国道路货运公共监管与服务平台关键技术及应用	北京中交兴路信息科技有限公司	夏曙东 胡道生 刘 建 王崇文 张志平 孙学军
88	2014 交 -3 -009	完全自主知识产权的城轨点式列车自动控制系统在北京地铁的应用	北京全路通信信号研究设计院有限公司	牛建华 邓红元 刘 键 马 冲 江 坤 卓开阔
89	2014 交 -3 -010	无砟轨道组合式轨排法施工技术及装备研究	中铁第五勘察设计院集团有限公司	杨岳勤 张立青 章远方 孙世豪 王 浩 万 鹏
90	2014 农 -3 -001	豆粕发酵核心菌种构建、工艺创新、评价方法及推广应用	中国农业科学院饲料研究所 北京金泰得生物科技股份有限公司	王建华 滕 达 王秀敏 雷红升 刘 宾 于会民
91	2014 农 -3 -002	先进农产品市场信息采集设备(农信采)的研制与应用	中国农业科学院农业信息研究所	许世卫 李哲敏 孔繁涛 李志强 袁宏永 李干琼
92	2014 农 -3 -003	高产多抗广适绿豆新品种选育及应用	中国农业科学院作物科学研究所	程须珍 王素华 王丽侠 张连平 田 静 陈 新
93	2014 农 -3 -004	特色乳制品现代化加工关键技术研究与产业化	北京三元食品股份有限公司 北京勤邦生物技术有限公司 中国农业大学 北京三元恒泰乳品机械有限公司	陈历俊 万宇平 罗永康 刘继超 任明喜 王维克
94	2014 农 -3 -005	拟长毛钝绥螨和巴氏新小绥螨规模化繁育与田间应用技术研究	北京市植物保护站 中国农业科学院植物保护研究所	郭喜红 徐学农 董 杰 王恩东 尹 哲 吕佳乐
95	2014 农 -3 -006	食品中有毒有害物质智能化应急筛查装备研发	北京市食品安全监控和风险评估中心 北京倍肯恒业科技发展有限责任公司 北京六角体科技发展有限公司	路 勇 毛 婷 刘光中 贾东芬 张卫民 黄 华
96	2014 农 -3 -007	葡萄重要病害发生机理和控制技术的研究与应用	北京市农林科学院植物保护环境保护研究所 北京市农林科学院林业果树研究所 中国农业科学院植物保护研究所 中国农业大学	李兴红 燕继晔 徐海英 王忠跃 李 燕 王国珍

续表

序号	获奖编号	项目名称	完成单位	主要完成人
97	2014 农 -3 -008	系列专用青贮玉米种质创新、品种选育及应用	北京市农林科学院玉米研究中心 北京农科院种业科技有限公司	赵久然 王元东 段民孝 邢锦丰 刘春阁 王荣焕
98	2014 农 -3 -009	营养和功能成分标示的基标准方法及标准物质关键技术研究与应用	中国计量科学研究院 北京市营养源研究所 北京三元食品股份有限公司	王 晶 傅博强 盛灵慧 李 东 何 梅 乔为仓
99	2014 农 -3 -010	食品主要化学性有害物控制技术研究与开发	中国检验检疫科学研究院 中国科学院大连化学物理研究所 华东理工大学 福建出入境检验检疫局检验检疫技术中心 山东出入境检验检疫局检验检疫技术中心 厦门出入境检验检疫局检验检疫技术中心	张 峰 梁鑫淼 杨 凌 袁 飞 章飞芳 杨 方
100	2014 农 -3 -011	动物源性食品分子鉴伪关键技术研究及标准平台构建与应用	中国检验检疫科学研究院 辽宁出入境检验检疫局检验检疫技术中心 深圳出入境检验检疫局动植物检验检疫技术中心 山东出入境检验检疫局检验检疫技术中心	陈 颖 吴亚君 曹际娟 李 莉 曹琛福 高宏伟
101	2014 医 -3 -001	复杂性四肢创伤救治新技术和修复材料学研究	中国人民解放军总医院第一附属医院 中国人民解放军军事医学科学院附属医院 北京鑫康辰医学科技发展有限公司 北京市富乐科技开发有限公司	衷鸿宾 杨润功 赵彦涛 葛 成 朱加亮 李文锋
102	2014 医 -3 -002	人感染高致病性禽流感 H5N1 的流行病学研究及应用	中国疾病预防控制中心 北京大学人民医院 中国疾病预防控制中心病毒病预防控制所 湖南省疾病预防控制中心 浙江省疾病预防控制中心	余宏杰 高占成 冯录召 廖巧红 彭质斌 姜 慧
103	2014 医 -3 -003	心房颤动始动因素及华法林抗凝治疗药物基因组学研究	卫生部北京医院	杨杰孚 蔡剑平 王 华 施海峰 邹 彤 戴大鹏
104	2014 医 -3 -004	精神分裂症和抑郁症全病程规范化治疗和康复技术的研究及应用推广	首都医科大学附属北京安定医院 北京中医药大学东直门医院 北京回龙观医院 北京大学精神卫生研究所	马 辛 王传跃 向应强 田金洲 贾竑晓 邹义壮

续表

序号	获奖编号	项目名称	完成单位	主要完成人
105	2014 医-3-005	全自动化良性阵发性位置性眩晕诊疗系统的研制及临床应用	中国人民武装警察部队总医院 北京斯睿美医疗科技有限公司 济南拜伦斯医疗科技有限公司	单希征 杜伟亭 张敬人 孙 勍 戴 静 彭 新
106	2014 医-3-006	胸腰椎脊柱后凸畸形的外科治疗与临床研究	北京大学第三医院	陈仲强 曾 岩 齐 强 郭昭庆 李危石 孙垂国
107	2014 医-3-007	牙周炎与全身疾病相关关系及相应治疗策略的研究	北京大学口腔医学院 广东省口腔医院 上海交通大学医学院附属第九人民医院 山东大学口腔医院 四川大学华西口腔医院 中国医科大学附属口腔医院	孟焕新 章锦才 束 蓉 闫福华 杨丕山 吴亚菲
108	2014 医-3-008	中国儿童青少年肥胖流行特点、运动与营养干预及发病机制研究	北京大学	马 军 王海俊 宋 逸 胡佩瑾 宋洁云 王 都
109	2014 医-3-009	脑小血管病的发病机制与诊治研究	北京大学第一医院 北京大学	黄一宁 袁 云 王朝霞 孙 葳 张 巍 张 珏
110	2014 医-3-010	健康状态评估分型方法与生物标志物研究	首都医科大学	王 嵬 郭秀花 王友信 闫宇翔 张 玲 杨兴华
111	2014 医-3-011	检测外周血循环肿瘤细胞新方法及其在监测消化道肿瘤进展中的应用	中国医学科学院肿瘤医院 中国人民解放军海军总医院 中国科学院苏州纳米技术与纳米仿生研究所 中国科学院生物物理研究所	赵晓航 蔡建强 詹启敏 许 杨 孙玉琳 赵 宏
112	2014 医-3-012	体外膜肺氧合技术在危重心脏病救治中的应用与推广	中国医学科学院阜外心血管病医院	王 巍 龙 村 黑飞龙 胡盛寿 宋云虎 吉冰洋
113	2014 医-3-013	疑难性心肌肥厚疾病诊断技术研究	中国医学科学院北京协和医院	方 全 程中伟 田 庄 曾 勇 方理刚 张抒扬
114	2014 医-3-014	提高心血管核医学诊断水平的关键技术研究及应用	中国医学科学院阜外心血管病医院	何作祥 方 纬 窦克非 杨敏福 赵世华 刘秀杰
115	2014 中-3-001	中医外治法治疗常见癌性疼痛的临床和基础研究及推广应用	中日友好医院 中国医学科学院肿瘤医院 北京中医药大学第三附属医院 中国中医科学院望京医院	贾立群 李佩文 谭煌英 娄彦妮 李 园 田爱平
116	2014 中-3-002	银屑病(白疕)“从血论治”辨证体系的系统确证研究	首都医科大学附属北京中医医院 北京市中医研究所 中国中医科学院广安门医院 北京中医药大学东直门医院 中日友好医院 中国医学科学院北京协和医院	王莒生 周冬梅 孙丽蕴 王 萍 邓丙戌 张广中

续表

序号	获奖编号	项目名称	完成单位	主要完成人
117	2014 中 - 3 - 003	基于临床数据挖掘的中风病证治规律研究与应用	北京中医药大学东直门医院 首都医科大学附属北京朝阳医院 北京中医药大学东方医院 中国中医科学院西苑医院 北京市平谷区中医医院 北京市密云县中医医院	高　颖　曹克刚　张　华　李文泉　陈志刚　曹　锐
118	2014 药 - 3 - 001	体外诊断用化学探针的创新设计、规模化制备及临床应用	中国科学院化学研究所 北京怡成生物电子技术有限公司 中国人民武装警察部队总医院 中国科学院电子学研究所 中国人民解放军军事医学科学院附属医院	唐亚林　杨千帆　李元光　李昕权　孙晓亮　夏善红
119	2014 药 - 3 - 002	中国人心律失常心电数据库	北京市医疗器械检验所 中国医学科学院基础医学研究所 清华大学	刘　毅　孙京昇　王　茜　梁振士　张正国　胡广书
120	2014 基 - 3 - 001	智能机器人轨迹跟踪、协调和优化的理论与方法	中国科学院自动化研究所	侯增广　程　龙　谭　民
121	2014 基 - 3 - 002	人类疾病相关编码基因和非编码基因的生物信息学方法与技术	中国科学院自动化研究所 北京大学 天津医科大学总医院	蒋田仔　崔庆华　刘　冰　邱承祥　于春水　陈　耕
122	2014 基 - 3 - 003	强关联功能体系电子显微学研究	中国科学院物理研究所	李建奇　杨槐馨　田焕芳
123	2014 基 - 3 - 004	视觉模式的局部建模及非线性特征获取理论与方法研究	中国科学院计算技术研究所 北京大学 哈尔滨工业大学	陈熙霖　山世光　高　文　王瑞平　张文超　柴秀娟
124	2014 基 - 3 - 005	大视场多色巡天	中国科学院国家天文台 北京天文馆 天津师范大学 北京师范大学 南京师范大学 中国科学院紫金山天文台	周　旭　蒋兆基　马　骏　朱　进　商朝晖　王嘉力
125	2014 基 - 3 - 006	太阳大气磁场重建与结构研究	中国科学院国家天文台	颜毅华　王华宁　邓元勇　王蜀娟
126	2014 基 - 3 - 007	分子模拟中的连续模型新方法及软件系统研究	中国科学院数学与系统科学研究院 苏州大学	卢本卓　张林波　陈旻昕
127	2014 基 - 3 - 008	近库仑势垒重离子核反应机制研究	中国原子能科学研究院	林承键　贾会明　刘祖华　张焕乔　杨　峰　吴振东
128	2014 基 - 3 - 009	引导组织器官再生修复的五组医用生物材料研究	清华大学	王小红　冯庆玲
129	2014 基 - 3 - 010	常见骨与关节疾病防治知识系列科普读物	北京大学首钢医院	张光武
130	2014 基 - 3 - 011	《蔬菜高产栽培技术丛书》	北京农学院 中国农业大学出版社有限公司	范双喜　张喜春　韩莹琰　谷建田　汪春林　张秀环

2013—2015 年北京市科普基地名单一览表

为动员社会力量参与科普,推动科普基地发展,提升北京科普能力,根据《关于开展北京市科普基地复查及 2012 年申报工作的通知》(京科发〔2012〕575 号)文件精神,市科委与市科协组织开展了北京市科普基地复核及 2012 年申报工作。经申报、评审、公示,共有中国科学技术馆等 191 家科普基地通过复核,中国妇女儿童博物馆等 52 家申报单位通过评审。市科委与市科协决定,共同命名中国科学技术馆、中国妇女儿童博物馆等 243 家单位为北京市科普基地,命名周期为 2013—2015 年,颁发北京市科普基地证书和牌匾。

序号	基地名称	单位名称	基地类别
1	中国科学技术馆	中国科学技术馆	教育基地
2	中国人民革命军事博物馆	中国人民革命军事博物馆	教育基地
3	中国地质博物馆	中国地质博物馆	教育基地
4	中国邮政邮票博物馆	中国邮政邮票博物馆	教育基地
5	中国消防博物馆	中国消防博物馆	教育基地
6	国家动物博物馆	国家动物博物馆	教育基地
7	中国妇女儿童博物馆	中国妇女儿童博物馆	教育基地
8	中国农业博物馆	全国农业展览馆(中国农业博物馆)	教育基地
9	中国电信博物馆	中国电信集团公司电信博物馆	教育基地
10	中国航空博物馆	中国航空博物馆	教育基地
11	中国古动物馆	中国古动物馆	教育基地
12	中国铁道博物馆(东郊馆)	中国铁道博物馆	教育基地
13	中国铁道博物馆(正阳门馆)	中国铁道博物馆	教育基地
14	詹天佑纪念馆	詹天佑纪念馆	教育基地
15	中国民兵武器装备陈列馆	中国民兵武器装备陈列馆	教育基地
16	中国印刷博物馆	中国印刷博物馆	教育基地
17	中国长城博物馆	中国长城博物馆	教育基地
18	中华航天博物馆	中华航天博物馆	教育基地
19	中国蜜蜂博物馆	中国农业科学院蜜蜂研究所	教育基地
20	中国化工博物馆	中国化工博物馆	教育基地
21	民航博物馆	民航博物馆	教育基地
22	中国人民解放军军事医学(病理)博物馆	军事医学病理博物馆	教育基地
23	国家纳米科学中心	国家纳米科学中心	教育基地
24	北京大学	北京大学	教育基地
25	清华大学	清华大学	教育基地
26	中国林业科学研究院	中国林业科学研究院	教育基地
27	中国儿童中心	中国儿童中心	教育基地
28	中国石油大学“物之理探索展示厅”	中国石油大学(北京)	教育基地

续表

序号	基地名称	单位名称	基地类别
29	中国科学院高能物理研究所	中国科学院高能物理研究所	教育基地
30	北京市奥运村科普教育园区	中国科学院遥感应用研究所、国家天文台、中国科学院地理科学与资源研究所、中国科学院生物物理研究所、中国科学院遗传与发育生物学研究所、中国科学院微生物研究所、中国科学院动物研究所、中国科学院心理研究所	教育基地
31	中国科学院植物研究所(北京植物园)	中国科学院植物研究所	教育基地
32	北京药用植物园	中国医学科学院药用植物研究所	教育基地
33	太阳能热利用科技园	中国科学院电工研究所	教育基地
34	中国气象科技展厅	中国气象局气象宣传与科普中心	教育基地
35	国家电力科技展示中心	神华国华国际电力股份有限公司北京热电分公司	教育基地
36	院士著作馆	中国科学技术信息研究所	教育基地
37	北京自然博物馆	北京自然博物馆	教育基地
38	北京天文馆	北京天文馆	教育基地
39	首都博物馆	首都博物馆	教育基地
40	中国电影博物馆	中国电影博物馆	教育基地
41	大钟寺古钟博物馆	大钟寺古钟博物馆	教育基地
42	北京南海子麋鹿苑博物馆	北京麋鹿生态实验中心	教育基地
43	北京古代建筑博物馆	北京古代建筑博物馆	教育基地
44	北京市古代钱币展览馆	北京市古代钱币展览馆	教育基地
45	北京市大葆台西汉墓博物馆	北京市大葆台西汉墓博物馆	教育基地
46	北京市西周燕都遗址博物馆	北京市西周燕都遗址博物馆	教育基地
47	北京市辽金城垣博物馆	北京市辽金城垣博物馆	教育基地
48	北京文博交流馆	北京文博交流馆	教育基地
49	孔庙和国子监博物馆	孔庙和国子监博物馆	教育基地
50	正阳门	北京市正阳门管理处	教育基地
51	颐和园	北京市颐和园管理处	教育基地
52	北京钟鼓楼	北京市钟鼓楼文物保管所	教育基地
53	北京奥林匹克公园	北京奥林匹克公园管理委员会、奥运规划馆、北京国家游泳中心有限责任公司、国家体育场有限责任公司、北京世奥森林公园开发经营有限公司	教育基地
54	北京自来水博物馆	北京自来水集团有限责任公司培训中心	教育基地
55	北京市规划展览馆	北京市规划展览中心	教育基地
56	坦克博物馆	中国人民解放军坦克博物馆	教育基地
57	北京通信电信博物馆	北京通信电信博物馆	教育基地
58	团城演武厅	北京市团城演武厅管理处	教育基地
59	北京市观象台	北京市观象台	教育基地

续表

序号	基地名称	单位名称	基地类别
60	北京石刻艺术博物馆	北京石刻艺术博物馆	教育基地
61	北京邮电大学信息通信动态新技术科普展厅	北京邮电大学	教育基地
62	北京交通运输职业学院	北京交通运输职业学院	教育基地
63	北京市紫竹院公园	北京市紫竹院公园管理处	教育基地
64	北京市中小学生光电技术展厅	中国人民大学附属中学	教育基地
65	北京中医药大学中医药博物馆	北京中医药大学中医药博物馆	教育基地
66	北京服装学院民族服饰博物馆	北京服装学院民族服饰博物馆	教育基地
67	北京工业大学科技与艺术博物馆	北京工业大学	教育基地
68	北京交通大学物理演示与探索实验室	北京交通大学	教育基地
69	北京农业职业学院绿色科技示范园	北京农业职业学院	教育基地
70	首都图书馆	首都图书馆	教育基地
71	北京御生堂中医药博物馆	北京御生堂中医药博物馆	教育基地
72	古陶文明博物馆	古陶文明博物馆	教育基地
73	地球环境变迁与古生物演化博物馆	北京市地质矿产勘查开发局	教育基地
74	北京节水展馆	北京市节约用水管理中心	教育基地
75	北京海洋馆	北京利达海洋生物馆有限公司	教育基地
76	北京气象科普馆	北京市气象台	教育基地
77	北京古观象台	北京古观象台	教育基地
78	北京市计划生育宣教馆	北京市人口和计划生育宣传教育中心	教育基地
79	北京排水科普馆	北京排水集团职业技能培训学校	教育基地
80	北京急救科技馆	北京急救医疗培训中心	教育基地
81	北京市市政管理委员会培训中心	北京市市政管理委员会培训中心	教育基地
82	北京市电力公司供电服务中心电力展示厅	北京市电力公司	教育基地
83	北京教学植物园	北京教学植物园	教育基地
84	北京动物园	北京动物园	教育基地
85	北京植物园	北京市植物园	教育基地
86	北京八达岭森林公园	北京八达岭森林公园	教育基地
87	北京市劳动保护科学研究所	北京市劳动保护科学研究所	教育基地
88	北京市营养源研究所	北京市营养源研究所	教育基地
89	北京市园林科学研究所	北京市园林科学研究所	教育基地
90	北京市理化分析测试中心	北京市理化分析测试中心	教育基地
91	北京市计算中心	北京市计算中心	教育基地
92	北京市眼科研究所	北京市眼科研究所	教育基地
93	北京市药品检验所	北京市药品检验所	教育基地
94	北京市可持续发展科技促进中心	北京市可持续发展科技促进中心	教育基地

续表

序号	基地名称	单位名称	基地类别
95	燃气户内安全科普体验中心	北京市公用事业科学研究所	教育基地
96	北京天卉苑花卉研究所	北京天卉苑花卉研究所	教育基地
97	北京消防教育训练中心	北京消防教育训练中心	教育基地
98	北京市疾病预防控制中心健康教育所	北京市疾病预防控制中心	教育基地
99	北京节能环保中心	北京节能环保中心	教育基地
100	北京 DRC 工业设计创意产业基地	北京工业设计促进中心	教育基地
101	G20 创新成果科普基地	北京生物技术和新医药产业促进中心	教育基地
102	首都医科大学附属北京安贞医院	首都医科大学附属北京安贞医院	教育基地
103	北京市口腔健康教育基地	首都医科大学附属北京口腔医院	教育基地
104	北京市禁毒教育基地	北京青少年服务中心(北京市禁毒教育基地管理中心)	教育基地
105	北京精准农业技术研究示范基地	北京农业信息技术研究中心	教育基地
106	毒品与艾滋病教育基地	北京市安康医院	教育基地
107	北京市水生野生动物救治中心	北京市水生野生动物救治中心	教育基地
108	北京地铁安全教育中心	北京市地铁运营有限公司	教育基地
109	北京新能源汽车体验中心	北京汽车新能源汽车有限公司	教育基地
110	首都牛奶科普馆	北京三元食品股份有限公司	教育基地
111	索尼探梦科技馆	北京索明科普乐园有限公司	教育基地
112	Panasonic Center Beijing	松下电器(中国)有限公司北京展示分公司	教育基地
113	太平洋海底世界博览馆	太平洋海底世界博览馆有限公司	教育基地
114	新西兰富国海底世界	北京工体富国海底世界娱乐有限公司	教育基地
115	联想品牌体验中心	联想(北京)有限公司	教育基地
116	“垃圾的归宿”环保科普公园	北京环境卫生工程集团有限公司一清分公司	教育基地
117	北京天普太阳能工业有限公司	北京天普太阳能工业有限公司	教育基地
118	中国华录北京研发和产业基地	中国华录集团有限公司北京科技分公司	教育基地
119	王致和腐乳科普馆	北京二商王致和食品有限公司	教育基地
120	北京汽车博物馆	北京汽车博物馆	教育基地
121	北京石景山游乐园	北京石景山游乐园	教育基地
122	中国房山世界地质公园博物馆	北京市房山世界地质公园博物馆	教育基地
123	延庆博物馆	延庆县文物管理所	教育基地
124	周口店北京人遗址博物馆	周口店北京人遗址博物馆	教育基地
125	北京西瓜博物馆	北京市大兴区庞各庄镇人民政府	教育基地
126	北京郭守敬纪念馆	北京市西城区文物保护研究所	教育基地
127	北京王府井古人类文化遗址博物馆	北京王府井古人类文化遗址博物馆	教育基地
128	中国第四纪冰川遗迹陈列馆	中国第四纪冰川遗迹陈列馆	教育基地
129	北京市海淀区博物馆	北京市海淀区博物馆	教育基地

续表

序号	基地名称	单位名称	基地类别
130	北京市通州区博物馆	北京市通州区博物馆	教育基地
131	永定河文化博物馆	永定河文化博物馆	教育基地
132	北京市东城区青少年科技馆	北京市东城区青少年科技馆	教育基地
133	北京市东城区崇文青少年科技馆	北京市东城区崇文青少年科技馆	教育基地
134	北京市西城区青少年科技馆	北京市西城区青少年科技馆	教育基地
135	北京市宣武青少年科技馆	北京市宣武青少年科技馆	教育基地
136	北京市丰台区东高地青少年科技馆	北京市丰台区东高地青少年科技馆	教育基地
137	北京市丰台区科技馆	北京市丰台区科技馆	教育基地
138	北京市东城区图书馆	北京市东城区图书馆	教育基地
139	北京市海淀科技中心(馆)	北京市海淀科技中心	教育基地
140	北京市门头沟区科技馆	北京市门头沟区科技馆	教育基地
141	海淀公共安全馆	北京市海淀区安全教育馆管理中心	教育基地
142	北京市朝阳区青少年活动中心	北京市朝阳区青少年活动中心	教育基地
143	北京市石景山区科技馆	北京市石景山区科技馆	教育基地
144	北京市石景山区青少年活动中心	北京市石景山区青少年活动中心	教育基地
145	北京市石景山区少年儿童图书馆	北京市石景山区少年儿童图书馆	教育基地
146	北京铁矿博物馆	首云矿业股份有限公司	教育基地
147	北京市密云县科技馆	北京市密云县科技馆	教育基地
148	密云县气象科普中心	北京市密云县气象局	教育基地
149	平谷国家气象观测中心	北京市平谷区气象局	教育基地
150	北京市通州区图书馆少儿科普分中心	北京市通州区图书馆	教育基地
151	延庆县职业技术教育中心	延庆县职业技术教育中心	教育基地
152	北京市顺义区安全生产服务中心	北京市顺义区安全生产服务中心	教育基地
153	北京老爷车博物馆	北京老爷车博物馆	教育基地
154	北京国际鲜花港	北京鲜花港投资发展中心	教育基地
155	中华蜜蜂科普馆	北京黄峪口村养蜂专业合作社	教育基地
156	牛口峪环保生态中心	北京燕山威立雅水务有限责任公司	教育基地
157	北京市学生军训基地安全教育体验馆	北京森林木文化传播有限公司	教育基地
158	北京市朝阳区紧急医疗救援中心	中国医学救援协会	教育基地
159	中国乐谷青少年音乐素养培养中心	北京绿都乐谷投资有限公司	教育基地
160	苹果园街道公共安全宣教中心	北京市石景山区人民政府苹果园街道办事处	教育基地
161	北京张裕爱斐堡国际酒庄	北京张裕爱斐堡国际酒庄有限公司	教育基地
162	北京乐平御瓜园	北京庞各庄乐平农产品产销有限公司	教育基地
163	北京蟒山森林公园	北京蟒山森林公园有限责任公司	教育基地
164	北京南宫世界地热博览园	北京南宫世界地热博览园有限公司	教育基地
165	北京松山国家级自然保护区	北京松山国家级自然保护区管理处	教育基地
166	中国房山世界地质公园	北京市房山世界地质公园管理处	教育基地
167	北京大兴区留民营生态农场	北京大兴区留民营生态农场	教育基地

续表

序号	基地名称	单位名称	基地类别
168	北京神笛陶艺文化有限公司	北京神笛陶艺文化有限公司	教育基地
169	北京世界花卉大观园	北京花乡世界花卉大观园有限公司	教育基地
170	北京市朝阳循环经济产业园	北京市朝阳循环经济产业园管理中心	教育基地
171	北京市东城区南馆公园	北京市东城区南馆公园管理处	教育基地
172	北京市门头沟区科技开发实验基地	北京市门头沟区科技开发实验基地	教育基地
173	北京市门头沟区灵溪中小学生态教育基地	北京市门头沟区灵溪中小学生态教育基地	教育基地
174	北京市门头沟区雁翅中小学素质教育基地	北京市门头沟区雁翅中小学素质教育基地	教育基地
175	北京市平谷区黄松峪地质公园	北京佛山旅游管理服务中心	教育基地
176	北京市石花洞	北京市房山区石花洞风景名胜区管理处	教育基地
177	北京市顺义区少年宫	北京市顺义区少年宫	教育基地
178	北京市宣武公共安全宣传教育基地	北京市西城区民防局	教育基地
179	北京顺义三高科技农业试验示范区	北京顺义三高科技农业试验示范区管理委员会	教育基地
180	北京小龙门国家森林公园	北京小龙门国家森林公园	教育基地
181	北京蟹岛种植养殖集团有限公司	北京蟹岛种植养殖集团有限公司	教育基地
182	北京延庆硅化木国家地质公园	北京延庆硅化木国家地质公园管理处	教育基地
183	北京延庆野鸭湖湿地自然保护区	北京延庆野鸭湖湿地自然保护区管理处	教育基地
184	北京野生动物园	北京绿野晴川动物园有限公司	教育基地
185	朝来农艺园	北京朝来农艺园有限责任公司	教育基地
186	汉石桥湿地	北京市顺义区汉石桥湿地自然保护区管理办公室	教育基地
187	红星集体农庄阳光农事体验园	北京市兴红种子站	教育基地
188	怀柔青少年健康教育中心	北京市怀柔区人口和计划生育委员会	教育基地
189	怀柔区学生活动管理中心	怀柔区学生活动管理中心	教育基地
190	生存岛	北京生存岛文化传播有限公司	教育基地
191	密云蔡家洼产业园区	聚陇山生态农业开发有限公司	教育基地
192	密云青少年宫	密云青少年宫	教育基地
193	七彩蝶园	北京七彩蝶创意文化有限公司	教育基地
194	青龙湖公园	北京青龙湖公园有限公司	教育基地
195	小汤山现代农业科技示范园	北京市小汤山现代农业科技示范园管理委员会	教育基地
196	北京山地生态科技研究所	北京山地生态科技研究所	教育基地
197	佐特陶瓷技术中心	佐特陶瓷技术中心	教育基地
198	昌平区青苹果之家	北京市昌平区计划生育协会	教育基地
199	北京航天之光观光农业园	北京航天之光观光农业园有限责任公司	教育基地
200	曙光防灾教育公园	北京新兴曙光科贸有限公司	教育基地
201	《博物》杂志	《中国国家地理》杂志社	传媒基地
202	中国科普博览	中国科学院计算机网络信息中心	传媒基地
203	中国科学报	中国科学报社	传媒基地
204	科学普及出版社	科学普及出版社	传媒基地
205	电子工业出版社少儿科普分社	电子工业出版社	传媒基地
206	《我们爱科学》杂志	中国少年儿童新闻出版总社	传媒基地

续表

序号	基地名称	单位名称	基地类别
207	北京电视台科教节目中心	北京电视台	传媒基地
208	北京科技报	北京科技报社	传媒基地
209	北京科学技术出版社	北京科学技术出版社有限公司	传媒基地
210	《少年科学画报》杂志	北京出版集团有限责任公司	传媒基地
211	《天文爱好者》杂志	北京天文馆	传媒基地
212	《大自然》杂志	北京自然博物馆	传媒基地
213	《环球科学》杂志	环球科学杂志社有限公司	传媒基地
214	《科学世界》杂志	科学世界杂志社有限责任公司	传媒基地
215	《健康》杂志	健康杂志社	传媒基地
216	互动百科网	互动在线(北京)科技有限公司	传媒基地
217	北京科技视频网	北京市可持续发展促进会	传媒基地
218	北京少年儿童出版社	北京出版集团有限责任公司	传媒基地
219	《科技潮》杂志	科技潮杂志社	传媒基地
220	海豚少儿科普出版中心	海豚出版社有限责任公司	传媒基地
221	北京艺术与科学电子出版社	北京艺术与科学电子出版社	传媒基地
222	北京大学科学传播中心	北京大学	培训基地
223	北京师范大学科学传播与教育研究中心	北京师范大学	培训基地
224	首都师范大学科技教育中心	首都师范大学	培训基地
225	北京急救医疗培训中心	北京急救医疗培训中心	培训基地
226	CERT 紧急救援训练中心	中援思德科技发展有限公司	培训基地
227	北京市宣武青少年科技馆	北京市宣武青少年科技馆	培训基地
228	中国科学院计算机网络信息中心	中国科学院计算机网络信息中心	培训基地
229	北京市科学技术进修学院	北京市科学技术进修学院(首都联合职工人学科技分校)	培训基地
230	北京市西城区青少年科技馆	北京市西城区青少年科技馆	培训基地
231	中国科协——清华大学科技传播与普及研究中心	清华大学	培训基地
232	北京大文馆	北京天文馆	研发基地
233	北京自然博物馆	北京自然博物馆	研发基地
234	北京科技大学工程训练中心	北京科技大学	研发基地
235	北京市农林科学院农业科技信息研究所	北京市农林科学院农业科技信息研究所	研发基地
236	北京国际科技服务中心	北京国际科技服务中心	研发基地
237	北京天强创业电气技术有限责任公司	北京天强创业电气技术有限责任公司	研发基地
238	梦想人(北京)科技有限公司	梦想人(北京)科技有限公司	研发基地
239	北京全景多媒体信息系统公司	北京全景多媒体信息系统公司	研发基地
240	北京市宣武青少年科技馆	北京市宣武青少年科技馆	研发基地
241	北京神舟航天文化创意传媒有限责任公司	北京神舟航天文化创意传媒有限责任公司	研发基地
242	北京千松科技发展有限公司	北京千松科技发展有限公司	研发基地
243	北京凯来美气候技术咨询有限公司	北京凯来美气候技术咨询有限公司	研发基地

北京地区专利申请一览表(1995—2014年)

日期＼项目	发　明	实用新型	外观设计	合计
1995年	1252	4372	738	6362
1996年	1441	4255	899	6595
1997年	1677	3668	968	6313
1998年	1754	3444	1123	6321
1999年	2062	4045	1616	7723
2000年	3409	4984	1951	10344
2001年	4984	5114	2076	12174
2002年	5785	5920	2137	13842
2003年	7833	6665	2505	17003
2004年	8608	6321	3473	18402
2005年	12102	6940	3530	22572
2006年	14226	8200	4129	26555
2007年	18763	8819	4098	31680
2008年	28394	11157	3957	43508
2009年	29326	15424	5486	50236
2010年	33466	18637	5193	57296
2011年	45057	26615	6283	77955
2012年	52720	32609	6976	92305
2013年	67554	47586	8196	123336
2014年	78192	48228	11754	138111

资料来源:北京市知识产权局。

北京地区专利授权一览表(1995—2014年)

日期＼项目	发 明	实用新型	外观设计	合计
1995年	328	3169	528	4025
1996年	246	2563	486	3295
1997年	281	2340	706	3327
1998年	309	2522	969	3800
1999年	573	3948	1308	5829
2000年	1074	3463	1368	5905
2001年	946	3600	1700	6246
2002年	1061	3721	1563	6345
2003年	2261	4244	1743	8248
2004年	3216	3956	1833	9005
2005年	3476	4498	2126	10100
2006年	3864	5490	1884	11238
2007年	4842	7364	2766	14954
2008年	6478	8776	2493	17747
2009年	9157	10141	3623	22921
2010年	11209	16579	5723	33511
2011年	15880	19628	5380	40888
2012年	20140	24672	5699	50511
2013年	20695	36301	5675	62671
2014年	23237	44071	7353	74661

资料来源:北京市知识产权局。

科技活动及专利一览表(1985—2014年)

年份	科技活动人员/人	研究与试验发展(R&D)人员折合全时当量/人年	研究与试验发展(R&D)经费内部支出/万元	研究与试验发展(R&D)经费内部支出相当于地区生产总值比例/%	专利申请量/件	发明	实用新型	外观设计	专利授权量/件	发明	实用新型	外观设计
1985					1540	754	720	66				
1986—1990					15087	3332	11003	752	6700	737	5614	349
1986					1692	535	1091	66	491	43	408	40
1987					2425	523	1796	106	776	102	630	44
1988					3342	702	2494	146	1376	169	1147	60
1989					3344	742	2408	194	1789	207	1497	85
1990					4284	830	3214	240	2268	216	1932	120
1991—1995					31126	6604	21787	2736	19379	1801	15835	1743
1991	228167				4624	1023	3324	277	2369	263	1917	189
1992	247525				6316	1340	4493	483	3265	312	2724	229
1993	252811				6972	1483	4931	558	5806	530	4780	496
1994	240386				6852	1506	4666	680	3914	368	3245	301
1995	252232				6362	1252	4372	738	4025	328	3169	528
1996—2000			4307457		37296	10344	20395	6557	22156	2483	14836	4837
1996	265552	84793	418614	2. 34	6595	1441	4255	899	3295	246	2563	486
1997	273161	84913	532257	2. 56	6313	1678	3667	968	3327	281	2340	706
1998	237127	86602	861138	3. 62	6321	1754	3444	1123	3800	309	2522	969
1999	229584	85740	938437	3. 50	7723	2062	4045	1616	5829	573	3948	1308

续表

年份	科技活动人员/人	研究与试验发展(R&D)人员折合全时当量/人年	研究与试验发展(R&D)经费内部支出/万元	研究与试验发展(R&D)经费内部支出相当于地区生产总值比例/%	专利申请量/件	发明	实用新型	外观设计	专利授权量/件	发明	实用新型	外观设计
2000	261113	98723	1557011	4.92	10344	3409	4984	1951	5905	1074	3463	1368
2001—2005			13434129		83993	39312	30960	13721	39944	10960	20019	8965
2001	240609	95255	1711696	4.62	12174	4984	5114	2076	6246	946	3600	1700
2002	257326	114919	2195402	5.09	13842	5785	5920	2137	6345	1061	3721	1563
2003	270921	110358	2562518	5.12	17003	7833	6665	2505	8248	2261	4244	1743
2004	301202	152132	3169064	5.25	18402	8608	6321	3473	9005	3216	3956	1833
2005	383153	177765	3795450	5.45	22572	12102	6940	3530	10100	3476	4498	2126
2006—2010			30706037		209275	124175	62237	22863	100371	35532	48350	16489
2006	382756	168875	4329878	5.33	26555	14226	8200	4129	11238	3864	5490	1884
2007	450331	204668	5270591	5.35	31680	18763	8819	4098	14954	4824	7364	2766
2008	450147	200080	6200983	5.58	43508	28394	11157	3957	17747	6478	8776	2493
2009	529985	191779	6686351	5.50	50236	29326	15424	5486	22921	9157	10141	3623
2010	529811	193718	8218234	5.82	57296	33466	18637	5193	33511	11209	16579	5723
2011	605980	217255	9366440	5.76	77955	45057	26615	6283	40888	15880	19628	5380
2012	651003	235493	10633640	5.95	92305	52720	32609	6976	50511	20140	24672	5699
2013	681346	242175	11850469	5.98	123336	67554	47586	8196	62671	20695	36301	5675
2014	726792	245384	12687953	5.95	138111	78129	48228	11754	74661	23237	44071	7353

资料来源：北京市统计局、北京市科学技术委员会、北京市教育委员会、北京市经济和信息化委员会、北京市知识产权局。

技术合同成交一览表(1990—2014 年)

年　份	合同数/项	技术合同成交总额/亿元	技术交易额	流向外省市技术合同额	实现合同总金额/亿元	技术交易实现金额
1990	18588	20.3	10.5		15.4	8.4
1991—1995	93970	167.7	120.0		115.4	83.8
1991	18547	22.4	13.1		15.3	9.1
1992	23395	31.3	22.2		20.0	14.4
1993	20461	35.6	25.6		24.9	17.6
1994	15220	37.2	26.9		26.9	20.4
1995	16347	41.2	32.2		28.4	22.3
1996—2000	91421	414.2	375.9		206.7	188.1
1996	14850	45.8	39.2		29.6	25.4
1997	13866	54.3	48.1		31.1	27.8
1998	20724	81.6	73.9		42.1	37.6
1999	20711	92.2	88.5		43.6	41.0
2000	21270	140.3	126.3	65.5	60.3	56.3
2001—2005	156114	1443.8	1217.2	688.9	669.5	628.1
2001	23921	191.0	164.8	85.4	97.6	93.0
2002	27037	221.1	181.0	100.4	101.9	97.2
2003	32173	265.5	226.8	132.4	119.9	113.9
2004	35478	331.8	294.3	165.8	148.7	143.4
2005	37505	434.4	350.4	204.9	201.4	180.6
2006—2010	256074	5422.8	3984.7	2372.7	2226.7	2006.7
2006	51575	697.3	572.6	325.3	349.5	319.7
2007	50972	882.6	660.3	407.4	418.1	353.5
2008	52742	1027.2	778.1	487.0	406.2	375.0
2009	49938	1236.2	906.9	498.2	516.8	452.9
2010	50847	1579.5	1066.7	654.8	536.0	505.6
2011	53552	1890.3	1268.3	635.9	580.4	563.3
2012	59969	2458.5	2048.6	1385.0	739.8	707.0
2013	62743	2851.2	2252.4	1615.9	684.0	659.3
2014	67278	3136.0	2531.5	1722.0	708.2	675.1

资料来源:北京技术市场管理办公室。

研究与开发机构研发活动一览表(2007—2014年)

项 目	2007	2008	2009	2010	2011	2012	2013	2014
研究与开发机构基本情况								
机构数/个	265	266	275	281	280	288	287	299
中 央	221	225	228	231	231	238	237	248
地 方	44	41	47	50	49	50	50	51
研究与试验发展(R&D)投入情况								
R&D人员/万人	4.6	4.8	5.2	5.7	5.9	6.3	6.6	6.6
按隶属关系分								
中 央	4.4	4.5	4.9	5.4	5.6	5.9	6.2	6.2
地 方	0.2	0.3	0.3	0.3	0.3	0.4	0.4	0.4
R&D人员折合全时当量/万人年	3.8	3.9	4.2	4.6	4.7	5.3	5.5	5.5
基础研究	1.2	1.3	1.4	1.5	1.6	1.8	1.9	2.0
应用研究	1.6	1.6	1.7	2.0	2.1	2.2	2.3	2.3
试验发展	1.0	1.0	1.1	1.1	1.0	1.3	1.3	1.2
R&D经费内部支出/亿元	103.1	123.8	150.3	187.0	195.1	222.0	246.8	271.2
按隶属关系分								
中 央	99.0	117.4	143.9	178.9	185.1	211.5	236.3	253.6
地 方	4.1	6.4	6.4	8.1	10.0	10.5	10.5	17.6
按活动类型分								
基础研究	26.4	28.3	39.2	49.9	58.5	65.1	73.6	86.5
应用研究	45.2	49.0	61.5	78.0	84.0	92.0	102.2	108.9
试验发展	31.5	46.5	49.6	59.1	52.6	64.9	71.0	75.8
按资金来源分								
政府资金	88.6	106.6	126.3	164.4	168.0	192.6	220.0	244.6
企业资金	3.2	4.0	4.4	3.6	6.6	6.5	8.2	8.2
境外资金	1.3	1.8	2.0	1.5	2.5	1.5	1.9	1.8
其他资金	10.0	11.4	17.6	17.5	18.0	21.4	16.7	16.6
研究与试验发展(R&D)项目(课题)情况								
R&D项目(课题)数/项)	15079	16383	17816	19545	20333	22842	23949	25550
R&D项目(课题)人员折合全时当量/万人年	2.2	2.3	3.8	4.1	4.3	4.9	5.0	5.0
R&D项目(课题)经费内部支出/亿元	57.1	70.9	87.1	107.2	115.0	142.7	156.8	161.0
科技产出及成果情况								
发表科技论文/篇	37232	37149	39380	39384	41442	44218	45509	48040
#国外发表	9005	9184	12011	11696	13361	14003	17216	17905
出版科技著作/种	1489	1636	1873	1601	1828	1670	1921	2058
专利申请数/件	1993	2488	3182	3879	4880	5456	6192	6004
#发明专利	1784	2119	2772	3450	4373	4798	5144	5115
专利授权数	985	1146	1574	1879	2260	3251	3646	3932
#发明专利	752	922	1299	1455	1756	2635	2763	3001

注:研究与开发机构范围是北京市政府部门属的科学研究与技术开发机构、科技情报与文献机构。

资料来源:北京市科学技术委员会。

附　录

北京市科技管理机构

北京市科学技术委员会

根据中共中央、国务院批准的北京市人民政府机构改革方案和《北京市人民政府关于机构设置的通知》(京政发〔2009〕2号),设立北京市科学技术委员会(简称市科委)。市科委是负责本市科技工作的市政府组成部门。主要职责是:

(一)贯彻落实国家关于科技工作方面的法律法规、规章和政策,起草本市相关地方性法规草案、政府规章草案,组织拟订科技发展和科技促进经济社会发展的政策,并组织实施。

(二)组织拟订本市科技发展中长期规划、年度计划,并组织实施;研究提出科技发展布局和优先发展领域;推动科技创新体系和科技服务体系建设,促进科技服务业发展;推进科技北京建设。

(三)组织制定本市应用基础研究、高新技术发展以及重大科技成果应用研究的政策措施;负责统筹协调应用基础研究、前沿技术研究、重大社会公益性技术研究及关键技术、共性技术研究;牵头组织科技促进经济社会发展的重大关键技术攻关。

(四)会同有关部门组织科技重大专项实施中的方案论证、综合平衡、评估验收和配套政策制定,对科技重大专项实施中的重大调整提出意见;负责科技重大专项和重大科技产业工程的组织实施。

(五)制定政策引导类科技计划并指导实施;会同有关部门拟订本市高新技术企业发展、高新技术产业化的相关政策,参与拟订科技金融促进工作的相关政策;提出科研条件保障规划和政策建议;推进科研条件平台建设和科技资源共享。

(六)组织制定本市科技促进农村和社会发展的政策措施,促进以改善民生为重点的农村建设和社会建设;指导可持续发展实验区的建设和发展。

(七)会同有关部门拟订本市促进产学研结合的相关政策,制定科技成果推广政策,指导科技成果转化工作;组织相关重大科技成果应用示范,推动企业自主创新能力建设。

(八)研究制定本市科技体制改革的政策措施;建立健全科技创新体制和机制;研究制定建立新型研究开发机构的政策;按规定审核相关科研机构的组建和调整,优化科研机构布局。

(九)负责本部门预算中的科技经费预决算及经费使用的监督管理;会同有关部门提出科技资源合理配置的政策和措施建议,优化科技资源配置。

(十)制定本市科普工作规划和政策;制定促进技术市场、科技中介组织发展的政策措施;负责技术市场、科技保密管理工作和科技奖励组织实施工作;负责科技信息、科技统计和科技期刊管理工作。

(十一)研究制定本市科技合作交流政策;负责科技外事工作;负责与港澳台的科技合作与交流;会同有关部门组织技术出口和技术引进等工作。

(十二)负责本市科技人才资源的合理配置,会同有关部门拟订科技人才队伍建设规划,提出政策建议。

(十三)承办市政府交办的其他事项。

主任:闫傲霜

党组书记:杨伟光

副主任:杨伟光　朱世龙　郑焕敏
　　　　张继红　伍建民　丁　辉(兼任)

纪检组长:李京瑞

委员:陈力工　张　虹　刘　晖　王建新

地址:北京市西城区西直门南大街16号

邮编:100035
电话:66153395
网址:www. bjkw. gov. cn

内部机构设置:

办公室

负责机关政务工作;负责文电、会务、机要、档案等机关日常运转工作;承担信息、信访、议案、建议、提案、安全、保密、政府信息公开、电子政务、机关财务和资产管理等工作;承担重要事项的组织和督查工作。

电　话:66153395

政策法规与体制改革处

负责机关推进依法行政综合工作;起草科技方面的地方性法规草案、政府规章草案;负责行政执法工作的监督、指导和协调;承担行政复议、应诉的有关工作;承担机关行政规范性文件的合法性审核和有关备案工作;会同有关方面推进科技创新体系建设和科技体制改革,拟订促进产学研结合和促进科技领域知识产权创造的政策措施;按规定承担相关科研机构的组建和调整的审核;负责北京地区科技研究开发机构的认定和科技类民办非企业单位的业务审核。

电　话:66153406

发展计划处

研究提出本市科技发展的布局和优先发展领域,组织拟订科技发展中长期规划和年度计划;提出科技计划的协调、综合平衡和经费配置的建议;会同有关方面提出重大创新基地建设规划建议;拟订科技成果和科技项目管理的政策措施;负责本市科技奖励组织实施和科技统计、科技信息和科技期刊管理;会同有关方面组织技术出口和技术引进。

电　话:66153416

重大专项办公室

会同有关方面拟订本市科技重大专项实施办法,审核实施计划,协调解决重大问题,组织评估和验收;承担对接国家科技重大专项的相关协调工作;负责重大科技需求的调研;承担科技北京建设和科教方面的相关工作。

电　话:66174050

条件财务处

提出本市科研条件保障的规划和政策建议,推进科研条件平台建设和科技资源共享;会同有关方面提出科技资源合理配置的政策建议;参与开展科技金融促进工作;编制本部门预算中的科技经费预决算,并监督预算的执行;参与拟订科技经费管理办法;监督、指导所属单位财务和国有资产管理工作。

电　话:66153407

高新技术产业化处

拟订本市相关领域高新技术发展及产业化的科技规划和政策;组织实施相关领域高新技术研究发展计划和政策引导类科技计划;承担中关村国家自主创新示范区建设相关工作;推动科技创新创业服务体系建设;推动科技成果转化及企业技术创新能力提升;促进科技服务业和文化创意产业发展;负责高新技术产业孵化基地认定和高新技术企业、自主创新产品认定;指导技术市场管理工作。

电　话:66153439

先进制造与自动化处

拟订本市先进制造技术领域、信息技术领域、新材料领域及空间技术领域科技发展的规划和政策;组织实施相关领域高技术研究发展计划;负责组织推进相关领域重点实验室(基地)建设;促进相关领域科技服务业的发展。

电　话:66153438

生物医药处

拟订本市生物工程、新医药产业、医疗卫生及食品安全领域科技发展的规划和政策;组织实施相关领域高技术研究发展计划;制定实验动物管理的政策措施;负责实验动物安全监管工作;负责组织推进相关领域重点实验室(基地)建设;促进相关领域科技服务业的发展;承担生物工程和新医药产业方面的有关科技工作。

电　话:66153451

农村科技发展处

拟订本市科技促进农村发展的规划和政策;组织实施相关领域高技术研究发展计划;负责组织推进相关领域重点实验室(基地)建设;

促进相关领域科技服务业的发展；推动农村科技进步；指导相关重大科技成果应用示范；指导农业科技园区的有关工作。

电 话:66153402

社会发展处

拟订本市社会发展领域科技发展的规划和政策；组织实施相关领域高技术研究发展计划；负责组织推进相关领域重点实验室（基地）建设；促进相关领域科技服务业的发展；推动新能源和节能环保产业的发展；推进科技对城市建设与管理的支持；指导可持续发展实验区的建设和发展。

电 话:66153392

科技宣传与软科学处（北京市人民政府专家顾问团办公室）

负责本市科普工作，拟订科普工作的规划和政策；负责科技宣传、新闻发布工作；负责软科学研究工作；承担市政府专家顾问团的有关工作；承担综合性文稿起草和地方志、年鉴编纂工作。

电 话:66153431

国际科技合作处

组织拟定本市国际科技合作交流政策；组织实施国际科技合作交流计划；按规定负责在京举办国际性科技学术会议、出国举办科技展览会和邀请外国人员来华进行科技活动的有关工作；承办与港澳台的科技合作交流事宜；负责机关及所属单位的外事工作。

人事教育处

负责机关及所属单位的人事、机构编制和离退休工作；会同有关方面拟订本市科技人才队伍建设的政策措施；负责自然科学研究系列专业技术职务任职资格评定工作；组织实施科技新星计划。

电 话:66153409

机关党委

负责机关及所属单位的党群工作。

电 话:66153410

工 会

负责机关及所属单位的工会工作。

电 话:66153413

纪检、监察处

纪检、监察机构按有关规定派驻。

电 话:66153442

中关村科技园区管理委员会

中关村科技园区管理委员会（简称中关村管委会）是负责对中关村科技园区（包括海淀园、丰台园、昌平园、电子城、亦庄园、德胜园、石景山园、雍和园、大兴生物医药产业基地、通州园，以下简称园区）发展建设进行综合指导的市政府派出机构，其主要职责是：

（一）贯彻落实国家有关法律法规和政策，研究提出园区的发展战略和规划，组织研究园区相关改革方案，促进可持续发展。

（二）研究拟定园区发展和管理的相关政策，参与起草相关地方性法规、规章草案。

（三）参与组织编制园区有关空间规划和产业规划。

（四）协调整合各类创新资源，开展高新技术研发及其成果产业化、投融资、人才资源、中介组织、知识产权保护、数字园区建设等方面的促进和服务工作。

（五）配合协调有关机构为园区企业提供世界贸易组织事务方面的服务，促进园区企业开展国际贸易。

（六）承担园区外事、宣传、联络和留学人员创业服务等工作。

（七）负责管理市财政拨付的园区发展专项资金，并协助有关部门监督专项资金的使用。

（八）指导各园的工作，承担建设中关村科技园区领导小组及其办公室的日常工作，负责园区企业家咨询委员会及园区内各类协会组织的联系工作。

（九）承办市政府交办的其他事项。

党组书记:赵凤桐

党组副书记:郭 洪

主任:郭 洪

副主任:廖国华 于凤英 王汝芳
杨建华 李稻葵

纪律检查组组长:候 云

委员:张茂盛 李 翔 刘 航
地址:北京市海淀区阜成路73号裕惠大厦
邮编:100142
电话:88828800
传真:88828882
网址:www.zgc.gov.cn

内部机构设置:

办公室

负责本机关的政务工作;负责公文处理、信息、议案、建议、提案和信访、档案、保密工作,以及重要会议、活动的组织工作;负责重要文件和会议决定事项的督查工作;负责机关联络接待、服务保障、安全保卫等工作。

电 话:82690500
传 真:82690506

产业发展促进处

参与研究和制定园区产业规划和政策,督促落实发展高新技术企业的各项政策;参与重大高新技术成果产业化项目的认定;协调园区技术研发,重大高新技术企业项目的引进和扶持工作;受国家有关部门委托,负责组织园区企业科研项目和专项资金的申报工作;负责协调园区对外经贸工作。

电 话:82690618

规划建设协调处

研究制定园区发展规划并协调组织实施;参与组织编制园区的空间规划、土地利用规划和生态规划等工作;负责园区重大建设项目信息的收集和分析。

电 话:82690605
传 真:82690419

投融资促进处

负责研究提出园区投融资体系建设方案;研究分析园区投融资发展状况,并提出政策建议,搭建园区投融资政策平台;推动园区企业的股权交易和上市融资工作;组织协调投融资机构为园区产业发展提供支持,发展适合园区企业的多种融资方式,促进科技与金融的结合。

电 话:82690614
传 真:82691705

人才资源处

研究提出园区人才资源发展战略规划和人才市场体系建设的建议;研究拟定园区吸引人才的有关政策,并协调组织实施;负责园区有关留学人员创业的服务工作。

电 话:82691728

中介服务体系建设处

研究提出园区行业协会、中介组织的发展规划,组织制定有关政策;促进园区中介组织发展、信用体系建设等工作。

电 话:82690610
传 真:82691707

信息化工作处

组织研究提出园区信息化建设规划并协调推进实施;负责园区信息统计数据的综合分析利用;负责协调建立统一的园区信息管理与服务体系、预测预导系统、经济运行和企业评测系统;负责管理园区的网站建设,推进园区电子政务和数字园区建设工作。

电 话:82690688
传 真:82691710

国际交流合作处

负责园区的国际交流与合作工作;负责园区派遣人员因公临时出国(境)和邀请外国经贸科技人员来华事项的审批工作;负责园区驻海外联络处的建设、联络和管理工作。

电 话:82690607
传 真:82690633

研究室(世界贸易组织事务与知识产权工作处)

负责园区体制和机制创新及其配套改革措施的研究工作;组织研究园区发展建设中的重要问题,并提出相关对策、建议;负责协调园区知识产权促进和保护工作;配合协调有关机构为园区企业提供有关世界贸易组织事务方面的服务;组织起草贯彻落实《中关村科技园区条例》的有关配套政策,并监督实施。

电 话:82691701

宣传处

负责园区宣传工作,制定园区宣传方案并

组织实施；组织园区新闻发布会；组织园区重要活动、重要工作的新闻报道工作。

电　话:82690510

传　真:82690508

财务处

负责园区发展专项资金预算编制和管理工作；协助有关部门监督专项资金的管理使用；负责园区的建设与发展专项资金的内部审计工作；负责本机关的财务工作。

电　话:82690416

传　真:82690416

人事处

负责中关村管委会机关及所属单位的干部、人事及机构编制管理工作。

电　话:82690500

传　真:82690506

监察处

履行派驻纪检监察机构职责。

电　话:82690518

传　真:82691702

机关党委

负责本机关及直属单位的党群工作。

电　话:82690418

北京市知识产权局

北京市知识产权局工作内容和主要职责：

（一）负责组织协调本市保护知识产权工作，推动知识产权保护工作体系建设；会同有关部门建立知识产权执法协作机制，开展有关的行政执法工作；开展知识产权保护的宣传工作。

（二）贯彻落实国家关于专利工作方面的法律法规、规章和政策；起草本市相关地方性法规草案、政府规章草案，拟订专利工作的政策措施、发展规划和工作计划，并组织实施；会同有关部门拟订并组织实施首都知识产权战略和规划。

（三）承担规范本市专利管理基本秩序的责任。依法处理、调解专利纠纷，查处假冒专利行为；依法监督管理专利代理机构，推进专利中介服务体系建设。

（四）会同有关部门促进本市知识产权产业发展；指导和规范专利技术市场，管理专利权转让合同、专利实施许可合同和专利申请权转让合同备案工作；会同有关部门指导和规范知识产权无形资产评估；推动专利权质押工作。

（五）负责本市专利信息公共服务体系的建设，会同有关部门推动专利信息的传播利用；负责组织建立知识产权预警应急机制；承担专利统计工作。

（六）统筹协调本市涉外知识产权事宜，开展专利工作的国际联络、合作与交流活动。

（七）组织开展专利方面法律法规、政策的宣传普及工作；组织制定本市有关知识产权的教育与培训工作规划，并组织实施。

（八）承办市政府交办的其他事项。

局长:汪　洪

副局长:王淑贤　潘新胜　周　砚

李　钟　付晓辉

党组书记:汪洪

副巡视员:杨久明

地址:北京市西城区德胜门东大街8号东联大厦二层

邮编:100009

电话:84080086

网址:www. bjipo. gov. cn

内部机构设置:

办公室（国际合作处）

负责机关政务工作；负责文电、会务、机要、档案等机关日常运转工作；承担信息、信访、议案、建议、提案、安全、保密、政府信息公开等工作；负责重要事项的组织和督查工作；组织开展知识产权宣传工作；负责编制部门预决算，管理机关财务及国有资产；负责监督指导所属单位财务和国有资产管理工作；开展专利工作的国际联络、合作与交流活动。

电　话:84080086

电子邮箱:bangs@ bjipo. gov. cn

政策法规处

拟订本市专利工作发展规划和工作计划；组织研究知识产权方面的重大问题和国外知识产权发展动态；承担拟订本市知识产权发展战

略和规划的有关工作;负责机关推进依法行政综合工作;起草专利方面的地方性法规草案、政府规章草案;负责行政执法工作的监督、指导和协调;承担行政复议、应诉的有关工作;承担机关行政规范性文件的合法性审核和有关备案工作。

电　话:84080090

电子邮箱:tiaofachu@ bjipo. gov. cn

知识产权协调处

承担组织协调全市保护知识产权的有关工作;承担知识产权执法协作机制的相关工作;协调、督办重大侵犯知识产权案件;承担实施本市知识产权战略和规划的有关工作;统筹协调涉外知识产权事宜;承担北京市知识产权办公会议的有关工作。

电　话:84080092

电子邮箱:xietiaochu@ bjipo. gov. cn

产业促进处

承担推动本市知识产权产业发展的有关工作;拟订促进企事业单位专利工作的政策措施并组织实施;指导企事业单位、行业联盟应对有关知识产权纠纷;指导和规范专利技术市场有关工作,促进专利商用化,承担专利权转让合同、专利实施许可合同和专利申请权转让合同备案管理工作。

电　话:84080080

电子邮箱:shishichu@ bjipo. gov. cn

专利管理处

拟订本市专利中介服务体系发展的政策措施并组织实施;依法管理专利代理机构和专利代理人;承担指导和规范知识产权无形资产评估的有关工作;推动专利权质押工作;指导和监督本市专利信息公共服务体系建设工作,组织建立知识产权预警应急机制;拟订有关知识产权的教育与培训工作规划,并组织实施;指导有关行业协会、社会团体的专利工作;承担专利统计工作。

电　话:84080096

电子邮箱:guanlichu@ bjipo. gov. cn

专利执法处

拟订本市专利行政执法的措施办法;负责专利行政执法体系建设工作;依法处理、调解专利纠纷,查处假冒专利行为;统筹协调商品流通领域、展会的知识产权保护工作。

电　话:84080098

电子邮箱:zhifachu@ bjipo. gov. cn

人事处

负责机关及所属单位的人事、机构编制等工作;承担本市专利代理、知识产权管理从业人员的专业技术职务评定有关工作;负责机关及所属单位离退休人员的管理与服务工作。

电　话:84080020

电子邮箱:renshichu@ bjipo. gov. cn

监察处

按市纪委有关规定派驻。

电　话:84080110

电子邮箱:jianchachu@ bjipo. gov. cn

机关党委(工会)

负责机关及所属单位的党群工作。

电　话:84080082

北京市科学技术协会

北京市科学技术协会是北京地区科学技术工作者的群众组织,是中国共产党北京市委员会领导下的人民团体,是中国科学技术协会的地方组织,接受中国科学技术协会的业务指导。北京市科学技术协会成立于 1963 年 7 月,现有学会 155 个,基金会 14 个,区县科协 18 个,基层组织 196 个,拥有以科学家、工程师为主体的会员 32 万余人。北京市科学技术协会始终坚持科学发展,在发挥桥梁纽带作用、繁荣学术交流、普及科学技术、促进科技人才成长和提高、促进科技与经济相结合、建设科技工作者之家等方面做了大量卓有成效的工作。特别是科技周、科普日、学术月、金桥工程、科学技术专家季谈会、青少年科技创新大赛等活动,在首都科技界和公众中具有一定的影响。科协在实施科教兴国和可持续发展战略中,发挥了重要的不可替代的作用,为首都经济建设、科技进步和社会发展做出了重要贡献。

主席:顾秉林

常务副主席:夏　强

副主席:马国馨　方智远　王志珍

王渝生　田　文　田小平
许达哲　许健民　刘德培
范伯元　林建华　周立军
贺福初　赵继林　贺慧玲
殷　琼

党组书记:夏　强
秘书长:吕家香
地址:北京市朝阳区小营育慧里4号
邮编:100101
电话:84635008
传真:84655007
网址: www. bast. cn. net

内部机构设置:

办公室

负责公文处理、信息、档案、机要、保密、来信来访、安全保卫工作以及重大活动和重要会议的组织协调工作;负责重大决定事项的督察工作;负责本机关的法律事务,指导市科协系统维护科技工作者的合法权益工作,参与北京市有关法规的拟定工作。

电　话:84655007
电子信箱:bastbgsh@ bjkp. gov. cn

调研宣传部

负责市科协科学决策工作,组织决策咨询活动,协调征集、上报科技工作者建议,开展重大课题调查研究,承办上级有关部门交办的调研任务;负责市科协相关重要文件、报告和领导讲话的起草工作,提出、拟定市科协发展战略;负责市科协的宣传工作和新闻报道工作,编辑《北京科协》;负责市科协系统精神文明建设工作。

电　话:84644973
电子邮箱:bastxcbu@ bjkp. gov. cn

学会部

负责市科协学术交流工作,协调组织综合性、多学科、多领域的重点学术活动,指导开展市科协系统学术交流活动;负责对市科协所主管的学会、基金会进行监督管理及业务指导,协调落实"枢纽型"社会组织的任务;负责市科协青年科技人才培养工作,指导学会开展继续教育、办好学术期刊;协调落实自然科学界、社会科学界联席会议相关工作。

电　话:84644977
电子邮箱:bastxhbu@ bjkp. gov. cn

科普部

负责贯彻落实国家有关科普工作的方针、政策,制定市科协系统科普工作规划;负责联系、指导区县科协、基层组织的工作,组织开展全市性重大科普活动,指导基层科协开展科普活动;负责市科协科普资源共建共享工作,指导基层科普场馆及设施的利用,建设科普志愿者队伍,承办科普表彰奖励工作;承担全民科学素质纲要实施办公室日常工作,督查落实议定事项。

电　话:84634995
电子邮箱:bastkpbu@ bjkp. gov. cn

人事部

负责本机关干部队伍建设工作;负责本机关的人事管理工作;指导直属单位人事管理工作;负责离(退)休人员管理和服务工作;负责协调市科协系统的人才工作;指导市科协系统的组织建设工作。

电　话:84644971
电子邮箱:bastrsch@ bjkp. gov. cn

计划财务部

负责编制机关行政事业费及有关专项经费的预、决算;负责对直属事业单位的财务工作进行指导、监督、审计;负责机关财务及固定资产管理;负责本系统综合统计工作。

电　话:84634998
电子邮箱:bastjcch@ bjkp. gov. cn

机关党委

负责北京市科协机关及所属事业单位的党群工作。

电　话: 84634972
电子邮箱:bastjgdw@ bjkp. gov. cn

国际联络部

负责管理、指导、组织、协调市科协机关及事业单位的外事工作;负责市科协系统的民间国际科技交流与合作;负责组织、协调市科协系统同香港、澳门特别行政区、台湾地区的科学技术交流活动;承办上级部门交办的主要负责开展北京市科协系统的民间国际科技交流与合作;负责组织、协调北京市科协系统同香港、澳门特别行政区、台湾地区的科学技术交流活动;负责相关及所属事业单位外事工作。

电　话:84644978
电子邮箱:bastgjbu@ bjkp. gov. cn

北京市区县科学技术委员会一览表

单位名称	主　任	电　话 传　真	通讯地址	邮　编	网　址
东城区科学技术委员会	孙占军	64041867 64009160	东城区东四十一条83号	100007	www. dchst. com
西城区科学技术委员会	张炳田	83976211 83976212	广安门南街68号12层	100037	www. bjxchst. gov. cn
海淀区科学技术委员会	梁　捷	62325613 62318521	海淀区北四环中路281号	100083	www. hdkw. gov. cn
朝阳区科学技术委员会	冯守华	65099678 65099677	朝阳区日坛北街33号	100020	www. chykw. gov. cn
丰台区科学技术委员会	刘少华	83656411 83656412	丰台区文体路2号	100071	www. ftti. gov. cn
石景山区科学技术委员会	王亚迅	68863659 88910825	石景山区八角西街40号	100043	sjskw. bjsjs. gov. cn
通州区科学技术委员会	季志会	89526630 69546592	通州区通胡大街78号京贸中心3层	101101	www. bjtzst. gov. cn
顺义区科学技术委员会	李长勇	69443483 69449347	顺义区光明南街24号	101300	www. kw. bjshy. gov. cn
门头沟区科学技术委员会	张文波	69865984 69843260	门头沟区新桥大街40号	102300	mtg. nczx. cn
房山区科学技术委员会	冀显江	89350219 89364790	房山区良乡政通东路1号	102488	kw. bjfsh. gov. cn
昌平区科学技术委员会	李万佰	69713054 69700663	昌平区东关二条科技中心大楼	102200	www. bjchp. gov. cn
大兴区科学技术委员会	王自学	69244954 69267073	大兴区兴政街31号科技大厦	102600	www. dxkw. gov. cn
延庆县科学技术委员会	史绍全	69142014 69142014	延庆县高塔街58—1号	102100	www. bjyq. gov. cn
怀柔区科学技术委员会	郭小卫	69624893 69624893	怀柔区湖光小区24号	101400	www. hrkj. gov. cn
平谷区科学技术委员会	陈占国	69963273 69963273	平谷区府前西街26号	101200	Pgkw. bjpg. gov. cn
密云县科学技术委员会	赵　宏	69087854 69044787	密云县西滨河路2号	101500	www. mykw. gov. cn

资料来源:北京市科学技术委员会。

北京市区县科学技术协会一览表

单位名称	主　席	电　话 传　真	通讯地址	邮　编	网　址 电子邮箱
东城区科学技术协会	胡晓松 王佩立	64033038	东城区东四十一条 83 号	100007	www. bast. net. cn/ qxkx/dongcheng fjhmy@ hotmail. com
西城区科学技术协会	马国馨	82283135	西城区二龙路 27 号	100032	www. bast. net. cn/ qxkx/xicheng xckx@ bjkp. gov. cn
朝阳区科学技术协会	李春霞	65099722	朝阳区日坛北街 33 号	100020	www. cykx. org. cn liyanqiang@ 263. net
海淀区科学技术协会	白春礼	82510605	海淀区长春桥路 17 号	100089	kx. bjhd. gov. cn hdkx@ bjkp. gov. cn
丰台区科学技术协会	龙乐豪	63815841	丰台区镇东安街三条六号	100071	www. ftkx. gov. cn ftkx@ bjkp. gov. cn
石景山区科学技术协会	佟长江	88699142	石景山区石景山路 18 号	100043	www. bast. net. cn/ qxkx/sjs sjskx@ bjkp. gov. cn
门头沟区科学技术协会	赵　凯	69843535	门头沟区新桥大街 40 号	102300	kx. bjmtg. gov. cn mtgkx@ bjkp. gov. cn
房山区科学技术协会	祝庆忠	89350084	房山区良乡政通东路 1 号	102488	www. fskp. bj. cn kexie@ bjfsh. gov. cn
通州区科学技术协会	杜　伟	69542769	通州区玉带河大街 30 号	101100	www. bjtzkx. org. cn tzkx@ bjkp. gov. cn
顺义区科学技术协会	李国震	69447435	顺义区光明南街 24 号	101300	www. bast. net. cn/ qxkx/shuny sykx@ bjkp. gov. cn
昌平区科学技术协会	李秀生	69742971	昌平区东关二条科技中心大楼	102200	www. cpkx. gov. cn cpkx@ cpkx. gov. cn
大兴区科学技术协会	刘月娥	69267065	大兴区兴政大街 31 号科技大厦	102600	www. dxkw. gov. cn/ web/kw dxkx@ bjkp. gov. cn
怀柔区科学技术协会	赵文广	69624068	怀柔区湖光小区 24 号	101400	www. bast. net. cn/ qxkx/huairou hrkx@ bjkp. gov. cn

续表

单位名称	主 席	电 话 传 真	通讯地址	邮 编	网 址 电子邮箱
延庆县科学技术协会	陈 杰	69141533	延庆县高塔街58-1号	102100	yqkx@ bjkp. gov. cn
密云县科学技术协会	张 敏	69042877	密云县西滨河路2号	101500	www. mykw. gov. cn mykw@ bjmyinfo. gov. cn
平谷区科学技术协会	王英杰	89987947	平谷区新开西街6号	101200	www. pgkx. gov. cn pgkx@ bjkp. gov. cn

资料来源:北京市科学技术协会。

北京市科技服务机构

北京科技协作中心

北京科技协作中心成立于1983年,是市政府为发挥首都科技资源优势而设立的由中国科学院、中国工程院、中国机械科学研究院、中国医学科学院北京协和医院等在京科研院所和北京大学、清华大学等高等院校组成的大型综合科技联合体,属事业单位、首都科技集团常设办事机构。中心的主要业务包括:开展技术合同认证服务;组织科技成果推介及项目对接活动;组织项目技术评估和规划论证;组织科技示范工程及协调重大项目实施;提供科技政策咨询、投融资咨询和管理咨询服务;开展国际科技交流和技术贸易;为科技企业的市场开拓提供综合服务等。

地　址:北京市西城区西直门南大街16号西楼10层

邮　编:100035

电　话:66517145

传　真:66518005

网　址:www. beijingstcc. gov. cn

电子邮箱:luidw@ beijingstcc. gov. cn

北京科学技术开发交流中心

北京科学技术开发交流中心是市政府1981年9月批准成立的、直属于北京市科委的事业单位。中心设战略决策部、科技管理服务部、科技项目管理部、科技文化宣传部、国内科技合作一部、国内科技合作二部、国际科技合作部、科技资产管理部和综合办公室等9个部门,其主要任务是:科技项目征集、科技项目招标、科技项目监理、科技文化宣传、国内外科技合作交流、科技资金与资本市场合作,以及科技资产管理等。中心先后承担了市科技项目管理工作,掌握了国家各部委、市各委办局以及联合国及美、日、加拿大等国家科技项目申报的渠道信息;先后与20余个省、市、自治区以及美国、英国、法国等国家开展了一系列大型的科技交流合作活动;与国家及有关省、市、自治区政府部门,20余个国家驻华大使馆,上百家高等院校、科研院所,上万家高新技术企业,100余家投资公司建立了长期稳定的合作关系。

地　址:北京市西城区西直门南大街16号西楼6层

邮　编:100035

电　话:66114517

传　真:66316845
网　址:www. kjjl. bj. cn
电子邮箱:lx. wwj@ 163. com

北京市自然科学基金委员会办公室

北京市自然科学基金委员会的宗旨是根据北京市科技、经济和社会发展的需要,加强和发展相应的基础性研究,发现和培养人才,以促进北京市科学技术进步,持续不断地支持首都经济和社会发展。其主要任务是根据国家科学技术发展方针、政策,结合首都经济和科技发展的需要,编制、发布项目指南;有效地运用自然科学基金资助手段,指导协调北京市基础性研究工作;组织推动重大和重点研究项目;促进研究成果向实用转化;支持有条件的青年科技人员承担项目,促进科技队伍的成长;组织和推动相应的国际合作和学术交流。市自然科学基金委员会实行科学基金制。主要机制是自由申请与定向引导相结合,同行评议,公平竞争,择优支持,辅以"指南"引导,严格选题,突出重点,追踪成效。

地　址:北京市西城区西直门南大街16号西楼
邮　编:100035
电　话:66163562
传　真:66157137
网　址:www. bjnsf. org
电子邮箱:bnsfzy@ 126. com

北京市科学技术奖励工作办公室

北京市科学技术奖励工作办公室是北京市科委直属事业法人单位,经费由财政拨款。主要承办北京地区科技奖励工作及授奖活动的有关技术性、服务性和辅助性工作;负责科技奖励的统计、数据分析工作;开展北京地区获奖成果的国际交流工作;负责北京地区社会力量设奖的审批和管理工作;市科委交办的科技成果的管理工作及政府部门交办的其他工作。

地　址:北京市西城区西直门南大街16号北楼104室
邮　编:100035
电　话:66188227
传　真:66162876
网　址:www. bjjlb. org. cn
电子邮箱:jlb@ mail. bsti. ac. cn

北京市实验动物管理办公室

北京市实验动物管理办公室是经市政府批准成立、隶属于北京市科委的独立法人单位,其前身为北京市实验动物管理委员会办公室。北京市科委主管本市实验动物工作,市实验动物管理委员会负责本市行政区域内实验动物管理的协调工作。经市政府办公厅批准,市实验动物管理委员会成立专家委员会,为本市实验动物科学发展和管理提供咨询。市实验动物管理办公室作为常设机构,负责本市行政区域内实验动物的日常管理工作。其主要职责是:根据《实验动物管理条例》和《北京市实验动物管理条例》及其配套规章的规定,进行行政执法;负责北京地区实验动物许可证管理工作;负责北京地区实验动物及其相关产品的质量管理和从业人员的考核及岗位证书发放工作;受北京市科委委托,负责北京地区实验动物质量监督员队伍、实验动物质量检测机构、实验动物从业人员培训机构和实验动物屏障设施培训基地的管理工作;受科技部委托,负责全国实验动物许可证的备案管理工作、承担全国实验动物科学研究项目管理和全国实验动物信息网北京镜像站的管理工作;负责北京市实验动物管理委员会及其专家委员会的日常工作;根据实验动物科学发展要求,向北京市科委和科技部提出工作建议,并承担部分研究课题;组织并完成上级领导交给的其他任务。

地　址:北京市海淀区西三环北路27号北科大厦6层
邮　编:100089
电　话:68722982
传　真:68479601
网　址:www. baola. org(北京)

电子邮箱:baola@ balla. org

北京生物技术和新医药产业促进中心

北京生物技术和新医药产业促进中心成立于1996年6月24日,拥有北京生物工程学会、北京中关村生物工程和新医药企业协会两家专业社团机构,主要任务是面向北京生物工程和新医药产业提供专业化服务。中心下设项目培育与投资管理部、战略研究部、行政与信息环境部、财务部。中心形成了五个专业工作平台,即战略研究平台、项目管理平台、国际合作平台、产业拓展平台、会展策划平台,致力于生物医药产业信息,生物医药领域科技规划、重点方向等研究;通过组团出访及建立稳定的国际合作渠道,促进国际国内的交流合作;整合中心项目管理、战略咨询、培训、专业会议等服务,为中心探索发展模式;组织生命科学领域的专业会议、展览,强化市场意识和生存意识,创造生物中心市场价值。

地　址:北京市海淀区马连洼北路151号院内
邮　编:100094
电　话:62896868
传　真:62899978
网　址:www. newlife. org. cn
电子邮箱:linshi@ newlife. org. cn

北京新材料发展中心

北京新材料发展中心隶属北京市科委,其宗旨是促进北京新材料产业发展,辅助政府决策,服务新材料产业,营造创新创业环境,成为沟通政府、科研机构、企业和社会的桥梁。主要任务是负责北京新材料领域规划、政策的制定,发展战略研究;负责北京市新材料科技项目组织评估、论证和管理;组织北京新材料领域重大活动,参与北京新材料基地各园区的建设、新材料领域专业孵化器建设等,举办领域内研讨、展览、会议等交流活动。主办面向全国发行的《新材料产业》月刊和新材料产业信息网站。

地　址:北京市海淀区学院路30号方兴大厦5层
邮　编:100083
电　话:62341509
传　真:62333998
网　址:www. materials. net. cn
电子邮箱:infor@ materials. net. cn

北京技术交易促进中心

北京技术交易促进中心是直属于北京市科委的事业单位。中心通过组织实施"提升技术交易参与者的交易能力、通畅技术交易的渠道与环节、建立健全技术交易服务体系"等各类促进业务活动,以有效带动北京地区技术交易的规模扩大和质量的提高,从而促进科技成果产业化和科技与金融的高效结合。中心"依托政府、面向社会、立足科技、促进交易",通过集成与整合技术交易资源,构建权威的技术交易信息网络平台和规范运作的技术交易创新服务联盟,以"创新、敬业、诚信、协作"的精神竭诚为海内外技术交易客户的技术转移、技术融投资提供全面专业的服务。

地　址:北京市海淀区苏州街甲49号
邮　编:100080
电　话:62578706
传　真:62577304
网　址:www. ctmnet. com. cn
电子邮箱:webmaster@ chinatis. com

北京市科技信息中心

北京市科技信息中心隶属北京市科委,是市政府为推动"首都二四八重大创新工程",推进北京软件产业发展创建的一个创新服务平台。中心作为北京软件产业基地建设协调会议的日常办事机构,承担北京IT产业的战略规划研究、重大问题协调、支撑体系建设、重点项目策划、种子资金管理、动态信息发布、开展国际交流、管理软件企业认定和软件产品登记等职能,是市政府发展IT产业的决策辅助机构和沟通政府与企业的桥梁。

地　址:北京市海淀区中关村南大街甲56号方圆大厦商务楼7层
邮　编:100083
电　话:82331717
传　真:82332323
网　址:www.bsw.gov.cn
电子邮箱:zhangp@bsw.gov.cn

北京高技术创业服务中心

北京高技术创业服务中心是北京市科委直属的具有独立法人资格的事业单位,成立于1989年,是北京市最早成立的科技企业孵化器。地处中关村科技园区,紧邻京昌高速公路与北四环路,交通便利,环境优越。中心现有孵化场地8300平方米,面向国内外各类中小型科技企业,可提供办公科研用房、项目评估、年度审计、政策咨询、投融资咨询、法律咨询、成果鉴定、国内外人才培训、火炬计划项目申报、科技型中小企业创新基金项目推荐受理、国家科技重大项目及国家重点新产品评估监理等服务。

地　址:北京市朝阳区安翔北里甲11号1号楼
邮　编:100101
电　话:64853169
传　真:64873536
网　址:www.bjcy.net.cn
电子邮箱:chyzhx@mail.bsti.ac.cn

北京市高新技术成果转化服务中心

北京市高新技术成果转化服务中心成立于2002年,是北京市政府设立的为北京市高新技术企业和北京市高新技术成果转化项目提供"一站式"服务的机构,为市科委直属全额拨款事业单位。具体负责本市高新技术成果转化项目的受理、组织评审和对外公布工作;协调落实市政府支持高新技术成果转化项目的有关政策。

地　址:北京市朝阳区安翔北里11号A座
邮　编:100101
电　话:64874216
传　真:64853178
邮　箱:cyzx@bjcy.net.cn

北京市新能源汽车发展促进中心

北京市新能源汽车发展促进中心为北京市科学技术委员会直属事业单位,主要职责是:研究制定新能源汽车发展规划和实施方案,把握行业发展趋势,发挥北京市在新能源汽车领域的引领带动作用;协调促进环卫、公交、出租等领域新能源汽车规模化示范,推广和激励新能源汽车的私人应用;组织在京企业、院所、高校优势资源,以自主创新为目标,产学研合作开展新能源汽车研发工作,提升我市新能源汽车技术研发能力和产业水平;开展相关电动汽车标准、规划布局、能源供给模式等研究工作,为北京市产业发展提供决策依据;通过科技招商、交流合作等方式,吸引国内外电动车产业关键零部件企业在京落户,打造北京新能源汽车产业链,推进新能源汽车基地建设;组织展览展示等活动,向公众普及新能源汽车知识,宣传节能环保理念,培育新能源汽车用车文化;推动北京建成网络化的能源供给体系和高效运作的商业运营模式,带动汽车产业发展。

地　址:北京市西城区西直门南大街16号南楼6层
邮　编:100035
电　话:66150566
传　真:64847720
网址://www.bjxnyqc.org

北京市科委农村发展中心

北京市科委农村发展中心主要调查研究京郊农业、农村、农民问题,为北京市科委农村领域科技管理决策提供科学依据和技术支持;为北京市科委农村领域科技项目管理提供支撑服务;根据科技部和北京市科委的有关科技政策和科技发展规划,引导和凝聚各类科技资源为郊区建设社会主义新农村提供有效的科技服务。

地　址:北京市海淀区曙光花园中路 11 号北京农科大厦 B 座 1101 号
邮　编:100091
电　话:51502351
传　真:51502361
网　址:www.nczx.cn
电子邮箱:bjnczx@126.com

北京生产力促进中心

北京生产力促进中心是由北京市科委组建并支持的不以营利为目的的社会化科技服务机构,致力于发展传播先进生产力,提升中小企业竞争能力,促进传统产业升级,集成首都生产力促进资源,推进北京生产力促进服务体系建设。该中心面向政府和企业两个主体提供服务。

(一) 面向政府的主要服务内容　研究生产力发展的理论、模式及趋势,为宏观决策提供咨询服务;组织实施政府指导性的科技开发计划;对区县生产力促进中心进行资质认证,为地方政府提供区域和产业发展研究;承担政府委托交办的其他事宜。

(二) 面向中小企业的服务内容　充分利用现代信息技术,帮助中小企业进行信息化建设,提升企业生产经营管理水平,提高市场竞争力;利用现代技术,帮助企业提高研发及技术创新能力,引入关键共性技术和先进适用技术,改造传统产业;开拓中小企业融资渠道,为中小企业提供中介服务;为中小企业提供企业辅导、生产管理、人力资源管理、财务管理、市场营销、质量管理等咨询服务,帮助企业提高现代管理水平;利用首都大型仪器设备协作网、工程技术中心、重点实验室,为中小企业提供仪器设备资源、工程技术资源、实验条件资源等方面的共享服务,仪器改造和升级服务,使首都资源利用效率最大化;为中小企业开拓国际合作渠道,组织企业出国考察、培训和展览展销,引进海外先进技术和管理人才。

地　址:北京市海淀区北三环中路 31 号生产力大楼 B 座 8 层
邮　编:100088
电　话:82003608
传　真:82003613
网　址:www.bjpc.org.cn
电子邮箱:bjpc@bjpc.org.cn

北京市可持续发展科技促进中心

北京市可持续发展科技促进中心是北京市科委直属的具有独立法人资格的事业单位。其宗旨是:为社会经济的可持续发展提供科技引导、技术服务。中心下设能源部、实验区部、科普部、项目部和战略发展部等部门。主要工作为:可持续发展实验区申报、推荐、管理;可持续发展实验区项目预选、推荐、示范、辐射及推广;可持续发展工作研究;可持续发展科普宣传;进行社会发展领域(生态环境、能源、减灾防灾、资源利用、社区、社会安全、城乡建设、公用事业、文教体育、城市管理)科技项目(重大项目以外)的评估、项目监督等;社会发展领域相关调查、工作研究;科普工作联席会议办公室日常工作,联席会议通过计划、项目的具体落实;科普工作研究;组织各种类型的科普活动,联络区县科普工作联席会议办公室共同开展工作;组织国内外可持续发展实验区考察活动、科普考察活动。

地　址:北京市朝阳区安翔北里 11 号北京创业大厦 B 座 15 层
邮　编:100101
电　话:64841457
传　真:64841456
网　站:www.bsdc.net.cn
电子邮箱:bsdc2008@163.com

北京技术市场管理办公室

北京技术市场管理办公室于 1990 年 5 月经市政府批准成立,是市科委直属部门。主要职责是:负责宣传贯彻和组织实施有关技术市场的法律、法规和政策,组织调查研究并制定相应规章制度;负责对技术市场发展与技术交易活动实行规划管理与协调指导，负责技术市场表彰奖励工作；负责管理技术合同认定登记工作，管理技术合同登记机构并办理设立、撤销事宜，审核认定重大技术合同；负责审核技术交易中介服务机构和技术经纪人的资格，培训、考核技术市场经营管理人员；负责管理技术市场发展资金；负责技术市场统计和分析，发布技术市场信息；会同有关部门检查技术交易活动，依法处罚违法行为，调解技术合同纠纷，参与技术合同纠纷的仲裁；会同市财税部门落实技术市场财税优惠政策；会同有关部门开展国内外技术转移和技术市场的研究与交流；负责联系北京技术市场协会。

地　址：北京市西城区西直门南大街16号北楼
邮　编：100035
电　话：66161862
传　真：66161862
网　址：www.cbtm.gov.cn
电子邮箱：liujun@cbtm.ebmail.cn

科技潮杂志社

科技潮杂志社是由北京市科委主管，北京高技术创业服务中心主办的综合科技月刊。《科技潮》杂志以“贴近时代、贴近市场、贴近生活、贴近读者”为宗旨，集宣传科技政策、报道科技精英、介绍高新技术成果、交流技术信息、分析科技动态、进行科普教育等于一身，紧密围绕北京市政府和北京市科委的工作重点，报道北京和全国的科技发展动向、宣讲科技政策、关注前沿科技进展，已成为首都北京与全国各地进行科技工作交流的重要窗口。《科技潮》杂志内容丰富、信息量大、导向性强，主要面向科技界、教育界、工商界、政府管理部门的各级领导干部、科技园区领导和管理人员、科技企业及企业家、科研单位及开发人员、大专院校师生以及关注科学技术发展的各界人士。《科技潮》杂志每期64页，大16开，每月5日出版。

地　址：北京市朝阳区安翔北里11号创业大厦5层
邮　编：100101
电　话：64871402
传　真：64862728
邮　箱：kejichao@126.com

北京工业设计促进中心

北京工业设计促进中心1995年5月成立，是隶属于北京市科委具有独立法人资格的事业单位，是政府实施“工业设计科技促进”专项计划，推动设计创意产业发展的促进机构。主要承担设计产业政策规划研究，组织设计项目申报论证，提供企业设计咨询指导，发布设计产业动态信息，开展国际设计交流合作，承办设计论坛、展览、会议，评选杰出创新设计奖项，举办设计技能专业培训等工作。中心致力于构筑以设计为核心的价值网络和设计资源协作，并通过DRC北京工业设计创意产业基地为社会搭建设计创意、资讯、材料、模型、检测等专业化共享科技条件平台和提供设计师创业孵化设施。

地　址：北京市海淀区北三环中路31号生产力大楼B座912室
邮　编：100088
电　话：82002055
传　真：82004066
网　址：www.bidcchina.com
电子邮箱：cdl@bidcchina.com

北京科学仪器装备协作中心

北京科学仪器装备协作中心成立于1996年10月，隶属北京市科委。中心的主要职能是：协助政府和主管部门制订和实施北京地区仪器装备的购置计划，并进行相关决策咨询；北京地区仪器装备协作共用的组织、协调和管理；仪器装备的开发、改造、更新、维修和技术服务，促进北京地区科研条件的发展升级；构建北京地区科研条件体系，构建数字化、网络化、专业化的服务平台；开展与仪器装备相关的国际合作，推动仪器装备领域的国际交流。

地　址:北京市海淀区西三环北路 27 号北科大厦
邮　编:100089
电　话:68488471
传　真:68486239
网　址:www.kytj.com
电子邮箱: master@ kytj.com

北京市科委人才交流中心

北京市科委人才交流中心是北京市科委直属的事业单位,主要从事人才交流、人才培训、人事代理、人才推荐等工作。设有北京科技人才网,其信息库以科技与管理人才为主,规模大,信息全,无论是单位招聘还是个人求职,可 24 小时随时进入本网,查询相关信息,并可在网上发布招聘广告与个人简历。

地　址:北京市海淀区北三环中路 31 号生产力大楼 B 座 9 层
邮　编:100088
电　话:82002237
传　真:82002238
网　址:www.bjkwrc.org.cn
电子邮箱:office@ bjkjrc.com.cn

北京软件产品质量检测检验中心

北京软件产品质量检测检验中心成立于 2002 年 7 月,坐落于中关村软件园孵化器大楼内,是北京市科委和北京市质监局联合建立的非营利性的专业软件测试机构。中心为企业提供软件测试、咨询与培训服务,包括对软件产品的评测认证和对企业的测试外包服务,并开展软件测试技术研究,测试工具开发、软件测试规范、标准制定等业务。中心还是北京软件产业基地公共技术支撑体系的管理运营实体,具体负责“三库四平台”的技术服务。

地　址:北京市海淀区东北旺西路 8 号中关村软件园 3A 楼
邮　编:100193
电　话:82825511
传　真:82826408
网　址:www.bsw.net.cn www.nast.gov.cn
电子邮箱:info@ bsw.net.cn

中关村高科技产业促进中心

中关村高科技产业促进中心前身为北京市新技术产业发展服务中心,成立于 1998 年,2005 年 2 月 5 日正式更名为中关村高科技产业促进中心,是经北京市机构编制委员会核准、中关村管委会直属的差额拨款事业单位,是服务于园区高新技术产业发展的非营利性独立法人机构。其宗旨及业务范围为:为中关村科技园区高新技术企业提供信息服务、技术服务、咨询服务、培训服务,承办高新技术会展,组织招商活动。通过相关的信息收集和调查研究,编制和组织实施园区留学人员创业服务规划,整合园区留学人员服务工作资源,为留学人员创业、就业提供相关政策咨询和服务。

地　址:北京市海淀区苏州街 49 号盈智大厦
邮　编:100080
电　话:82622051
传　真:82621970

北京国际科技服务中心
(北京对外科学技术交流中心)

北京国际科技服务中心(北京对外科技交流中心)是经北京市政府、北京市机构编制委员会批准的事业单位,主要业务是主办、承办国际国内科技展览及会议,组织各类国内外科技交流及商务活动,提供相关技术培训、技术交流、技术转移、技术中介服务,同时开展各类会展设计服务,承接各类科技活动、科普活动的策划、设计、实施服务。中心还从事国内外科技合作项目中介、贸易代理及咨询服务等。1999 年获得科技部、外交部、海关总署等部门联合授予的“关于举办境内国际科学技术展览会的主办单位资格”。

地　址:西城区西直门南大街 16 号西楼 4 层
邮　编:100035

电　话:66161562
传　真:66160676
网　址:www. bstec. net. cn

中关村知识产权促进局

2003年10月27日,中关村国家知识产权制度示范园区暨中关村知识产权促进局挂牌成立。该局为实行企业化管理的事业法人,在业务上接受国家知识产权局和北京市知识产权局的监督和指导,设有办公室、知识产权信息中心、专利技术转移中心、知识产权法律中心。知识产权信息中心负责园区的知识产权信息服务工作。通过建立知识产权信息服务平台,面向园区的高等院校、科研院所、高新技术企业等创新创业主体提供全方位的优质知识产权信息服务。专利技术转移中心负责园区的专利技术转移服务工作。按照市场机制运营方式,利用专利创业专项资金,开展转让、许可、孵化等工作,推动园区专利技术创业,促进其知识产权创新与产业化的良性循环。知识产权法律中心负责园区的知识产权法律服务工作。通过建立知识产权法律服务平台,面向园区的高等院校、科研院所、高新技术企业等创新创业主体提供全方位的优质知识产权法律服务,优化中关村知识产权发展和保护环境。同时,负责高校知识产权办公室和知识产权中介服务联盟的日常工作。

地　址:北京市海淀区知春路23号量子银座3层
邮　编:100083
电　话:82356358
传　真:82356470
网　址:www. zgcip. org. cn
电子邮箱:bangongshi@ zgcip. org. cn

国家知识产权局专利局北京代办处

国家知识产权局专利局北京代办处经国家知识产权局审核批准, 2004年2月10日正式开业,是国家知识产权局专利局在北京市知识产权局设立的专利业务派出机构,主要承担国家知识产权局专利局授权或委托的专利业务及相关服务性工作,包括:专利申请文件的受理、费用减缓请求的审批、专利费用的收缴、专利实施许可合同备案、办理专利登记簿副本及相关业务咨询服务;受北京市知识产权局委托面向全市开展专利资助及相关研究性工作。该代办处获国家知识产权局2006年度全国代办处质量进步奖和2007年度全国先进代办处,2008年1月被人事部和国家知识产权局评为全国专利系统先进集体。

地　址:北京市海淀区知春路23号量子银座3层
邮　编:100083
电　话:82356358 - 212
传　真:52356470
网　址:daibanchu. bjipo. gov. cn
电子邮箱:daibanchu@ zjcip. org. cn

北京市知识产权服务中心

2003年5月16日,北京市知识产权服务中心经北京市政府批准成立。中心是具有独立法人资格的事业单位,其上级主管机关为北京市知识产权局。服务中心下设办公室、合作交流部、法律事务部、信息咨询部。主要职能包括:知识产权宣传及人才培训,全国专利代理人资格考试报名、考务及培训,知识产权法律咨询及诉讼代理,知识产权司法鉴定,知识产权课题研究,专利信息查新检索及统计分析,企业知识产权战略研究,建立企业专利数据库,专利技术分析评估、宣传推广、实施转化,学术交流研讨等。

地　址:北京市西城区西直门南大街16号西楼11层
邮　编:100035
电　话:66187220
传　真:66160108
网　址:www. bjip. org. cn
电子邮箱:sfjd@ bjip. org. cn

北京市专利技术开发服务中心

1992年,北京市专利技术开发服务中心成立。该中心是经北京市政府批准成立的具有独立法人资格的事业单位,其上级主管机关是北京市知识产权局。中心主要从事专利数据资源的开发利用、知识产权公共信息服务、专利技术合同登记、专利技术交易服务、专利项目评估、专利权质押服务等工作。中心设有综合组,负责行政、人事、财务和后勤管理工作;信息化推进组,负责奥运知识产权信息平台建设、北京市知识产权公共信息服务平台建设的推进;合同登记组,负责技术合同登记、专利实施许可合同备案及专利交易信息服务工作。

地　址:北京市西城区西直门南大街16号西楼11层
邮　编:100035
电　话:68037737
传　真:68037737
网　址:spzzdpg. rsstop. com
电子邮箱:zljskf@ yahoo. com. cn

北京市保护知识产权举报投诉服务中心

2006年6月28日,北京市保护知识产权举报投诉服务中心正式挂牌运行,并开通"12330"举报投诉电话。该中心为北京市编办批准的、全额拨款事业单位,内设办公室、举报投诉部、信息分析部等,主要职责为负责受理本市知识产权侵权行为投诉举报的接转工作、负责案件处理情况的跟踪和汇总、提供知识产权方面的法律咨询服务。

地　址:北京市海淀区知春路23号量子银座3层
邮　编:100191
电　话:51530125
传　真:51530127
网　址:beijing. ipr. gov. cn(北京子站)

北京国际科技协作中心

北京国际科技协作中心是由北京市政府批准建立的,市科协直接领导开展对外科技交流的事业单位。主要任务是举办国际科技会议和科技展览会;接待来华进行科技交流的团体和个人;派遣科技人员出国进修、考察和参加国际会议;邀请国外专家和学者来华进行专业性科技交流和培训;对外进行科技咨询和信息交流,为国内厂家从事技术转让、技术开发、投资合资活动提供服务;组织国际科技协作项目;组织国内外技术经济合作业务;派遣农业考察团及农业研修生出国考察学习国外农业科学技术;长期举办日语学习班。

地　址:北京市朝阳区育慧里4号
邮　编:100101
电　话:84630170
传　真:84644978
电子邮箱:iadbast@ hotmail. com

北京青少年科技活动中心

北京青少年科技活动中心主要是协调指导市级学会、区县科协的青少年科技工作,组织和管理市科协所属青少年团体,组织北京青少年科技教育、科技竞赛和科学普及等活动,丰富青少年科技知识,开展青少年国际科技交流活动,发现和培养有科技特殊专长的青少年人才,对科技辅导员进行培训,不断提高科技教育和科技活动的水平。

地　址:北京市朝阳区育慧里4号
邮　编:100101
电　话:84634991
传　真:84634991
电子邮箱:501000@ 126. com

北京科技活动中心
北京市科协服务管理部

北京科技活动中心1998年4月成立,主要为北京科技界开展学术交流、科技展览、技术咨询、技术协作、科技培训、科技工作者联谊及会议等服务。服务管理部主要负责市科协机关及部分直属事业单位后勤保障工作,为职工生活提供服务,如机关交通、通讯、办公文具用品、机关办公设备、职工住房、职工餐饮、职工医疗保健、职工福利用品等。

地　址:北京市朝阳区育慧里4号
邮　编:100101
电　话:84635012
传　真:84644976
电子邮箱:hdzx02@ bjkp. gov. cn

北京科技咨询中心

北京科技咨询中心1991年7月成立,是北京市科协直属事业单位,具有独立的法人地位。该中心主要承接政府和有关部门的咨询业务;承接技术改造、技术引进项目和工程建设项目的可行性研究与评估;提供技术转让、技术开发、技术咨询、技术服务;组织协作攻关与产品开发;组织国内外科技展览与技术交流;开展专业技术与科技管理培训;创办高新技术实体,并进行经营与管理。

地　址:北京市东城区永外西革新里98号
邮　编:100077
电　话:67235945
传　真:67235953
网　址:www. bstcc. com. cn
电子邮箱:bstcc@ bstcc. com. cn

北京科普发展中心

北京科普发展中心是经北京市政府批准,由北京市科协领导的事业单位,2002年11月正式成立。中心主要开展科普宣传、科普文化交流和科普培训;举办科普展览和各类科普文化活动;进行科普展的研发、制作和推广;承接国际、国内大型会议及文化交流、研讨活动的策划、组织、实施;开发制作展板、展具;引进、开发、制作科普互动性展示器材、展品及各种教具;举办科普人才培训;制作科普图书、科普资料等。

地　址:北京市东城区永外西革新里98号
邮　编:100077
电　话:87258923
传　真:87208146
网　址:kpfzzx. bast. net. cn
电子邮箱:bjkpzx@ bjkp. gov. cn

北京市科学技术进修学院

北京市科学技术进修学院于1981年经市政府批准成立,是一所全民所有制高等学院、北京市科技干部的培训基地,也是从事继续教育与学历教育的成人高校。主要培养中、高级科技管理人才,开展文秘、对外贸易、英语、财务会计、法律、计算机软件、计算机应用、信息管理、电子商务等大专、本科学历教育及相关继续教育。同时开展相关培训、科技开发、中介服务等。1989年,该院与北京航空航天大学联合办学。1995年,北航在该院设立了北航继续教育基地,北航在北京地区现代远程教育校外学习中心也设在本院。

地　址:北京市大兴区圣和巷7号
邮　编:102600
电　话:69249686
传　真:69249686
电子邮箱:bastjxxy@ bjkp. gov. cn

北京农村致富技术学校

北京农村致富技术学校1993年9月经市政府批准成立,是由北京市科协主办的一所面向北京郊区农村传授科学技术,培养农村专业技术人才的学校。主要培养农村乡土科技人才,开展种植、养殖、加工、企业管理等市场经济知识及相关专业的技术培训、推广、服务。学校目前已在7个郊区县建立了分校,形成了“市校—区县分校—乡镇辅导站”一体的教学网络,拥有一批稳定的热心于农村科技事业的兼职教师队伍。学校根据实际需要设立中级部、初级部、单项技术部和种植、养殖、乡镇企业综合等4个系共25个专业。

地　址:北京市大兴区圣和巷7号
邮　编:102600
电　话:69249686
传　真:69249686
电子邮箱:bastjxxy@ bjkp. gov. cn

北京市科协学会联合办公室

北京市科协学会联合办公室是经市政府批准成立的,隶属北京市科协的事业单位。主要负责管理市属12个学会(协会、研究会)的财务、统计报表、年审等各项日常工作,以沟通信息,推动各学会广泛开展活动。

地　址:北京市东城区永外西革新里98号
邮　编:100077
电　话:67235026
传　真:67235035
电子邮箱:bastxhlb@ bjkp. gov. cn

北京电脑天地学校

北京电脑天地学校于1985年经市政府批准成立,现有机房和教室面积600余平方米,微机100余台,是全国计算机等级考试的定点培训单位和考核站,是市人事局、劳动局指定的计算机文字录入处理员等级考试的定点培训单位和第一考核站,是市财政局指定的会计电算化培训单位。主要开展人才培训、等级考核、技术咨询、软件开发、维修服务、对外交流等业务。

地　址:北京市东城区永外西革新里98号
邮　编:100077
电　话:67235031
传　真:67235031
电子邮箱:bastdnxx@ bjkp. gov. cn

北京市科协信息中心

北京市科协信息中心于2004年10月经市政府批准成立,是隶属北京市科协的事业单位。主要承担市科协机关局域网建设、维护和管理;承担市科协所属"北京科普之窗""首都科技网""学生科技网"等网站的ICP工作;为北京市科协所属单位和群众团体上网、使用电子邮件提供服务、培训和技术支持;提出市科协系统网络工作规划,对学会、基层科协的网络工作进行协调和指导;负责市科协系统网络工作的检查、总结和评比;承担北京市信息化办公室和中国科协信息中心要求完成的任务;组织和实施有关网络科技活动;代表北京市科协组织全市性科技、科普网站经验交流、培训和奖励活动。

地　址:北京市朝阳区育慧里4号
邮　编:100101
电　话:84649879
传　真:84649879
电子邮箱:bjkx26@ bjkp. gov. cn

北京市科协所属学会(协会、研究会)一览表

序号	学会名称	电　话	通讯地址	邮　编
1	北京数学会	62759855	海淀区北京大学数学科学学院	100871
2	北京计算数学学会	62754692	海淀区北京大学数学科学学院	100871
3	北京珠算心算协会	63296960	丰台区右安门外玉林里45号	100069
4	北京运筹学会	68912070	海淀区北京理工大学管理与经济学院	100081
5	北京物理学会	62758139	海淀区北京大学物理楼	100871
6	北京声学学会	63523263	西城区陶然亭路55号	100054
7	北京光学学会	84024561	东城区东黄城根北街甲20号	100010
8	北京核学会	69357657	房山区新镇中国原子能科学研究院内(北京275信箱65分箱)	102413
9	北京化学会	58807383	海淀区北京师范大学化学系500室	100875
10	北京微量元素学会	64971451	朝阳区安外惠新西街6号楼	100029
11	北京天文学会	51583037	西城区西外大街138号	100044
12	北京气象学会	68400804	海淀区紫竹院路44号	100089
13	北京地球物理学会	68326186	西城区阜外百万庄大街26号	100037
14	北京地理学会	67235026	东城区永外西革新里98号	100077
15	北京地质学会	51560209	海淀区西四环北路123号地质大厦	100195
16	北京生物化学与分子生物学学会	65296913	东城区东单三条5号	100005
17	北京遗传学会	65250731—210	东城区骑河楼大街17号妇产医院	100006
18	北京生态学学会	62836273	海淀区香山南辛村20号	100093
19	北京植物学会	67020649	西城区天桥南大街126号	100050
20	北京昆虫学会	51503688	海淀区曙光花园中路9号市农林科学院植保环保所植保楼311室	100097
21	北京动物学会	67020650	西城区天桥南大街126号	100050
22	北京实验动物学学会	84922374	东城区安定门外大羊坊6号	100012
23	北京微生物学会	65472339	朝阳区三间房南里4号	100024
24	北京细胞生物学会	62784794	海淀区清华大学医学院C244	100084
25	北京心理学会	62756614	海淀区北京大学心理系	100871
26	北京力学会	62782426	海淀区清华大学工程力学系	100084
27	北京金属学会	88296997	石景山区杨庄大街69号首钢技术研究院417室(特钢院内)	100043
28	北京粉体技术协会	88417670	海淀区西三环北路27号理化测试中心	100089
29	北京腐蚀与防护学会	62183235	海淀区学院南路76号7楼	100081
30	北京电镀学会	82317094	海淀区学院路37号北京航空航天大学内	100191
31	北京硅酸盐学会	80675866	西城区宣武门西大街129号金隅大厦A配楼407号	100031

续表

序号	学会名称	电　话	通讯地址	邮　编
32	北京粘接学会	82626721	海淀区中关村北大街123号华腾科技大厦1501室(北京2653信箱)	100084
33	北京化工学会	69342616	房山区燕山岗南路1号C座109室燕山石化公司科技部	102500
34	北京日化协会	67113081	东城区东四块玉南街32号	100061
35	北京科学美容研究会	63746783	丰台区邻枫路5号院怡锦园B座208室	100070
36	北京造纸学会	84615768	朝阳区芍药居14号院2—6—102	100101
37	北京理化分析测试技术学会	68731259	海淀区西三环北路27号北科大厦1层	100089
38	北京膜学会	62782432	海淀区清华大学化工系	100084
39	北京制冷学会	62116811	海淀区西直门外四道口1号	100081
40	北京内燃机学会	87710700	朝阳区广渠路31号北内技术中心	100022
41	北京电机工程学会	88072006	西城区复兴门外地藏庵南巷1号	100045
42	北京电力电子学会	83671666—6306	丰台区科学城富丰路6号	100070
43	北京电工技术学会	67802820	大兴区永昌南路5号	100176
44	北京水力发电工程学会	51972516	朝阳区定福庄西街1号北京勘测设计研究院办公室	100024
45	北京热物理与能源工程学会	62571060	海淀区中关村路212号(北京2706信箱)	100080
46	北京煤炭学会	69839418	门头沟区新桥南大街2号	102300
47	北京石油学会	84876262	朝阳区安慧北里安园21号	100101
48	北京能源学会	52052622	朝阳区安外小关东里甲2号北京节能环保中心410室	100029
49	北京测绘学会	63966138	海淀区复外羊坊店路15号	100038
50	北京工程图学学会	82317093	海淀区学院路37号北京航空航天大学内	100191
51	北京土木建筑学会	68023484	西城区二七剧场路3号	100045
52	北京市绿色建筑促进会	66016180	西城区西交民巷73号	100031
53	北京水利学会	88613202	海淀区玉渊潭南路普惠北里10号水利局老干部活动站	100036
54	北京公路学会	63012331	西城区槐柏树后街23号	100053
55	北京交通工程学会	68398458	西城区阜成门北大街1号交通管理局1222室	100037
56	北京工程爆破协会	51849315	海淀区大柳树路2号铁科院内	100081
57	北京照明学会	67736971	朝阳区大北窑厂坡村甲3号北京电光源研究所院内	100022
58	北京环境科学学会	82636257	海淀区车公庄西路14号	100048
59	北京消防协会	82215866	西城区西内大街190号	100035
60	北京人类生态工程学会	82808193	东城区地安门白米北巷7号	100009
61	北京电子学会	88011088	西城区槐柏树街2号院3号楼134号	100053

续表

序号	学会名称	电　话	通讯地址	邮　编
62	北京通信学会	66012626	西城区复兴门南大街6号	100031
63	北京邮政通信学会	65196324	东城区建内大街北京邮政管理局	100001
64	北京计算机学会	62761777	海淀区北京大学计算机系理科2号楼2125室	100871
65	北京图像图形学学会	82525258	海淀区北四环西路11号热物理研究所办公楼710室	100080
66	北京自动化学会	64413467	朝阳区北三环东路15号北京化工大学内	100029
67	北京仪器仪表学会	62003598	西城区德外人定湖西里12号楼342室	100120
68	北京航空航天学会	82317095	海淀区学院路37号北京航空航天大学内	100191
69	北京宇航学会	68383350	丰台区南大红门路1号9200信箱21分箱	100076
70	北京机械工程学会	65007531	朝阳区工体北路4号市机电研究所内	100027
71	北京汽车工程学会	87664291	朝阳区东三环南路25号汽车大厦	100021
72	北京造船工程学会	64832060	朝阳区德胜门外双泉堡甲2号	100085
73	北京铁道学会	51822880	海淀区复兴路6号北京铁路局内	100860
74	北京振动工程学会	82316009	海淀区学院路37号北京航空航天大学内	100191
75	北京纺织工程学会	65565349	朝阳区十里堡2号	100025
76	北京烟草学会	84559780	东城区东直门外察慈2号	100027
77	北京真空学会	82548210	海淀区中关村北二条13号(北京市2724信箱)	100190
78	北京乐器学会	67712683	朝阳区劲松中街218号楼	100021
79	北京安全技术学会	64002120	朝阳区安定门外安华里504号A座317室	100011
80	北京工艺美术学会	64220927	朝阳区东土城路13号	100013
81	北京标准化协会	64219731	东城区和平里东街20号	100013
82	北京人工智能学会	67396155	朝阳区平乐园100号北京工业大学电子信息与控制工程学院	100124
83	北京农学会	51503204	海淀区板井路市农林科学院内	100097
84	北京蔬菜学会	51503200	海淀区板井路市农林科学院蔬菜研究中心	100097
85	北京作物学会	51503341	海淀区板井路市农林科学院作物所	100097
86	北京果树学会	82384989	西城区裕民中路8号	100029
87	北京食用菌协会	51503437	海淀区板井路市农林科学院内	100097
88	北京土壤学会	51505739	海淀区板井路市农林科学院营资所	100097
89	北京植物病理学会	67235034	东城区永外西革新里98号	100077
90	北京农药学会	59194087	朝阳区麦子店街22号楼农药检定所	100026
91	北京农业工程学会	62736203	海淀区清华东路17号中国农大东区	100083
92	北京林学会	62381455	西城区裕民中路8号214室	100029
93	北京园林学会	62073575	西城区裕民中路8号1号楼233室	100029
94	北京屋顶绿化协会	67115339	朝阳区团结湖路15号	100026

续表

序号	学会名称	电　话	通讯地址	邮　编
95	北京畜牧兽医学会	84929033	朝阳区北苑路甲15号314室	100107
96	北京水产学会	67582511	丰台区永外角门路18号	100068
97	北京农业信息化学会	51503593	海淀区板井路市农林科学院信息中心	100097
98	北京食品学会	62061586	海淀区北土城西路197号联大应用文理学院实验楼108室	100083
99	北京医学会	65255365	东城区东单三条甲7号	100005
100	北京环境诱变剂学会	64407196	海淀区中关村大街29号海淀医院融恒环球基因技术有限公司	100080
101	北京生理科学会	67235026	东城区永外西革新里98号	100077
102	北京解剖学会	67235026	东城区永外西革新里98号	100077
103	北京免疫学会	82805055	海淀区学院路38号北大医学部免疫T细胞室	100191
104	北京药理学会	83198855	西城区长椿街45号宣武医院药理室	100053
105	北京中医药学会	65223477	东城区东单三条甲7号	100005
106	北京药学会	64179534	东城区新中街乙12号	100027
107	北京生物医学工程学会	62013856	海淀区北三环中路2号主楼801室	100011
108	北京护理学会	65256418	东城区东单三条甲7号	100005
109	北京中西医结合学会	65250460	东城区东单三条甲7号	100005
110	北京针灸学会	65594125	东城区东单三条甲7号北京中医药杂志编辑部	100005
111	北京防痨协会	62252394	西城区新街口东光胡同5号	100035
112	北京心理卫生协会	65131245	东城区东交民巷1号同仁医院临床心理科	100730
113	北京抗癌协会	88196171	海淀区阜成路52号	100036
114	北京神经科学学会	82801151	海淀区学院路38号北京大学医学部中心楼	100083
115	北京康复医学会	63460893	丰台区右安门外大街199号	100069
116	北京预防医学学会	64407288	东城区和平里中街16号	100013
117	北京生殖健康研究会	84046004	海淀区西直门北大街58号7号楼305室	100700
118	北京亚健康防治协会	65920668	朝阳区八里庄南里甲1号1—1603室	100025
119	北京营养学会	82801575	海淀区北京大学医学部营养与食品卫生学系	100083
120	北京医师协会	65260165	东城区东单三条甲7号	100005
121	北京老年痴呆防治协会	62103134	东城区安德路甲61号B2609室	100717
122	北京超声医学学会	66939532	海淀区复兴路28号解放军总医院超声科	100853
123	北京自然辩证法研究会	62732437	海淀区圆明园西路2号	100913
124	北京生产力学会	64444015	朝阳区安定门外小关街53号中国化工信息中心C座102室	100029

续表

序号	学会名称	电　话	通讯地址	邮　编
125	北京创造学会	51201136	朝阳区立水桥北甲1号石化管理干部学院	100012
126	北京系统工程学会	87810506	东城区永外西革新里98号	100077
127	北京循环经济促进会	82314523	海淀区北京航空航天大学经济管理学院	100191
128	北京知识产权研究会	66175475	西城区西直门南大街16号	100035
129	北京企业技术开发研究会	67235034	东城区永外西革新里98号	100077
130	北京技术经济与管理现代化研究会	67237754	东城区永外西革新里98号	100077
131	北京科技政策和管理研究会	68719176	海淀区西三环北路27号北科大厦4层	100089
132	北京民营科技实业家协会	62961182	海淀区上地西路38号时代大厦4层	100085
133	北京项目管理协会	82168249	海淀区中关村南大街乙12号天作国际中心1号楼B座27层	100081
134	北京工程管理科学学会	67256839	西城区广莲路1号北京建工大厦A座8层818B号	100055
135	北京城市管理科技协会	68515969	西城区三里河北街甲3号408室	100045
136	北京城市规划学会	68018265	西城区三里河东路乙10号	100045
137	北京土地学会	64409581	东城区和平里北街2号704室	100013
138	北京减灾协会	68400821	海淀区紫竹院路44号	100089
139	北京继续教育协会	65260301	东城区台基厂三条3号市人事局	100005
140	北京科技教育促进会	58204815	朝阳区建国路93号万达广场10号楼809室	100026
141	北京科学技术期刊学会	64883611	海淀区德胜门外北沙滩1号	100083
142	北京科学技术普及创作协会	67259422	东城区永外西革新里98号	100077
143	北京科技记者编辑协会	67259422	东城区永外西革新里98号	100077
144	北京科技声像工作者协会	67259422	东城区永外西革新里98号	100077
145	北京老科技工作者总会	87255551	东城区永外西革新里98号	100077
146	北京青少年科技教育协会	84634991	朝阳区小营育慧里4号青少部	100101
147	北京幼儿科普协会	82271034	东城区永外西革新里98号	100077
148	北京数字科普协会	84634779	朝阳区小营育慧里4号	100101
149	北京体育科学学会	87255470	丰台区东罗园146号北京体育科研所内	100075
150	北京科技情报学会	68355751	海淀区紫竹院南路23号国防出版社院内	100048
151	北京学会学研究会	87810506	东城区永外西革新里98号	100077
152	北京反邪教协会	87267586	东城区永外西革新里98号	100077
153	北京UFO研究会	64595316	顺义区天竺空港工业区A区天柱路20号	101312
154	北京烹饪协会	65227859	东城区东交民巷新大陆6号	100006
155	北京原创设计推广协会	84599369	朝阳区酒仙桥路4号798艺术区8502信箱	100015

资料来源:北京市科学技术协会。

北京地区科技企业孵化器一览表

序号	机构名称	地址	邮编	电话 传真	电子邮箱	网址
1	北京高技术创业服务中心*	朝阳区安翔北里甲11号	100101	64853169 64873178	cyzx@ bjcy. net. cn	www. bjcy. net. cn
2	中关村科技园区丰台园创业服务中心* (北京国际企业孵化中心)	丰台区科兴路9号	100070	63747737 63739269	bjibi@ bjibi. org. cn	www. bjibi. org. cn
3	中关村科技园区海淀园创业服务中心* (北京市留学人员海淀创业园)	海淀区上地信息路26号	100085	82898748 62984933	chuangye @ ospp. com	www. ospp. com
4	北京北医联合生物工程有限公司	海淀区学院路38号	100083	82801730 62050175	bmuupc @ sun. bjmu. edu. cn	www. bio – incubator. com
5	北京北航天汇科技孵化器有限公司*	海淀区北四环中路238号柏彦大厦	100083	82316255 82338204	bbi@ bbi. com. cn	www. bbi. com. cn
6	北京八六三信息安全科技发展有限公司	石景山区石景山路40号信安大厦	100043	68812133 68812468	xuem@ bjisip. com	www. bjisip. com
7	北京望京科技园创业服务中心*	朝阳区望京高新技术产业区利泽中园106号楼	100102	64392019 64392410	wjpioneer@ 263. net	www. wangjing. gov. cn
8	北京理工创新高科技孵化器有限公司	海淀区中关村南大街9号理工科技大厦	100081	68910009 68470073 – 8999	liuqiucai@ 126. com	www. bitsp. com. cn
9	清华科技园孵化器有限公司*	海淀区清华大学学研大厦B座	100084	62772742 62780883	incubator @ thsp. com. cn	www. incubator. com. cn
10	北京北内制造业高新技术孵化基地有限公司	朝阳区广渠门外大街8号优士阁A座	100022	58613206 58613207	bjzzy @ bjzzy. com. cn	www. bjzzy. com. cn
11	北京诺飞科技孵化器有限公司	通州区中关村科技园区通州园金桥科技产业基地景盛北一街9号	101102	60595126 60595126	nfkj@ public3. bta. net. cn	www. nfkj. com. cn
12	北京科大方兴科技孵化器有限责任公司*	海淀区学院路30号科技园A座112室	100083	52752185 52752184	office@ fxti. com	
13	北京中关村国际孵化器有限公司*	海淀区上地信息路2号创业园D座	100085	82895166 62974804	scottzwx@ sohu. com	www. incubase. net
14	北京科方创业科技企业孵化器有限公司	海淀区中关村北大街123号科方孵化大楼2509室	100084	62654985 62538086	office@ co – found. com. cn	www. co – found. com. cn

续表

序号	机构名称	地　址	邮　编	电　话 传　真	电子邮箱	网　址
15	北京新材料孵化器有限公司	海淀区西三旗东建材城西路16号	100096	82917247 82926299	swf@ bnbm. com. cn	
16	北京京海科技企业孵化器有限公司	海淀区紫竹院路广源大厦	100081	68415893 68726798	yang _ yizhu @ yahoo. com	
17	北京首特科技孵化器有限责任公司	石景山区古城大街特钢公司办公楼	100043	88919877 88982103	stilxh@ shoute. com	www. shoute. com
18	北京泰思特测控技术公司	海淀区北三环中路31号	100088	82001752 82001751	hawh@ bjtest. com. cn	www. bjtest. com. cn
19	北京崇熙科技孵化器有限公司	朝阳区大羊坊路79号旌凯大厦216室	100122	81503810 81502846	info@ chongxichem. com	www. chongxichem. com
20	北京赛欧科园科技孵化中心	丰台区科学城海鹰路5号	100070	83681497 83681790	soky@ bjibi. org. cn	www. bjsoky. com
21	北京海银科医药技术有限公司	海淀区复兴路83号东9号楼	100856	68214721 68214721	postmaster @ hi – inc. com. cn	www. hi – inc. com. cn
22	北京中关村软件园孵化服务有限公司*	海淀区东北旺西路8号中关村软件园3号楼	100094	82825187 82825186	spi@ zgcspi. com	www. zgcspi. com
23	北京奥宇科技企业孵化器有限责任公司	大兴区工业开发区金苑路2号	102628	60213415 60213342	aykjfhq@ 263. net	www. aoyucn. com
24	北京天竺空港科技企业孵化器有限公司	顺义区天竺空港工业区A区蓝天大厦	101312	80489519 80489575	wangbaiz @ sohu. com	
25	北京硅普京南科技企业孵化器有限公司	丰台区东高地四营门北路2号	100076	68757488 68754791	yujq@ gotoic. com	
26	北京利玛自动化技术公司	西城区德胜门外校场口1号	100011	82023789 62048934	duanshq @ riamb. ac. cn	www. limafhq. com
27	北京康华伟业科技孵化器有限公司	西城区德胜门外大街11号	100088	62021146 62021044	lanaiguo @ bjkh. com. cn	www. bjkh. com. cn
28	北京北方车辆新技术孵化器	丰台区长辛店镇槐树岭4号院969信箱61分箱	100072	83808128 83803119	wu131@ 126. com	www. bjnvni. com
29	北京华商置业有限公司	大兴工业开发区科苑路18号	102600	61271941 61271943	msx7060@ 126. com	www. coeland. com
30	中关村兴业(北京)高科技孵化器股份有限公司	昌平区白浮泉路17号	102200	89717778 89717999	liaolian24 @ tom. com	www. zgcxy. com
31	汇龙森国际企业孵化(北京)有限公司*	大兴区中和街14号	100176	59755396 59755396	hls666 @ huilongsen. com	www. huilongsen. com
32	北京集成电路设计园有限责任公司	海淀区知春路27号量子芯座	100083	82357175 82357178	zy@ bjicpark. com	www. bjicpark. com
33	北京中关村京蒙高科企业孵化器有限公司	海淀区上地东路5号楼	100085	82783865 82783861	dreaming123123 @ sohu. com	www. newwest. cn

续表

序号	机构名称	地　址	邮　编	电　话 传　真	电子邮箱	网　址
34	北京普天德胜科技孵化器有限公司	西城区新街口外大街28号B座1层	100088	82052111 82052127	ptdsh2002@gmail.com	www.ptdsh.com
35	北京北达燕园科技孵化器有限公司	海淀区中关村北大街116号	100080	58874006 58874005	yd_0806@sina.com	www.beidaincubator.com
36	北京控股高科技孵化器有限公司	昌平区白浮泉路10号北控科技大厦	102200	89760000 89760046	zheng_bl@yahoo.com.cn	www.beht.com.cn
37	北京中自科技产业孵化器有限公司	海淀区中关村东路95号自动化大厦	100190	62541938 82614526	yong.ge@mail.ia.ac.cn	www.caspark.com.cn
38	北京华海基业科技孵化器有限公司*	石景山区石景山路22号长城大厦	100043	68666236 68666207	jwtd123@sohu.com	www.huahaijiye.com.cn
39	北京方和正圆科技企业孵化器有限公司	通州区通州工业开发区光华路16号	101113	61506120 61505151	fhzy29@163.com	www.fhzhy.com
40	北京联东金桥科技孵化器有限公司	中关村科技园区亦庄园光机电一体化产业基地经海7路1号联东商务中心	101111	81508005 81508005		www.liando.cn

资料来源：北京市科学技术委员会高新技术产业化处。

注：*为国家级高新技术创业服务中心。

北京地区大学科技园一览表

序号	机构名称	地　址	邮　编	电　话 传　真	电子邮箱	网　址
1	清华大学国家大学科技园	海淀区清华大学创新大厦A座	100084	62785888 62772777	thsp@thsp.com.cn	www.thsp.com.cn
2	北京大学国家大学科技园	海淀区海淀路52号太平洋大厦17层	100080	82667840 82667188	pkusp@pkusp.com.cn	www.pkusp.com.cn
3	北京航空航天大学国家大学科技园	海淀区学院路35号世宁大厦	100083	82319898 82338231	buaa@buaa.com.cn	www.buaa.com.cn
4	北京理工大学国家大学科技园	海淀区中关村南大街9号理工科技大厦902室	100081	68470073 68470073-8999	bitsp@sohu.com	www.bitsp.com.cn
5	北京邮电大学国家大学科技园	海淀区西土城路10号北京邮电大学178信箱	100876	62282813 62285259	chensl@bupt.edu.cn	www.buptsp.com
6	北师大—北中医国家大学科技园	海淀区新街口外大街19号	100875	62205230 62206051	kjy@bnu.edu.cn	park.bnu.edu.cn

续表

序号	机构名称	地　址	邮　编	电　话 传　真	电子邮箱	网　址
7	北京化工大学国家大学科技园	朝阳区北三环东路15号133信箱	100029	64435482 88587749	sp@ mail. buct. edu. cn	www. buct. edu. cn
8	北京科技大学国家大学科技园	海淀区学院路30号科技园A座1层	100083	52752176 62332975	fxti@ fxti. com	www. ustbsp. com
9	北京工业大学国家大学科技园	朝阳区平乐园100号	100022	67392781 67392953	zhangxl@ bjut. edu. cn	www. bjttcam. com. cn
10	北京交通大学国家大学科技园	海淀区高粱斜街44号北京交通大学东校区科教楼	100044	51686173 51686173	jdkjy@ center. njtu. edu. cn www. jpsp. com. cn	
11	中国农业大学国家大学科技园	海淀区清华东路17号133信箱	100083	62736706 62734834	hujy@ cau. edu. cn	www. cau. edu. cn
12	华北电力大学国家大学科技园	昌平区德外朱辛庄华北电力大学56号信箱	102206	80798501 80793105	cyjt2000@ 163. com www. ncepu. edu. com	
13	中国人民大学国家大学科技园	海淀区中关村大街甲59号文化大厦	100872	62514333 82509959	cspruc@ ruc. edu. cn	www. cspruc. com
14	首都师范大学科技园	海淀区西三环北路105号	100037	68907023 68981337	kyc@ mail. cnu. edu. cn kjy. cnu. edu. cn	

资料来源:北京市科学技术委员会。

北京地区生产力促进机构一览表

序号	名　称	地　址	邮　编	电　话 传　真	电子邮箱	网　址
1	生产力中心(国家级示范中心)	海淀区北三环中路31号B座8层	100088	82003608 82003613	bjpc@ bjpc. org. cn	www. bjpc. org. cn
2	北京软件与信息服务业促进中心(国家级示范中心)	海淀区北四环中路238号柏彦大厦12层	100083	82331717 82332323	zhangp@ bsw. gov. cn	www. bsw. gov. cn
3	北京市丰台区技术创新与生产力促进中心(国家级示范中心)	丰台区北大街甲13号	100071	63894698 63894698	ftkqb @ pbllic. bta. net. cn	www. ftipc. org. cn
4	北京市朝阳区生产力促进中心	朝阳区大屯路西奥中心B座22层	100101	64862731 64843012	sandizh@ 163. com	www. cyppc. gov. cn
5	北京市东城区生产力促进中心	东城区藏经馆胡同11号	100007	84039292 64009160	scl@ dchst. com	www. dchst. com

续表

序号	名　　称	地　址	邮　编	电　话 传　真	电子邮箱	网　址
6	北京市西城区生产力促进中心	西城区月坛北街甲1号—4	100037	68010703 68010703	ssylly@ sina. com. cn	www. bjxchst. gov. cn
7	北京市石景山区技术创新与生产力促进中心	石景山区八角西街40号	100043	68863638 88910825	sjskw@ 263. net. cn	www. hingespace. com
8	北京通州区生产力促进中心	通州区玉带河大街30号	101100	68543252 69546592	tkq@ public3. bta. net. cn	
9	北京市顺义区技术创新与生产力促进中心	顺义区光明南街24号	101300	69460334 69449340	kew@ mail. bjshy. gov. cn	www. kw. bjshy. gov. cn
10	北京市密云县生产力促进中心	密云县西滨河路2号	101500	69044519 69048443	fengke212@ 126. com	
11	中机生产力促进中心(国家级示范中心)	海淀区首体南路2号	100044	88301718 88301705	info@ pcmi. com. cn	www. pcmi. com. cn
12	中技协生产力促进中心(国家级示范中心)	西城区南滨河路23号立恒名苑3座2103室	100055	63268422 63268467	ch6834@ sina. com. cn	www. fortunewise. com. cn
13	建筑行业生产力促进中心(国家级示范中心)	朝阳区北三环东路30号	100013	84286025 84280321	cabrkj @ public2. east. net. cn	www. cabr. ac. cn
14	建筑材料行业生产力促进中心(国家级示范中心)	朝阳区管庄东里1号	100024	65750569 65750569	pcbmi@ 263. net	www. pcbmi. com
15	冶金行业生产力促进中心(国家级示范中心)	东城区东四西大街46号	100711	65133322 —1408 65135864	mippc@ vip. sina. com	www. mippc. net. cn
16	国家服装行业生产力促进中心(国家级示范中心)	朝阳区建国路99号中服大厦	100020	65813501 65813521	ncppc@ public. bta. net. cn	www. cnggc. com
17	兵器工业生产力促进中心(国家级示范中心)	海淀区车道沟10号科技大厦8层	100089	68962094 68962196	webmaster@ techinfo. gov. cn	www. techinfo. gov. cn
18	国家新材料行业生产力促进中心(国家级示范中心)	海淀区中关村南大街2号数码大厦B座702室	100086	82512801 82512803	office@ techcn. com	www. matinvest. com. cn
19	北京轻工生产力促进中心	朝阳区大北窑厂坡村甲3号	100022	67767835 67709369	yqkjc@ 263. net	
20	北京中轻生产力促进中心	西城区月坛北小街6号	100037	68054036 68052492	zqpc@ sina. com	

续表

序号	名　称	地　址	邮　编	电　话 传　真	电子邮箱	网　址
21	冶金自动化生产力促进中心	丰台区西四环南路72号	100071	63812255－3203	arim@ public. bta. net. cn	www. arim. com
22	有色金属行业生产力促进中心	海淀区复兴路乙12号	100814	63971828 63979551	postmaster@ cnitdc. com	www. cnitdc. com
23	热处理生产力促进中心	海淀区学清路18号	100083	62954651 62954651	webmaster@ ht. org. cn	www. ht. org. cn
24	国青生产力促进中心	海淀区皂君庙4号	100081	82190657 62168930	fx7435@ sina. com	www. zgg. org. cn
25	混凝土砌块建筑技术生产力促进中心	丰台区路口139号611室	100071	63833230 83820225	sihui@ sihui8. com	www. sihui8. com
26	纺织行业生产力促进中心	朝阳区朝阳门外延静里中街3号	100025	65010838 65010837	kfb@ cta. com. cn	www. cta. com. cn
27	农业机械生产力促进中心	朝阳区德胜门外北沙滩1号	100083	64882238 64882213	gongczx@ caams. org. cn	www. caams. org. cn
28	皮革行业生产力促进中心(国家级示范中心)	朝阳区将台西路18号	100016	64337789 64337789	clfppc@ yahoo. com. cn	www. leather365. com
29	农业部乡镇企业生产力促进中心	朝阳区麦子店18号楼	100026	64195053 64195044	cte@ cte. gov. cn	www. cte. gov. cn
30	国家化工行业生产力促进中心(国家级示范中心)	朝阳区亚运村安慧里4区16楼	100723	84885726 84885052	Jli77@ sina. com	www. cippc. org. cn
31	化工新材料生产力促进中心	朝阳区安外安华里5区18楼	100011	64262469 64262467	acmljf@ 163. com	
32	中国医药行业生产力促进中心	西城区复兴门内大街45号118信箱	100801	66095634 66095634	zhangchy@ bbn. cn	
33	国家模糊控制技术生产力促进中心	海淀区学清路18号906室	100083	62912338 62755367	mhkzzx@ 126. com	www. ncfct. cn
34	CALS技术生产力促进中心	朝阳区安外小关东里14号	100029	64918414 64918420		
35	中商流通生产力促进中心(国家级示范中心)	海淀区海淀南路32号中信国安数码港710室	100080	51662601—695 51662601—666	pxf@ dppc. org	www. dppc. org
36	中国航天科技集团公司军转民生产力促进中心	北京1408信箱	100013	68767297 68768174	jmly@ vip. sina. com	www. chinatoptech. com

续表

序号	名　称	地　址	邮　编	电　话 传　真	电子邮箱	网　址
37	机械工业自动化生产力促进中心	西城区德胜门外校场口1号	100011	82285770 82285780	liuxz@ riamb. ca. cn	
38	高分子材料生产力促进中心	朝阳区北三环东路14号	100013	59202586 59202586	wenwenyi@ prici. ac. cn	
39	精细化学品行业生产力促进中心	朝阳区安定门外安华里五区18楼504室	100011	64262348 64262348	cnprc@ 263. net	
40	全国造纸生产力促进中心	朝阳区光华路12号	100020	65817476 65817476	kb@ piric. com. cn	www. cnppri. com
41	交通行业电子商务与现代物流生产力促进中心	海淀区西土城路8号ITS中心楼1层	100088	62355027 62016944	weifeng@ itsc. com. cn	www. cltc. com. cn
42	清洁汽车生产力促进中心	丰台区南四环西路188号总部基地二区7号楼	100070	63702966 —8061 63702964	fxh@ catarc. com. cn	www. chinaev. org
43	中农生产力促进中心	昌平区霍营农业部管理干部学院	102208	81702428 81702210	pengyuan268@ sohu. com	www. cacetc. org
44	航空工业生产力促进中心	朝阳区京顺路7号	100028	64663322 —2256 84482202	leejunsheng@ 126. com	
45	航天科工军转民生产力促进中心	海淀区阜成路甲8号	100037	68373985 68767747	zhangjun@ casec. com	www. casec. cn
46	国家食品行业生产力促进中心(国家级示范中心)	东城区崇文门外大街9号正仁大厦8层	100062	67091546 67091533	hxy85@ sina. com	www. cfipc. com. cn
47	北京工业控制技术生产力促进中心	北京市2729信箱	100080	68379335 62543110	xueli0410@ hotmail. com	
48	北京博远万达电子商务与现代物流生产力促进中心	海淀区紫竹院化工大学图书馆605室	100071	51219775 51219776	mareeg@ 163. com	
49	北京生物技术和新医药产业促进中心	海淀区马连洼北路151号院内	100193	62896868 62899978	info@ newlife. org. cn	www. newlife. org. cn
50	北京新材料发展中心	海淀区学院路30号方兴大厦5层	100083	62341509 62333998	marker@ materials. net. cn	www. materials. net. cn
51	北京市科委农村发展中心	朝阳区安翔北里11号北京创业大厦B座16层	100101	64830180 68430289 6	nczx@ nczx. com. cn	www. nczx. cn

续表

序号	名　称	地　址	邮　编	电　话 传　真	电子邮箱	网　址
52	北京技术交易促进中心	海淀区苏州街甲 49 号	100080	62578706 62619816	webmaster@ chinatis. com	www. ctmnet. com. cn
53	北京市中小企业服务中心	东城区东四十条凯龙大厦 301 室	100700	64065056 64058636	bjsme2005@ sina. com	www. beijingsme. com

资料来源:生产力中心。

北京市重点实验室一览表

序号	名称	依托单位
1	城市综合应急科学北京市重点实验室	清华大学
2	动物源食品安全检测技术北京市重点实验室	中国农业大学
3	分子与微结构可控高分子材料技术北京市重点实验室	北京科技大学
4	飞机/发动机综合系统安全性北京市重点实验室	北京航空航天大学
5	大功率电力电子北京市重点实验室	国网智能电网研究院
6	太阳能发电技术北京市重点实验室	中国科学院电工研究所
7	安全生产智能监控北京市重点实验室	北京邮电大学
8	细胞工程和抗体药物北京市重点实验室	中国人民解放军总医院
9	生物饲料添加剂北京市重点实验室	中国农业大学
10	新能源汽车动力总成技术北京市重点实验室	北京交通大学
11	轨道工程北京市重点实验室	北京交通大学
12	城市交通运行仿真与决策支持北京市重点实验室	北京交通发展研究中心
13	二氧化碳资源利用与减排技术北京市重点实验室	清华大学
14	冶金工业节能减排北京市重点实验室	北京科技大学
15	低品位能源多相流与传热北京市重点实验室	华北电力大学
16	分布式冷热电联供系统北京市重点实验室	中国科学院工程热物理研究所
17	新能源材料与器件北京市重点实验室	中国科学院物理研究所
18	高端机械装备健康监控与自愈化北京市重点实验室	北京化工大学
19	车路协同与安全控制北京市重点实验室	北京航空航天大学
20	流域水环境与生态技术北京市重点实验室	北京市水科学技术研究院
21	水体污染源控制技术北京市重点实验室	北京林业大学
22	工业场地污染与修复北京市重点实验室	轻工业环境保护研究所
23	环境噪声与振动北京市重点实验室	北京市劳动保护科学研究所
24	植物基因资源与低碳环境生物技术北京市重点实验室	首都师范大学
25	恩泽生物质精细化工北京市重点实验室	北京石油化工学院

续表

序号	名称	依托单位
26	离子液体清洁过程北京市重点实验室	中国科学院过程工程研究所
27	先进电池材料理论与技术北京市重点实验室	北京大学
28	特种陶瓷与耐火材料北京市重点实验室	中国钢研科技集团有限公司
29	镀膜靶材北京市重点实验室	安泰科技股份有限公司
30	水泥混凝土节能利废技术北京市重点实验室	北京金隅水泥节能科技有限公司
31	防水材料北京市重点实验室	北京东方雨虹防水技术股份有限公司
32	职业安全健康北京市重点实验室	北京市劳动保护科学研究所
33	燃气、供热及地下管网运行安全北京市重点实验室	北京城市系统工程研究中心
34	地下工程建设预报预警北京市重点实验室	北京市市政工程研究院
35	数字化印刷装备北京市重点实验室	北京印刷学院
36	高端印刷装备信号与信息处理北京市重点实验室	北京印刷学院
37	语言声学与内容理解北京市重点实验室	中国科学院声学研究所
38	分子影像北京市重点实验室	中国科学院自动化研究所
39	移动计算与新型终端北京市重点实验室	中国科学院计算技术研究所
40	无线通信测试技术北京市重点实验室	北京星河亮点技术股份有限公司
41	第四代移动通信技术研究北京市重点实验室	大唐移动通信设备有限公司
42	网络体系构建与融合北京市重点实验室	北京邮电大学
43	云计算关键技术与应用北京市重点实验室	北京市计算中心
44	网络密码认证技术北京市重点实验室	北京市科学技术情报研究所
45	软件测试技术北京市重点实验室	北京软件产品质量检测检验中心
46	嵌入式实时信息处理技术北京市重点实验室	北京理工大学
47	文化遗产数字化保护与虚拟现实北京市重点实验室	北京师范大学
48	网络安全防护技术北京市重点实验室	中国科学院信息工程研究所
49	可信计算北京市重点实验室	北京工业大学
50	软件安全工程技术北京市重点实验室	北京理工大学
51	电子系统可靠性技术北京市重点实验室	首都师范大学
52	集成电路测试技术北京市重点实验室	北京自动测试技术研究所
53	矿冶过程自动控制技术北京市重点实验室	北京矿冶研究总院
54	液晶材料分析及应用技术北京市重点实验室	北京八亿时空液晶科技股份有限公司
55	啤酒酿造技术北京市重点实验室	北京燕京啤酒股份有限公司
56	特种弹性体复合材料北京市重点实验室	北京石油化工学院
57	微量分析测试方法与仪器研制北京市重点实验室	清华大学
58	油气装备材料失效与腐蚀防护北京市重点实验室	中国石油大学(北京)
59	农产品有害微生物及农残安全检测与控制北京市重点实验室	北京农学院
60	出入境食品安全检测北京市重点实验室	北京出入境检验检疫局检验检疫技术中心
61	食物中毒诊断溯源技术北京市重点实验室	北京市疾病预防控制中心

续表

序号	名称	依托单位
62	食品安全毒理学研究与评价北京市重点实验室	北京大学
63	农业智能装备技术北京市重点实验室	北京市农林科学院
64	现代农业装备优化设计北京市重点实验室	中国农业大学
65	肉类加工技术北京市重点实验室	中国肉类食品综合研究中心
66	种子病害检验与防控北京市重点实验室	中国农业大学
67	绿化植物育种北京市重点实验室	北京市园林科学研究所
68	葡萄科学与酿酒技术北京市重点实验室	中国科学院植物研究所
69	抗性基因资源与分子发育北京市重点实验室	北京师范大学
70	高温超导材料及应用技术北京市重点实验室	北京英纳超导技术有限公司
71	生物电磁学北京市重点实验室	中国科学院电工研究所
72	煤基节能环保炭材料北京市重点实验室	煤炭科学技术研究院有限公司
73	射频集成电路与系统北京市重点实验室	中国科学院半导体研究所
74	航空材料检测与评价北京市重点实验室	中国航空工业集团公司北京航空材料研究院
75	精密合金技术北京市重点实验室	钢铁研究总院
76	绿色可循环钢铁流程北京市重点实验室	首钢总公司
77	药物非临床安全评价研究北京市重点实验室	中国食品药品检定研究院
78	药物靶点研究与新药筛选北京市重点实验室	中国医学科学院药物研究所
79	活性物质发现与适药化北京市重点实验室	中国医学科学院药物研究所
80	中药成分分析与生物评价北京市重点实验室	北京市药品检验所
81	心血管植入材料临床前研究评价北京市重点实验室	中国医学科学院阜外心血管病医院
82	生物制品安全性评价北京市重点实验室	北京昭衍新药研究中心股份有限公司
83	全牙再生与口腔组织功能重建北京市重点实验室	首都医科大学附属北京口腔医院
84	热带病防治研究北京市重点实验室	首都医科大学附属北京友谊医院
85	丙型肝炎和肝病免疫治疗北京市重点实验室	北京大学人民医院
86	乙型肝炎与肝癌转化医学研究北京市重点实验室	首都医科大学附属北京佑安医院
87	艾滋病研究北京市重点实验室	首都医科大学附属北京佑安医院
88	药物传输技术及新型制剂北京市重点实验室	中国医学科学院药物研究所
89	单克隆抗体上游研发技术北京市重点实验室	北京义翘神州生物技术有限公司
90	蛋白质组学北京市重点实验室	北京市蛋白质组研究中心
91	结合疫苗新技术研究北京市重点实验室	北京民海生物科技有限公司
92	DNA 损伤应答北京市重点实验室	首都师范大学
93	基因组学研究北京市重点实验室	北京诺赛基因组研究中心有限公司
94	脑肿瘤研究北京市重点实验室	北京市神经外科研究所
95	神经精神药理学北京市重点实验室	中国人民解放军军事医学科学院毒物药物研究所
96	脑功能疾病调控治疗北京市重点实验室	首都医科大学宣武医院

续表

序号	名称	依托单位
97	磁共振成像设备与技术北京市重点实验室	北京大学第三医院
98	中药药理北京市重点实验室	中国中医科学院西苑医院
99	脑血管病转化医学北京市重点实验室	首都医科大学
100	证侯与方剂基础研究北京市重点实验室	北京中医药大学
101	中医药防治重大疾病基础研究北京市重点实验室	中国中医科学院医学实验中心
102	道地中药材功能基因组研究北京市重点实验室	中国中医科学院中药研究所
103	生化诊断试剂检验技术北京市重点实验室	北京利德曼生化股份有限公司
104	器官移植与免疫调节北京市重点实验室	中国人民解放军第三〇九医院
105	造血干细胞移植治疗血液病北京市重点实验室	北京大学人民医院
106	临床流行病学北京市重点实验室	首都医科大学
107	皮肤损伤修复与组织再生北京市重点实验室	中国人民解放军总医院
108	肾脏疾病研究北京市重点实验室	中国人民解放军总医院
109	科技政策模拟与决策支撑北京市重点实验室	北京科学学研究中心
110	跨媒体出版北京市重点实验室	北京印刷学院
111	恶性肿瘤转化研究北京市重点实验室	北京市肿瘤防治研究所
112	皮肤病分子诊断北京市重点实验室	北京大学第一医院
113	脊柱疾病研究北京市重点实验室	北京大学第三医院
114	生殖内分泌与辅助生殖技术北京市重点实验室	北京大学第三医院
115	消化疾病癌前病变北京市重点实验室	首都医科大学附属北京友谊医院
116	生物医药成分分离与分析北京市重点实验室	北京理工大学
117	膜分离过程与技术北京市重点实验室	北京化工大学
118	营养健康与食品安全北京市重点实验室	中粮营养健康研究院有限公司
119	太阳能与建筑节能玻璃材料加工技术北京市重点实验室	中国建筑材料科学研究总院
120	民用飞机设计数字仿真技术北京市重点实验室	中国商用飞机有限责任公司北京民用飞机技术研究中心
121	配电变压器节能技术北京市重点实验室	中国电力科学研究院
122	民用飞机结构与复合材料北京市重点实验室	中国商用飞机有限责任公司北京民用飞机技术研究中心
123	射频识别芯片检测技术北京市重点实验室	北京中电华大电子设计有限责任公司
124	基于IPv6的电信网络技术北京市重点实验室	中国电信股份有限公司北京研究院
125	二氧化碳捕集与处理北京市重点实验室	中国华能集团清洁能源技术研究院有限公司
126	骨科再生医学北京市重点实验室	中国人民解放军总医院
127	中枢神经系统损伤研究北京市重点实验室	北京市神经外科研究所
128	儿童发育营养组学北京市重点实验室	首都儿科研究所
129	鼻病研究北京市重点实验室	首都医科大学附属北京同仁医院
130	泌尿生殖系疾病(男)分子诊治北京市重点实验室	北京大学第一医院

续表

序号	名称	依托单位
131	磁共振成像脑信息学北京市重点实验室	首都医科大学宣武医院
132	衰老及相关疾病研究北京市重点实验室	中国人民解放军总医院
133	风湿病机制及免疫诊断北京市重点实验室	北京大学人民医院
134	帕金森病研究北京市重点实验室	北京市老年病医疗研究中心
135	癫痫病临床医学研究北京市重点实验室	首医大三博脑科医院(北京)有限公司
136	精神疾病诊断与治疗北京市重点实验室	首都医科大学附属北京安定医院
137	心血管受体研究北京市重点实验室	北京大学第三医院
138	新发突发传染病研究北京市重点实验室	首都医科大学附属北京地坛医院
139	耐药结核病研究北京市重点实验室	北京市结核病胸部肿瘤研究所
140	肺损伤与感染北京市重点实验室	中国人民解放军总医院
141	儿童血液病与肿瘤分子分型北京市重点实验室	首都医科大学附属北京儿童医院
142	糖尿病防治研究北京市重点实验室	首都医科大学附属北京同仁医院
143	中药(天然药物)创新药物研发北京市重点实验室	中国医学科学院药用植物研究所
144	抗肿瘤分子靶向药物临床研究北京市重点实验室	中国医学科学院肿瘤医院
145	晶型药物研究北京市重点实验室	中国医学科学院药物研究所
146	低温生物医学工程学北京市重点实验室	中国科学院理化技术研究所
147	心脏药械技术与循证医学研究北京市重点实验室	北京美中双和医疗器械股份有限公司
148	新药作用机制研究与药效评价北京市重点实验室	中国医学科学院药物研究所
149	肿瘤系统生物学北京市重点实验室	北京大学
150	人机交互北京市重点实验室	中国科学院软件研究所
151	网络多媒体北京市重点实验室	清华大学
152	石油数据挖掘北京市重点实验室	中国石油大学(北京)
153	新一代通信射频芯片技术北京市重点实验室	中国科学院微电子研究所
154	材料领域知识工程北京市重点实验室	北京科技大学
155	毫米波与太赫兹技术北京市重点实验室	北京理工大学
156	高速交通工具智能诊断与健康管理北京市重点实验室	北京航天测控技术有限公司
157	光电测试技术北京市重点实验室	北京信息科技大学
158	化学电源与绿色催化北京市重点实验室	北京理工大学
159	先进化学蓄电技术与材料北京市重点实验室	中国人民解放军防化研究院
160	纳米能源材料北京市重点实验室	安泰科技股份有限公司
161	能量转换与存储材料北京市重点实验室	北京师范大学
162	非常规天然气能源地质评价与开发工程北京市重点实验室	中国地质大学(北京)
163	工业废水处理与资源化北京市重点实验室	中国科学院生态环境研究中心
164	污染场地风险模拟与修复北京市重点实验室	北京市环境保护科学研究院
165	油气污染防治北京市重点实验室	中国石油大学(北京)
166	云降水物理研究和云水资源开发北京市重点实验室	北京市气象局

续表

序号	名称	依托单位
167	园林绿地生态功能评价与调控技术北京市重点实验室	北京市园林科学研究所
168	林木生物质化学北京市重点实验室	北京林业大学
169	温室气体封存与石油开采利用北京市重点实验室	中国石油大学(北京)
170	城市道路交通智能控制技术北京市重点实验室	北方工业大学
171	城市交通节能减排检测与评估北京市重点实验室	北京交通发展研究中心
172	低维半导体材料与器件北京市重点实验室	中国科学院半导体研究所
173	纳米光子学与超精密光电系统北京市重点实验室	北京理工大学
174	高温合金新材料北京市重点实验室	钢铁研究总院
175	辐射新材料北京市重点实验室	北京市射线应用研究中心
176	材料电化学过程与技术北京市重点实验室	北京化工大学
177	固体微结构与性能北京市重点实验室	北京工业大学
178	功能分子与晶态材料科学与应用北京市重点实验室	北京科技大学
179	精密超精密制造装备及控制北京市重点实验室	清华大学
180	复杂构件数控加工工艺及装备北京市重点实验室	中国航空工业集团公司北京航空制造工程研究所
181	城市运行应急保障模拟技术北京市重点实验室	北京航空航天大学
182	城市有毒有害易燃易爆危险源控制技术北京市重点实验室	北京市劳动保护科学研究所
183	环境有害化学物质分析北京市重点实验室	北京化工大学
184	蔬菜种质改良北京市重点实验室	北京市农林科学院
185	农业基因资源与生物技术北京市重点实验室	北京农业生物技术研究中心
186	设施蔬菜生长发育调控北京市重点实验室	中国农业大学
187	森林资源生态系统过程北京市重点实验室	北京林业大学
188	畜禽疫病防控技术北京市重点实验室	北京市农林科学院
189	蔬菜有害生物控制与优质栽培北京市重点实验室	中国农业科学院蔬菜花卉研究所
190	植物源功能食品北京市重点实验室	中国农业大学
191	林业食品加工与安全北京市重点实验室	北京林业大学
192	博物馆展陈设计与空间实现北京市重点实验室	北京工业大学
193	文化创意产业标准化研究北京市重点实验室	北京市科学技术情报研究所
194	空间热控技术北京市重点实验室	北京空间飞行器总体设计部
195	计算智能与智能系统北京市重点实验室	北京工业大学
196	高动态导航技术北京市重点实验室	北京信息科技大学
197	数字动画技术研究与应用北京市重点实验室	中国传媒大学
198	交通数据分析与挖掘北京市重点实验室	北京交通大学
199	电弧等离子应用装备北京市重点实验室	中国航天空气动力技术研究院
200	生物制造与快速成形技术北京市重点实验室	清华大学

续表

序号	名称	依托单位
201	高能束流增量制造技术与装备北京市重点实验室	中国航空工业集团公司北京航空制造工程研究所
202	飞行器装配机器人装备北京市重点实验室	北京航空航天大学
203	核检测技术北京市重点实验室	清华大学
204	机械结构非线性振动与强度北京市重点实验室	北京工业大学
205	多维多尺度计算摄像北京市重点实验室	清华大学
206	物联网信息安全技术北京市重点实验室	中国科学院信息工程研究所
207	分数域信号与信息处理系统北京市重点实验室	北京理工大学
208	智能物流系统北京市重点实验室	北京物资学院
209	精密光电测试仪器及技术北京市重点实验室	北京理工大学
210	反劫持装备技术北京市重点实验室	中国人民武装警察部队特种警察学院
211	区域大气复合污染防治北京市重点实验室	北京工业大学
212	城市空间信息工程北京市重点实验室	北京市测绘设计研究院
213	湿地生态功能与恢复北京市重点实验室	中国林业科学研究院
214	结构风工程与城市风环境北京市重点实验室	北京交通大学
215	热电生产过程污染物监测与控制北京市重点实验室	华北电力大学
216	热力过程节能技术北京市重点实验室	中国科学院理化技术研究所
217	综合交通运行监测与服务北京市重点实验室	北京市交通信息中心
218	生物燃气高值利用北京市重点实验室	中国石油大学(北京)
219	精准林业北京市重点实验室	北京林业大学
220	生物质炼制工程北京市重点实验室	中国科学院过程工程研究所
221	非能动核能安全技术北京市重点实验室	华北电力大学
222	仿生能源材料与器件北京市重点实验室	北京航空航天大学
223	先进功能材料与结构分析北京市重点实验室	中国科学院物理研究所
224	光功能材料与器件北京市重点实验室	首都师范大学
225	特种涂层材料与技术北京市重点实验室	北京矿冶研究总院
226	稀贵金属绿色回收与提取北京市重点实验室	北京科技大学
227	光电功能材料与微纳器件北京市重点实验室	中国人民大学
228	金属材料表征北京市重点实验室	钢研纳克检测技术有限公司
229	光电转换材料北京市重点实验室	北京理工大学
230	玉米 DNA 指纹及分子育种北京市重点实验室	北京市农林科学院
231	畜禽遗传改良北京市重点实验室	中国农业大学
232	奶牛遗传育种与繁殖北京市重点实验室	北京奶牛中心
233	花卉种质创新与分子育种北京市重点实验室	北京林业大学
234	生物多样性与有机农业北京市重点实验室	中国农业大学
235	林木有害生物防治北京市重点实验室	北京林业大学

续表

序号	名称	依托单位
236	果蔬农产品保鲜与加工北京市重点实验室	北京市农林科学院
237	代谢及心血管分子医学北京市重点实验室	北京大学
238	代谢紊乱相关心血管疾病北京市重点实验室	首都医科大学
239	儿童耳鼻咽喉头颈外科疾病北京市重点实验室	首都医科大学附属北京儿童医院
240	心血管疾病微创技术研究北京市重点实验室	中国人民解放军总医院
241	运动医学关节伤病北京市重点实验室	北京大学第三医院
242	视网膜脉络膜疾病诊治研究北京市重点实验室	北京大学人民医院
243	肝硬化转化医学北京市重点实验室	首都医科大学附属北京友谊医院
244	老年认知障碍疾病北京市重点实验室	首都医科大学宣武医院
245	临床生物力学应用基础研究北京市重点实验室	首都医科大学
246	中医正骨技术北京市重点实验室	中国中医科学院望京医院
247	神经系统小血管病探索北京市重点实验室	北京大学第一医院
248	传染病分子诊断新技术北京市重点实验室	中国人民解放军军事医学科学院放射与辐射医学研究所
249	生物工程与传感技术北京市重点实验室	北京科技大学
250	非编码核酸北京市重点实验室	中国科学院生物物理所
251	病原微生物耐药与耐药基因组学北京市重点实验室	中国科学院微生物研究所
252	肿瘤治疗性疫苗北京市重点实验室	首都医科大学附属北京世纪坛医院首都医科大学肿瘤医学院
253	环境毒理学北京市重点实验室	首都医科大学
254	高血压病研究北京市重点实验室	首都医科大学附属北京朝阳医院
255	药物临床风险与个体化应用评价北京市重点实验室	北京医院
256	中医养生学北京市重点实验室	北京中医药大学
257	高端植介入医疗器械优化设计与评测技术北京市重点实验室	北京航空航天大学
258	基因组与精准医学检测技术北京市重点实验室	中国科学院北京基因组研究所
259	药物依赖性研究北京市重点实验室	北京大学
260	城市绿色发展科技战略研究北京市重点实验室	北京师范大学首都科技发展战略研究院
261	包装印刷新技术北京市重点实验室	中国印刷科学技术研究院
262	新媒体动画技术北京市重点实验室	北京电影学院
263	大规模流数据集成与分析技术北京市重点实验室	北方工业大学
264	云计算标准与测试验证北京市重点实验室	工业和信息化部电信研究院
265	超高速宽带通信北京市重点实验室	中国电信股份有限公司北京研究院
266	航天机电产品环境可靠性试验技术北京市重点实验室	北京卫星环境工程研究所
267	空间智能机器人系统技术与应用北京市重点实验室	北京空间飞行器总体设计部
268	电火花加工技术北京市重点实验室	北京市电加工研究所
269	网络化协同空管技术北京市重点实验室	北京航空航天大学

续表

序号	名称	依托单位
270	油气光学探测技术北京市重点实验室	中国石油大学(北京)
271	道路工程材料与检测鉴定技术北京市重点实验室	北京市道路工程质量监督站(北京市公路工程检测中心)
272	新能源乘用车节能与安全北京市重点实验室	北京新能源汽车股份有限公司
273	高速铁路信号系统北京市重点实验室	北京和利时系统工程有限公司
274	新兴有机污染物控制北京市重点实验室	清华大学
275	环境损害与污染修复北京市重点实验室	中国科学院地理科学与资源研究所
276	绿色催化与分离北京市重点实验室	北京工业大学
277	工业典型污染物资源化处理北京市重点实验室	北京科技大学
278	微细尺度流动与相变传热北京市重点实验室	北京交通大学
279	灾害救援医学北京市重点实验室	中国人民武装警察部队总医院
280	安防大数据处理与应用北京市重点实验室	北京声迅电子股份有限公司
281	金属矿山智能开采技术北京市重点实验室	北京矿冶研究总院
282	地铁火灾与客流疏运安全北京市重点实验室	中国安全生产科学研究院
283	移动媒体与文化计算北京市重点实验室	北京邮电大学世纪学院
284	有机材料检测技术与质量评价北京市重点实验室	北京市理化分析测试中心
285	首都区域空间规划研究北京市重点实验室	清华大学
286	现代演艺技术北京市重点实验室	中国传媒大学
287	数字出版标准符合性测试北京市重点实验室	中国新闻出版研究院
288	纳米材料与器件物理北京市重点实验室	中国科学院物理研究所
289	非金属矿物与固废资源材料化利用北京市重点实验室	中国地质大学(北京)
290	超材料与器件北京市重点实验室	首都师范大学
291	高端金属材料特种熔炼与制备北京市重点实验室	北京科技大学
292	生物质废弃物资源化利用北京市重点实验室	北京联合大学
293	煤制清洁液体燃料北京市重点实验室	中科合成油技术有限公司
294	新型薄膜太阳电池北京市重点实验室	华北电力大学
295	气动热力储能与供能北京市重点实验室	北京航空航天大学
296	杂交小麦分子遗传北京市重点实验室	北京市农林科学院
297	奶牛营养学北京市重点实验室	北京农学院
298	渔业生物技术北京市重点实验室	北京市水产科学研究所
299	花卉发育与品质调控北京市重点实验室	中国农业大学
300	圈养野生动物技术北京市重点实验室	北京动物园
301	肿瘤侵袭和转移机制研究北京市重点实验室	首都医科大学
302	骨与软组织肿瘤研究北京市重点实验室	北京大学人民医院
303	痴呆诊治转化医学研究北京市重点实验室	北京大学第六医院
304	头颈部分子病理诊断北京市重点实验室	首都医科大学附属北京同仁医院

续表

序号	名称	依托单位
305	胎儿心脏病母胎医学研究北京市重点实验室	首都医科大学附属北京安贞医院
306	肝硬化肝癌基础研究北京市重点实验室	北京大学人民医院
307	媒介生物危害和自然疫源性疾病北京市重点实验室	中国人民解放军军事医学科学院微生物流行病研究所
308	结核病诊疗新技术北京市重点实验室	中国人民解放军第三〇九医院
309	儿童病毒病病原学北京市重点实验室	首都儿科研究所
310	儿童呼吸道感染性疾病研究北京市重点实验室	首都医科大学附属北京儿童医院
311	低氧适应转化医学北京市重点实验室	首都医科大学宣武医院
312	免疫炎性疾病北京市重点实验室	中日友好医院
313	移植耐受与器官保护北京市重点实验室	首都医科大学附属北京友谊医院
314	儿科遗传性疾病分子诊断与研究北京市重点实验室	北京大学第一医院
315	中医络病研究北京市重点实验室	首都医科大学
316	神经电刺激研究与治疗北京市重点实验室	北京市神经外科研究所
317	中医感染性疾病基础研究北京市重点实验室	北京市中医研究所
318	中医药防治过敏性疾病北京市重点实验室	中日友好医院
319	血液安全保障技术研究北京市重点实验室	中国人民解放军军事医学科学院野战输血研究所
320	抗感染药物研究北京市重点实验室	中国医学科学院医药生物技术研究所
321	创新药物非临床药物代谢及药代/药效研究北京市重点实验室	中国医学科学院药物研究所
322	放射生物学北京市重点实验室	中国人民解放军军事医学科学院放射与辐射医学研究所
323	蛋白质修饰与细胞功能北京市重点实验室	北京大学
324	工程化构建与力学生物学北京市重点实验室	中国科学院力学研究所
325	中药鉴定与安全性评估北京市重点实验室	中国中医科学院中药研究所
326	生物应急与临床 POCT 北京市重点实验室	中国人民解放军军事医学科学院微生物流行病研究所
327	医疗器械检验与安全性评价北京市重点实验室	北京市医疗器械检验所
328	大数据管理与分析方法研究北京市重点实验室	中国人民大学
329	三维及纳米集成电路设计自动化技术北京市重点实验室	中国科学院微电子研究所
330	复杂信息数学表征分析与应用北京市重点实验室	北京理工大学
331	食品安全大数据技术北京市重点实验室	北京工商大学
332	无机可延展柔性信息技术北京市重点实验室	中国科学院半导体研究所
333	轻型工业机器人与安全验证北京市重点实验室	首都师范大学
334	机器人仿生与功能研究北京市重点实验室	北京建筑大学
335	直流电网技术与仿真北京市重点实验室	国网智能电网研究院
336	地铁运营安全保障技术北京市重点实验室	北京市地铁运营有限公司
337	新能源汽车高效动力传动与系统控制北京市重点实验室	北京航空航天大学

续表

序号	名称	依托单位
338	城市轨道交通车辆服役性能保障北京市重点实验室	北京建筑大学
339	大气颗粒物监测技术北京市重点实验室	北京市环境保护监测中心
340	水中典型污染物控制与水质保障北京市重点实验室	北京交通大学
341	室内空气质量评价与控制北京市重点实验室	清华大学
342	过程流体过滤与分离技术北京市重点实验室	中国石油大学(北京)
343	放射性废物处理北京市重点实验室	清华大学
344	建构筑物检测评估技术研究北京市重点实验室	中冶建筑研究总院有限公司
345	建筑环境优化设计与评测北京市重点实验室	中国建筑设计研究院
346	金属矿产资源评价与分析检测北京市重点实验室	北京矿冶研究总院
347	北京文博文物科技保护研究与应用北京市重点实验室	首都博物馆
348	结构可控先进功能材料与绿色应用北京市重点实验室	北京理工大学
349	先进核能材料与物理北京市重点实验室	北京航空航天大学
350	材料基因工程北京市重点实验室	北京科技大学
351	发电系统功能材料北京市重点实验室	国电新能源技术研究院
352	微藻生物能源与资源北京市重点实验室	中国电子工程设计院
353	食品非热加工北京市重点实验室	中国农业大学
354	农产品产地环境监测北京市重点实验室	北京农业质量标准与检测技术研究中心
355	数字植物北京市重点实验室	北京市农林科学院
356	口腔数字医学北京市重点实验室	北京大学口腔医院
357	儿童器官功能衰竭北京市重点实验室	中国人民解放军北京军区总医院
358	聋病防治北京市重点实验室	中国人民解放军总医院
359	妊娠合并糖尿病母胎医学研究北京市重点实验室	北京大学第一医院
360	儿童慢性肾脏病与血液净化北京市重点实验室	首都医科大学附属北京儿童医院
361	雾霾健康效应与防护北京市重点实验室	国家纳米科学中心
362	眼内肿瘤诊治研究北京市重点实验室	首都医科大学附属北京同仁医院
363	行为与心理健康北京市重点实验室	北京大学
364	心血管疾病分子诊断北京市重点实验室	中国医学科学院阜外心血管病医院
365	急性心肌梗死早期预警和干预北京市重点实验室	北京大学人民医院
366	神经损伤与康复北京市重点实验室	中国康复研究中心
367	心肺脑复苏北京市重点实验室	首都医科大学附属北京朝阳医院
368	幽门螺杆菌感染及上胃肠疾病防治研究北京市重点实验室	北京大学第三医院
369	骨骼畸形遗传学研究北京市重点实验室	中国医学科学院北京协和医院
370	传染病相关疾病生物标志物北京市重点实验室	首都医科大学附属北京佑安医院
371	功能性胃肠病中医诊治北京市重点实验室	中国中医科学院望京医院
372	银屑病中医临床基础研究北京市重点实验室	北京市中医研究所
373	尿液细胞分子诊断北京市重点实验室	首都医科大学附属北京世纪坛医院

续表

序号	名称	依托单位
374	上气道功能障碍相关心血管疾病研究北京市重点实验室	首都医科大学附属北京安贞医院
375	创新药物临床药代药效研究北京市重点实验室	中国医学科学院北京协和医院
376	脑网络组北京市重点实验室	中国科学院自动化研究所
377	分子药剂学与新释药系统北京市重点实验室	北京大学
378	干细胞新药研发及临床转化研究北京市重点实验室	中国医学科学院基础医学研究所
379	治疗性基因工程抗体北京市重点实验室	中国人民解放军军事医学科学院基础医学研究所
380	中药生产过程控制与质量评价北京市重点实验室	北京中医药大学
381	新发再发传染病动物模型研究北京市重点实验室	中国医学科学院医学实验动物研究所
382	老年功能障碍康复辅助技术北京市重点实验室	国家康复辅具研究中心
383	中药品质评价北京市重点实验室	北京中医药大学
384	航空发动机结构强度北京市重点实验室	北京航空航天大学
385	精密转动和传动机构长寿命技术北京市重点实验室	北京控制工程研究所
386	数字化塑性成形技术及装备北京市重点实验室	中国航空工业集团公司北京航空制造工程研究所
387	天基空间环境探测北京市重点实验室	中国科学院国家空间科学中心
388	航天绿色推进剂研究与应用北京市重点实验室	北京航天试验技术研究所
389	基于大数据的城市科学研究北京市重点实验室	北京国际城市发展研究院

北京市工程技术研究中心一览表

序号	名称	依托单位
1	北京市大容量注射剂质量工程技术研究中心	华润双鹤药业股份有限公司
2	北京市智能康复工程技术研究中心	北京大学
3	北京市生物安全工程技术研究中心	北京汇丰隆经济技术开发有限公司
4	北京市空间生物工程技术研究中心	航天神舟生物科技集团有限公司
5	北京市有源显示工程技术研究中心	北京大学
6	北京市生殖避孕药物工程技术研究中心	华润紫竹药业有限公司
7	北京市射线成像技术与装备工程技术研究中心	中国科学院高能物理研究所
8	北京市煤矿安全工程技术研究中心	煤炭科学技术研究院有限公司
9	北京市太阳能热利用工程技术研究中心	北京市太阳能研究所集团有限公司
10	北京市变频技术工程技术研究中心	北方工业大学
11	北京市集中生物燃气利用工程技术研究中心	清华大学
12	北京市劣质铁矿石综合利用工程技术研究中心	北京神雾环境能源科技集团股份有限公司
13	北京市中低速磁浮交通系统工程技术研究中心	北京控股磁悬浮技术发展有限公司

续表

序号	名称	依托单位
14	北京市动力锂离子电池工程技术研究中心	北大先行科技产业有限公司
15	北京市光伏装备工程技术研究中心	北京京仪集团有限责任公司
16	北京市城镇生活固废综合处理与资源化工程技术研究中心	北京环卫集团环境研究发展有限公司
17	北京市有机废弃物资源化工程技术研究中心	北京嘉博文生物科技有限公司
18	北京市污水脱氮除磷处理与过程控制工程技术研究中心	北京工业大学
19	北京市锂电正极材料工程技术研究中心	北京当升材料科技股份有限公司
20	北京市村镇污水处理及资源化工程技术研究中心	总装备部工程设计研究总院
21	北京市安全防范报警与安检工程技术研究中心	北京声迅电子有限公司
22	北京市城市安全生产综合监管工程技术研究中心	北京亚思顿科技发展有限公司
23	北京市岩土锚固工程技术研究中心	中国京冶工程技术有限公司
24	北京市建筑安全监测工程技术研究中心	北京建筑大学
25	北京市功能性高分子建筑材料工程技术研究中心	北京市建筑工程研究院有限责任公司
26	北京市预拌砂浆工程技术研究中心	北京建筑材料科学研究总院有限公司
27	北京市数控机床工程技术研究中心	北京北一机床股份有限公司
28	北京市金属件先进成形技术与装备工程技术研究中心	机械科学研究总院
29	北京市金融机具工程技术研究中心	中钞长城金融设备控股有限公司
30	北京市广播电视技术工程技术研究中心	北京北广科技股份有限公司
31	北京市氯碱装备工程技术研究中心	蓝星(北京)化工机械有限公司
32	北京市无纸化办公信息采集设备工程技术研究中心	汉王科技股份有限公司
33	北京市智能化技术与系统工程技术研究中心	中国科学院自动化研究所
34	北京市数字视频工程技术研究中心	新奥特(北京)视频技术有限公司
35	北京市政务信息化工程技术研究中心	太极计算机股份有限公司
36	北京市物联网软件与系统工程技术研究中心	北京工业大学
37	北京市数字城市工程技术研究中心	中国科学院电子学研究所
38	北京市海量语言信息处理与云计算应用工程技术研究中心	北京理工大学
39	北京市数据中心运营和服务工程技术研究中心	北京世纪互联宽带数据中心有限公司
40	北京市云制造平台与服务工程技术研究中心	北京慧点科技有限公司
41	北京市小卫星遥感信息工程技术研究中心	北京二十一世纪空间技术应用股份有限公司
42	北京市软件服务运营工程技术研究中心	神州数码信息系统有限公司
43	北京市集成电路先导工艺工程技术研究中心	中国科学院微电子研究所
44	北京市太赫兹与红外工程技术研究中心	首都师范大学
45	北京市 MOCVD 工程技术研究中心	北京北方微电子基地设备工艺研究中心有限责任公司
46	北京市激光应用技术工程技术研究中心	北京工业大学
47	北京市全固态激光先进制造工程技术研究中心	中国科学院半导体研究所
48	北京市轮胎绿色制造工艺工程技术研究中心	北京橡胶工业研究设计院

续表

序号	名称	依托单位
49	北京市碳纤维工程技术研究中心	中国蓝星(集团)股份有限公司
50	北京市纳米材料绿色打印印刷工程技术研究中心	中国科学院化学研究所
51	北京市饲料安全生物调控工程技术研究中心	北京大北农科技集团股份有限公司
52	北京市乳品工程技术研究中心	北京三元食品股份有限公司
53	北京市食品安全分析测试工程技术研究中心	北京市理化分析测试中心
54	北京市非常规水资源开发利用与节水工程技术研究中心	北京市水科学技术研究院
55	北京市缓控释肥料工程技术研究中心	北京市农林科学院
56	北京市草莓工程技术研究中心	北京市农林科学院
57	北京市蛋鸡工程技术研究中心	北京市华都峪口禽业有限责任公司
58	北京市工业建筑特种材料工程技术研究中心	中冶建筑研究总院有限公司
59	北京市大型关键金属构件激光直接制造工程技术研究中心	北京航空航天大学
60	北京市铸轧工程技术研究中心	中冶京诚工程技术有限公司
61	北京市特种车辆部件先进制造与评估工程技术研究中心	北京北方车辆集团有限公司
62	北京市工业部件表面强化与修复工程技术研究中心	北京矿冶研究总院
63	北京市电子信息用新型钎焊材料工程技术研究中心	北京有色金属与稀土应用研究所
64	北京市先进铝合金材料及应用工程技术研究中心	中国航空工业集团公司北京航空材料研究院
65	北京市难熔金属材料工程技术研究中心	安泰科技股份有限公司
66	北京市生态环境材料及其评价工程技术研究中心	北京工业大学
67	北京市呼吸与危重症诊治工程技术研究中心	首都医科大学附属北京朝阳医院
68	北京市人工听觉工程技术研究中心	首都医科大学附属北京同仁医院
69	北京市心脑血管医疗技术与器械工程技术研究中心	首都医科大学附属北京安贞医院
70	北京市脂质靶向制剂工程技术研究中心	北京泰德制药股份有限公司
71	北京市口服固体制剂产业化工程技术研究中心	华润赛科药业有限责任公司
72	北京市心脏病介入诊疗设备工程技术研究中心	乐普(北京)医疗器械股份有限公司
73	北京市医用内植物工程技术研究中心	北京纳通科技集团有限公司
74	北京市新型人用预防性疫苗工程技术研究中心	北京科兴生物制品有限公司
75	北京市基因工程抗体药物工程技术研究中心	百泰生物药业有限公司
76	北京市重组蛋白药物工程技术研究中心	北京凯因科技股份有限公司
77	北京市传染病诊断工程技术研究中心	北京万泰生物药业股份有限公司
78	北京市钢铁冶金节能减排工程技术研究中心	北京中冶设备研究设计总院有限公司
79	北京市纳米结构薄膜太阳能电池工程技术研究中心	北京低碳清洁能源研究所
80	北京市风电设备可靠性工程技术研究中心	国电联合动力技术有限公司
81	北京市电动汽车充换电工程技术研究中心	中国电力科学研究院
82	北京市电站自动化工程技术研究中心	北京国电智深控制技术有限公司
83	北京市低质燃料高效清洁利用工程技术研究中心	中国华能集团清洁能源技术研究院有限公司
84	北京市集成电路电子设计自动化工程技术研究中心	北京华大九天软件有限公司

续表

序号	名称	依托单位
85	北京市火电厂烟气净化工程技术研究中心	北京国电龙源环保工程有限公司
86	北京市电子系统可靠性评测工程技术研究中心	工业和信息化部计算机与微电子发展研究中心
87	北京市弱磁检测及应用工程技术研究中心	北京科技大学
88	北京市光电通信线路工程技术研究中心	北京亨通斯博通讯科技有限公司
89	北京市数字交通枢纽工程技术研究中心	北京竞业达数码科技有限公司
90	北京市光纤传感系统工程技术研究中心	北京航天时代光电科技有限公司
91	北京市复杂产品先进制造系统工程技术研究中心	北京仿真中心
92	北京市下一代网络安全软件与系统工程技术研究中心	北京神州绿盟信息安全科技股份有限公司
93	北京市气环境监测工程技术研究中心	北京航天益来电子科技有限公司
94	北京市物联网技术与系统工程技术研究中心	首都信息发展股份有限公司
95	北京市北斗卫星导航技术与装备工程技术研究中心	北京北斗星通导航技术股份有限公司
96	北京市卫星通信导航工程技术研究中心	北京华力创通科技股份有限公司
97	北京市移动卫星应用工程技术研究中心	北京中交通信科技有限公司
98	北京市太阳能热发电工程技术研究中心	中国科学院电工研究所
99	北京市有色金属新能源基础制品工程技术研究中心	北京有色金属研究总院
100	北京市蛋白和抗体研发及制备工程技术研究中心	北京义翘神州生物技术有限公司
101	北京市裸质粒基因治疗药物工程技术研究中心	北京诺思兰德生物技术股份有限公司
102	北京市肿瘤与糖尿病小分子靶向新药工程技术研究中心	北京赛林泰医药技术有限公司
103	北京市重组蛋白及其长效制剂工程技术研究中心	北京双鹭药业股份有限公司
104	北京市长效干扰素工程技术研究中心	北京三元基因药业股份有限公司
105	北京市纳微化结构药物工程技术研究中心	北京力生药业有限责任公司
106	北京市免疫试剂临床工程技术研究中心	首都医科大学附属北京天坛医院
107	北京市核医学装备工程技术研究中心	北京大基康明医疗设备有限公司
108	北京市儿童外科矫形器具工程技术研究中心	首都医科大学附属北京儿童医院
109	北京市临床检验工程技术研究中心	北京医院
110	北京市多模态医学影像工程技术研究中心	清华大学
111	北京市大血管外科植入式人工材料工程技术研究中心	首都医科大学附属北京安贞医院
112	北京市污水资源化工程技术研究中心	北京城市排水集团有限责任公司
113	北京市新型污水深度处理工程技术研究中心	北京大学
114	北京市污水资源化膜技术工程技术研究中心	北京碧水源科技股份有限公司
115	北京市高能耗电机变频节能工程技术研究中心	北京动力源科技股份有限公司
116	北京市粉体物料气力输送工程技术研究中心	北京国电富通科技发展有限责任公司
117	北京市低变质煤与有机废弃物热解提质工程技术研究中心	北京神雾环境能源科技集团股份有限公司
118	北京市城轨运行控制系统工程技术研究中心	北京交控科技股份有限公司
119	北京市城市交通运行保障工程技术研究中心	北京工业大学
120	北京市城市交通信息智能感知与服务工程技术研究中心	北京交通大学

续表

序号	名称	依托单位
121	北京市高速公路智能交通工程技术研究中心	北京云星宇交通工程有限公司
122	北京市城市交通基础设施建设工程技术研究中心	北京建筑大学
123	北京市特种粉末冶金材料工程技术研究中心	安泰科技股份有限公司
124	北京市金属粉末工程技术研究中心	有研粉末新材料(北京)有限公司
125	北京市水性聚合物合成与应用工程技术研究中心	北京化工大学
126	北京市纤维素及其衍生材料工程技术研究中心	北京理工大学
127	北京市市政路桥绿色建材工程技术研究中心	北京市政路桥建材集团有限公司
128	北京市纳米材料工程技术研究中心	国家纳米科学中心
129	北京市精密测控技术与仪器工程技术研究中心	北京工业大学
130	北京市工业控制系统工程技术研究中心	北京和利时系统工程有限公司
131	北京市变截面辊弯成形工程技术研究中心	北方工业大学
132	北京市铁路车辆安全检测工程技术研究中心	北京康拓红外技术股份有限公司
133	北京市物质成分分析仪器工程技术研究中心	北京北分瑞利分析仪器(集团)有限责任公司
134	北京市数字电视系统工程技术研究中心	北京数码视讯科技股份有限公司
135	北京市高效节能矿冶技术装备工程技术研究中心	北京矿冶研究总院
136	北京市轻纺机械机器视觉工程技术研究中心	北京经纬纺机新技术有限公司
137	北京市蛋白功能肽工程技术研究中心	中国食品发酵工业研究院
138	北京市农业物联网工程技术研究中心	北京农业信息技术研究中心、中国农业大学
139	北京市农村远程信息服务工程技术研究中心	北京市农林科学院
140	北京市植物工厂工程技术研究中心	北京京鹏环球科技股份有限公司
141	北京市园林植物工程技术研究中心	北京林大林业科技股份有限公司
142	北京市高速磁悬浮电机技术及应用工程技术研究中心	北京航空航天大学
143	北京市清洁热处理工程技术研究中心	北京机电研究所
144	北京市轨道交通电气工程技术研究中心	北京交通大学
145	北京市融合网络与泛在业务工程技术研究中心	北京科技大学
146	北京市混合现实与新型显示工程技术研究中心	北京理工大学
147	北京市无线医疗与健康工程技术研究中心	清华大学
148	北京市工业波谱成像工程技术研究中心	北京科技大学
149	北京市微振动环境控制工程技术研究中心	中国电子工程设计院
150	北京市自动化物流装备工程技术研究中心	北京起重运输机械设计研究院
151	北京市特异物质安全检测技术与装备工程技术研究中心	同方威视技术股份有限公司
152	北京市摩擦焊接工艺与装备工程技术研究中心	中国航空工业集团公司北京航空制造工程研究所
153	北京市轨道交通维护装备工程技术研究中心	中车北京二七机车有限公司
154	北京市数字航空遥感工程技术研究中心	北京天下图数据技术有限公司
155	北京市地理信息系统平台软件研发与应用工程技术研究中心	北京超图软件股份有限公司
156	北京市低空遥感数据处理工程技术研究中心	中测新图(北京)遥感技术有限责任公司

续表

序号	名称	依托单位
157	北京市宽带接入应用交付工程技术研究中心	北京星网锐捷网络技术有限公司
158	北京市平板显示工程技术研究中心	京东方科技集团股份有限公司
159	北京市虚拟仿真与可视化工程技术研究中心	北京大学
160	北京市低温多效热法海水淡化工程技术研究中心	中国电子工程设计院
161	北京市过程污染控制工程技术研究中心	中国科学院过程工程研究所
162	北京市环境岩土工程技术研究中心	北京市勘察设计研究院有限公司
163	北京市水处理环保材料工程技术研究中心	北京化工大学
164	北京市水土保持工程技术研究中心	北京林业大学
165	北京市高污染化工废水资源化工程技术研究中心	北京万邦达环保技术股份有限公司
166	北京市物联网应急平台工程技术研究中心	北京辰安科技股份有限公司
167	北京市核化安全工程技术研究中心	中国人民解放军防化研究院
168	北京市轨道交通线路安全与防灾工程技术研究中心	北京交通大学
169	北京市轨道交通工程技术研究中心	北京市轨道交通设计研究院有限公司
170	北京市半导体照明材料与器件工程技术研究中心	同方光电科技有限公司
171	北京市高层和大跨度预应力钢结构工程技术研究中心	北京工业大学
172	北京市食品环境与健康工程技术研究中心	中央民族大学
173	北京市小城镇污水处理与回用工程技术研究中心	北京桑德环境工程有限公司
174	北京市新能源汽车电机系统工程技术研究中心	精进电动科技(北京)有限公司
175	北京市生物燃料工程技术研究中心	清华大学
176	北京市燃气轮机用高温合金工程技术研究中心	北京钢研高纳科技股份有限公司
177	北京市先进钛合金精密成型工程技术研究中心	中国航空工业集团公司北京航空材料研究院
178	北京市空间电源变换与控制工程技术研究中心	北京卫星制造厂
179	北京市半导体微纳集成工程技术研究中心	中科院半导体研究所
180	北京市印刷电子工程技术研究中心	北京印刷学院
181	北京市低维碳材料工程技术研究中心	北京大学
182	北京市新能源车用动力电池系统集成工程技术研究中心	北京普莱德新能源电池科技有限公司
183	北京市交通与能源用特殊钢工程技术研究中心	北京科技大学设计研究院有限公司
184	北京市超硬材料制品工程技术研究中心	北京安泰钢研超硬材料制品有限责任公司
185	北京市先进弹性体工程技术研究中心	北京化工大学
186	北京市口腔材料工程技术研究中心	安泰科技股份有限公司
187	北京市能源用钢工程技术研究中心	首钢总公司
188	北京市兽用多肽疫苗设计与制备工程技术研究中心	中牧实业股份有限公司
189	北京市作物分子育种工程技术研究中心	北京大北农科技集团股份有限公司
190	北京市系统营养工程技术研究中心	北京市营养源研究所
191	北京市畜禽健康养殖环境工程技术研究中心	中国农业大学
192	北京市食用菌工程技术研究中心	北京市农林科学院

续表

序号	名称	依托单位
193	北京市乡村景观规划设计工程技术研究中心	北京农学院
194	北京市食品添加剂工程技术研究中心	北京工商大学
195	北京市中兽药工程技术研究中心	北京生泰尔科技股份有限公司
196	北京市落叶果树工程技术研究中心	北京市农林科学院
197	北京市骨科植入医疗器械工程技术研究中心	解放军总医院第一附属医院
198	北京市纳米生物医学检测工程技术研究中心	国家纳米科学中心
199	北京市神经药物工程技术研究中心	北京市老年病医疗研究中心
200	北京市抗肿瘤新药创制工程技术研究中心	百济神州(北京)生物科技有限公司
201	北京市生物大分子药物转化工程技术研究中心	中国科学院生物物理所
202	北京市缓控释制剂工程技术研究中心	北京星昊医药股份有限公司
203	北京市中药配方颗粒工程技术研究中心	北京康仁堂药业有限公司
204	北京市手术与危重症系统工程技术研究中心	北京谊安医疗系统股份有限公司
205	北京市细菌性疫苗工程技术研究中心	北京智飞绿竹生物制药有限公司
206	北京市服装产业数字化工程技术研究中心	北京服装学院
207	北京市数字内容工程技术研究中心	中国科学院自动化研究所
208	北京市硅基高速片上系统工程技术研究中心	北京理工大学
209	北京市能源电力信息安全工程技术研究中心	华北电力大学
210	北京市电磁兼容与天线测试工程技术研究中心	北京空间飞行器总体设计部
211	北京市互动电视运营和服务工程技术研究中心	北京四达时代软件技术股份有限公司
212	北京市轨道交通电磁兼容与卫星导航工程技术研究中心	北京交通大学
213	北京市特种安保救援智能装备工程技术研究中心	北京机械设备研究所
214	北京市无人机应用系统工程技术研究中心	中国航天空气动力技术研究院
215	北京市无人机空管航电工程技术研究中心	中航航空电子有限公司
216	北京市数字化医疗3D 打印工程技术研究中心	北京工业大学
217	北京市高效绿色数控加工工艺及装备工程技术研究中心	北京航空航天大学
218	北京市机器人伺服与控制系统工程技术研究中心	北京自动化控制设备研究所
219	北京市准分子激光工程技术研究中心	中国科学院光电研究院
220	北京市新能源汽车工程技术研究中心	北汽福田汽车股份有限公司
221	北京市高速铁路运行控制系统工程技术研究中心	北京全路通信信号研究设计院集团有限公司
222	北京市供水管网系统安全与节能工程技术研究中心	中国农业大学
223	北京市可持续城市排水系统构建与风险控制工程技术研究中心	北京建筑大学
224	北京市再生水水质安全保障工程技术研究中心	北控水务(中国)投资有限公司
225	北京市城市热管理工程技术研究中心	北京大学
226	北京市建筑高能效与城市生态工程技术研究中心	北京市建筑设计研究院有限公司
227	北京市建筑能源高效综合利用工程技术研究中心	北京建筑大学
228	北京市绿色建筑设计工程技术研究中心	中国建筑科学研究院

续表

序号	名称	依托单位
229	北京市现场物证检验工程技术研究中心	公安部物证鉴定中心
230	北京市地震观测工程技术研究中心	中国地震局地壳应力研究所
231	北京市冶金三维仿真设计工程技术研究中心	北京首钢国际工程技术有限公司
232	北京市信息化建筑设计与建造工程技术研究中心	北京市建筑设计研究院有限公司
233	北京市历史建筑保护工程技术研究中心	北京工业大学
234	北京市互动媒体艺术工程技术研究中心	北京理工大学
235	北京市第三代半导体材料及应用工程技术研究中心	中国科学院半导体研究所
236	北京市高纯金属溅射靶材工程技术研究中心	有研亿金新材料有限公司
237	北京市金属先进成形制造工程技术研究中心	北京有色金属研究总院
238	北京市多级结构催化材料工程技术研究中心	北京化工大学
239	北京市真空玻璃工程技术研究中心	北京新立基真空玻璃技术有限公司
240	北京市智能微电网控制工程技术研究中心	北京四方继保自动化股份有限公司
241	北京市农业功能微生物工程技术研究中心	保罗生物园科技股份有限公司
242	北京市盐碱及荒漠化地区生态修复与固碳工程技术研究中心	清华大学
243	北京市果树良种繁育工程技术研究中心	中国农业大学
244	北京市花卉园艺工程技术研究中心	北京市植物园
245	北京市食品安全免疫快速检测工程技术研究中心	北京勤邦生物技术有限公司
246	北京市生物医学分子检测工程技术研究中心	中国科学院生物物理研究所
247	北京市医用影像诊断装备工程技术研究中心	华润万东医疗装备股份有限公司
248	北京市基因测序与功能分析工程技术研究中心	北京市理化分析测试中心
249	北京市蛋白质药物工程技术研究中心	舒泰神（北京）生物制药股份有限公司
250	北京市新型联合疫苗工程技术研究中心	北京民海生物科技有限公司
251	北京市天地一体化信息安全工程技术研究中心	航天恒星科技有限公司
252	北京市电力高可靠性集成电路设计工程技术研究中心	北京智芯微电子科技有限公司
253	北京市卫星移动宽带通信工程技术研究中心	中国空间技术研究院
254	北京市智慧管网安全评价及运营监管工程技术研究中心	正元地理信息有限责任公司
255	北京市高效能及绿色宇航推进工程技术研究中心	北京控制工程研究所
256	北京市航天器焊接技术与装备工程技术研究中心	北京卫星制造厂
257	北京市空间水气净化与再生工程技术研究中心	北京机械设备研究所
258	北京市航天产品智能装配技术与装备工程技术研究中心	北京卫星环境工程研究所
259	北京市微电子刻蚀与薄膜工艺装备工程技术研究中心	北京北方微电子基地设备工艺研究中心有限责任公司
260	北京市海洋声学装备工程技术研究中心	中国科学院声学研究所
261	北京市振动测试设备工程技术研究中心	北京强度环境研究所
262	北京市高速铁路宽带移动通信工程技术研究中心	北京交通大学
263	北京市轨道结构工程技术研究中心	北京城建设计发展集团股份有限公司

续表

序号	名称	依托单位
264	北京市流域环境生态修复与综合调控工程技术研究中心	北京师范大学
265	北京市钢与混凝土组合结构工程技术研究中心	清华大学
266	北京市供水水质工程技术研究中心	北京市自来水集团有限责任公司
267	北京市被动式低能耗建筑工程技术研究中心	北京建筑材料科学研究总院有限公司
268	北京市应急生存保障工程技术研究中心	中国人民解放军总后勤部军需装备研究所
269	北京市道路与市政管线地下病害工程技术研究中心	北京市勘察设计研究院有限公司
270	北京市地基基础与地下空间开发利用工程技术研究中心	建研地基基础工程有限责任公司
271	北京市智能机械创新设计服务工程技术研究中心	北京联合大学
272	北京市城市设计与城市复兴工程技术研究中心	北京市建筑设计研究院有限公司
273	北京市纺织纳米纤维工程技术研究中心	北京服装学院
274	北京市先进运载系统结构透明件工程技术研究中心	中国航空工业集团公司北京航空材料研究院
275	北京市页岩气勘探开发工程技术研究中心	神华地质勘查有限责任公司
276	北京市农业监测预警工程技术研究中心	中国农业科学院农业信息研究所
277	北京市粮油加工工程技术研究中心	中国农业机械化科学研究院
278	北京市畜禽生物制品工程技术研究中心	北京大北农科技集团股份有限公司
279	北京市植物组织培养工程技术研究中心	北京市海淀区植物组织培养技术实验室
280	北京市饲用微生态制剂工程技术研究中心	北京伟嘉人生物技术有限公司
281	北京市生鲜乳质量安全工程技术研究中心	中国农业大学
282	北京市 3D 打印骨科应用工程技术研究中心	北京爱康宜诚医疗器材有限公司
283	北京市呼吸疾病药物工程技术研究中心	扬子江药业集团北京海燕药业有限公司
284	北京市神经系统 3D 打印临床医学转化工程技术研究中心	首都医科大学附属北京天坛医院
285	北京市神经介入工程技术研究中心	首都医科大学附属北京天坛医院

北京地区专利代理机构一览表

序号	机构名称	地　址	邮　编	负责人	电　话	网　址
1	北京国林贸知识产权代理有限公司(涉外)	朝阳区建国门外大街24号华侨村1—2—3	100022	李桂玲	65150103	www. glmipo. com. cn
2	北京路浩知识产权代理有限公司(涉外)	海淀区大柳树路17号富海国际港707室	100081	谢顺星	62196988	www. cnkip. com
3	北京中创阳光知识产权代理有限责任公司(涉外)	海淀区花园路13号道隆商务会馆112室	100088	尹振启	62063602	www. suncrt. com
4	北京中建联合知识产权代理事务所	西城区车公庄大街19号	100044	朱丽岩	58933504	www. zlzlzl. com
5	北京律诚同业知识产权代理有限公司(涉外)	海淀区知春路甲48号盈都大厦B座16层	100098	梁　挥	58733366	www. lecome. com
6	北京邦信阳专利商标代理有限公司(涉外)	朝阳区建国门外大街永安东里甲3号通用国际中心1号楼5层	100022	张秋生	58793300	www. boss - young. com
7	北京市中实友知识产权代理有限责任公司(涉外)	西城区德外大街安德路112号楼0119室	100011	张少宏	62366429	
8	北京金富邦专利事务所有限责任公司	朝阳区小关街53号	100029	孙伯庆	64249828	
9	北京英特普罗知识产权代理有限公司(涉外)	西城区车公庄大街9号5栋大楼C座11层	100044	胡　棋	88395588	www. intellecpro. com
10	北京华夏正合知识产权代理事务所(涉外)	西城区西外大街1号西环广场2号楼17层C5、C6室	100044	韩登营	58301655	www. czipa. com
11	北京德琦知识产权代理有限公司(涉外)	海淀区知春路1号学院国际大厦7层	100083	宋志强	82339088	www. deqi - iplc. com
12	北京中原华和知识产权代理有限责任公司(涉外)	朝阳区北辰东路8号汇宾大厦A座909室	100101	寿　宁	64993855	www. huahe. com. cn
13	中科专利商标代理有限责任公司(涉外)	海淀区王庄路1号清华同方科技大厦B座25层	100083	廖玉珍	82378686	www. csptal. com
14	北京振安创业专利代理有限责任公司	海淀区花园东路30号花园商务会馆6402室	100083	祁纯阳	82029709	
15	中国国际贸易促进委员会专利商标事务所(涉外)	西城区复兴门内大街158号远洋大厦10层	100031	李　勇	66412345	www. ccpit - patent. com. cn
16	北京知本村知识产权代理事务所	西城区牛街东里一区8号楼1603室	100053	周自清	63894911	www. ccro. com. cn

续表

序号	机构名称	地　址	邮　编	负责人	电　话	网　址
17	北京乾诚五洲知识产权代理有限责任公司(涉外)	朝阳区裕民路18号北环中心A座1008—1009号	100029	付晓青	82250113	www. faithfulaw. com
18	北京北新智诚知识产权代理有限公司(涉外)	西城区西直门南大街16号西楼7层	100035	赵郁军	66168467	www. bpta. com. cn
19	北京市柳沈律师事务所(涉外)	海淀区彩和坊路10号瀚海国际大厦10层	100080	吴秉芬	62681616	www. liu - shen. com
20	北京太兆天元知识产权代理有限责任公司(涉外)	海淀区知春路6号锦秋国际大厦A座701室	100088	张　韬	82800237	
21	北京万慧达知识产权代理有限公司(涉外)	海淀区中关村南大街1号友谊宾馆颐园写字楼226室	100873	白　刚	68948018	www. wanhuida. com
22	北京天昊联合知识产权代理有限公司(涉外)	西城区西长安街88号首都时代广场718室	100031	张天舒	83913598	www. teehowe. com
23	北京恒久联达知识产权代理有限公司(涉外)(未通过2008年年检)	朝阳区曙光西里甲1号A2108号	100028	林继恒	58220758	
24	北京宇生知识产权代理事务所	朝阳区惠新西街15号401室	100029	倪　骏	64938280	www. bjys85. cn
25	北京永创新实专利事务所	海淀区学院路37号	100083	周长琪	82338110	
26	北京三友知识产权代理有限公司(涉外)	西城区金融街35号国际企业大厦A座16层	100140	李　强	88091921	www. san - you. com
27	北京海虹嘉诚知识产权代理有限公司(涉外)	海淀区北四环中路283号智凯大厦902室	100083	张　涛	82384870	www. haihongjc. com
28	北京华科联合专利事务所	西城区西直门外南路5号华审宾馆2303室	100044	王　为	68314404	www. huakepatent. com
29	小松专利事务所	西城区前门西大街8号楼1002室	100051	陈祚龄	63172986	
30	北京博浩百睿知识产权代理有限责任公司	海淀区知春路甲48号C座4单元10F	100098	宋子良	58732381	
31	北京同汇友专利事务所	大兴区黄村镇兴政街31号	102600	高云瑞	69242225	
32	北京金之桥知识产权代理有限公司(涉外)	海淀区知春路6号锦秋国际大厦A座1008室	100088	林建军	82800716	www. goldenbridgeip. com
33	北京三高永信知识产权代理有限责任公司(涉外)	朝阳区安立路60号润枫德尚大厦B座1204—1205室	100101	何文彬	64986656	www. sangaopatent. com
34	北京科龙寰宇知识产权代理有限责任公司(涉外)	海淀区知春路6号锦秋国际大厦A座1303室	100088	孙皓晨	82800568	www. kelong - ip. com
35	北京君尚知识产权代理事务所(涉外)	海淀区北四环西路68号左岸工社大厦1317室	100080	余长江	82529027	www. joyshine. com. cn
36	北京清亦华知识产权代理事务所	海淀区清华园清华大学照澜院商业楼301室	100084	廖元秋	62792171	qingyihua. 51. net

续表

序号	机构名称	地　址	邮　编	负责人	电　话	网　址
37	北京思海天达知识产权代理有限公司(涉外)	朝阳区平乐园100号知新园4层	100124	张　慧	67392381	
38	北京英赛嘉华知识产权代理有限责任公司(涉外)	海淀区知春路甲48号盈都大厦A座19层	100098	王达佐	58732666	www. insightip. com
39	北京同立钧成知识产权代理有限公司(涉外)	朝阳区北辰西路69号峻峰华亭A座902室	100029	刘　芳	58773108	www. infopatent. com. cn
40	北京华谊知识产权代理有限公司	海淀区学院路30号北京科技大学科技园A座107室	100083	刘月娥	62332031	
41	北京纽乐康知识产权代理事务所(涉外)	海淀区西直门北大街联慧路99号海云轩大厦A座183室	100028	田　磊	62277819	www. neuracom – ip. com
42	北京轻创知识产权代理有限公司(涉外)	海淀区花园路2号牡丹科技大厦A座3层	100191	王新生	82282626	www. keycom – ip. com
43	北京申翔知识产权代理有限公司(涉外)	西城区西直门南小街国英1号大厦0429室	100035	周春发	58561176	
44	北京三幸商标专利事务所(涉外)	朝阳区北辰东路8号汇欣大厦B座0811号	100101	刘激扬	84976188	www. sankoco. com
45	北京思创毕升专利事务所(涉外)	朝阳区北三环东路14号	100013	韦庆文	64201667	www. sch – ip. com
46	中原信达知识产权代理有限责任公司(涉外)	西城区金融街19号富凯大厦B座11层	100140	穆德骏	66576688	www. chinasinda. com
47	北京捷诚信通知识产权代理有限公司(涉外)	西城区三里河1区5—5	100045	庞炳良	68589998	www. pscu. com. cn
48	北京元中知识产权代理有限责任公司(涉外)	西城区北三环中路甲29号2号楼尊邸1103室	100029	汪诚芝	82023296	www. yuanzhong. org
49	北京金阙华进专利事务所(涉外)	朝阳区东大桥路8号尚都国际中心A座2312室	100020	吴鸿维	58702027	www. goldengatepatent. com
50	北京金信立方知识产权代理有限公司(涉外)	海淀区紫竹院路116号嘉豪国际中心B座11层	100097	张晓晨	58930011	www. kingsound – ip. com. cn
51	北京中知法苑知识产权代理事务所	海淀区北三环西路11号首都体育学院高德写字楼107室	100088	陈俊由	82090902	www. zzfyip. cn
52	北京集佳知识产权代理有限公司(涉外)	朝阳区建外大街22号赛特大厦7层	100004	于泽辉	85115588	www. unitalen. com. cn
53	北京市汇泽知识产权代理有限公司(涉外)	海淀区知春路6号锦秋国际大厦A座18层	100088	赵　军	82961618	www. ipr – jzhz. com
54	北京金言诚信知识产权代理有限公司	海淀区知春路111号理想大厦809室	100086	王亚轩	82665269	www. jycx. com. cn
55	北京万科园知识产权代理有限责任公司(涉外)	海淀区北三环中路77号	100088	张亚军	82076997	www. wky. com. cn

续表

序号	机构名称	地　址	邮　编	负责人	电　话	网　址
56	北京慧泉知识产权代理有限公司(涉外)	海淀区蓟门里和景园1号楼1单元302室	100088	王顺荣	82023315	www. huiquanip. com
57	北京科兴园专利事务所	朝阳区酒仙桥路13号	100016	王　蕴	64355266	
58	中国商标专利事务所有限公司(涉外)	西城区月坛南街14号月新大厦	100045	李彦章	68570096	www. trademarkpatent. com. cn
59	北京市广友专利事务所有限责任公司	海淀区北三环西路11号高德写字楼206室	100088	王奎璇	82090980	
60	北京博圣通专利事务所	海淀区北四环中路229号海泰大厦1706室	100083	黄　薇	82884000	
61	北京天平专利商标代理有限公司(涉外)	朝阳区朝外大街16号中国人寿大厦1808室	100020	王　怡	65883010	www. wang - associates. com
62	北京康信知识产权代理有限责任公司(涉外)	海淀区知春路甲48号盈都大厦A座16层	100098	余　刚	58731888	www. kangxin. com
63	北京双收知识产权代理有限公司(涉外)	朝阳区安贞西里仟村商务大楼B座506—507室	100029	吴忠仁	82041081	www. sspatent. com
64	北京诺孚尔知识产权代理有限责任公司	海淀区北洼西里颐安嘉园14栋	100089	白　帆	68430973	www. nova - ip. com. cn
65	北京银龙知识产权代理有限公司(涉外)	海淀区西直门北大街32号枫篮国际中心2号楼10层	100082	郝庆芬	82252547	www. dragonip. com
66	北京市合德专利事务所	海淀区北三环中路77号90号信箱	100088	李本源	82047898	www. heraldpatent. com
67	北京纪凯知识产权代理有限公司(涉外)	西城区宣武门西大街甲129号金隅大厦602室	100031	赵蓉民	66411409	www. jeekai. com
68	北京众合诚成知识产权代理有限公司(涉外)	西城区车公庄大街甲4号物华大厦A座1707室	100044	黄家俊	68003961	www. bjzhcc. com
69	北京市中咨律师事务所(涉外)	西城区平安里西大街26号新时代大厦6—8层	100034	贾　军	66091188	www. zhongzi. com. cn
70	北京中安信知识产权代理事务所(涉外)	海淀区清华东路2号金码大厦A座712室	100083	张小娟	82837725	www. citicip. com
71	北京中恒高博知识产权代理有限公司(涉外)	西城区车公庄大街6号3号楼313室	100044	刘　震	68001852	www. chinagoub. com
72	北京三聚阳光知识产权代理有限公司(涉外)	西城区裕民路18号北环中心A座502室	100029	张　杰	62382785	www. ipsunshine. com
73	北京科迪生专利代理有限责任公司	海淀区中关村816楼1202室	100080	关　玲	82615576	
74	北京维澳专利代理有限公司(涉外)(未通过2008年年检)	朝阳区建国门外大街22号赛特广场M层30112	100004	翟向红	65598871	www. pacificchinaip. com
75	北京中北知识产权代理有限公司(涉外)	西城区月坛北街2号月坛大厦16层1号	100045	袁世寰	68081365	www. bta. com. cn

续表

序号	机构名称	地 址	邮 编	负责人	电 话	网 址
76	北京连城创新知识产权代理有限公司	海淀区北三环西路48号北京科技会展中心1号楼B座6B	100086	刘伍堂	62146667	www. liancheng. net
77	北京市商泰律师事务所(涉外)	朝阳区朝外大街10号昆泰大厦1219室	100020	郭 华	65995719	www. stlss. cn
78	北京市金杜律师事务所(涉外)	朝阳区东三环中路7号北京财富中心写字楼A座40层	100020	王俊峰	58785588	www. kingandwood. com
79	北京正理专利代理有限公司(涉外)	西城区车公庄大街甲4号物华大厦A座	100044	诸葛北华	68001882	www. janlea. com. cn
80	北京东方亿思知识产权代理有限责任公司(涉外)	东城区东长安街1号东方广场东方经贸城东2座1601室	100738	高卢麟	85189318	www. eastip. com
81	北京金硕果知识产权代理事务所	海淀区西土城路13号蓟门文体招待所	100088	张 玫	62379509	www. jinshuoguo. com
82	北京凯特来知识产权代理有限公司(涉外)	海淀区大柳树路甲2号中铁科大厦8层南区	100081	郑立明	62197221	www. cataly - ip. com
83	北京市尚公律师事务所(未通过2008年年检)	东城区东长安街10号长安大厦3层	100006	李尚公	65288888	
84	北京安信方达知识产权代理有限公司(涉外)	海淀区学清路8号科技财富中心B座3层305A	100085	郑 霞	82730790	www. anxinfonda. com
85	北京高默克知识产权代理有限公司(涉外)	西城区月坛北街2号月坛大厦A座308室	100045	黄坤益	68083081	www. gmkip. com
86	北京华夏博通专利事务所(分部)	海淀区紫竹院南路23号国防出版社院内	100048	刘 俊	68451009	www. bjhxbt. com
87	北京挺立专利事务所(涉外)	西城区宣武门西大街129号金隅大厦804室	100031	叶树明	66416908	www. dingli. net
88	北京尔海知识产权代理事务所	海淀区文慧园北路9号今典花园2号楼2505室	100082	姜丽辉	62265669	www. jiangpa. com
89	北京嘉和天工知识产权代理事务所(涉外)	朝阳区八里庄西里98号住邦2000商务中心3号楼1201室	100025	甘 玲	85869056	www. arete - ip. cn
90	北京派特恩知识产权代理事务所	海淀区知春路甲48号3号楼1单元9D	100098	张颖玲	58731298	
91	北京安博达知识产权代理有限公司(涉外)	海淀区蓟门里小区和景园1号楼3单元102室	100088	徐国文	62379723	www. anboda. com
92	北京富天民宏济知识产权代理事务所	海淀区阜成路甲75号院北平房	100036	刘寿椿	88152049	
93	北京中博世达专利商标代理有限公司(涉外)	海淀区大柳树路17号富海大厦B座501室	100081	申 健	62123380	www. zhongbo - ip. com

续表

序号	机构名称	地　址	邮　编	负责人	电　话	网　址
94	北京同恒源知识产权代理有限公司(涉外)	海淀区知春路6号锦秋国际大厦A座511室	100088	王维绮	82800977	www. tidytend. com
95	北京市浩天知识产权代理事务所(涉外)	朝阳区光华路7号汉威大厦东区	100004	金卫文	52019988	www. hylandslaw. com
96	北京林达刘知识产权代理事务所(涉外)	海淀区清华大学学研大厦B座903室	100084	刘新宇	62790522	www. lindapatent. com
97	北京连和连知识产权代理有限公司(涉外)	朝阳区安定路33号化信大厦A座1008室	100029	胡荣瑜	64442168	www. lianandlien. com
98	北京中誉威圣知识产权代理有限公司(涉外)	东城区建国门内大街7号光华长安大厦2座818室	100005	曹来禧	65171299	www. globelaw. com. cn
99	北京泛华伟业知识产权代理有限公司(涉外)	西城区西直门外大街西环广场2号楼18层5—6	100044	徐　舒	58302268	www. panawell. com
100	北京明和龙知识产权代理有限公司(涉外)	海淀区中关村南大街17号韦伯时代中心C座1505室	100081	郁玉成	88570772	www. mlipa. com
101	北京中海智圣知识产权代理有限公司(涉外)	海淀区知春路1号学院国际大厦602室	100083	曾永珠	51266917	www. zhzs. cn
102	北京润平知识产权代理有限公司(涉外)	海淀区北四环西路9号银谷大厦509室	100190	刘国平	62800922	www. runping. com
103	北京北翔知识产权代理有限公司(涉外)	海淀区学院路35号世宁大厦908室	100191	姜建成	82311199	www. peksung. com
104	北京铭硕知识产权代理有限公司(涉外)	海淀区上地五街7号昊海大厦5层	100085	韩明星	82896186	www. mingsure. com
105	北京律盟知识产权代理有限责任公司(涉外)	西城区东长安街1号东方广场西一办公楼10层1008室	100738	王允方	85187141	www. chinaleaven. com
106	北京瑞成兴业知识产权代理事务所	西城区德胜门外大街11号44号楼A座718室	100088	李　慧	82025963	
107	北京信慧永光知识产权代理有限责任公司(涉外)	海淀区知春路9号坤讯大厦1106室	100083	王维玉	82335586	www. beijing - sun-hope. com
108	北京同达信恒知识产权代理有限公司(涉外)	西城区裕民路18号北环中心A座2002室	100029	黄志华	82254645	www. tongdaxinheng. com
109	北京怡丰知识产权代理有限公司(涉外)	朝阳区曙光西里甲1号东域大厦第三置业B3003室	100028	于振强	58220250	www. finefields. com
110	北京五月天专利商标代理有限公司	海淀区西直门北大街47号院迈豪时代1幢131室	100044	吴宝泰	62225161	www. mayskyip. com
111	北京市建元律师事务所	西城区阜成门北大街6号国际投资大厦C座7层	100034	王　隽	66579966	www. genesislawfirm. com. cn
112	北京东方汇众知识产权代理事务所	海淀区西土城路13号蓟门文体招待所1层1号	100088	朱元萍	62367180	
113	北京鑫媛睿博知识产权代理有限公司	西城区白广路枣林前街37号北京裕隆苑宾馆107室	100053	龚家骅	83540218	

续表

序号	机构名称	地　　址	邮　编	负责人	电　话	网　址
114	北京泛诚知识产权代理有限公司(涉外)	西城区南礼士路66号建威大厦1914室	100045	文　琦	68086266	www. fsiplaw. com
115	北京市卓华知识产权代理有限公司	朝阳区安翔北里11号创业大厦C座209室	100101	丁永华	64830754	
116	北京瑞盟知识产权代理有限公司(涉外)	西城区西直门南大街16号西楼11层16室	100035	王友彭	66157651	www. rimoon. com. cn
117	北京汇智英财专利代理事务所(涉外)	海淀区大柳树路17号富海国际港902室	100081	郑玉洁	62155155	
118	北京市德权律师事务所(涉外)	东城区东直门南大街14号保利大厦写字楼8层A区	100027	房德权	65081195	www. dequanlawfirm. com
119	北京方韬法业专利代理事务所	海淀区增光路甲34号云建大厦9层9号	100037	吴景曾	86410972	www. findto. net
120	北京信远达知识产权代理事务所	朝阳区建国门外大街24号京泰大厦1508室	100022	王学强	65150407	
121	北京君智知识产权代理事务所	海淀区中关村南大街乙8号中监所内老办公楼314室	100081	向　华	62137220	www. jzpa. com
122	北京市德恒律师事务所(涉外)	西城区金融街19号富凯大厦B座12层	100140	王　丽	66575888	www. dhl. com. cn
123	北京紫金联合知识产权代理事务所(未通过2008年年检)	西城区月坛北街26号恒华国际商务中心C座1202室	100045	戴武军	86329977	
124	北京元本知识产权代理事务所	海淀区花园路12号时代玉成大厦403室	100088	李　斌	62361567	www. yuanben - ip. com
125	北京亿腾知识产权代理事务所	海淀区紫金数码园3号楼7层	100190	陈　霁	62262772	www. etone - ip. com
126	北京立成智业专利代理事务所	朝阳区樱花西街18号贵州大厦内1009室	100029	张江涵	64421808	
127	北京天悦专利代理事务所	朝阳区北苑路36号14号楼2528室	100012	田　明	84934084	www. tianyueip. com
128	北京必浩得专利代理事务所	海淀区紫竹院路116号嘉豪国际中心C座9层	100097	张亦华	51709020	www. besthold. cn
129	北京市铸成律师事务所	西城区北展北街华远企业号A座8层	100044	司义夏	88369999	www. ctw. com. cn
130	北京戈程知识产权代理有限公司(涉外)	东城区东长安街1号东方广场东三办公楼19层	100738	程　伟	85188598	www. gechengip. com
131	北京国昊天诚知识产权代理有限公司	朝阳区东三环中路59号富力双子座A座2605室	100022	顾惠忠	58622266	
132	北京一格知识产权代理事务所	海淀区花园路12号时代玉成大厦207室	100088	钟廷良	82013217	www. igreat. net
133	北京汉耐特知识产权代理事务所	朝阳区朝外大街19号华普国际大厦708室	100020	于淑惠	65881619	

续表

序号	机构名称	地　址	邮　编	负责人	电　话	网　址
134	北京法思腾知识产权代理有限公司(涉外)	海淀区中关村东路66号世纪科贸大厦C座1801室	100190	杨小蓉	62672128	www.bjfastip.com
135	北京润泽恒知识产权代理有限公司	海淀区学院南路34号西区大厦515室	100088	李　欣	62276442	
136	北京王景林知识产权代理事务所	海淀区中关村大街27号中关村大厦515室	100080	王景林	82381044	www.ip8610.com
137	北京市京大律师事务所	海淀区海淀路52号北大太平洋科技发展中心705室	100080	李光松	82689930	
138	北京尚诚知识产权代理有限公司(涉外)	西城区宣武门西大街甲129号金隅大厦6层	100031	龙　淳	66412615	
139	北京市隆安律师事务所(涉外)	朝阳区建国门外大街21号北京国际俱乐部188室	100020	张炳崑	82689930	
140	北京金恒联合知识产权代理事务所(涉外)	海淀区志新东路5号鸿基世业商务酒店A609	100083	李　强	82373196	www.jinheng-ip.com
141	北京中伟智信专利商标代理事务所	海淀区蓟门里小区东10楼1门0102室	100088	张　岱	62366545	
142	北京市路盛律师事务所	朝阳区建国门外大街甲12号新华保险大厦1604A室	100022	张再平	65693038	
143	北京鸿元知识产权代理有限公司(涉外)	朝阳门外大街19号华普国际大厦519室	100020	李瑞海	66018031	www.granderip.com
144	北京汉德知识产权代理事务所	东城区和平里七区16号531室	100013	庄一方	64215141	
145	北京龙双利达知识产权代理有限公司(涉外)	海淀区市丹棱街16号海兴大厦C座1108室	100080	朱　勤	82606695	
146	北京市立方律师事务所	东城区东四十条甲22号南新仓国际大厦A1105室	100007	谢冠斌	64096099	www.lifanglaw.com
147	北京新博知识产权代理有限公司	西城区金融街35号国际企业大厦B座16层	100140	黄锦阳	88093118	
148	北京品源专利代理有限公司	西城区莲花池东路5号11栋楼505—1室	100038	张诗琼	66034644	
149	北京兆君联合知识产权代理事务所	昌平区西环南路钰阳商业楼A单元2层	102200	初向庆	89745363	
150	北京国帆知识产权代理事务所	石景山区八大处高科技园西井路3号3号楼	100043	王　俊	82037380	
151	北京汇信合知识产权代理有限公司	海淀区中关村大街甲59号文化厦1206G	100872	符彦慈	51260867	
152	北京市磐华律师事务所(涉外)	朝阳区建国门外大街22号赛特大厦901—902室	100004	董　巍	65594091	www.pcassociates.cn
153	北京市盛峰律师事务所	海淀区中关村大街27号中关村大厦5层	100080	于国富	51656805	www.lawyer8.com

续表

序号	机构名称	地　址	邮　编	负责人	电　话	网　址
154	北京挚诚信奉知识产权代理有限公司	海淀区西直门北大街32号枫蓝国际中心2号楼1010室	100082	张习义	62220567	
155	北京市安伦律师事务所（涉外）	朝阳区呼家楼京广中心商务楼711室	100020	安晓地	65975210	www.atzp.com
156	北京天奇智新知识产权代理有限公司	海淀区中关村南大街12号天作国际中心18层1号楼2109室	100081	胡　芳	81630664	
157	北京锐思知识产权代理事务所	西城区西直门外大街135号北展宾馆写字楼5112室	100044	李　涛	13810886697	
158	北京市汉衡律师事务所（涉外）	朝阳区东三环中路39号建外SOHO社区8号楼31层	100022	冯　波	58691166	
159	核工业专利中心	海淀区阜成路43号	100037	高尚梅	68410206	
160	中国航空专利中心	朝阳区安外小关东里14号	100029	杜永保	64918183	
161	中国航天科技专利中心	东城区和平里滨河路1号	100013	安　丽	68373447	
162	信息产业部电子专利中心	石景山区鲁谷路35号电科大厦	100040	赵天武	68632928	
163	中国兵器工业集团公司专利中心	海淀区车道沟10号	100089	刘东升	68961701	
164	中国航天科工集团公司专利中心	海淀区永定路50号	100854	岳洁菱	68386595	
165	中国船舶专利中心	海淀区学院南路70号	100081	缪　蕾	62180545	
166	中国有色金属工业专利中心	西城区西直门内西章胡同9号	100035	李迎春	62229257	
167	中国人民解放军空军专利服务中心	丰台区南苑9236信箱	100076	张列刚	66712322	
168	中国人民解放军总后勤部专利服务中心	丰台区丰台体育中心南路2号	100071	杨学明	66888795	
169	中国人民解放军第二炮兵专利服务中心	海淀区清河镇清河大楼丁三	100085	李兴文	62841531	
170	国防专利服务中心	海淀区阜成路26号	100036	钱立亚	66357069	
171	中国人民解放军海军专利服务中心	丰台区六里桥北里4号	100073	李　坚	66952536	
172	中国人民解放军防化研究院专利服务中心	海淀区花园北路35号西楼	100083	刘永盛	66748499	
173	首钢总公司专利中心	石景山区首钢技术研究院	100041	李永东	88292092	
174	北京理工大学专利中心	海淀区中关村南大街5号	100081	仇蕾安	68912328	
175	中国和平利用军工技术协会专利中心	海淀区花园路7号新时代大厦7层	100088	陈晶晶	82803105	

资料来源：北京市知识产权局。

北京地区技术合同登记机构一览表

序号	登记处名称	地　址	邮　编	电　话
1	北京技术交易促进中心技术合同登记处	海淀区苏州街甲49号	100080	62577125
2	北京市科学技术协会技术合同登记处	东城区永外西革新里98号	100077	67235944
3	北京市经委经济技术市场发展中心技术合同登记处	东城区鼓楼东大街48号	100009	64019720
4	北京市职工技术协会技术合同登记处	西城区虎坊路13号	100052	83551557
5	北京市知识产权局技术合同登记处	西城区西直门南大街16号西楼11层	100035	66127237
6	中国航空工业科学技术总公司技术合同登记处	朝阳区西大望路甲2号6层	100025	65016246—8015
7	核工业科技开发咨询中心技术合同登记处	西城区月坛西街乙2号院5号楼	100045	68021966
8	中国科学院信息咨询中心技术合同登记处	海淀区北四环西路33号6D	100080	62568696
9	中国科学技术咨询服务中心技术合同登记处	海淀区学院南路86号	100081	62137487
10	中国电子工业科学技术交流中心技术合同登记处	西城区新街口外大街8号	100088	62383340
11	朝阳区科学技术协会技术合同登记处	朝阳区日坛北街33号区政府南2楼5层507室	100020	65099728
12	顺义区科学技术委员会技术合同登记处	顺义区光明南街24号	101300	69444902
13	东城区科学技术委员会技术合同登记处	东城区金宝街52号东城区行政服务中心13号窗口	100005	65258800—8116
14	西城区科学技术委员会技术合同登记处	西城区月坛北街甲1号—4	100037	68010703
15	海淀区科学技术委员会技术合同登记处	海淀区北四环中路281号	100083	62325612
16	北京市经济技术合作办公室技术合同登记处	朝阳区中纺街30号9层	100020	65014090
17	石景山区科学技术委员会技术合同登记处	石景山区实兴大街区工商局1层	100041	88794457—217
18	中关村科技园区昌平园管理委员会技术合同登记处	昌平区超前路9号	102200	89701437
19	通州区科学技术委员会技术合同登记处	通州区通胡大街78号	101100	89526652—3083
20	密云县科学技术委员会技术合同登记处	密云县西滨河路2号	101500	69048443
21	房山区科学技术委员会技术合同登记处	房山区良乡政通东路1号	102488	89350223
22	中关村科技园区丰台园管理委员会技术合同登记处	丰台区科兴路9号	100070	63740110
23	北京市科技协作中心技术合同登记处	西城区西直门南大街16号	100035	66517146
24	中关村科技园区海淀园管理委员会技术合同登记处	海淀区四季青路6号招商大厦	100089	88496990
25	北京市科学技术研究院技术合同登记处	海淀区紫竹院南路23号国防出版社院内429室	100048	68343152

续表

序号	登记处名称	地　址	邮　编	电　话
26	大兴区科学技术委员会技术合同登记处	大兴区黄村兴政街 31 号	102600	69243835
27	丰台区科学技术委员会技术合同登记处	丰台区北大街甲 13 号	100071	63894698
28	中关村科技园区电子城科技园管理委员会技术合同登记处	朝阳区酒仙桥路甲 12 号	100016	64310422
29	北京产权交易所有限公司技术合同登记处	西城区金融大街甲 17 号	100140	66295773
30	昌平区科学技术委员会技术合同登记处	昌平区东关二条科技中心大楼	102200	69744174
31	北京版权保护中心技术合同登记处	海淀区知春路 23 号量子银座 1405 室	100083	82357087
32	朝阳区科学技术委员会技术合同登记处	朝阳区大屯路西奥中心 B 座 22 层	100101	64862731
33	平谷区科学技术委员会技术合同登记处	平谷区府前西街 26 号	101200	69961909
34	怀柔区科学技术委员会技术合同登记处	怀柔区湖光小区 24 号	101400	69697671

资料来源:北京技术市场管理办公室。

北京地区质量技术监督法定计量检定机构一览表

序号	名　称	服务内容	地　址	邮　编	电　话	电子邮箱
1	北京市计量检测科学研究院	提供长度、温度、力学、电学、光学、理化、电磁辐射等专业的计量检定、校准及检测服务;承接部分计量产品的质量监督检验及仲裁检验;授权开展部分计量产品的型式评价和样机试验以及进口计量器具的售前检定;承接企业、事业单位计量人员的技术培训;授权开展最高计量标准考(复)核、计量器具制造许可证考核等工作;房屋面积测量、室内环境监测;其他技术服务工作	朝阳区小关北安苑东里一区 12 号	100029	51669268	jly@ bjtsb. gov. cn
2	北京市东城区计量检测所	提供长度、电磁、光学、力学、热工、无线电、时间频率、物理化学等专业的计量检定、校准及检测服务	东城区和平里五区甲 12 号	100013	84222314	dcjjls@ bjtsb. gov. cn
3	北京市西城区计量检测所	提供长度、热工、力学、电磁、光学、物理化学、无线电等专业的计量检定、校准及商品量检测服务	西城区展览馆路 8 号	100044	68332721	xcjjls@ bjtsb. gov. cn
4	北京市朝阳区计量检测所	提供长度、温度、湿度、力学、电学、物理化学等专业的计量检定、校准及检测服务	朝阳区高碑店路 1438 号	100022	87744032	cyjjls@ bjtsb. gov. cn
5	北京市海淀区计量检测所	提供长度学、温度学、力学、电学、物理化学、光学等专业的计量检定、校准及检测服务	海淀区双清路 68 号	100083	62324427	hdjjls@ bjtsb. gov. cn

续表

序号	名　　称	服务内容	地　址	邮　编	电　话	电子邮箱
6	北京市丰台区计量检测所	提供长度学、力学、电学、温度等专业的计量检定、校准及检测服务	丰台区北大地文体路6号	100071	63860399	ftjjls@ bjtsb. gov. cn
7	北京市石景山区计量检测所	提供长度学、温度学、力学、电学等专业的计量检定、校准及检测服务	石景山区杨庄东路73号	100043	68875389	sjsjjls@ bjtsb. gov. cn
8	北京市门头沟区计量检测所	提供长度学、力学、物理化学等专业的计量检定、校准及检测服务	门头沟区新桥大街60号	102300	69828742	mtgjjls@ bjtsb. gov. cn
9	北京市房山区计量检测所	提供长度学、温度学、力学、电学、物理化学等专业的计量检定、校准及检测服务	房山区良乡拱辰大街84号	102401	69351826	fsjjls@ bjtsb. gov. cn
10	北京市大兴区计量检测所	提供长度学、温度学、力学、时间频率、物理化学等专业的计量检定、校准及检测服务	大兴区黄村东里	102600	69243965	dxjjls@ bjtsb. gov. cn
11	北京市通州区计量检测所	提供长度学、温度学、力学、电学等专业的计量检定、校准及检测服务	通州区玉带河大街32号	101100	69543525	tzjjls@ bjtsb. gov. cn
12	北京市顺义区计量检测所	提供长度学、温度学、力学、电学、物理化学、时间频率等专业的计量检定、校准及检测服务	顺义区府前东街19号	101300	69421897	syjjls@ bjtsb. gov. cn
13	北京市怀柔区计量检测所	提供长度、力学、无线电等专业的计量检定、校准及检测服务	怀柔区北大街53号	101400	89684683	hrjjls@ bjtsb. gov. cn
14	北京市平谷区计量检测所	提供长度学、温度学、力学、物理化学、电离辐射等专业的计量检定、校准及检测服务	平谷区文化南街7号	101200	69962830	pgjjls@ bjtsb. gov. cn
15	北京市昌平区计量检测所	提供长度学、温度学、力学、物理化学、电学等专业的计量检定、校准及检测服务	昌平区东关环岛东	102200	89700854	cpjjls@ bjtsb. gov. cn
16	北京市密云县计量检测所	提供长度学、力学、电学、物理化学等专业的计量检定、校准及检测服务	密云县鼓楼东大街5号	101500	69042252	myjjls@ bjtsb. gov. cn
17	北京市延庆县计量检测所	提供长度学、温度学、力学、电学等专业的计量检定、校准及检测服务	延庆县湖南东路20号	102100	69104357	yqjjls@ bjtsb. gov. cn
18	华北电网有限公司北京电力公司	电能表计量检定	丰台区莲花西里28号	100073	67206009	jlzhxyhp@ 163. com

资料来源：北京市质量技术监督局。